无师自通

2014

AutoCAD

中文版 机械设计

◎ 林永 史宇宏 编著

self-learning

人民邮电出版社

北京

图书在版编目（ＣＩＰ）数据

无师自通AutoCAD 2014中文版机械设计 / 林永，史
宇宏编著. -- 北京：人民邮电出版社，2016.12
ISBN 978-7-115-43890-4

Ⅰ. ①无… Ⅱ. ①林… ②史… Ⅲ. ①机械设计－计
算机辅助设计－AutoCAD软件 Ⅳ. ①TH122

中国版本图书馆CIP数据核字(2016)第254066号

内 容 提 要

本书以 AutoCAD 2014 中文版为平台，通过"知识点＋实例＋疑难解答＋经验分享"的形式全面介绍 AutoCAD 机械零件三视图、三维图、轴测图和装配图的绘制方法和绘制技巧。

本书共 15 章，主要内容包括绘图环境与基本操作、绘图环境与辅助功能设置、坐标输入与二维线、绘制二维图形、编辑二维图形、操作二维图形、图形资源的管理与应用、机械零件图的尺寸标注、机械图的文字注释与表格、创建零件实体和曲面模型、三维模型的编辑与 UCS 坐标系、轴测图与打印输出、绘制机械零件平面图、创建机械零件三维模型、绘制机械零件轴测图和装配图。

本书配套一张 3GB 的 DVD 光盘，其主要内容有：长达 15 小时共 330 集的与书内容同步的高清自学视频，帮助读者有效提高实战能力；长达 3 小时共 86 集的难点教学视频，帮助读者快速解决学习及设计过程中的疑难问题；书中所有案例的素材文件、效果文件和图块文件，方便读者学习本书内容。

本书适合所有 AutoCAD 用户阅读，尤其适合零基础的读者自学。同时，也可作为工程技术人员的参考书。

◆ 编　著　林　永　史宇宏
　　责任编辑　牟桂玲
　　责任印制　杨林杰

◆ 人民邮电出版社出版发行　　北京市丰台区成寿寺路 11 号
　　邮编　100164　　电子邮件　315@ptpress.com.cn
　　网址　http://www.ptpress.com.cn
　　北京鑫正大印刷有限公司印刷

◆ 开本：787×1092　1/16
　　印张：37.25
　　字数：987 千字　　　　　　　　2016 年 12 月第 1 版
　　印数：1－2 500 册　　　　　　2016 年 12 月北京第 1 次印刷

定价：79.80 元（附光盘）

读者服务热线：(010)81055410　印装质量热线：(010)81055316
反盗版热线：(010)81055315

编者的话

AutoCAD 是由美国 Autodesk 公司研究开发的通用计算机绘图和设计软件，被广泛应用于建筑设计、室内装饰装潢制图、机械设计、服装设计等领域，一直以来深受广大设计人员的青睐。

本书以 AutoCAD 2014 为平台，结合大量工程设计案例，全面介绍使用 AutoCAD 2014 在机械设计方面应用技巧和方法，读者通过阅读本书，在无老师指导的情况下，能在短时间内快速提高使用 AutoCAD 进行机械设计的能力，从而为其职业生涯奠定扎实的基础。

本书特色

（1）知识体系完善，讲解细致入微

AutoCAD 是一款功能强大的图形设计软件，其知识点多、内容繁杂，读者要想在无老师指导的情况下全面掌握其操作技能非常困难。目前市面上大多数 AutoCAD 图书，仅关注技术实现，其结果是只能授人与鱼。本书则立足于工作实际，从"菜鸟"级读者的角度出发，对软件基础知识进行系统分类及讲解，然后通过大量的真实案例，全方位展现机械零件图的设计思路、设计方法以及技术实现，使读者如亲临工作现场，真正体验机械设计之要义。同时，书中知无不言，言无不尽，不仅细说其然，更点明其所以然，帮助读者快速掌握 AutoCAD 机械设计的精髓。另外，书中还安排了具体实例让读者自己尝试练习，及时实践和消化所讲知识，最终达到融会贯通、无师自通。

（2）案例丰富，专业性和实用性强

本书以 AutoCAD 机械零件的三视图、三维图、轴测图以及装配图为具体案例，详细讲解了 AutoCAD 在这四大类制图中所涉及的理论知识、软件操作技术要领。在讲解过程中，每一个知识点均配有实例辅助讲解，每一个操作都配有相应的插图和操作注释，这种图文并茂的方法，使读者在学习的过程中直观、清晰地看到操作过程和结果，便于深刻理解和掌握。此外，对于每一个案例，都配有多媒体教学视频，读者可边看边练，轻松、高效学习。

（3）5 个特色小栏目，帮助读者加深理解和掌握所学知识和技能

本书提供了"实例引导""技术看板""练一练""疑难解答""综合自测"5 个特色小栏目。

- 实例引导：通过具体案例对相关命令功能进行讲解。
- 技术看板：对容易出现的操作错误及时提点和分析；对所涉及的相关技巧进行补充和延伸介绍。
- 练一练：在重要命令讲解后，让读者通过自己实操练习，加深对该命令的理解和掌握。
- 疑难解答：对学习及操作过程中遇到的疑难问题进行详细分析和专业解答，帮助读者能彻底消除疑惑，扫清学习障碍。
- 综合自测：通过精心设计的章末选择题及操作题，对该章所学的知识及操作方法进行检验，帮助读者巩固所学知识，提升实践应用能力。

光盘特点

为了使读者更好学习本书的内容，本书附有一张 3GB 的 DVD 光盘，光盘中包含以下内容。

- 专家讲堂：本书同步案例操作视频讲解。
- 效果文件：本书所有实例的效果文件。
- 图块文件：本书调用的素材文件。
- 样板文件：本书绘图样板文件。

- 素材文件：本书实例调用素材文件。
- 疑难解答：本书疑难问题专业解答视频。
- 习题答案：章末综合自测的参考答案及操作题详解。
- 附赠资料：96 个设计素材，涵盖机械零件的三视图、轴测图以及三维模型。
- 快捷命令速查：36 个常用命令功能键及 103 个常用命令快捷键。

创作团队

本书由林永、史宇宏执笔完成，参与本书资料整理及光盘制作的人员有张传记、白春英、陈玉蓉、刘海芹、卢春洁、秦真亮、史小虎、孙爱芳、唐美灵、王莹、张伟、赵明富、张伟、郝晓丽、翟成刚、边金良、王海宾、樊明、张洪东、孙红云、罗云风等，在此一并表示感谢。

尽管在本书的编写过程中，我们力求做到精益求精，但也难免有疏漏和不妥之处，恳请广大读者不吝指正。若您在学习的过程中产生疑问，或者有任何建议，可发送电子邮件至 muguiling@ptpress.com.cn。

编 者

目录

CONTENTS

|第4章| 绘制二维图形　　117

| 第 5 章 | 编辑二维图形　155

|第 6 章| 操作二维图形 193

|第 8 章| 机械零件图的尺寸标注　　　　266

|第13章| 综合实例——绘制机械零件平面图　　446

|第15章| 综合实例——绘制机械零件轴测图

和装配图　　526

第 1 章
熟悉绘图环境
与基本操作

在学习 AutoCAD 机械设计之前，有必要先熟悉一下 AutoCAD 的绘图环境，这相当于在学习手工绘图前要熟悉绘图工具一样。本章重点介绍 AutoCAD 2014 的工作环境与基本操作。

|第1章|
熟悉绘图环境与基本操作

本章内容概览

知识点	功能 / 用途	难易度与应用频率
工作空间（P002）	● 设置工作空间	难易度：★ 应用频率：★★★★
文件基本操作（P018）	● 新建绘图文件 ● 保存图形文件 ● 打开图形文件 ● 关闭图形文件	难易度：★ 应用频率：★★★★★
视图控制（P023）	● 缩放视图查看图形对象 ● 平移视图查看图形对象	难易度：★★ 应用频率：★★★★★
对象基本操作（P028）	● 选择单个对象 ● 选择多个对象 ● 调整对象位置	难易度：★ 应用频率：★★★★★
启动绘图命令（P032）	● 启动绘图命令 ● 绘制图形	难易度：★★ 应用频率：★★★★★
绘制直线（P035）	● 绘制任意直线 ● 绘制基本图形 ● 绘制机械零件图	难易度：★ 应用频率：★★★★★
综合自测（P038）	● 软件知识检验——选择题 ● 软件操作技能——切换工作空间	

1.1 了解 AutoCAD 2014 的工作空间

　　与 AutoCAD 早期版本不同，AutoCAD 2014 版本最大的特点就是设置了 4 种不同的工作空间，每种工作空间都有自己的特色，本节就来介绍这 4 种工作空间，用户可根据个人喜好及操作习惯选择一种适合自己的工作空间。

本节内容概览

知识点	功能 / 用途	难易度与应用频率
"草图与注释"工作空间（P003）	● 在"草图与注释"工作空间绘图 ● 打印输出机械设计图	难易度：★ 应用频率：★★★
"三维基础"工作空间（P007）	● 在"三维基础"工作空间绘图 ● 打印输出机械设计图	难易度：★ 应用频率：★★★
"三维建模"工作空间（P008）	● 在"三维建模"工作空间绘图 ● 打印输出机械设计图	难易度：★ 应用频率：★★★
"AutoCAD 经典"工作空间（P009）	● 在"AutoCAD 经典"工作空间绘图 ● 打印输出机械设计图	难易度：★ 应用频率：★★★★★
疑难解答（P016）	● AutoCAD 初学者使用哪种空间更合适？ ● 其他空间能否绘制机械零件图？ ● 三维操作空间只能绘制三维模型吗？	

1.1.1　默认空间——"草图与注释"工作空间

💻 视频文件	专家讲堂\第 1 章\默认空间——"草图与注释"工作空间 .swf

　　当成功安装并启动 AutoCAD 2014 应用程序后，即可进入 AutoCAD 2014 软件的"草图与注释"工作空间，同时会自动打开一个名为"Drawing1.dwg"的默认绘图文件，如图 1-1 所示。

　　与 AutoCAD 早期版本界面不同，图 1-1 所示的工作空间分为以下四大部分。

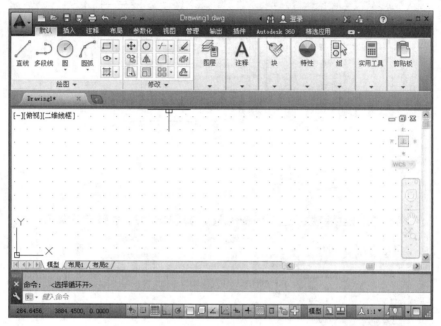

图 1-1　"草图与注释"工作空间

1. 标题栏

　　标题栏主要由应用程序按钮、快速访问工具栏。空间切换按钮以及搜索、登录和最小化、最大化和退出程序按钮等其他功能按钮组成，如图 1-2 所示。

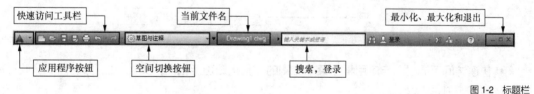

图 1-2　标题栏

　　♦ "应用程序按钮" ▲ ：单击该按钮，可以打开应用程序菜单，应用程序菜单左侧显示常用工具按钮，单击相应按钮，即可实现新建文件、保存文件、打开文件、输入、发布、关闭当前文件等操作；右侧显示最近使用过的文档列表，方便用户快速打开图形文件；单击右下方的"退出 Autodesk AutoCAD 2014"按钮，即可退出 AutoCAD 2014 应用程序，如图 1-3 所示。

┃ 技术看板 ┃ 如果用户需要对 AutoCAD 2014 进行个性设置，可单击"选项"按钮，打开【选项】对话框，在该对话框中对 AutoCAD 2014 进行相关设置，如图 1-4 所示。

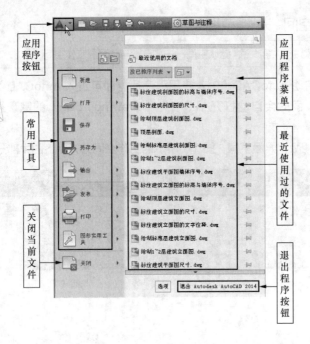

图 1-3　应用程序菜单

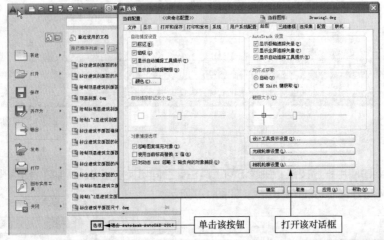

图 1-4　【选项】对话框

◆ 快速访问工具栏：与应用程序菜单左侧的工具按钮功能相同，实现对图形文件的新建、打开、保存以及打印等操作。

◆ 空间切换按钮：单击该按钮，在打开的下拉列表中选择相关选项，即可进行切换绘图空间、保存工作空间和设置工作空间等操作，如图 1-5 所示。

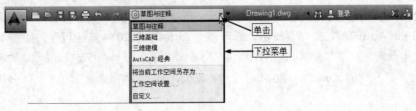

图 1-5　空间切换按钮

♦ 当前文件名：显示当前的文件名称。

♦ "搜索"/"登录"按钮：可搜索 AutoCAD 的帮助文件以及登录到 Autodesk360，以访问软件集成服务。

♦ "最小化"/"最大化"/"退出"按钮：分别用于最小化、最大化和退出 AutoCAD 应用程序。

2. 功能区

功能区是 AutoCAD "草图与注释"工作空间的核心部分，主要由各工具选项卡组成，如图 1-6 所示。

图 1-6　"草图与注释"工作空间核心部分

用户可以通过单击各选项卡，以显示不同的工具按钮，单击相关工具按钮，即可启动相关命令进行绘图以及对图形进行编辑等操作。例如，单击【默认】选项卡，即可显示与绘图相关的各种工具按钮，单击"矩形"按钮▢，在下方的空白区域拖曳鼠标指针，就可以绘制一个矩形，如图 1-7 所示。

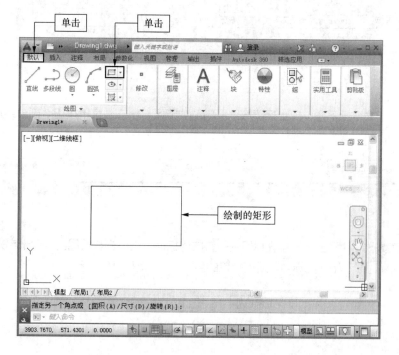

图 1-7　绘制矩形

在图 1-7 所示的工作空间中操作非常方便，同时，由于所有工具都放置在了界面的顶部，使得下方的绘图空间更宽阔，因此非常适合绘制结构更为复杂的大型机械零件图形。

3. 绘图区和命令行

♦ 绘图区：功能区下方的空白区域就是绘图区，相当于手工绘图时的图纸，但与手工绘图纸不同的是，它是一个无限大的电子绘图纸，无论多大或多小的图形，都可以在该电子绘图纸上绘制和显示。

◆ 命令行：位于绘图区的下方的区域就是命令行，主要用于输入命令表达式或者命令选项，绘制或者编辑图形。例如，在命令行输入圆的命令表达式"CIRCLE"激活【圆】命令，并设置圆的半径，在绘图区拖曳绘制一个圆，如图 1-8 所示。

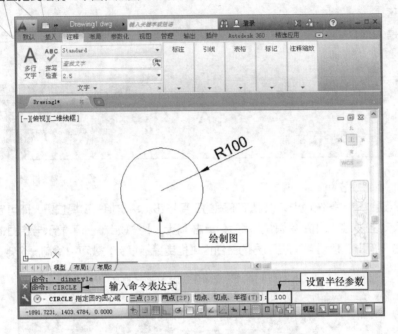

图 1-8　绘制圆

4. 状态栏

状态栏位于命令行下方，由坐标读数器、辅助功能区、状态栏菜单按钮 3 部分组成，如图 1-9 所示。

图 1-9　状态栏

◆ 坐标读数器：用于显示十字光标所处位置的坐标值，当用户在绘图区移动十字光标时，会发现坐标读数器随时显示十字光标当前所处位置的坐标值，如图 1-10 所示。

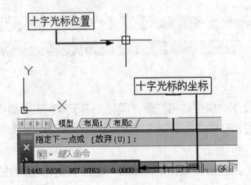

图 1-10　坐标读数器

♦ 辅助功能区：辅助功能区左端主要是一些用于控制点的精确定位和追踪的相关按钮，例如捕捉按钮、正交按钮、极轴追踪按钮等，中间的按钮主要用于快速查看布局、查看图形、定位视点、注释比例等，右端的按钮主要用于对工具栏、窗口等固定、工作空间切换以及绘图区的全屏显示等，是一些辅助绘图功能。

♦ 状态栏菜单按钮：单击状态栏右侧小三角，打开图 1-11 所示的状态栏菜单，菜单中的各选项与状态栏上的各按钮功能一致，用户可以通过各菜单项以及菜单中的各功能键进行控制各辅助按钮的开关状态。

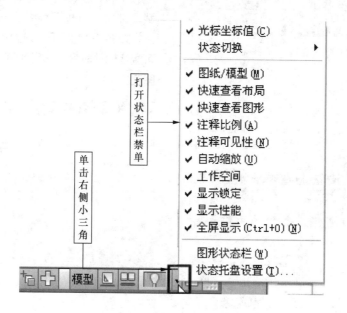

图 1-11　状态栏菜单

1.1.2　三维绘图——"三维基础"工作空间

🖥 视频文件 ┃ 专家讲堂 \ 第 1 章 \ 三维绘图——"三维基础"工作空间 .swf

从名称上即能猜到"三维基础"工作空间的主要作用，它主要用来绘制三维模型的工作空间，当要绘制机械零件的三维模型时，可以进入到该工作空间，其人性化的操作设置，会使用户绘制机械零件三维模型时更为方便。

⚙ **实例引导**——切换到"三维基础"工作空间

Step01 ▶ 在 AutoCAD 2014 标题栏中单击 `AutoCAD 经典` 按钮。

Step02 ▶ 在展开的按钮菜单中选择"三维基础"选项。

Step03 ▶ 此时会将工作空间切换到"三维基础"工作空间，如图 1-12 所示。

"三维基础"工作空间布局与"草图与注

释"工作空间布局完全相同，它同样将 AutoCAD 2014 的工具按钮以及菜单命令都集成到了相关的选项卡中，并放置在界面的上方，只要单击相应的选项卡，然后激活具体的按钮，即可在下方的绘图区域进行绘图。例如，在该工作空间创建一个长方体，其操作方法如下。

⚙ **实例引导**——在"三维基础"工作空间创建长方体

Step01 ▶ 在"默认"选项卡中单击"长方体"按钮 。

Step02 ▶ 在绘图区域拖曳鼠标指针绘制一个长方体三维模型。

Step03 ▶ 由于默认下视图为二维平面视图，用户只能看到长方体的一个平面，将视图切换到"三维基础"空间即可看到长方体的三维效果，如图 1-13 所示。

图 1-12 "三维基础"工作空间

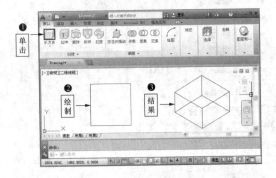

图 1-13 在"三维基础"工作空间创建长方体

|技术看板| "三维基础"工作空间的其他设置以及"草图与注释"工作空间的三维模型的创建和视图的切换等相关内容，将在后面的章节中详细讲解。

"三维基础"工作空间不但可以绘制机械零件三维模型，还可以绘制机械零件二维图形。"默认"选项卡的"绘图"选项提供了绘制二维线图形和二维闭合图形的相关工具按钮，如图 1-14 所示。只要单击相关按钮，即可激活相关命令，然后就可以在绘图区进行绘图了。

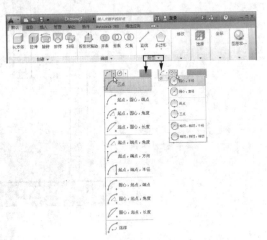

图 1-14 绘制二维图形的相关工具按钮

1.1.3 三维建模——"三维建模"工作空间

🖥 视频文件 | 专家讲堂\第 1 章\三维建模——"三维建模"工作空间 .swf

"三维建模"工作空间与"三维基础"工作空间都是用来绘制三维模型的工作空间，只是"三维建模"工作空间更侧重于三维模型的修改和编辑工作，如果要绘制复杂的三维模型，可进入该工作空间绘图。

⚙ **实例引导**——进入 AutoCAD "三维建模"工作空间

Step01 ▶ 在 AutoCAD 2014 标题栏单击 ⚙三维基础 ▼按钮。

Step02 ▶ 在展开的按钮菜单中选择"三维建模"选项。

Step03 ▶ 此时会将工作空间切换到"三维建模"工作空间，如图 1-15 所示。

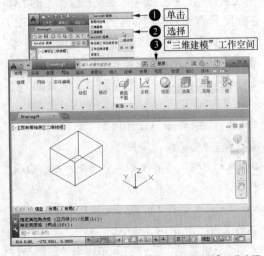

图 1-15 进入 AutoCAD "三维建模"工作空间

"三维建模"工作空间的布局与"三维基础"工作空间的完全相同，它将 AutoCAD 2014 用于
三维模型的创建、编辑、三维修改以及二维图形的创建、编辑、图形尺寸、文字标注等所有工具按
钮和相关命令都集成到了相应的选项卡中，并放置在界面的上方，用户可以通过单击相应的选项卡
将其展开，然后单击具体的工具按钮，即可进行图形的绘制与编辑等操作。例如，单击【实体】选
项卡，即可显示与实体建模相关的工具按钮，用户利用这些按钮可以对三维模型进行各种编辑修
改，如图 1-16 所示。

图 1-16 实体建模的工具按钮

1.1.4 经典工作空间——"AutoCAD 经典"工作空间

💻 视频文件 | 专家讲堂 \ 第 1 章 \ 经典——"AutoCAD 经典"工作空间 .swf

如果用户使用过 AutoCAD 的其他版本，那一定对 AutoCAD 的经典工作空间不陌生，之所以
称它为"经典"，是因为该工作空间更符合用户的绘图习惯，而且在历次版本升级中都保留了该工
作空间。

⚙️ **实例引导** ——进入"AutoCAD 经典"工作空间

Step01 ▶ 在 AutoCAD 2014 标题栏单击 [草图与注释 ▼] 按钮。

Step02 ▶ 在展开的按钮菜单中选择"AutoCAD 经典"选项，即可将工作空间切换到"AutoCAD 经典"
工作空间，如图 1-17 所示。

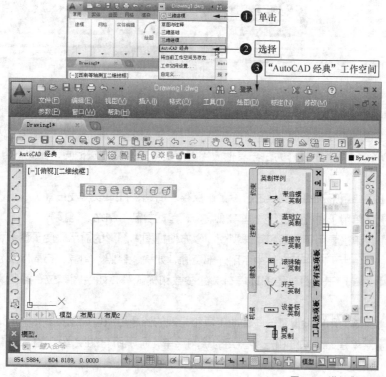

图 1-17 进入"AutoCAD 经典"工作空间

"AutoCAD 经典"工作空间主要由"应用程序菜单""标题栏""菜单栏""工具栏""绘图区""命令行"以及"状态栏"几部分组成，其左边是绘图工具，右边是修改工具，上方是菜单栏和常用工具，下方是命令输入栏和状态栏，中间区域则是绘图区域。其人性化的空间布置，很像手工绘图的工作台。下面将详细介绍该工作空间。

之所以要详细介绍"AutoCAD 经典"工作空间，一是因为该工作空间人性化、操作方便，AutoCAD 初级用户易于掌握；二是因为本书的后面章节，都是以该工作空间为绘图空间进行讲解的。

1. 标题栏

标题栏位于 AutoCAD 2014 工作界面的最顶部，它包括快速访问工具栏、工作空间切换按钮、当前文件名称、快速查询信息中心以及程序窗口控制按钮等内容，如图 1-18 所示。

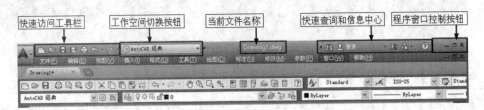

图 1-18　标题栏

"AutoCAD 经典"工作空间的标题栏与其他工作空间的标题栏完全相同，在此不再赘述。

2. 菜单栏

菜单栏只在"AutoCAD 经典"工作空间中出现，它放置了一些与绘图、图形编辑等相关的菜单命令，如图 1-19 所示。

图 1-19　菜单栏

如果用户不习惯通过单击相应工具按钮绘图，可以直接执行相关菜单命令来绘图，实际上单击各工具按钮来绘图会更快捷方便。

AutoCAD 2014 菜单的操作方法与其他应用程序的菜单操作方法相同，在此不再赘述，各菜单的主要功能如下。

◆【文件】菜单用于对图形文件进行设置、保存、清理、打印以及发布等。

◆【编辑】菜单用于对图形进行一些常规编辑，包括复制、粘贴、链接等。

◆【视图】菜单主要用于调整和管理视图，以方便视图内图形的显示、便于查看和修改图形。

◆【插入】菜单用于向当前文件中引用外部资源，如块、参照、图像、布局以及超链接等。

◆【格式】菜单用于设置与绘图环境有关的参数和样式等，如绘图单位、颜色、线型及文字、尺寸样式等。

◆【工具】菜单为用户设置了一些辅助工具和常规的资源组织管理工具。

◆【绘图】菜单是一个二维和三维图元的绘制菜单，几乎所有的绘图和建模工具都组织在此菜单内。

♦【标注】菜单是一个专用于为图形标注尺寸的菜单，它包含了所有与尺寸标注相关的工具。

♦【修改】菜单主要用于对图形进行修整、编辑、细化和完善。

♦【参数】菜单主要用于为图形添加几何约束和标注约束等。

♦【窗口】菜单主要用于控制 AutoCAD 多文档的排列方式以及 AutoCAD 界面元素的锁定状态。

♦【帮助】菜单主要用于为用户提供一些帮助性的信息。

3. 工具栏

工具栏是"AutoCAD 经典"工作空间的一大特色，也是其核心和重要组成部分，它共有 52 种工具栏，除了在界面上放置在菜单栏下方和界面两侧的主工具栏、绘图工具栏和修改工具栏外，还有为了节省绘图区域系统隐藏起来的其他工具栏。用户可以很方便地打开这些工具栏，具体操作如下。

实例引导——打开隐藏的工具栏

Step01 ▶ 在主工具栏任意工具按钮上右击。

Step02 ▶ 打开工具菜单。

Step03 ▶ 选择相应的菜单命令，例如选择【对象捕捉】命令。

Step04 ▶ 打开【对象捕捉】工具栏，如图 1-20 所示。

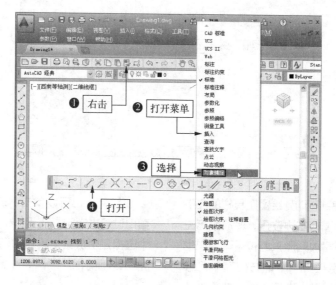

图 1-20　打开【对象捕捉】工具栏

┃技术看板┃ 在打开的工具菜单中，勾选的菜单表示其工具栏是打开状态，未勾选的菜单表示其工具栏未打开，如果再次单击已勾选的菜单，即可将其工具栏关闭。

另外，系统默认下，所有工具栏都是活动状态。也就是说，用户可以将这些工具栏随意拖放到任意位置，操作步骤如下。

Step01 ▶ 将鼠标指针移动到绘图工具栏的上方位置。

Step02 ▶ 按住鼠标左键将工具栏拖到绘图区。

Step03 ▶ 释放鼠标左键，此时绘图工具栏被拖到了绘图区，如图 1-21 所示。

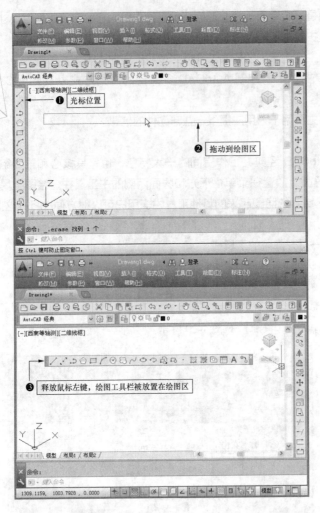

图 1-21 将绘图工具栏拖到绘图区

再次将鼠标指针移动到绘图工具栏的左端位置，将其拖到绘图区左边位置，释放鼠标左键，即可将该工具栏放回原来的位置。用户也可以将工具栏固定在某一个地方使其不可移动，在工具栏右键菜单上选择【锁定位置】/【固定的工具栏 / 面板】选项，这样就可以将绘图区四侧的工具栏都固定，如图 1-22 所示。

另外，也可以单击状态栏上的"工具栏 / 窗口位置未锁定"按钮 ，从弹出的按钮菜单中选择是否放置工具栏和窗口的固定状态，如图 1-23 所示。

图 1-23 "工具栏 / 窗口位置未锁定"按钮

4. 绘图区

"AuotCAD 经典"工作空间的绘图区与其他工作空间的相同，即位于工作界面正中央、被工具栏和命令行所包围的整个区域，如图 1-24 所示。

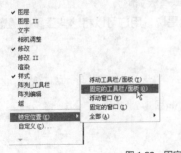

图 1-22 固定工具栏

图 1-24 绘图区

绘图区其实并不仅仅是一个区域，它还包括了随光标移动的十字符号。在没有执行任何命令时，它由一个矩形和一个十字相交的符号组成，简称"十字光标"，如图 1-25 所示。

图 1-25 十字光标

在执行了绘图命令后，它就只有一个十字符号，将其称为"拾取点光标"，用于拾取图形的一个点进行绘图。下面来绘制一个矩形，注意观察十字光标的显示状态。

Step01 ▶ 单击【绘图】工具栏上的"矩形"按钮□。

Step02 ▶ 此时光标只有一个十字符号，用于拾取矩形的一个角点。

Step03 ▶ 单击确定矩形的一个角点。

Step04 ▶ 拖曳鼠标光标确定矩形的宽度和高度。

Step05 ▶ 单击确定矩形的另一个角点，结果如图 1-26 所示。

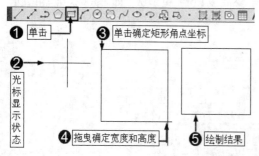

图 1-26 绘制矩形

当需要对图形进行编辑修改，进入修改模式时，十字符号就会显示为一个小矩形，称其为"选择光标"，用于选择对象。当选择结束后，光标又显示为"拾取点光标"，用于拾取基点，对图形进行编辑。下面再对绘制的矩形进行复制，注意观察十字光标的变化。

Step01 ▶ 单击【修改】工具栏上的"复制"按钮%。

Step02 ▶ 此时光标显示一个小矩形。

Step03 ▶ 将光标移到到矩形上单击选择矩形。

Step04 ▶ 按 Enter 键，结束选择，此时光标又显示为一个十字。

Step05 ▶ 移动光标到矩形左下角点位置单击捕捉端点。

Step06 ▶ 移动光标到合适位置单击确定目标点。

Step07 ▶ 按 Enter 键结束操作，复制结果如图 1-27 所示。

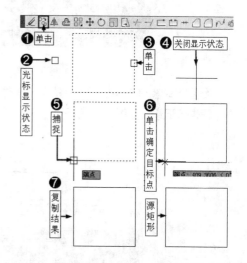

图 1-27 复制矩形

由此得出一个结论，即十字光标并非一成不变，而是随着用户的操作随时发生不同的变化。

5. 命令行

命令行由两部分组成，一部分是命令输入窗口，另一部分是命令记录窗口，如图 1-28 所示。

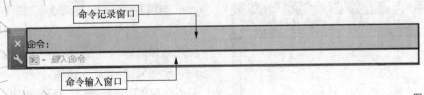

图 1-28　命令行

　　命令输入窗口用于输入相关命令选项和命令表达式，而命令记录窗口则记录所执行的命令。在 AutoCAD 中绘图时，需要用户发出相关命令，它才能执行相关操作。如单击一个工具按钮，或者执行相关菜单，甚至在命令输入窗口输入相关命令，这些都是向 AutoCAD 发出命令。系统会将用户发出的命令指令指定给操作程序，程序再按照命令指令执行相关操作进行绘图，同时还会将用户输入的命令记录，方便用户随时查看操作过程，这是 AutoCAD 与其他应用软件最大的区别。

　　例如，单击【绘图】工具栏上的"矩形"按钮▢，此时在命令行出现【矩形】命令表达式以及相关选项，如图 1-29 所示。

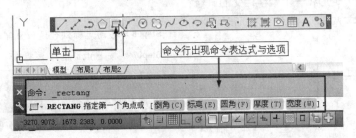

图 1-29　发出【矩形】命令

　　在绘图区单击确定矩形的一个角点，此时命令行提示确定另一个角点的位置，同时会将前面的操作过程进行记录，如图 1-30 所示。

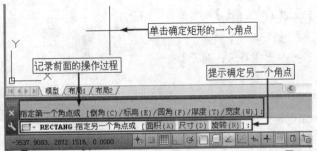

图 1-30　绘制矩形时程序操作提醒

　　在命令行输入矩形另一个角点坐标"@100,50"，然后按 Enter 键确认，即可完成矩形的绘制，如图 1-31 所示。

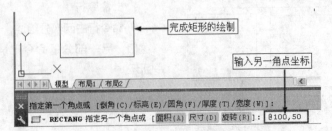

图 1-31　完成矩形的绘制

此时在命令记录窗口会记录下所有操作过程，方便用户查看，如图 1-32 所示。

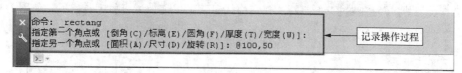

图 1-32　记录操作过程

| 技术看板 | 由于命令记录窗口的显示内容有限，如果需要直观快速地查看更多的记录信息，可以按 F2 键，系统则会以文本窗口的形式显示记录信息，如图 1-33 所示。再次按 F2 键，即可关闭文本窗口。

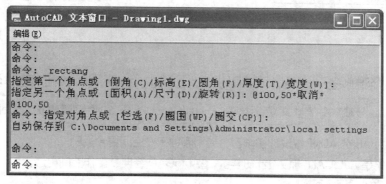

图 1-33　显示记录信息

6. 状态栏

状态栏就是用于显示当前操作状态的一个区域，与其他应用程序不同的是，AutoCAD 的状态栏位于操作界面的最底部。状态栏由坐标读数器、辅助功能区、状态栏菜单按钮 3 部分组成，如图 1-34 所示。

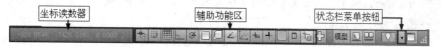

图 1-34　状态栏

"AutoCAD 经典"工作空间的状态栏与其他工作空间的状态栏完全相同，在此不再赘述。

| 技术看板 | 除了上述的 AutoCAD 2014 工作空间的切换方法之外，用户还可以通过以下几种方式来切换工作空间。

◆ 在任意工作空间中，单击标题栏上的工作空间切换按钮，在展开的按钮菜单中选择相应的工作空间，如图 1-35（a）所示。

◆ 单击【工具】菜单中的【工作空间】命令，在弹出的子菜单中选择相应的工作空间，如图 1-35（b）所示。

（a）方法一

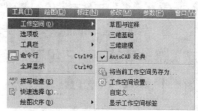

（b）方法二

图 1-35　切换工作空间的其他方法

◆ 展开【工作空间】工具栏上的【工作空间控制】下拉列表，选择工作空间，如图 1-36（a）所示。

◆ 单击状态栏上的 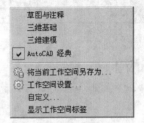 按钮，从弹出的按钮菜单中选择所需的工作空间，如图 1-36（b）所示。

（a）方法三　　　　　　　　　　　　　　　　　　（b）方法四

图 1-36　切换工作空间的其他方法

1.1.5　疑难解答——AutoCAD 机械设计初学者使用哪种工作空间更合适？

💻 视频文件	疑难解答 \ 第 1 章 \ 疑难解答——AutoCAD 机械设计初学者使用哪种工作空间更合适 .swf

疑难：作为 AutoCAD 机械设计初学者，使用哪种工作空间更合适？

解答：如果是 AutoCAD 机械设计初学者，"AutoCAD 经典"工作空间更适合你，原因如下。

（1）人性化的界面布局设计

"AutoCAD 经典"工作空间人性化的界面布局设计，与其他应用软件的界面布局设计几乎完全一样，即使以前从未接触过 AutoCAD 软件，该工作空间操作起来也会得心应手。

（2）形象而直观的工具按钮

"AutoCAD 经典"工作空间将各创建、修改、编辑工具都以各种形象而生动的按钮形式呈现在各工具栏中，同时还将常用工具栏放置在界面两侧和上方，这样不仅便于用户识别各种工具按钮，也方便用户快速启用这些工具按钮。

（3）集二维绘图与三维建模于一身

"AutoCAD 经典"工作空间集二维绘图、图形修改编辑以及三维建模、三维模型修改编辑功能于一身，不管是绘制机械零件二维图形，还是创建机械零件三维模型，或者绘制机械零件轴测图，都可以在该工作空间来完成。

1.1.6　疑难解答——其他工作空间能否绘制机械零件图？

💻 视频文件	疑难解答 \ 第 1 章 \ 疑难解答——其他工作空间能否绘制机械零件图 .swf

疑难：除"AutoCAD 经典"工作空间之外，其他工作空间能否绘制机械零件图？

解答：AutoCAD 2014 提供的这 4 种工作空间其功能都是一样的，只是操作上稍有不同，因此，除了在"AutoCAD 经典"工作空间绘制各种类型的机械零件图之外，用户也可以在其他工作空间绘制机械零件图，但前提是必须熟练操作这些工作空间。

1.1.7　疑难解答——三维工作空间只能创建和编辑三维模型吗？

💻 视频文件	疑难解答 \ 第 1 章 \ 疑难解答——三维工作空间只能创建和编辑三维模型吗 .swf

疑难：是否只能在三维工作空间创建和编辑三维模型？如果要绘制和编辑二维图形，只能切换到"AutoCAD 经典"工作空间或"草图与注释"工作空间吗？

解答： 三维工作空间并非只能绘制和编辑三维模型，还可以绘制和编辑二维图形，例如在"三维建模"工作空间，绘制一个半径为 100mm 的圆，具体操作如下。

Step01 ▸ 在【常用】选项卡的【绘图】功能区单击"圆"按钮 ⊙，激活【圆】命令。

Step02 ▸ 在绘图区单击确定圆心。

Step03 ▸ 在命令行输入圆的半径 "100"。

Step04 ▸ 按 Enter 键，完成绘制，绘制结果如图 1-37 所示。

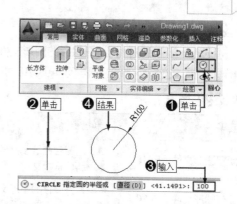

图 1-37　绘制半径为 100mm 的圆

下面将绘制的圆向外偏移 100mm，具体操作如下。

Step01 ▸ 将指针移到【常用】选项卡的【修改】按钮上，在弹出的下拉工具列表单击"偏移"按钮 ⊿，激活该命令。

Step02 ▸ 在命令行输入偏移距离 "100"。

Step03 ▸ 按 Enter 键，然后单击圆。

Step04 ▸ 在圆的外侧单击。

Step05 ▸ 按 Enter 键，结束操作，偏移结果如图 1-38 所示。

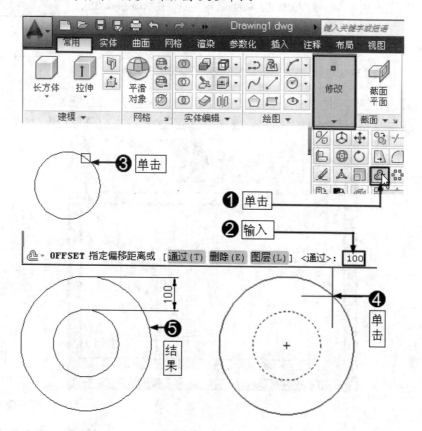

图 1-38　将圆向外偏移 100mm

以上操作证明三维工作空间不仅可以创建和编辑三维模型，同样也可以绘制和编辑二维图形。

1.2 图形文件的基本操作

新建一个空白文件，打开保存的图形文件，存储绘制的图形文件等，这些都是图形文件的基本操作，掌握这些操作技能，是学习 AutCAD 机械设计的第一步。

本节内容概览

知识点	功能 / 用途	难易度与应用频率
新建图形文件（P018）	● 新建空白绘图文件 ● 新建样板文件	难易度：★ 应用频率：★★★★★
打开图形文件（P020）	● 打开保存的图形文件 ● 打开外部图形资源	难易度：★ 应用频率：★★★★★
关闭图形文件（P020）	● 关闭图形文件 ● 关闭未保存的图形文件	难易度：★ 应用频率：★★★★★
疑难解答（P021）	● "样板"与"无样板"绘图文件的区别 ● "公制"与"英制"的区别 ● "二维绘图文件"与"三维绘图文件"的区别	
保存图形文件（P021）	● 将绘图结果进行保存	难易度：★ 应用频率：★★★★★
疑难解答	● 关于文件的存储格式与版本（P022） ● 保存编辑后的机械设计图时的注意事项（P023）	

1.2.1 准备一张绘图纸——新建图形文件

💻 视频文件 | 专家讲堂\第 1 章\准备一张绘图纸——新建图形文件 .swf

新建图形文件就是重新创建一个空白的图形文件，这就相当于手工绘图时，准备一张绘图纸一样。其实，在用户启动 AutoCAD 2014 之后，系统会自动新建一个空白的图形文件，如图 1-39 所示。

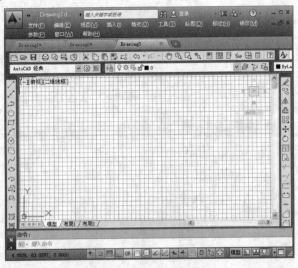

图 1-39　新建图形文件

用户可以直接在该绘图文件上绘图，只是该绘图文件是一个二维图形文件，简单的说，就是在二维空间绘图的图形文件。如果想在三维空间绘图，可以重新新建一个三维绘图文件，下面来新建一个三维图形文件。

实例引导——新建三维图形文件

Step 01 ▶ 单击【标准】工具栏或【快速访问工具栏】上的"新建"按钮 □。

Step 02 ▶ 打开【选择样板】对话框。

| **技术看板** | 用户还可以通过以下方法打开【选择样板】对话框。

◆ 单击菜单【文件】/【新建】命令。

◆ 在命令行输入"new"后按 Enter 键。

◆ 按组合键 Ctrl+N。

Step 03 ▶ 选择"acadISo-Named Plot Styles 3D"或"acadiso3D"样板文件。

Step 04 ▶ 单击 打开(0) 按钮。

Step 05 ▶ 即可得到一张三维图形文件，如图 1-40 所示。

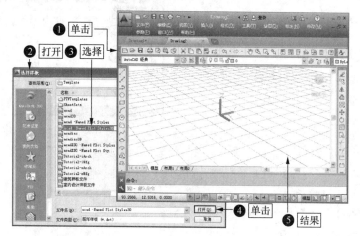

图 1-40 新建三维图形文件

| **技术看板** | 在【选择样板】对话框中，系统提供了多种样板文件，其中"acadISo-Named Plot Styles"和"acadiso"都是公制单位的样板文件，主要用于在二维绘图空间绘图。这两种样板文件的区别在于，前者使用的打印样式为"命名打印样式"，后者使用的打印样式为"颜色相关打印样式"，实际上这两个打印样式对绘图没有任何影响，选择哪一个都可以。另外，用户还可以以"无样板"方式得到二维或三维图形文件，具体操作就是在【选择样板】对话框中选择了一个图纸类型后，单击 打开(0) ▼ 按钮右侧的下三角按钮，在打开的按钮菜单选择"无样板打开—公制"选项，即可快速新建一个公制单位的图形文件，如图 1-41 所示。

图 1-41 快速新建一个公制单位的图形文件

1.2.2 查看、编辑设计图——打开图形文件

📺 视频文件 | 专家讲堂\第1章\查看、编辑设计图——打开图形文件.swf

可以将保存的图形文件或其他图形资源在
AutoCAD 中打开，进行查看、使用或编辑，
然后再将其关闭。

⚙️ **实例引导**——打开图形文件

Step01 ▶ 单击【标准】工具栏或【快速访问工
具栏】上的"打开"按钮 📂。

Step02 ▶ 打开【选择文件】对话框。

Step03 ▶ 选择文件路径。

Step04 ▶ 选择要打开的文件。

Step05 ▶ 单击 打开(0) 按钮。

Step06 ▶ 即可将其在 AutoCAD 中打开，如图
1-42 所示。

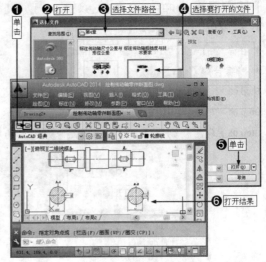

图 1-42　打开图形文件

| 技术看板 | 用户还可以通过以下方法打开【选择文件】对话框。

♦ 单击菜单【文件】/【打开】命令。

♦ 在命令行输入"open"后按 Enter 键。

♦ 按组合键 Ctrl+O。

1.2.3 关闭图形文件

📺 视频文件 | 专家讲堂\第1章\关闭图形文件.swf

可以单击图形右上角的"关闭"按钮 ❌，
如图 1-43 所示，将图形文件关闭。

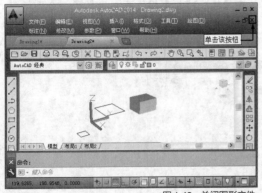

图 1-43　关闭图形文件

但需要注意，关闭图形文件时一般会弹出
询问提示框，询问是否在关闭前对该文件进行
保存，如图 1-44 所示。

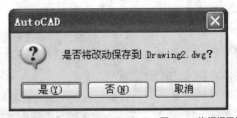

图 1-44　询问提示框

这又涉及保存文件的问题。如果对该文件
进行过编辑，并想保留编辑结果，单击
是(Y) 按钮，此时会打开【图形另存为】对
话框，可以为该文件进行重命名，并选择存储
路径，然后将文件保存并关闭。如果不想保存
编辑结果，则直接单击 否(N) 按钮，则文
件直接被关闭。如果单击 取消 按钮，则系
统会取消该操作，文件不会被关闭。

1.2.4 疑难解答——"样板"与"无样板"绘图文件的区别

💻 视频文件	疑难解答 \ 第 1 章 \ 疑难解答——"样板"与"无样板"绘图文件的区别 .swf

疑难： 什么是"样板"？以"无样板"方式得到的绘图文件与其他方式创建的绘图文件有什么区别？

解答： 在绘图时，针对不同的图形，其设计精度和单位都不同，这需要用户在绘图前就设置好。"样板"就是已经定义了绘图单位、绘图精度等一系列与绘图有关的设置的文件。而"无样板"就是还没有定义相关设置的空白文件。

其实，在实际绘图过程中，不管是有样板还是无样板，都需要重新定义相关的设置，这样才能绘制出符合设计要求的图形，因此，采用"无样板"方式还是"样板"方式得到的绘图文件对实际设计没有影响，至于如何设置才能满足绘图需要，在下面章节详细讲述。

1.2.5 疑难解答——"公制"与"英制"的区别

💻 视频文件	疑难解答 \ 第 1 章 \ 疑难解答——"公制"与"英制"的区别 .swf"

疑难： 在新建绘图文件时，会有"公制"与"英制"两种模式，这两种模式有什么区别？

解答： 所谓"公制"就是采用我国对设计图的相关制式要求，而"英制"就是采用美国对设计图的相关制式要求。一般情况下，都是采用我国对设计图的相关制式要求来绘图的。

1.2.6 疑难解答——"二维绘图文件"与"三维绘图文件"的区别

💻 视频文件	疑难解答 \ 第 1 章 \ 疑难解答——"二维绘图文件"与"三维绘图文件"的区别 .swf"

疑难： 在新建绘图文件时，有"二维绘图文件"与"三维绘图文件"，这两种绘图文件有什么区别？是不是"二维绘图文件"只能绘制二维图形，"三维绘图文件"只能绘制三维模型呢？

解答： "二维绘图文件"与"三维绘图文件"的区别在于，"二维绘图文件"是根据正投影原理来绘图的，它只有宽度和高度，没有深度，这就相当于一个平面。一般情况下，在绘制二维平面图时，都是在二维绘图空间来绘制。而"三维绘图文件"是根据三维空间投影原理来绘图的，它不仅有宽度和高度，还有深度，空间感更强，多用于创建三维模型。

但并非"二维绘图文件"只能绘制二维平面图、"三维绘图文件"只能绘制三维模型，用户可以在这两个绘图文件中绘制任意图形，只是，在二维绘图空间绘制的二维图形更利于查看，而绘制的三维模型却不利于表现三维模型特征；在三维绘图空间绘制的三维模型更能

表现三维模型的特征，但绘制的二维图形不利于查看。图 1-45（a）是在二维绘图空间绘制的矩形，图 1-45（b）是在二维绘图空间绘制的立方体，而图 1-45（c）是在三维绘图空间绘制的矩形，图 1-45（d）是在三维绘图空间绘制的立方体。

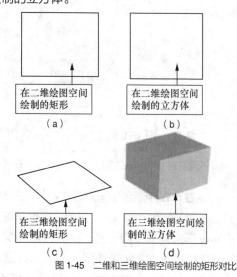

图 1-45 二维和三维绘图空间绘制的矩形对比

1.2.7 将设计成果存储——保存图形文件

💻 视频文件	专家讲堂 \ 第 1 章 \ 将设计成果存储——保存图形文件 .swf

保存文件时分两种情况，一种情况是保存绘制的图形文件，另一种是保存打开的图形文件。针对这两种图形文件，可以选择不同的保存方式将其保存。

保存绘制的图形文件的方法与其他应用程序保存文件的方法相同。

⚙ **实例引导**——保存图形文件

Step01 ▸ 单击【标准】工具栏或【快速访问工具栏】上的"保存"按钮 💾。

Step02 ▸ 打开【图形另存为】对话框。

Step03 ▸ 选择图形文件存储路径。

Step04 ▸ 命名图形文件。

Step05 ▸ 选择图形文件的存储格式。

Step06 ▸ 单击 保存(S) 按钮，如图 1-46 所示。

┃技术看板┃ 用户还可以通过以下方法打开【图形另存为】对话框。

◆ 单击菜单【文件】/【保存】或【另存为】命令。

◆ 在命令行输入"save"后按 Enter 键。

◆ 按组合键 Ctrl+S。

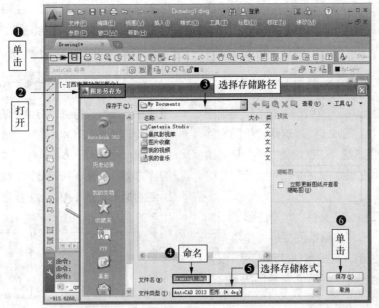

图 1-46 保存图形文件

1.2.8 疑难解答——关于文件的存储格式与版本

🖥 视频文件 │ 疑难解答 \ 第 1 章 \ 疑难解答——关于文件的存储格式与版本 .swf

疑难： 在存储绘制的图形文件时，有很多版本和格式，到底选择什么版本和格式比较合适？

解答： AutoCAD 2014 为用户提供了更多类型的版本和格式，存储为何种版本和格式取决于用户对图形文件的使用情况。默认的 AutoCAD 2014 存储类型为"AutoCAD 2013 图形（*.dwg）"，使用此种格式将文件存储后，只能被 AutoCAD 2013 及更高的版本所打开。如果需要在 AutoCAD 早期低版本中打开设计图形，可以选择更低的文件格式进行存盘。例如，可以选择最低版本"AutoCAD R14/LY98/LT97 图形（*.dwg）"，这样可以在 AutoCAD R14 版本中打开在 AutoCAD 2014 中绘制的机械设计图，如图 1-47 所示。

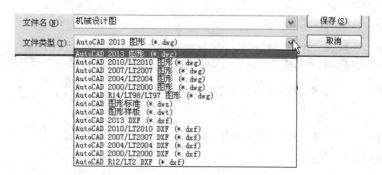

图 1-47　选择保存版本

另外，AutoCAD 专业文件格式为".dwg"，如果要将设计图与其他软件进行交互使用，例如，要在 3ds Max 软件中使用设计图，应该选择".dws"或者".dxf"格式进行保存；如果保存的是一个样板文件，那就应该选择".dwt"格式进行保存。有关样板文件，在后面章节将进行更详细的讲解。

1.2.9　疑难解答——保存编辑后的机械设计图时的注意事项

📺 视频文件 ┃ 疑难解答 \ 第 1 章 \ 疑难解答——保存编辑后的机械设计图时的注意事项 .swf

疑难： 打开早期保存的机械设计图，并对该设计图进行了编辑，在保存时应注意哪些问题？

解答： 如果要保存的是打开的图形文件，并对该文件进行了修改编辑，建议使用【另存为】命令比较合适。使用该命令保存文件时，可以对该图形文件进行重命名或选择其他存储路径等进行保存，这样可以保证对源图文件不产生任何影响。如果直接使用【保存】命令进行保存，则可能将源文件覆盖，使源文件丢失，会造成无法挽回的后果。

可以执行菜单栏中的【文件】/【另存为】命令，打开【图形另存为】对话框，然后为该文件重新命令或选择存储路径，然后将其保存，其相关设置与【保存】文件的相关设置相同，可以参阅【保存】对话框的相关设置，在此不再赘述。

1.3　视图的缩放控制

在 AutoCAD 绘图中，当要查看图形的细节或者全貌时，可以通过 AutoCAD 2014 提供的众多视图缩放调控功能缩放控制视图，以满足用户查看图形的需要。执行【视图】/【缩放】命令，在该菜单下系统提供了缩放视图的相关菜单命令，如图 1-48 所示。

如果用户不习惯使用菜单，可以在工具栏空白位置单击右键，在打开的工具栏菜单中选择【缩放】命令，打开【缩放】工具栏，使用相关工具按钮来调整视图，如图 1-49 所示。

图 1-49　【缩放】工具栏

使用这些菜单命令或工具按钮，用户可以轻松地缩放调整视图，方便用户对图形进行查看或编辑。下面就来学习视图的缩放控制功能。

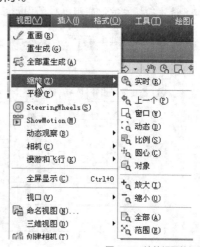

图 1-48　缩放视图的相关命令

本节内容概览

知识点	功能 / 用途	难易度与应用频率
窗口缩放（P024）	● 缩放图形区域以查看图形局部细节	难易度：★ 应用频率：★★★★★
比例缩放（P025）	● 按比例缩放图形以查看图形	难易度：★ 应用频率：★★★★★
中心缩放（P025）	● 由某中心点缩放图形以查看图形	难易度：★ 应用频率：★★★★★
缩放对象（P026）	● 将图形最大化显示在绘图区以查看图形全部	难易度：★ 应用频率：★★★★★
其他缩放对象的操作（P026）	● 放大、缩小图形 ● 按照一定范围缩放图形 ● 全部缩放所有图形	难易度：★ 应用频率：★★★★★
实时恢复与平移视图（P027）	● 恢复图形的缩放操作 ● 平移视图以查看图形对象	难易度：★ 应用频率：★★★★★
疑难解答（P027）	图形界限是什么	

1.3.1 查看图形区域——窗口缩放

📄 素材文件	素材文件 \ 组装零件图 .dwg
🖥 视频文件	专家讲堂 \ 第 1 章 \ 查看图形区域——窗口缩放 .swf

　　如果想缩放图形的某一区域，使用"窗口缩放"比较合适，该缩放功能是以窗口的方式，将图形某区域放大。这是一种较常用的缩放调控视图的技能。打开素材文件中的组装零件图，下面通过"窗口缩放"功能查看该组装零件图的细部效果。

⚙ 实例引导 ——窗口缩放视图

Step01▸ 单击【缩放】工具栏上的"窗口缩放"按钮🔍。

Step02▸ 按住鼠标左键，在组装图上部位置拖曳鼠标指针创建矩形框。

Step03▸ 释放鼠标左键，矩形框内的图形被放大，如图 1-50 所示。

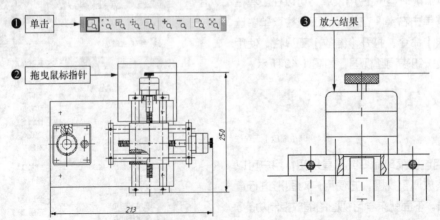

图 1-50　窗口缩放视图

1.3.2　按比例缩放图形——比例缩放

📄 素材文件	素材文件 \ 组装零件图 .dwg
🖥 视频文件	专家讲堂 \ 第 1 章 \ 按比例缩放图形——比例缩放 .swf

如果想按一定的比例来缩放图形，可使用"比例缩放"功能，在输入某一比例参数后，视图会随设置的参数做相应调整，而视图中心点保持不变。下面将素材文件缩放 2 倍。

⚙ **实例引导**——比例缩放视图

Step01 ▸ 单击【缩放】工具栏上的"比例缩放"按钮 🔍。

Step02 ▸ 在命令行中输入缩放倍数"2"。

Step03 ▸ 按 Enter 键，视图被放大 2 倍，如图 1-51 所示。

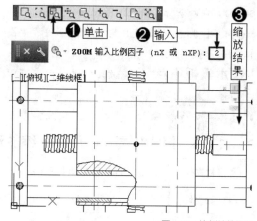

图 1-51　比例缩放视图

| 技术看板 | 在输入缩放比例参数时，有以下 3 种方式。

◆ 直接在命令行输入数字，表示相对于图形界限的倍数，"图形界限"其实就是绘图时的图纸大小。例如，绘图纸大小为 A1 图纸，如果输入"2"，表示将视图放大 A1 的 2 倍。需要说明的是，如果当前视图显示大小已经超过了图形界限大小，则会缩小视图。

◆ 在输入的数字后加字母 X，表示相对于当前视图的缩放倍数。当前视图就是图形当前显示的效果，例如输入"2X"，表示将视图按照当前视图大小放大 2 倍。

◆ 在输入的数字后加字母"XP"，表示系统将根据图纸空间单位确定缩放比例。

1.3.3　由中心缩放图形——中心缩放

📄 素材文件	素材文件 \ 组装零件图 .dwg
🖥 视频文件	专家讲堂 \ 第 1 章 \ 由中心缩放图形——中心缩放 .swf

如果想根据某中心点缩放调整视图，那用户不妨使用"中心缩放"功能，该功能将以鼠标指针中心点作为缩放中心对图形进行缩放。下面以图 1-52 所示的中心点为缩放中心，将该视图缩放 2 倍。

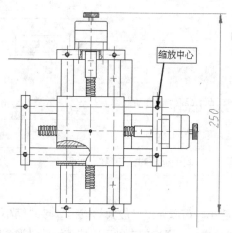

图 1-52　原图中的缩放中心

实例引导——中心缩放视图

Step01 ▶ 单击【缩放】工具栏上的"中心缩放"按钮 🔍。

Step02 ▶ 单击缩放中心点。

Step03 ▶ 在命令行中输入缩放比例"2"。

Step04 ▶ 按 Enter 键，视图即被放大 2 倍，如图 1-53 所示。

| **技术看板** | 在输入缩放比例参数时，有以下两种方式。

♦ 直接在命令行输入一个数值，系统将以此

数值作为新视图的高度调整视图。

♦ 如果在输入的数值后加一个 X，则系统将其看作视图的缩放倍数进行视图调整。

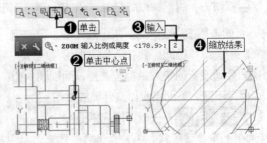

图 1-53　中心缩放视图

1.3.4　最大化显示图形——缩放对象

📄 素材文件	素材文件 \ 组装零件图 .dwg
🖥 视频文件	专家讲堂 \ 第 1 章 \ 最大化显示图形——缩放对象 .swf

如果想将图形某部分最大限度地显示在当前视图内，则可以使用该工具。最大限度就是将图形完全显示在视图区。下面将组装图中螺杆图形最大限度地显示在当前视图内。

实例引导——缩放对象

Step01 ▶ 单击【缩放】工具栏中的"缩放对象"按钮 🔍。

Step02 ▶ 按住鼠标左键由左向右拖曳鼠标指针，拖出浅蓝色选择框将螺杆图形包围。

Step03 ▶ 按 Enter 键，螺杆图形将最大限度地显示在视图区，如图 1-54 所示。

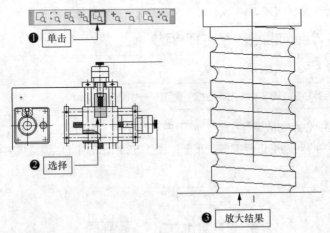

图 1-54　最大化显示对象

1.3.5　其他缩放对象的操作

📄 素材文件	素材文件 \ 组装零件图 .dwg
🖥 视频文件	专家讲堂 \ 第 1 章 \ 其他缩放对象的操作 .swf

♦ 放大或缩小图形

如果只想将图形放大或缩小，可以单击"放大"按钮 🔍 或"缩小"按钮 🔍，每单击一次，就可以将图形放大一倍或缩小二分之一，多次单击则可以成倍地放大视图或成比例地缩小视图。

◆ 全部缩放图形

如果想将图形按照图形界限或图形范围的尺寸，在绘图区域内全部显示，只需要单击"全部缩放"按钮 即可，在显示时，图形界限与图形范围中哪个尺寸大，便由哪个决定图形显示的尺寸。

◆ 范围缩放图形

使用"全部缩放"功能显示图形时会与图形界限有关，如果不想让图形界限影响缩放，可以单击"范围缩放"按钮，即可将所有图形全部显示在屏幕上，并最大限度地充满整个屏幕。

1.3.6　随时恢复操作——实时恢复与平移

📄 素材文件	素材文件 \ 组装零件图 .dwg
💻 视频文件	专家讲堂 \ 第 1 章 \ 随时恢复操作——实时恢复与平移 .swf

当图形放大或缩小后，要想将图形恢复到缩放前的样子，可借助 AutoCAD 的一个特殊功能，那就是当视图被缩放后，以前视图的显示状态会被 AutoCAD 自动保存起来，方便用户随时恢复视图，使其回到调控之前的视图状态。可以单击【主工具栏】上的"缩放上一个"按钮，将视图恢复到上一个视图的显示状态，如图 1-55 所示。

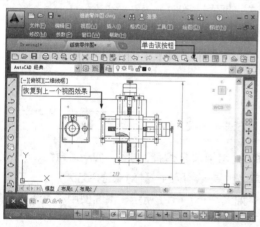

图 1-55　恢复视图

如果连续单击该按钮，系统将连续地恢复视图，直至退回到前 10 个视图。

另外，视图被缩放后，如果想查看视图某一部分，可以使用视图的平移工具对视图进行平移，以方便观察视图内的图形。执行菜单栏中的【视图】/【平移】命令，在其下一级菜单中有各种平移命令，如图 1-56 所示。

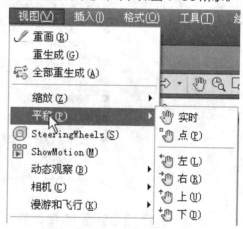

图 1-56　平移命令

◆【实时】用于将视图随着指针的移动而平移，也可在【标准】工具栏上单击按钮，以激活【实时平移】工具。

◆【点】平移是根据指定的基点和目标点平移视图。定点平移时，需要指定两点，第一点作为基点，第二点作为位移的目标点，平移视图内的图形。

◆【左】、【右】、【上】和【下】命令分别用于在 X 轴和 Y 轴方向上移动视图。

技术看板 激活【实时】命令后指针变为 形状，此时可以按住鼠标左键向需要的方向平移视图。另外，在任何情况下都可以按 Enter 键或 Esc 键来停止平移。

1.3.7　疑难解答——图形界限是什么？

💻 视频文件	疑难解答 \ 第 1 章 \ 疑难解答——图形界限是什么 .swf

疑难：图形界限是什么？它与新建的绘图文件有什么关系？

解答： 所谓"图形界限"简单的说就是在新建的绘图文件中设定的绘图范围，AutoCAD 新建的绘图文件是一个无限大的电子纸张，用户可以在该电子纸张任意区域绘图，该"图形界限"就是绘图时的一个界限范围。有关"图形界限"的设置等相关操作，将在后面章节详细讲解。

1.4 图形对象的基本操作

选择、移动以及删除图形对象，这些都是图形对象的基本操作，也是 AutoCAD 中经常用到的基本操作，掌握这些操作非常重要。

本节内容概览

知识点	功能 / 用途	难易度与应用频率
点选（P028）	● 选择单个对象（P030） ● 选择多个对象（P031） ● 编辑图形对象的区别（P031）	难易度：★ 应用频率：★★★★★
窗选（029）	● 选择单个对象 ● 选择多个对象 ● 编辑图形对象	难易度：★ 应用频率：★★★★★
移动（P030）	● 调整对象位置 ● 编辑图形对象	难易度：★ 应用频率：★★★★★
疑难解答	● "点选"方式选择对象的时机（P030） ● 使用"点选"方式能否选择多个对象？（P031） ● "编辑模式"与"夹点模式"的区别（P031） ● 精确调整图形对象位置的方法（P031）	

1.4.1 选择单个对象的有效方法——点选

📄 素材文件	素材文件 \ 扳钳平面图 .dwg
💻 视频文件	专家讲堂 \ 第 1 章 \ 选择单个对象的有效方法——点选 .swf

"点选"就是通过单击对象来选择对象，该选择方式常用来选择单个对象，如一条直线、一个矩形、一个圆或者一个图块文件等，"点选"是最简单、也是最常用的一种对象选择方式。

打开素材文件，这是一个扳钳机械零件平面图，如图 1-57（a）所示，下面使用"点选"方式选择内部圆并将其删除，结果如图 1-57（b）所示。

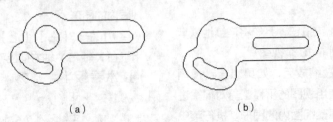

（a）　　　　　　　　　　　　　　（b）

图 1-57　扳钳平面图处理前后

⚙️ **实例引导**——点选图形对象

Step01 ▶ 在无任何命令发出的情况下，移动光标到内侧圆上。

Step02 ▶ 单击选择该圆，圆被选择后进入夹点模式。

Step03 ▶ 按 Delete 键将选择的圆删除，如图 1-58 所示。

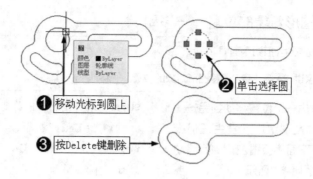

图 1-58 点选图形对象

1.4.2 选择多个对象的有效方法——窗选

素材文件	素材文件 \ 扳钳平面图 .dwg
视频文件	专家讲堂 \ 第 1 章 \ 选择多个对象的有效方法——窗选 .swf

使用"点选"一次只能选择一个对象，如果要选择多个对象，只能通过多次单击才行，这样很麻烦。如果想一次就能选择多个对象，可以使用"窗选"的方式来选择对象。

"窗选"是指通过选择框来选择多个对象，"窗选"包括两种选择方式，一种是"窗口选择"方式，另一种是"窗交选择"方式。

1."窗口选择"方式

采用"窗口选择"方式选择对象时，需要按住鼠标左键由左向右拖曳出浅蓝色选择框，将所选对象全部包围，即可将对象选择。采用这种方式，一次可以选择多个对象。

打开素材文件，下面使用"窗口选择"方式来选择扳钳左边圆及其圆弧对象。

实例引导——窗口选择

Step01 ▶ 在无任何命令发出的情况下，按住鼠标左键由左向右拖曳，拖出蓝色背景的选择框将对象包围。

Step02 ▶ 释放鼠标左键，选择框包围的对象被选择，并进入夹点模式，如图 1-59 所示。

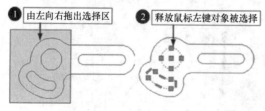

图 1-59 窗口选择

| 技术看板 | 采用"窗口选择"方式选择对象时，对象必须全部被包围在选择框内，否则对象不能被选择。例如，在图 1-59 中，左侧的圆和圆弧对象被完全包围在选择框内，因此只有这两个对象被选择，而其他对象没有被选择。

2. 窗交选择

采用"窗交选择"方式选择对象时，需要由右向左拖出浅绿色选择框，将所选对象包围或者使其与所选对象相交，即可将对象选择。下面继续使用"窗交方式"选择扳钳所有对象。

实例引导——窗交选择

Step01 ▶ 在无任何命令发出的情况下，由右向左拖曳出选择框。

Step02 ▶ 释放鼠标左键，结果与选择框相交以及被选择框包围的对象被选择，如图 1-60 所示。

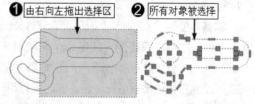

图 1-60 窗交选择

| 技术看板 | 采用"窗交选择"方式选择对象时，对象只要全部被包围在选择框内，或者与选择框相交，即可被选择。例如，在图 1-60 中，扳钳所有对象都只与选择框相交，结果所有对象都被选择。

1.4.3 调整图形对象的位置——移动

📄 素材文件	素材文件 \ 扳钳平面图 .dwg
🖥 视频文件	专家讲堂 \ 第 1 章 \ 调整图形对象的位置——移动 .swf

移动是指将对象由一个位置移动到另一个位置，源对象的尺寸及形状均不发生任何变化。打开素材文件，下面将扳钳左侧的圆移动到扳钳右侧位置，如图 1-61 所示。

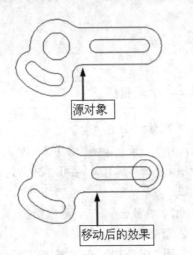

图 1-61　移动图形对象

⚙ **实例引导**——移动对象

Step01 ▸ 单击【修改】工具栏中的"移动"按钮 ✛ 。

Step02 ▸ 单击左侧的圆将其选择。

Step03 ▸ 按 Enter 键，然后捕捉圆心作为基点。

Step04 ▸ 捕捉右侧的圆心作为目标点。移动结果如图 1-62 所示。

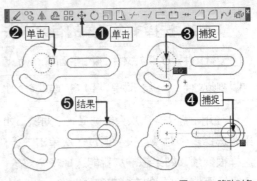

图 1-62　移动对象

│技术看板│ 用户还可以采用以下方式激活【移动】命令。

◆ 单击菜单【修改】/【移动】命令。

◆ 在命令行输入"MOVE"按 Enter 键。

◆ 使用快捷键 M。

1.4.4 疑难解答——"点选"方式选择对象的时机

🖥 视频文件	专家讲堂 \ 第 1 章 \ 疑难解答——"点选"方式选择对象的时机 .swf

疑难： 在什么情况下使用"点选"方式选择对象比较合适？

解答： 使用"点选"可以选择单个对象，也就是说，当用户编辑的对象是单个对象时，可以使用"点选"方式来选择。下面继续对图 1-58 所示的扳钳内部圆进行复制，这时同样可以使用"点选"方式来选择圆，具体操作如下。

Step01 ▸ 单击【修改】工具栏中的"复制"按钮 ✎ 。

Step02 ▸ 移动光标到圆上，单击将圆选择。

Step03 ▸ 按 Enter 键，结束选择，然后捕捉圆心。

Step04 ▸ 移动光标到合适位置单击，确定圆的位置。

Step05 ▸ 按 Enter 键，结束操作，复制结果如图 1-63 所示。

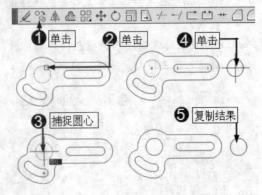

图 1-63　复制扳钳内部圆

1.4.5　疑难解答——使用"点选"方式能否选择多个对象?

🖥 视频文件	专家讲堂\第1章\疑难解答——使用"点选"方式能否选择多个对象.swf

疑难: 能否使用"点选"方式选择多个对象?

解答:"点选"方式可用于选择单个对象,但并不是只能选择一个对象,用户可以在编辑模式或非编辑模式下分别单击多个对象,这样可以将这些对象全部选择,例如,在非编辑模式下,用户可以使用"点选"方式选择多个对象。

Step01 ▸ 在无任何命令发出的情况下,单击扳钳内侧圆,圆被选择,并进入夹点模式。

Step02 ▸ 单击扳钳外圆弧轮廓线,该圆弧被选择,并进入夹点模式。

Step03 ▸ 单击其他图线,这些图线都会被选择,并进入夹点模式,如图1-64所示。

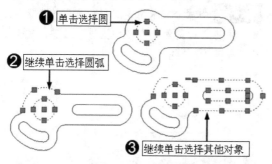

图 1-64　使用"点选"方式选择多个对象

当然,用户也可以在编辑模式下使用"点选"方式选择多个对象,例如要将扳钳所有对象进行复制,这时可以使用"点选"方式选择扳钳所有对象。

Step01 ▸ 单击【修改】工具栏中的"复制"按钮。

Step02 ▸ 单击圆,将圆选择,圆以虚线显示。

Step03 ▸ 单击选择圆弧,圆弧以虚线显示。

Step04 ▸ 单击选择其他对象,对象以虚线显示。

Step05 ▸ 按 Enter 键结束选择,然后捕捉圆心。

Step06 ▸ 移动光标到合适位置单击,确定图形的位置。

Step07 ▸ 按 Enter 键结束操作,复制结果如图1-65所示。

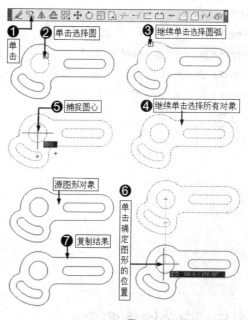

图 1-65　复制扳钳的所有对象

1.4.6　疑难解答——"编辑模式"与"夹点模式"的区别

🖥 视频文件	疑难解答\第1章\疑难解答——"编辑模式"与"夹点模式"的区别.swf

疑难: 什么是编辑模式,什么是夹点模式? 为什么在这两种模式下选择的图形对象显示效果不同?

解答: 编辑模式是指执行了相关命令后,选择的图形对象以虚线显示,表示进入了编辑模式,此时可以编辑图形对象。夹点模式是在没有发出任何命令的情况下选择对象后,对象以虚线显示,并会以蓝色显示图形的特征点,此时将其称为夹点模式。夹点模式也是编辑图形的一种方式,不同对象,其图形的特征点数目不同,有关夹点编辑以及图形特征点等内容,将在后面的章节详细讲解。

1.4.7　疑难解答——精确调整图形对象位置的方法

🖥 视频文件	疑难解答\第1章\疑难解答——精确调整图形对象位置的方法.swf

疑难: 如果要将对象按照精确尺寸进行移动,例如要将该圆沿 X 轴向右移动 150mm,这时该如何操作呢?

解答: 在移动对象时,有"定点移动"和"坐标移动"两种情况。所谓"定点移动"就是将某一点作为移动的目标点进行移动,图 1-62 所示就是将右侧圆心作为目标点进行移动的。而"坐标移动"就是指定目标点的坐标来移动对象,也就是按照精确尺寸进行移动,这时,用户可以直接输入目标点的坐标。下面将扳钳左侧的圆向右移动 150mm。

实例引导 ——将左侧圆向右移动 150mm

Step01▶ 单击【修改】工具栏中的"移动"按钮 ✥。

Step02▶ 单击左侧的圆。

Step03▶ 按 Enter 键,捕捉圆心。

Step04▶ 输入目标点坐标"@150,0"。

Step05▶ 按 Enter 键,移动结果如图 1-66 所示。

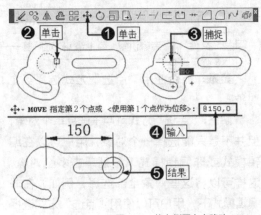

图 1-66 将左侧圆向右移动 150mm

| 技术看板 | 在以上操作中,"@150,0"是目标点的坐标,其中"@"表示相对,即相对于原点的意思,"150"是 X 轴的坐标,表示沿 X 正方向是 150mm,而"0"是 Y 轴的坐标,表示沿 Y 轴是 0mm,简单的说,就是 Y 轴的距离没有变化。

练一练 尝试分别采用定点移动方式和坐标移动方式将素材文件中左侧的圆进行位移,移动结果如图 1-67(b)所示。

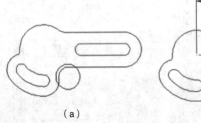

（a）

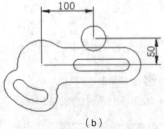

（b）

图 1-67 将左侧的圆进行位移

1.5 启动绘图命令

要想在 AutoCAD 中绘图,首先必须启动 AutoCAD 的绘图命令,AutoCAD 绘图命令的启动方式有多种,最常用的方式就是通过单击工具栏中的各命令按钮来启动命令。此外,还可以执行菜单命令,在命令行输入命令表达式或者使用命令快捷键等方式来启动命令。

本节内容概览

知识点	功能 / 用途	难易度与应用频率
单击工具按钮（P033）	● 通过单击工具按钮以启动绘图命令 ● 绘制图形	难易度:★ 应用频率:★★★★★
输入命令表达式（P033）	● 通过输入命令表达式启动绘图命令 ● 绘制图形	难易度:★★★★★ 应用频率:★
快捷键（P034）	● 通过命令快捷键启动绘图命令 ● 绘制图形	难易度:★ 应用频率:★★★★★

知识点	功能 / 用途	难易度与应用频率
执行菜单命令（P035）	● 通过执行相关菜单启动绘图命令 ● 绘制图形	难易度：★ 应用频率：★★★

1.5.1　最简单的启动方法——单击工具按钮

🖵 视频文件　┃　专家讲堂 \ 第 1 章 \ 最简单的启动方法——单击工具按钮 .swf

　　工具栏中形象而又直观的图标按钮，其实就是 AutoCAD 的一个个命令，当用户将指针移动到这些按钮上时，会自动显示出该按钮的名称以及操作方法提示等，例如，将指针移到"直线"按钮 ✏ 上，会出现对该工具按钮的提示说明，如图 1-68 所示。

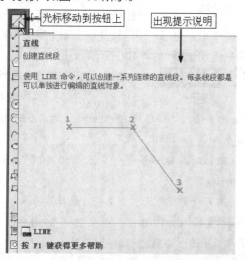

图 1-68　"直线"按钮的提示说明

　　用户只需单击图标按钮，即可启动相应的命令。下面通过单击【绘图】工具栏中的"矩形"按钮 ▭，启动【矩形】命令来绘制一个矩形。

⚙ **实例引导**　——单击工具按钮启动【矩形】命令

Step01 ▸ 单击【绘图】工具栏中的"矩形"按钮 ▭。

Step02 ▸ 在绘图区单击确定矩形的第 1 个角点。

Step03 ▸ 拖曳鼠标指针到合适位置单击，确定矩形另一个角点。绘制过程如图 1-69 所示。

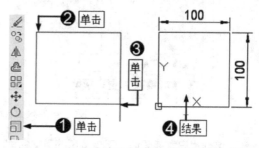

图 1-69　单击"矩形"按钮绘制矩形

1.5.2　最复杂的启动方法——输入命令表达式

🖵 视频文件　┃　专家讲堂 \ 第 1 章 \ 最复杂的启动方法——输入命令表达式 .swf

　　命令表达式是指 AutoCAD 的英文命令，用户只需在命令行的输入窗口中输入 CAD 命令的英文表达式，然后再按 Enter 键确认，就可以启动命令。下面通过输入矩形的命令表达式来绘制矩形。

⚙ **实例引导**　——输入命令表达式启动【矩形】命令

Step01 ▸ 在命令行输入"RECTANG"，按 Enter 键。启动【矩形】命令。

Step02 ▸ 在绘图区单击确定矩形的第 1 个角点。

Step03 ▸ 拖曳鼠标指针到合适位置单击，确定

矩形另一个角点。绘制过程如图 1-70 所示。

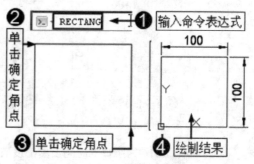

图 1-70　输入命令表达式绘制矩形

1.5.3 最快捷的启动方法——快捷键

💻 视频文件 | 专家讲堂 \ 第 1 章 \ 最快捷的启动方法——快捷键 .swf

使用命令表达式启动绘图命令时，用户不仅需要牢记所有命令的命令表达式，同时还要保证输入不能出错，这样做比较麻烦。有一种比命令表达式更为简单的方式，即使用快捷键来启动绘图命令。

快捷键实际上是各工具命令的英文简写，一般为英文名称的第 1 个字母或者第 1、第 2 个字母的组合。可以将指针移到到工具按钮上，指针下方会自动出现各工具按钮的名称，例如，将指针移到【绘图】工具栏中的"矩形"按钮□上，此时会在指针下方出现该按钮的名称，如图 1-71 所示。

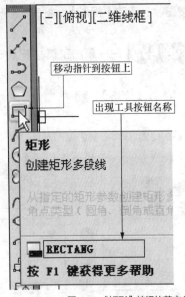

图 1-71 "矩形"按钮的英文名称显示

这样用户就能知道该工具按钮的英文名称

了，在命令行直接输入英文名称前的第 1 个英文字母（有些工具按钮需要输入英文名称前第 1 和第 2 个英文字母组合或者英文名称前第 1、第 2 和第 3 个字母组合），然后按 Enter 键，即可启动该命令。下面以坐标系原点作为矩形的一个角点坐标，使用快捷键启动【矩形】命令来绘制 100mm × 100mm 的矩形。

⚙ **实例引导** ——使用快捷键启动命令绘制矩形

Step01 ▶ 输入"REC"，按 Enter 键，激活【矩形】命令。

Step02 ▶ 输入矩形第 1 个角点坐标"0,0"，按 Enter 键。

Step03 ▶ 确定矩形第 1 个角点为坐标系原点。

Step04 ▶ 输入矩形另一个角点坐标"100,100"，按 Enter 键。绘制过程如图 1-72 所示。

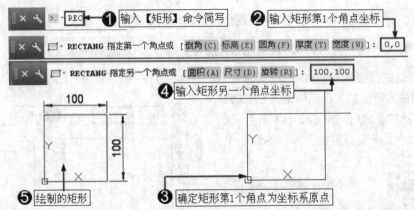

图 1-72 使用快捷键启动命令绘制矩形

AutoCAD 2014 为所有的绘图工具都设置了快捷键，只要记住这些快捷键，在绘图时加以利用，会大大提高绘图速度。

1.5.4 最传统的启动方法——执行菜单命令

📺 视频文件	专家讲堂 \ 第 1 章 \ 最传统的启动方法——执行菜单命令 .swf

　　如果不习惯使用以上几种方式启动绘图命令，那用户也可以通过最传统的方式来启动绘图命令，即执行菜单命令。在菜单栏【绘图】菜单下，系统提供了启动绘图命令的相关菜单，用户只要执行相关菜单，即可启动相关命令。例如要绘制一个 100mm×100mm 的矩形，其操作过程如下。

⚙ 实例引导 ——使用菜单启动命令绘制矩形

Step01 ▶ 执行菜单栏中的【绘图】/【矩形】命令。

Step02 ▶ 输入矩形第 1 个角点坐标 "0,0"，按 Enter 键。

Step03 ▶ 确定矩形第 1 个角点为坐标系原点。

Step04 ▶ 输入矩形另一个角点坐标 "100,100"，按 Enter 键。绘制过程如图 1-73 所示。

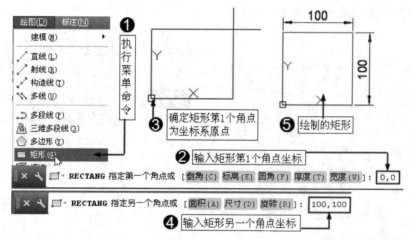

图 1-73 使用菜单启动命令绘制矩形

　　AutoCAD 菜单命令的操作方法与其他应用程序菜单的操作相同，在此不再赘述。

1.6 绘制直线

　　直线是最简单、也最常用的二维图形，也是组成其他图形的基本图元，绘制直线的技能是 AutoCAD 机械设计的基本技能。

本节内容概览

知识点	功能 / 用途
实例	绘制长度为 100mm 的水平直线（P035）
	使用直线绘制边长为 100mm 的矩形（P036）

1.6.1 实例——绘制长度为 100mm 的水平直线

📺 视频文件	专家讲堂 \ 第 1 章 \ 实例——绘制长度为 100mm 的水平直线 .swf

　　在 AutoCAD 中，绘制直线时，必须确定直线的起点和端点，这样才能绘制完成一条直线，确定直线起点和端点时，用户可以拾取一点或者输入点的坐标。下面来绘制一条长度为 100mm 的水平直线。

⚙ **实例引导** ——绘制长度为 100mm 的
水平直线

Step01▶ 按 F8 键，启用状态栏上的【正交】功
能。

Step02▶ 单击【绘图】工具栏上的"直线"按
钮 ✎。

Step03▶ 在绘图区单击拾取一点作为直线的
起点。

Step04▶ 水平向右引导光标。

Step05▶ 输入"100"，按 Enter 键，确定直线
的长度。

Step06▶ 按 Enter 键，结束操作，结果如图 1-74
所示。

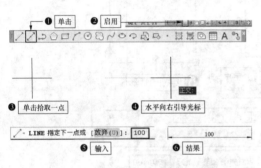

图 1-74 绘制长度为 100mm 的直线

|**技术看板**|【正交】功能可以将光标强制控
制在水平和垂直的方向，简单的说，就是启用
【正交】功能后，光标只能沿水平或者垂直方
向移动，这样方便绘制水平或者垂直的直线。

另外，启动【直线】命令时，还可以通过以下
方式激活【直线】命令。

♦ 单击菜单栏中的【绘图】/【直线】命令，
如图 1-75 所示。

图 1-75 菜单栏

♦ 单击【绘图】工具栏上的"直线"按钮 ✎，
如图 1-76 所示。

♦ 在命令行输入"LINE"，按 Enter 键。

♦ 使用快捷键 L。

图 1-76 【绘图】工具栏

练一练 尝试以绘制的水平直线的端点作为另
一条直线的起点，绘制一条长度为 100mm 的
垂直直线，如图 1-77 所示。

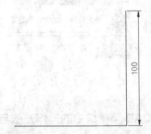

图 1-77 绘制垂直直线

1.6.2 实例——使用直线绘制边长为 100mm 的矩形

🖥 视频文件 | 专家讲堂\第 1 章\实例——使用直线绘制长度为 100mm 的矩形 .swf

使用【直线】命令不仅可以绘制直线，
还可以绘制图形，下面使用直线绘制一个边
长为 100mm 的矩形，学习使用直线绘制图
形的技能。

⚙ **实例引导** ——使用直线绘制边长为
100mm 的矩形

Step01▶ 按 F8 键，启用状态栏上的【正交】
功能。

Step02▶ 单击【绘图】工具栏上的"直线"按
钮 ✎。

Step03▶ 在绘图区单击拾取一点作为直线的
起点。

Step04▶ 水平向右引导光标，输入"100"，按
Enter 键，绘制矩形下水平边。

Step05▶ 垂直向上引导光标，输入"100"，按
Enter 键，绘制矩形右垂直边。

Step06▶ 水平向左引导光标，输入"100"，按
Enter 键，绘制矩形上水平边。

Step07▶ 在命令行输入"C"，按 Enter 键，闭
合图形。绘制过程如图 1-78 所示。

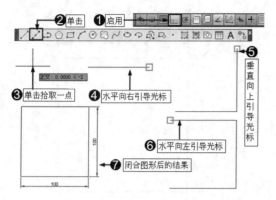

图 1-78　使用直线绘制边长为 100mm 的矩形

┃技术看板┃ 在绘制直线的过程中，命令行会出现相关选项，如图 1-79 所示。

如果想结束操作，在命令行输入 "U"，然后按 Enter 键，激活【放弃】命令，可以终止操作；如果要绘制一个闭合图形，则输入 "C"，按 Enter 键激活【闭合】选项，可以绘制首尾相连的封闭图形。

LINE 指定下一点或 [闭合(C) 放弃(U)]：

图 1-79　命令行选项

1.6.3　疑难解答——不启用【正交】功能也能绘制直线吗？

🖥 **视频文件**　｜　疑难解答\第 1 章\疑难解答——不启用【正交】功能也能绘制直线吗？ .swf

疑难： 在绘制直线时，若不启用【正交】功能，还能绘制水平或垂直的直线吗？

解答：【正交】功能可以将光标强制控制在水平或者垂直方向，这样方便用户绘制水平或者垂直的直线，但并非只有启用了该功能才能绘制水平或者垂直的直线，用户也可以通过坐标输入的方式来绘制水平或者垂直的直线。

首先按 F8 键，关闭状态栏上的【正交】功能，下面就来通过坐标输入方式绘制长度为 100mm 的水平直线和垂直直线。

⚙ **实例引导** ——绘制长度为 100mm 的水平直线

1. 绘制长度为 100mm 的水平直线

Step01▶ 单击【绘图】工具栏上的"直线"按钮 ✐。

Step02▶ 在绘图区单击拾取任意一点作为直线的起点。

Step03▶ 输入 "@100,0"，按 Enter 键，确定直线端点坐标。

Step04▶ 按 Enter 键，结束操作，绘制过程如图 1-80 所示。

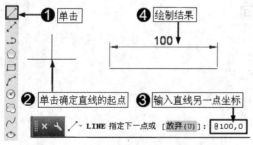

图 1-80　绘制长度为 100mm 的直线

2. 绘制长度为 100mm 的垂直直线

下面继续以水平直线的端点作为垂直直线的起点，通过坐标输入方式绘制长度为 100mm 的垂直直线。

Step01▶ 单击【绘图】工具栏上的"直线"按钮 ✐。

Step02▶ 单击水平直线的端点作为直线的起点。

Step03▶ 输入 "@0,100"，按 Enter 键，确定直线端点坐标。

Step04▶ 按 Enter 键，结束操作，绘制过程如图 1-81 所示。

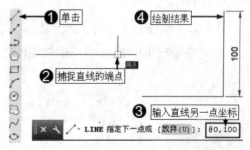

图 1-81　绘制长度为 100mm 的垂直直线

上述操作中，X 轴代表水平方向，Y 轴代表垂直方向，当 X 轴为 0 时，直线一定是一条垂直直线；当 Y 轴为 0 时，直线一定是一条水平直线。在该操作中，图 1-80 所示的操作图中，直线的端点坐标为"@100,0"，表示相对于直线的起点，直线沿 X 轴移动了 100mm、沿 Y 轴移动了 0mm，因此，可以确定这就是一条长度为 100mm 的水平直线。而在图 1-81 所示的操作图中，直线的端点坐标是"@0,100"，表示直线沿 X 轴移动了 0mm，直线沿 Y 轴移动了 100mm，说明这是一条长度为 100mm 个绘图单位的垂直直线。

练一练 尝试通过坐标输入功能，绘制边长为

100mm 的矩形，如图 1-82 所示。

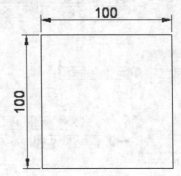

图 1-82　边长为 100mm 的矩形

1.7　综合自测

1.7.1　软件知识检验——选择题

（1）默认设置下 AutoCAD 2014 的工作空间是（　　）。

A．AutoCAD 经典工作空间　　　　B．草图与注释工作空间

C．三维建模工作空间　　　　　　D．三维基础工作空间

（2）AutoCAD 文件的默认存储格式是（　　）。

A．DWG　　　　　B．DXF　　　　　C．DWS　　　　　D．DWT

（3）AutoCAD 样本文件的存储格式是（　　）。

A．DWG　　　　　B．DXF　　　　　C．DWS　　　　　D．DWT

（4）关于窗口选择方式，说法正确的是（　　）。

A．窗口选择图形时，从左向右拖曳鼠标指针，拖出实线浅蓝色选择框，被选择框全部包围的图形会被选择

B．窗口选择图形时，从右向左拖曳鼠标指针，拖出实线浅蓝色选择框，被选择框全部包围的图形会被选择

C．窗口选择图形时，从右向左拖曳鼠标指针，拖出虚线浅绿色选择框，被选择框全部包围以及与选择框相交的图形会被选择

D．窗口选择图形时，从右向左拖曳鼠标指针，拖出虚线浅绿色选择框，被选择框全部包围的图形会被选择

1.7.2　软件操作入门——切换工作空间

尝试将工作空间切换为 4 种不同的工作空间。

第2章
绘图环境与
辅助功能设置

掌握系统环境与绘图辅助功能的设置方法是使用 AutoCAD 进行机械设计的基本要求。通过系统环境设置，可以获得一个操作更简单、更人性化的绘图环境。通过设置绘图辅助功能，用户则能更快速、更精确地进行图形绘制。本章就来学习设置系统环境与绘图辅助功能的方法。

| 第 2 章 |

绘图环境与辅助功能设置

本章内容概览

知识点	功能 / 用途	难易度与应用频率
设置系统环境（P040）	● 设置系统环境	难易度：★ 应用频率：★★★★
设置系统捕捉（P047）	● 设置系统捕捉	难易度：★ 应用频率：★★★★★
设置绘图单位类型（P051）	● 设置绘图单位类型	难易度：★★ 应用频率：★★★★★
设置绘图精度（P052）	● 设置绘图精度	难易度：★ 应用频率：★★★★★
设置绘图范围（P054）	● 设置绘图范围	难易度：★★ 应用频率：★★★★★
设置对象捕捉模式（P057）	● 设置捕捉模式 ● 捕捉图形精确绘图	难易度：★ 应用频率：★★★★★
设置对象追踪功能（P067）	● 设置追踪模式 ● 捕捉图形精确绘图	难易度：★ 应用频率：★★★★★
其他捕捉功能（P073）	● 设置其他捕捉追踪模式 ● 捕捉追踪精确绘图	难易度：★ 应用频率：★★★★★
综合自测（P076）	● 软件知识检验——选择题 ● 应用技能提升——在矩形内部绘制两个三角形	

2.1　设置系统环境

　　AutoCAD 2014 默认的系统环境设置完全能满足您的绘图操作要求，但是，如果想使系统环境更人性化、更能符合操作习惯，可以重新设置系统环境，本节将学习系统环境设置的相关技能。

本节内容概览

知识点	功能 / 用途	难易度与应用频率
"选项"面板（P041）	● 设置系统环境	难易度：★ 应用频率：★★★★★
"颜色"设置（P041）	● 设置系统环境背景颜色	难易度：★ 应用频率：★
"十字光标大小"设置（P043）	● 设置十字光标大小	难易度：★ 应用频率：★
"另存为"设置（P044）	● 设置文件的存储格式	难 易 度：★ 应用频率：★
"自动保存"设置（P044）	● 设置文件自动保存 ● 确保文件安全	难 易 度：★ 应用频率：★
"文件打开"设置（P045）	● 设置快速打开文件的数目 ● 方便快速找到并打开文件	难 易 度：★ 应用频率：★
疑难解答（P046）	● 如何将文件保存为其他格式文件？	

2.1.1 设置系统环境的工具——"选项"面板

📺 视频文件 | 专家讲堂\第 2 章\设置系统环境的工具——"选项"面板 .swf

在命令行输入"OP",然后按 Enter 键,或者执行菜单栏中的【工具】/【选项】命令,就可以打开【选项】面板,该面板是一个专用于设计系统环境的面板,主要由"文件""显示""打开和保存""打印和发布""系统""用户系统配置""绘图""三维建模""选择集""配置"以及"联机"11个选项卡组成,如图 2-1 所示。

通过该面板,用户可以随心所欲地设置工作环境,具体包括窗口元素、布局元素、显示精度、十字光标大小、文件保存格式、文件安全措施、默认输出设备等一系列设置。系统默认设置下,这些设置都能满足一般用户的绘图要求,为了满足个性化用户的需求,系统也允许用户自己进行个性化设置,例如界面颜色、绘图精度、文件保存格式等。下面只对一些常用设置进行讲解,对于其他设置,建议用户选择系统默认设置,以免设置不合理影响绘图。

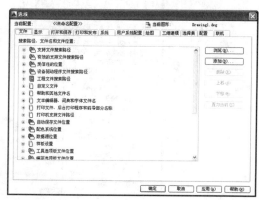

图 2-1 【选项】面板

2.1.2 设置界面背景颜色——"颜色"设置

📺 视频文件 | 专家讲堂\第 2 章\设置界面背景颜色——"颜色"设置 .swf

如果您是 AutoCAD 2014 的初始用户,当启动 AutoCAD 2014 程序之后,会发现整个绘图空间背景颜色为黑色,如图 2-2 所示。

这种黑色背景略显沉闷,个人认为白色更好,因为一般情况下,所绘制的机械设计图的线条大多都是黑色线条,而白色绘图背景与黑色的图形线条能形成较强的反差,这样便于查看图形。下面就将绘图背景颜色设置为图 2-3 所示的白色。

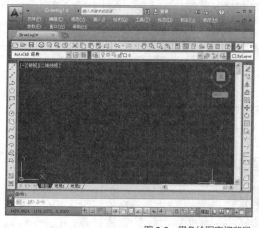

图 2-2 黑色绘图空间背景

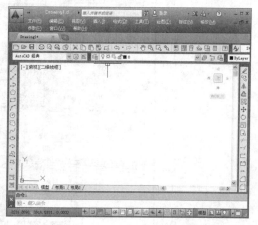

图 2-3 白色绘图空间背景

⚙️ **实例引导**——设置绘图空间颜色为白色

Step01 ▶ 进入"显示"选项卡,单击 颜色(C)... 按钮。

Step02 ▶ 打开【图形窗口颜色】对话框。

Step03 ▶ 在"颜色"列表框中选择"白"颜色。

Step04 ▶ 单击 应用并关闭(A) 按钮，如图 2-4 所示。

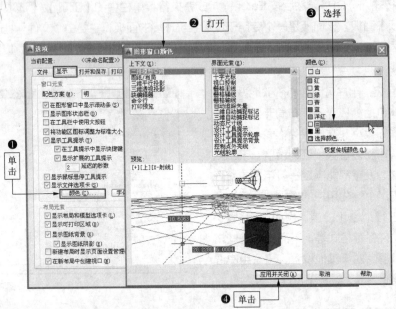

图 2-4　设置绘图空间颜色为白色

　　单击 应用并关闭(A) 按钮回到【选项】对话框，会发现绘图空间背景颜色变为了白色，如图 2-3 所示。用户也可以根据自己的喜好，使用相同的方法设置绘图背景颜色。

| 技术看板 | 除了设置绘图背景颜色之外，也可以设置界面其他元素的颜色，在"界面元素"选项下选择相关选项，然后在"颜色"列表框中选中所需颜色；如果想恢复到系统默认的颜色，则可以单击 恢复传统颜色(L) 按钮，然后单击 应用(A) 按钮和 确定 按钮即可，如图 2-5 所示。

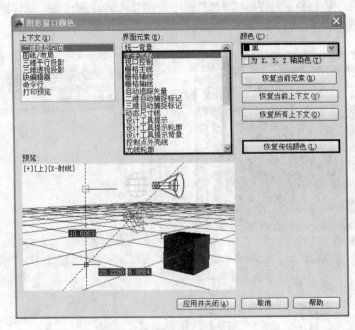

图 2-5　恢复系统默认的颜色

2.1.3　设置十字光标——"十字光标大小"设置

📹 视频文件 ┃ 专家讲堂 \ 第 2 章 \ 设置十字光标——"十字光标大小"设置 .swf

系统默认设置下，十字光标大小为 100mm，其十字线布满整个绘图区，如图 2-6 所示。

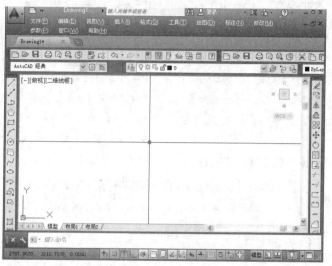

图 2-6　默认情况下十字光标布满整个绘图区

这种十字光标其实对查看图形和绘图并不太有利，例如，在绘图过程中，十字光标的十字线往往会与图形的水平和垂直线相重叠，或者与图形相交，对于机械设计初学者，有可能将这种线误认为是机械零件的图线，这会对绘图产生一些误导，因此，建议重新设置十字光标，这对绘图会非常有利。

下面就将十字光标大小设置为 5，这样更符合机械设计初学者的您。

⚙️ **实例引导**——设置十字光标大小

Step01 ▶ 继续在"显示"选项卡右侧的"十字光标大小"选项下拖动滑块。

Step02 ▶ 设置"十字光标大小"为"5"。

Step03 ▶ 单击 应用(A) 按钮。

Step04 ▶ 此时十字光标变小，如图 2-7 所示。

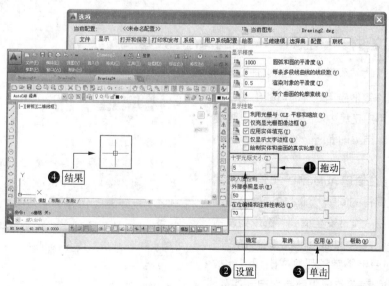

图 2-7　设置十字光标大小

┃ **技术看板** ┃ 以上主要介绍了常用的一些显示设置，除此之外，用户还可以根据自己的喜好和习惯设置其他的显示效果。但建议用户不要再去设置其他的显示，因为其他显示都是系统根据软件性能所做的最好的设置，如果对其他的显示效果进行了设置，反而不利于绘图。

2.1.4 一劳永逸的保存格式——"另存为"设置

🖥 视频文件 | 专家讲堂\第2章\一劳永逸的保存格式——"另存为"设置.swf

AutoCAD 2014 允许将文件保存为当前版本或者更低的版本，方便文件能在更低版本中进行编辑，但这需要在每一次保存文件时手动设置才行，这样会很麻烦。下面介绍一种一劳永逸的方法，通过该方法能保证以后的文件会自动保存为需要的版本文件。

下面来设置将以后的文件均保存为"AutoCAD 2013图形（*.dwg）"格式的方法。

⚙ **实例引导** ——设置文件保存版本为2013版本的格式

Step01▶ 在【选项】对话框中进入"打开和保存"选项卡，单击"另存为"下拉列表按钮。

Step02▶ 选择"AutoCAD 2013 图形（*.dwg）"格式，单击 应用(A) 按钮，如图2-8所示。

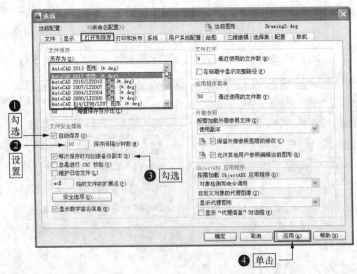

图2-8 设置文件保存版本

2.1.5 文件安全措施——"自动保存"设置

🖥 视频文件 | 专家讲堂\第2章\文件的安全措施——"自动保存"设置.swf

用户在操作其他应用软件时可能出现过这样的情况，当用户正集中精力工作时，电脑突然间出现故障，结果前面所做的所有工作结果全都丢失了。

如果不想在使用 AutoCAD 2014 进行图形设计时出现同样的问题，那就应该做一些预防措施，可以在"文件安全措施"选项组设置文件自动保存以及保存间隔时间。这样在今后的工作中，即使电脑突然死机或出现其他故障，那以前的所有工作成果都会被自动保存，下面来设置文件的安全措施。

⚙ **实例引导** ——设置文件安全措施

Step01▶ 在"文件安全措施"选项下勾选"自动保存"选项。

Step02▶ 在"保存间隔分钟数（M）"输入框设置保存间隔的时间，例如可以设置为10分钟，那么系统将每隔10分钟自动保存文件。

Step03▶ 如果想得到更安全的保障，可以勾选"每次保存时均创建备份副本"选项，以创建备份保存。

Step04▶ 设置完成后单击 应用(A) 按钮，如图2-9所示。

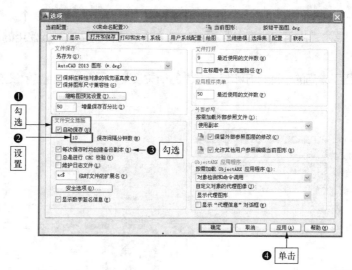

图 2-9　设置文件安全措施

2.1.6　快速找到并打开常用文件——"文件打开"设置

🖥 视频文件 ┃ 专家讲堂\第 2 章\快速找到并打开常用文件——"文件打开"设置 .swf

有时要想找到并打开您最近使用过的一个文件时会非常麻烦，要一一打开各文件夹，然后仔细寻找才能找到该文件。

为避免此问题，只要设置一下 AutoCAD 的文件打开数量，以后就可以以最快、最便捷的方式打开最近使用和编辑过的多个文件。

AutoCAD 2014 默认设置下，系统将最近使用过的最少 9 个文件都设置在【文件】菜单中和程序菜单下，如果觉得这些文件数还不够，用户还可以将最近使用的至少 50 个文件都设置在这些菜单下，这样今后在打开最近使用的这些文件时会非常方便。下面通过设置，将最近使用的 50 个文件放置在【文件】菜单和应用程序菜单下。

⚙ **实例引导** ——设置最近使用的文件数

Step01▶ 在"文件打开"选项输入框输入"最近使用的文件数（M）"为"9"。

Step02▶ 在"应用程序菜单"选项输入框设置"最近使用的文件数（M）"为"50"。

Step03▶ 设置完成后单击 应用(A) 按钮，如图 2-10 所示。

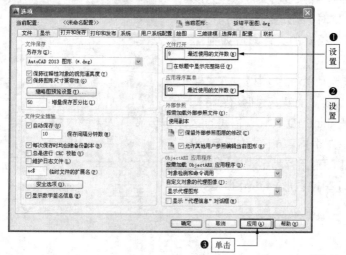

图 2-10　设置最近使用的文件数

设置完成后，执行【文件】命令，在其菜单底部将显示最近使用的 9 个文件及其存储路径，如图 2-11 所示；单击"应用程序菜单"按钮，在该菜单的右侧显示最近使用的至少 50 个文件，如图 2-12 所示

以上主要介绍了常用的一些打开和保存文件的相关设置，除此之外，其他设置不太常用，在此不再赘述。

图 2-11　显示最近使用的 9 个文件

图 2-12　显示最近使用的 50 个文件

2.1.7　疑难解答——如何将文件保存为其他格式文件？

💻 视频文件 ｜ 疑难解答 \ 第 2 章 \ 疑难解答——如何将文件保存为其他格式文件 .swf

疑难： 在【选项】对话框中设置了文件的"另存为"格式之后，如果要将文件保存为该格式之外的其他格式时，例如要将文件保存为"AutoCAD 2010"格式的文件时应如何操作？

解答： 当在【选项】对话框中设置了文件的"另存为"格式之后，如果只是偶尔要将某一个文件保存为"AutoCAD 2010"格式的文件时，可以执行【文件】菜单下的【另存为】命令，在打开的【图形另存为】对话框选择"AutoCAD 2010/LT2010 图形（*.dwg）"格式，如图 2-13 所示。

图 2-13　选择保存格式

　　选择完毕后单击 保存(S) 按钮进行保存即可，这样以后其他文件还会自动保存为在【选项】对话框中所选择的文件格式；如果以后要将所有文件都保存为"AutoCAD 2010"格式的文件，可以重新在【选项】对话框中设置文件的"另存为"格式为"AutoCAD 2010/LT2010 图形（*.dwg）"格式。

2.2　设置系统捕捉

　　在使用 AutoCAD 2014 进行机械设计时，能否将光标定位在正确的位置是精确绘制机械设计图的关键，那么如何才能将光标精确定位在合适的位置呢？用户可以设置自动捕捉和追踪，这样在绘图时，光标会自动找寻图形特征点并锁定到这些特征点上，这样即可精确绘图。

　　在【选项】对话框中进入"绘图"选项卡，该选项卡主要用来设置光标的捕捉以及追踪的相关设置，包括"自动捕捉设置""AutoTrack 设置"等，如图 2-14 所示。

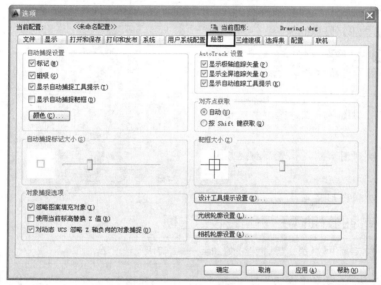

图 2-14　"绘图"选项卡

　　本节主要介绍系统捕捉的相关设置技能。

本节内容概览

知识点	功能 / 用途	难易度与应用频率
"标记"选项（P048）	● 显示图形特征点	难易度：★ 应用频率：★★★★★
"磁吸"选项（P048）	● 设置光标自动捕捉	难易度：★ 应用频率：★★★★★
"显示自动捕捉工具提示"选项（P048）	● 显示自动捕捉提示	难易度：★ 应用频率：★★★★★
"显示自动捕捉靶框"选项（P049）	● 显示自动捕捉靶框	难易度：★ 应用频率：★★★★★
"显示极轴追踪矢量"选项（P050）	● 显示极轴追踪矢量线，以引导捕捉	难易度：★ 应用频率：★★★★★
疑难解答（P051）	● 必需要进行"选项"设置吗？	

2.2.1 显示图形特征点符号——"标记"选项

💻 视频文件 | 专家讲堂 \ 第 2 章 \ 显示图形特征点符号——"标记"选项 .swf

在 AutoCAD 2014 中，各图形的各特征点由不同的几何符号来显示，这样有助于用户区分是哪种特征点，判断捕捉是否正确，例如中点、端点、交点等都有各自的几何符号，但是这些特征点一般情况下是不显示的。只有在"绘图"选项卡的"自动捕捉设置"选项下，勾选"标记"选项后，在绘图过程中，当光标移动到图形上时，靠近光标的图形特征点才会显示其特征符号。

下面来设置图形特征点的显示。

⚙️ **实例引导**——设置"标记"

Step01▶ 在"绘图"选项卡勾选"标记"选项并确认。

Step02▶ 光标移动到图形中点位置，将显示中点标记符号。

Step03▶ 光标移动到图形端点位置，将显示端点标记符号。

Step04▶ 光标移动到图形交点位置，将显示交点标记符号，如图 2-15 所示。

| **技术看板** | 如果取消"标记"选项的勾选，则这些标记符号不显示，这样不利于用户判断捕捉是否正确，因此建议一定要勾选该选项。

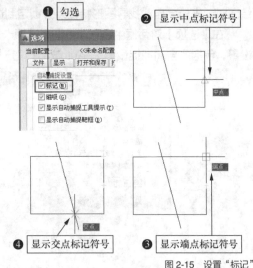

图 2-15 设置"标记"

2.2.2 捕捉的好助手——"磁吸"选项

💻 视频文件 | 专家讲堂 \ 第 2 章 \ 捕捉的好助手——"磁吸"选项 .swf

AutoCAD 2014 中的"磁吸"功能与磁铁的功能类似，但它不是用来吸附铁质的东西，而是用来吸附光标。当勾选"磁吸"选项后，光标会自动锁定到距离光标最近的特征点上，这与设置捕捉是一个道理，都是为了精确绘图。

⚙️ **实例引导**——设置"磁吸"选项

Step01▶ 勾选"磁吸"选项并确认。

Step02▶ 移动光标到圆上，自动捕捉距离光标最近的特征点。

Step03▶ 单击捕捉到圆的特征点上，如图 2-16 所示。

| **技术看板** | 如果取消"磁吸"选项的勾选，要想精确捕捉到图形的特征点上，只有将光标移动到图形的特征点上，光标才能锁定到该特征点上。

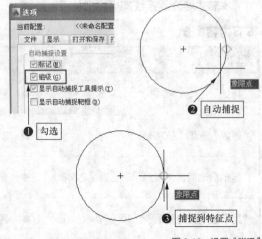

图 2-16 设置"磁吸"

2.2.3 自动捕捉提示——"显示自动捕捉工具提示"选项

💻 视频文件 | 专家讲堂 \ 第 2 章 \ 自动捕捉提示——"显示自动捕捉工具提示"选项 .swf

前面讲过，当设置了"标记"之后，光标移动到图形上时会显示图形特征点。如果想确切知道光标捕捉的点到底是什么点，可以再勾选"显示自动捕捉工具提示"选项，这样光标捕捉到特征点后，会在光标下方出现特征点的提示。

⚙ **实例引导** ——设置"显示自动捕捉工具提示"选项

Step01 ▶ 继续在"绘图"选项卡勾选"显示自动捕捉工具提示"选项并确认。

Step02 ▶ 捕捉特征点后出现提示。

Step03 ▶ 如果取消该选项的勾选，捕捉特征点后不出现提示，如图 2-17 所示。

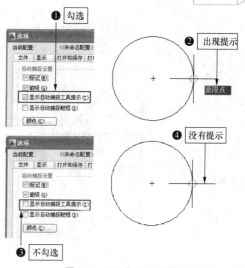

图 2-17 设置"显示自动捕捉工具提示"选项

2.2.4 显示自动捕捉靶框——"显示自动捕捉靶框"选项

🖥 视频文件 | 专家讲堂\第 2 章\显示自动捕捉靶框——"显示自动捕捉靶框"选项 .swf

靶框就是进入捕捉状态时光标的显示状态，默认设置下，当没有执行任何命令时，光标由十字交叉的直线和一个小矩形组成，该矩形就是靶框，如图 2-18 所示。而进入捕捉状态时，靶框消失，光标则由十字交叉的直线组成，如图 2-19 所示。

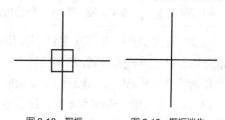

图 2-18 靶框   图 2-19 靶框消失

如果想让光标在任何状态下都一样没有变化，可以勾选"显示自动捕捉靶框"选项，这样即使进入捕捉状态时，光标显示状态与没有执行任何命令时的光标显示状态一样，不利于判断是否已经进入捕捉状态，因此，建议取消"显示自动捕捉靶框"选项的勾选，如图 2-20 所示。另外，还可以在"自动捕捉标记大小"选项下拖曳滑块，以设置自动捕捉标记的大小，如图 2-21 所示。

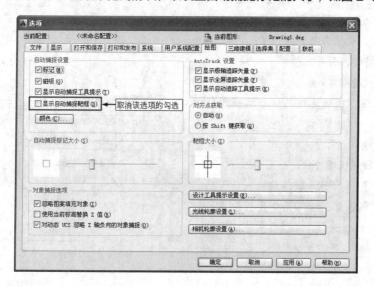

图 2-20 取消"显示自动捕捉靶框"的勾选

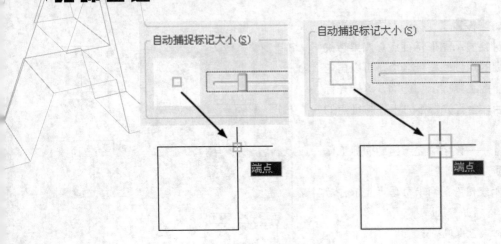

图 2-21 设置"自动捕捉标记大小"

| **技术看板** | 自动捕捉设置的应用必须是在启用了【对象捕捉】功能，同时设置了相关捕捉的基础上才起作用。

2.2.5 显示极轴追踪矢量——"显示极轴追踪矢量"选项

🖵 视频文件 │ 专家讲堂\第2章\显示极轴追踪矢量——"显示极轴追踪矢量"选项.swf

除了捕捉之外，追踪也是绘图常用的功能。追踪是指当捕捉到图形的某特征点，或沿图形特征点引导光标时，系统会由该图形特征点沿追踪角度引出一条追踪虚线，便于追踪捕捉图形的另一个特征点。

可以在"绘图"选项卡的"AutoTrack 设置"选项下勾选或取消勾选"显示极轴追踪矢量"选项进行设置。

⚙ **实例引导** ——"AutoTrack 设置"

Step01 ▶ 在 "AutoTrack 设置"选项下勾选"显示极轴追踪矢量"选项并确认。

Step02 ▶ 沿图形特征点引导光标。

Step03 ▶ 此时出现追踪虚线。

Step04 ▶ 取消"显示极轴追踪矢量"选项的勾选并确认。

Step05 ▶ 沿图形特征点引导光标。

Step06 ▶ 此时不出现追踪虚线，如图 2-22 所示。

| **技术看板** | 除了"显示极轴追踪矢量"选项外，"显示全屏追踪矢量"是指是否全屏显示追踪虚线，勾选该选项，从捕捉的点向两端引出全屏追踪虚线，不勾选该选项，则在捕捉点到光标位置引出追踪虚线，如图 2-23 所示。

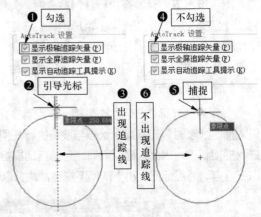

图 2-22 "AutoTrack 设置"选项

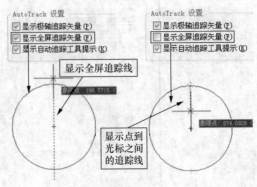

图 2-23 "显示全屏追踪矢量"选项

2.2.6　疑难解答——必需要进行"选项"设置吗？

| 💻视频文件 | 疑难解答\第2章\疑难解答——必需要进行"选项"设置吗？.swf |

疑难：作为 AutoCAD 机械设计初学者，必须要在【选项】对话框进行相关的设置才能进行机械设计绘图吗？不进行任何设置可否进行机械设计绘图呢？

解答：作为 AutoCAD 机械设计初学者，不必在【选项】对话框进行任何相关设置，都可以进行机械设计绘图，因为系统默认的相关设置，都能满足用户的绘图需要，但是。如果一个追求个性化，那就可以在【选项】对话框中进行相关设置，以满足您的个性化需求。

以上只是对常用的一些设置进行了讲解，用户还可以尝试进行其他设置。

2.3　设置绘图单位类型

机械零件是精密件，失之毫厘差之千里，因此，在 AutoCAD 机械设计中，绘图单位的设置是关系机械零件设计成败的关键。本节就来学习设置绘图单位类型的相关技能。

本节内容概览

知识点	功能 / 用途	难易度与应用频率
长度绘图单位类型（P051）	● 设置绘图时长度的单位类型	难易度：★ 应用频率：★★★★★
角度绘图单位类型（P052）	● 设置绘图时的角度单位类型	难易度：★ 应用频率：★★★★★
插入时的缩放单位（P052）	● 设置插入图形资源时的缩放单位	难易度：★ 应用频率：★★★★★

2.3.1　长度绘图单位类型——小数

| 💻视频文件 | 专家讲堂\第2章\长度绘图单位类型——小数.swf |

长度单位类型是绘图时图线长度采用什么类型的单位，AutoCAD 2014 为"长度"单位提供了"小数""分数""工程""建筑""科学"共 5 种类型。其中，"工程"和"建筑"类型提供英尺和英尺显示，并假定每个图形，单位表示一英寸，其余类型可表示任何真实世界单位。一般情况下，在我国都采用"小数"作为长度类型，下面来设置长度单位类型为"小数"。

⚙️ **实例引导**——设置长度单位类型为"小数"

Step01 ▶ 执行菜单栏中的【格式】/【单位】命令。

Step02 ▶ 打开【图形单位】对话框。

Step03 ▶ 单击"长度"选项组的"类型"下拉列表按钮。

Step04 ▶ 在弹出的下拉列表中选择长度类型为"小数"。

Step05 ▶ 设置完成后单击 `确定` 按钮确认，如图 2-24 所示。

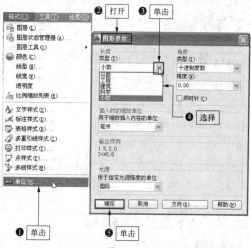

图 2-24　设置长度单位类型"小数"

2.3.2 角度绘图单位类型——十进制度数

📺 视频文件	专家讲堂\第2章\角度绘图单位类型——十进制度数.swf

与长度单位类型不同，角度单位类型是指图线的角度采用什么单位类型。AutoCAD 2014为"角度"单位提供了"十进制度数""百分度""度/分/秒""弧度"和"勘测单位"5种角度类型。一般情况下，在我国都采用"十进制度数"作为角度类型，下面就来设置角度单位类型为"十进制度数"角度类型。

⚙️ **实例引导** ——设置角度类型为"十进制度数"

Step01▶ 继续在【图形单位】对话框单击"角度"选项组"类型"下拉列表按钮。

Step02▶ 在弹出的下拉列表中选择角度的类型为"十进制度数"。

Step03▶ 设置完成后单击 确定 按钮确认，如图2-25所示。

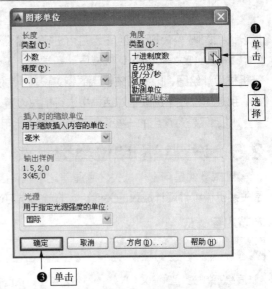

图2-25 设置角度类型为"十进制数"

2.3.3 插入时的缩放单位——毫米

📺 视频文件	专家讲堂\第2章\插入时的缩放单位——毫米.swf

在AutoCAD机械设计中，通常需要向当前图形中调用外部的一些图形资源，这就是"插入"。在插入外部图形资源时，需要对插入的图形进行大小缩放，使其与当前图形相匹配，这就需要采用一种缩放单位进行精确缩放。下面设置插入时的缩放单位为"毫米"。

⚙️ **实例引导** ——设置插入时的缩放单位为"毫米"

Step01▶ 在【图形单位】对话框中单击"插入时的缩放单位"选项组的"用于缩放插入内容的单位"下拉列表按钮。

Step02▶ 在弹出的下拉列表中选择单位，默认为"毫米"。此外，系统还提供了其他单位，用户可以根据绘图需要选择合适的单位，如图2-26所示。

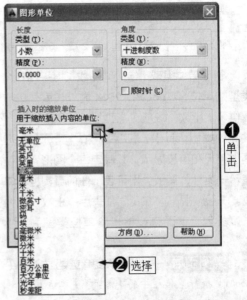

图2-26 设置插入时的缩放单位为"毫米"

2.4 设置绘图精度

"精度"通俗地讲就是精确度，它是绘制机械零件图的关键，如果精度不正确，用户的一切设计都没有意义。根据机械零件的设计要求不同，可以设置不同的精确度，内容包括绘图精度、角度精度以及角度方向，这一节继续学习绘图精度的设置技能。

本节内容概览

知识点	功能 / 用途	难易度与应用频率
长度精度设置（P053）	● 设置绘图时长度的精确度	难易度：★ 应用频率：★★★★★
角度精度设置（P053）	● 设置绘图时角度的精确度	难易度：★ 应用频率：★★★★★
角度方向设置（P054）	● 设置绘图时角度使用的方向	难易度：★ 应用频率：★★★★★

2.4.1　精确绘制图线的关键——长度精度设置

💻视频文件 ｜ 专家讲堂\第2章\精确绘制图线的关键——长度精度 .swf

前面章节设置了"长度"的单位类型，这对于精确绘图来说还不够，用户还需要设置长度的"精度"。一般情况下，长度精度是以小数点后的零来表示的，小数点后的零的位数越多，表示精度越精，反之精度越差。一般情况下，在机械设计中，长度精度要求小数点后保留一位数零即可，下面来设置长度精度为"0.0"。

⚙ **实例引导** ——设置长度精度为"0.0"

Step01 ▸ 在【图形单位】对话框中单击"长度"选项组的"精度"下拉列表按钮。

Step02 ▸ 在弹出的下拉列表选择长度精度为 0.0。

Step03 ▸ 设置完成后单击 确定 按钮确认，如图 2-27 所示。

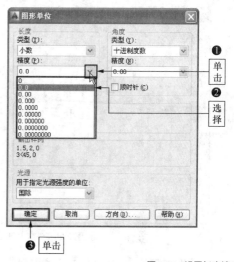

图 2-27　设置长度精度

2.4.2　不可忽视的设置——角度精度设置

💻视频文件 ｜ 专家讲堂\第2章\不可忽视的设置——角度精度设置 .swf

在 AutoCAD 机械设计中，"角度"的"精度"设置与"长度"的"精度"设置同样重要。"角度"的"精度"同样是以小数点后的零来表示的，小数点后的零的位数越多，表示精度越精，反之精度越差。一般情况下，在机械设计中，"角度"的"精度"要求小数点后不保留零，下面来设置角度精度为"0"。

⚙ **实例引导** ——设置角度精度为"0"

Step01 ▸ 在【图形单位】对话框中单击【角度】选项组的【精度】下拉列表按钮。

Step02 ▸ 在弹出的下拉列表框中选择精度为"0"。

Step03 ▸ 设置完成后单击 确定 按钮确认，如图 2-28 所示。

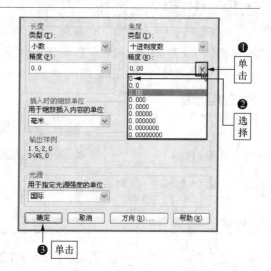

图 2-28　设置角度精度

2.4.3 角度的基准方向——角度方向设置

💻 视频文件 | 专家讲堂\第2章\角度的基准方向——角度方向设置.swf

默认设置下，系统是以"东"为角度的基准方向依次来设置角度的。也就是说，东（水平向右）为0°、北（垂直向上）为90°、西（水平向左）为180°、南（垂直向下）为270°。如果设置北为基准角度，那么垂直向上就是0°了，以此类推，西（水平向左）就是90°、南（垂直向下）就是180°，而东（水平向右）就是270°。

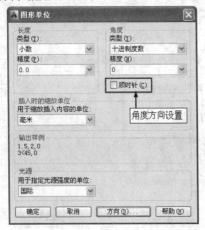

图 2-29 角度方向设置

在【图形单位】对话框中，"顺时针"选项就是用于设置角度的方向的，默认设置下，AutoCAD 以逆时针为角度方向，如果勾选该

选项，那么在绘图过程中就以顺时针为角度方向，如图 2-29 所示。

用户也可以根据绘图需要重新设置角度的基准方向，下面就来设置角度基准方向。

⚙ **实例引导**——设置角度方向

Step01▶ 单击【图形单位】对话框下方的 方向(D)... 按钮。

Step02▶ 打开【方向控制】对话框。

Step03▶ 设置角度的基准方向，默认为【东】

Step04▶ 设置完成后单击 确定 按钮确认，如图 2-30 所示。

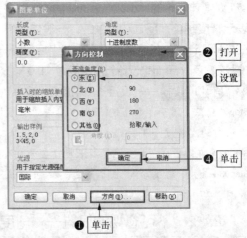

图 2-30 设置角度方向

2.5 设置绘图范围

绘图范围就是绘图区域，也称为"绘图界限"，就像手工绘图时选择的绘图纸。尽管 AutoCAD 2014 提供了无限大的电子绘图纸，但是在绘图时，还是要在这张电子绘图纸上划定绘图范围，以保证最后的绘图成果能被正确打印和输出。本节介绍绘图范围的设置。

本节内容概览

知识点	功能 / 用途	难易度与应用频率
绘图范围（P054）	● 设置绘图范围	难易度：★ 应用频率：★★★★★
开启绘图范围检测功能（P055）	● 检测绘图界限以保证在绘图范围内绘图	难易度：★ 应用频率：★★★★★
疑难解答（P056）	● 如何显示设置的绘图界限？	

2.5.1 实例——设置 220mm×120mm 的绘图范围

💻 视频文件 | 专家讲堂\第2章\实例——设置 220mm×120mm 的绘图范围.swf

默认设置下，系统设定的是左下角为坐标系原点的矩形区域，其长度为 490 个绘图单位、宽度为 270 个绘图单位，如果这样一个绘图区域不能满足绘图要求，可以重新设置。下面我们就来设置一个 220mm×120mm 的绘图区域。

实例引导 —— 设置 220mm×120mm 的绘图区域

Step01 ▶ 单击菜单栏中的【格式】/【图形界限】命令。

Step02 ▶ 输入 "0,0"，按 Enter 键，指定绘图区域左下角为坐标系原点。

Step03 ▶ 输入 "220,120"，按 Enter 键，指定绘图区域右上角，完成绘图范围的设置。

| 技术看板 | 除了单击菜单栏中的【格式】/【图形界限】命令之外，用户还可以在命令行输入 "LIMITS" 后按 Enter 键，也可以激活【图形界限】命令来设置图形界限。

2.5.2 在绘图范围内绘图的保证——开启绘图范围检测功能

视频文件 | 专家讲堂 \ 第 2 章 \ 在绘图范围内绘图的保证——开启绘图范围检测功能 .swf

实例引导 ——在绘图范围内绘图

Step01 ▶ 输入 "L"，按 Enter 键，激活【直线】命令。

Step02 ▶ 在绘图区域的栅格内单击拾取一点。

Step03 ▶ 在绘图区域的栅格内单击拾取下一点。

Step04 ▶ 在绘图区域的栅格外单击拾取一点。

Step05 ▶ 在绘图区域的栅格外单击拾取下一点。

Step06 ▶ 按 Enter 键，结束操作，绘制过程如图 2-31 所示。

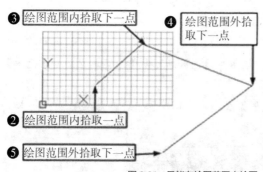

图 2-31　只能在绘图范围内绘图

通过以上操作会发现，即使设置了绘图界限，也不是只能在绘图范围内绘图，原因是在默认设置下，绘图范围的检测功能处于关闭状态，如果要保证在设定的图形区域内绘图，还需要开启绘图范围的检测功能，开启此功能后，系统会自动将坐标点限制在设置的图形范围内，拒绝图形区域之外的点。下面开启绘图范围的检测功能。

实例引导 ——开启绘图区域检测功能

Step01 ▶ 在命令行输入 "LIMITS" 后按 Enter 键，激活【图形界限】命令。

Step02 ▶ 此时命令行会出现 "指定左下角点或 [开（ON）/ 关（OFF）]<0.0000,0.0000>：" 提示，输入 "ON" 按 Enter 键，打开图形界限的自动检测功能。

Step03 ▶ 输入 "L"，按 Enter 键，激活【直线】命令。

Step04 ▶ 在绘图区域的栅格内单击拾取一点。

Step05 ▶ 继续在绘图区域的栅格内单击拾取下一点。

Step06 ▶ 继续在绘图区域的栅格外单击拾取下一点，此时会发现无论如何单击，在绘图区域外总不能拾取下一点，绘制过程如图 2-32 所示。

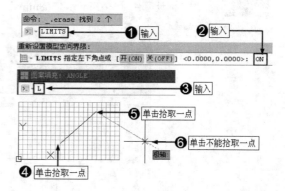

图 2-32　绘图区域检测功能

由此可以看出，开启绘图界限的检测功能之后，可以保证只能在设置的绘图区域内绘图。

2.5.3 疑难解答——如何显示设置的图形界限？

💻 视频文件 | 疑难解答\第2章\疑难解答——如何显示设置的图形界限 .swf

疑难： 图形界限设置完成后，绘图区域看起来与原来并没有区别，如何才能显示设置后的图形界限？

解答： 图形界限设置后，看起来与原来并没有区别，这是由于绘图区域本身就是一个透明的电子纸，因此显示不出设置后的效果。如果想要看到所设置的绘图范围，可以开启栅格，通过栅格可以显示设置后的图形界限。

Step01 ▶ 将光标移到功能区"显示栅格"按钮 ▦ 上单击将其激活。

Step02 ▶ 继续单击右键，并选择【设置】选项。

Step03 ▶ 打开【草图设置】对话框并进入【捕捉和栅格】选项卡。

Step04 ▶ 在【栅格样式】选项下取消【二维模型空间】选项的勾选。

Step05 ▶ 在【栅格行为】选项下取消【显示超出界限的栅格】选项的勾选。

Step06 ▶ 单击 确定 按钮关闭【草图设置】对话框。

Step07 ▶ 回到绘图区，此时可以看到以栅格显示的区域就是设置的图形界限，如图 2-33 所示。

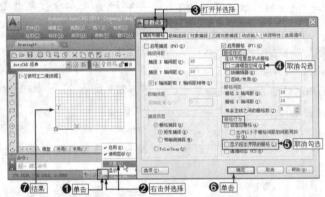

图 2-33 设置图形界限

| 技术看板 | 为了使设置的图形界限能最大限度地显示在绘图区，可以单击菜单栏中的【视图】/【缩放】/【全部】命令，使图形界限最大化显示。

练一练 尝试重新设置一个 1024mm×768mm 的图形界限，并使其显示在绘图区，显示结果如图 2-34 所示。

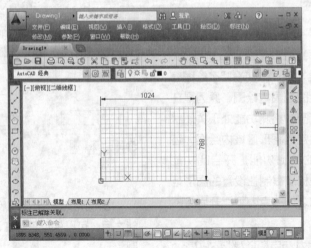

图 2-34 设置 1024mm×768mm 的图形界限

2.6 设置捕捉对象模式

在 AutoCAD 2014 机械设计中，对象捕捉功能是绘图的重要辅助功能，也是精确绘图的保证和基础，掌握对象捕捉功能的设置以及启用尤为重要。本节介绍对象捕捉模式的设置技能。

本节内容概览

知识点	功能 / 用途	难易度与应用频率
对象捕捉（P057）	● 设置捕捉模式 ● 精确绘图	难易度：★ 应用频率：★★★★★
实例（P059）	● 启用"对象捕捉"绘图精确绘图	
疑难解答	● 关于图形特征点（P065） ● 设置捕捉模式后为何不能正确捕捉？（P066）	

2.6.1 精确绘图的关键——对象捕捉

📄 素材文件	素材文件 \ 对象捕捉示例 .dwg
🖥 视频文件	专家讲堂 \ 第 2 章 \ 精确绘图的关键——对象捕捉 .swf

对象捕捉就是指捕捉对象特征点，例如直线、圆弧的端点、中点；圆的圆心和象限点等。设置对象捕捉后，绘图时光标会自动捕捉到图形的这些特征点上。

在命令行输入"SE"，打开【草图设置】对话框，展开【对象捕捉】选项卡，此选项卡共提供了13种对象捕捉功能，如图2-35所示。

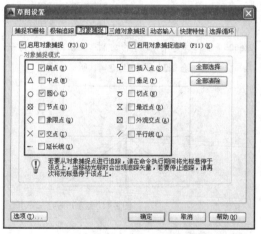

图 2-35 【对象捕捉】选项卡

只需勾选"启用对象捕捉"选项，同时在"对象捕捉模式"选项下勾选所需的捕捉模式选项，即可完成对象捕捉的设置。

打开素材文件，这是一个矩形，如图2-36（a）所示，下面设置【中点】和【端点】捕捉，然后绘制该矩形的中心线和对角线，结果如图2-36（b）所示。

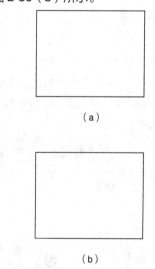

（a）

（b）

图 2-36 绘制矩形的中心线和对角线

⚙ **实例引导**——绘制矩形中心线和对角线

1. 设置对象捕捉模式

Step01 ▶ 依照前面的操作打开【草图设置】对话框，进入【对象捕捉】选项卡。

Step02 ▶ 勾选"启用对象捕捉"选项。

Step03 在"对象捕捉模式"选项下勾选【端点】和【中点】捕捉模式。

Step04 单击 确定 按钮关闭该对话框，如图2-37所示。

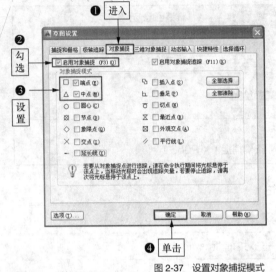

图 2-37 设置对象捕捉模式

2. 绘制垂直中心线

Step01 单击"直线"按钮，激活【直线】命令。

Step02 移动光标到矩形上水平边中间位置，此时会出现中点捕捉符号，单击捕捉到中点。

Step03 将光标移动到矩形下水平边中间位置，此时出现中点捕捉符号，单击捕捉中点。

Step04 按 Enter 键，结束操作，绘制的垂直中心线如图2-38所示。

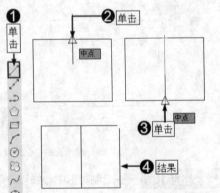

图 2-38 绘制垂直中心线

3. 绘制水平中心线

使用相同的方法，继续绘制矩形的水平中心线，绘制结果如图2-39所示。

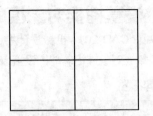

图 2-39 绘制水平中心线

4. 绘制矩形对角线

Step01 单击"直线"按钮，激活【直线】命令。

Step02 将光标移动到矩形左下角点位置，出现端点符号，单击捕捉端点。

Step03 继续将光标移动到矩形右上角点位置，出现端点符号，单击捕捉端点。

Step04 按 Enter 键，绘制对角线，如图2-40所示。

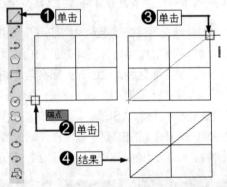

图 2-40 绘制矩形对角线

Step05 继续使用相同的方法，绘制矩形另一条对角线，绘制过程如图2-41所示。

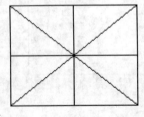

图 2-41 绘制矩形另一条对角线

| 技术看板 | 还可以通过以下方式启用对象捕捉功能。

◆ 单击状态栏上的"对象捕捉"按钮（或在此按钮上单击右键，选择右键菜单上的【启用】选项。

◆ 按 F3 键，以启用对象捕捉功能。

另外，在状态栏上的"对象捕捉"按钮 上右击，打开【对象捕捉】菜单，该菜单中的捕捉模式与【草图设置】对话框中的捕捉模式完全相同，单击选择捕捉模式，即可启用对象捕捉模式，如图 2-42 所示。

练一练 打开素材文件"对象捕捉示例01.dwg"图形文件，设置"圆心"捕捉和"象限点"捕捉模式，然后绘制圆的半径和直径，绘制结果如图 2-43 所示。

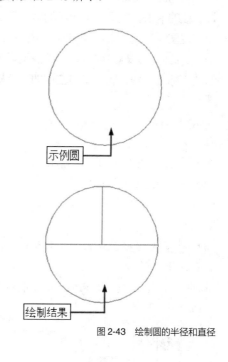

图 2-43　绘制圆的半径和直径

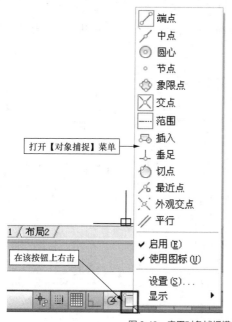

图 2-42　启用对象捕捉模式

2.6.2　实例——启用"对象捕捉"功能绘图

📄 素材文件	素材文件 \ 对象捕捉示例 .dwg
🖥 视频文件	专家讲堂 \ 第 2 章 \ 实例——启用"对象捕捉"功能精确绘图 .swf

　　打开素材文件夹，素材文件如图 2-44 所示，下面启用"对象捕捉"来进行绘图。为了使各捕捉功能不冲突，可以在【草图设置】对话框中全部取消已经设置的各捕捉模式，如图 2-45 所示。

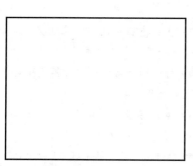

图 2-44　素材文件

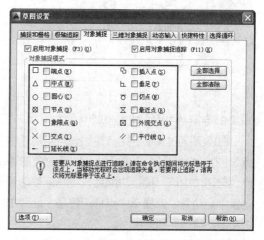

图 2-45　取消已经设置的对象捕捉模式

⚙ **实例引导** ——启用"对象捕捉"功能绘图

1. 启用"端点"捕捉功能绘制对角线

"端点"捕捉 ⟋ 用于捕捉图形上的端点，如线段的端点，矩形、多边形的角点等。当需要捕捉图线的端点进行绘图时，可启用该捕捉功能，此时将光标移动到对象端点位置，会显示端点标记符号，此时单击左键即可捕捉到该端点。

Step01 ▸ 单击"直线"按钮 ⟋，激活【直线】命令。

Step02 ▸ 在状态栏中的"对象捕捉"按钮 ⬚ 上右击并选择【端点】选项。

Step03 ▸ 将光标移动到矩形左下角位置，出现端点符号，单击捕捉端点。

Step04 ▸ 将光标移动到矩形右上角位置，出现端点符号，单击捕捉端点。

Step05 ▸ 按 Enter 键，结束操作，绘制过程如图 2-46 所示。

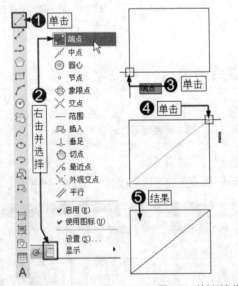

图 2-46 绘制对角线

2. 启用"中点"捕捉绘制中心线

如果要通过图线的中点绘图，可启用"中点"捕捉 ⟋，此时可捕捉线、弧等对象的中点。启用"中点"捕捉功能后，将光标移动到对象中点位置，会显示中点标记符号，此时单击左键即可捕捉到该中点。

Step01 ▸ 单击"直线"按钮 ⟋，激活【直线】命令。

Step02 ▸ 在状态栏中的"对象捕捉"按钮 ⬚ 上右击并选择【中点】选项。

Step03 ▸ 将光标移动到矩形左垂直边中点位置，出现中点符号，单击捕捉中点。

Step04 ▸ 将光标移动到矩形右垂直边中点位置，出现中点符号，单击捕捉到该中点。

Step05 ▸ 按 Enter 键，结束操作，绘制结果如图 2-47 所示。

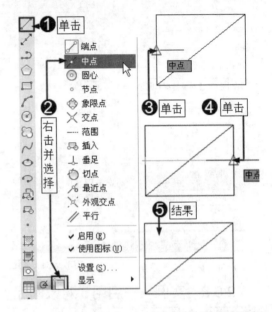

图 2-47 绘制中心线

3. 启用"交点"捕捉绘制对角线

如果要通过图线的交点来绘图，可启用"交点"捕捉 ✕，该功能用于捕捉对象之间的交点。激活此功能后，将光标移动到对象的交点处，会显示交点标记符号，此时单击左键即可捕捉到该交点。

Step01 ▸ 单击"直线"按钮 ⟋，激活【直线】命令。

Step02 ▸ 在状态栏中的"对象捕捉"按钮 ⬚ 上右击并选择【交点】选项。

Step03 ▸ 将光标移动到矩形内部直线交点位置，出现交点符号，单击捕捉交点。

Step04 ▸ 将光标移动到矩形右下角位置，出现交点符号，单击捕捉交点。

Step05 ▸ 按 Enter 键，结束操作，绘制结果如图 2-48 所示。

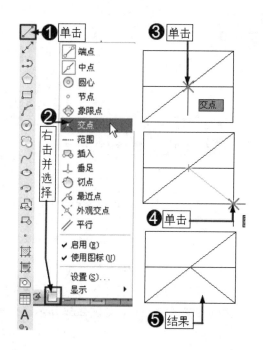

图 2-48　绘制对角线

4. 启用"延长线"捕捉功能捕捉延长线上的一点

"延长线"是指图线被延长后的线，该线并不存在，它是一个虚拟线，一般以虚线显示。将光标移动到线段的一端，沿线的矢量（方向）引导光标，此时会出现一端虚线，该虚线就是延长线，如图 2-49 所示。

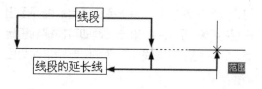

图 2-49　延长线

"延长线"捕捉 ┅ 就是捕捉对象延长线上的点。激活该功能后，将指针移动到对象的末端稍一停留，然后沿着延长线方向移动指针，系统会在线段一端出现延长线，此时单击左键，或输入距离值，即可捕捉到延长线上的一点。下面在矩形右侧绘制一条距离矩形 100mm 的垂直线，如图 2-50 所示。

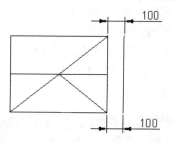

图 2-50　捕捉延长线上点绘制垂直线

Step01 ▶ 单击【绘图】工具栏上的"直线"按钮，激活【直线】命令。

Step02 ▶ 单击【对象捕捉】工具栏上的"捕捉到延长线"按钮 ┅。

Step03 ▶ 将光标移到到矩形上水平边右端点向右引导光标出现延长线。

Step04 ▶ 输入"100"，按 Enter 键，捕捉到延长线上的一点。

Step05 ▶ 再次单击【对象捕捉】工具栏上的"捕捉到延长线"按钮 ┅。

Step06 ▶ 将光标移到到矩形下水平边右端点向右引导光标出现延长线。

Step07 ▶ 输入"100"，按 Enter 键，捕捉到延长线上的一点。

Step08 ▶ 按 Enter 键，结束操作，绘制过程及结果如图 2-51 所示。

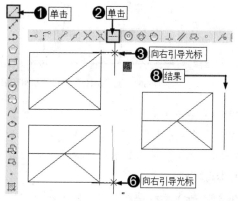

图 2-51　绘制过程及结果

▏技术看板▏ 由于使用了"临时捕捉"功能，而"临时捕捉"只能使用一次，因此，在该操作中，在捕捉矩形下水平线延长线上的点时，需要再次单击"捕捉到延长线"按钮 ┅。

5. 捕捉延长线上的交点

除了捕捉延长线上的一点之外，还可以捕捉延长线的交点。首先在【草图设置】对话框中设置"交点"捕捉和"延长线"捕捉模式，如图 2-52 所示。

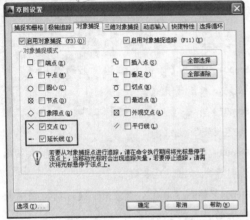

图 2-52 设置"交点"捕捉和"延长线"捕捉模式

使用【直线】命令绘制两条线段。下面来捕捉这两条线段延长线的交点，绘制长度为 100mm 的垂直线，结果如图 2-53 所示。

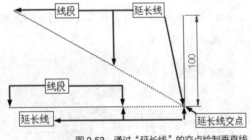

图 2-53 通过"延长线"的交点绘制垂直线

Step01▶ 单击【绘图】工具栏上的"直线"按钮，激活【直线】命令。

Step02▶ 将光标移动到水平线右端点向右引导光标出现延长线。

Step03▶ 将光标移动到倾斜直线下端点向右下引导光标出现延长线。

Step04▶ 在两条延长线交点位置出现交点捕捉符号，单击确定线的起点。

Step05▶ 输入线的长度"@0,100"，按 Enter 键。

Step06▶ 按 Enter 键，结束操作，绘制结果如图 2-54 所示。

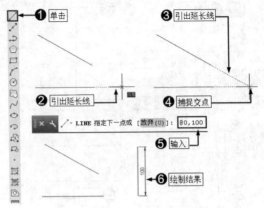

图 2-54 绘制过程及结果

6. 启用"垂足"捕捉绘制垂线

"垂线"也叫"垂直线"，就是与已知线段夹角成 90° 角的线段，如图 2-55 所示。

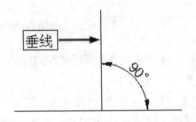

图 2-55 垂线

如果要绘制已知直线的垂线，最简单的方法就是启用"垂足"捕捉功能，启用该功能后，将光标放在对象上，系统会在垂足点处显示出垂足标记符号，此时单击左键即可捕捉到垂足点，绘制对象的垂线。下面来绘制矩形对角线的垂线。

Step01▶ 单击【绘图】工具栏上的"直线"按钮，激活【直线】命令。

Step02▶ 单击【对象捕捉】工具栏上的"捕捉到垂足"按钮。

Step03▶ 将光标移动到矩形对角线上，此时出现垂足捕捉符号。

Step04▶ 单击捕捉垂足。

Step05▶ 引导光标到合适位置单击拾取另一点。

Step06▶ 按 Enter 键，结束操作，绘制结果如图 2-56 所示。

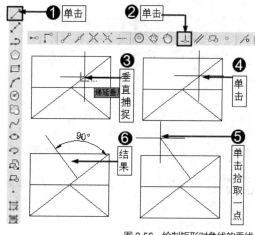

图 2-56 绘制矩形对角线的垂线

7. 启用"平行线"捕捉绘制平行线

如果要绘制已知直线的平行线，可以启用 ∥ "平行线"捕捉功能，激活该功能后，将光标放在已知线段上，此时会出现一"平行"的标记符号，如图 2-57 所示。移动光标，系统会在平行位置处出现一条向两方无限延伸的追踪虚线，如图 2-58 所示。单击左键即可绘制出与拾取对象相互平行的线，如图 2-59 所示。

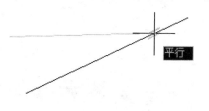

图 2-57 "平行"标记符号

图 2-58 平等追踪虚线

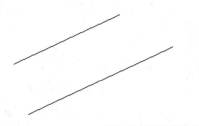

图 2-59 绘制过的平行线

下面以矩形水平中心线的左端点为起点，来绘制矩形对角线的平行线。

Step01▸ 单击【绘图】工具栏上的"直线"按钮 ╱，激活【直线】命令。

Step02▸ 单击【对象捕捉】工具栏上的"捕捉到端点"按钮 ╱。

Step03▸ 捕捉直线的左端点。

Step04▸ 单击【对象捕捉】工具栏上的"捕捉到平行线"按钮 ∥。

Step05▸ 将光标移动到矩形对角线上，此时出现平行线捕捉符号。

Step06▸ 沿对角线方向引导光标，引出对角线的平行追踪线。

Step07▸ 在合适位置单击拾取另一点，然后按 Enter 键结束操作，如图 2-60 所示。

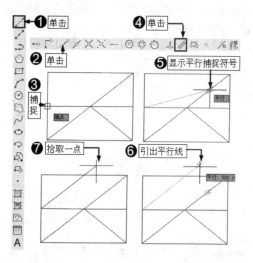

图 2-60 绘制矩形对角线的平行线

8. 启用"圆心"和"象限点"捕捉功能绘制圆的半径和直径

如果要绘制圆的半径或直径，此时可以启用"圆心"捕捉和"象限点"捕捉功能，启用该功能后，将光标移动到圆、圆弧或圆环上，此时在圆心处显示出圆心标记符号，如图 2-61 所示，单击即可捕捉到圆心；将光标移动到圆上，会出现象限点捕捉符号，此时单击即可捕捉到象限点，如图 2-62 所示。

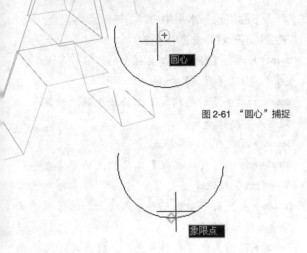

图 2-61 "圆心"捕捉

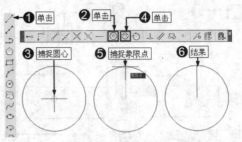

图 2-64 绘制圆的半径

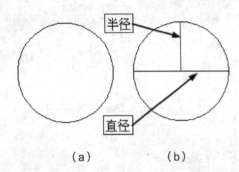

图 2-62 "象限点"捕捉

练一练 尝试配合"象限点"捕捉功能继续来绘制该圆的直径，结果如图 2-63（b）所示。

9. "切点"捕捉

"切线"就是经过圆上一点，垂直于该点半径的线段。"切点"捕捉就是用于捕捉圆或弧的切点，绘制切线。激活该功能后，将光标放在圆或弧的边缘上，系统会在切点处显示出切点标记符号，如图 2-65 所示。此时单击左键即可捕捉到切点，绘制出对象的切线，如图 2-66 所示。

打开"素材文件"目录下的"圆心捕捉示例.dwg"图形文件，这是一个圆形，如图 2-63（a）所示。下面来绘制该圆的半径和直径，结果如图 2-63（b）所示。

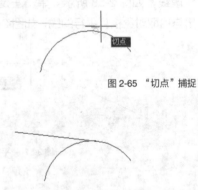

图 2-65 "切点"捕捉

（a）　　　　（b）

图 2-63 圆心捕捉示例

Step01 ▶ 单击【绘图】工具栏上的"直线"按钮 ✏️，激活【直线】命令。

Step02 ▶ 单击【对象捕捉】工具栏上的"捕捉到圆心"按钮 ◎。

Step03 ▶ 移到光标到圆心位置，出现圆心捕捉符号，单击捕捉圆心。

Step04 ▶ 单击【对象捕捉】工具栏上的"捕捉到象限点"按钮 ◈。

Step05 ▶ 将光标移动到圆对象上，此时出现象限点捕捉符号，单击捕捉到象限点。

Step06 ▶ 按 Enter 键结束操作，绘制过程如图 2-64 所示。

图 2-66 绘制切线

打开"素材文件"目录下的"切点捕捉示例.dwg"图形文件，这是两个圆形，如图 2-67 所示。下面来绘制这两个圆的两条公切线，结果如图 2-68 所示。

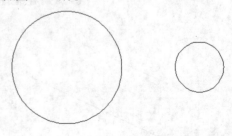

图 2-67 切点捕捉示例

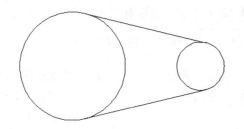

图 2-68　绘制公切线

Step01 ▸ 单击【绘图】工具栏上的"直线"按钮 ，激活【直线】命令。

Step02 ▸ 单击【对象捕捉】工具栏上的"捕捉到切点"按钮 。

Step03 ▸ 移到光标到左边大圆上方位置，出现切点捕捉符号，单击捕捉切点。

Step04 ▸ 将光标移动到右边小圆上方位置，出现切点捕捉符号，单击捕捉切点。

Step05 ▸ 按 Enter 键结束操作，如图 2-69 所示。

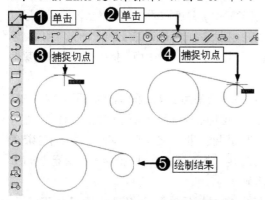

图 2-69　利用"切点"捕捉绘制公切线

2.6.3　疑难解答——关于图形特征点

💻视频文件　　疑难解答 \ 第 2 章 \ 疑难解答——关于图形特征点 .swf

疑难： 什么是图形特征点？不同的图形其特征点有什么不同？

解答： 图形特征点是指体现图形特征的点，例如线的端点和中点、圆的圆心和象限点等，不同的图形对象，其特征点的形状和数目也不同。在一般情况下，图形特征点并不显示，用户也看不到，但是在无任何命令发出的情况下单击选择图形对象，此时图形对象特征点将以蓝色显示，如图 2-73 所示。

练一练 尝试配合"切点"捕捉功能继续绘制圆的另一条公切线，结果如图 2-68 所示。

除了以上所讲的捕捉功能之外，还有"节点"捕捉 、"插入点"捕捉 以及"最近点"捕捉 ，这些捕捉使用都比较简单，您自己可以尝试操作。

♦ "节点"捕捉用于捕捉使用【点】命令绘制的点对象。使用时需将拾取框放在节点上，系统会显示出节点的标记符号，如图 2-70 所示，单击左键即可拾取该点。

♦ "插入点"捕捉用来捕捉块、文字、属性或属性定义等的插入点，如图 2-71 所示。

图 2-70　"节点"捕捉　　图 2-71　"插入点"捕捉

♦ "最近点"捕捉用来捕捉光标距离对象最近的点，如图 2-72 所示。

图 2-72　"最近点"捕捉

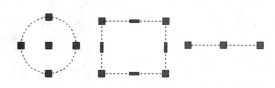

图 2-73　图形特征点

这种以蓝色显示图形特征点的模式，称为"夹点"模式。"夹点"模式也是编辑图形对象的一种方式，又称为"夹点编辑"，有关"夹点编辑"将在后面章节详细讲解。

2.6.4 疑难解答——设置捕捉模式后为何还不能正确捕捉？

💻 视频文件 | 疑难解答 \ 第 2 章 \ 疑难解答——设置捕捉模式后为何还不能正确捕捉？ .swf

疑难： 已经设置了"象限点"捕捉、"圆心"捕捉以及"最近点"捕捉等模式，但是在绘制圆的直径时总是不能捕捉到象限点，而是捕捉到象限点之外的点上，如图 2-74 所示，这是为什么？如何才能正确捕捉到象限点？

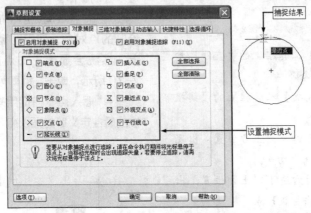

图 2-74 设置捕捉模式后不能正确捕捉

解答： 这是因为设置了众多的捕捉模式之后，这些捕捉都会被激活，尤其是当设置了"最近点"捕捉模式之后，当光标靠近象限点时，系统会首先捕捉距离光标最近的任意一个点，因此，总是不能正确捕捉到象限点。如果要正确捕捉到象限点，可以取消除"象限点"捕捉模式之外的其他所有捕捉模式的设置，这样就能正确捕捉到象限点了。

另外，要特别注意，当设置了某种捕捉之后，系统将一直沿用该捕捉设置，除非取消相关的捕捉设置，因此，该捕捉模式常被称为"自动捕捉"模式。这种看似一劳永逸的设置其实对您绘图并不是完全有帮助，因为设置过多的捕捉模式，会使这些捕捉模式相互之间产生影响，导致不能精确捕捉到所需的点上。为了避免这一情况的发生，可以启用"临时捕捉"，即激活一次捕捉功能后，系统仅能捕捉一次，这样个捕捉模式之间不会相互影响。

"临时捕捉"功能位于【捕捉】工具栏，它共包含 13 种捕捉功能，将指针移到【主工具栏】的空白位置单击鼠标右键，在弹出的菜单中选择【对象捕捉】命令，即可打开【对象捕捉】工具栏，如图 2-75 所示。

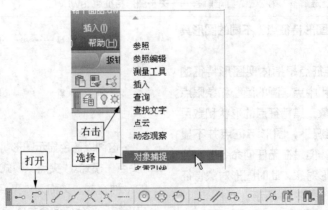

图 2-75 启用"临时捕捉"功能

【对象捕捉】工具栏中的这些捕捉模式与【草图设置】对话框中的"对象捕捉"功能完全相同，这些捕捉模式也完全能满足绘图需要。

2.7　设置对象追踪功能

对象追踪与对象捕捉同样是绘图的辅助功能，通过这两者的配合，才能精确完成图形的绘制。追踪是指强制光标沿某一矢量方向引出追踪线，例如沿水平方向、垂直方向或者某一角度引出追踪线，用来捕捉对象延伸线上的点进行精确、快速地绘图，它与对象捕捉最大的区别就是，这是一种捕捉对象外的点来绘图的方式。AutoCAD 追踪功能有【正交模式】、【极轴追踪】、【对象捕捉追踪】和【捕捉自】4 种。

本节内容概览

知识点	功能 / 用途	难易度与应用频率
正交功能（P067）	● 强制光标在水平和垂直方向 ● 绘制水平或垂直图线	难易度：★ 应用频率：★★★★★
极轴追踪（P068）	● 按极轴角度进行追踪 ● 绘制倾斜图线	难易度：★ 应用频率：★★★★★
实例（P071）	● 绘制边长为 120mm 的等边三角形	
对象捕捉追踪（P073）	● 沿对象捕捉追踪 ● 捕捉对象外的点	难易度：★ 应用频率：★★★★★
疑难解答	● 如何设置其他极轴角度？（P069） ● 如何设置系统预设之外的极轴角度？（P070） ● 如何取消新建的增量角的使用？（P070） ● 实际操作与设置的极轴角度不符（P072） ● 沿角度负方向绘制时的角度问题（P072）	

2.7.1　正交功能——使用直线绘制矩形

💻视频文件　专家讲堂 \ 第 2 章 \ 正交功能——使用直线绘制矩形 .swf

"正交"就是强制光标沿水平或者垂直方向引出追踪线，捕捉对象延伸线上的点。正交追踪确定 4 个方向，向右引导光标时，系统定位 0° 方向；向上引导光标时，系统定位 90° 方向；向左引导光标时，系统定位 180° 方向；向下引导光标时，系统定位 270° 方向，如图 2-76 所示。

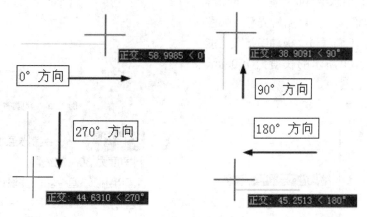

图 2-76　"正交"追踪的 4 个方向

下面来配合"正交"功能使用直线绘制图 2-77 所示的长边为 300mm、短边为 150mm 的矩形图形。

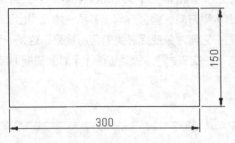

图 2-77　矩形

实例引导——启用"正交"功能绘制矩形

Step01▶ 按 F8 键，启用状态栏上的【正交】功能。

Step02▶ 单击【绘图】工具栏上的"直线"按钮。

Step03▶ 在绘图区单击拾取一点作为起点

Step04▶ 向上引导光标，输入"150"，按 Enter 键，绘制矩形右垂直边。

Step05▶ 向左引导光标，输入"300"，按 Enter 键，绘制矩形上水平边。

Step06▶ 向下引导光标，输入"150"，按 Enter 键，绘制矩形左垂直边。

Step07▶ 输入"C"，按 Enter 键，闭合图形，结果如图 2-78 所示。

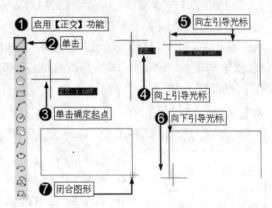

图 2-78　启用"正交"功能绘制矩形

|技术看板| 可以通过以下方式启动正交模式。

◆ 单击状态栏上的"正交模式"按钮（或在此按钮上单击右键，选择右键菜单中的【启用】选项）。

◆ 按 F8 键。

◆ 在命令行中输入表达式"ORTHO"后按 Enter 键。

2.7.2　极轴追踪——绘制长度为 100mm、倾斜角度为 30°角的线段

🖥 **视频文件** | 专家讲堂\第 2 章\极轴追踪——绘制长度为 100mm、倾斜角度为 30°的线段 .swf

如果要绘制具有一定倾斜角度的线段，可启用"极轴追踪"功能，该功能"正交"功能不同，它除了可以沿水平方向和垂直方向引导光标外，还可以沿某一角度引导光标，如图 2-79（a）所示。下面通过"极轴追踪"功能来绘制图 2-79（b）所示的长度为 100mm、倾斜角度为 30°的线段。

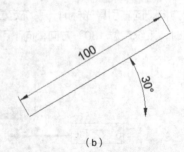

（b）

图 2-79　绘制具有一定倾斜角度的线段

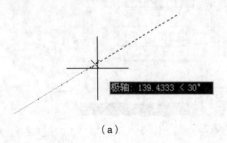

（a）

实例引导——绘制长度为 100mm、倾斜角度为 30°的线段

1. 启用极轴追踪功能并设置极轴角度

要想绘制倾斜角线段，需要启用极轴追踪功能，同时还需要设置极轴追踪角度。

Step01 ▸ 在状态栏上的"极轴追踪"按钮 ⨌ 上右击，选择【设置】选项。

Step02 ▸ 打开【草图设置】对话框，进入"极轴追踪"选项卡。

Step03 ▸ 选"启用极轴追踪"选项。

| 技术看板 | 按 F10 键即可启用极轴追踪，再次按 F10 键即可取消极轴追踪。

Step04 ▸ 单击"增量角"下拉按钮。

Step05 ▸ 选择增量角度为 30°。

Step06 ▸ 单击 确定 按钮，如图 2-80 所示。

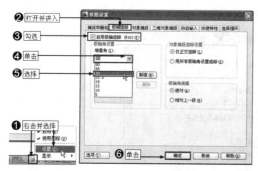

图 2-80 启用"极轴追踪"功能

2. 绘制长度为 100mm、倾斜角度为 30° 的直线

Step01 ▸ 单击【绘图】工具栏上的"直线"按钮 。

Step02 ▸ 拾取一点，然后引出 30° 的极轴角度。

Step03 ▸ 输入"100"，按 Enter 键，确定线段长度。

Step04 ▸ 按 Enter 键，绘制结果如图 2-81 所示。

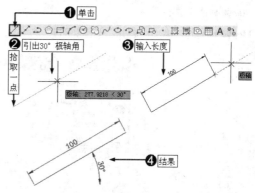

图 2-81 绘制的倾斜直线

2.7.3 疑难解答——如何设置其他极轴追踪角度?

💻 视频文件 | 疑难解答 \ 第 2 章 \ 疑难解答——如何设置其他极轴追踪角度 .swf

疑难：如果需要使用其他角度进行极轴追踪，该如何设置这些角度?

解答：在"增量角"下拉列表，系统提供了多个角度供您选择，例如，用户可以选择

18° 的极轴角度，具体操作如下。

Step01 ▸ 单击"增量角"下拉按钮。

Step02 ▸ 选择增量角为"18"。

Step03 ▸ 单击 确定 按钮，如图 2-82 所示。

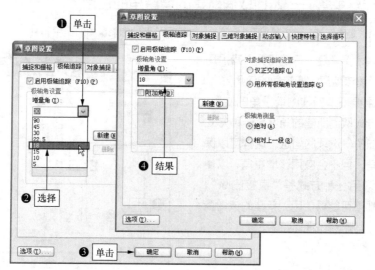

图 2-82 设置极轴追踪角度

2.7.4 疑难解答——如何设置系统预设之外的极轴追踪角度？

| 💻 视频文件 | 疑难解答\第2章\疑难解答——如何设置系统预设之外的其他极轴追踪角度.swf |

疑难： 系统预设的角度不能满足绘图要求时，如何设置系统预设之外的极轴追踪角度？

解答： 在"增量角"下拉列表中，系统只设置了常用的一些角度，这些角度基本能满足绘图需要，但是如果系统提供的角度不能满足绘图要求时，系统允许用户新建一个合适的角度，例如，需要设置 13° 的增量角，则具体操作如下。

Step01 ▶ 勾选【附加角】选项。

Step02 ▶ 单击 新建(N) 按钮。

Step03 ▶ 输入"13"。

Step04 ▶ 单击 确定 按钮，如图 2-83 所示。

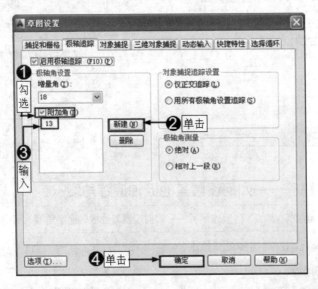

图 2-83 设置系统预设之外的极轴追踪角度

2.7.5 疑难解答——如何取消新建的增量角的使用？

| 💻 视频文件 | 疑难解答\第2章\疑难解答——如何取消新建的增量角的使用.swf |

疑难： 新建增量角后，系统将会一直沿用该角度，如何取消该新建的增量角的使用？

解答： 如果要取消新建的增量角的使用，可以采用两种方式取消新建的角度：一种方式是，取消"附加角"选项的勾选，这样可以保留新建的增量角，但不会应用该增量角，以便以后继续使用。另一种方式是"直接删除"，如果确定以后都不可能再使用到新建的该增量角，可以直接将其删除，方式如下。

Step01 ▶ 选择新建的增量角度。

Step02 ▶ 单击 删除 按钮，如图 2-84 所示。

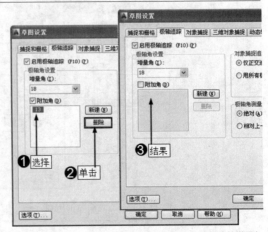

图 2-84 取消新建的增量角

2.7.6 实例——绘制边长为 120mm 的等边三角形

💻 视频文件 | 专家讲堂 \ 第 2 章 \ 实例——绘制边长为 120mm 的等边三角形 .swf

下面绘制图 2-85 所示的边长为 100mm 的等边三角形。

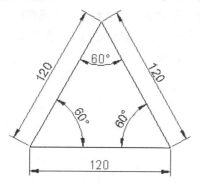

图 2-85 绘制等边三角形

⚙️ **操作步骤**

1. 新建增量角

等边三角形的内角为 60°，因此在绘制前需要设置极轴角为 60°，而系统提供的角度中并没有 60° 角，需要新建一个 60° 的增量角。

Step01▶ 在状态栏上的"极轴追踪"按钮⚙️上右击并选择【设置】选项。

Step02▶ 打开【草图设置】对话框，并进入"极轴追踪"选项卡。

Step03▶ 勾选"启用极轴追踪"复选项。

Step04▶ 勾选"附加角"选项。

Step05▶ 单击 新建(N) 按钮新建一个增量角。

Step06▶ 输入增量角为"60"。

Step07▶ 单击 确定 按钮，设置结果如图 2-86 所示。

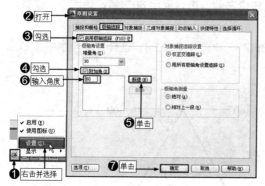

图 2-86 新建增量角

2. 绘制等边三角形

设置好增量角后，下面就可以绘制等边三角形了。

Step01▶ 单击【绘图】工具栏上的"直线"按钮 📏。

Step02▶ 在绘图区单击拾取一点，向右引出 0° 方向矢量，输入"120"，按 Enter 键，绘制三角形的一条边，如图 2-87 所示。

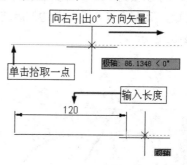

图 2-87 绘制三角形的一条边

Step03▶ 向左上角引出 120° 方向矢量，输入"120"，按 Enter 键，绘制三角形的另一条边，如图 2-88 所示。

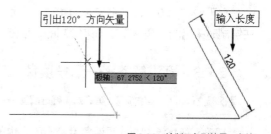

图 2-88 绘制三角形的另一条边

Step04▶ 向左下角引出 240° 方向矢量，输入"120"，按 Enter 键，绘制三角形的第三条边，如图 2-89 所示。

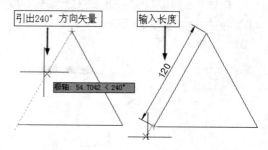

图 2-89 绘制三角形的第三条边

2.7.7　疑难解答——实际操作与设置的极轴角度不符

💻 视频文件 | 疑难解答\第 2 章\疑难解答——实际操作与设置的极轴角度不符.swf

疑难：在 2.7.6 节的实例操作中，设置的极轴角度是 60°，为什么实际操作中使用的是 120°？

解答：这个问题需要分两部分来解答，首先要说明的是，极轴角度可以成倍数进行追踪，设置角度为 60°，在实际操作中使用了 60° 的 2 倍进行追踪，也就是 120°。另外，实际操作中引出的 120° 方向矢量并不是三角形的内角，而是三角形另一条边的旋转角度，如图 2-90 所示。

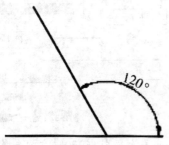

图 2-90　120° 方向矢量

系统默认以逆时针方向作为角度的正方向，水平向右为 0°，水平向左为 180°，而在绘制时采用的是角度正方向来绘制的，也就是从左向右绘制了三角形的下水平边，三角形右倾斜边则逆时针旋转 120° 才能与水平边形成 60° 的内夹角。因此，实际操作中引出三角形另一条边的旋转角度 120° 是正确的操作，如图 2-91 所示。

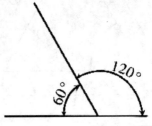

图 2-91　右倾斜边旋转角度

同理，三角形第 3 条边逆时针旋转 240°（从 180° 开始再旋转 60°），这样才能与水平线形成 60° 的夹角，如图 2-92 所示。

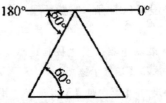

图 2-92　左倾斜边旋转角度

2.7.8　疑难解答——沿角度负方向绘制时的角度问题

💻 视频文件 | 疑难解答\第 2 章\疑难解答——沿角度负方向绘制时的角度问题.swf

疑难：如果绘制方式是沿角度负方向，也就是说首先从右向左绘制三角形的下水平边，那么三角形其他边采用什么角度绘制？

解答：如果绘制方式是沿角度负方向，那么三角形左倾斜边则采用 60° 增量角即可，这就相当于该边逆时针旋转 60°，如图 2-93 所示。

同理，三角形右倾斜边侧逆时针旋转 300°（360° − 60° = 300°），这样才能与水平线形成 60° 的夹角，如图 2-94 所示。

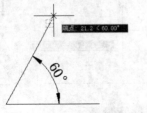

图 2-93　左倾斜边旋转角度

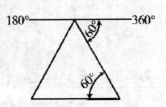

图 2-94　右倾斜边旋转角度

2.7.9　不可缺少的追踪——对象捕捉追踪

🖵 视频文件　专家讲堂 \ 第 2 章 \ 不可缺少的追踪——对象捕捉追踪 .swf

　　"对象捕捉追踪"就是以对象上的某些特征点作为追踪点，引出向两端无限延伸的对象追踪虚线，以捕捉图形外的一点，如图 2-95 所示。

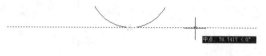

图 2-95　对象捕捉追踪

　　在默认设置下，系统仅以水平或垂直的方向进行追踪点，如果需要按照某一角度进行追踪点，可以在"极轴追踪"选项卡中设置追踪的样式，如图 2-96 所示。

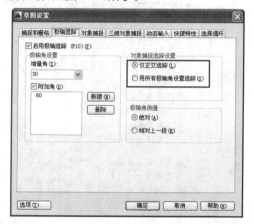

图 2-96　"极轴追踪"选项卡

　　♦ 在"对象捕捉追踪设置"选项组中，"仅正交追踪"单选项与当前极轴角无关，它仅水平或垂直地追踪对象，即在水平或垂直方向出现向两方向无限延伸的对象追踪虚线。

　　♦ "用所有极轴角设置追踪"单选项是根据当前所设置的极轴角及极轴角的倍数出现对象追踪虚线，用户可以根据需要进行取舍。

　　♦ 在"极轴角测量"选项组中，"绝对"单选项用于根据当前坐标系确定极轴追踪角度；而"相对上一段"单选项用于根据上一个绘制的线段确定极轴追踪的角度。

　　该操作比较简单，其他操作与"极轴追踪"的操作方法相同，在此不再赘述，用户可以尝试操作。

┃技术看板┃ "对象捕捉追踪"功能只有在"对象捕捉"和"对象捕捉追踪"同时启用的情况下才可使用，而且只能追踪对象捕捉类型中所设置的自动捕捉类型。另外，可以通过以下方式启用对象捕捉追踪功能。

　　♦ 单击状态栏上的"对象捕捉追踪"按钮∠。

　　♦ 按快捷键 F11 键。

　　♦ 在【草图设置】对话框中展开【对象捕捉】选项卡，勾选【启用对象捕捉追踪】复选项。

2.8　其他捕捉功能

　　除了"对象捕捉"与"极轴追踪"功能之外，AutoCAD　2014 还提供了其他几个用于捕捉对象的工具，这些工具同样是不可缺少的绘图辅助功能，本节主要介绍这些绘图辅助功能。

本节内容概览

知识点	功能 / 用途	难易度与应用频率
"自"功能（P073）	● 参照某一点捕捉另一点 ● 捕捉点绘制图形	难易度：★ 应用频率：★★★★★
"两点之间的中点"功能（P075）	● 捕捉两点之间的中点 ● 捕捉点绘制图形	难易度：★ 应用频率：★★★★★

2.8.1　参照点捕捉——"自"功能

📄 素材文件	素材文件 \ 其他捕捉功能示例 .dwg
🖵 视频文件	专家讲堂 \ 第 2 章 \ 参照点捕捉——"自"功能 .swf

简单地说，"自"功能就是以某一点作为参照，来确定相对于该点的另一个点的坐标，这是一种特殊捕捉功能，也是绘图过程中使用比较频繁的一个捕捉功能。

首先打开素材文件，这是一个矩形，如图 2-97（左）所示，下面在该矩形内再绘制一个矩形，两个矩形的边距为 20mm，如图 2-97（右）所示。

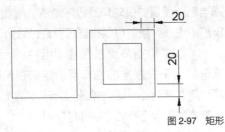

图 2-97　矩形

要想在已知矩形内部再绘制一个矩形，必须知道要绘制的矩形的具体尺寸及其角点坐标，而现在只知道要绘制的矩形与已知矩形之间的距离，这时只有以已知矩形的两个角点作为参照，根据给定的距离来确定要绘制的矩形的角点坐标，才能绘制内部矩形。这时就需要使用"自"功能。下面就启用"自"功能在已知矩形的内部绘制另一个矩形。

⚙️ **实例引导** ——在已知矩形内绘制另一个矩形

Step01▶ 单击【绘图】工具栏上的"矩形"按钮 □。

Step02▶ 单击【对象捕捉】工具栏上的"捕捉自"按钮 ᶦ，启用"自"功能。

Step03▶ 捕捉已知矩形左下端点作为参照点。

Step04▶ 输入"@20,20"，按 Enter 键，确定矩形的左下角坐标（该坐标值就是两个矩形的边距值）。

Step05▶ 单击【对象捕捉】工具栏上的"捕捉自"按钮 ᶦ，再次启用"自"功能。

Step06▶ 捕捉已知矩形右上端点作为参照点。

Step07▶ 输入"@－20，－20"，按 Enter 键，确定矩形的右上角坐标（该坐标值就是两个矩形的边距值），结果如图 2-98 所示。

|技术看板| 可以通过以下方式激活"捕捉自"功能。

♦ 在命令行输入"_from"后按 Enter 键。

♦ 按住 Ctrl 或 Shift 键单击右键，选择菜单中的"自"选项，如图 2-99 所示。

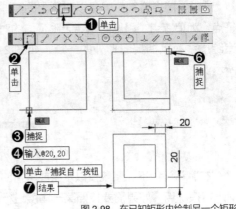

图 2-98　在已知矩形内绘制另一个矩形

图 2-99　选择"自"选项

练一练 尝试根据提示尺寸，在素材文件内再绘制一条线段，如图 2-100 所示。

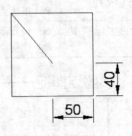

图 2-100　绘制一条线段

2.8.2　捕捉两点之间的中点——"两点之间的中点"功能

素材文件	素材文件 \ 切点捕捉示例 .dwg
视频文件	专家讲堂 \ 第 2 章 \ 捕捉两点之间的中点——"两点之间的中点"功能 .swf

"两点之间的中点"就是捕捉两个点之间的中点。首先打开素材文件，这是两个圆形，如图 2-101 所示。下面来绘制一个圆心是两个已知圆的圆心之间的中点，并与右侧小圆相切的另一个圆，如图 2-102 所示。

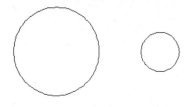

图 2-101　圆形

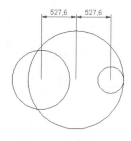

图 2-102　绘制另一个圆

要想实现该效果，首先必须找到已知两个圆心之间的中点来确定圆心，这时就可以借助"两点之间的中点"功能，准确找到这两个圆心之间的中点。首先在【草图设置】对话框设置"圆心"捕捉和"象限点"捕捉模式，便于进行捕捉绘图，如图 2-103 所示。

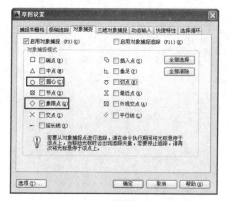

图 2-103　【草图设置】对话框

实例引导——以两个已知圆的圆心中点为圆心绘制另一个相切圆

Step01 ▸ 单击【绘图】工具栏上的"圆"按钮 。

Step02 ▸ 按住 Shift 键右击，选择"两点之间的中点"选项。

Step03 ▸ 捕捉左侧圆的圆心。

Step04 ▸ 捕捉右侧圆的圆心。

Step05 ▸ 此时系统自动捕捉到这两个圆心之间的中点上，作为另一个圆的圆心。

Step06 ▸ 继续捕捉右侧圆的右象限点。绘制过程如图 2-104 所示。

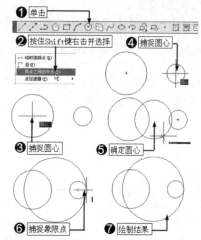

图 2-104　以两个已知圆的圆心中点为圆心绘制另一个相切圆

练一练 尝试以左侧圆右象限点和右侧圆左象限点之间的中点作为圆心，绘制与右侧圆相切的另一个圆，如图 2-105 所示。

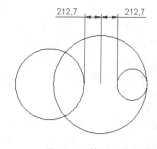

图 2-105　绘制与右侧圆相切的另一个圆

2.9 综合自测

2.9.1 软件知识检验——选择题

（1）显示栅格的快捷键是（　　）键。

A. F5 　　　　　B. F6 　　　　　C. F7 　　　　　D. F8

（2）启用"正交模式"的快捷键是（　　）键。

A. F5 　　　　　B. F6 　　　　　C. F7 　　　　　D. F8

（3）启用"极轴追踪"的快捷键是（　　）键。

A. F10 　　　　B. F9 　　　　　C. F7 　　　　　D. F8

（4）启用"对象捕捉"的快捷键是（　　）键。

A. F2 　　　　　B. F3 　　　　　C. F4 　　　　　D. F5

（5）启用"对象捕捉追踪"的快捷键是（　　）键。

A. F10 　　　　B. F11 　　　　C. F12 　　　　D. F13

（6）启用"动态输入"功能的快捷键是（　　）键。

A. F10 　　　　B. F11 　　　　C. F12 　　　　D. F13

2.9.2 应用技能提升——在矩形内部绘制两个三角形

📄 素材文件	素材文件 \ 其他捕捉功能示例 .dwg
🖥 视频文件	专家讲堂 \ 第 2 章 \ 应用技能提升——在矩形内部绘制两个三角形 .swf

　　打开"素材文件"目录下的"其他捕捉功能示例 .dwg"图形文件，如图 2-106 所示，配合相关捕捉功能，在矩形内绘制两个三角形，如图 2-107 所示。

图 2-106　矩形

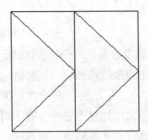

图 2-107　在矩形内绘制两个三角形

第 3 章
坐标输入与
二维线

坐标输入是 AutoCAD 绘图的基础，无论绘制的是一条简单的线段，还是复杂的机械零件图，都需要通过坐标输入来完成。而二维线是组成图形最基本的单元，掌握坐标输入与二维线的绘制与编辑书法，是学习 AutoCAD 机械设计的基本要求。本章就来学习坐标输入及二维线的绘制与编辑的方法。

| 第 3 章 |

坐标输入与二维线

本章内容概览

知识点	功能 / 用途	难易度与应用频率
坐标输入与坐标系（P078）	● 定位图形坐标 ● 输入坐标值	难 易 度：★ 应用频率：★★★★★
绝对坐标输入（P081）	● 以绝对坐标输入法精确绘图	难 易 度：★ 应用频率：★★★★
相对坐标输入（P084）	● 以相对坐标输入法精确绘图	难 易 度：★★ 应用频率：★★★★★
构造线（P087）	● 创建绘图辅助线 ● 创建图形轮廓线	难 易 度：★ 应用频率：★★★★★
多段线（P091）	● 创建绘图辅助线 ● 创建图形轮廓线	难 易 度：★★ 应用频率：★★★★★
偏移（P097）	● 偏移图形创建复杂图形 ● 编辑完善二维图形	难 易 度：★ 应用频率：★★★★★
修剪（P104）	● 修剪图线 ● 编辑完善二维图形	难 易 度：★ 应用频率：★★★★★
综合实例（P111）	● 根据零件俯视图绘制主视图	
综合自测（P115）	● 软件知识检验——选择题 ● 软件操作入门——绘制法兰盘主视图 ● 应用技能提升——绘制底座机械零件二视图	

3.1 坐标输入与坐标系

坐标输入与坐标系是两个不可分割的概念，坐标输入就是向系统中输入图形的坐标尺寸，而坐标系则是坐标输入的重要依据，对绘图而言，二者缺一不可。本节主要介绍坐标输入以及坐标系的相关知识。

本节内容概览

知识点	功能 / 用途	难易度与应用频率
坐标系（P078）	● 输入图形坐标精确绘图	难易度：★ 应用频率：★★★★
实例（P079）	● 通过坐标输入绘制长度为 100mm 的直线	
疑难解答（P080）	● 关于坐标输入 ● 何时需要同时输入 X、Y、Z 的坐标值？	

3.1.1 精确绘图的基础——坐标系

💻 视频文件　专家讲堂\第 3 章\精确绘图的基础——坐标系 .swf

在 AutoCAD 2014 中，坐标系包括 WCS（世界坐标系）与 UCS（用户坐标系）两种。AutoCAD 2014 默认坐标系为 WCS（世界坐标系），当新建一个绘图文件后，位于绘图区左下方的就是 WCS 坐标系，此坐标系是由 3 个相互垂直并相交的坐标轴 X、Y、Z 组成。如果是在二维绘图空间绘图，即绘制平面图，那么坐标系的 X 轴正方向水平向右，Y 轴正方向垂直向上，Z 轴正方向垂直屏幕向外，指向用户，如图 3-1 所示；如果是在三维空间绘图，即绘制三维模型，那么坐标系也会自动切换为三维坐标系，如图 3-2 所示。

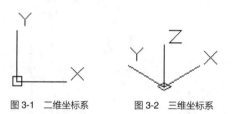

图 3-1　二维坐标系　　　图 3-2　三维坐标系

坐标系是坐标输入的重要依据，在二维绘图空间，X 轴表示图形的水平距离，例如输入 X 为"100"，表示从坐标系原点（X 轴和 Y 轴的交点）向 X 正方向（向右）为 100mm，如图 3-3（a）所示，输入 X 为"−100"，表示从坐标系原点（X 轴和 Y 轴的交点）向 X 负方向（向左）为 100mm，如图 3-3（b）所示。

而 Y 表示图形的垂直距离，例如输入 Y 为"100"，表示从坐标系原点（X 轴和 Y 轴的交点）向 Y 正方向（向上）为"100"，如图 3-4（a）所示；输入 Y 为"−100"，表示

从坐标系原点（X 轴和 Y 轴的交点）向 Y 负方向（向下）为 100mm，如图 3-4（b）所示。

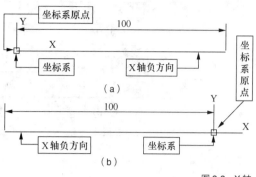

图 3-3　X 轴

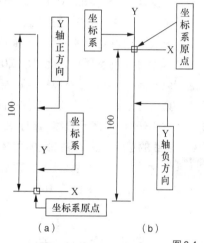

图 3-4　Y 轴

由于绘图的需要，有时需要重新定义坐标系，重新定义的坐标系称为 UCS（用户坐标系），此种坐标系功能更强大，用途更广泛，在后面章节进行详细讲解。

3.1.2　实例——通过坐标输入绘制长度为 100mm 的直线

📺 视频文件	专家讲堂＼第 3 章＼实例——通过坐标输入绘制长度为 100mm 的直线 .swf

坐标输入不仅是 AutoCAD 绘图的唯一途径，同时也是精确绘图的保障。坐标输入就是向系统中输入图形的坐标参数进行图形，简单的说就是输入图形的相关尺寸来绘图。在输入坐标值时，要同时输入 X 轴和 Y 轴的坐标值，X 轴的值在前，Y 轴的值在后，两个数值之间必须以逗号分割，且标点必须为英文标点，例如 X 值为 10，Y 值为 20，其正确的表达方法是（10,20）。

首先新建一个二维图形文件，下面绘制一条长度为 100mm 的直线，了解如何进行坐标输入。

⚙ **实例引导**——通过坐标输入绘制长度为 100mm 的直线

Step01 ▸ 单击【绘图】工具栏上的"直线"按钮 ✎，激活【直线】命令。

Step02 ▸ 输入线的起点坐标"0,0"，按 Enter 键。

Step03 ▶ 输入线的端点坐标"100,0",按 Enter 键。

Step04 ▶ 按 Enter 键结束操作,绘制过程如图 3-5 所示。

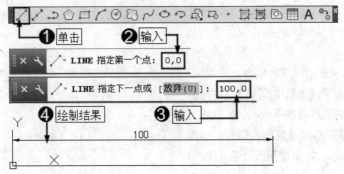

图 3-5 绘制长度为 100mm 的直线

在以上操作中,输入的"0,0"和"100,0"都是坐标输入,其中,"0,0"是直线的起点坐标,表示直线的起点坐标 X 值和 Y 值均为 0,即直线的起点为坐标系原点,而"100,0"是直线的端点坐标,100 表示直线端点距离坐标系原点(直线的起点)在 X 轴正方向的距离,即线段的水平长度,0 表示直线端点距离坐标系原点(直线的起点)在 Y 轴的距离为 0。

练一练 尝试采用以绘制的水平线段的端点作为线的起点,绘制一条长度为 100mm 的垂直直线,如图 3-6 所示。

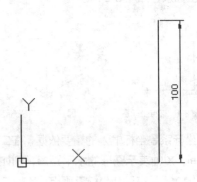

图 3-6 绘制长度为 100mm 的垂直直线

3.1.3 疑难解答——关于坐标输入

□ 视频文件 　疑难解答\第 3 章\疑难解答——关于坐标输入 .swf

疑难: 坐标系由三个相互垂直并相交的坐标轴 X、Y、Z 组成,那为什么在 3.1.2 节的实例操作中,输入坐标值时,只输入 X 轴和 Y 轴的值,而没有输入 Z 轴的值呢?

解答: 坐标系确实是由三个相互垂直并相交的坐标轴 X、Y、Z 组成的,这三个轴分别表示图形的长、宽和高,但在 3.1.2 节的实例操作中,绘制的是一条直线,直线属于二维图形,二维图形(也就是平面图)只有长和宽,没有高度,因此只需输入 X 轴(长度)和 Y 轴(宽度)两个坐标值即可。

3.1.4 疑难解答——何时需要同时输入 X、Y 和 Z 的坐标值?

□ 视频文件 　疑难解答\第 3 章\疑难解答——何时需要同时输入 X、Y 和 Z 的值 .swf

疑难: 在什么情况下才需要同时输入 X、Y 和 Z 的坐标值才能绘图呢?

解答: 前面我们讲过,只有在绘制三维图形时,由于三维图形具有长、宽和高 3 个参数,因此需要输入 X、Y 和 Z 的坐标值才能绘图,例如要绘制一个长、宽和高均为 10mm 的立方体三维模型,其操作如下。

⚙ **实例引导**——通过坐标输入绘制 10mm×10mm×10mm 的立方体三维模型

Step01 ▶ 输入"BOX",激活【长方体】命令。

Step02 ▶ 输入"0,0,0",按 Enter 键,确定坐标系原点为立方体的第 1 个角点坐标。

Step03 ▶ 输入立方体另一个角点坐标"10,10,10",按 Enter 键。

Step04 ▶ 按 Enter 键,结束操作,完成绘制。

　　由于是在二维视图绘制的三维模型,因此只显示三维模型的一个二维平面,如果要查看三维模型,还需要切换到三维视图。

Step05 ▶ 执行菜单栏中的【视图】/【三维视图】/【西南等轴测】命令,将当前视图切换为"西南等轴测"视图,结果如图 3-7 所示。

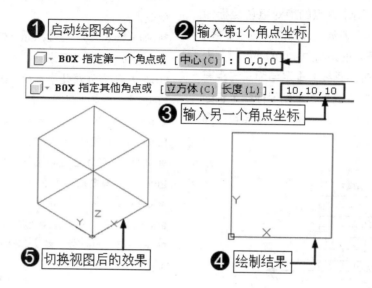

图 3-7　绘制立方体三维模型

　　在以上操作中,输入的"0,0,0"表示立方体一个角点的坐标 X、Y、Z 的值均为 0,即立方体一个角点是坐标系原点,而输入的"10,10,10"表示立方体另一个角点的坐标,即坐标系原点距离另一个角点的 X、Y、Z 的值均为 10。

3.2　绝对坐标输入

　　在实际绘图的过程中,常常会根据图形要求不同,采用不同的坐标输入方式,具体包括绝对坐标输入和相对坐标输入两种,其中,绝对坐标输入又包括绝对直角坐标输入和绝对极坐标输入;相对坐标输入又包括相对直角坐标输入和相对极坐标输入。

　　绝对坐标输入是指输入点的绝对坐标值,通俗的讲,就是输入坐标原点与目标点之间的绝对距离值,它包括绝对直角坐标和绝对极坐标两种,本节主要介绍绝对坐标输入的相关技能。

本节内容概览

知识点	功能 / 用途	难易度与应用频率
绝对直角坐标（P082）	● 使用绝对直角坐标输入法精确绘图	难易度：★★★ 应用频率：★★★★
绝对极坐标（P082）	● 使用绝对极坐标输入法精确绘图	难易度：★ 应用频率：★★★★★
疑难解答（P084）	● 关于"绝对极坐标"输入的疑问 ● 如何获取图形相关尺寸？	

3.2.1 绝对直角坐标输入——绘制 100mm×100mm 的矩形

💻 视频文件 | 专家讲堂 \ 第 3 章 \ 绝对直角坐标输入——绘制 100mm×100mm 的矩形 .swf

绝对直角坐标是以坐标系原点（0,0）作为参考点来定位其他点，其表达式为（X,Y,Z），可以直接输入点的 X、Y、Z 绝对坐标值来表示点。

如图 3-8 所示，A 点的绝对直角坐标为（4,7），其中"4"表示从 A 点向 X 轴引垂线，垂足与坐标系原点的距离为 4mm，而"7"表示从 A 点向 Y 轴引垂线，垂足与原点的距离为 7mm。简单的说就是 A 点到坐标系 Y 轴的水平距离为 4mm，到坐标系 X 轴的垂直距离为 7mm。

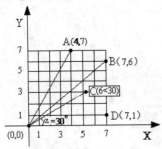

图 3-8

下面配合【正交】功能，使用【直线】命令，采用"绝对直角坐标"绘制一个 100mm×100mm 的矩形，使矩形左下端点位于坐标系原点位置，如图 3-9 所示。

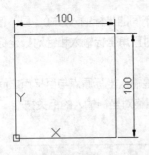

图 3-9　绘制 100mm×100mm 的矩形

⚙️ **实例引导** ——使用"绝对直角坐标" 绘制 100mm×100mm 的矩形

Step01 ▶ 按 F8 键，激活【正交】功能。

Step02 ▶ 输入"L"，按 Enter 键，激活【直线】命令。

Step03 ▶ 输入"0,0"，按 Enter 键，确定矩形左下角点为坐标系的原点。

Step04 ▶ 水平向右引导光标，输入"100"，按 Enter 键，确定矩形下水平边的长度。

Step05 ▶ 垂直向上引导光标，输入"100"，按 Enter 键，确定矩形右垂直边的长度。

Step06 ▶ 水平向左引导光标，输入"100"，按 Enter 键，确定矩形上水平边的长度。

Step07 ▶ 垂直向下引导光标，输入"100"，按 Enter 键，确定矩形左垂直边的长度。

Step08 ▶ 按 Enter 键，结束操作，绘制过程如图 3-10 所示。

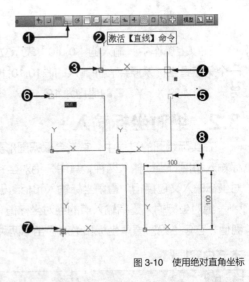

图 3-10　使用绝对直角坐标

3.2.2 绝对极坐标输入——绘制边长为 100mm 的矩形

💻 视频文件 | 专家讲堂 \ 第 3 章 \ 绝对极坐标输入——绘制边长为 100 的矩形 .swf

绝对极坐标也是以坐标系原点作为参考点，通过某点相对于原点的极长和角度来定义点。其表达式为（L<α），其中，L 表示某点和原点之间的极长，即长度；α 表示某点连接原点的边线与 X 轴的夹角。

图 3-8 所示的 C 点就是用绝对极坐标表示的，其表达式为（6<30），其中"6"表示 C 点和坐标系原点连线的长度，"30"表示 C 点和原点连线与 X 轴的正向夹角为 30°。

| **技术看板** | 在默认设置下，AutoCAD 是以逆时针来测量角度的。水平向右为 0°方向，90°方向为垂直向上，180°方向为水平向左，270°方向为垂直向下。

下面继续使用【直线】命令，采用"绝对极坐标"方式绘制边长为 100mm 的矩形，其矩形的左下角点位于坐标系原点位置，结果如图 3-11 所示。

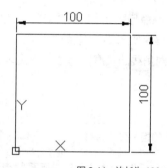

图 3-11 边长为 100mm 的矩形

⚙ 实例引导 ——使用"绝对极坐标"绘制边长为 100mm 的矩形

Step01▶ 输入"L"，按 Enter 键，激活【直线】命令。

Step02▶ 输入"0,0"，按 Enter 键，确定矩形下水平线的左端点（即坐标系原点）。

Step03▶ 输入"100<0"，按 Enter 键，确定矩形下水平线右端点（表示坐标系原点到水平线右端点的距离为 100mm，水平线与 X 轴的夹角为 0°），如图 3-12 所示。

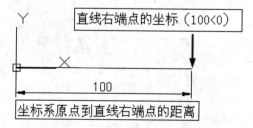

图 3-12 确定矩形右下角点坐标

Step04▶ 输入"141.42<45"，按 Enter 键，确定矩形右上角点坐标（表示坐标系原点与矩形右上角

点的距离为 141.42mm，矩形右上角点到坐标系原点连线与 X 轴的夹角为 45°），如图 3-13 所示。

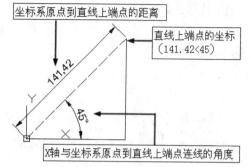

图 3-13 确定矩形右上角点坐标

Step05▶ 输入"100<90"，按 Enter 键，确定矩形左上角点坐标（表示坐标系原点与矩形左上角点的距离为 100mm，左上角点到坐标系原点连线与坐标轴 X 轴的夹角为 90°，表示线的长度为 100mm，直线与坐标轴 X 轴的夹角为 90°），如图 3-14 所示。

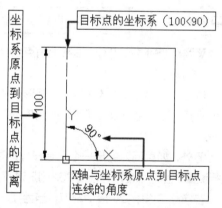

图 3-14 确定矩形左上角点坐标

Step06▶ 输入"0,0"，按 Enter 键，输入下一目标点的坐标（即坐标原点），如图 3-15 所示。

Step07▶ 按 Enter 键，结束操作，绘制结果如图 3-15 所示。

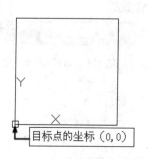

图 3-15 目标点的坐标

练一练 以上分别采用绝对直角坐标输入法和绝对极坐标输入法绘制了相同尺寸的矩形，但是输入的参数却完全不同。下面尝试采用绝对极坐标输入法绘制边长为 100mm 的等边三角形，如图 3-16 所示。

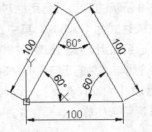

图 3-16　等边三角形

3.2.3　疑难解答——关于绝对极坐标输入的疑问

🖥 视频文件	疑难解答 \ 第 3 章 \ 疑难解答——关于绝对极坐标输入的疑问 .swf

　　疑难：3.2.2 节中在使用绝对极坐标绘制 100mm×100mm 的矩形时，为什么在 Step04 中输入的参数并不是矩形的边长和矩形的内角度？"141.42"和"45"代表什么数值？

　　解答：绝对极坐标输入法的关键点有两个，一是坐标系原点与目标点的长度，另一是坐标系原点和目标点连线与 X 轴的角度。因此，在 Step04 中，在确定矩形右上角点时，输入"141.42"其实就是矩形右上角点到坐标系原点的距离值，也就是矩形对角线的长度，而"45"则表示矩形右上角点到坐标系原点连线与 X 轴的夹角。

3.2.4　疑难解答——如何获取图形相关尺寸？

🖥 视频文件	疑难解答 \ 第 3 章 \ 疑难解答——如何获取图形的相关尺寸 .swf

　　疑难：如何才能知道矩形右上角点到坐标系原点的距离和矩形右上角点与坐标系原点连线和 X 轴的夹角度的？

　　解答：这需要计算才能得出，矩形对角线将矩形分成了两个等腰三角形，知道等腰三角形的边长和角度，计算另一边长即可；而角度的计算方法更简单，矩形内角为 90°，被对角线平分后就是 45°。

　　另外，如果面对的是一个没有尺寸标注的图形，可以使用 AutoCAD 2014 中提供的测量工具进行测量，也可以使用标注工具对图形进行尺寸标注，以获取图形的相关尺寸。

　　在实际工作中，一般情况下，当为某一方设计一个机械零件或其他图形时，该机械零件或图形的相关参数对方已经提供了，只要按照对方提供的参数进行设计即可。

3.3　相对坐标输入

　　与绝对坐标输入不同，相对坐标输入是以上一点作为参照，输入下一点的坐标，它包括相对直角坐标和相对极坐标两种，这一节继续学习"相对坐标输入"的相关技能。

本节内容概览

知识点	功能 / 用途	难易度与应用频率
相对直角坐标输入（P085）	● 使用相对直角坐标输入法精确绘图	难易度：★★★ 应用频率：★★★★
相对极坐标输入（P085）	● 使用绝对极坐标输入法精确绘图	难易度：★ 应用频率：★★★★★
动态输入（P087）	● 启用动态功能输入坐标精确绘图图形	难易度：★ 应用频率：★★★★★

3.3.1 相对直角坐标输入——绘制 100mm×100mm 的矩形

💻 视频文件 │ 专家讲堂\第 3 章\相对直角坐标输入——绘制 100mm×100mm 的矩形 .swf

在 AutoCAD 实际绘图过程中，常把上一点看作参照点来定位下一点坐标，而相对直角坐标就是以某一点相对于参照点 X 轴、Y 轴和 Z 轴三个方向上的坐标变化来定位下一点坐标的，其表达式为（@x,y,z）。

图 3-8 所示的坐标系中，如果以 B 点作为参照点，使用相对直角坐标表示 A 点，那么表达式则为（@-3,1），其中，"@"表示相对的意思，就是相对于 B 点来表示 A 点的坐标；"-3"表示从 B 点到 A 点的 X 轴负方向的距离；"1"则表示从 B 点到 A 点的 Y 轴正方向距离。

下面再使用"相对直角坐标"输入法来绘制 100mm×100mm 的矩形。

⚙ **实例引导** ——使用"相对直角坐标"绘制 100mm×100mm 的矩形

Step01▶ 输入"L"，按 Enter 键，激活【直线】命令。

Step02▶ 输入"0,0"，按 Enter 键，确定矩形下水平线的左端点（即坐标系原点）。

Step03▶ 输入"@100,0"，按 Enter 键，确定矩形下水平线右端点 (表示相对于坐标系原点，矩形下水平线右端点的 X 坐标为 100，Y 坐标为 0)，如图 3-17 所示。

Step04▶ 输入"@0,100"，按 Enter 键，确定矩形右垂直线上端点 (表示相对于水平线右端点，矩形右垂直线上端点的 X 坐标为 0，Y 坐标为

100)，如图 3-18 所示。

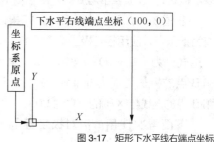

图 3-17 矩形下水平线右端点坐标

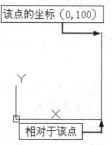

图 3-18 矩形右垂直线上端点坐标

Step05▶ 输入"@－100,0"，按 Enter 键，确定矩形上水平线左端点 (表示相对于矩形右垂直线上端点，矩形上水平线左端点的 X 坐标为－100，Y 坐标为 0)，如图 3-19 所示。

Step06▶ 输入"@0,－100"，按 Enter 键，确定矩形左垂直线下端点 (表示相对于上水平线左端点，矩形左垂直线下端点的 X 坐标为 0，Y 坐标为－100)，如图 3-20 所示。按 Enter 键，结束操作。

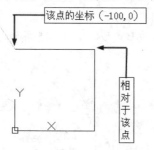

图 3-19 矩形右垂直线上端点

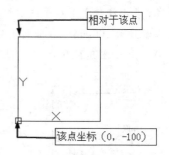

图 3-20 矩形左垂直线下端点

3.3.2 "相对极坐标"输入——绘制 100mm×100mm 的矩形

💻 视频文件 │ 专家讲堂\第 3 章\相对极坐标输入——绘制 100mmx100mm 的矩形 .swf

"相对极坐标"是通过相对于参照点的极长距离和偏移角度来表示点，其表达式为（@L<α），其中，"@"表示相对的意思，"L"表示极长，"α"表示角度。

在图 3-8 所示的坐标系中，如果以 D 点作为参照点，使用相对极坐标表示 B 点，那么表达式则为（@5<90），其中"5"表示 D 点和 B 点的极长距离为 5mm，"90"表示 D 点和 B 点的连线与 X 轴的夹角为 90°。

下面再次使用"相对极坐标"来绘制 100mm×100mm 的矩形。

⚙️ **实例引导**——使用"相对极坐标"绘制 100mm×100mm 的矩形

Step01▶ 输入"L"，按 Enter 键，激活【直线】命令。

Step02▶ 输入"0,0"，按 Enter 键，确定矩形下水平线的左端点（即坐标系原点）。

Step03▶ 输入"@100<0"，按 Enter 键，确定矩形下水平线（表示相对于坐标系原点，矩形下水平线长度为 100mm，水平线与 X 轴的夹角为 0°），如图 3-21 所示。

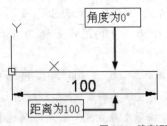

图 3-21 确定矩形下水平线

Step04▶ 输入"@100<90"，按 Enter 键，确定矩形右垂直线（表示相对于下水平线右端点，矩形右垂直线长度为 100mm，右垂直线与 X 轴的夹角为 90°），如图 3-22 所示。

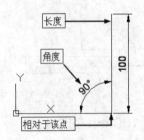

图 3-22 确定矩形右垂直线

Step05▶ 输入"@100<180"，按 Enter 键，确定矩形上水平线（表示相对于右垂直线上端点，矩形上水平线长度为 100mm，上水平线与 X 轴的夹角为 180°），如图 3-23 所示。

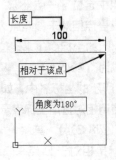

图 3-23 确定矩形上垂直线

Step06▶ 输入"@100<270"，按 Enter 键，确定矩形左垂直线（表示相对于矩形上水平线的左端点，矩形左垂直线长度为 100mm，左垂直线与 X 轴的夹角为 270°），如图 3-24 所示。

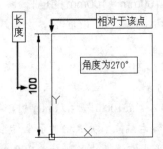

图 3-24 确定矩形左垂直线

练一练 以上分别采用"相对直角坐标"输入法和"相对极坐标"输入法绘制了相同尺寸的矩形，但是输入的参数却完全不同。下面尝试采用"相对极坐标"输入法绘制边长为 100mm 的等边三角形，如图 3-25 所示。

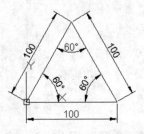

图 3-25 等边三角形

3.3.3 动态输入——绘制 100mm×100mm 的矩形

💻 视频文件 | 专家讲堂 \ 第 3 章 \ 动态输入——绘制 100mm×100mm 的矩形 .swf

动态输入其实是一种坐标输入功能，启用该功能，输入的坐标点被看作是相对坐标点，只需输入点的坐标值即可，而不需要再输入符号 "@"，系统会自动在坐标值前添加此符号。

单击状态栏上的 "动态输入" 按钮 🔡，或按键盘上的 F12 键，均可激活【动态输入】功能。当激活该功能后，在光标下方会出现坐标输入框，如图 3-26 所示。

指定第一个点： 198.8544 126.1604

图 3-26 坐标输入框

此时只需直接输入坐标值即可，例如输入 "100,0"，系统会将其看作 "相对直角坐标"，输入 "100<90"，系统会将其看作 "相对极坐标"。

下面启用【动态输入】功能，分别使用 "直角坐标" 和 "极坐标" 绘制 100mm×100mm 的矩形。

⚙ **实例引导** ——启用【动态输入】功能绘制 100mm×100mm 的矩形

1. "直角坐标" 绘制矩形

Step01 ▶ 按 F12 键，启用【动态输入】功能。

Step02 ▶ 输入 "L"，按 Enter 键，激活【直线】命令。

Step03 ▶ 输入 "0,0"，按 Enter 键，确定矩形下

水平线的左端点（即坐标系原点）。

Step04 ▶ 输入 "100,0"，按 Enter 键，确定矩形下水平线。

Step05 ▶ 输入 "0,100"，按 Enter 键，确定矩形右垂直线。

Step06 ▶ 输入 "－100,0"，按 Enter 键，确定矩形上水平线。

Step07 ▶ 输入 "0,－100"，按 Enter 键，确定矩形左垂直线，完成矩形的绘制。

2. "极坐标" 绘制矩形

Step01 ▶ 按 F12 键，启用【动态输入】功能。

Step02 ▶ 输入 "L"，按 Enter 键，激活【直线】命令。

Step03 ▶ 输入 "0,0"，按 Enter 键，确定矩形下水平线的左端点（即，坐标系原点）。

Step04 ▶ 输入 "100<0"，按 Enter 键，确定矩形下水平线。

Step05 ▶ 输入 "100<90"，按 Enter 键，确定矩形右垂直线。

Step06 ▶ 输入 "100<180"，按 Enter 键，确定矩形上水平线。

Step07 ▶ 输入 "100<270"，按 Enter 键，确定矩形左垂直线，完成矩形的绘制。

通过以上操作，启用【动态输入】功能后，这两种输入法看似采用了 "绝对坐标" 输入法，实际上采用了 "相对坐标" 的绘图参数来绘图。

3.4 构造线

构造线就是向两端无限延伸的直线，此种直线通常用作绘图时的辅助线或参考线，不能直接作为图形的轮廓线。只有编辑后的构造线才能作为图形轮廓线来使用，可以绘制水平构造线、垂直构造线或者具有一定倾斜角度的构造线，这些构造线是绘图不可缺少的二维线之一，本节主要介绍构造线的绘制技能。

本节内容概览

知识点	功能 / 用途	难易度与应用频率
水平、垂直（P088）	● 绘制水平、垂直构造线 ● 绘制绘图辅助线 ● 绘制图形轮廓线	难易度：★★ 应用频率：★★★★★

续表

知识点	功能 / 用途	难易度与应用频率
偏移（P089）	● 通过设置距离偏移创建构造线 ● 绘制绘图辅助线 ● 绘制图形轮廓线	难易度：★ 应用频率：★★★★★
通过（P089）	● 通过某一点偏移创建构造线 ● 绘制绘图辅助线 ● 绘制图形轮廓线	难易度：★ 应用频率：★★★★★
角度（P090）	● 创建具有倾斜角度的构造线 ● 绘制绘图辅助线 ● 绘制图形轮廓线	难易度：★ 应用频率：★★★★★
二等分（P091）	● 创建角度平分线 ● 绘制绘图辅助线 ● 绘制图形轮廓线	难易度：★ 应用频率：★★★★★

3.4.1　水平、垂直——绘制水平和垂直构造线

💻 视频文件　专家讲堂 \ 第 3 章 \ 水平、垂直——绘制水平和垂直构造线 swf

水平构造线是指沿 X 轴无限延伸的构造线，而垂直构造线则是沿 Y 轴无限延伸的构造线，这两种构造线既可以作为绘图辅助线，对其编辑后也可以作为图形轮廓线。下面来绘制水平和垂直构造线。

⚙️ **实例引导**——绘制水平和垂直构造线

1. 绘制水平构造线

Step01 ▸ 单击【绘图】工具栏中的"构造线"按钮 ✎。

Step02 ▸ 输入"H"，按 Enter 键，激活【水平】选项。

Step03 ▸ 在绘图区单击确定构造线的位置。

Step04 ▸ 按 Enter 键，结束操作，绘制结果如图 3-27 所示。

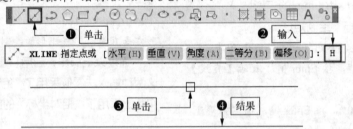

图 3-27　绘制水平构造线

| 技术看板 | 还可以通过以下方法激活【构造线】命令。

♦ 单击菜单【绘图】/【构造线】命令。

♦ 在命令行输入"XLINE"后按 Enter 键。

♦ 使用快捷键 X+L。

2. 绘制垂直构造线

Step01 ▸ 单击【绘图】工具栏中的"构造线"按钮 ✎。

Step02 ▸ 输入"V"，按 Enter 键，激活【垂直】选项。

Step03 ▸ 在绘图区单击确定构造线的位置。

Step04 ▸ 按 Enter 键，结束操作，绘制结果如图 3-28 所示。

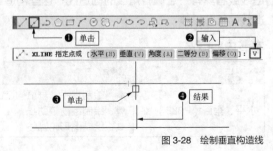

图 3-28　绘制垂直构造线

3.4.2　偏移——创建更多构造线

💻 视频文件 ｜ 专家讲堂 \ 第 3 章 \ 偏移——创建更多构造线 .swf

在绘图时，往往需要绘制很多构造线来作为绘图辅助线，这样不仅要多次重复绘制，而且还需要确定各构造线之间的距离，这给绘图带来了很多麻烦。有一种更简单的方法能获得更多的构造线，那就是偏移构造线。

偏移构造线是指将已有的构造线进行偏移，以获得更多构造线。偏移就是将图线向一边复制，以创建出另一个与原图形完全相同的另一个图形。下面通过偏移方式，将 3.4.1 节创建的垂直构造线向右偏移 100mm，以创建偏移构造线。

⚙️ **实例引导**——通过偏移创建构造线

Step01 ▶ 单击【绘图】工具栏中的"构造线"按钮✐。

Step02 ▶ 输入"O"，按 Enter 键，激活【偏移】选项。

Step03 ▶ 输入偏移距离"100"，按 Enter 键。

Step04 ▶ 单击垂直构造线。

Step05 ▶ 在构造线一侧单击。

Step06 ▶ 按 Enter 键，结束操作，绘制过程如图 3-29 所示。

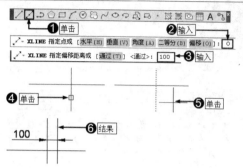

图 3-29　通过"偏移"创造构造线

练一练 下面尝试将水平构造线向下和向上各偏移 200mm，以创建另外两条水平构造线，结果如图 3-30 所示。

｜技术看板｜ 选择要偏移的构造线后，可以根据具体情况，既可以在原构造线的左边单击，也可以在原构造线的右边单击，都可以根据设置的偏移距离对构造线进行偏移。

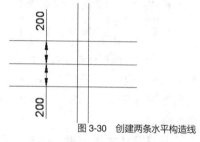

图 3-30　创建两条水平构造线

3.4.3　通过——创建圆的公切线

📄 素材文件	素材文件 \ 构造线示例 .dwg
💻 视频文件	专家讲堂 \ 第 3 章 \ 通过——创建圆的公切线 .swf

与偏移不同，通过点创建构造线时不用指定距离，而是通过捕捉某一点来创建构造线。打开素材文件"构造线示例 .dwg"，这是一个圆和两条半径，如图 3-31 所示。下面通过圆的下象限点偏移圆的水平半径，创建一条水平构造线作为圆的公切线，创建结果如图 3-32 所示。

⚙️ **实例引导**——通过点偏移创建构造线

Step01 ▶ 单击【绘图】工具栏上的"构造线"按钮✐。

Step02 ▶ 输入"O"，按 Enter 键，激活【偏移】选项。

Step03 ▶ 输入"T"，按 Enter 键，激活【通过】选项。

Step04 ▶ 单击圆的水平半径。

Step05 ▶ 捕捉圆的下象限点。

Step06 ▶ 按 Enter 键，结束操作。绘制过程如图 3-33 所示。

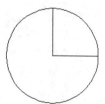

图 3-31　圆和两条半径

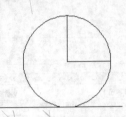

图 3-32　创建一条水平构造线作为圆的公切线

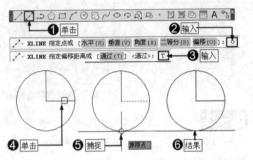

图 3-33　创建圆的公切线

练一练 尝试将圆的垂直半径通过圆的左右两个象限点进行偏移，以创建另外两条垂直构造线，结果如图 3-34 所示。

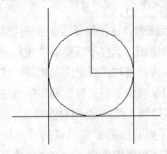

图 3-34　创建两条垂直构造线

| 技术看板 | 通过以上案例操作可知，不管是距离偏移还是点偏移，既可以对构造线进行偏移以创建新的构造线，也可以对其他图线进行偏移以创建构造线。另外，在通过点偏移创建构造线时，要根据具体情况设置相关的捕捉模式，以便能正确捕捉到点。

3.4.4　角度——创建 30° 角的构造线

📄 素材文件	素材文件 \ 构造线示例 .dwg
🖥 视频文件	专家讲堂 \ 第 3 章 \ 角度——创建 30° 角的构造线 .swf

通过绘制或偏移所创建的构造线都是垂直或水平的构造线，用户也可以绘制具有一定倾斜角度的构造线，如 30° 倾斜角、40° 倾斜角的构造线。

打开素材文件，如图 3-35 所示，下面来创建一条通过圆心、倾斜角度为 30° 的构造线，创建结果如图 3-36 所示。

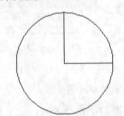

图 3-35　素材文件

⚙ 实例引导——创建 30° 角的构造线

Step01▶ 单击【绘图】工具栏中的"构造线"按钮 ✐。

Step02▶ 输入"A"，按 Enter 键，激活【角度】选项。

Step03▶ 输入"30"，按 Enter 键，设置倾斜角度。

Step04▶ 捕捉水平半径的左端点（圆心）。

Step05▶ 按 Enter 键，结束操作，绘制结果如图 3-37 所示。

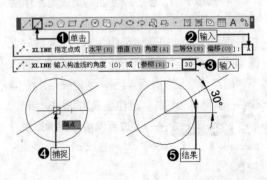

图 3-37　创建 30° 角的构造线

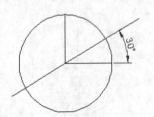

图 3-36　创建通过圆心、倾斜角为 30° 的构造线

练一练 尝试创建通过圆心、倾斜角度为 75° 的构造线，绘制结果如图 3-38 所示。

3.4.5 二等分——创建 90° 角的平分线

📄 素材文件	素材文件 \ 构造线示例 .dwg
🖥 视频文件	专家讲堂 \ 第 3 章 \ 实例——创建 90° 角的平分线 swf

角度平分线也叫角的二等分线，其用途就是将一个角度平分为二，例如将一个 30° 角平分为两个 15° 角，如果不借助绘图辅助工具，很难绘制出一个角的角平分线，但是在 AutoCAD 2014 中，可以通过【构造线】命令中的"二等分"选项，轻松绘制出任何角的角平分线。

打开素材文件，下面为素材文件中的两个半径所形成的 90° 角创建一个角度平分线，绘制结果如图 3-39 所示。

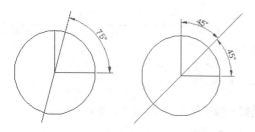

图 3-38 创建 75° 角的构造线　　图 3-39 素材文件

⚙ **实例引导** ——创建 90° 角的平分线

Step01 ▸ 单击【绘图】工具栏上的"构造线"

按钮 ⤢。

Step02 ▸ 输入 "B"，按 Enter 键，激活【二等分】选项。

Step03 ▸ 捕捉圆心（即半径的交点）。

Step04 ▸ 捕捉垂直半径的上端点。

Step05 ▸ 捕捉水平半径的右端点

Step06 ▸ 按 Enter 键，结束操作，绘制过程如图 3-40 所示。

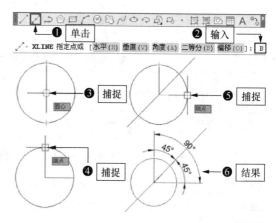

图 3-40 创建 90° 角平分线

3.5 多段线

多段线是由一系列直线段或弧线段连接而成的一种特殊线图元，表面上看，多段线与其他二维线没有任何区别，但实际上无论多段线包含多少直线或弧，它都属于一个整体。首先打开素材文件"多段线示例 .dwg"文件（"素材文件"目录下），这是两个线图形，如图 3-41 所示。

表面上看这两个线图形没有任何区别，在没有任何命令发出的情况下，分别在两个折线图形的左边折线上单击，此时会发现，图 3-42（a）只有左边直线段夹点显示，而图 3-42（b）则全部夹点显示。

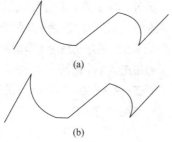

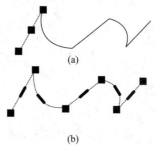

图 3-41 多段线示例　　　　　　　　　　　　　　　　图 3-42 夹点显示

这说明图 3-42（a）是由直线和圆弧组合而成的二维线图形，每一段线段和圆弧都是独立存在的，因此单击左边的直线段，该线段被选择，而其他线段不会被选择；而图 3-42（b）则是多段线图形。前面介绍过，多段线无论包含多少条直线或圆弧，它都属于一个整体，因此，无论单击多段线的任何部分，选择的都是整个多段线图形。本节就来学习绘制多段线的方法。

本节内容概览

知识点	功能 / 用途	难易度与应用频率
默认设置（P092）	● 绘制直线型的多段线 ● 绘制绘图辅助线 ● 绘制图形轮廓线	难 易 度：★★ 应用频率：★★★★★
圆弧（P093）	● 绘制圆弧型的多段线 ● 绘制绘图辅助线 ● 绘制图形轮廓线	难 易 度：★★ 应用频率：★★★★★
直线与圆弧（P093）	● 绘制直线型与圆弧型结合的多段线 ● 绘制图形轮廓线	难 易 度：★★★ 应用频率：★★★★★
宽度（P094）	● 创建具有一定宽度的多段线 ● 绘制图形轮廓线	难 易 度：★ 应用频率：★★
实例	● 使用多段线创建箭头（P094） ● 绘制零件二视图（P095）	

3.5.1 默认设置——绘制直线型多段线

💻 视频文件 | 专家讲堂 \ 第 3 章 \ 实例——绘制直线型多段线 .swf

默认设置下，只能绘制直线型多段线，其绘制结果类似于使用直线绘制的线段。

⚙️ **实例引导**——绘制直线型多段线

Step01 ▶ 单击【绘图】工具栏中的"多段线"按钮 ⌐⊃。

Step02 ▶ 单击指定多段线的起点。

Step03 ▶ 移动光标到合适位置单击指定下一点。

Step04 ▶ 移动光标到另一个位置单击指定下一点。

Step05 ▶ 移动光标到另一个位置单击指定下一点。

Step06 ▶ 按 Enter 键，结束操作，绘制过程如图 3-43 所示。

| **技术看板** | 如果要绘制闭合多段线，在绘制结束时，输入"C"后按 Enter 键，激活【闭合】命令，即可创建闭合的多段线，如图 3-44 所示。

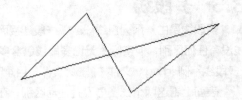

图 3-44 闭合的多段线

另外，除了单击【绘图】工具栏或面板上的多段线"按钮 ⌐⊃"激活【多段线】命令之外，还可以通过以下方式激活【多段线】命令。

◆ 单击菜单【绘图】/【多段线】命令。

◆ 在命令行输入"pline"后按 Enter 键

◆ 使用快捷键 PL。

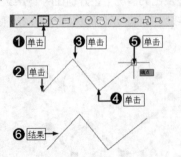

图 3-43 绘制多段线

3.5.2 圆弧——绘制圆弧型多段线

🖥 视频文件	专家讲堂 \ 第 3 章 \ 实例——绘制圆弧型多段线 .swf

圆弧型多段线其实就是指具有圆弧效果的多段线，绘制该类多段线时需要激活【圆弧】选项。

实例引导——绘制圆弧型多段线

Step01 ▸ 单击【绘图】工具栏中的"多段线"按钮。

Step02 ▸ 单击指定起点。

Step03 ▸ 输入"A"，按 Enter 键，激活【圆弧】选项。

Step04 ▸ 移动光标到合适位置后单击指定圆弧的端点。

Step05 ▸ 继续移动光标到合适位置后单击指定

圆弧的端点。

Step06 ▸ 按 Enter 键，结束操作，绘制过程如图 3-45 所示。

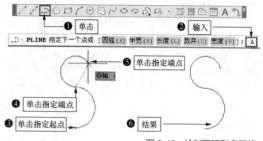

图 3-45　绘制圆弧型多段线

3.5.3 直线与圆弧——绘制直线型和圆弧型多段线

🖥 视频文件	专家讲堂 \ 第 3 章 \ 直线与圆弧——绘制直线型和圆弧型多段线 .swf

直线型和圆弧型多段线是指多段线既包含直线也包含圆弧，在绘制这类多段线时同样需要激活【直线】和【圆弧】选项。

实例引导——绘制直线型和圆弧型多段线

Step01 ▸ 单击【绘图】工具栏中的"多段线"按钮。

Step02 ▸ 单击指定起点。

Step03 ▸ 移动光标到合适位置再次单击指定端点，绘制直线。

Step04 ▸ 输入"A"，按 Enter 键，激活【圆弧】选项。

Step05 ▸ 移动光标到合适位置单击指定圆弧的端点，绘制圆弧。

Step06 ▸ 继续移动光标到合适位置单击绘制另一个圆弧。

Step07 ▸ 输入"L"，按 Enter 键，激活【直线】选项。

Step08 ▸ 移动光标到合适位置单击，绘制直线。

Step09 ▸ 按 Enter 键，结束操作，绘制结果如图 3-46 所示。

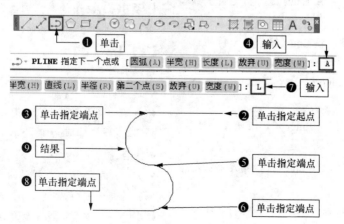

图 3-46　绘制直线型和圆弧型多段线

3.5.4 宽度——绘制宽度多段线

💻 视频文件 | 专家讲堂 \ 第 3 章 \ 宽度——绘制宽度多段线 .swf

默认设置下，多段线宽度为 0，但系统允许设置多段线的宽度，绘制具有一定宽度的多段线。多段线的宽度分为起点宽度和端点宽度，一般情况下，起点宽度与端点宽度可以一致，也可以不一致，下面来绘制起点和端点宽度均为 100mm、长度为 300mm 的多段线。

⚙️ **实例引导** ——绘制宽度多段线

Step01 ▶ 单击【绘图】工具栏中的 "多段线" 按钮 ⤵。

Step02 ▶ 单击指定起点。

Step03 ▶ 输入 "W"，按 Enter 键，激活【宽度】选项。

Step04 ▶ 输入 "100"，按 Enter 键，指定起点宽度。

Step05 ▶ 输入 "100"，按 Enter 键，指定端点宽度。

Step06 ▶ 输入 "@300,0"，按 Enter 键，指定多段线端点坐标。

Step07 ▶ 按 Enter 键，结束操作，绘制过程如图 3-47 所示。

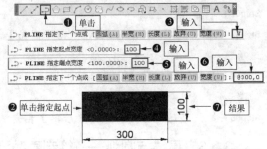

图 3-47 绘制宽度多段线

3.5.5 实例——使用多段线创建箭头

💻 视频文件 | 专家讲堂 \ 第 3 章 \ 实例——使用多段线创建箭头 .swf

箭头是 AutoCAD 2014 机械设计中常用的图元，可以通过设置多段线的起点宽度和端点宽度来绘制一个箭头。下面来绘制一个箭头线宽度为 10mm、箭头线长度为 500mm、箭头宽度为 100mm 的箭头。

Step01 ▶ 单击【绘图】工具栏中的 "多段线" 按钮 ⤵。

Step02 ▶ 单击指定起点。

Step03 ▶ 输入 "W"，按 Enter 键，激活【宽度】选项。

Step04 ▶ 输入 "10"，按 Enter 键，指定箭头线起点宽度。

Step05 ▶ 输入 "10"，按 Enter 键，指定箭头线端点宽度。

Step06 ▶ 输入 "@500,0"，按 Enter 键，指定箭头线端点坐标。

Step07 ▶ 输入 "W"，按 Enter 键，激活【宽度】选项。

Step08 ▶ 输入 "100"，按 Enter 键，指定箭头起点宽度。

Step09 ▶ 输入 "0"，按 Enter 键，指定箭头端点宽度。

Step10 ▶ 输入 "@100,0"，按 Enter 键，指定箭头端点坐标。

Step11 ▶ 按 Enter 键，结束操作，绘制过程如图 3-48 所示。

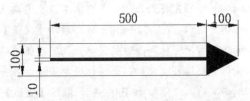

图 3-48 使用多段线创建箭头

| 技术看板 | 绘制不同类型的多段线，其选项设置也会不同。例如，当输入 "A"，激活【圆弧】选项之后，在其命令行会出现如图 3-49 所示的选项信息。

各选项功能如下。

◆ 角度：设置圆弧的圆心角。

◆ 圆心：指定圆弧的圆心。

◆ 闭合：封闭多段线。

◆ 方向：取消直线与圆弧的相切关系，以改变圆弧的起始方向。

◆ 半宽：指定圆弧的半宽值。激活此选项功能后，AutoCAD 将提示用户输入多段线的起点半宽值和终点半宽值。

♦ 直线：切换直线模式。

♦ 半径：指定圆弧的半径。

♦ 第二个点：选择三点画弧方式中的第二个点。

♦ 宽度：设置弧线的宽度值。

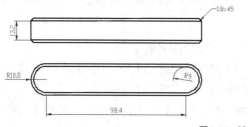

图 3-49 命令提示

3.5.6 实例——绘制键零件二视图

效果文件	效果文件 \ 第 3 章 \ 综合实例——绘制键零件二视图 .dwg
视频文件	专家讲堂 \ 第 3 章 \ 综合实例——绘制键零件二视图 .swf

键是轴类机械零件中的一个关键零件。本节就来绘制图 3-50 所示的键机械零件二视图，体会"多段线"命令在具体绘图中的应用。

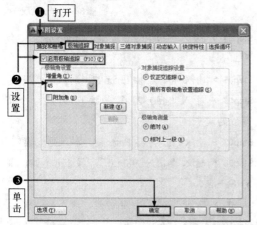

图 3-50 键

操作步骤

1. 设置极轴追踪的增量角

在开始绘制前，首先要设置捕捉模式，这样便于精确捕捉，以保证精确绘图。

Step01 ▶ 输入"SE"，按 Enter 键，打开【草图设置】对话框。

Step02 ▶ 进入"极轴追踪"选项卡，选中"启用极轴追踪"复选框，并设置"增量角"。

Step03 ▶ 单击 确定 按钮，如图 3-51 所示。

图 3-51 设置捕捉模式

2. 设置视图高度

默认设置下的视图高度一般并不能满足绘图需要，因此还需要重新设置视图高度。下面将该视图的高度设置为 140mm，以保证能满足绘图需要。

Step01 ▶ 单击【视图】/【缩放】/【中心】命令。

Step02 ▶ 在绘图区拾取一点。

Step03 ▶ 输入"140"，按 Enter 键，指定视图高度。

3. 绘制键主视图轮廓

主视图就是能反映图形主要特征的图形。主视图也叫前视图，是由对象正前方观察得到的正投影图。

Step01 ▶ 单击【绘图】工具栏中的"多段线"按钮。

Step02 ▶ 按 F12 键打开"动态输入"功能。

Step03 ▶ 在绘图区单击指定起点，然后向右下引出 315° 的方向矢量角，输入"2"，按 Enter 键。

Step04 ▶ 水平向右引出 0° 的方向矢量角，输入"116.4"，按 Enter 键，如图 3-52 所示。

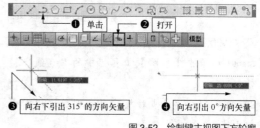

图 3-52 绘制键主视图下方轮廓

Step05 ▶ 向右上引出 45° 的方向矢量角，输入"2"，按 Enter 键。

Step06 ▶ 垂直向上引出 90° 的方向矢量角，输入 "13.2"，按 Enter 键。

Step07 ▶ 向左上引出 135° 的方向矢量角，输入 "2"，按 Enter 键，如图 3-53 所示。

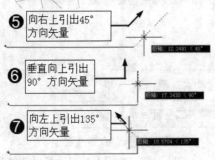

图 3-53　绘制键主视图上方轮廓

Step08 ▶ 水平向左引出 180° 的方向矢量角，输入 "116.4"，按 Enter 键。

Step09 ▶ 向左下引出 225° 的方向矢量角，输入 "2"，按 Enter 键。

Step10 ▶ 输入 "C"，按 Enter 键，闭合图形并结束绘制。

Step11 ▶ 绘制过程如图 3-54 所示。

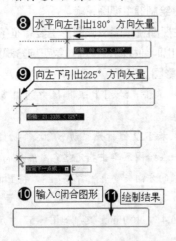

图 3-54　闭合图形并结束绘制

4. 完善键主视图

Step01 ▶ 单击【绘图】工具栏中的 "直线" 按钮 ✒ 。

Step02 ▶ 配合 "端点捕捉" 功能捕捉主视图内部左端点。

Step03 ▶ 捕捉主视图内部右端点。

Step04 ▶ 按 Enter 键，绘制结果如图 3-55 所示。

Step05 ▶ 使用相同的方法继续捕捉键的另外两

个端点，绘制另一条图线，完成键主视图的绘制，如图 3-56 所示。

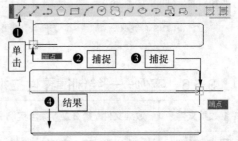

图 3-55　捕捉主视图端点

图 3-56　完善键主视图

5. 绘制键俯视图

俯视图就是由上向下观察对象所得到的正投影图。

Step01 ▶ 单击【绘图】工具栏上的 "多段线" 按钮 ⟲ 。

Step02 ▶ 配合 "中点捕捉" 和 "对象追踪" 功能，由键主视图中点向下引出追踪线。

Step03 ▶ 在视图中单击拾取一点，如图 3-57 所示。

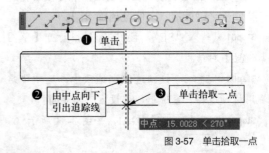

图 3-57　单击拾取一点

Step04 ▶ 输入 "@49.2,0"，按 Enter 键，定位第二点。

Step05 ▶ 输入 "A"，按 Enter 键，转入画弧模式。

Step06 ▶ 输入 "@0,-21.6"，按 Enter 键，指定圆弧的端点。

Step07 ▶ 输入 "L"，按 Enter 键，转入画线模式。

Step08 ▶ 输入 "@ − 98.4,0"，按 Enter 键，指定下一点。

Step09 ▶ 输入 "A"，按 Enter 键，转入画弧模式。

Step10 ▶ 输入 "@0,21.6"，按 Enter 键，指定

圆弧的端点。

Step11 ▶ 输入"CL"，按 Enter 键，闭合图形，绘制结果如图 3-58 所示。

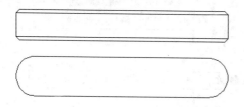

图 3-58 绘制键俯视图

6. 完善键俯视图

下面使用【偏移】命令，将绘制完成的键的俯视图向内偏移，对其进行完善。

Step01 ▶ 单击【修改】工具栏上的"偏移"按钮 ◻。

Step02 ▶ 输入"1.8"，按 Enter 键，设置偏移距离。

Step03 ▶ 单击刚绘制的键的俯视图。

Step04 ▶ 在俯视图内部拾取一点。

Step05 ▶ 按 Enter 键，结束操作。绘制过程如图 3-59 所示。

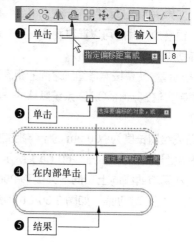

图 3-59 完善键俯视图

7. 保存文件

最后使用【保存】命令将图形命名存储为"键零件二视图 .dwg"文件。

3.6 偏移

在 3.5 节的实例中已经用到了【偏移】命令，本节将详细介绍【偏移】命令的使用方法和相关操作技巧。

"偏移"简单的说就是将源对象通过设定距离或指定通过点进行复制，可以通过多种方式对除填充图案、图块、文字、尺寸标注等一些特殊图形符号之外的其他图形对象进行偏移。与传统意义上的复制不同的是，通过偏移可以创建多个形状相同，但尺寸完全不同的对象。

本节内容概览

知识点	功能 / 用途	难易度与应用频率
距离偏移（P97）	● 设置偏移距离偏移图线 ● 创建绘图辅助线 ● 创建图形轮廓线	难易度：★★ 应用频率：★★★★★
定点偏移（P100）	● 通过某一点偏移图线 ● 创建图形辅助线 ● 创建图形轮廓线	难易度：★★★ 应用频率：★★★★★
实例（P101）	● 创建机械零件图中心线	
删除源对象（P103）	● 删除源对象并进行偏移 ● 创建图形辅助线 ● 创建图形轮廓线	难易度：★★★★ 应用频率：★★★★★
疑难解答	● 图线距离不相等时如何偏移？（P098） ● 如何将图线按照相同距离向一边多次偏移？（P99） ● 多次偏移时的疑问（P100） ● 偏移时图层设置错误该怎么办？（P103）	

3.6.1 距离偏移——创建间距为 20mm 的辅助线

💻 视频文件 | 专家讲堂 \ 第 3 章 \ 距离偏移——创建间距为 20mm 的辅助线 .swf

在绘制机械零件图的过程中，经常会用到许多绘图辅助线，这些辅助线之间的距离各不相同，如果采用直接绘制的方法来得到绘图辅助线会很麻烦，此时可以通过距离偏离来创建绘图辅助线。

距离偏移就是按照各图线之间的距离进行偏移复制，这是 AutoCAD 系统默认的一种偏移方式。

首先绘制长度为 100mm 的十字相交的图线作为绘图辅助线，如图 3-60（a）所示。下面将该水平辅助线向上和向下外偏移 20mm，创建出其他绘图辅助线，如图 3-60（b）所示。

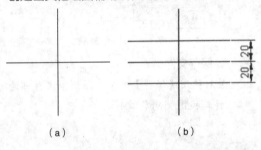

（a）　　　　　　（b）

图 3-60　绘图辅助线

⚙ **实例引导**——创建间距为 20mm 的辅助线

Step01▶ 单击"偏移"按钮凸。

Step02▶ 输入"20"，按 Enter 键，指定偏移距离。

Step03▶ 单击水平辅助线。

Step04▶ 在辅助线上方单击。

Step05▶ 单击水平辅助线。

Step06▶ 在辅助线下方单击。

Step07▶ 按 Enter 键，结束操作。绘制过程如图

3-61 所示。

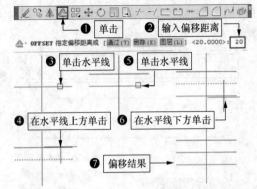

图 3-61　创建间距为 20mm 的辅助线

｜技术看板｜ 距离偏移对象时，单击的位置不同，其偏移结果也不同。例如，在图 3-61 所示的操作中，在水平线的上方单击，将水平线上方复制，在水平线下方单击，将水平线向下复制。也可以通过以下方式激活【偏移】命令。

◆ 菜单单击【修改】/【偏移】命令。

◆ 在命令行输入"OFFSET"后按 Enter 键。

◆ 使用快捷键 O。

练一练 尝试再将垂直线向左、右两边各偏移 20mm，创建其他两条垂直辅助线，结果如图 3-62 所示。

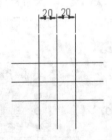

图 3-62　将垂直线向左、右偏移各 20mm

3.6.2　疑难解答——图线间距不相等时如何偏移？

💻 视频文件	疑难解答\第3章\疑难解答——图线间距不相等时如何偏移 .swf

疑难： 如果图线之间的距离不相同时，该如何对图线进行偏移？

解答： 距离偏移就是通过输入对象之间的距离来偏移的，因此，只要输入偏移距离，就可以对图线进行偏移。例如，将图 3-60（a）所示的十字交叉辅助线的水平线向上偏移 20mm，向下偏移 30mm，结果如图 3-63 所示，可以按照如下方式绘制。

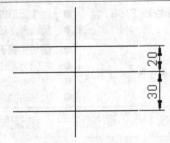

图 3-63　将水平线向上偏移 20mm、向下偏移 30mm

Step01 ▶ 单击"偏移"按钮 ⬡。

Step02 ▶ 输入"20"，按 Enter 键，指定偏移距离。

Step03 ▶ 单击水平直线。

Step04 ▶ 在水平直线上方单击。

Step05 ▶ 按两次 Enter 键（第 1 次按 Enter 键结束操作，第 2 次按 Enter 键重新执行【偏移】命令）。

Step06 ▶ 输入"30"，按 Enter 键，指定偏移距离。

Step07 ▶ 单击水平直线。

Step08 ▶ 在水平直线下方单击。

Step09 ▶ 按 Enter 键，结束操作。绘制过程如

图 3-64 所示。

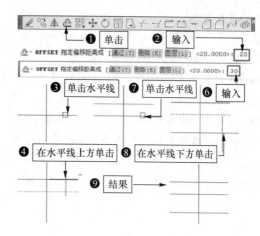

图 3-64 图线间距不相等时的偏移

3.6.3 疑难解答——如何将图线按相同距离向一边多次偏移？

🖥 视频文件 ｜ 疑难解答 \ 第 3 章 \ 疑难解答——如何将图线按相同距离向一边多次偏移 .swf

疑难： 如果要将垂直辅助线向右偏移创建多条垂直辅助线，各辅助线之间的距离均为 10mm，此时该如何操作？

解答： 在这种情况下可以采用两种偏移方式。

第一种方式是，首先将源垂直辅助线向右偏移 10mm 创建第 1 条垂直辅助线，然后依次将偏移后的图线作为偏移对象，创建其他多条辅助线，具体操作如下。

Step01 ▶ 单击"偏移"按钮 ⬡。

Step02 ▶ 输入"10"，按 Enter 键，指定偏移距离。

Step03 ▶ 单击垂直辅助线。

Step04 ▶ 在垂直辅助线右边单击，创建第 1 条垂直辅助线。

Step05 ▶ 单击创建的第 1 条垂直辅助线。

Step06 ▶ 在第 1 条垂直辅助线右边单击创建第 2 条垂直辅助线。

Step07 ▶ 单击创建的第 2 条垂直辅助线。

Step08 ▶ 在第 2 条垂直辅助线右边单击创建第 3 条垂直辅助线。

Step09 ▶ 依次分别单击第 3 条辅助线创建第 4 条辅助线；单击第 4 条辅助线创建第 5 条辅助线，最后按 Enter 键，结束偏移操作，绘制结果如图 3-65 所示。

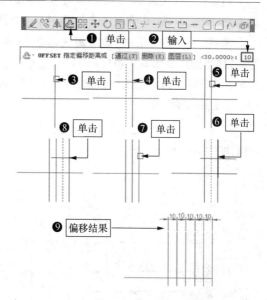

图 3-65 第一种偏移方式：更换偏移对象

第二种方式是，分别输入偏移对象距离源对象之间的距离值进行偏移，具体操作如下。

Step01 ▶ 单击"偏移"按钮 ⬡。

Step02 ▶ 输入"10"，按 Enter 键，指定偏移距离。

Step03 ▶ 单击垂直辅助线。

Step04 ▶ 在垂直辅助线右边单击创建第 1 条垂直辅助线。

Step05 ▶ 按两次 Enter 键（第 1 次按 Enter 键结束操作，第 2 次按 Enter 键重新执行【偏移】

命令）。

Step06 ▶ 输入 "20"，按 Enter 键，指定偏移距离。

Step07 ▶ 单击垂直辅助线。

Step08 ▶ 在垂直辅助线右边单击创建第 2 条垂直辅助线。

Step09 ▶ 分别设置偏移距离为 30mm、40mm 和 50mm，以源垂直辅助线作为偏移对象向右偏移，偏移出第 3、4 和 5 条垂直辅助线。

Step10 ▶ 按 Enter 键，结束操作。绘制过程如图 3-66 所示。

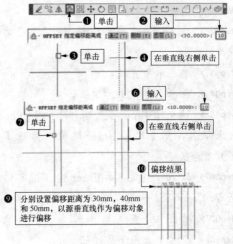

图 3-66　第二种偏移方式：根据与源对象距离偏移

3.6.4　疑难解答——多次偏移时的疑问

📺 视频文件	疑难解答 \ 第 3 章 \ 疑难解答——多次偏移时的疑问 .swf

疑难： 为什么第一种方法只需设置一次偏移距离，就可以完成所有偏移操作，而第二种方法每偏移一次都需要重新设置偏移值，而且每一次设置的偏移值都不相同？

解答： 第一种方法偏移时，每次都是以偏移后的图线作为偏移对象进行偏移的，各图线之间的距离是相同的，因此只需设置一次偏移值即可。而第二种方法偏移时，都是以源垂直图线作为偏移对象，这样每次偏移后的图线与源图线之间的距离不相同，因此每偏移一次，都需要重新设置偏移值，如图 3-67 所示。

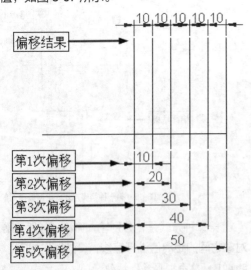

图 3-67　多次偏移

练一练 下面尝试采用两种不同的方法将图 3-67 所示的水平图线向上偏移复制，创建 5 条水平辅助线，如图 3-68 所示。

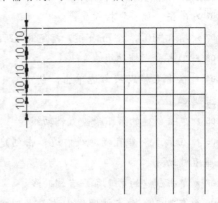

图 3-68　创建 5 条水平辅助线

3.6.5　定点偏移——偏移直径创建圆的切线

📄 素材文件	素材文件 \ 定点偏移示例 .dwg
📺 视频文件	专家讲堂 \ 第 3 章 \ 定点偏移——偏移直径创建圆的切线 .swf

与距离偏移不同，定点偏移是指通过某一点来偏移对象，这种偏移不用设定偏移距离，通常用于创建与源对象形状相同、尺寸不同的图形。

打开素材文件，这是一个绘制了直径的圆图形，如图 3-69（a）所示，下面对通过圆的上、下两个象限点对圆的直径进行偏移，以创建圆的两条公切线，结果如图 3-69（b）所示。

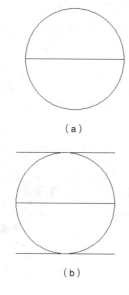

（a）

（b）

图 3-69　创建圆的两条公切线

⚙ **实例引导**——定点偏移

Step01▶ 单击"偏移"按钮 ⟆。

Step02▶ 输入"T"，按 Enter 键，激活【通过】选项。

Step03▶ 单击直径。

Step04▶ 捕捉上象限点。

Step05▶ 单击直径。

Step06▶ 捕捉下象限点。

Step07▶ 按 Enter 键，绘制结果如图 3-70 所示。

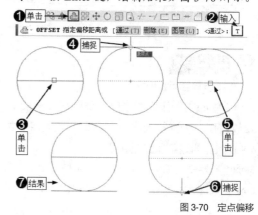

图 3-70　定点偏移

| 技术看板 | 在该操作中，需要先设置【象限点】捕捉模式，同时开启【对象捕捉】功能。有关设置【象限点】捕捉模式和开启【对象捕捉】功能的相关操作，请参阅本书第 2 章中相关内容的介绍。

练一练 使用【直线】命令为图 3-69（a）所示的圆绘制垂直直径，如图 3-71（a）所示。然后使用"定点偏移"对垂直直径进行偏移，以创建圆的两条垂直公切线，结果如图 3-71（b）所示。

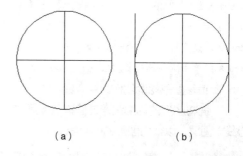

（a）　　　　　　（b）

图 3-71　创建垂直公切线

3.6.6　实例——创建机械零件图中心线

📄 素材文件	素材文件 \ 特殊偏移示例 .dwg
🖥 视频文件	专家讲堂 \ 第 3 章 \ 实例——创建机械零件图中心线 .swf

在 AutoCAD 机械设计中，机械零件图的中心线是图形总不可缺少的重要图线，这种图线看似简单，但绘制这类图线却比较麻烦，而且这类图线还需要放置在特定的图层上。如果掌握了通过偏移来创建这类图线的相关技巧，那对绘制机械零件图帮助会很大。

首先打开"特殊偏移示例 .dwg"素材文件，这是一个机械零件图，如图 3-72 所示。下面通过偏移来创建该机械零件图的中心线，如图 3-73 所示。

图 3-72　机械零件图

图 3-73　创建中心线

⚙ **操作步骤**

1. 设置当前图层

"中心线"作为图线的特殊图线，一般需要放置在"中心线"图层中，因此，需要将"中心线"图层设置为当前图层。

Step01 ▸ 单击"图层"控制下拉列表按钮。

Step02 ▸ 选择"中心线"图层，如图 3-74 所示。

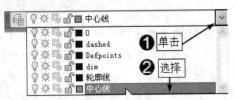

图 3-74　设置当前图层

2. 设置捕捉模式

创建中心线时，需要捕捉图形的中点，因此，要设置"中点"捕捉模式，这样便于捕捉图形的中点。

Step01 ▸ 输入"SE"，按 Enter 键，打开【草图设置】对话框。

Step02 ▸ 设置"中点"捕捉模式。

Step03 ▸ 单击 确定 按钮，如图 3-75 所示。

3. 偏移图形轮廓线作为中心线

下面将图形的轮廓线通过偏移放置到"中心线"图层，以作为图形的中心线。

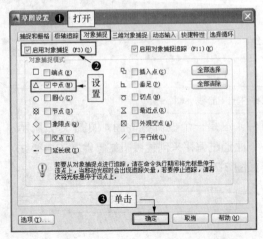

图 3-75　设置捕捉模式

Step01 ▸ 单击"偏移"按钮。

Step02 ▸ 输入"L"，按 Enter 键，激活【图层】选项。

Step03 ▸ 输入"C"，按 Enter 键，激活【当前】选项，表示要将对象偏移到当前图层上。

Step04 ▸ 输入"T"，按 Enter 键，激活【通过】选项。

Step05 ▸ 单击水平轮廓线。

Step06 ▸ 捕捉中点。

Step07 ▸ 按 Enter 键，结束操作。绘制过程如图 3-76 所示。

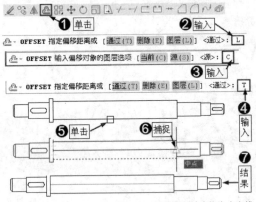

图 3-76　偏移图形轮廓作为中心线

| **技术看板** | 在该操作中，输入"L"选项激活【图层】命令，表示要将偏移后的对象放在图层中，此时系统会让用户选择图层，如果要将偏移对象放在源图形对象的图层中，则输入"S"，这表示会将偏移后的对象放置在源对象所在图层，如果要将偏移后的对象放置在当前图层，则输入"C"，这样就会将偏移后的对象放置在当前图层。

4. 完善中心线

通过偏移创建的中心线并不完美，下面还需要对其进行调整，使其能完全满足图形中心线的要求。

Step01 ▸ 单击偏移的中心线，使其夹点显示。

Step02 ▸ 单击左夹点并向左移动到合适位置，再单击。

Step03 ▸ 单击右夹点并向右移动到合适位置，再单击。

Step04 ▸ 按 Esc 键，退出夹点模式。绘制过程如图 3-77 所示。

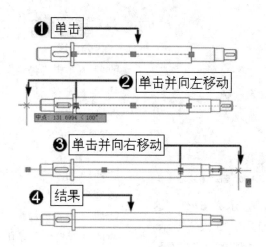

图 3-77　完善中心线

3.6.7　疑难解答——偏移时图层放置错误怎么办？

💻 视频文件	疑难解答 \ 第 3 章 \ 疑难解答——偏移时图层设置错误该如何补救 .swf

疑难： 在偏移时，如果不小心将图层放置错误，例如将"轮廓线"层设置为当前层，中心线被放置在了"轮廓线"图层，如图 3-78 所示，这时该怎么办？

解答： 如果出现这样的错误，解决方法如下。

Step01 ▸ 单击选择中心线，使其夹点显示。

Step02 ▸ 单击"图层"控制下拉列表按钮。

Step03 ▸ 选择"中心线"图层，即可将中心线放置在"中心线"层。

Step04 ▸ 夹点拉伸中心线，操作过程如图 3-79 所示。

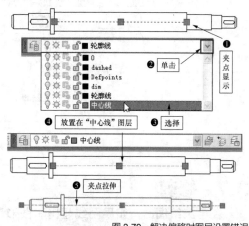

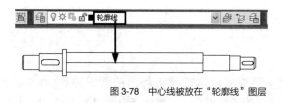

图 3-78　中心线被放在"轮廓线"图层

图 3-79　解决偏移时图层设置错误

3.6.8　删除源对象——将圆直径创建为圆的公切线

📄 素材文件	素材文件 \ 删除偏移示例 .dwg
💻 视频文件	专家讲堂 \ 第 3 章 \ 删除源对象——将圆直径创建为圆的公切线 .swf

在偏移对象时，源对象可以保留也可以删除，系统默认下，偏移后源对象没有被删除。如果想将偏移源对象删除，重新获得一个新的对象，可以通过【删除】选项将源对象删除，这种结果类似于将源对象进行位移。

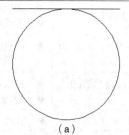

（a）

图 3-80　删除偏移示例

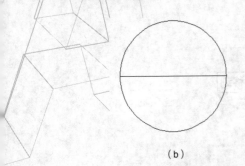

（b）

图 3-80　删除偏移示例（续）

打开素材文件"删除偏移示例.dwg"，这是一个带公切线的圆，如图 3-80（a）所示。下面通过【删除】将该公切线创建为圆的直径，如图 3-80（b）所示。

⚙️ **实例引导**——通过【删除】创建圆的公切线

Step01 ▸ 单击"偏移"按钮。

Step02 ▸ 输入"E"，按 Enter 键，激活【删除】选项。

Step03 ▸ 输入"Y"，按 Enter 键，激活【是】选项。

Step04 ▸ 输入"T"，按 Enter 键，激活【通过】选项。

Step05 ▸ 单击公切线。

Step06 ▸ 捕捉圆的象限点。

Step07 ▸ 按 Enter 键，结束操作。绘制过程如图 3-81 所示。

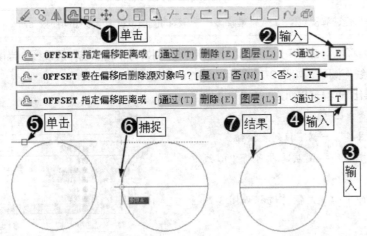

图 3-81　通过【删除】创建圆的公切线

3.7 修剪

在手工绘图时，如果图线超出了图形范围，只能使用橡皮擦将超出的图线擦除，但在 AutoCAD 2014 中提供了用于修剪图线的修剪工具。该工具相当于日常生活中使用的剪刀，可以将图线沿指定的边界剪掉，这比使用橡皮擦擦除图线更简便。

本节内容概览

知识点	功能 / 用途	难易度与应用频率
图线的相交状态（P105）	● 图线实际相交于一点 ● 图线延伸线相交于一点	难易度：★★ 应用频率：★★★★★
修剪实际相交的图线（P105）	● 修剪图线 ● 编辑二维图形	难易度：★★ 应用频率：★★★★★
修剪没有实际交点的图线（P108）	● 对没有实际相交的图线进行修剪 ● 编辑二维图形	难易度：★ 应用频率：★★
实例（P109）	● 完善垫片机械零件图	

续表

知识点	功能 / 用途	难易度与应用频率
疑难解答	● 什么是修剪边界？（P106） ● 修剪时鼠标的单击位置如何选择？（P107） ● 如何将一条线在多条线之间进行修剪？（P107） ● 如何以一条边界对多条图线进行修剪？（P108） ● 对于没有实际交点的图线如何选择修剪边界？（P109）	

3.7.1　图线的相交状态——实际相交与延伸线相交

🖵 视频文件	专家讲堂 \ 第 3 章 \ 图线的相交状态——实际相交与延伸线相交 .swf

在学习修剪图线之前，有必要先了解图线的相交状态，这对修剪图线非常重要。在 AutoCAD 2014 中，图线的相交状态分为 3 种情况，第 1 种情况是两条图线实际相交于某一点，如图 3-82 所示；第 2 种情况是两条图线并没有实际相交于某一点，但一条图线的延伸线会与另一条图线相交于某一点，如图 3-83 所示；第 3 种情况是，两条图线没有实际相交于某一点，但两条图线的延伸线相交于某一点，如图 3-84 所示。

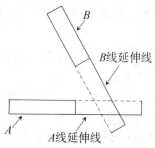

图 3-84　两条延伸线相交于一点

延伸线就是图线被延长后的线，延长线一般情况下看不到，但却是实际存在的，如图 3-85 所示，实线就是源图线，虚线则是该线的延伸线。

在修剪图线时，必须是两条图线实际相交，或者一条图线与另一条图线的延伸线相交。简单地说就是图线出现图 3-82 和图 3-83 所示的相交情况下才能进行修剪，如果出现图 3-84 所示的情况，则没必要也不能进行修剪。针对图 3-82 和图 3-83 所示的情况，可以分别采用不同的方式进行修剪。

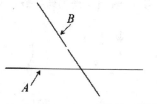

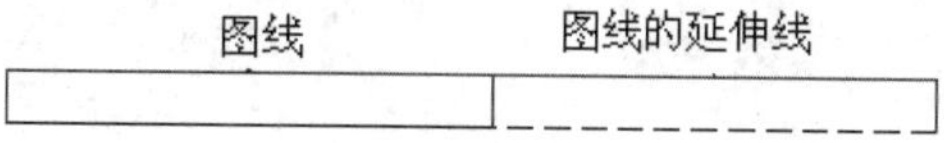

图 3-82　实际相交于一点

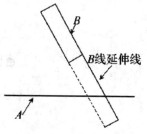

图 3-83　与一条延伸线相交于一点

图线　　　　　　图线的延伸线

图 3-85　图线的延伸线

3.7.2　修剪实际相交的图线

🖹 素材文件	素材文件 \ 修剪示例 .dwg
🖵 视频文件	专家讲堂 \ 第 3 章 \ 修剪实际相交的图线 .swf

实际相交线就是两条线有一个实际交点，如图 3-86（a）所示，对于这类相交图线，可以根据实际情况，既可以修剪 A 线，如图 3-86（b）所示；也可以修剪 B 线，如图 3-86（c）所示。

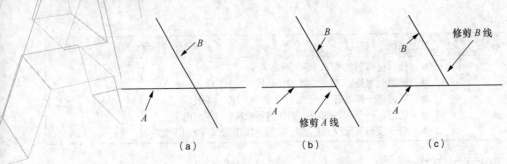

图 3-86　实际相交的图线

打开素材文件，这是 *A*、*B* 两条实际相交的图线，如图 3-86（a）所示，下面对其进行修剪。

实例引导——修剪实际相交线的图线

1. 修剪 *A* 线

修剪 *A* 线时，要以 *B* 线作为修剪边界。

Step01 ▶ 单击 ✄ "修剪"按钮激活【修剪】命令。

Step02 ▶ 单击 *B* 线作为修剪边界。

Step03 ▶ 按 Enter 键，在 *A* 线右端单击。

Step04 ▶ 按 Enter 键，结果 *A* 线被修剪，如图 3-87 所示。

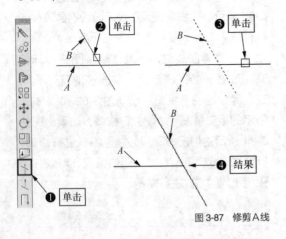

图 3-87　修剪 A 线

技术看板 还可以通过以下方式激活【修剪】命令。

◆ 单击菜单栏中的【修改】/【修剪】命令。

◆ 在命令行输入"TRIM"后按 Enter 键。

◆ 使用快捷键 T+R。

2. 修剪 *B* 线

修剪 *B* 线时，要以 *A* 线作为修剪边界。

Step01 ▶ 单击 "修剪"按钮 ✄ 激活【修剪】命令。

Step02 ▶ 单击 *A* 线作为修剪边界。

Step03 ▶ 按 Enter 键，在 *B* 线下方单击。

Step04 ▶ 按 Enter 键，绘制结果如图 3-88 所示。

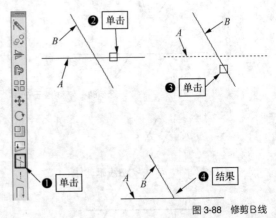

图 3-88　修剪 B 线

3.7.3 疑难解答——什么是修剪边界？

🖥 视频文件 | 疑难解答\第 3 章\疑难解答——什么是修剪边界 .swf

疑难：什么是修剪边界？

解答：修剪图线时需要找到一个修剪的界限，一般情况下，两条相交的图线都可以是修剪边界，如图 3-87 所示，当修剪 *A* 线时，*B* 线就是修剪边界；如图 3-88 所示，当修剪 *B* 线时，*A* 线就是修剪边界。

3.7.4 疑难解答——修剪时鼠标的单击位置如何选择?

💻 视频文件 ┃ 疑难解答 \ 第 3 章 \ 疑难解答——修剪时鼠标的单击位置 .swf

疑难: 在图 3-87 所示和图 3-88 所示的操作中,修剪 A 线时为什么要在 A 线的右端单击;修剪 B 线时为什么要在 B 线的下端单击? 在 A 线左端和 B 线上端单击可以吗?

解答: 在修剪图线时,可以在要修剪的图线的任何位置单击,但要根据具体要求来选择,例如在图 3-87 所示的操作中,修剪的是 A 线的右端,因此就在 A 线右端单击,如果要修剪 A 线的左端,就在 A 线的左端单击,结果如图 3-89 所示。同理,图 3-88 的操作中,修剪的是 B 线的下端,就在 B 线下端单击,反之就在 B 线上端单击,修剪结果如图 3-90 所示。

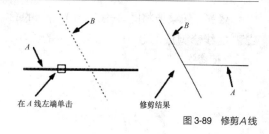

图 3-89　修剪 A 线

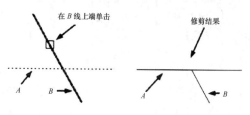

图 3-90　修剪 B 线

3.7.5 疑难解答——如何将一条线在多条线之间进行修剪?

💻 视频文件 ┃ 疑难解答 \ 第 3 章 \ 疑难解答——如何将一条线从多条线之间进行修剪 .swf

疑难: 如果要将图 3-91(a)所示的图线 A 在 B 线和 C 线之间进行修剪,使其成为图 3-91(b)所示的效果,该如何操作?

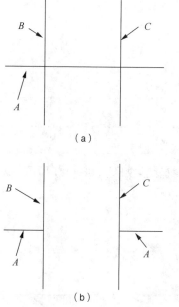

(a)

(b)

图 3-91　修剪图线

解答: 首先将 A 线在 B 线和 C 线之间的图线修剪掉,这时需要选择两个修剪边界,分

别是 B 线和 C 线,同时还要在 B 线与 C 线的之间位置单击 A 线,这样才能达到图 3-91(b)所示的修剪效果,具体操作如下。

Step01 ▶ 单击"修剪"按钮 ✂。

Step02 ▶ 单击 B 线。

Step03 ▶ 单击 C 线。

Step04 ▶ 按 Enter 键,在 A 线中间位置单击。

Step05 ▶ 按 Enter 键,结束操作。绘制过程如图 3-92 所示。

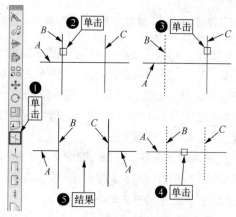

图 3-92　修剪 A 线在 B 线和 C 线之间的图线

3.7.6 疑难解答——如何以一条边界对多条图线进行修剪？

🖥 视频文件	疑难解答\第3章\疑难解答——如何以一条边界对多条图线进行修剪.swf

疑难： 如果要将图3-93（a）所示的B线和C线修剪成图3-93（b）所示的效果，又该如何操作？

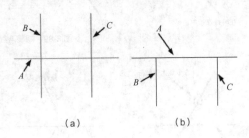

（a）　　　　　（b）

图3-93　修剪图线

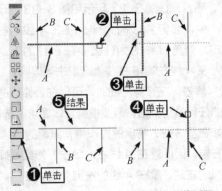

图3-94　修剪B线和C线

解答： 首先将 *B* 线和 *C* 线在 *A* 线上方的图线修剪掉，这时只需要一个修剪边界，那就是 *A* 线，当选择 *A* 线作为修剪边界后，分别在 *A* 线上方单击 *B* 线与 *C* 线，即可得到如图3-93（b）所示的效果，具体操作如下。

Step01 ▶ 单击"修剪"按钮 ⊬。

Step02 ▶ 单击 *A* 线。

Step03 ▶ 按 Enter 键，在 *B* 线上方位置单击。

Step04 ▶ 在 *C* 线上方位置单击。

Step05 ▶ 按 Enter 键，绘制结果如图3-94所示。

练一练 首先使用【直线】绘制图3-95（a）所示的图线，然后将其修剪成图3-95（b）所示的效果，修剪时以 *A* 线作为修剪边界对 *B* 线进行修剪；以 *C* 线作为修剪边界对 *A* 线进行修剪。

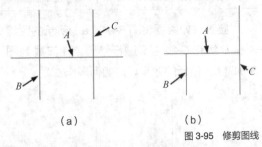

（a）　　　　　　（b）

图3-95　修剪图线

3.7.7 修剪没有实际交点的图线

📄 素材文件	素材文件\修剪示例01.dwg
🖥 视频文件	专家讲堂\第3章\修剪没有实际交点的图线.swf

图线没有实际交点并不等于图线一定不能相交，有些图线没有实际相交，但它们之间存在隐含交点，如图3-83所示和图3-84所示的两种情况。这两种情况在实际工作中很少出现，但还是要掌握相关命令。

这两种情况下，只有出现图3-83所示的情况时可以进行修剪，其修剪操作方法与有实际交点的图线修剪方法有所不同。

打开素材文件，这是一个隐含交点的图线，如图3-96（a）所示，下面对 *A* 线进行修

剪，修剪结果如图3-96（b）所示。

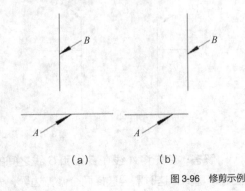

（a）　　　　　（b）

图3-96　修剪示例

实例引导——隐含交点图线的修剪

Step01 ▶ 单击"修剪"按钮 ⊢。

Step02 ▶ 单击 B 线作为修剪边界，按 Enter 键。

Step03 ▶ 输入"E"，按 Enter 键，激活【边】选项。

Step04 ▶ 输入"E"，按 Enter 键，激活【延伸】选项。

Step05 ▶ 在 A 线右端位置单击。

Step06 ▶ 按 Enter 键，结束操作。绘制过程如图 3-97 所示。

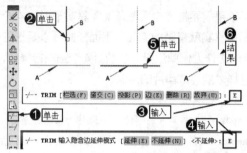

图 3-97　隐含交点的图线修剪

| 技术看板 | 当选择修剪边界后，在命令行会出现命令提示。例如，【投影】选项用于设置三维空间剪切实体的不同投影方法。选择该选项后，AutoCAD 出现"输入投影选项 [无（N）/UCS（U）/ 视图（V）]< 无 >："的操作提示，其中，无选项表示不考虑投影方式，按实际三维空间的相互关系修剪；【UCS】选项指在当前 UCS 的 XOY 平面上修剪；【视图】选项表示在当前视图平面上修剪。

另外，输入"E"激活【边】选项后，可以选择【延伸】或【不延伸】，如果选择【不延伸】，将无法对隐含交点的图线进行修剪；当修剪多个对象时，可以使用【栏选】和【窗交】两种选择功能选择对象，这样可以快速对多条线进行修剪。

3.7.8　疑难解答——对于没有实际交点的图线如何选择修剪边界？

💻 视频文件	疑难解答 \ 第 3 章 \ 疑难解答——关于没有实际交点的图线的修剪疑问 .swf

疑难： 在图 3-97 所示的操作中，A 线和 B 线没有实际交点，但可以使用 B 线作为修剪边界对 A 线进行了修剪，那能否使用 A 线作为修剪边界对 B 线进行修剪呢？

解答： 不能使用 A 线作为修剪边界对 B 线进行修剪，因为修剪的实际意义是修剪掉超出修剪边界的图线。在图 3-97 所示的操作中，A 线实际上超出了 B 线，而 B 线实际上并没有超出 A 线，只是 B 线的延伸线与 A 线相交，而延伸线是不存在的线，因此不能使用 A 线对 B 线进行修剪。

练一练 使用【直线】命令绘制图 3-98（a）

所示的 A、B 两条图线，再尝试以 B 线作为修剪边界，对 A 线进行修剪，结果图 3-98（b）所示。

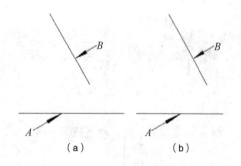

（a）　　　　　　　（b）

图 3-98　绘制并修剪图线

3.7.9　实例——完善垫片机械零件图

📄 素材文件	素材文件 \ 垫片 .dwg
📥 效果文件	效果文件 \ 第 3 章 \ 实例——完善垫片机械零件图 .dwg
💻 视频文件	专家讲堂 \ 第 3 章 \ 实例——完善垫片机械零件图 .swf

打开素材文件，如图 3-99（a）所示，这是一个未完成的垫片的机械零件图。下面通过修剪，对该垫片机械零件图进行完善，绘制结果如图 3-99（b）所示。

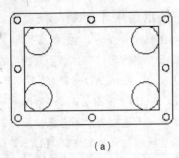

（a）

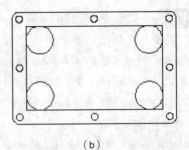

（b）

图 3-99 完善垫片机械零件图

1. 修剪内部矩形

垫片内部矩形属于圆角矩形，要想达到这种效果，就需要以内部 4 个圆作为修剪边界，对矩形的 4 个角进行修剪。下面来对内部矩形的 4 个角进行修剪。

Step01 ▶ 单击"修剪"按钮。

Step02 ▶ 依次单击 4 个圆作为修剪边界。

Step03 ▶ 按 Enter 键，然后单击矩形左上角进行修剪。

Step04 ▶ 单击矩形左下角进行修剪。

Step05 ▶ 单击矩形右上角进行修剪。

Step06 ▶ 单击矩形右下角进行修剪。

Step07 ▶ 按 Enter 键，结束操作。绘制过程如图 3-100 所示。

是不是需要将 4 个圆删除呢？其实矩形的 4 个圆角其实就是圆的圆弧，下面还需要以矩形的 4 条边作为修剪边界，继续对 4 个圆进行修剪，这样才能完成垫片的绘制。

Step01 ▶ 单击"修剪"按钮。

Step02 ▶ 依次单击矩形的 4 条边作为修剪边界。

Step03 ▶ 按 Enter 键，然后单击左上方的圆进行修剪。

Step04 ▶ 单击左下方的圆进行修剪。

Step05 ▶ 单击右上方的圆进行修剪。

Step06 ▶ 单击右下方的圆进行修剪。

Step07 ▶ 按 Enter 键，结束操作。绘制过程如图 3-101 所示。

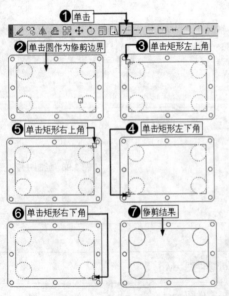

图 3-100 修剪内部矩形

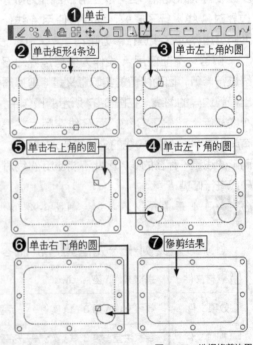

图 3-101 选择修剪边界

2. 选择修剪边界

当矩形修剪完后，发现内部圆似乎多余，

3. 保存文件

执行"另存为"命令，将绘制结果进行保存。

3.8　综合实例——根据零件俯视图绘制主视图

在 AutoCAD 机械设计中，经常需要根据零件某一视图来绘制其他视图。例如，根据零件俯视图绘制左视图，根据零件主视图绘制俯视图等。本例将根据图 3-102 所示的零件俯视图，绘制图 3-103 所示的零件主视图。

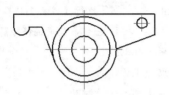

图 3-102　零件俯视图

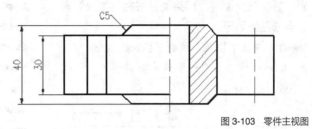

图 3-103　零件主视图

3.8.1　绘图思路

绘图思路如下。

（1）设置绘图定位辅助线。

（2）修剪定位辅助线。

（3）将辅助线转换为图形轮廓线。

（4）调整图形中心线并填充剖面，如图 3-104 所示。

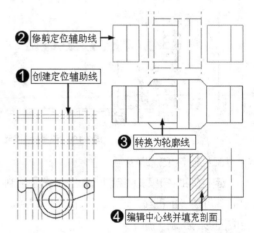

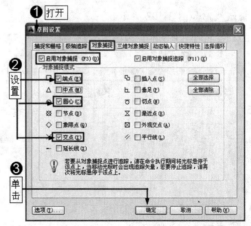

图 3-104　根据零件俯视图绘制主视图

3.8.2　绘图步骤

📄 素材文件	素材文件 \ 零件俯视图 .dwg
🖋 效果文件	效果文件 \ 第 3 章 \ 综合实例——绘制零件主视图 .dwg
🖥 视频文件	专家讲堂 \ 第 3 章 \ 综合实例——绘制零件主视图 .swf

打开素材文件"零件俯视图 .dwg"文件，下面绘制该零件的主视图。

⚙ **操作步骤**

1. 设置捕捉模式

在绘图前，一定要先设置捕捉模式，这样才能保证绘制的图形精准和合理。

Step01 ▶ 输入"SE"，按 Enter 键，打开【草图设置】对话框。

Step02 ▶ 进入"对象捕捉"选项卡，设置捕捉模式。

Step03 ▶ 单击 **确定** 按钮，如图 3-105 所示。

图 3-105　设置捕捉模式

2. 设置当前图层

在 AutoCAD 机械设计中，不同的图形类型会被绘制在不同的图层中，一般情况下，图层都是事先根据绘图需要设置好的，在绘图前只需要根据绘制的图形类型，将相关图层设置为当前图层即可。

Step01 ▸ 单击"图层"控制下拉列表按钮。

Step02 ▸ 选择"点划线"作为当前图层，如图 3-106 所示。

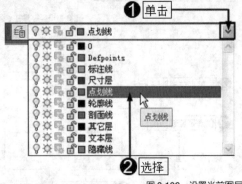

图 3-106　设置当前图层

3. 绘制定位辅助线

定位辅助线也称为绘图辅助线，它是绘制图形不可缺少的图线之一，可以帮助用户快速完成图形的绘制。

Step01 ▸ 单击【绘图】工具栏中的"构造线"按钮。

Step02 ▸ 输入"H"，按 Enter 键，激活【水平】选项。

Step03 ▸ 在俯视图上方位置单击确定构造线的位置。

Step04 ▸ 按 Enter 键，结束操作，绘制一条水平构造线，如图 3-107 所示。

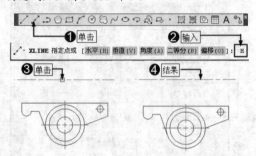

图 3-107　绘制定位辅助线

4. 偏移创建其他辅助线

下面对绘制的构造线进行偏移，以创建其他辅助线。

Step01 ▸ 单击"偏移"按钮。

Step02 ▸ 输入"40"，按 Enter 键，指定偏移距离。

Step03 ▸ 单击水平辅助线。

Step04 ▸ 在辅助线上方单击，按 Enter 键。

Step05 ▸ 按 Enter 键，重复执行【偏移】命令。

Step06 ▸ 输入"5"，按 Enter 键，指定偏移距离。

Step07 ▸ 单击水平辅助线。

Step08 ▸ 在辅助线上方单击。

Step09 ▸ 单击最上侧的水平辅助线。

Step10 ▸ 在辅助线下方单击。

Step11 ▸ 按 Enter 键，结束操作，如图 3-108 所示。

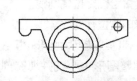

图 3-108　偏移创建其他辅助线

5. 绘制垂直辅助线

下面继续绘制垂直构造线作为垂直辅助线。

Step01 ▸ 单击【绘图】工具栏中的"构造线"按钮。

Step02 ▸ 输入"V"，按 Enter 键，激活【垂直】选项。

Step03 ▸ 根据视图间的对正关系，分别通过俯视图各位置的特征点，绘制垂直构造线作为定位辅助线，如图 3-109 所示。

┃技术看板┃ 这里所说的特征点包括图线的交点以及圆心和圆的象限点等，在绘制时直接捕捉这些特征点即可绘制。

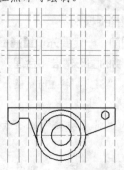

图 3-109　绘制垂直辅助线

6. 修剪图线

下面要对绘制的定位辅助线进行修剪，并将其转换为图形的轮廓线。

Step01 ▸ 单击【修改】工具栏上的"修剪"按钮 -/-- 。

Step02 ▸ 单击内部两条水平构造线作为修剪边界。

Step03 ▸ 按 Enter 键，然后在左右两边 3 条垂直构造线上下两端单击进行修剪，绘制结果如图 3-110 所示。

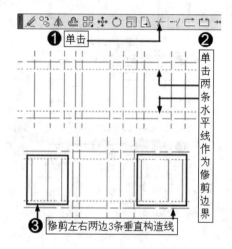

图 3-110　修剪左右两边 3 条垂直构造线

Step04 ▸ 以上下两条水平构造线作为修剪边界，对第 6 和第 7 条垂直构造线进行修剪，绘制结果如图 3-111 所示。

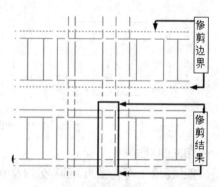

图 3-111　修剪第 6 和第 7 条垂直构造线

Step05 ▸ 以左右两条垂直构造线作为修剪边界，对中间两条水平构造线进行修剪，如图 3-112 所示。

Step06 ▸ 以图 3-113（a）所示的两条垂直构造线作为修剪边界，对图 3-113（b）所示的两条水平构造线进行修剪。

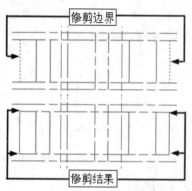

图 3-112　修剪中间两条水平构造线

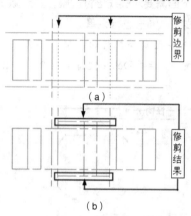

图 3-113　继续修剪水平构造线

Step07 ▸ 以图 3-114（a）所示的两条垂直构造线作为修剪边界，对图 3-114（b）所示的两条水平构造线进行修剪。

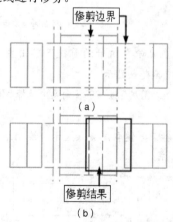

图 3-114　继续修剪水平构造线

7. 补画图线

下面继续使用【直线】命令补画其他图线。

Step01 ▸ 展开"图层"控制下拉列表，将"轮廓线"设置为当前图层。

Step02 ▸ 使用快捷键 "L" 激活【直线】命令。

Step03 ▸ 配合 "端点" 捕捉功能，捕捉图线的交点补画上下两侧的倾斜图线，如图 3-115 所示。

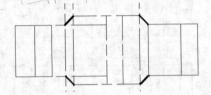

图 3-115　补画图线

8. 完善图形

下面需要对图线进行调整，并删除多余的构造线，对图形进行完善。

Step01 ▸ 在无命令执行的前提下单击 3 条垂直构造线，然后按 Delete 键将其删除，如图 3-116 所示。

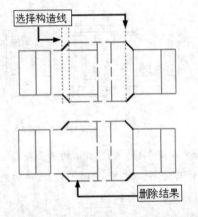

图 3-116　删除 3 条垂直构造线

Step02 ▸ 在无命令执行的前提下单击主视图各轮廓线使其夹点显示。

Step03 ▸ 在 "图层" 控制下拉列表中选择 "轮廓线" 图层。

Step04 ▸ 按 Esc 键取消夹点显示，绘制结果如图 3-117 所示。

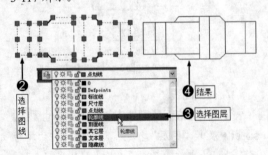

图 3-117　取消夹点显示

Step05 ▸ 在无命令执行的前提下单击主视图两条中心线使其夹点显示。

Step06 ▸ 按住 Shift 键的同时单击上方两个夹点进入夹基点（夹点显示红色）。

Step07 ▸ 松开 Shift 键，然后单击并向上拖动右边中心线的夹点，对其进行拉伸，如图 3-118 所示。

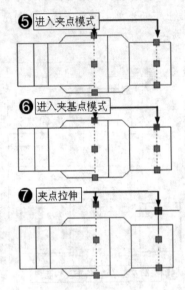

图 3-118　夹点拉伸

Step08 ▸ 使用相同的方法继续对下方夹点进行拉伸，然后按 Esc 键取消夹点显示，绘制结果如图 3-119 所示。

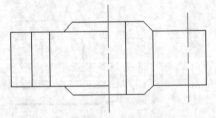

图 3-119　完善图形

9. 填充剖面图案

一般情况下，零件图的剖面部分需要填充图案，下面向剖面区域填充图案。

Step01 ▸ 在 "图层" 控制下拉列表中，将 "剖面线" 设置为当前层。

Step02 ▸ 单击【绘图】工具栏上的 "图案填充" 按钮，打开【图案填充和渐变色】对话框，设置图案填充及填充参数，向剖面图填充图案，如图 3-120 所示。

10. 保存文件

零件主视图绘制完毕，执行【另存为】命令，将图形命名存储。

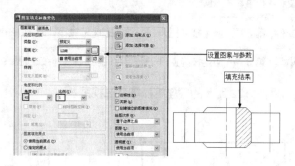

图 3-120 填充剖面图案

3.9 综合自测

3.9.1 软件知识检验——选择题

（1）坐标输入法包括（   ）。

A．绝对坐标输入和相对坐标输入法　　　B．绝对极坐标输入法

C．相对极坐标输入法　　　　　　　　　D．相对直角坐标输入法

（2）多段线与直线的区别是（   ）。

A．都是二维线　　　　　　　　　　　　B．多段线是直线与圆弧的结合

C．使用多段线绘制的图形是一个整体　　D．多段线不能修剪

（3）关于构造线，说法正确的是（   ）。

A．构造线是一条向两端无限延伸的直线　B．构造线通过编辑可以作为图形轮廓线

C．构造线是一条水平直线　　　　　　　D．构造线是一条垂直直线

（4）关于多段线，说法正确的是（   ）。

A．多段线无论有多少段，都是一个整体　B．多段线只能绘制直线

C．多段线只能绘制圆弧线　　　　　　　D．多段线不能设置宽度

3.9.2 软件操作入门——绘制法兰盘机械零件主视图

📄 样板文件	样板文件 \ 机械样板 .dwt
📥 效果文件	效果文件 \ 第 3 章 \ 软件操作入门——绘制法兰盘机械零件主视图 .dwg
🖥 视频文件	专家讲堂 \ 第 3 章 \ 软件操作入门——绘制法兰盘机械零件主视图 .swf

根据图示尺寸，绘制图 3-121 所示的法兰盘机械零件主视图。

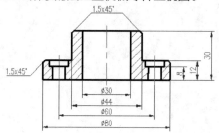

图 3-121 法兰盘主视图

3.9.3 应用技能提升——绘制底座机械零件二视图

📄 样板文件	样板文件 \ 机械样板 .dwt
✏ 效果文件	效果文件 \ 第 3 章 \ 应用技能提升——绘制底座机械零件二视图 .dwg
🖥 视频文件	专家讲堂 \ 第 3 章 \ 应用技能提升——绘制底座机械零件二视图 .swf

根据图示尺寸，绘制图 3-122 所示的底座机械零件二视图。

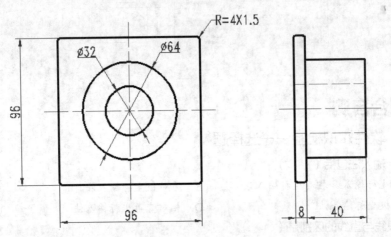

图 3-122 底座零件

第 4 章
绘制二维图形

绘图是 AutoCAD 的主要功能，也是最基本的功能，而二维图形是 AutoCAD 的绘图基础。只有熟练地掌握二维图形的绘制方法和绘制技巧，才能绘制更复杂的图形。本章就来学习绘制二维图形的方法。

| 第 4 章 |

绘制二维图形

本章内容概览

知识点	功能 / 用途	难易度与应用频率
圆（P118）	● 绘制圆 ● 绘制二维图形	难易度：★ 应用频率：★★★★★
矩形（P128）	● 绘制矩形 ● 绘制二维图形	难易度：★ 应用频率：★★★★★
多边形（P135）	● 绘制多边形 ● 绘制二维图形	难易度：★ 应用频率：★★★★★
圆弧（P138）	● 绘制圆弧 ● 绘制二维图形	难易度：★ 应用频率：★★★★★
综合实例（P147）	● 绘制手柄	
综合自测	● 软件知识检验——选择题（P153） ● 软件操作入门——绘制连杆机械零件平面图（P153） ● 应用技能提升——绘制螺母零件三视图（P154）	

4.1　圆

　　圆是最基本的二维图形之一，在 AutoCAD 中绘制一个圆比手工绘制要简单得多，只要知道圆的直径或者半径，就可以采用多种方法，轻松、快速地绘制出来。本节就来学习在 AutoCAD 中绘制圆的方法。

本节内容概览

知识点	功能 / 用途	难易度与应用频率
半径、直径（P118）	● 输入半径绘制圆 ● 输入直径绘制圆 ● 绘制二维图形	难易度：★ 应用频率：★★★★★
三点（P122）	● 通过三点绘制圆 ● 绘制二维图形	难易度：★★ 应用频率：★★★★★
两点（P123）	● 捕捉两点确定直径绘制圆 ● 绘制二维图形	难易度：★ 应用频率：★★★★★
切点、半径（P124）	● 绘制与两条图线相切的圆 ● 绘制二维图形	难易度：★ 应用频率：★★★★★
切点（P125）	● 绘制与三条图线相切的圆 ● 绘制二维图形	难易度：★ 应用频率：★★★★★
实例	● 绘制法兰盘机械零件平面图（P119） ● 绘制三角垫块平面图（P125）	

4.1.1　半径、直径——绘制半径为 200mm 的圆

　🖳 视频文件　专家讲堂 \ 第 4 章 \ 半径、直径——绘制半径为 200mm 的圆 .swf

　　半径、直径绘制圆是指通过输入圆的半径或直径来绘制圆，这是 AutoCAD 默认的绘制圆的方法。下面分别采用这两种方式来绘制图 4-1 所示的半径为 200mm 的圆。

图 4-1 半径为 200mm 的圆

⚙ **实例引导**——绘制半径为 200mm 的圆

在绘制圆时，当知道圆的半径或者直径后，可以输入圆的半径来绘制圆，也可以输入圆的直径来绘制圆。

1. 输入半径绘制圆

直接输入圆的半径，即可绘制圆，这是系统默认的绘制圆的方式。

Step01▸ 单击【绘图】工具栏中的"圆"按钮⊙。

Step02▸ 在绘图区单击确定圆心。

Step03▸ 输入圆的半径"200"，按 Enter 键。

Step04▸ 绘制结果如图 4-2 所示。

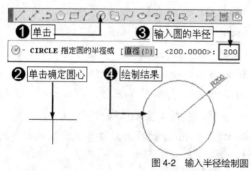

图 4-2 输入半径绘制圆

| **技术看板** | 还可以采用以下方式激活【圆】命令。

♦ 在【绘图】/【圆】级联菜单中单击相应的命令。

♦ 在命令行输入"CIRCLE"后按 Enter 键。

♦ 使用快捷键 C。

2. 输入直径绘制圆

输入直径绘制圆时，需要激活【直径】选项，然后输入圆的直径即可绘制圆。

Step01▸ 单击【绘图】工具栏上的"圆"按钮⊙。

Step02▸ 在绘图区单击确定圆心。

Step03▸ 输入"D"，按 Enter 键，激活【直径】选项。

Step04▸ 输入圆的直径"400"，按 Enter 键。

Step05▸ 绘制过程如图 4-3 所示。

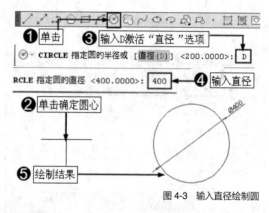

图 4-3 输入直径绘制圆

练一练 尝试绘制半径为 100mm 和直径为 300mm 的圆。

4.1.2 实例——绘制法兰盘机械零件平面图

📄 素材文件	机械样板 .dwt
🎬 效果文件	效果文件 \ 第 4 章 \ 实例——绘制法兰盘机械零件平面图 .dwg
💻 视频文件	专家讲堂 \ 第 4 章 \ 实例——绘制法兰盘机械零件平面图 .swf

下面绘制图 4-4 所示的法兰盘机械零件平面图，学习半径、直径方法绘制圆在实际工作中的应用技能。

⚙ **操作步骤**

1. 新建样板文件并设置捕捉模式

在绘制机械零件图时，一般是在样板文件中绘制的，因此需要打开样板文件。另外，还需要设置相关捕捉模式，这样会对绘图有帮助。

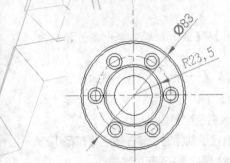

图 4-4　法兰盘

Step01 ▸ 执行【新建】命令，打开"机械样板 .dwt"作为基础样板。

Step02 ▸ 输入"SE"，按 Enter 键，打开【草图设置】对话框。

Step03 ▸ 设置捕捉模式。

Step04 ▸ 单击 确定 按钮关闭该对话框，如图 4-5 所示。

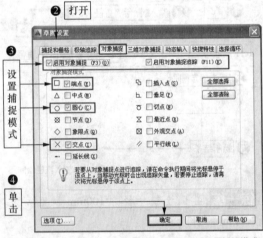

图 4-5　设置捕捉模式

┃技术看板┃ 在 AutoCAD 中，样板文件是一种设置了各种绘图样式的空白文件，例如图层、标注样式、文字样式等，不同类型的图形，其样板文件设置不同。使用样板文件可以方便绘制，有关样板文件的创建，将在后面章节详细讲解。样板文件不能使用【打开】命令来打开，而是使用【新建】命令打开已经创建好的样板文件

2. 设置当前图层

除了设置捕捉模式之外，绘图前还需要设置当前图层，这样可以将不同类型的图形放置在合适的图层中，方便对图形进行管理，在此

设置"中心线"层作为当前图层。

Step01 ▸ 单击图层控制列表按钮。

Step02 ▸ 选择"中心线"层，如图 4-6 所示。

图 4-6　设置当前图层

3. 绘制中心线

首先绘制中心线。"中心线"也叫绘图定位线，是绘制图形的基础，中心线的创建一般使用构造线或者直线来创建，在此将使用直线创建中心线。

Step01 ▸ 单击【绘图】工具栏上的"直线"按钮 。

Step02 ▸ 在绘图区单击确定起点。

Step03 ▸ 水平向右引导光标，输入"200"，按 Enter 键，绘制水平定位线。

Step04 ▸ 按两次 Enter 键，重复【直线】命令。

Step05 ▸ 在水平线上方单击确定起点。

Step06 ▸ 垂直向下引导光标，输入"200"，按 Enter 键，绘制垂直定位线。

Step07 ▸ 按 Enter 键，结束操作。绘制过程如图 4-7 所示。

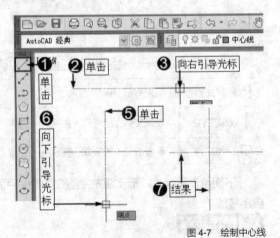

图 4-7　绘制中心线

4. 用"直径"方式绘制轮廓圆

下面使用"直径"方式来绘制轮廓圆，由于图形轮廓与图形中心线属性不同，因此要将

轮廓圆绘制在"轮廓线"层。

Step01 ▶ 依照图 4-6 所示的方法将"轮廓线"设置为当前图层。

Step02 ▶ 单击【绘图】工具栏上的"圆"按钮 ⊘。

Step03 ▶ 捕捉中心线的交点作为圆心。

Step04 ▶ 输入"d"，按 Enter 键，激活"直径"选项。

Step05 ▶ 输入直径"30"，按 Enter 键，绘制结果如图 4-8 所示。

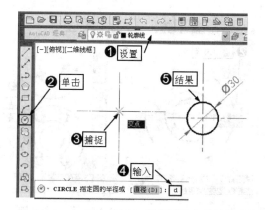

图 4-8 用"直径"方式绘制轮廓圆

5. 绘制内侧轮廓圆

下面继续绘制另一个轮廓圆，该圆也要绘制在"轮廓线"层。

Step01 ▶ 单击【绘图】工具栏上的"圆"按钮 ⊘。

Step02 ▶ 捕捉定位线的交点确定圆心。

Step03 ▶ 输入"d"，按 Enter 键，激活"直径"选项。

Step04 ▶ 输入直径"44"，按 Enter 键，结束操作。绘制过程如图 4-9 所示。

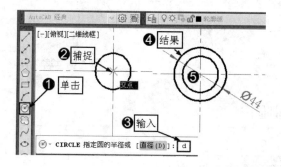

图 4-9 绘制内侧轮廓圆

练一练 尝试使用"半径"画圆的方法，根据图示尺寸继续绘制半径分别为 30mm 和 40mm 的圆，完成轮廓圆的绘制，绘制结果如图 4-10 所示。

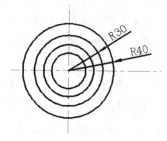

图 4-10 绘制直径为 30mm 和 40mm 的圆

6. 调整图形的图层

在以上所绘制的圆中，半径为 30mm 的圆并不属于图形的轮廓，而是图形的中心线，在绘制时将其绘制在"轮廓线"层，这样不符合图形的绘图要求，下面需要将其调整到"中心线"层。

Step01 ▶ 在没有任何命令发出的情况下单击半径为 30mm 的圆使其夹点显示。

Step02 ▶ 单击"图层"控制下拉列表按钮。

Step03 ▶ 选择"中心线"图层。

Step04 ▶ 按 Esc 键，取消夹点显示，调整结果如图 4-11 所示。

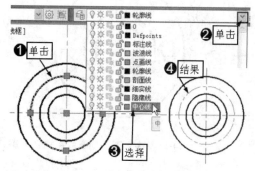

图 4-11 调整图形的图层

┃技术看板┃ "夹点显示"是指在没有发出任何命令的情况下，单击图形，图形被选择后即以蓝色显示其特征点，所谓图形特征点就是能体现图形特征的点，例如圆的圆心、象限点等都是圆的特征点。可以按 Esc 键，以取消所有命令的执行或取消图形夹点显示。

7. 绘制阶梯圆孔

下面继续绘制阶梯圆孔，该圆孔将以"直径"方式来绘制。

Step01▶ 单击【绘图】工具栏上的"圆"按钮 ⊘。

Step02▶ 捕捉水平定位线与圆的交点作为圆心。

Step03▶ 输入"d"，按 Enter 键，激活"直径"选项。

Step04▶ 输入直径"8"，按 Enter 键，结束操作。绘制过程如图 4-12 所示。

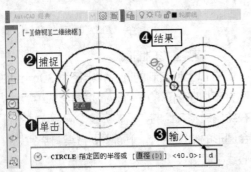

图 4-12 绘制阶梯圆孔

练一练 尝试使用"半径"画圆的方法继续绘制直径为 12mm 的另一个阶梯圆孔，结果如图 4-13 所示。

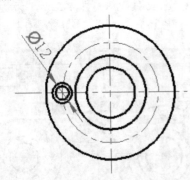

图 4-13 绘制直径为 12mm 的另一个阶梯圆孔

8. 创建其他阶梯圆孔

其他阶梯圆孔可以继续使用画圆命令来创建，也可以对已经创建的阶梯圆孔进行复制，

在此将使用【环形阵列】的方式对已经创建的圆孔进行阵列复制。

Step01▶ 单击【修改】工具栏上的"环形阵列"按钮 ⊞。

Step02▶ 以窗口方式选择两个同心圆，按 Enter 键。

Step03▶ 捕捉定位线的交点作为基点。

Step04▶ 输入项目数"6"，按 Enter 键。

Step05▶ 按两次 Enter 键，阵列结果及绘制过程如图 4-14 所示。

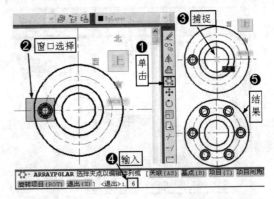

图 4-14 创建其他阶梯圆孔

练一练 尝试使用【半径】和【直径】两种方式再绘制图 4-15 所示的两个圆，对该零件图进行完善。

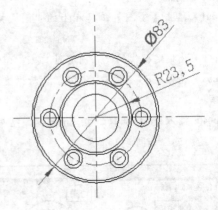

图 4-15 绘制两个圆

4.1.3 三点——通过三角形顶点绘制圆

📄 素材文件	素材文件\三点示例 .dwt
🖥 视频文件	专家讲堂\第 4 章\三点——通过三角形顶点绘制圆 .swf

使用三点方式绘制圆，就是指通过捕捉圆上的 3 个顶点来绘制圆，这种绘制圆的方式与圆的半径和直径无关。

打开素材文件，如图 4-16（a）所示，这是一个等边三角形。下面通过三角形 3 个顶点来绘制一个圆，如图 4-16（b）所示。

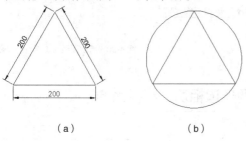

（a）　　　　　　（b）

图 4-16　通过三角形顶点绘制圆

实例引导 ——通过三角形顶点绘制圆

1. 设置捕捉模式

要通过三角形三个顶点绘制圆，首先需要能正确捕捉到三角形的三个顶点，因此需要设置【端点】捕捉模式，顶点其实就是三角形 3 条边的端点。

Step01 ▶ 输入 "SE"，按 Enter 键，打开【草图设置】对话框。

Step02 ▶ 设置并启用捕捉模式。

Step03 ▶ 单击 [确定] 按钮，如图 4-17 所示。

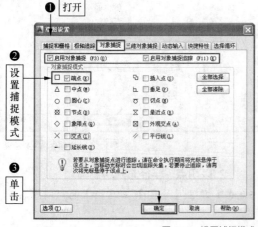

图 4-17　设置捕捉模式

4.1.4　两点——绘制直径为 100mm 的圆

💻 视频文件 ｜ 专家讲堂 \ 第 4 章 \ 两点——绘制直径为 100mm 的圆 .swf

| **技术看板** | 也可以通过以下方式打开【草图设置】对话框。

♦ 右击状态栏上的 "捕捉模式" 按钮 并选择右键菜单上的【启用】选项。

♦ 按功能键 F9。

♦ 单击菜单栏中的【工具】/【绘图设置】命令。

2. 三点方式绘制圆

Step01 ▶ 单击【绘图】工具栏上的 "圆" 按钮 。

Step02 ▶ 输入 "3P"，按 Enter 键，激活 "三点" 选项。

Step03 ▶ 捕捉三角形左下端点。

Step04 ▶ 捕捉三角形上端点。

Step05 ▶ 捕捉三角形右下端点。

Step06 ▶ 绘制过程如图 4-18 所示。

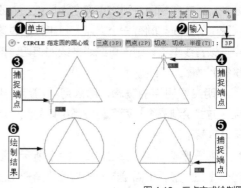

图 4-18　三点方式绘制圆

练一练 尝试通过三角形三条边的中点绘制一个圆，如图 4-19 所示。

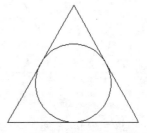

图 4-19　通过三角形三条边的中点绘制圆

两点画圆与三点画圆稍有不同，两点画圆也不用考虑圆心，但需要指定圆直径的两个端点，这样才可以绘制出一个圆。下面使用 "两点" 方式来绘制直径为 100mm 的圆。

⚙️ **实例引导**——绘制直径为 100mm 的圆

Step01 ▶ 单击【绘图】工具栏中的"圆"按钮⊙。

Step02 ▶ 输入"2P",按 Enter 键,激活"两点"选项。

Step03 ▶ 在绘图区单击拾取直径的起点(第 1 点)。

Step04 ▶ 输入"@100,0",按 Enter 键,确定直径的端点坐标(第 2 点)。

Step05 ▶ 绘制过程如图 4-20 所示。

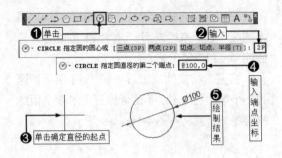

图 4-20 绘制直径为 100mm 的圆

4.1.5 切点、半径——绘制与三角形两条边相切、半径为 50mm 的圆

📄 素材文件	素材文件＼三点示例 .dwg
🖥️ 视频文件	专家讲堂＼第 4 章＼切点、半径——绘制与三角形两条边相切、半径为 50mm 的圆 .swf

两条光滑曲线交于一点,使得它们在该点处的切线方向相同,则该点称之为切点。一般情况下,直线与圆有一个交点,且半径通过该点与该直线垂直,则该直线叫做圆的相切,该直线叫做圆的切线。

明白了切点的概念,那么用"切点、半径"方式绘制一个与两条直线都相切的圆也就不难理解了。

打开素材文件,如图 4-21(a)所示,这是一个三角形,下面绘制一个与此三角形两条边相切、半径为 50mm 的圆,绘制结果如图 4-21(b)所示。

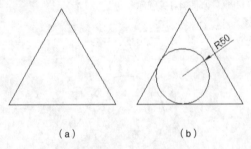

(a)　　　　　　(b)

图 4-21 绘制与三角形两条边相切、半径为 50mm 的圆

⚙️ **实例引导**——绘制与三角形相切、半径为 50mm 的圆

1. 设置捕捉模式

Step01 ▶ 使用"切点、切点、半径"方式绘制圆时,要设置【切点】捕捉模式,这样便于精

确捕捉到圆的切点。

Step02 ▶ 输入"SE",按 Enter 键,打开【草图设置】对话框。

Step03 ▶ 设置捕捉模式。

Step04 ▶ 单击【确定】按钮,如图 4-22 所示。

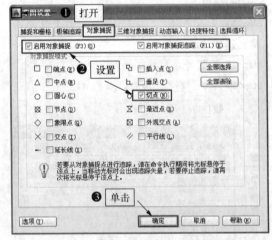

图 4-22 【草图设置】对话框

2. 以切点、半径方式绘制圆

Step01 ▶ 单击【绘图】工具栏上的"圆"按钮⊙。

Step02 ▶ 输入"T",按 Enter 键,激活"两点"选项。

Step03 ▶ 在三角形左边拾取切点。

Step04 ▶ 在三角形下边拾取切点。

Step05 ▶ 输入圆的半径"50"。

Step06 ▶ 按 Enter 键,绘制结果如图 4-23 所示。

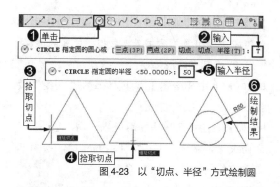

图 4-23 以"切点、半径"方式绘制圆

练一练 绘制半径为 20mm、与圆和三角形下

边相切的圆，绘制结果如图 4-24 所示。

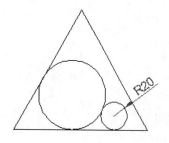

图 4-24 半径为 20，与圆和三角形下边相切的圆

4.1.6 切点——绘制与三角形三条边都相切的圆

📄 素材文件	素材文件 \ 三点示例 .dwg
🖥 视频文件	专家讲堂 \ 第 4 章 \ 切点——绘制与三角形三条边都相切的圆 .swf

与"切点、半径"方式绘制圆不同，使用"切点"方式绘制圆时，不用输入圆的半径或者直径，也不用确定圆的圆心，只需要找到 3 个切点，即可绘制一个圆。

打开素材文件，如图 4-25（a）所示，这是一个三角形，下面绘制与该三角形 3 条边都相切的圆，绘制结果如图 4-25（b）所示。

相切】命令。

Step02▶ 在三角形左边单击拾取第 1 个切点。

Step03▶ 在三角形右边单击拾取第 2 个切点。

Step04▶ 在三角形下边单击拾取第 3 个切点。绘制过程如图 4-26 所示。

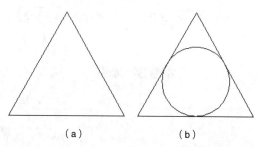

（a） （b）

图 4-25 绘制与三角形 3 条边都相切的圆

⚙ **实例引导** ——绘制与三角形三条边都相切的圆

Step01▶ 执行【绘图】/【圆】/【相切、相切、

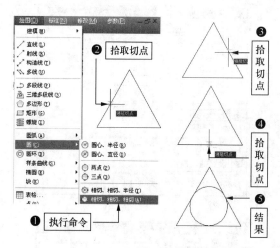

图 4-26 以"切点"方式绘制圆

4.1.7 实例——绘制三角垫块平面图

📄 素材文件	机械样板 .dwt
🖊 效果文件	效果文件 \ 第 4 章 \ 实例——绘制三角垫块平面图 .dwg
🖥 视频文件	专家讲堂 \ 第 4 章 \ 实例——绘制三角垫块平面图 .swf

下面绘制图 4-27 所示的三角垫块平面图，学习相切、半径方法绘制圆在实际工作中的应用技能。

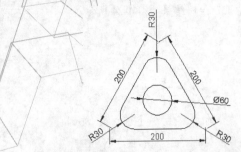

图 4-27　三角形垫块平面图

⚙ **操作步骤**

1. 设置捕捉与追逐模式

首先设置捕捉与追逐模式，这样方便精确绘图。

Step01▶ 输入 "SE"，按 Enter 键，打开【草图设置】对话框。

Step02▶ 在 "对象捕捉" 选项卡中设置捕捉模式。

Step03▶ 在 "极轴追踪" 选项卡中设置追踪模式与增量角。

Step04▶ 单击 确定 按钮关闭该对话框，如图 4-28 所示。

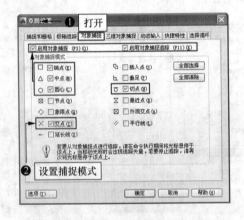

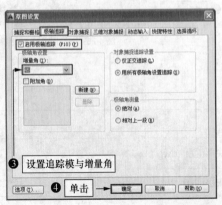

图 4-28　设置捕捉与追踪模式

| **技术看板** | 捕捉模式、极轴追踪与增量角的设置方法可参阅本书第 2 章相关内容的讲解。

2. 绘制三角形垫块

Step01▶ 单击【绘图】工具栏上的 "直线" 按钮 ⟋。

Step02▶ 在绘图区单击拾取一点，向右引出 0° 方向矢量，输入 "120"，按 Enter 键，绘制三角形一条边，如图 4-29 所示。

Step03▶ 向左上角引出 120° 方向矢量，输入 "120"，按 Enter 键，绘制三角形另一条边，如图 4-30 所示。

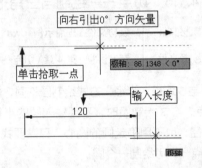

图 4-29　绘制三角形一条边

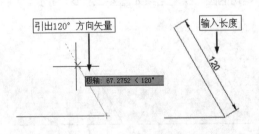

图 4-30　绘制三角形另一条边

Step04▶ 向左下角引出 240° 方向矢量，输入 "120"，按 Enter 键，绘制三角形第三条边，如图 4-31 所示。

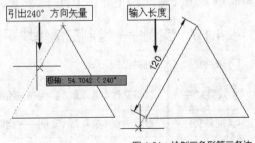

图 4-31　绘制三角形第三条边

3. 绘制相切圆

Step01 ▸ 单击【绘图】工具栏上的"圆"按钮 ⊙。

Step02 ▸ 输入"T"，按 Enter 键，激活"两点"选项。

Step03 ▸ 在三角形左边拾取切点。

Step04 ▸ 在三角形下边拾取切点。

Step05 ▸ 输入圆的半径"30"。

Step06 ▸ 按 Enter 键，结束操作。绘制结果如图 4-32 所示。

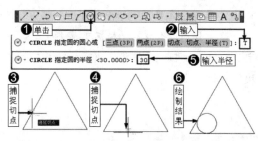

图 4-32　绘制相切圆

Step07 ▸ 使用相同的方法，继续在三角形其他 2 个角位置绘制半径为 30mm 的相切圆，如图 4-33 所示。

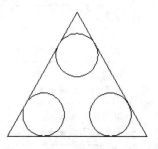

图 4-33　绘制另两个圆

4. 修剪三角形

下面以 3 个圆作为修剪边界，对三角形的 3 个角进行修剪，使其形成圆角效果。

Step01 ▸ 单击【修改】工具栏上的"修剪"按钮 ⊹。

Step02 ▸ 依次单击 3 个圆作为修剪边界。

Step03 ▸ 按 Enter 键，单击三角形左下角进行修剪。

Step04 ▸ 单击三角形上角进行修剪。

Step05 ▸ 单击三角形右下角进行修剪。

Step06 ▸ 按 Enter 键，绘制结果如图 4-34 所示。

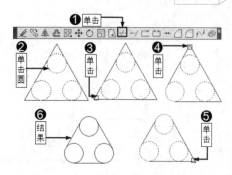

图 4-34　修剪三角形

5. 修剪圆

下面以修剪后的三角形的 3 条边作为修剪边界，修剪 3 个相切圆，创建三角形的 3 个圆角效果。

Step01 ▸ 单击【修改】工具栏上的"修剪"按钮 ⊹。

Step02 ▸ 依次单击三角形的 3 条边作为修剪边界。

Step03 ▸ 按 Enter 键，单击左下角的圆进行修剪。

Step04 ▸ 单击上方的圆进行修剪。

Step05 ▸ 单击右下角的圆进行修剪。

Step06 ▸ 按 Enter 键，结束操作。绘制过程如图 4-35 所示。

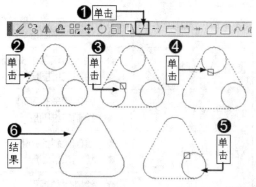

图 4-35　修剪圆

6. 绘制辅助线

下面绘制辅助线，以定位内部圆的圆心。

Step01 ▸ 输入"L"，按 Enter 键，激活【直线】命令。

Step02 ▸ 配合"圆心"和"中点"捕捉功能，在三角形内部绘制两条相交直线，如图 4-36 所示。

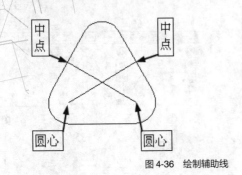

图 4-36　绘制辅助线

7. 绘制内部圆

下面以内部直线的交点作为圆心，绘制半径为 30mm 的内部圆。

Step01 ▶ 单击【绘图】工具栏上的"圆"按钮 ⊙。

Step02 ▶ 捕捉直线的交点作为圆心。

Step03 ▶ 输入"30"，按 Enter 键，确定圆的半径。

Step04 ▶ 绘制过程如图 4-37 所示。

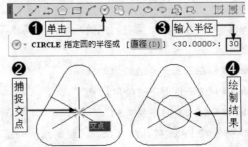

图 4-37　绘制内部圆

8. 完成三角垫块的绘制

在无任何命令发出的情况下单击选择两条定位直线，按 Delete 键将其删除，完成三角垫块的绘制。最后将该图形文件保存。

4.2　矩形

矩形是由 4 条直线组成的多段线图形，在 AutoCAD 2014 中，可以绘制多种类型的矩形，例如标准矩形、圆角矩形、倒角矩形、具有厚度的矩形以及一定宽度的矩形等。在 AutoCAD 机械设计中，厚度矩形以及宽度矩形不常用，在此不对其进行讲解。

本节内容概览

知识点	功能 / 用途	难易度与应用频率
角点（P128）	● 输入矩形角点坐标绘制矩形 ● 绘制二维图形	难易度：★ 应用频率：★★★★★
面积（P129）	● 输入面积和边长绘制矩形 ● 绘制二维图形	难易度：★ 应用频率：★★★★★
长度和宽度（P129）	● 输入矩形长度和宽度绘制矩形 ● 绘制二维图形	难易度：★★ 应用频率：★★★★★
旋转（P130）	● 绘制倾斜的矩形 ● 绘制二维图形	难易度：★ 应用频率：★★★★★
倒角（P131）	● 绘制倒角矩形 ● 绘制二维图形	难易度：★★ 应用频率：★★★★★
圆角（P131）	● 绘制圆角矩形 ● 绘制二维图形	难易度：★ 应用频率：★★★★★
实例（P132）	● 绘制垫片零件平面图	

4.2.1　角点——绘制 300mm × 200mm 的矩形

💻 视频文件　｜　专家讲堂 \ 第 4 章 \ 角点方式——绘制 300mmx200mm 的矩形 .swf

下面通过输入矩形角点坐标来绘制 300mm×200mm 的矩形，这是一种最简单、最常用的绘制矩形的方法，也是系统默认的绘制矩形的方法。采用这种方法绘制矩形时，首先确定矩形的一个角点，然后输入矩形另一个角点的坐标即可绘制矩形。

实例引导 —— 绘制 300mm×200mm 的矩形

Step01 ▸ 单击"矩形"按钮 □。

Step02 ▸ 单击拾取矩形的一个角点。

Step03 ▸ 输入矩形另一个角点坐标 "@300,200"。

Step04 ▸ 按 Enter 键，结束操作。绘制过程如图 4-38 所示。

┃技术看板┃ 还可以采用一下方式激活【矩形】命令。

♦ 单击菜单中的【绘图】/【矩形】命令。

♦ 在命令行输入"RECTANG"或"REC"后按 Enter 键。

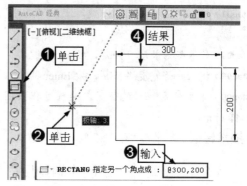

图 4-38　绘制 300mm×200mm 的矩形

4.2.2　面积——绘制面积为 50000mm² 、长度为 250mm 的矩形

💻 视频文件 ┃ 专家讲堂\第 4 章\面积——绘制面积为 50000mm² 、长度为 250mm 的矩形 .swf

在手工绘图时，当知道矩形的面积和长度时，还需要计算出矩形的宽度，然后才能绘制出该矩形，但在 AutoCAD 中，不需要再计算出矩形的宽度，只要输入矩形的面积和长度，即可轻松绘制出矩形。下面来绘制面积为 50000mm² 、长度为 250mm 的矩形。

实例引导 —— 绘制面积为 50000mm² 、长度为 250mm 的矩形

Step01 ▸ 单击"矩形"按钮 □。

Step02 ▸ 单击拾取矩形的一个角点。

Step03 ▸ 输入"A"，按 Enter 键，激活"面积"选项。

Step04 ▸ 输入矩形面积"50000"，按 Enter 键。

Step05 ▸ 输入"L"，按 Enter 键，激活"长度"选项。

Step06 ▸ 输入矩形长度"250"，按 Enter 键。绘制过程如图 4-39 所示。

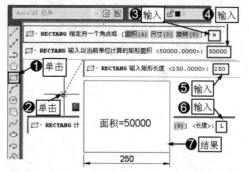

图 4-39　绘制面积为 5000mm² 、长为 250mm 的矩形

练一练 尝试绘制面积为 50000mm² ，宽度为 250mm 的矩形，绘制结果如图 4-40 所示。

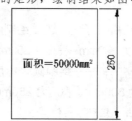

图 4-40　面积为 50000mm² 、宽度为 250mm 的矩形

4.2.3　长度和宽带——绘制长度为 300mm、宽度为 250mm 的矩形

💻 视频文件 ┃ 专家讲堂\第 4 章\长度和宽度——绘制长度为 300mm、宽度为 250mm 的矩形 .swf

这种方式与手工绘制矩形相似，分别输入矩形的长度和宽度尺寸，即可绘制出矩形。下面来绘制长度为 300mm、宽度 250mm 的矩形。

⚙️ **实例引导**——绘制长度为300mm、宽度为250mm的矩形

Step01 ▶ 单击【绘图】工具栏中的"矩形"按钮 □。

Step02 ▶ 单击拾取矩形的一个角点。

Step03 ▶ 输入"D",按 Enter 键,激活"尺寸"选项。

Step04 ▶ 输入矩形长度"300",按 Enter 键。

Step05 ▶ 输入矩形宽度"250",按 Enter 键。

Step06 ▶ 单击确定矩形的位置。绘制过程如图 4-41 所示。

|**技术看板**| 尺寸方式绘制矩形与默认方式绘

制矩形的原理是一样的,在使用默认方式绘制矩形时,输入的矩形的另一个角点坐标就是矩形的长度和宽度。

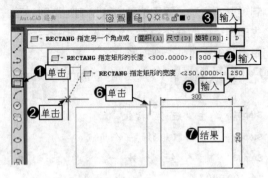

图 4-41　绘制长度为300mm、宽度为250mm的矩形

4.2.4　旋转——绘制倾斜角度为 30°的矩形

💻 视频文件 ┃ 专家讲堂 \ 第 4 章 \ 旋转——绘制倾斜度为 30°的矩形 .swf

图 4-42 所示的矩形倾斜 30°放置,如果采用手工绘制这样一个矩形难度很大,但在 AutoCAD 中绘制这样的矩形却非常简单,只要确定矩形的一个角点之后,设置矩形的倾斜角度,然后可以采用多种方式来绘制该矩形。

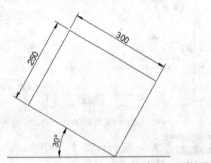

图 4-42　倾斜 30°的矩形

下面将采用"尺寸"方式绘制倾斜角度为 30°、长度为 300mm、宽度为 250mm 的矩形。

⚙️ **实例引导**——绘制倾斜角度为 30°、长度为 300mm、宽度为 250mm 的矩形

Step01 ▶ 单击"矩形"按钮 □。

Step02 ▶ 单击拾取矩形的一个角点。

Step03 ▶ 输入"R",按 Enter 键,激活【旋转】选项。

Step04 ▶ 输入角度值"30",按 Enter 键。

Step05 ▶ 输入"D",按 Enter 键,激活【尺寸】选项。

Step06 ▶ 输入矩形长度"300",按 Enter 键。

Step07 ▶ 输入"250",按 Enter 键,确定矩形宽度。

Step08 ▶ 单击确定矩形的位置。绘制过程如图 4-43 所示。

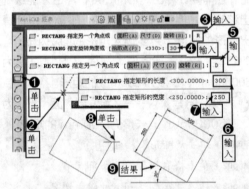

图 4-43　绘制倾斜角度为 30°的矩形

练一练 在绘制倾斜矩形时,当设置了倾斜角度后,可以选择使用面积方式或者尺寸方式来绘制矩形。尝试使用面积方式绘制面积为 50000mm²、宽度为 250mm、倾斜角度为 60°的矩形,绘制结果如图 4-44 所示。

图 4-44　绘制矩形

4.2.5　倒角——绘制倒角距离为 20mm、边长为 100mm 的矩形

💻 视频文件	专家讲堂 \ 第 4 章 \ 倒角——绘制倒角距离为 20mm、边长为 100mm 的矩形 .swf

倒角矩形就是将矩形的 4 个角切掉，形成一个斜角，使其成为一个多边形，如图 4-45 所示（实线部分）。

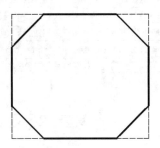

图 4-45　倒角矩形

如果要手工绘制这样一个矩形，其难度非常大，但是，在 AutoCAD 中绘制该矩形却非常简单，下面就来绘制该倒角矩形。

⚙️ **实例引导**——绘制倒角距离为 20mm、边长为 100mm 的矩形

在绘制倒角矩形时，可以通过设置倒角距离值，绘制不同倒角的矩形，下面来绘制倒角值均为 20mm 的 100mm×100mm 的倒角矩形。

Step01 ▸ 单击【绘图】工具栏中的"矩形"按钮 □ 。

Step02 ▸ 输入"C"，按 Enter 键，激活"倒角"选项。

Step03 ▸ 输入"20"，按 Enter 键，设置第 1 个倒角距离。

Step04 ▸ 输入"20"，按 Enter 键，设置第 2 个倒角距离。

Step05 ▸ 在绘图区单击确定矩形第 1 个角点。

Step06 ▸ 输入矩形第 2 个角点坐标"@100,100"。

Step07 ▸ 按 Enter 键，结束操作。绘制过程如图 4-46 所示。

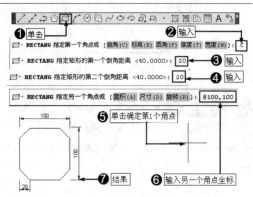

图 4-46　绘制倒角距离为 20mm、边长为 100mm 的矩形

|技术看板| 在绘制倒角矩形时，当设置好倒角值之后，既可以使用面积方式来绘制矩形，也可以使用尺寸方式来绘制矩形，还可以绘制倾斜的倒角矩形，其绘制方法与绘制标准矩形相同。

练一练 绘制倒角矩形时，第 1 个倒角距离值与第 2 个倒角距离值可以相同也可以不同，下面尝试绘制倒角 1 的距离值为 25mm、倒角 2 的距离值为 30mm 的 200mm×150mm 的倒角矩形，绘制结果如图 4-47 所示。

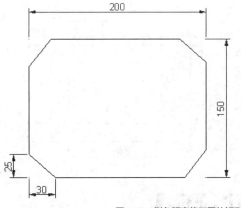

图 4-47　倒角距离值不同的矩形

4.2.6　圆角——绘制圆角半径为 30mm 的 200mm×150mm 的矩形

💻 视频文件	专家讲堂 \ 第 4 章 \ 圆角——绘制圆角半径为 30mm 的 200mm×150mm 的矩形 .swf

与倒角矩形不同，圆角矩形是指矩形的 4 个角成圆弧状，如图 4-48 所示（实线部分）。在绘制这类矩形时，可以设置矩形的圆角半径，绘制不同圆弧半径的圆角矩形，下面绘制圆角半径为 30mm 的 200mm×150mm 圆角矩形。

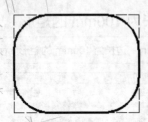

图 4-48 圆角矩形

实例引导 ——绘制圆角半径为 30mm 的 200mm×150mm 的矩形

Step01▸ 单击【绘图】工具栏中的"矩形"按钮 □。

Step02▸ 输入"F",按 Enter 键,激活"圆角"选项。

Step03▸ 输入圆角半径"30",按 Enter 键。

Step04▸ 在绘图区单击指定矩形第 1 个角点。

Step05▸ 输入矩形第 2 个角点坐标"@200,150"。

Step06▸ 按 Enter 键,绘制过程如图 4-49 所示。

图 4-49 绘制圆角半径为 30mm 的 200mm×150mm 的矩形

4.2.7 实例——绘制垫片零件平面图

📄 素材文件	机械样板 .dwt
✒ 效果文件	效果文件\第 4 章\实例——绘制垫片平面图 .dwg
💻 视频文件	专家讲堂\第 4 章\实例——绘制垫片平面图 .swf

垫片是机械设计中常见的一种机械零件,下面来绘制图 4-50 所示的垫片零件平面图,学习倒角矩形和圆角矩形在实际工作中的应用技能。

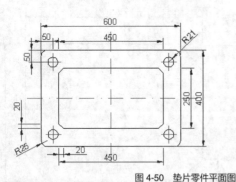

图 4-50 垫片零件平面图

操作步骤

1. 设置捕捉模式

捕捉模式是精确绘图的关键,因此在绘图前一定要设置相关捕捉模式,在此选择"端点""中点""圆心"以及"交点"捕捉模式。

Step01▸ 执行【新建】命令,打开"机械样板 .dwt"作为基础样板。

Step02▸ 输入"SE",按 Enter 键,打开【草图设置】对话框。

Step03▸ 设置捕捉模式。

Step04▸ 单击 确定 按钮,如图 4-51 所示。

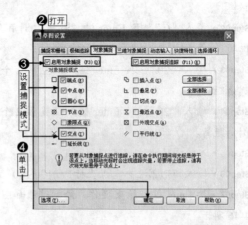

图 4-51 设置捕捉模式

2. 设置当前图层

设置当前图层也非常重要,否则对后期管理和编辑图形会带来很大麻烦,在此将"轮廓线"层设置为当前图层。

Step01▸ 单击"图层"控制下拉列表按钮。

Step02▸ 选择"轮廓线"图层,如图 4-52 所示。

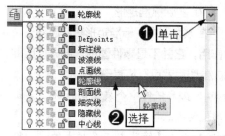

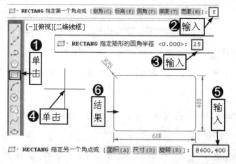

图 4-52　设置当前图层

3. 绘制圆角矩形

下面绘制一个圆角矩形作为垫片的外轮廓，绘制时注意矩形圆角半径的设置。

Step01 ▶ 单击【绘图】工具栏中的"矩形"按钮□。

Step02 ▶ 输入"F"，按 Enter 键，激活"圆角"选项。

Step03 ▶ 输入圆角半径"25"，按 Enter 键。

Step04 ▶ 在绘图区单击指定矩形第 1 个角点。

Step05 ▶ 输入矩形第 2 个角点坐标"@600,400"。

Step06 ▶ 按 Enter 键，结束操作。绘制过程如图 4-53 所示。

图 4-53　绘制圆角矩形

4. 设置矩形绘制参数

下面绘制的矩形是标准矩形，但是由于前面设置了矩形的圆角，这样系统将一直采用该圆角设置，因此在绘制标准矩形时，需要重新设置矩形的绘图模式，这样才能绘制出标准矩形。

Step01 ▶ 单击【绘图】工具栏中的"矩形"按钮□。

Step02 ▶ 输入"F"，按 Enter 键，激活"圆角"选项。

Step03 ▶ 输入"0"，按 Enter 键，设置圆角半径为 0。

5. 绘制标准矩形

Step01 ▶ 按住 Shift 键右击，选择"自"选项。

Step02 ▶ 捕捉圆角矩形左下圆心。

Step03 ▶ 输入矩形第 1 个角点坐标"@25,25"，按 Enter 键。

Step04 ▶ 按住 Shift 键右击，选择"自"选项。

Step05 ▶ 捕捉圆角矩形右上圆心。

Step06 ▶ 输入矩形第 2 个角点坐标"@-25,-25"，按 Enter 键。绘制过程如图 4-54 所示。

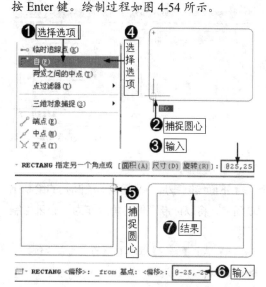

图 4-54　绘制标准矩形

|技术看板|【自】选项是一种捕捉模式，它是以一个点作为参照来定位另一个点，在该操作中，为了准确定位标准矩形的角点，需要激活【自】选项，然后以圆角矩形的角点作为参照来定位标准矩形的角点。

6. 设置倒角矩形参数

Step01 ▶ 单击"矩形"按钮□。

Step02 ▶ 输入"C"，按 Enter 键，激活【倒角】选项。

Step03 ▶ 输入第 1 个倒角距离"20"，按 Enter 键。

Step04 ▶ 输入第 2 个倒角距离"20"，按 Enter 键。

7. 绘制倒角矩形

Step01 ▶ 按住 Shift 键右击，选择"自"选项。

Step02 ▶ 捕捉内部矩形的左下端点。

Step03 ▶ 输入矩形第 1 个角点坐标"@25,25"，按 Enter 键。

Step04 ▶ 按住 Shift 键右击，选择"自"选项。

Step05 ▶ 捕捉内部矩形的右上端点。

Step06 ▶ 输入矩形第 2 个角点坐标"@-25,-25"，按 Enter 键。绘制过程如图 4-55 所示。

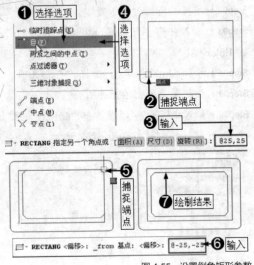

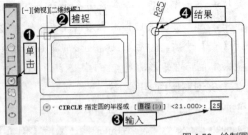

图 4-55　设置倒角矩形参数

8. 绘制圆

下面绘制垫片中的圆孔。该圆孔的绘制比较简单，将以标准矩形的角点作为圆心来绘制即可。

Step01 ▶ 单击【绘图】工具栏上的"圆"按钮 ⊙ 。

Step02 ▶ 捕捉矩形左上端点。

Step03 ▶ 输入半径"25"，按 Enter 键。绘制过程如图 4-56 所示。

图 4-56　绘制圆

9. 绘制其他 3 个圆

依照相同的方法，继续以矩形其他 3 个角点作为圆心，绘制半径为 21mm 的 3 个圆，结果如图 4-57 所示。

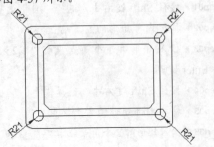

图 4-57　绘制其他 3 个圆

10. 删除标准矩形

在该案例中，标准矩形其实起到一个参照的作用，它并不是零件图的一部分，因此，当完成参照后就可以将其删除。

Step01 ▶ 在无任何命令发出的情况下单击标准矩形使其夹点显示。

Step02 ▶ 单击【修改】工具栏上的"删除"按钮 ⧄ 。

Step03 ▶ 矩形被删除，如图 4-58 所示。

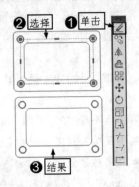

图 4-58　删除标准矩形

11. 绘制中心线

下面绘制图形的中心线，图形中心线一般使用直线，在"中心线"图层绘制。

Step01 ▶ 在图层控制下拉列表将"中心线"图层设置为当前图层。

Step02 ▶ 单击【绘图】工具栏上的"直线"按钮 ／ 。

Step03 ▶ 配合"中点捕捉"和"象限点捕捉"绘制图形各中心线，绘制结果如图 4-59 所示。

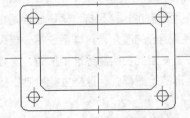

图 4-59　绘制中心线

|技术看板| 中心线的绘制可参阅随书光盘专家讲堂的详细讲解。

12. 保存文件

执行【另存为】命令，将绘制结果保存。

4.3　多边形

AutoCAD 中的多边形与传统概念中的多边形有所不同，它是由相等的边角组成的闭合图形，可以根据需要设置不同的边数，例如 4 边形、5 边形、6 边形、8 边形等，绘制不同边数的多边形，如图 4-60 所示。

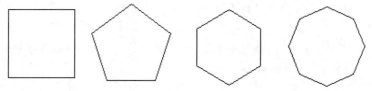

图 4-60　不同边数的多边形

所绘制的多边形不管其包含有多少边，AutoCAD 系统都将其看作是一个单一的对象。可以采用 3 种方式来绘制多边形，分别是"内接于圆"方式、"外切于圆"方式以及"边"方式，本节学习多边形的绘制技能。

本节内容概览

知识点	功能 / 用途	难易度与应用频率
内接于圆（P135）	● 内接于圆方式绘制多边形 ● 绘制二维图形	难易度：★ 应用频率：★★★★★
外切于圆（P136）	● 外切圆方式绘制多边形 ● 绘制二维图形	难易度：★ 应用频率：★★★★★
实例（P136）	● 绘制螺母零件平面图	
边（P138）	● 输入边绘制多边形 ● 绘制二维图形	难易度：★ 应用频率：★★★★★

4.3.1　内接于圆——绘制内接圆半径为 100mm 的 5 边形

💻 视频文件 ┃ 专家讲堂 \ 第 4 章 \ 内接于圆——绘制内接圆半径为 100mm 的 5 边形 .swf

如果在一个圆内绘制一个多边形，且由该多边形中心点到多边形角点的距离刚好是该圆的半径，那么该多边形就是"内接于圆"多边形，如图 4-61 所示。下面绘制"内接于圆"半径为 100mm 的 5 边形。

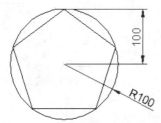

图 4-61　"内接于圆"多边形

⚙ **实例引导**——绘制内接圆为 100mm 的 5 边形

Step01 ▸ 单击【绘图】工具栏中的半径"多边形"按钮 ⬠。

Step02 ▸ 输入边数"5"，按 Enter 键。

Step03 ▸ 在绘图区单击确定中心。

Step04 ▸ 输入"I"，按 Enter 键，激活"内接于圆"选项。

Step05 ▸ 输入内接圆半径"100"，按 Enter 键。绘制过程如图 4-62 所示。

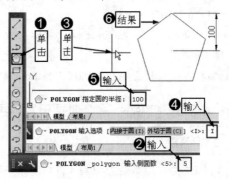

图 4-62　绘制内接圆半径为 100mm 的 5 边形

| 技术看板 | 还可以采用以下方式激活【多边形】命令。

♦ 单击菜单栏中的【绘图】/【正多边形】命令。

♦ 在命令行输入"POLYGON"或"POL"后按 Enter 键。

练一练 尝试采用"内接于圆"方式绘制半径为 150mm、边数为 8 的多边形，如图 4-63 所示。

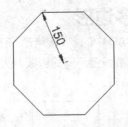

图 4-63　内接圆半径为 150mm 的 8 边形

4.3.2　外切于圆——绘制外切圆半径为 150mm 的 8 边形

| 📺 视频文件 | 专家讲堂 \ 第 4 章 \ 外切于圆——绘制外切圆半径为 150mm 的 8 边形 .swf |

与"内接于圆"方式不同，"外切于圆"方式是绘制一个与圆相切的多边形，简单的说就是，多边形各边与其内部的圆成相切关系，由多边形中心到多边形各边的垂线距离是其内部圆的半径，如图 4-64 所示。

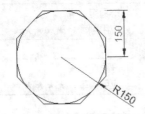

图 4-64　"外切于圆"多边形

下面绘制外切圆半径为 150mm 的 8 边形。

实例引导——绘制外切圆半径为 150 的 8 边形

Step01 ▶ 单击【绘图】工具栏上的"多边形"按钮 ⬠。

Step02 ▶ 输入多边形边数"8"，按 Enter 键。

Step03 ▶ 在绘图区单击确定中心。

Step04 ▶ 输入"C"，按 Enter 键，激活"外切于圆"选项。

Step05 ▶ 输入内接圆半径"150"，按 Enter 键。

绘制过程如图 4-65 所示。

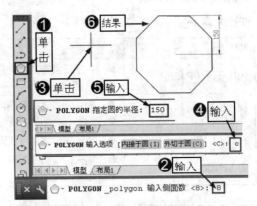

图 4-65　绘制外切圆半径为 150mm 的 8 边形

练一练 尝试绘制"外切于圆"半径为 200mm、边数为 6 的多边形，如图 4-66 所示。

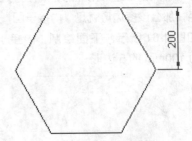

图 4-66　外切圆半径为 200mm 的 6 边形

4.3.3　实例——绘制螺母零件平面图

📄 素材文件	机械样板 .dwt
📌 效果文件	效果文件 \ 第 4 章 \ 实例——绘制螺母零件平面图 .dwg
📺 视频文件	专家讲堂 \ 第 4 章 \ 实例——绘制螺母零件平面图 .swf

首先执行【新建】命令，打开"机械样板 .dwt"作为基础样板。下面在此样板基础上绘制一个螺母平面图。

操作步骤

1. 设置捕捉模式

捕捉模式是精确绘图的关键，因此，在绘图前一定要设置捕捉模式。

Step01 ▶ 输入"SE"，按 Enter 键，打开【草图设置】对话框。

Step02 ▶ 设置捕捉模式。

Step03 ▶ 单击 确定 按钮，如图 4-67 所示。

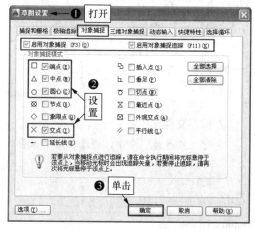

图 4-67　设置捕捉模式

2. 设置当前图层

在 AutoCAD 机械设计中，不同类型的图形应该绘制在不同的图层中，这样便于对图形进行管理和编辑，因此，在绘图前还要根据绘图的图形类型设置当前图层。

Step01 ▶ 单击"图层"控制下拉列表按钮。

Step02 ▶ 选择"轮廓线"图层，将其设置为当前图层，如图 4-68 所示。

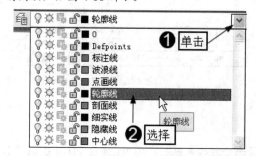

图 4-68　设置当前图层

3. 绘制螺母外轮廓线

螺母外轮廓线是一个六边形，因此可以直接使用多边形来绘制，以"外切于圆"方式绘制。

Step01 ▶ 单击【绘图】工具栏中的"多边形"按钮 ⬠。

Step02 ▶ 输入边数"6"，按 Enter 键。

Step03 ▶ 在绘图区单击确定多边形的中心。

Step04 ▶ 输入"C"，按 Enter 键，激活"外切于圆"选项。

Step05 ▶ 输入内接圆半径"6.5"，按 Enter 键。绘制过程如图 4-69 所示。

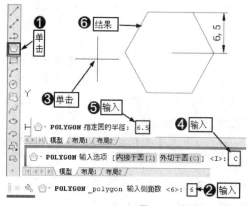

图 4-69　绘制螺母外轮廓线

4. 绘制螺母内侧圆

下面继续绘制螺母的内孔圆，注意要以多边形的中心作为圆心来绘制。

Step01 ▶ 单击【绘图】工具栏中的"圆"按钮 ⊙。

Step02 ▶ 由多边形左端点向右引出追踪线。

Step03 ▶ 由多边形上水平边中点向下引出追踪线。

Step04 ▶ 捕捉追踪线交点作为圆心。

Step05 ▶ 输入半径"4"，按 Enter 键。绘制过程如图 4-70 所示。

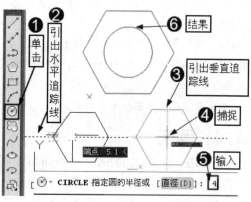

图 4-70　绘制螺母内侧圆

5. 绘制另两个内侧圆

依照相同的方法，继续绘制半径为3.5mm 和 6.5mm 的圆，结果如图 4-71 所示。

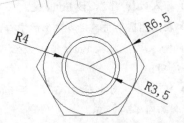

图 4-71 绘制另两个圆

6. 打断圆

由于螺母内侧半径为 4mm 的圆是螺钉图线，它由一个半圆弧来表示，因此需要将该圆打断为一个圆弧。有关【打断】命令，将在下面章节为您详细讲解。

Step01 ▶ 单击【修改】工具栏上的"打断"按钮 □ 。

Step02 ▶ 单击半径为 4mm 的圆。

Step03 ▶ 输入"F"，按 Enter 键，激活"第 1 点"

选项。

Step04 ▶ 捕捉该圆的左象限点。

Step05 ▶ 捕捉该圆的下象限点。

Step06 ▶ 按 Enter 键，结束操作。绘制过程如图 4-72 所示。

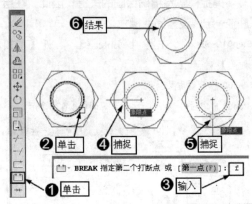

图 4-72 打断圆

7. 保存文件

执行"另存为"命令，将绘制结果保存。

4.3.4 边——绘制边长为 50mm 的 5 边形

💻 视频文件	专家讲堂 \ 第 4 章 \ 边——绘制边长为 50mm 的 5 边形 .swf

除了绘制"内接圆"和"外切圆"多边形之外，如果知道多变形的边长，还可以使用"边"方式来绘制多边形，这与手工绘制比较相似，下面我们来绘制边数为 5、多边形边长为 50mm 的多边形。

⚙️ **实例引导** ——绘制边长为 50mm 的 5 边形

Step01 ▶ 单击【绘图】工具栏中的"多边形"按钮 ⬠ 。

Step02 ▶ 输入多边形边数"5"，按 Enter 键。

Step03 ▶ 输入"E"，按 Enter 键，激活"边"选项。

Step04 ▶ 在绘图区单击指定边的端点。

Step05 ▶ 输入边长"50"，按 Enter 键。绘制过程如图 4-73 所示。

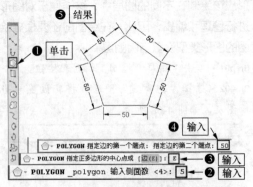

图 4-73 绘制边长为 50mm 的 5 边形

4.4 圆弧

圆弧是一种非封闭的椭圆，简单的说，圆弧就是半个圆或者椭圆，AutoCAD 2014 提供了 5 类共 11 种绘制圆弧的方式，通过这 11 种方式，可以轻松绘制各种半径不同、弧长不同的圆弧。

执行菜单栏【绘图】/【圆弧】命令，在其子菜单下有绘制圆弧的相关命令，如图 4-74 所示。

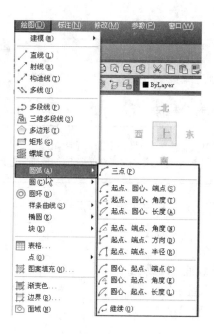

图 4-74 绘制圆弧的命令

本节内容概览

知识点	功能 / 用途	难易度与应用频率
"三点"方式绘制圆弧（P140）	● 拾取三点绘制圆弧 ● 绘制二维图形	难易度：★ 应用频率：★★★★★
"起点、圆心、端点"方式绘制圆弧（P141）	● 通过确定圆弧的起点、圆心和端点绘制圆弧 ● 绘制二维图形	难易度：★★ 应用频率：★★★★★
"起点、圆心、角度"方式绘制圆弧（P141）	● 通过确定圆弧的起点、圆心和角度绘制圆弧 ● 绘制二维图形	难易度：★★ 应用频率：★★★★★
"起点、圆心、长度"方式绘制圆弧（P142）	● 通过确定圆弧的起点、圆心和长度绘制圆弧 ● 绘制二维图形	难易度：★★ 应用频率：★★★★★
"起点、端点、角度"方式绘制圆弧（P143）	● 通过确定圆弧的起点、端点和角度绘制圆弧 ● 绘制二维图形	难易度：★★ 应用频率：★★★★★
"起点、端点、方向"方式绘制圆弧（P144）	● 通过确定圆弧的起点、端点和方向绘制圆弧 ● 绘制二维图形	难易度：★★ 应用频率：★★★★★
"起点、端点、半径"方式绘制圆弧（P144）	● 通过确定圆弧的起点、端点和半径绘制圆弧 ● 绘制二维图形	难易度：★★ 应用频率：★★★★★
"圆心、起点、端点"方式绘制圆弧（P145）	● 通过确定圆弧的圆心、起点和端点绘制圆弧 ● 绘制二维图形	难易度：★★ 应用频率：★★★★★
"圆心、起点、角度"方式绘制圆弧（P146）	● 通过确定圆弧的圆心、起点和角度绘制圆弧 ● 绘制二维图形	难易度：★★ 应用频率：★★★★★

续表

知识点	功能 / 用途	难易度与应用频率
"圆心、起点、长度"方式绘制圆弧（P146）	● 通过确定圆弧的圆心、起点和长度绘制圆弧 ● 绘制二维图形	难易度：★★ 应用频率：★★★★★
疑难解答	● 如何确定"三点"的坐标？（P140） ● "起点、圆心"方式绘制圆弧时如何确定起点和圆心位置？（P142）	

4.4.1 实例——"三点"方式绘制圆弧

🖥 视频文件 ┃ 专家讲堂 \ 第 4 章 \ 实例——"三点"方式绘制圆弧 .swf

三点方式绘制圆弧就是通过捕捉圆弧上的三点来绘制圆弧，这三点分别是圆弧的起点、圆弧上一点和圆弧的端点。下面通过"三点"方式绘制一个圆弧。

⚙ **实例引导**——"三点"方式绘制圆弧

Step01 ▸ 单击【绘图】/【圆弧】/【三点】命令。

Step02 ▸ 在绘图区单击指定圆弧的起点。

Step03 ▸ 在绘图区单击拾取圆弧上的一点。

Step04 ▸ 在绘图区单击指定圆弧的端点，绘制结果如图 4-75 所示。

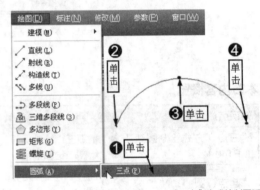

图 4-75 "三点"方式绘制圆弧

4.4.2 疑难解答——如何确定"三点"的坐标？

🖥 视频文件 ┃ 疑难解答 \ 第 4 章 \ 疑难解答——如何确定"三点"的坐标 .swf

疑难：三点画弧操作简单，但是感觉操作太随意，如果要使圆弧的这三点分别位于特定的位置，如图 4-76 所示，该如何操作？

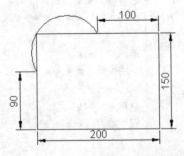

图 4-76 使圆弧的三点分别位于特定位置

解答：三点画弧时，既可以捕捉图形上的特征点，也可以输入圆弧上的三个点的坐标。对于图 4-76 所示的圆弧，就可以根据尺寸标注来输入圆弧上各点的坐标来绘制。

Step01 ▸ 单击【绘图】/【圆弧】/【三点】命令。

Step02 ▸ 按住 Shift 键右击，选择"自"选项。

Step03 ▸ 捕捉矩形左下端点。

Step04 ▸ 输入圆弧的起点坐标"@0,90"，按 Enter 键，确定圆弧的起点。

Step05 ▸ 捕捉矩形左上端点确定圆弧上的一点。

Step06 ▸ 按住 Shift 键右击，选择"自"选项。

Step07 ▸ 捕捉矩形右上端点。

Step08 ▸ 输入圆弧端点坐标"@－100,0"，按 Enter 键，确定圆弧的端点。绘制结果如图 4-77 所示。

练一练 尝试在 200mm×150mm 的矩形内部使用三点画弧方式绘制图 4-78 所示的圆弧。

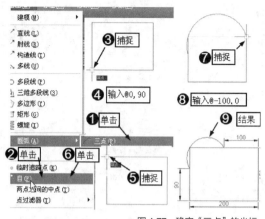

图 4-77　确定"三点"的坐标

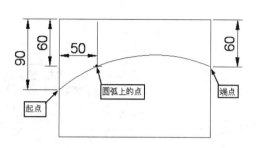

图 4-78　三点方式绘制圆弧

4.4.3　实例——"起点、圆心、端点"方式绘制圆弧

| 视频文件 | 专家讲堂 \ 第 4 章 \ 实例——"起点、圆心、端点"方式绘制圆弧 .swf |

"起点、圆心、端点"方式是指首先确定出圆弧的起点，然后确定圆弧的圆心和端点来绘制圆弧。这种方式与"三点"方式相似，二者的区别在于，"三点"方式拾取的是圆弧上的三点，而"起点、圆心、端点"方式则是首先确定圆弧的起点和圆心，最后确定圆弧的端点。

实例引导 ——"起点、圆心、端点"方式绘制圆弧

Step01 ▶ 单击【绘图】/【圆弧】/【起点、圆心、端点】命令。

Step02 ▶ 在绘图区单击确定圆弧起点。

Step03 ▶ 在绘图区单击确定圆弧圆心。

Step04 ▶ 在绘图区单击确定圆弧端点，如图 4-79 所示。

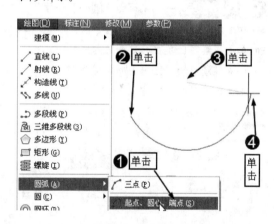

图 4-79　"起点、圆心、端点"方式绘制圆弧

4.4.4　实例——"起点、圆心、角度"方式绘制圆弧

| 视频文件 | 专家讲堂 \ 第 4 章 \ 实例——"起点、圆心、角度"方式绘制圆弧 .swf |

这种方式是首先确定圆弧的起点和圆心，最后确定圆弧的角度，下面绘制一个 180°的圆弧。

实例引导 ——"起点、圆心、角度"方式绘制圆弧

Step01 ▶ 单击【绘图】/【圆弧】/【起点、圆心、角度】命令。

Step02 ▶ 在绘图区单击确定圆弧起点。

Step03 ▶ 继续在绘图区单击确定圆弧圆心。

Step04 ▶ 输入圆弧的角度"180"，按 Enter 键。

Step05 ▶ 按 Enter 键，绘制过程如图 4-80 所示。

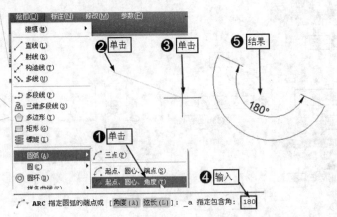

图 4-80 "起点、圆心、角度"方式绘制圆弧

4.4.5 实例——"起点、圆心、长度"方式绘制圆弧

💻视频文件 | 专家讲堂\第 4 章\实例——"起点、圆心、长度"方式绘制圆弧 .swf

这种方式是首先确定圆弧的起点和圆心，最后确定圆弧的长度。下面绘制一个弧长为 1000mm 的圆弧。

⚙ **实例引导** ——"起点、圆心、长度"方式绘制圆弧

Step01 ▶ 单击【绘图】/【圆弧】/【起点、圆心、长度】命令。

Step02 ▶ 在绘图区单击确定圆弧起点。

Step03 ▶ 继续在绘图区单击确定圆弧圆心。

Step04 ▶ 输入弧长"1000"，按 Enter 键。

Step05 ▶ 按 Enter 键，绘制结果如图 4-81 所示。

练一练 尝试绘制角度为 90°和弧长为 500mm 的两条圆弧，结果如图 4-82 所示。

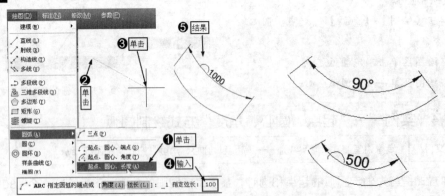

图 4-81 "起点、圆心、长度"方式绘制圆弧

图 4-82 绘制圆弧

4.4.6 疑难解答——"起点、圆心"方式绘制圆弧时如何确定起点和圆心位置？

💻视频文件 | 疑难解答\第 4 章\"起点、圆心"方式绘制圆弧时如何确定起点和圆心位置？.swf

疑难："起点、圆心"方式绘制圆弧时，如何确定起点和圆心的位置？例如要使用"起点、圆心、端点"方式在 200mm×150mm 的矩形上绘制图 4-83 所示的圆弧，该如何操作？

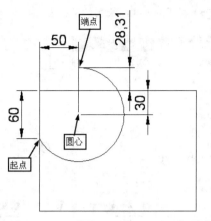

图 4-83　绘制圆弧

解答： 以"起点、圆心、端点"方式绘制圆弧时，既可以捕捉图形上的特征点，也可以输入起点、圆心和端点的坐标。对于图 4-83 所示的圆弧，可以根据尺寸输入起点、圆心和端点的坐标来绘制。

Step01▶ 单击【绘图】/【圆弧】/【起点、圆心、端点】命令。

Step02▶ 按住 Shift 键，单击右键，选择"自"选项。

Step03▶ 捕捉矩形左上端点。

Step04▶ 输入起点坐标"@0,-60"，按 Enter 键。

Step05▶ 按住 Shift 键，单击右键，选择"自"选项。

Step06▶ 捕捉矩形左上端点。

Step07▶ 输入圆心坐标"@50,-30"，按 Enter 键。

Step08▶ 按住 Shift 键，单击右键，选择"自"选项。

Step09▶ 捕捉矩形左上端点。

Step10▶ 输入端点坐标"@50,28.31"，按 Enter

键。绘制过程如图 4-84 所示。

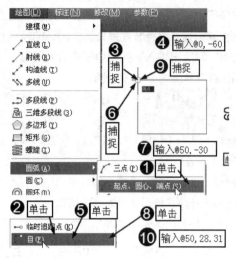

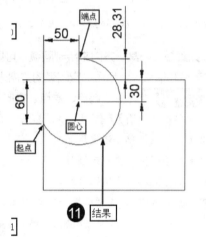

图 4-84　以"起点、圆心、端点"方式绘制圆弧

练一练 尝试在 200mm×150mm 的矩形上使用"起点、圆心、角度"和"起点、圆心、长度"方式绘制图 4-85 所示的两个圆弧。

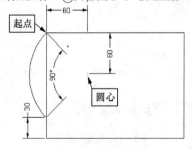

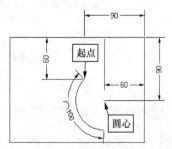

图 4-85　以"起点、圆心"方式绘制圆弧

4.4.7　实例——"起点、端点、角度"方式绘制图弧

💻 视频文件　专家讲堂 \ 第 4 章 \ 实例——"起点、端点、角度"方式绘制圆弧 .swf

如果知道圆弧的起点、端点坐标以及圆弧的角度，可以采用"起点、端点、角度"方式来绘制圆弧。这种方式是先确定圆弧的起点和端点，然后再输入圆弧的角度来绘制圆弧。下面来绘制角度为 90° 的圆弧。

⚙ **实例引导** ——"起点、端点、角度"方式绘制圆弧

Step01 ▶ 单击【绘图】/【圆弧】/【起点、端点、角度】命令。

Step02 ▶ 在绘图区单击确定圆弧起点。

Step03 ▶ 继续在绘图区单击确定圆弧端点。

Step04 ▶ 输入圆弧角度"90"，按 Enter 键。

Step05 ▶ 按 Enter 键，绘制结果如图 4-86 所示。

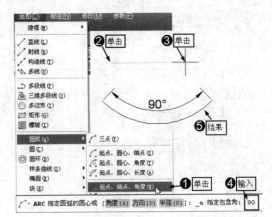

图 4-86 以"起点、端点、角度"方式绘制圆弧

4.4.8 实例——"起点、端点、方向"方式绘制圆弧

💻 视频文件 | 专家讲堂\第4章\实例——"起点、端点、方向"方式绘制圆弧.swf

如果想按照某一方向来绘制圆弧，可以采用"起点、端点、方向"方式。这种方式是先确定圆弧的起点和端点，然后再确定圆弧的方向来绘制圆弧。

⚙ **实例引导** ——"起点、端点、方向"方式绘制圆弧

Step01 ▶ 单击【绘图】/【圆弧】/【起点、端点、方向】命令。

Step02 ▶ 在绘图区单击确定圆弧起点。

Step03 ▶ 在绘图区单击确定圆弧端点。

Step04 ▶ 引导光标确定圆弧方向。

Step05 ▶ 按 Enter 键，绘制结果如图 4-87 所示。

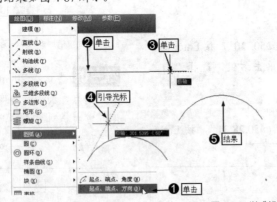

图 4-87 以"起点、端点、方向"方式绘制圆弧

4.4.9 实例——"起点、端点、半径"方式绘制圆弧

💻 视频文件 | 专家讲堂\第4章\实例——"起点、端点、半径"方式绘制圆弧.swf

如果知道圆弧的半径，可以采用"起点、端点、半径"方式来绘制圆弧。这种方式是先确定圆弧的起点和端点，然后输入圆弧的半径来绘制圆弧。下面绘制半径为 120mm 的圆弧。

⚙ **实例引导** ——"起点、端点、半径"方式绘制圆弧

Step01 ▶ 单击【绘图】/【圆弧】/【起点、端点、

半径】命令。

Step02 ▶ 在绘图区单击确定圆弧起点。

Step03 ▶ 继续在绘图区单击确定圆弧端点。

Step04 ▶ 输入半径"120"，按 Enter 键。绘制过

程如图 4-88 所示。

练一练 尝试以"起点、圆心"方式绘制角度为 100°和半径为 100mm 的两条圆弧，如图 4-89 所示。

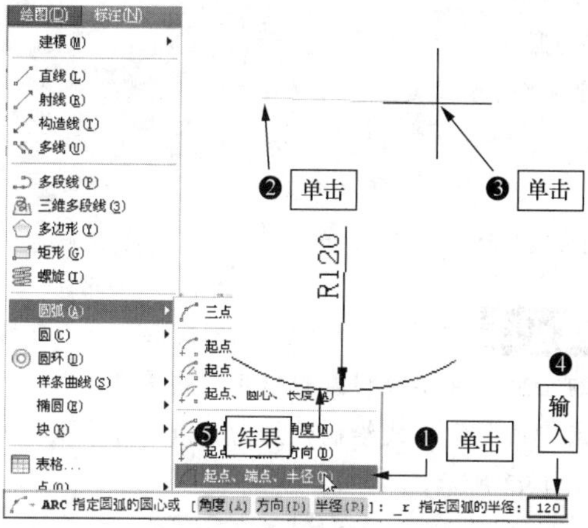

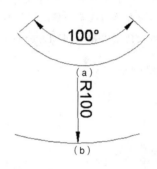

图 4-88 "起点、端点、半径"方式绘制圆弧

图 4-89 绘制圆弧

4.4.10 实例——"圆心、起点、端点"方式绘制圆弧

💻 视频文件 │ 专家讲堂\第4章\实例——"圆心、起点、端点"方式绘制图弧 .swf

此种方式是当确定了圆弧的圆心和起点后，只需再给出圆弧的端点，即可精确绘制圆弧。

⚙ **实例引导** ——"圆心、起点、端点"方式绘制圆弧

Step01 ▶ 单击【绘图】/【圆弧】/【圆心、起点、端点】命令。

Step02 ▶ 在绘图区单击确定圆弧圆心。

Step03 ▶ 在绘图区单击确定圆弧起点。

Step04 ▶ 在绘图区单击确定圆弧端点。绘制过程如图 4-90 所示。

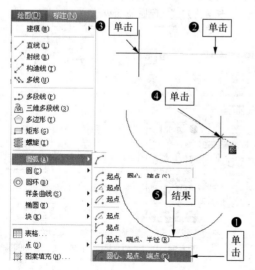

图 4-90 "圆心、起点、端点"方式绘制圆弧

练一练 尝试以矩形的中点作为圆心，以矩形的两个端点作为圆弧的起点和端点，使用"圆心、起点、端点"方式绘制图 4-91 所示的圆弧。

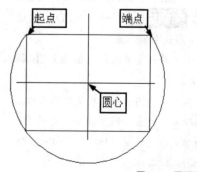

图 4-91 圆弧示例

4.4.11 实例——"圆心、起点、角度"方式绘制圆弧

💻 视频文件 | 专家讲堂 \ 第 4 章 \ 实例——"圆心、起点、角度"方式绘制圆弧 .swf

"圆心、起点、角度"方式是先确定圆弧的圆心，然后确定圆弧的起点，最后输入圆弧的角度来绘制圆弧。下面就以此方式绘制一个角度为 90°的圆弧。

⚙️ **实例引导** ——"圆心、起点、角度"方式绘制圆弧

Step01▶ 单击【绘图】/【圆弧】/【圆心、起点、角度】命令。

Step02▶ 在绘图区单击确定圆弧圆心。

Step03▶ 继续在绘图区单击确定圆弧起点。

Step04▶ 输入角度"90"，按 Enter 键。绘制过程如图 4-92 所示。

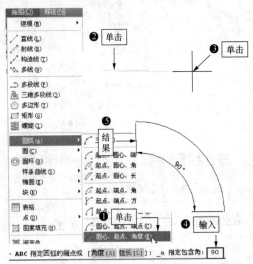

图 4-92 "圆心、起点、角度"方式绘制圆弧

练一练 尝试以矩形的中点作为圆心，以矩形的左上端点作为圆弧的起点，使用"圆心、起点、角度"方式绘制角度为 120°的圆弧，如图 4-93 所示。

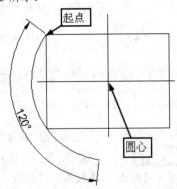

图 4-93 绘制角度为 120°的圆弧

4.4.12 实例——"圆心、起点、长度"方式绘制圆弧

💻 视频文件 | 专家讲堂 \ 第 4 章 \ 实例——"圆心、起点、长度"方式绘制圆弧 .swf

这种方式是先确定圆弧的圆心，然后确定圆弧的起点，最后再输入圆弧的长度来绘制圆弧，下面绘制长度为 150mm 的圆弧。

⚙️ **实例引导** ——"圆心、起点、长度"方式绘制圆弧

Step01▶ 单击【绘图】/【圆弧】/【圆心、起点、长度】命令。

Step02▶ 在绘图区单击确定圆弧圆心。

Step03▶ 继续在绘图区单击确定圆弧起点。

Step04▶ 输入长度"150"，按 Enter 键。绘制过程如图 4-94 所示。

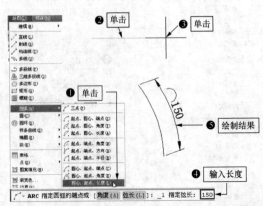

图 4-94 以"圆心、起点、长度"方式绘制圆弧

练一练 尝试以矩形的中点作为圆心，以矩形的右上端点作为圆弧的起点，使用"圆心、起点、长度"方式绘制长度为 150mm 的圆弧，如图 4-95 所示。

|技术看板| 不管使用什么方式绘制圆弧，圆弧的端点、圆心以及起点，既可以根据绘图要求，捕捉图形的特征点，也可以根据已有参数计算并输入坐标来绘制圆弧。

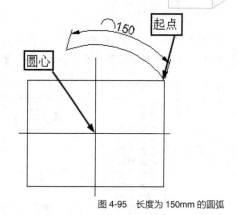

图 4-95 长度为 150mm 的圆弧

4.5 综合实例——绘制手柄

本实例绘制图 4-96 所示的手柄零件图，对本章所学的命令进行巩固。

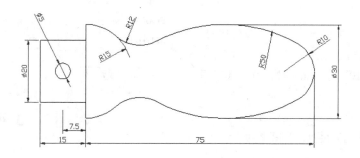

图 4-96 手柄零件图

4.5.1 绘图思路

绘图思路如下。

（1）使用【构造线】命令创建辅助线。

（2）使用【圆】命令创建圆。

（3）使用【修剪】命令修剪图线。

（4）使用【镜像】命令镜像，如图 4-97 所示。

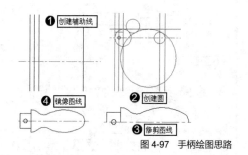

图 4-97 手柄绘图思路

4.5.2 绘图步骤

📄 素材文件	样板文件 \ 机械样板 .dwt
✏ 效果文件	效果文件 \ 第 4 章 \ 综合实例——绘制手柄 .dwg
🖥 视频文件	专家讲堂 \ 第 4 章 \ 综合实例——绘制手柄 .swf

⚙ **操作步骤**

1. 新建基础图形

执行【新建】命令，以"机械样板 .dwt"文件作为基础文件。

2. 设置当前图层

Step01 ▸ 单击"图层"控制下拉列表按钮。

Step02 ▸ 选择"中心线"图层，如图 4-98 所示。

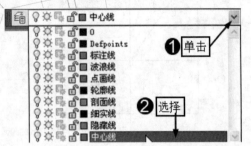

图 4-98　设置当前图层

3. 设置线型比例

Step01 ▸ 输入"LTSCALE"，按 Enter 键，激活线型比例命令。

Step02 ▸ 输入"1"，按 Enter 键，设置线型比例。

4. 设置捕捉模式

Step01 ▸ 输入"SE"，按 Enter 键，打开【草图设置】对话框。

Step02 ▸ 设置捕捉模式。

Step03 ▸ 单击【确定】按钮，如图 4-99 所示。

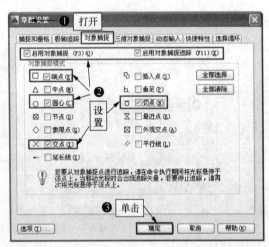

图 4-99　设置捕捉模式

5. 绘制水平构造线

Step01 ▸ 输入"XL"，按 Enter 键，激活【构造线】命令。

Step02 ▸ 输入"H"，按 Enter 键，激活【水平】选项。

Step03 ▸ 单击拾取一点。

Step04 ▸ 按 Enter 键，绘制结果如图 4-100 所示。

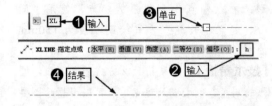

图 4-100　绘制水平构造线

6. 绘制垂直构造线

Step01 ▸ 输入"XL"，按 Enter 键，激活【构造线】命令。

Step02 ▸ 输入"V"，按 Enter 键，激活【垂直】选项。

Step03 ▸ 单击拾取一点。

Step04 ▸ 按 Enter 键，结束操作。绘制过程如图 4-101 所示。

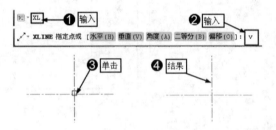

图 4-101　绘制垂直构造线

7. 复制构造线

下面使用【复制】命令来复制绘制的构造线，将其作为图形轮廓线。

Step01 ▸ 单击【修改】工具栏中的"复制"按钮 。

Step02 ▸ 单击垂直构造线。

Step03 ▸ 按 Enter 键，拾取一点。

Step04 ▸ 输入"@7.5,0"，按 Enter 键，复制第 1 条线。

Step05 ▸ 输入"@15,0"，按 Enter 键，复制第 2 条线。

Step06 ▸ 输入"@90,0"，按 Enter 键，复制第 3 条线。

Step07 ▸ 按 Enter 键，结束操作。绘制过程如图 4-102 所示。

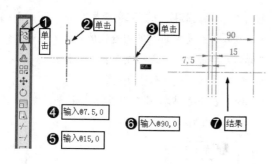

图 4-102 复制构造线

8. 设置图层

由于图形轮廓线不应该放在"中心线"图层，因此需要将复制的轮廓线调整到图形的"轮廓线"图层，这样才符合绘图要求。

Step01▶ 窗交选择垂直构造线。

Step02▶ 单击"图层"控制下拉列表按钮。

Step03▶ 选择"轮廓线"图层。

Step04▶ 按 Esc 键取消夹点显示，设置结果如图 4-103 所示。

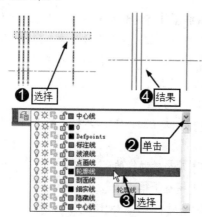

图 4-103 设置图层

|技术看板| 窗交选择是指按住鼠标由右向左拖曳，拖出浅绿色选择区与所选对象相交，即可将对象选择，这是选择图形的又一个常用方法。另外，将垂直构造线放入"轮廓线"图层，垂直构造线就可以转化为图形的轮廓线。

9. 补画其他轮廓线

下面使用【直线】命令绘制其他轮廓线，对图形进行完善。

Step01▶ 单击【绘图】工具栏中的"直线"按钮 ╱ 。

Step02▶ 捕捉辅助线的交点。

Step03▶ 输入下一点坐标"@0,10"，按 Enter 键。

Step04▶ 输入下一点坐标"@15,0"，按 Enter 键。

Step05▶ 按 Enter 键，结束操作。绘制过程如图 4-104 所示。

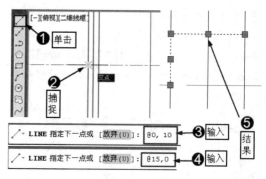

图 4-104 补画其他轮廓线

10. 绘制圆

Step01▶ 单击【绘图】工具栏中的"圆"按钮 ⊙ 。

Step02▶ 捕捉辅助线的交点。

Step03▶ 输入半径"2.5"，按 Enter 键。

Step04▶ 按 Enter 键，结束操作。绘制过程如图 4-105 所示。

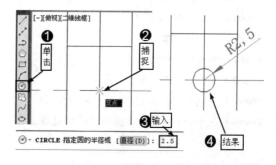

图 4-105 绘制圆

11. 绘制另一个圆

使用相同的方法，以水平中心线与垂直线交点为圆心，绘制半径为 15mm 的圆，如图 4-106 所示。

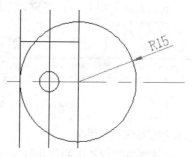

图 4-106 绘制另一个圆

12. 复制垂直图线

Step01 ▸ 单击【修改】工具栏上的"复制"按钮 。

Step02 ▸ 单击垂直构造线。

Step03 ▸ 按 Enter 键，捕捉交点。

Step04 ▸ 输入坐标"@10<180"，按 Enter 键。

Step05 ▸ 按 Enter 键，结束操作。绘制过程如图 4-107 所示。

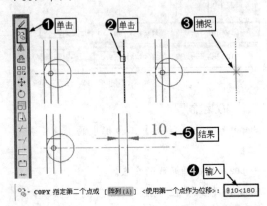

图 4-107　复制垂直图线

13. 复制水平图线

Step01 ▸ 单击【修改】工具栏上的"复制"按钮 。

Step02 ▸ 单击水平构造线。

Step03 ▸ 按 Enter 键，捕捉交点。

Step04 ▸ 输入坐标"@15<90"，按 Enter 键。

Step05 ▸ 按 Enter 键，结束操作。绘制过程如图 4-108 所示。

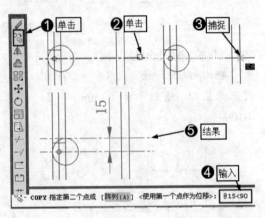

图 4-108　复制水平图线

14. 调整构造线的图层

下面需要将复制的中心线调整到【轮廓线】层，将其转换为图形轮廓线。

Step01 ▸ 单击复制的水平构造线使其夹点显示。

Step02 ▸ 单击"图层"控制下拉列表按钮。

Step03 ▸ 选择"轮廓线"图层。

Step04 ▸ 按 Esc 键取消夹点显示，调整结果如图 4-109 所示。

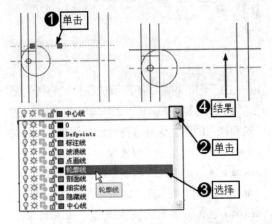

图 4-109　调整构造线的图层

|技术看板| 将复制的水平构造线放入"轮廓线"层可以将其转换为图线的轮廓线，在选择该水平构造线时，要确保在没有任何命令发出的情况下单击选择。

15. 绘制圆

Step01 ▸ 单击【绘图】工具栏上的"圆"按钮 。

Step02 ▸ 捕捉辅助线的交点。

Step03 ▸ 输入半径"10"，按 Enter 键。

Step04 ▸ 按 Enter 键，如图 4-110 所示。

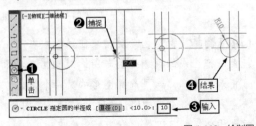

图 4-110　绘制圆

16. 绘制相切圆

Step01 ▸ 单击【绘图】工具栏上的"圆"按钮 。

Step02 ▸ 输入"T"，按 Enter 键，激活【相切、相切、半径】命令。

Step03 ▸ 在圆上捕捉切点。

Step04 ▶ 在水平线捕捉切点。

Step05 ▶ 输入半径"50",按 Enter 键,如图 4-111 所示。

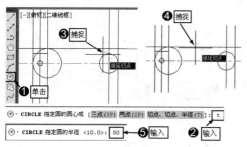

图 4-111 绘制相切圆

Step06 ▶ 按 Enter 键,绘制的相切圆如图 4-112 所示。

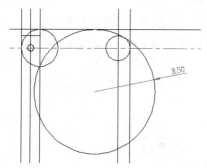

图 4-112 绘制的相切圆

17. 继续绘制相切圆

Step01 ▶ 单击【绘图】工具栏上的"圆"按钮 ⓞ。

Step02 ▶ 输入"T",按 Enter 键,激活【相切、相切、半径】命令。

Step03 ▶ 在圆上捕捉切点。

Step04 ▶ 在另一个圆上捕捉切点。

Step05 ▶ 输入半径"12",按 Enter 键,如图 4-113 所示。

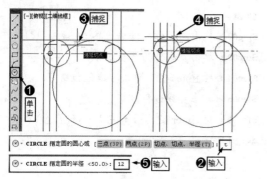

图 4-113 继续绘制相切圆

Step06 ▶ 按 Enter 键,绘制的相切圆如图 4-114 所示。

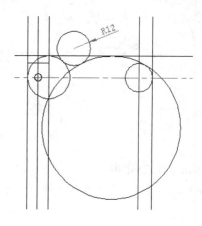

图 4-114 绘制的相切圆

18. 删除多余图线

在绘制图形时,为了绘图方便,绘制了相关辅助线,当图形绘制完毕后,就可以删除这些多余的图线。

Step01 ▶ 输入"E",按 Enter 键,激活【删除】命令。

Step02 ▶ 单击水平和垂直图线。

Step03 ▶ 按 Enter 键,删除结果如图 4-115 所示。

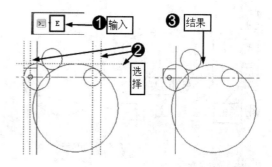

图 4-115 删除图线

19. 修剪图线

下面需要对图形的相关图线进行修剪,来对图形进行完善。

Step01 ▶ 单击【修改】工具栏上的"修剪"按钮 ---。

Step02 ▶ 单击圆作为修剪边界。

Step03 ▶ 单击另一个圆作为修剪边界。

Step04 ▶ 按 Enter 键,单击圆进行修剪。

Step05 ▶ 按 Enter 键,修剪完成。修剪过程如图 4-116 所示。

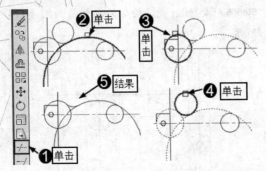

图 4-116　修剪图线

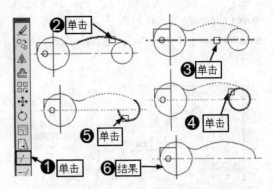

图 4-118　继续修剪图线 -2

20. 继续修剪图线

Step01 ▶ 单击【修改】工具栏上的"修剪"按钮 ╱。

Step02 ▶ 单击圆作为修剪边界。

Step03 ▶ 单击圆弧作为另一个修剪边界。

Step04 ▶ 按 Enter 键，单击圆进行修剪。

Step05 ▶ 按 Enter 键，修剪完成。修剪过程如图 4-117 所示。

22. 继续修剪图线

Step01 ▶ 单击【修改】工具栏上的"修剪"按钮 ╱。

Step02 ▶ 单击圆弧作为修剪边界。

Step03 ▶ 单击直线作为修剪边界。

Step04 ▶ 按 Enter 键，单击圆进行修剪。

Step05 ▶ 单击圆弧进行修剪。

Step06 ▶ 按 Enter 键，修剪完成。修剪过程如图 4-119 所示。

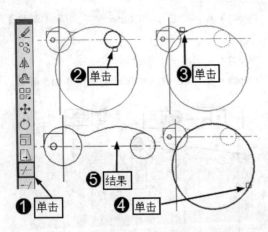

图 4-117　继续修剪图线 -1

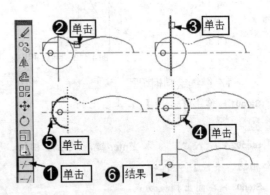

图 4-119　继续修剪图线 -3

21. 继续修剪图线

Step01 ▶ 单击【修改】工具栏上的"修剪"按钮 ╱。

Step02 ▶ 单击圆弧作为修剪边界。

Step03 ▶ 单击直线作为另一个修剪边界。

Step04 ▶ 按 Enter 键，单击圆进行修剪。

Step05 ▶ 单击圆弧进行修剪。

Step06 ▶ 按 Enter 键，修剪完成。修剪过程如图 4-118 所示。

23. 继续修剪图线

Step01 ▶ 单击【修改】工具栏上的"修剪"按钮 ╱。

Step02 ▶ 单击圆弧作为修剪边界。

Step03 ▶ 单击直线作为修剪边界。

Step04 ▶ 按 Enter 键，单击直线进行修剪。

Step05 ▶ 单击直线进行修剪。

Step06 ▶ 按 Enter 键，修剪完成。修剪过程如图 4-120 所示。

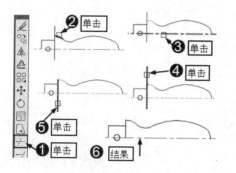

图 4-120　继续修剪图线 -4

24. 镜像图线

图形修剪完毕后，对修剪后的图线进行镜像就完成了该图形的绘制。

Step01 ▶ 单击【修改】工具栏上的"镜像"按钮 ⬥ 。

Step02 ▶ 以窗口方式选择图线。

Step03 ▶ 按 Enter 键，捕捉端点作为镜像轴的第 1 点。

Step04 ▶ 捕捉端点作为镜像轴的另一个端点。

Step05 ▶ 按 Enter 键，镜像结果如图 4-121 所示。

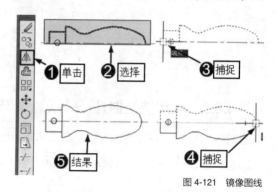

图 4-121　镜像图线

25. 保存图形

执行【另存为】命令，将图形进行保存。

4.6　综合自测

4.6.1　软件知识检验——选择题

（1）关于【三点方式】绘制圆，说法正确的是（　　）。

A.【三点方式】是拾取圆上的任意三点

B.【三点方式】是拾取圆直径的两个端点和圆象限点

C.【三点方式】是拾取圆上的 3 个象限点

D.【三点方式】是拾取圆直径的 1 个端点和 2 个象限点

（2）面积方式绘制矩形时，需要知道（　　）。

A. 面积　　　　　B. 长度　　　　　C. 宽度　　　　　D. 面积和长度

（3）尺寸方式绘制矩形时，需要知道（　　）。

A. 矩形面积和长度　　　　　B. 矩形长度和宽度

C. 矩形长度　　　　　D. 矩形宽度

（4）三点绘制圆弧是指（　　）。

A. 拾取圆弧的起点、圆弧上一点和圆弧端点

B. 拾取圆弧的起点、圆心和圆弧端点

C. 拾取圆弧的起点、圆心并输入半径

D. 拾取圆弧的起点、圆心并输入圆弧长度

4.6.2　软件操作入门——绘制连杆机械零件平面图

📄 素材文件	效果文件 \ 第 4 章 \ 软件操作入门——绘制连杆机械零件平面图 .dwg
🖥 视频文件	专家讲堂 \ 第 4 章 \ 软件操作入门——绘制连杆机械零件平面图 .swf

绘制图 4-122 所示的连杆机械零件平面图。

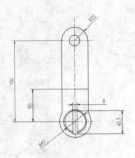

图 4-122　连杆平面图

4.6.3　应用技能提升——绘制螺母零件三视图

📄 素材文件	效果文件 \ 第 4 章 \ 应用技能提升——绘制螺母零件三视图 .dwg
🖵 视频文件	专家讲堂 \ 第 4 章 \ 应用技能提升——绘制螺母零件三视图 .swf

绘制图 4-123 所示的螺母零件三视图。

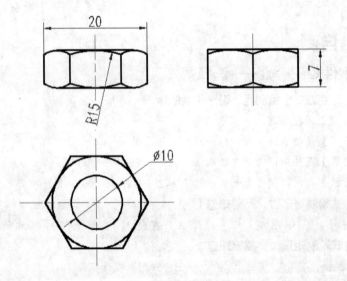

图 4-123　螺母零件三视图

第 5 章
编辑二维图形

掌握了二维图形的绘制方法之后，还需要掌握二维图形的编辑方法，这样才能绘制出符合设计要求的图形。本章就来学习二维图形的编辑方法。

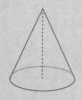

| 第5章 |

编辑二维图形

本章内容概览

知识点	功能 / 用途	难易度与应用频率
倒角（P156）	● 对图线进行倒角处理 ● 编辑、完善二维图形	难易度：★★★ 应用频率：★★★★★
圆角（P165）	● 对图线进行圆角处理 ● 编辑、完善二维图形	难易度：★★★ 应用频率：★★★★★
延伸（P171）	● 对图线进行延伸 ● 编辑完善二维图形	难易度：★★★ 应用频率：★★★★★
拉长（P173）	● 对图线进行拉长 ● 编辑、完善二维图形	难易度：★★★ 应用频率：★★★★★
拉伸（P179）	● 对图形进行拉伸 ● 编辑、完善二维图形	难易度：★★★ 应用频率：★★★★★
综合实例	● 绘制阀盖零件主视图（P182） ● 绘制轴承零件剖视图（P186）	
综合自测	● 软件知识检验——选择题（P191） ● 软件操作入门——绘制垫片平面图（P192） ● 应用技能提升——绘制导向块二视图（P192）	

5.1　倒角

倒角就是使用一条线段连接两个相交或者不相交的非平行的图线，使其形成另一个倒角，如图 5-1 所示。

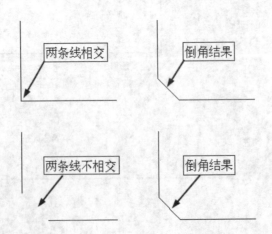

图 5-1　倒角

在倒角时，您可以选择多种方式，具体有【距离】倒角、【角度】倒角以及【多段线】倒角等，采用不同的倒角方式，其倒角效果不同。

本节内容概览

知识点	功能 / 用途	难易度与应用频率
"距离"倒角（P157）	● 设置倒角距离为图线倒角 ● 编辑二维图形 ● 完善二维图形	难易度：★ 应用频率：★★★★★
实例（P159）	● 创建键机械零件平面图	
"角度"和"长度"倒角（P161）	● 通过设置长度和角度对图线进行倒角 ● 编辑二维图形 ● 完善二维图形	难易度：★ 应用频率：★★★★★
实例（P162）	● 创建销机械零件平面图	
"多段线"倒角（P164）	● 对多段线进行倒角 ● 编辑二维图形 ● 完善二维图形	难易度：★ 应用频率：★★★★★
疑难解答	● 第 1 个倒角距离与第 2 个倒角距离一定要相同吗？（P158） ● 没有相交的图线如何进行"距离"倒角？（P158） ● 关于"倒角"的修剪模式（P158） ● 十字相交的图线如何倒角？（P159） ● 倒角"距离"能否设置为负值或者 0？（P159）	

5.1.1 "距离"倒角——创建"距离"为 150mm 的倒角

💻 视频文件 ┃ 专家讲堂\第 5 章\"距离"倒角——创建"距离"为 150mm 的倒角 .swf

如果要根据倒角的距离来创建倒角，可选择"距离"倒角模式，只要输入两条图线的倒角距离，即可对图形进行倒角。

首先绘制两条非平行图线，如图 5-2（a）所示，然后使用【距离】倒角方式对其进行 150mm 的倒角，如图 5-2（b）所示。

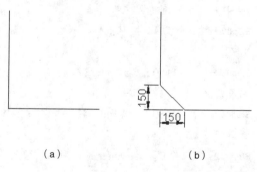

（a）　　　　　　　　　（b）

图 5-2　对非平行图线倒角

⚙ **实例引导**——创建"距离"为 150mm 的倒角

Step01▶ 单击【修改】工具栏上的"倒角"按钮◻。

Step02▶ 输入"D"，按 Enter 键，激活"距离"选项。

Step03▶ 输入"150"，按 Enter 键，指定第 1 个

倒角距离。

Step04▶ 输入"150"，按 Enter 键，指定第 2 个倒角距离。

Step05▶ 单击水平图线。

Step06▶ 单击垂直图线。

Step07▶ 按 Enter 键，结束操作。绘制过程如图 5-3 所示。

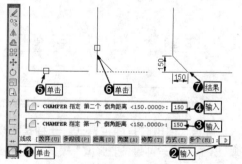

图 5-3　创建"距离"为 150mm 的倒角

┃**技术看板**┃ 还可以通过以下方法激活【倒角】命令。

◆ 单击菜单栏中的【修改】/【倒角】命令。

◆ 在命令行输入"CHAMFER"或"CHA"后按 Enter 键。

5.1.2 疑难解答——第 1 个倒角距离与第 2 个倒角距离一定要相同吗?

📺 视频文件 | 疑难解答\第 5 章\疑难解答——关于倒角"距离"的设置 .swf

疑难： 距离倒角时，第 1 个倒角距离与第 2 个倒角距离一定要相同吗?

解答： 倒角距离是指两条图线之间的直线距离，因此，第 1 个倒角距离与第 2 个倒角距离并非一定要相同，这要根据图形设计要求来设置，如图 5-4 所示，第 1 个倒角距离与第 2 个倒角距离就是不同的。

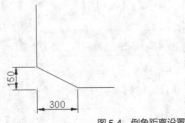

图 5-4　倒角距离设置

5.1.3 疑难解答——没有相交的图线如何进行"距离"倒角?

📺 视频文件 | 疑难解答\第 5 章\疑难解答——没有相交的图线如何进行"距离"倒角 .swf

疑难： 对于图 5-5 所示的两条没有实际相交的非平行图线，如何进行距离倒角?

解答： "倒角"就是使用一条图线连接两条非平行图线，因此，不管这两条非平行图线是否相交，都可以进行倒角。对于没有实际相交的两条非平行图线，其倒角操作方法与实际相交的两条非平行图线的倒角方法相同，区别在于设置什么样的倒角距离。

图 5-5　两条没有实际相交的非平行图线

5.1.4 疑难解答——关于"倒角"的修剪模式

📺 视频文件 | 疑难解答\第 5 章\疑难解答——关于"倒角"的修剪模式 .swf

疑难： 为什么倒角时有时会出现图 5-6 所示的结果?

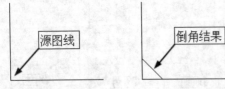

图 5-6　倒角结果

解答： 倒角时有两种模式，一种是"修剪"模式，另一种是"非修剪"模式。"修剪"模式是指倒角时以倒角边作为修剪边界，对两条非平行图线进行修剪，这是系统默认的一种倒角模式，其结果如图 5-2 所示；"非修剪"模式只是使用倒角边连接两条非平行图线，而不对两条非平行图线进行修剪，其结果如图 5-6 所示。在机械设计中，这种倒角效果较常

用，下面就来学习这种倒角效果的操作方法。

Step01 ▶ 单击"倒角"按钮 ⬜。

Step02 ▶ 输入"D"，按 Enter 键，激活"距离"选项。

Step03 ▶ 输入"150"，按 Enter 键，指定第 1 个倒角距离。

Step04 ▶ 输入"150"，按 Enter 键，指定第 2 个倒角距离。

Step05 ▶ 输入"T"，按 Enter 键，激活"修剪"选项。

Step06 ▶ 输入"N"，按 Enter 键，选择"不修剪"模式。

Step07 ▶ 单击垂直图线。

Step08 ▶ 单击水平图线。

Step09 ▶ 按 Enter 键，结束操作。绘制过程如图 5-7 所示。

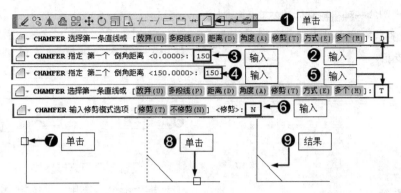

图 5-7　倒角的不修剪模式绘制效果

5.1.5　疑难解答——十字相交的图线如何倒角？

🖥 视频文件	疑难解答 \ 第 5 章 \ 疑难解答——十字相交的图线如何倒角 .swf

疑难： 对于图 5-8 所示的十字相交的图线能否倒角？

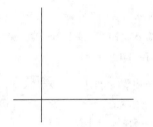

图 5-8　非平行图线

解答： 只要是非平行的图线，不管其是否相交都可以进行距离倒角，只要根据设计要求，输入倒角距离值，然后再选择是否对其进行修剪，即可进行倒角。下面尝试对图 5-8 所示的图线，以"倒角距离 1"和"倒角距离 2"均为 150mm 的倒角距离值，分别采用"修剪"模式和"不修剪"模式进行倒角，结果如图 5-9 所示。

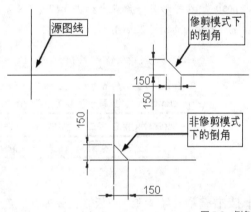

图 5-9　倒角

5.1.6　疑难解答——倒角"距离"能否设置为负值或者 0？

🖥 视频文件	疑难解答 \ 第 5 章 \ 疑难解答——倒角"距离"能否设置为为负值或者 0.swf

疑难： 距离倒角时，如果设置倒角距离为负值或者 0 会出现怎样的情况？

解答： 倒角距离值不能为负值，这不符合距离倒角的要求。另外，如果将两个倒角距离设置为 0，那么倒角的结果就是两条图线被修剪或延长，直至相交于一点，用户可以自己操作看看效果。

5.1.7　实例——创建键机械零件平面图

✒ 效果文件	效果文件 \ 第 5 章 \ 实例——创建键机械零件平面图 .dwg
🖥 视频文件	专家讲堂 \ 第 5 章 \ 实例——创建键机械零件平面图 .swf

键是较常用的一种机械零件，本实例绘制图 5-10 所示的键机械零件平面图，巩固距离倒角的操作技能。

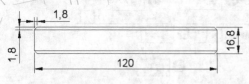

图 5-10　键

⚙ **操作步骤**

1. 绘制键基本图形

键是机械中常用的一个零件，其形状一般为长方形。下面绘制一个长方形作为键的基本图形。

Step01 ▸ 单击【绘图】工具栏中的"矩形"按钮□。

Step02 ▸ 在绘图区单击拾取一点。

Step03 ▸ 输入矩形另一角点坐标"@120,16.8"，按 Enter 键。绘制结果如图 5-11 所示。

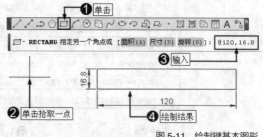

图 5-11　绘制键基本图形

2. 设置倒角距离与参数

键一般都有倒角，其倒角距离各有不同。该键的倒角距离为 1.8mm，下面首先设置倒角距离与参数，以便对矩形进行倒角处理。

Step01 ▸ 单击【修改】工具栏上的"倒角"按钮□。

Step02 ▸ 输入"D"，按 Enter 键，激活"距离"选项。

Step03 ▸ 输入第 1 个倒角距离"1.8"，按 Enter 键。

Step04 ▸ 输入第 2 个倒角距离"1.8"，按 Enter 键。

Step05 ▸ 输入"M"，按 Enter 键，激活"多个"选项，如图 5-12 所示。

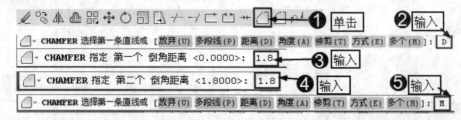

图 5-12　设置倒角距离与参数

| **技术看板** | 在对矩形以及多段线进行倒角时，输入"M"激活"多个"选项，可以连续对多个图线进行倒角，避免多次重复执行【倒角】命令。

3. 倒角矩形

倒角时要对矩形的 4 个角都进行倒角处理。

Step01 ▸ 在上边水平线左端单击。

Step02 ▸ 在左垂直线上方单击。

Step03 ▸ 在下水平线左端单击。

Step04 ▸ 在左垂直线下方单击。

Step05 ▸ 在下边水平线右端单击。

Step06 ▸ 在右垂直线下方单击。

Step07 ▸ 在右垂直线上方单击。

Step08 ▸ 在上边水平线右端单击。

Step09 ▸ 按 Enter 键，结束操作。绘制过程如图

5-13 所示。

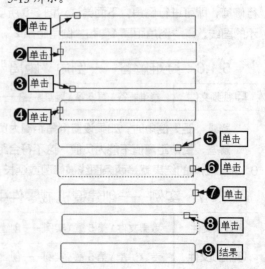

图 5-13　倒角矩形

4. 补画图线

下面补画键的其他图线，补画图线时可以使用【直线】命令来绘制。

Step01 ▶ 单击【绘图】工具栏上的"直线"按钮 。

Step02 ▶ 捕捉左倒角端点。

Step03 ▶ 捕捉右倒角端点。

Step04 ▶ 按 Enter 键，结束操作。绘制过程如图 5-14 所示。

5. 继续补画另一条图线

按 Enter 键重复执行【直线】命令，继续捕捉另两个倒角端点，绘制另一条图线，完成键的绘制，绘制结果如图 5-15 所示。

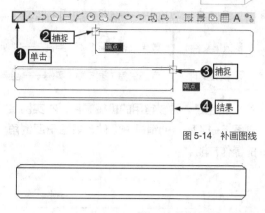

图 5-14　补画图线

图 5-15　继续补画另一条图线

6. 保存文件

执行【另存为】命令，将绘制结果保存。

5.1.8 "角度"和"长度"倒角——创建"长度"为 150mm、"角度"为 60°的倒角

💻 视频文件	专家讲堂\第5章\"角度"和"长度"倒角——创建"长度"为 150mm、"角度"为 60°的倒角 .swf

如果需要按照某角度对图形进行倒角处理，可使用"角度"倒角方式，此时只要输入倒角角度和长度即可对图线进行倒角。

首先绘制两条非平行图线，如图 5-2（a）所示，下面对该图线进行长度为 150mm、角度为 60°的倒角，绘制结果如图 5-16 所示。

⚙ **实例引导**——角度倒角

Step01 ▶ 单击【修改】工具栏上的"倒角"按钮 。

Step02 ▶ 输入"A"，按 Enter 键，激活"角度"

选项。

Step03 ▶ 输入"150"，按 Enter 键，指定倒角长度。

Step04 ▶ 输入"60"，按 Enter 键，指定倒角角度。

Step05 ▶ 单击水平图线。

Step06 ▶ 单击垂直图线。

Step07 ▶ 按 Enter 键，结束操作。绘制过程如图 5-16 所示。

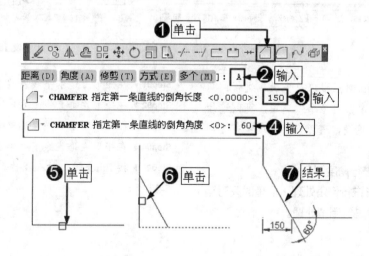

图 5-16　角度倒角

5.1.9 实例——创建销机械零件平面图

效果文件	效果文件 \ 第 5 章 \ 实例——创建销机械零件平面图 .dwg
视频文件	专家讲堂 \ 第 5 章 \ 实例——创建销机械零件平面图 .swf

销也是一种较常用的机械零件，本实例绘制图 5-17 所示的销机械零件，巩固角度倒角的操作技能。

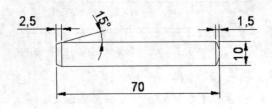

图 5-17 销

⚙ **操作步骤**

1. 绘制矩形基本图形

销的基本形状一般为长方形，下面首先绘制一个矩形作为其基本图形。

Step01 ▸ 单击【绘图】工具栏的"矩形"按钮 ▢。

Step02 ▸ 在绘图区单击拾取矩形一个角点。

Step03 ▸ 输入矩形另一角点坐标"@70,10"，按 Enter 键。绘制过程如图 5-18 所示。

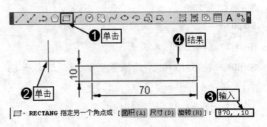

图 5-18 绘制矩形基本图形

2. 设置倒角角度与其他参数

销一端有 2.5mm×15° 的倒角，下面首先设置倒角的角度与参数，以便对矩形进行倒角处理。

Step01 ▸ 单击【修改】工具栏中的"倒角"按钮 ⬦。

Step02 ▸ 输入"A"，按 Enter 键，激活"角度"选项。

Step03 ▸ 输入"2.5"，按 Enter 键，指定倒角长度。

Step04 ▸ 输入"15"，按 Enter 键，指定倒角角度。

Step05 ▸ 输入"M"，按 Enter 键，激活"多个"选项，如图 5-19 所示。

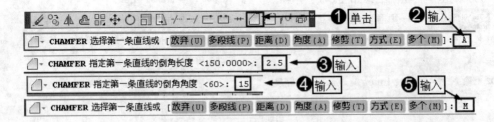

图 5-19 设置倒角角度与其他参数

技术看板 在对矩形以及多段线进行倒角时，输入"M"激活"多个"选项，可以连续对多个图线进行倒角，避免多次重复执行【倒角】命令。

3. 对矩形进行角度倒角

下面对矩形进行倒角处理。倒角时只对矩形左边的 2 个角进行倒角处理。

Step01 ▸ 在矩形上边水平线左端单击。

Step02 ▸ 在矩形左垂直线上方单击。

Step03 ▸ 在矩形下水平线左端单击。

Step04 ▸ 在矩形左垂直线下方单击。

Step05 ▸ 按 Enter 键，结束操作。倒角过程如图 5-20 所示。

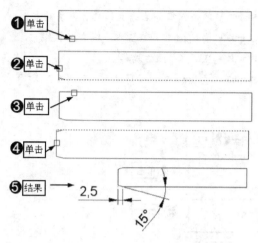

图 5-20 对矩形进行角度倒角

4. 分解矩形并偏移图线

下面先将矩形分解，然后对其垂直边进行偏移。

Step01 ▸ 单击【修改】工具栏上的"分解"按钮 🔟。

Step02 ▸ 单击矩形，按 Enter 键，完成分解。

Step03 ▸ 单击【修改】工具栏上的"偏移"按钮 🔩。

Step04 ▸ 输入"1.5"，按 Enter 键，设置偏移距离。

Step05 ▸ 单击矩形右垂直边。

Step06 ▸ 在该垂直边左边单击。

Step07 ▸ 按 Enter 键，结束操作。绘制过程如图 5-21 所示。

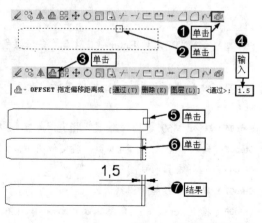

图 5-21 分解矩形并偏移图线

5. 绘制销的圆弧图线

销的另一端为圆弧效果，下面使用三点绘制圆弧方式绘制圆弧，对销进行完善。

Step01 ▸ 单击【绘图】工具栏上的"圆弧"按钮 ╭。

Step02 ▸ 捕捉矩形右上端点。

Step03 ▸ 捕捉矩形右垂直边的中点。

Step04 ▸ 捕捉矩形右下端点。

Step05 ▸ 按 Enter 键，结束操作。绘制过程如图 5-22 所示。

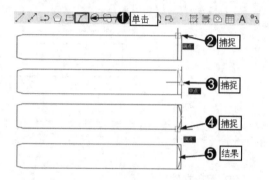

图 5-22 绘制销的圆弧图形

6. 移动图线完善销零件

下面将销零件右垂直边移动到左边位置，对销零件进行完善。

Step01 ▸ 单击【修改】工具栏上的"移动"按钮 ✛。

Step02 ▸ 单击销零件右端垂直图线。

Step03 ▸ 按 Enter 键，捕捉销零件垂直图线的上端点作为基点。

Step04 ▸ 捕捉销零件左端点作为目标点。移动过程及结果如图 5-23 所示。

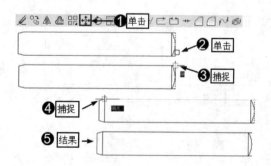

图 5-23 移动图线完善销零件

7. 修剪图线完善销零件

下面对销零件水平边的右端点进行修剪，对销零件进行完善。

Step01 ▸ 单击【修改】工具栏上的"修剪"按钮 ⊸/ 。

Step02 ▸ 单击销零件右垂直边作为修剪边界。

Step03 ▸ 按 Enter 键，在上水平线右端单击。

Step04 ▸ 在下水平线右端单击。

Step05 ▸ 按 Enter 键，修剪结束，如图 5-24 所示。

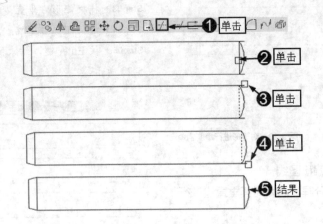

图 5-24　修剪图线完善销零件

8. 保存文件

至此销零件绘制完毕，执行【另存为】命令将绘制结果保存。

5.1.10 "多段线"倒角——为矩形进行倒角

💻 视频文件 ｜ 专家讲堂 \ 第 5 章 \ "多段线"倒角——为矩形进行倒角 .swf

除了常见的使用【多段线】命令绘制的多段线之外，矩形、多边形也是多段线。

"多段线"倒角是【倒角】命令中的一个选项，启用该选项后，执行【倒角】命令后，即可对使用【多段线】命令所绘制的多段线以及矩形、多边形等这些多段线图形的所有相邻的边同时进行倒角，这样可以避免多次重复执行【倒角】命令。

首先绘制一个矩形，如图 5-25（a）所示，下面对该矩形进行倒角处理，如图 5-25（b）所示。

钮 ◻ 。

Step02 ▸ 输入"P"，按 Enter 键，激活"多段线"选项。

Step03 ▸ 输入"A"，按 Enter 键，激活"角度"选项。

Step04 ▸ 输入"150"，按 Enter 键，指定倒角长度。

Step05 ▸ 输入"60"，按 Enter 键，指定倒角角度。

Step06 ▸ 单击矩形水平图线。

Step07 ▸ 单击矩形垂直图线。

Step08 ▸ 按 Enter 键，倒角结果及过程如图 5-26 所示。

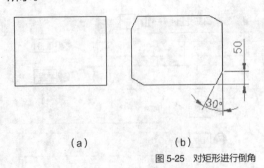

（a）　　　　　（b）

图 5-25　对矩形进行倒角

⚙ **实例引导**——多段线倒角

Step01 ▸ 单击【修改】工具栏上的"倒角"按

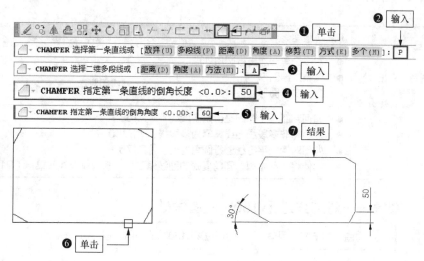

图 5-26　多段线倒角

| **技术看板** | 需要注意的是，如果多段线各相邻元素边采用不同的倒角角度、长度等参数，则不能使用【多段线】选项来对其进行倒角处理。另外，在对多段线进行倒角操作时，同样可以选择【距离】倒角方式，如果使用【距离】倒角时，倒角距离值可以相同，也可以不同。

5.2　圆角

与【倒角】命令不同，【圆角】命令是使用圆弧光滑连接两条图线，可以根据设计需要设置圆角半径，如图 5-27 所示。

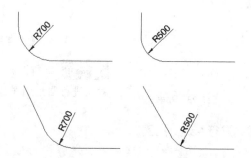

图 5-27　设置圆角半径

本节内容概览

知识点	功能 / 用途	难易度与应用频率
圆角（P166）	● 设置半径为图线圆角处理 ● 编辑二维图形 ● 完善二维图形	难 易 度：★ 应用频率：★★★★★
圆角模式（P166）	● 选择圆角模式 ● 圆角处理图线 ● 编辑、完善二维图形	难 易 度：★ 应用频率：★★★★★
多段线（P168）	● 对多段线图线进行圆角处理 ● 圆角处理图线 ● 编辑、完善二维图形	难 易 度：★ 应用频率：★★★★★

续表

知识点	功能 / 用途	难易度与应用频率
"多个"圆角（P168）	● 对多个角一次进行圆角处理 ● 编辑二维图形 ● 完善二维图形	难 易 度：★ 应用频率：★★★★★
疑难解答	● 如何判断一个图线是否是多段线？（P168） ● 能否将非多段线图线编辑为多段线？（P169） ● 如何对两条平行线进行圆角处理？（P170） ● 如何将"不修剪"圆角模式的图线修改为"修剪"模式效果？（P170）	

5.2.1 圆角——对图线进行 150° 的圆角处理

💻 视频文件 | 专家讲堂 \ 第 5 章 \ 圆角——对图线进行 150° 的圆角处理 .swf

"圆角"图线的操作非常简单，只要输入圆角半径，即可对图形进行圆角处理。首先来绘制图 5-28（a）所示的图线，下面对其进行圆角 150° 的处理，结果如图 5-28（b）所示。

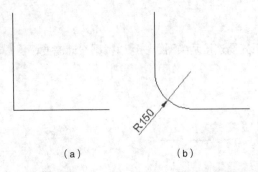

（a）　　　　　　　（b）

图 5-28　圆角处理

⚙ **实例引导** ——对图线进行 150° 的圆角处理

Step01 ▶ 单击【修改】工具栏上的"圆角"按钮 ⌐。

Step02 ▶ 输入"R"，按 Enter 键，激活"半径"选项。

Step03 ▶ 输入"150"，按 Enter 键，指定圆角半径。

Step04 ▶ 单击水平图线。

Step05 ▶ 单击垂直图线。

Step06 ▶ 绘制结果如图 5-29 所示。

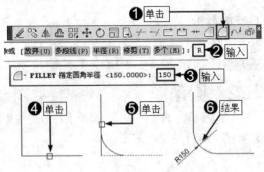

图 5-29　对图线进行 150° 的圆角处理

练一练 绘制图 5-30（a）所示的图线，尝试对其进行圆角处理，结果如图 5-30（b）所示。

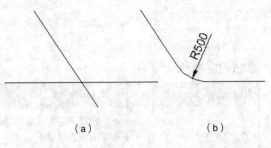

（a）　　　　　　　（b）

图 5-30　对图线进行圆角处理

5.2.2 圆角模式——修剪与不修剪

💻 视频文件 | 专家讲堂 \ 第 5 章 \ 圆角模式——修剪与不修剪 .swf

与"倒角"相同，"圆角"也包括"修剪"与"不修剪"两种模式。"修剪"是以圆角后的圆弧作为修剪边界，将图线的其他部分修剪掉，如图 5-31（a）所示，而"不修剪"模式则只是由一段圆弧来连接两条非平行的图线，不对图形进行任何修剪处理，如图 5-31（b）所示。

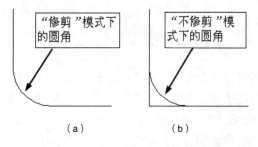

（a）　　　　（b）

图 5-31　"修剪"与"不修剪"模式下的圆角

系统默认采用的是"修剪"模式对图线进行圆角处理，如果想使用"不修剪"模式进行圆角处理，则可以由"修剪"模式切换到"不修剪"模式。

绘制图 5-31（a）所示的图线，下面以"不修剪"模式对其进行圆角处理。

Step01▶ 单击【修改】工具栏上的"圆角"按钮 ⬜。

Step02▶ 输入"R"，按 Enter 键，激活"半径"选项。

Step03▶ 输入"150"，按 Enter 键，指定圆角半径。

Step04▶ 输入"T"，按 Enter 键，激活"修剪"选项。

Step05▶ 输入"N"，按 Enter 键，激活"不修剪"选项。

Step06▶ 单击水平图线。

Step07▶ 单击垂直图线。绘制过程如图 5-32 所示。

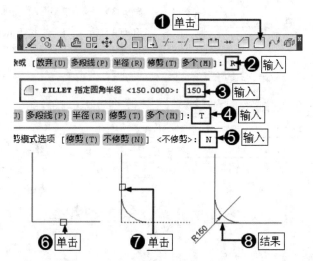

图 5-32　以"不修剪"模式进行圆角处理

┃技术看板┃ 在输入"T"激活"修剪"选项后，命令行将显示 [修剪 (T)] 和 [不修剪 (N)] 两种模式，输入"T"采用修剪模式进行圆角；输入"N"采用不修剪模式进行圆角处理。

练一练 绘制图 5-33（a）所示的图线，使用"不修剪"模式对其圆角处理，结果如图 5-33（b）所示。

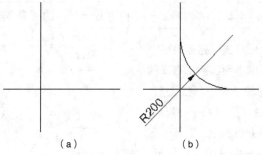

（a）　　　　　　　（b）

图 5-33　圆角处理

5.2.3 多段线——圆角的另一个对象

🖥 视频文件 | 专家讲堂 \ 第 5 章 \ 多段线——圆角的另一个对象 .swf

除了对图线进行圆角处理之外，还可以对多段线进行圆角处理。与"多段线"倒角相同，"多段线"圆角是针对使用【多段线】命令绘制的多段线以及矩形、多边形等多段线图形进行圆角处理，这样可以避免多次重复执行【圆角】命令。需要注意的是，如果多段线各相邻元素边采用不同的圆角半径参数时，则不能使用"多段线"选项来对其进行圆角处理。

创建图 5-34（a）所示的多段线。下面使用"多段线"圆角方式给该多段线所有角进行圆角处理，结构如图 5-34（b）所示。

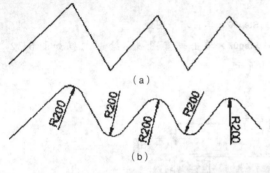

（a）

（b）

图 5-34　对多段线进行圆角处理

⚙ **实例引导** —— "多段线"圆角

Step01 ▶ 单击【修改】工具栏上的"圆角"按钮◯。

Step02 ▶ 输入"R"，按 Enter 键，激活"半径"选项。

Step03 ▶ 输入"200"，按 Enter 键，指定圆角半径。

Step04 ▶ 输入"P"，按 Enter 键，激活"多段线"选项。

Step05 ▶ 单击多段线。绘制过程如图 5-35 所示。

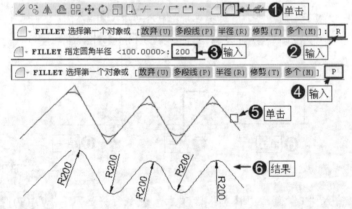

图 5-35　"多段线"圆角

5.2.4 疑难解答——如何判断一个图线是否是多段线？

🖥 视频文件 | 疑难解答 \ 第 5 章 \ 疑难解答——如何判断一个图线是否是多段线 .swf

疑难：如何判断一个图线是否是多段线？

解答：多段线图形与非多段线图形有本质的区别，要判断一个图形是否是多段线图形，最简单的方式是在没有执行任何命令的情况下单击图形，如果图形全部夹点显示，则表示该图形是多段线；如果只有一段线段夹点显示，则表示该图形不是多段线，如图 5-36 所示。

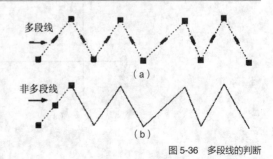

图 5-36　多段线的判断

5.2.5 疑难解答——能否将非多段线图线转换为多段线？

📺 视频文件 ┃ 疑难解答 \ 第 5 章 \ 疑难解答——能否将非多段线图线转换为多段线 .swf

疑难： 能否将非多段线转换为多段线？该如何操作？

解答： 在许多情况下，都可以将非多段线转换为多段线，具体操作如下。

Step01 ▸ 单击【修改】/【对象】/【多段线】命令。

Step02 ▸ 输入"M"，按 Enter 键，激活"多条"选项。

Step03 ▸ 以窗交方式选择所有线段，按 Enter 键。

Step04 ▸ 输入"Y"，按 Enter 键，激活"是"选项。

Step05 ▸ 输入"J"，按 Enter 键，激活"合并"选项。

Step06 ▸ 输入"J"，按 Enter 键，激活"合并类型"选项。

Step07 ▸ 按 3 次 Enter 键，完成合并，如图 5-37 所示。

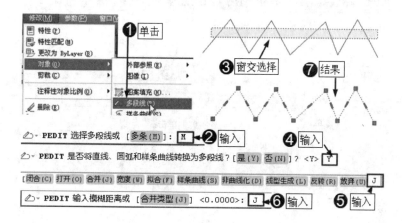

图 5-37　将非多段线转换为多段线

5.2.6 "多个"圆角——快速对多个角进行圆角处理

📺 视频文件 ┃ 专家讲堂 \ 第 5 章 \ "多个"圆角——快速对多个角进行圆角处理 .swf

多个角需要圆角处理时，如果还一个角一个角地逐一去处理，就太麻烦了，不妨使用"多个"选项。"多个"选项只需执行一次【圆角】命令，然后分别单击所要进行圆角处理的图线，即可对这些图线的角进行圆角处理。这与"多段线"圆角有些类似，区别在于，"多段线"圆角只需单击一次图线即可对所有角一次进行处理，同时，"多段线"圆角多用于处理多段线图形，而"多个"圆角则可以处理任何图线的角。

绘制图 5-38（a）所示的图形，下面使用"多个"圆角选项，对该线段的各个角都进行相同半径的圆角处理，效果如图 5-38（b）所示。

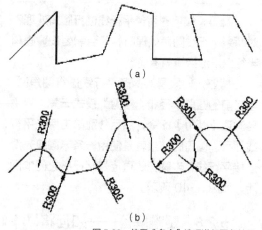

（a）

（b）

图 5-38　使用"多个"选项进行圆角处理

⚙ **实例引导** —— "多个"圆角

Step01 ▸ 单击【修改】工具栏上的"圆角"按

钮 ◻。

Step02▸ 输入"R",按 Enter 键,激活"半径"选项。

Step03▸ 输入"300",按 Enter 键,指定圆角半径。

Step04▸ 输入"M",按 Enter 键,激活"多个"选项。

Step05▸ 单击线段。

Step06▸ 继续单击线段。

Step07▸ 继续单击线段。

Step08▸ 继续单击线段。

Step09▸ 依次分别单击各角相邻的线段。按 Enter 键,结束操作。绘制过程如图 5-39 所示。

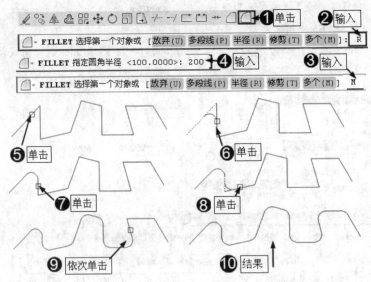

图 5-39 "多个"圆角

| **技术看板** | 如果图线中的各角使用不同的圆角半径,则不能使用"多个"选项,必须多次执行【圆角】命令,分别设置不同的圆角半径进行处理。

5.2.7 疑难解答——如何对两条平行线进行圆角处理?

🖥 视频文件	疑难解答\第5章\疑难解答——如何对两条平行线进行圆角处理.swf

疑难:如何对两条平行线进行圆角处理?对两条平行线圆角处理时,是否需要设置圆角半径以及选择修剪模式?

解答:如果是对两条平行线进行圆角时,与当前的圆角半径和"修剪"模式无关,只需要激活【圆角】命令,然后分别单击两条平行线即可。圆角的结果就是使用一条半圆弧光滑连接平行线,半圆弧的直径是平行线之间的间距,如图 5-40 所示。

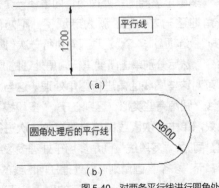

图 5-40 对两条平行线进行圆角处理

5.2.8 疑难解答——如何将"不修剪"圆角模式的图线修改为"修剪"模式效果?

🖥 视频文件	疑难解答\第5章\疑难解答——如何将"不修剪"圆角模式的图线修改为"修剪"模式效果.swf

疑难： 圆角处理图形时，如果忘记设置"修剪"模式，结果以"不修剪"模式对图形进行了圆角处理，如图 5-41（a）所示，该如何编辑使其成为图 5-41（b）所示的效果。

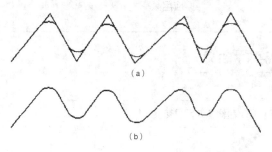

（a）

（b）

图 5-41　"不修剪"模式处理结果

解答： 不管是【圆角】图形还是【倒角】图形，其选项中的【修剪】模式就是前面所学过的【修剪】命令，因此，如果在圆角处理图线时出现图 5-41（a）所示的效果，可以直接使用【修剪】命令，以圆角后的圆弧作为修剪边界，对图形进行修剪，将其编辑成为图 5-41（b）所示的图线效果，具体操作如下。

Step01 ▸ 单击【修改】工具栏中的"修剪"按钮 ╌╌ 。

Step02 ▸ 依次单击圆角后的圆弧作为修剪边界。

Step03 ▸ 按 Enter 键，然后以窗交方式选择上方所有线段进行修剪。

Step04 ▸ 以窗交方式选择下方所有线段进行修剪。

Step05 ▸ 按 Enter 键，完成修剪，修剪过程如图 5-42 所示。

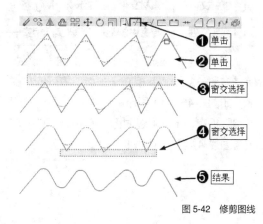

① 单击
② 单击
③ 窗交选择
④ 窗交选择
⑤ 结果

图 5-42　修剪图线

5.3　延伸

简单的说，"延伸"就是延长的意思，与"修剪"图线相反，通过延伸图线，可使并不相交的两条图形相交，如图 5-43 所示。

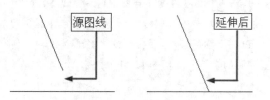

源图线　　　延伸后

图 5-43　延伸图线

延伸图线时分为两种情况，一种情况是，两条图线不相交，将一条图线延伸后会与另一条图线相交于一点，如图 5-43 所示；另一种情况是，两条图线不相交，将一条图线延伸后，与另一条图线的延长线相交，如图 5-44 所示。

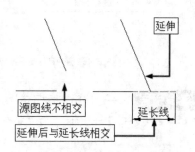

延伸
源图线不相交
延伸后与延长线相交
延长线

图 5-44　延伸后与延长线相交

本节内容概览

知识点	功能 / 用途	难易度与应用频率
实际相交（P172）	● 通过延伸图线使其与另一条图线实际相交于一点 ● 编辑二维图形 ● 完善二维图形	难易度：★ 应用频率：★★★★★

续表

知识点	功能 / 用途	难易度与应用频率
延伸相交（P172）	● 通过延伸一条图线使其与另一条图线的延伸线相交 ● 圆角处理图线 ● 编辑、完善二维图形	难 易 度：★ 应用频率：★★★★★

5.3.1 实际相交——通过延伸使图线实际相交

素材文件	素材文件 \ 延伸示例 .dwg
视频文件	专家讲堂 \ 第 5 章 \ 实际相交——通过延伸使图线实际相交 .swf

所谓"实际相交"是指通过延伸一条线，使其与另一条线实际相交于一点。打开素材文件，如图 5-45（a）所示，图线 A 与图线 B 没有实际相交，下面通过对图线 B 进行延伸，使其与图线 A 相交，如图 5-45（b）所示。

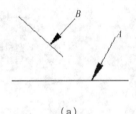

（a）

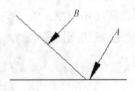

（b）

图 5-45　通过延伸使图线实际相交

实例引导——延伸后实际相交

Step01 单击【修改】工具栏中的"延伸"按钮。

Step02 单击图线 A 作为延伸边界。

Step03 按 Enter 键，在图线 B 的下方单击。

Step04 按 Enter 键，绘制过程如图 5-46 所示。

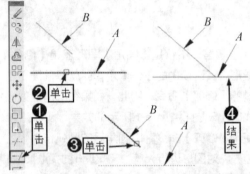

图 5-46　延伸后实际相交

| 技术看板 | 还可以通过以下方法激活【延伸】命令。

♦ 单击菜单栏中的【修改】/【延伸】命令。

♦ 在命令行输入"EXTEND"或"EX"后按 Enter 键。

练一练 延伸图线时需要指定延伸边界，延伸边界可以是任何图线，下面尝试绘制图 5-47（a）所示的圆，然后将圆的半径通过延伸，创建圆的直径，如图 5-47（b）所示。

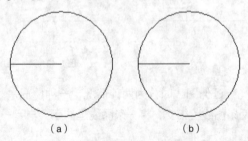

（a）　　　（b）

图 5-47　通过延伸将圆的半径创建为直径

5.3.2 延伸相交——通过延伸使图线与延伸线相交

素材文件	素材文件 \ 延伸示例 1.dwg
视频文件	专家讲堂 \ 第 5 章 \ 与延伸线相交——通过延伸使图线与延伸线相交 swf

"延伸相交"是指通过对一条图线延伸，使其与另一条线的延伸线相交于一个隐含交点。

打开素材文件，如图 5-48（a）所示，图线 A 与图线 B 没有实际相交，下面通过对图线 B 进行延伸，使其与图线 A 的延长线相交，如图 5-48（b）所示。

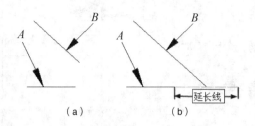

图 5-48　通过延伸使图线与延伸线相交

实例引导——隐含交点下的延伸

Step01▶ 单击【修改】工具栏中的"延伸"按钮 ┭ 。

Step02▶ 单击图线 A 作为延伸边界。

Step03▶ 输入"E"，按 Enter 键，激活"边"选项

Step04▶ 输入"E"，按 Enter 键，激活"延伸"选项。

Step05▶ 在图线 B 的下方单击。

Step06▶ 按 Enter 键，结束操作。绘制过程如图 5-49 所示。

| 技术看板 | 当选择延伸边界后，在命令行会出现相关命令提示。

"投影"选项用于设置三维空间延伸实体的不同投影方法，选择该选项后，AutoCAD 出现"输入投影选项 [无（N）/UCS（U）/ 视图（V）]< 无 >："的操作提示，其中："无"选项表示不考虑投影方式，按实际三维空间的相互关系进行延伸。"Ucs"选项指在当前 UCS 的 XOY 平面上延伸。"视图"选项表示在当前视图平面上延伸。

输入"E"激活"边"选项后，可以选择"延伸"或"不延伸"模式。如果选择"不延伸"模式，将无法对隐含交点的图线进行延伸。当延伸多个对象时，可以使用"栏选"和"窗交"两种选择功能选择对象，这样可以快速对多条线进行延伸。

练一练 隐含交点下的延伸操作与实际相交下的延伸略有不同，可以分别对两条图线都进行延伸，下面尝试对素材文件"延伸示例 1.dwg"进行延伸，延伸结果如图 5-50 所示。

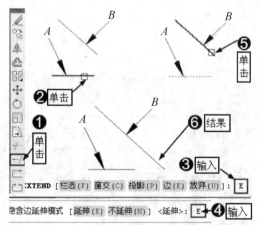

图 5-49　隐含交点下的延伸

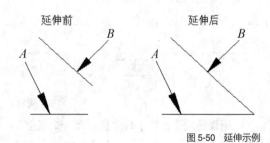

图 5-50　延伸示例

5.4　拉长

"拉长"与"延伸"都是增加图线的长度，与"延伸"不同的是，"拉长"可以按照指定的尺寸进行拉长图线，例如，将长度为 100mm 的图线拉长 50mm，使其总长度为 150mm。还可以根据尺寸缩短图线，例如，将长度为 100mm 的图线缩短 50mm，使其总长度为 50mm 等。

拉长图线时，可以采用多种方式，具体有"增量"拉长、"百分数"拉长、"全部"拉长以及"动态"拉长等，本节学习拉长图线的方法和技巧。

本节内容概览

知识点	功能 / 用途	难易度与应用频率
增量（P174）	• 通过设置实际距离拉长图线 • 编辑二维图形 • 完善二维图形	难易度：★ 应用频率：★★★★★
疑难解答（P174）	• 能否将长度为 100mm 的图线拉长为 50mm	
实例（P175）	• 创建垫片零件中心线	
百分数（P178）	• 按照直线总长度的百分数拉长图线 • 编辑二维图形 • 完善二维图形	难易度：★ 应用频率：★★★★★
全部（P178）	• 按照直线总长度拉长图线 • 编辑二维图形 • 完善二维图形	难易度：★ 应用频率：★★★★★
动态（P179）	• 自由拉长图线 • 编辑二维图形 • 完善二维图形	难易度：★ 应用频率：★★★★★

5.4.1 增量——将长度为 100mm 的图线拉长为 150mm

💻 视频文件	专家讲堂 \ 第 5 章 \ 增量——将长度为 100mm 的图线拉长为 150mm.swf

简单来说，"增量"就是增加，增量拉长就是通过增加图线尺寸对图线进行拉长。如图 5-51（a）所示，源图线长度为 100mm，增量拉长后为 150mm，其增量值就是 50mm，如图 5-51（b）所示。

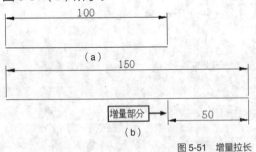

图 5-51 增量拉长

下面使用【直线】命令先绘制一个长度为 100mm 的直线，然后通过【增量拉长】命令对图线增量拉长 50mm。

⚙ **实例引导**——将长度为 100mm 的图线拉长为 150mm

Step01 ▶ 单击【修改】/【拉长】命令。

Step02 ▶ 输入 "DE"，按 Enter 键，激活 "增量"选项。

Step03 ▶ 输入增量值 "50"，按 Enter 键。

Step04 ▶ 在图线一端单击。

Step05 ▶ 按 Enter 键确认，绘制过程如图 5-52 所示。

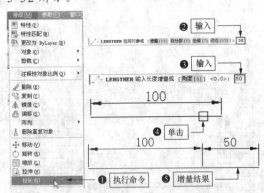

图 5-52 将长度为 100mm 的图线拉长为 150mm

| 技术看板 | 还可以通过以下方法激活【拉长】命令。

◆ 单击【常用】选项卡或【修改】面板上的"拉长"按钮 。

◆ 在命令行输入 "LENGTHEN" 或 "LEN" 后按 Enter 键。

5.4.2 疑难解答——能否将长度为 100mm 的图线拉长为 50mm

💻 视频文件	疑难解答 \ 第 5 章 \ 疑难解答——能否将长度为 100mm 的图线拉长为 50mm.swf

疑难：能否使用【增量】拉长将 100mm 的图线拉长为 50mm？

解答："增量"拉长不仅可以增加图线长度，还可以缩短图线，可以使用【增量】拉长将长度为 100mm 的图线缩短 50mm，如图 5-53 所示。

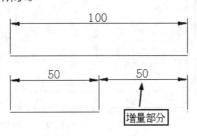

图 5-53　缩短图线

要想将图线缩短，只需使用【拉长】命令中的"增量"选项，然后输入增量负值即可。下面就将长度为 100mm 的线段缩短 50mm，使其总长度为 50mm。

⚙️ **实例引导** ——将长度为 100mm 的图线拉长为 50mm。

Step01 ▶ 单击【修改】/【拉长】命令。

Step02 ▶ 输入"DE"，按 Enter 键，激活"增量"选项。

Step03 ▶ 输入增量值"－50"，按 Enter 键。

Step04 ▶ 在图线一端单击。

Step05 ▶ 按 Enter 键结束，绘制过程如图 5-54 所示。

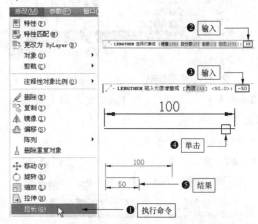

图 5-54　将长度为 100mm 的图线拉长为 50mm

| **技术看板** | 在"增量拉长"图线时，想让图线在哪一端拉长，就在哪一端单击，这样图线就会在单击的一端进行拉长。

5.4.3　实例——创建垫片零件中心线

📄 素材文件	效果文件 \ 第 3 章 \ 完善垫片机械零件图 .dwg
📊 效果文件	效果文件 \ 第 5 章 \ 实例——创建垫片零件中心线 .dwg
💻 视频文件	专家讲堂 \ 第 5 章 \ 实例——创建垫片零件中心线 .swf

首先打开素材文件，这是一个垫片平面图，如图 5-55（a）所示，下面为其创建中心线，如图 5-55（b）所示。

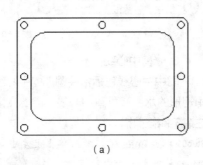

（a）

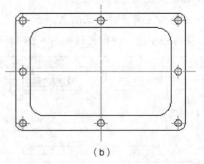

（b）

图 5-55　垫片

⚙️ **操作步骤**

1. 设置当前图层

Step01 ▶ 单击"图层"控制下拉列表按钮。

Step02 ▶ 选择 "中心线" 图层，如图 5-56 所示。

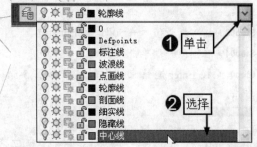

图 5-56　设置当前图层

2. 设置捕捉模式

Step01 ▶ 输入 "SE"，按 Enter 键，打开【捕捉设置】对话框。

Step02 ▶ 设置捕捉模式。

Step03 ▶ 单击 确定 按钮，如图 5-57 所示。

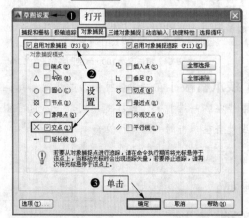

图 5-57　设置捕捉模式

3. 绘制中心线

Step01 ▶ 单击【绘图】工具栏中的 "直线" 按钮 。

Step02 ▶ 捕捉左上角圆的左象限点。

Step03 ▶ 捕捉右上角圆的右象限点。

Step04 ▶ 按 Enter 键，绘制过程如图 5-58 所示。

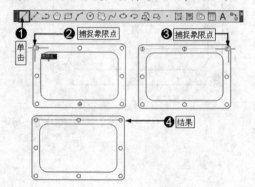

图 5-58　绘制中心线

4. 绘制其他中心线

继续依照相同的方法，配合【象限点】捕捉功能绘制其他中心线，绘制结果如图 5-59 所示。

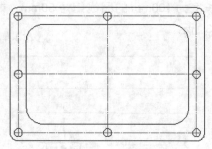

图 5-59　绘制其他中心线

绘制完中心线之后，严格来讲这并不符合设计图样的绘图要求，还应该对中心线进行其他编辑，使其符合设计图样的绘图要求。

5. 修剪边界

对绘制的中心线进行修剪时首先需要选择修剪边界，在此以 8 个圆作为修剪边界。

Step01 ▶ 单击【修改】工具栏中的 "修剪" 按钮 。

Step02 ▶ 单击选择 8 个圆对象作为修剪边界，如图 5-60 所示。

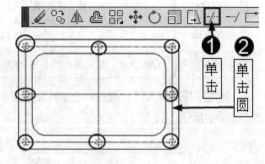

图 5-60　修剪边界

6. 修剪中心线

图中中心线包括各种圆孔的中心线以及圆角矩形的水平和垂直中心线，因此在修剪时要注意不能修剪错。

Step01 ▶ 按 Enter 键，然后单击上左中心线。

Step02 ▶ 单击上右中心线。

Step03 ▶ 单击右上中心线。

Step04 ▶ 单击右下中心线。

Step05 ▶ 单击下右中心线。

Step06 ▸ 单击下左中心线。

Step07 ▸ 单击左下中心线。

Step08 ▸ 单击左上中心线。

Step09 ▸ 按 Enter 键，修剪结果如图 5-61 所示。

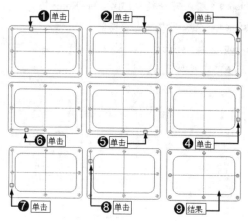

图 5-61　修剪中心线

7. 拉长圆孔中心线

修剪完成后的图线还不符合中心线的绘图要求，因此还需要对中心线进行拉长一定尺寸，使其完全符合中心线的绘图要求。

Step01 ▸ 单击【修改】/【拉长】命令。

Step02 ▸ 输入 "DE"，按 Enter 键，激活 "增量" 选项。

Step03 ▸ 输入增量值 "10"，按 Enter 键。

Step04 ▸ 在左上角圆垂直直径上端单击。

Step05 ▸ 在左上角圆垂直直径下端单击。

Step06 ▸ 在左上角圆水平直径左端单击。

Step07 ▸ 在左上角圆水平直径右端单击。

Step08 ▸ 按 Enter 键，绘制结果如图 5-62 所示。

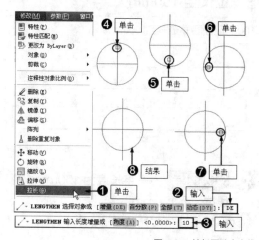

图 5-62　拉长圆孔中心线

使用相同的方法和参数设置，分别对其他圆中心线进行拉长，拉长结果如图 5-63 所示。

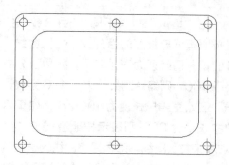

图 5-63　拉长其他圆中心线

8. 拉长圆角矩形水平中心线

当对圆孔中心线拉长之后，下面还需要对圆角矩形中心线进行拉长，由于圆角矩形中心线拉长尺寸与圆孔中心线拉长尺寸不同，因此我们需要重新设置拉长尺寸。

Step01 ▸ 单击【修改】/【拉长】命令。

Step02 ▸ 输入 "DE"，按 Enter 键，激活 "增量" 选项。

Step03 ▸ 输入增量值 "25"，按 Enter 键。

Step04 ▸ 在水平中心线左端单击。

Step05 ▸ 在水平中心线右端单击。

Step06 ▸ 在垂直中心线的上端单击。

Step07 ▸ 在垂直中心线的下端单击。

Step08 ▸ 按 Enter 键，绘制结果如图 5-64 所示。

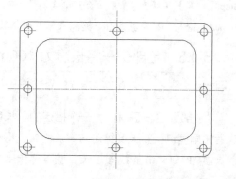

图 5-64　拉长圆角矩形水平中心线

9. 保存结果

执行【另存为】命令，将绘制结果进行保存。

5.4.4　百分数——将长度为 100mm 的图线拉长 150%

💻视频文件	专家讲堂 \ 第 5 章 \ 百分数——将长度为 100mm 的图线拉长 150%.swf

与"增量"拉长不同，"百分数"拉长是按照直线总长度的百分数来拉长图线。长度的百分值必须为正且非零，如果百分数值小于 100，则缩短图线，大于 100 则拉长图线。例如直线总长度为 100mm，如果百分数拉长值为 30，则表示按照直线总长度的 30% 来拉长图线，那么最终图线的长度就会被拉长为 30mm，同理，如果百分数为 150，则表示按照直线总长度的 150% 来拉长图线，那么最终图线的长度就会被拉长为 150mm。

下面对长度为 100mm 的图线按照 150% 的百分数进行拉长，绘制结果如图 5-65 所示。

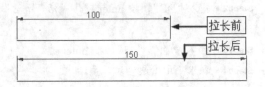

图 5-65　拉长图线

⚙️ **实例引导** ——将长度为 100mm 的图线拉长 150%

Step01 ▸ 单击【修改】/【拉长】命令。

Step02 ▸ 输入"P"，按 Enter 键，激活"百分数"选项。

Step03 ▸ 输入百分数"150"，按 Enter 键。

Step04 ▸ 在水平中心线右端单击。

Step05 ▸ 按 Enter 键，结束操作。绘制过程如图 5-66 所示。

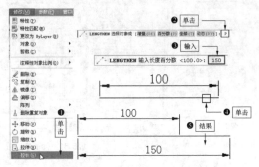

图 5-66　将长度为 100mm 的图线拉长 150%

练一练 尝试将长度为 100mm 的图线按照百分数拉长的方法拉长 30%，绘制结果如图 5-67 所示。

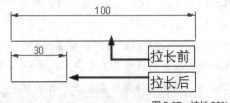

图 5-67　拉长 30%

5.4.5　全部——将长度为 100mm 的图线拉长至 150mm

💻视频文件	专家讲堂 \ 第 5 章 \ 全部——将长度为 100mm 的图线拉长至 150mm.swf

"全部"拉长是指根据一个指定的总长度或者总角度进行拉长或缩短对象。例如，将一条长度为 100mm 的线段拉长，使其总长度为 150mm。

"全部"拉长时，如果源对象的总长度或总角度大于所指定的总长度或总角度，结果源对象将被缩短；反之，将被拉长。

绘制长度为 100mm 的线段，下面将其拉长至 150mm，绘制结果如图 5-68 所示。

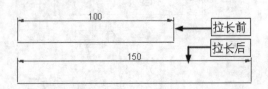

图 5-68　拉长图线

⚙️ **实例引导** ——将长度为 100mm 的图线拉长至 150mm

Step01 ▸ 单击【修改】/【拉长】命令。

Step02 ▶ 输入"T"，按 Enter 键，激活"全部"选项。

Step03 ▶ 输入总长度"150"，按 Enter 键。

Step04 ▶ 在线段右端单击。

Step05 ▶ 按 Enter 键，结束绘制。绘制过程如图 5-69 所示。

练一练 尝试将长度为 100mm 的图线拉长至 60mm，绘制结果如图 5-70 所示。

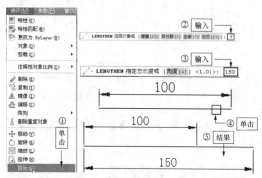

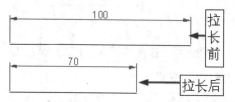

图 5-69　将长度为 100mm 的图线拉长至 150mm

图 5-70　将长度为 100mm 的图线拉长至 60mm

5.4.6　动态——将长度为 100mm 的图线拉长 50mm

💻 **视频文件**　专家讲堂\第 5 章\动态——将长度为 100mm 的图线拉长 50mm.swf

　　"动态"拉长是根据图形对象的端点位置动态改变其长度，这就像捏住橡皮筋的一端进行拖拽，橡皮筋就会被拉长。"动态"拉长时，可以输入拉长的值。

　　下面将长度为 100mm 的图线，动态拉长 50mm。

⚙ **实例引导**　——将长度为 100mm 的图线拉长 50mm

Step01 ▶ 单击【修改】/【拉长】命令。

Step02 ▶ 输入"DY"，按 Enter 键，激活"动态"选项。

Step03 ▶ 在线段右端单击。

Step04 ▶ 向右引导光标。

Step05 ▶ 输入拉长值"50"，按 Enter 键。

Step06 ▶ 按 Enter 键，绘制结果如图 5-71 所示。

练一练【动态】拉长图线时，如果向图线延伸线相反方向引导光标，或者输入负值，则会缩短图线。下面尝试以【动态】拉长方式将长度为 100mm 的图线拉长至 50mm，绘制结果如图 5-72 所示。

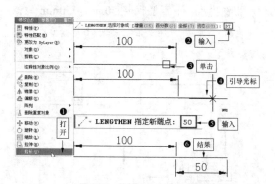

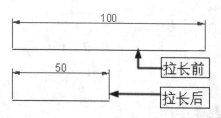

图 5-71　将长度为 100mm 的图线拉长 50mm

图 5-72　采用【动态】拉长方式拉长图线

5.5　拉伸

　　"拉伸"是指将图形进行拉伸，进而改变图形的尺寸或形状。例如，将 50mm×50mm 的长方形拉伸为 100mm×50mm 的长方形，如图 5-73 所示。

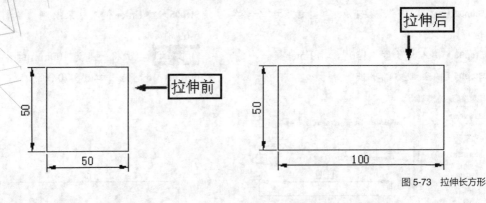

图 5-73 拉伸长方形

　　通常用于拉伸的基本图形主要有直线、矩形、多边形、圆弧、椭圆弧、多段线、样条曲线等。

本节内容概览

知识点	功能 / 用途
实例（P180）	● 将 50mm×50mm 的矩形拉伸为 100mm×50mm 的矩形
疑难解答	● 影响拉伸图形的关键因素是什么？（P181） ● 拉伸图形时能否使用点选方式选择对象？（P181）

5.5.1 实例——将 50mm×50mm 的矩形拉伸为 100mm×50mm 的矩形

💻 视频文件	专家讲堂 \ 第 5 章 \ 实例——将 50mm×50mm 的矩形拉伸为 100mm×50mm 的矩形 .swf

　　首先绘制 50mm×50mm 的长方形，然后将其拉伸为 100mm×50mm 的长方形。

⚙ **实例引导** ——将 50mm×50mm 的矩形拉伸为 100mm×50mm 的矩形

Step01 ▶ 单击【修改】工具栏中的"拉伸"按钮 。

Step02 ▶ 以窗交方式选择矩形。

Step03 ▶ 捕捉矩形的右下端点。

Step04 ▶ 输入另一端点坐标"@50,0"，按 Enter 键。绘制过程如图 5-74 所示。

| **技术看板** | 还可以通过以下方法激活【拉伸】命令。

♦ 单击菜单栏中的【修改】/【拉伸】命令。

♦ 在命令行输入"STRETCH"后按 Enter 键。

♦ 使用快捷键 S。

练一练 拉伸可以改变图形的形状，这就是说，拉伸不仅可以放大图形对象，也可以缩小图形对象。下面尝试将 50mm×50mm 的矩形通过拉伸，创建为图 5-75（b）、（c）所示的矩形。

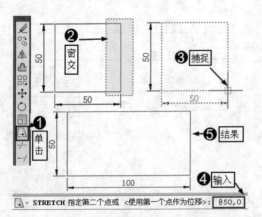

图 5-74 将 50mm×50mm 的矩形拉伸为 100mm×50mm 的矩形

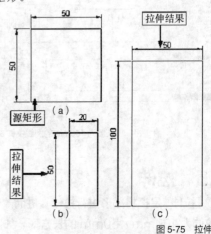

图 5-75 拉伸矩形

5.5.2 疑难解答——影响拉伸图形的关键因素是什么？

🖥 视频文件	疑难解答\第 5 章\疑难解答——影响拉伸图形的关键因素是什么 .swf

疑难：拉伸对象时，捕捉点的位置对拉伸结果有影响吗？什么是影响拉伸结果的关键因素？

解答：拉伸对象时，一般情况下捕捉点的位置对拉伸结果没有影响，影响拉伸结果的最关键因素是另一端点坐标。例如，在图 5-74 所示的操作中，拉伸矩形时捕捉矩形的右下角点，另一端点坐标为"@50,0"，如果将另一端点坐标修改为"@50,50"，则拉伸结果如图 5-76 所示。

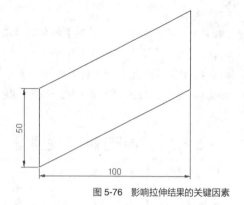

图 5-76 影响拉伸结果的关键因素

5.5.3 疑难解答——拉伸图形时能否使用点选方式选择对象？

🖥 视频文件	疑难解答\第 5 章\疑难解答——拉伸图形时能否使用点选方式选择对象 .swf

疑难：拉伸对象时，使用点选方式选择图形会怎么样？

解答：拉伸对象时，系统允许只能使用窗交方式选择对象，如果使用点选方式，则相当于移动对象，例如，在图 5-74 所示的操作中，如果以点选方式单击选择矩形，然后输入另一端点坐标为"@50,0"，则相当于将矩形沿 X 轴移动了 50mm，而矩形并没有被拉伸，绘制结果如图 5-77 所示。

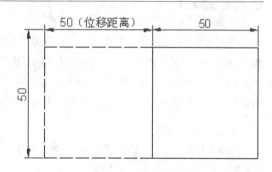

图 5-77 使用点选方式选择矩形

5.6 综合实例——绘制阀盖零件主视图

本实例绘制图 5-78 所示的阀盖零件主视图，以便读者对本章所学的二维图形编辑方法进行巩固。

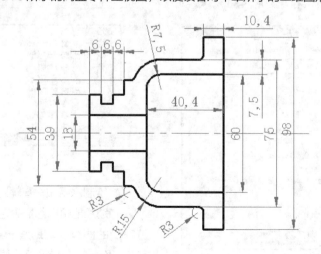

图 5-78 阀盖零件主视图

5.6.1 绘图思路

本实例绘图思路如下。

Step01 ▸ 使用【多段线】命令创建阀盖上半部轮廓线。

Step02 ▸ 使用【圆角】与【偏移】命令编辑图线。

Step03 ▸ 使用【圆角】命令完善图线。

Step04 ▸ 使用【镜像】命令镜像图形。

Step05 ▸ 调整轮廓线图层完善图形，如图 5-79 所示。

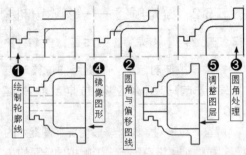

图 5-79 阀盖主视图绘图思路

5.6.2 绘制阀盖零件主视图

📄 素材文件	样板文件\机械样板.dwt
🖊 效果文件	效果文件\第 5 章\综合实例——阀盖零件主视图.dwg
🖥 视频文件	专家讲堂\第 5 章\综合实例——阀盖零件主视图.swf

⚙ **操作步骤**

1. 新建样板文件并启用"线宽"功能

在绘图时可以使用样板文件，样板文件是已经设置好单位、精度、文字样式、标注样式等一系列参数的空白文件，使用该文件可以使绘制的图形更精确。

Step01 ▸ 执行【新建】命令，以"机械样板.dwt"文件作为基础文件。

Step02 ▸ 单击状态栏上的"线宽"按钮 ➕，启用线宽功能。

2. 设置捕捉模式

设置捕捉模式可以精确捕捉到图形的特征点，以帮助用户能精确、快速绘图。

Step01 ▸ 输入"SE"，按 Enter 键，打开【草图设置】对话框。

Step02 ▸ 设置捕捉模式。

Step03 ▸ 单击 确定 按钮，如图 5-80 所示。

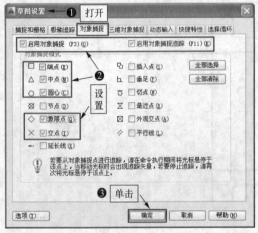

图 5-80 设置捕捉模式

3. 设置当前图层

设置当前图层的目的是将不同类型的图形绘制在合适的图层上，这样方便对图形进行管理和编辑修改。

Step01 ▸ 单击"图层"控制下拉列表按钮。

Step02 ▸ 选择"中心线"图层，如图 5-81 所示。

图 5-81 设置当前图层

4. 绘制水平和垂直辅助线

辅助线能帮助您准确定位，是绘制图形不可缺少的图线。辅助线一般使用构造线来绘制，下面先绘制水平和垂直辅助线。

Step01 ▶ 单击【绘图】工具栏上的"构造线"按钮 。

Step02 ▶ 单击拾取一点。

Step03 ▶ 输入"@1,0",按 Enter 键,指定通过点。

Step04 ▶ 输入"@0,1",按 Enter 键,指定通过点。

Step05 ▶ 按 Enter 键,绘制过程如图 5-82 所示。

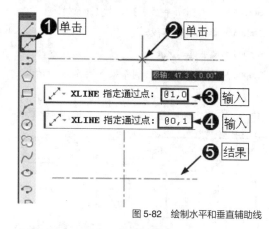

图 5-82　绘制水平和垂直辅助线

5. 绘制第 2 条垂直辅助线

Step01 ▶ 单击【绘图】工具栏上的"构造线"按钮 。

Step02 ▶ 由辅助线交点水平向右引出追踪线。

Step03 ▶ 输入"70",按 Enter 键,指定点。

Step04 ▶ 输入"@0,1",按 Enter 键,指定通过点。

Step05 ▶ 按 Enter 键,结束操作。绘制过程如图 5-83 所示。

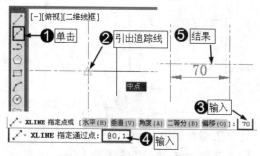

图 5-83　绘制第 2 条垂直辅助线

6. 设置当前图层

绘制好定位辅助线之后,就可以开始绘制图形了,绘制图形时需要重新设置当前图层,以便将图形放置在合适的图层中。

Step01 ▶ 单击"图层"控制下拉列表按钮。

Step02 ▶ 选择"轮廓线"图层,如图 5-84 所示。

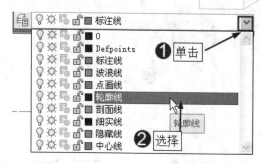

图 5-84　设置当前层

7. 绘制轮廓线

Step01 ▶ 单击【绘图】工具栏上的"多段线"按钮 。

Step02 ▶ 捕捉右边辅助线的交点。

Step03 ▶ 输入"@0,30",按 Enter 键,定位起点。

Step04 ▶ 输入"@－32.9,0",按 Enter 键,指定下一点。

Step05 ▶ 输入"@0,－30",按两次 Enter 键,绘制过程如图 5-85 所示。

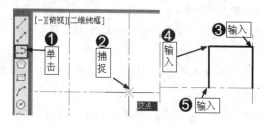

图 5-85　绘制轮廓线

8. 继续绘制轮廓线

Step01 ▶ 单击【绘图】工具栏上的"多段线"按钮 。

Step02 ▶ 捕捉左端辅助线交点。

Step03 ▶ 输入"@0,19.5",按 Enter 键,指定下一点。

Step04 ▶ 输入"@6,0",按 Enter 键,指定下一点。

Step05 ▶ 输入"@0,－4.5",按 Enter 键,指定下一点。

Step06 ▶ 输入"@6,0",按 Enter 键,指定下一点。

Step07 ▶ 输入"@0,4.5",按 Enter 键,指定下一点。

Step08 ▶ 输入"@6,0",按 Enter 键,指定下一点。

Step09 ▶ 输入"@0,7.5",按 Enter 键,指定下一点。

Step10 ▶ 输入"@12,0",按 2 次 Enter 键,如图 5-86 所示

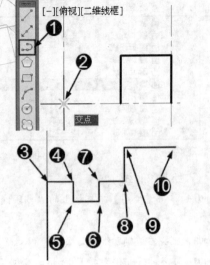

图 5-86 继续绘制轮廓线

9. 继续绘制轮廓线

Step01 ▶ 单击【绘图】工具栏上的"多段线"按钮 ⤵。

Step02 ▶ 捕捉端点。

Step03 ▶ 输入"@0, 19",按 Enter 键,指定下一点。

Step04 ▶ 输入"@ − 10.4, 0",按 Enter 键,指定下一点。

Step05 ▶ 输入"@0, − 8.5",按 Enter 键,指定下一点。

Step06 ▶ 输入"@ − 25,0",按 2 次 Enter 键,如图 5-87 所示。

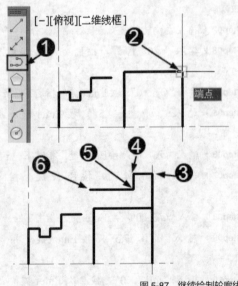

图 5-87 继续绘制轮廓线

10. 圆角处理图线

下面对绘制的轮廓线进行圆角处理。

Step01 ▶ 单击【修改】工具栏上的"圆角"按钮 ⌐。

Step02 ▶ 输入"R",按 Enter 键,激活"半径"选项。

Step03 ▶ 输入圆角半径"3",按 Enter 键。

Step04 ▶ 单击水平线段。

Step05 ▶ 单击垂直线段。

Step06 ▶ 按 Enter 键,绘制结果如图 5-88 所示。

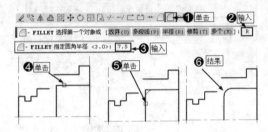

图 5-88 圆角处理图线

11. 继续圆角处理图形

使用【圆角】命令继续对图 5-89 所示的图线进行圆角处理。

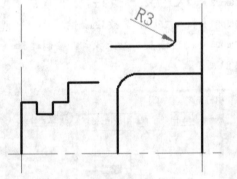

图 5-89 继续圆角处理图线

12. 分解图线

下面将绘制的多段线图形进行分解,这样方便对图形进行编辑。

Step01 ▶ 单击【修改】工具栏上的"分解"按钮 ⬚。

Step02 ▶ 单击图线,按 Enter 键以分解图线,如图 5-90 所示。

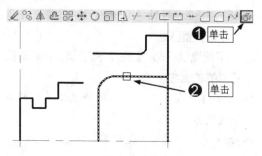

图 5-90　分解线

13. 偏移圆弧

下面对分解后的圆弧进行偏移。

Step01 ▶ 单击【修改】工具栏上的"偏移"按钮 ⚏。

Step02 ▶ 输入偏移距离"7.5"，按 Enter 键。

Step03 ▶ 单击圆弧。

Step04 ▶ 在圆弧外单击。

Step05 ▶ 按 Enter 键，偏移结果如图 5-91 所示。

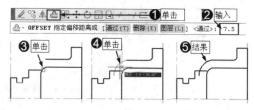

图 5-91　偏移圆弧

14. 圆角处理

下面继续对图形进行圆角处理。

Step01 ▶ 单击【修改】工具栏上的"圆角"按钮 ◠。

Step02 ▶ 输入"R"，按 Enter 键，激活【半径】选项。

Step03 ▶ 输入圆角半径"3"，按 Enter 键。

Step04 ▶ 单击圆弧。

Step05 ▶ 单击水平线段。

Step06 ▶ 按 Enter 键，绘制结果如图 5-92 所示。

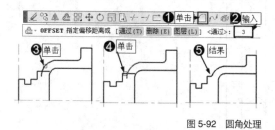

图 5-92　圆角处理

15. 偏移中心线

Step01 ▶ 单击【修改】工具栏上的"偏移"按钮 ⚏。

Step02 ▶ 输入偏移距离"9"，按 Enter 键。

Step03 ▶ 单击水平中心线。

Step04 ▶ 在水平中心线上方单击。

Step05 ▶ 按 Enter 键，偏移结果如图 5-93 所示。

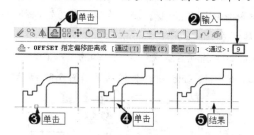

图 5-93　偏移中心线

16. 修剪中心线

Step01 ▶ 单击【修改】工具栏上的"修剪"按钮 ⊢.

Step02 ▶ 单击左垂直边。

Step03 ▶ 单击中间垂直边。

Step04 ▶ 按 Enter 键，在水平线右端单击。

Step05 ▶ 在水平线左端单击。

Step06 ▶ 按 Enter 键，修剪结果如图 5-94 所示。

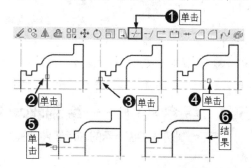

图 5-94　修剪中心线

17. 删除垂直辅助线

输入"E"激活【删除】命令，选择两条垂直辅助线，按 Enter 键将其删除，绘制结果如图 5-95 所示。

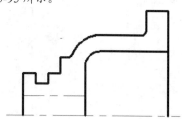

图 5-95　删除垂直辅助线

18. 镜像图形

下面对编辑后的图形进行垂直镜像，以创

建零件的另一半图形。

Step01 ▶ 单击【修改】工具栏上的"镜像"按钮 ◢⊪。

Step02 ▶ 以窗口方式选择图形。

Step03 ▶ 按 Enter 键，捕捉左端点作为镜像轴的第 1 点。

Step04 ▶ 捕捉右端点作为镜像轴的另一点。

Step05 ▶ 按 Enter 键，镜像结果如图 5-96 所示。

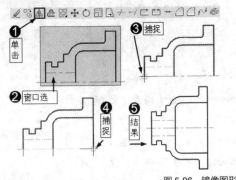

图 5-96　镜像图形

|技术看板| 与"窗交方式"选择不同的是，"窗口方式"选择是指按住鼠标左键由左向右拖出浅蓝色选择框，将所要选择的对象全部包围在选择框内，这种选择方式一次可以选择多个对象，这是选择对象常用的一种选择方式。另外，【镜像】命令是创建复杂图形的一种常用的命令，

该命令沿一条镜像轴对图形进行镜像复制。

19. 调整图层

下面需要将部分图线调整图层，将其转换为图形的轮廓线。

Step01 ▶ 在无任何命令发出的情况下单击两条水平线使其夹点显示。

Step02 ▶ 单击"图层"控制下拉列表按钮。

Step03 ▶ 选择"轮廓线"图层。

Step04 ▶ 按 Esc 键取消夹点显示，调整结果如图 5-97 所示。

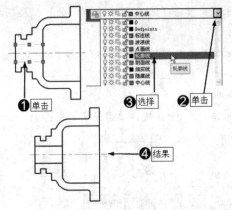

图 5-97　调整图层

20. 保存文件

至此，该零件图绘制完毕，将绘图结果保存。

5.7　综合实例——绘制轴承零件剖视图

下面绘制图 5-98 所示的轴承零件剖视图，继续对图形编辑技能进行巩固。

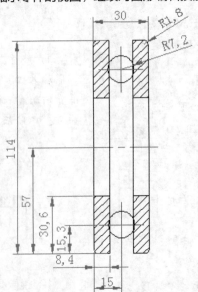

图 5-98　轴承零件剖视图

5.7.1　绘图思路

本实例绘图思路如下。

Step01 ▶ 绘制矩形并进行圆角处理以创建轴承外轮廓。

Step02 ▶ 偏移图线并绘制圆，以创建轴承内部轮廓。

Step03 ▶ 修剪轴承内轮廓并填充图案。

Step04 ▶ 镜像轴承上半部分图形以完善轴承零件图。

Step05 ▶ 拉长轴承中心线，完成轴承的绘制，如图 5-99 所示。

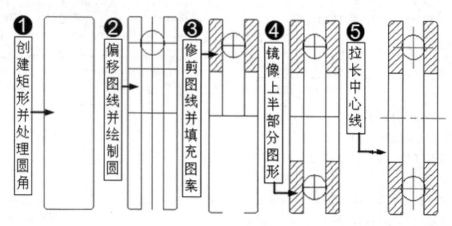

图 5-99　轴承零件剖视图绘图思路

5.7.2　绘制轴承零件剖视图

📄 素材文件	样板文件＼机械样板 .dwt
🖊 效果文件	效果文件＼第 5 章＼综合实例——绘制轴承零件剖视图 .dwg
🖥 视频文件	专家讲堂＼第 5 章＼综合实例——绘制轴承零件剖视图 .swf

⚙ 操作步骤

1. 新建样板文件并缩放视图

下面首先调用样板文件，同时对视图进行缩放，使其符合绘图要求。

Step01 ▶ 执行【新建】命令，以"机械样板 .dwt"文件作为基础文件。

Step02 ▶ 单击【缩放】工具栏中的"中心缩放"按钮 🔍。

Step03 ▶ 在绘图区拾取一点作为新视图的中心点。

Step04 ▶ 输入"125"，按 Enter 键，设置新视图高度，如图 5-100 所示。

2. 设置捕捉模式

下面继续设置捕捉模式，这样便于精确绘图。

Step01 ▶ 输入"SE"，按 Enter 键，打开【草图设置】对话框。

Step02 ▶ 设置捕捉模式。

Step03 ▶ 单击 ▢ 确定 按钮，如图 5-101 所示。

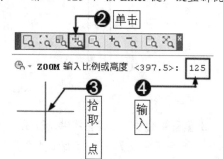

图 5-100　新建样板文件并缩放视图

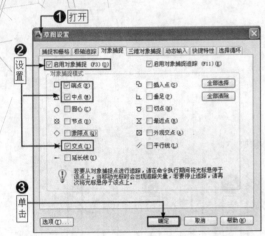

图 5-101 设置捕捉模式

3. 绘制轴承外轮廓

下面使用矩形绘制轴承的外轮廓。

Step01 ▸ 选择【绘图】工具栏上的"矩形"按钮 □。

Step02 ▸ 在绘图区单击拾取矩形的左下角点。

Step03 ▸ 输入"@30,114"，按 Enter 键，指定矩形另一个角点坐标。绘制过程如图 5-102 所示。

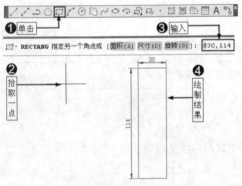

图 5-102 绘制轴承外轮廓

4. 圆角处理矩形

下面对绘制的矩形进行圆角处理。

Step01 ▸ 单击【修改】工具栏上的"圆角"按钮 □。

Step02 ▸ 输入"R"，按 Enter 键，激活"半径"选项。

Step03 ▸ 输入"1.8"，按 Enter 键，指定圆角半径。

Step04 ▸ 输入"T"，按 Enter 键，激活"修剪"选项。

Step05 ▸ 输入"T"，按 Enter 键，选择"修剪"模式。

Step06 ▸ 输入"P"，按 Enter 键，激活"多段线"选项。

Step07 ▸ 单击绘制的矩形。绘制过程如图 5-103 所示。

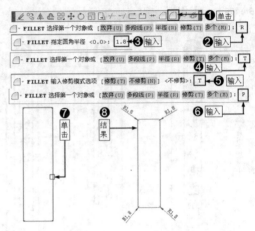

图 5-103 圆角处理矩形

5. 绘制中心线

下面绘制矩形的中心线，以创建轴承的轮廓线。

Step01 ▸ 输入"L"，按 Enter 键，激活【直线】命令。

Step02 ▸ 配合"中点"捕捉功能绘制矩形的水平和垂直中心线，如图 5-104 所示。

图 5-104 绘制中心线

6. 偏移中心线，以完善零件轮廓线。

Step01 ▸ 单击【修改】工具栏上的"偏移"按钮 △。

Step02 ▸ 输入"6.6"，按 Enter 键，指定偏移距离。

Step03 ▸ 单击垂直中心线

Step04 ▸ 在其右侧单击进行偏移。

Step05 ▸ 单击垂直中线。

Step06 ▸ 在其左侧单击进行偏移。

Step07 ▸ 按 Enter 键，偏移结果如图 5-105 所示。

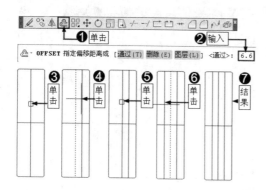

图 5-105　偏移中心线

7. 继续偏移中心线

使用【偏移】命令，将水平中心线向上偏移 26.4mm 和 41.7mm，偏移结果如图 5-106 所示。

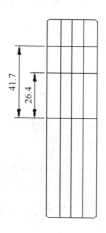

图 5-106　继续偏移中心线

8 绘制圆

Step01 ▸ 单击【绘图】工具栏中的"圆"按钮 ⊙。

Step02 ▸ 捕捉图线的交点作为圆心。

Step03 ▸ 输入"7.2"，按 Enter 键，设置圆的半径。绘制结果如图 5-107 所示。

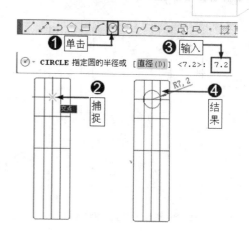

图 5-107　绘制圆

9. 修剪图线

下面修剪图线，对轴承零件图进行完善。

Step01 ▸ 单击【修改】工具栏上的"修剪"按钮 ⊹。

Step02 ▸ 单击偏移出的两条垂直线作为修剪边界。

Step03 ▸ 按 Enter 键，然后在矩形上水平边单击进行修剪。

Step04 ▸ 在矩形下水平边单击进行修剪。

Step05 ▸ 在偏移出的水平边单击进行修剪。

Step06 ▸ 按 Enter 键，修剪结果如图 5-108 所示。

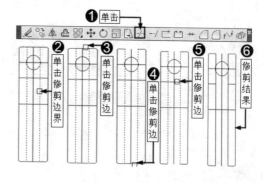

图 5-108　修剪图线

10. 继续修剪图线

继续使用【修剪】命令，以水平中心线作为修剪边界，对偏移的两条垂直线进行修剪，结果如图 5-109 所示。

11. 继续修剪图线

继续使用【修剪】命令，以圆作为修剪边界，对偏移的垂直和水平线进行修剪，结果如图 5-110 所示。

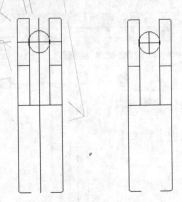

图 5-109　继续修剪图线　图 5-110　继续修剪图线

12. 设置填充图案

下面来设置填充图案，以填充轴承的剖面图部分。

Step01 ▸ 单击【绘图】工具栏上的"图案填充"按钮。

Step02 ▸ 打开【图案填充与渐变色】对话框。

Step03 ▸ 单击"图案"列表框右端的 ┄ 按钮。

Step04 ▸ 从打开的【填充图案选项板】对话框中选择填充图案。

Step05 ▸ 单击 ⬛确定 按钮，返回"图案填充和渐变色"对话框。

Step06 ▸ 设置填充参数，如图 5-111 所示。

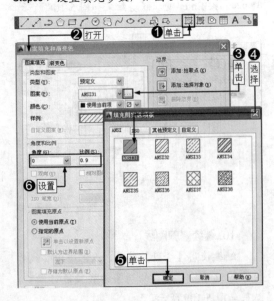

图 5-111　设置填充图案

13. 填充轴承零件剖面

下面来填充轴承零件的剖面部分，对轴承零件进行完善。

Step01 ▸ 单击【图案填充与渐变色】对话框中的"添加：拾取点"按钮 翔 。

Step02 ▸ 返回绘图区，在需要填充的闭合区域拾取点，系统自动分析出填充边界。

Step03 ▸ 按 Enter 键返回【图案填充和渐变色】对话框，单击 ⬛确定 按钮。填充过程及结果如图 5-112 所示。

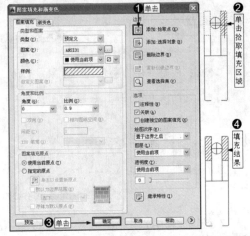

图 5-112　填充轴承零件剖面图

14. 镜像轴承零件图

下面对轴承零件图的上半部分进行镜像，完善轴承零件图。

Step01 ▸ 选择【修改】工具栏上的"镜像"按钮 ⚫ 。

Step02 ▸ 单击选择轴承上部的填充图案、圆以及轮廓线。

Step03 ▸ 按 Enter 键，然后捕捉水平中线的左端点作为镜像轴的第 1 点。

Step04 ▸ 捕捉水平中线的右端点作为镜像轴的第 2 点。

Step05 ▸ 按 Enter 键，结束命令，镜像过程及结果如图 5-113 所示。

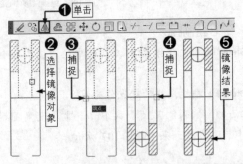

图 5-113　镜像轴承零件图

15. 拉长中心线

Step01▸ 单击菜单栏中的【修改】/【拉长】命令。

Step02▸ 输入"DE",按 Enter 键,激活"增量"选项。

Step03▸ 输入增量值"5",按 Enter 键。

Step04▸ 分别在两个圆的中心线两端和轴承水平中心线两端单击将其拉长,拉长结果如图 5-114 所示。

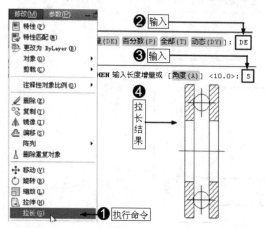

图 5-114 拉长中心线

16. 调整中心线的图层

中心线应该放置在"中心线"图层,这样便于对图形进行管理和完善,下面将拉长后的中心线调整到"中心线"图层。

Step01▸ 在无任何命令发出的情况下单击选择中心线,使其夹点显示。

Step02▸ 单击"图层"控制下拉列表按钮。

Step03▸ 选择"中心线"图层。

Step04▸ 按 Esc 键取消夹点显示,调整结果如图 5-115 所示。

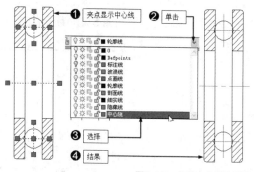

图 5-115 调整中心线的图层

17. 保存文件

至此,轴承零件图绘制完毕,使用"另存为"命令将该图形命名存储。

5.8 综合自测

5.8.1 软件知识检验——选择题

(1)将图 5-116(a)中的 A 线延长,使其与 B 线的延长线相交,如图 5-116(b)所示,最合适的方式是( )。

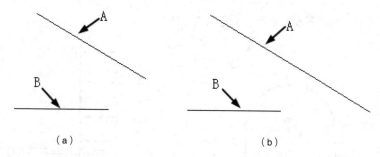

(a) (b)

图 5-116 延长A线使其与B线延长线相交

A. 延伸   B. 拉长   C. 拉伸

(2)拉长图线和延伸图线都可以使图线增长,这两种方式的区别是( )。

A. 拉长图线时可以设置拉长的尺寸,而延伸时不需要设置延伸尺寸,但需要一个延伸边界

B. 拉长和延伸都需要设置尺寸

C. 拉长和延伸都需要一个边界

D. 拉长和延伸都需要设置尺寸和一个延伸边界

（3）拉伸图形时，正确选择图形的方法是（　　　）。

A. 窗口选择　　　　B. 窗交选择　　　　C. 点选　　　　D. 以上选择方式都不对

（4）倒角处理图线的方法有（　　　）。

A. 距离　　　　B. 角度　　　　C. 多段线　　　　D. 多个

5.8.2　软件操作入门——绘制垫片平面图

✒ 效果文件	效果文件 \ 第 5 章 \ 软件操作入门——绘制垫片平面图 .dwg
💻 视频文件	专家讲堂 \ 第 5 章 \ 软件操作入门——绘制垫片平面图图 .swf

根据图示尺寸，绘制图 5-117 所示的垫片平面图。

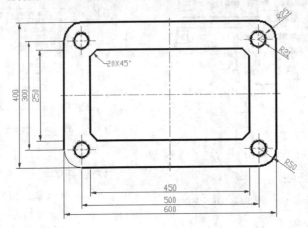

图 5-117　垫片平面图

5.8.3　应用技能提升——绘制导向块二视图

✒ 效果文件	效果文件 \ 第 5 章 \ 应用技能提升——绘制导向块二视图 .dwg
💻 视频文件	专家讲堂 \ 第 5 章 \ 应用技能提升——绘制导向块二视图 .swf

根据图示尺寸，绘制图 5-118 所示的导向块二视图。

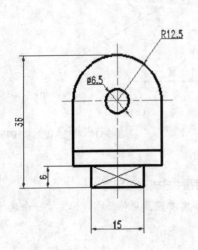 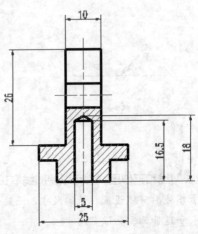

图 5-118　导向块二视图

第6章
操作二维图形

二维图形的基本操作主要包括移动、复制、缩放、旋转、镜像以及阵列等，掌握这些基本操作，是进行 AutoCAD 机械设计的前提条件。本章主要介绍二维图形的操作方法。

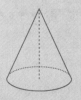

| 第 6 章 |

操作二维图形

本章内容概览

知识点	功能 / 用途	难易度与应用频率
复制（P194）	● 创建更多图形对象 ● 编辑、完善二维图形	难易度：★★★ 应用频率：★★★★
旋转（P199）	● 旋转图形对象 ● 编辑、完善二维图形	难易度：★★★ 应用频率：★★★★★
移动（P203）	● 调整图形对象的位置 ● 编辑完善二维图形	难易度：★★★ 应用频率：★★★★★
镜像（P211）	● 创建结构对称的图形结构 ● 编辑、完善二维图形	难易度：★★★ 应用频率：★★★★★
阵列（P215）	● 创建整齐排列的图形对象 ● 编辑、完善二维图形	难易度：★★★ 应用频率：★★★★
缩放（P223）	● 调整图形对象大小 ● 编辑、完善二维图形	难易度：★★★ 应用频率：★★★★
综合实例（P226）	● 根据零件主视图绘制零件俯视图	
综合自测	● 软件知识检验——选择题（P232） ● 软件操作入门——绘制圆形垫片零件图（P232） ● 应用技能提升——绘制泵盖零件主视图（P232）	

6.1　复制

　　【复制】是较常用的一个命令，通过复制，可以得到更多形状、尺寸完全相同的多个图形对象。复制图形对象时，既可以通过复制创建单个对象，也可以通过复制创建多个对象。

本节内容概览

知识点	功能 / 用途	难易度与应用频率
创建单个对象（P194）	● 通过复制创建单个对象 ● 编辑、完善二维图形	难易度：★ 应用频率：★★★★★
创建多个对象（P195）	● 通过复制创建多个对象 ● 编辑、完善二维图形	难易度：★ 应用频率：★★★★★
实例（P198）	● 完善机械零件图	
疑难解答	● 为什么复制距离与实际尺寸不符？（P196） ● 如何知道图形的尺寸？（P196） ● 如何通过一次复制得到间距相同的多个图形？（P197） ● 基点的位置对复制结果有何影响？（P197）	

6.1.1　复制——创建单个对象

📄 素材文件	素材文件 \ 复制示例 .dwg
🖥 视频文件	专家讲堂 \ 第 6 章 \ 复制——创建单个对象 .swf

首先打开素材文件。这是一个多边形对象，如图 6-1（a）所示，下面通过【复制】创建与源对象结构和尺寸完全相同的另一个对象，如图 6-1（b）所示。

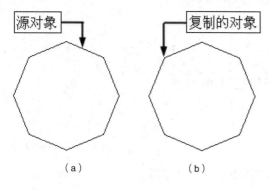

图 6-1　多边形对象

实例引导——复制创建单个对象

Step01▶ 单击【修改】工具栏中的"复制"按钮 ⁰ᵍ。

Step02▶ 单击选择多边形对象。

Step03▶ 按 Enter 键，捕捉多边形下端点。

Step04▶ 移动光标到合适位置单击确定目标点。

Step05▶ 按 Enter 键，结束操作。复制过程及结果如图 6-2 所示。

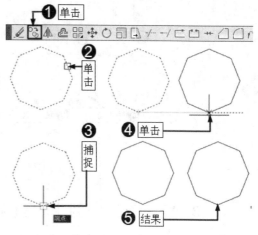

图 6-2　复制创建单个对象

| 技术看板 | 还可以通过一下方式激活【复制】命令。

♦ 单击【修改】菜单中的【复制】命令。

♦ 在命令行输入"Copy"或"CO"按 Enter 键。

6.1.2　复制——创建多个对象

素材文件	素材文件 \ 复制示例 .dwg
视频文件	专家讲堂 \ 第 6 章 \ 复制——创建多个对象 .swf

可以通过复制创建您想要的多个对象，还可以使创建的各对象之间保持相同的间距。下面就来通过复制创建图 6-3 所示的 5 个水平排列、间距为 100mm 的多边形对象。

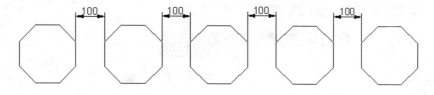

图 6-3　多边形对象

实例引导——复制创建多个对象

Step01▶ 单击【修改】工具栏上的"复制"按钮 ⁰ᵍ。

Step02▶ 单击多边形对象。

Step03▶ 按 Enter 键，捕捉多边形任意一点。

Step04▶ 水平向右引导光标。

Step05▶ 输入下一点"300"，按 Enter 键。

Step06▶ 输入下一点"600"，按 Enter 键。

Step07▶ 输入下一点"900"，按 Enter 键。

Step08▶ 输入下一点"1200"，按 Enter 键。复制过程及结果如图 6-4 所示。

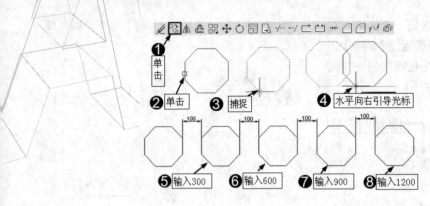

图 6-4　复制创建多个对象

6.1.3　疑难解答——为什么复制距离与实际尺寸不符？

💻 视频文件　│　疑难解答 \ 第 6 章 \ 疑难解答——为什么复制距离与实际尺寸不符 .swf

　　疑难： 对象之间的距离为 100mm，为什么在复制时输入的距离却是 300mm、600mm、900mm 和 1200mm 呢？

　　解答： 这是因为输入的距离值中包含了对象本身的尺寸，因为计算机计算位移时会将对象本身的尺寸计算在内，当复制第 1 个对象时，源对象水平宽度尺寸为 200mm，加上源对象与第 1 个复制对象之间的距离 100mm，其实际位移距离就是 300mm。同理，当复制第 2 个对象时，要加上源对象尺寸、第 1 个复制对象尺寸以及源对象与第 1 个复制对象之间的距离和第 1 个复制对象与第 2 个复制对象之间的距离，以此类推。因此，每复制一个对象，其位移距离都不一样。如果要重新复制距离为 10mm 的 5 个对象时，其输入的位移距离可以计算一下。

6.1.4　疑难解答——如何知道图形的尺寸？

💻 视频文件　│　疑难解答 \ 第 6 章 \ 疑难解答——如何知道图形的尺寸 .swf

　　疑难： 图形并没有标注尺寸，如何才能知道多边形本身的宽度尺寸？

　　解答： 尽管图形本身并没有标注尺寸，但 AutoCAD 提供了完善的图形尺寸测量命令，用户可以通过测量得到图形的各种尺寸，具体如下。

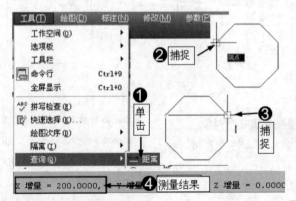

图 6-5　查询多边形的水平距离

Step 01 ▶ 执行【工具】/【查询】/【距离】命令。

Step 02 ▶ 捕捉多边形的左端点。

Step 03 ▶ 捕捉多边形的右端点。

Step 04 ▶ 输入"X"，按 Enter 键，结束操作，此时会在命令行显示查询出的多边形的水平距离为 200mm，如图 6-5 所示。

另外，在绘制多边形时，如果绘制的是"外切与圆"多边形，那么，输入的外切圆半径就是多边形的宽度尺寸。

6.1.5　疑难解答——如何能通过一次复制得到间距相同的多个图形？

🖵 视频文件	疑难解答 \ 第 6 章 \ 疑难解答——如何能通过一次复制得到间距相同的多个图形 .swf

疑难： 通过复制可以得到间距相同的多个图形，但这样复制太麻烦了，而且容易计算错误，有没有更简单的复制方法一次可以复制多个间距相同的图形呢？

解答： 有，AutoCAD 2014 版本新增了一个"阵列"功能，激活该功能，即可快速复制多个间距相同的多个图形，具体操作如下。

Step 01 ▶ 单击【修改】工具栏上的"复制"按钮 ⛭ 。

Step 02 ▶ 单击多边形对象。

Step 03 ▶ 按 Enter 键，捕捉多边形上的一点作为基点。

Step 04 ▶ 水平向右引导光标。

Step 05 ▶ 输入"A"，按 Enter 键，激活"阵列"选项。

Step 06 ▶ 输入"5"，按 Enter 键，输入阵列数目。

Step 07 ▶ 输入"300"，按 Enter 键，输入对象之间的距离（注意：该距离是源对象尺寸加上源对象与第 1 个复制对象之间的距离）。

Step 08 ▶ 按 Enter 键结束操作，绘制结果如图 6-6 所示。

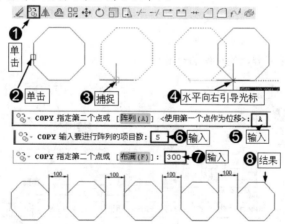

图 6-6　一次复制得到多个间距相同的图形

6.1.6　疑难解答——基点的位置对复制结果有何影响？

🖵 视频文件	疑难解答 \ 第 6 章 \ 疑难解答——基点的位置对复制结果有何影响 .swf

疑难： 什么是基点？在复制对象时，基点的选择有什么特殊要求？随便捕捉哪一点都可以吗？

解答： 基点简单的说就是开始操作时捕捉的一点，一般情况下捕捉任意一点都可以作为基点，也可以复制图形对象，这对复制结果没有什么影响，但在精确复制图形对象时，最好是捕捉图形的特征点作为基点，这样可以使复制结果更精确。

6.1.7 实例——完善机械零件图

📄 素材文件	素材文件 \ 机械平面图 .dwg
✏️ 效果文件	效果文件 \ 第 6 章 \ 实例——完善机械零件图 .dwg
💻 视频文件	专家讲堂 \ 第 6 章 \ 实例——完善机械零件图 .swf

首先打开素材文件，这是一个未完成的机械零件平面图，如图 6-7（a）所示，下面通过复制，在该机械零件图上创建孔，对未完成的机械零件平面图进行完善，结果如图 6-7（b）所示。

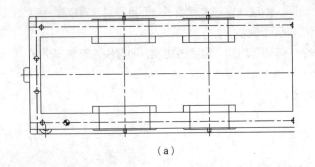

（a）

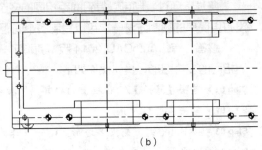

（b）

图 6-7 机械零件平面图

⚙️ **操作步骤**

1. 复制第 1 个对象。

Step01 ▶ 单击【修改】工具栏上的"复制"按钮 ⏸。

Step02 ▶ 以窗口方式选择左下角的孔图形。

Step03 ▶ 按 Enter 键，捕捉孔的圆心的交点。

Step04 ▶ 输入"@160,0"，按 Enter 键，确定复制距离。

Step05 ▶ 按 Enter 键，结束操作，绘制结果如图 6-8 所示。

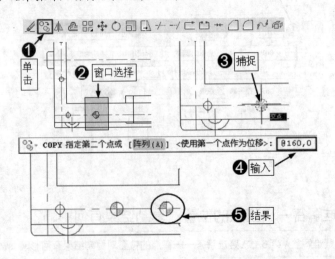

图 6-8 复制第 1 个对象

┃**技术看板**┃窗口方式选择是指按住鼠标左键由左向右拖曳出浅蓝色选择框，将要选择的对象包围在选择框内，这种选择方式一次可以选择多个对象，是选择图形常用的一种方法。

2.复制其他对象

Step01 ▶ 单击【修改】工具栏上的"复制"按钮 ⊙⊙。

Step02 ▶ 以窗口方式选择左边两个螺孔。

Step03 ▶ 按 Enter 键，捕捉任意孔的圆心。

Step04 ▶ 输入 "@740,0"，按 Enter 键，确定第 1 点坐标。

Step05 ▶ 输入 "@1400,0"，按 Enter 键，确定下一点坐标。

Step06 ▶ 输入 "@0,716"，按 Enter 键，确定下一点坐标。

Step07 ▶ 输入 "@740,716"，按 Enter 键，确定下一点坐标。

Step08 ▶ 输入 "@1400,716"，按 Enter 键，确定下一点坐标。

Step09 ▶ 按 Enter 键，结束操作。绘制结果如图 6-9 所示。

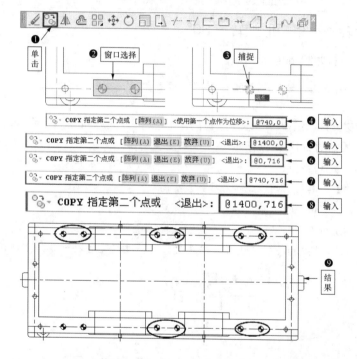

图 6-9 复制其他对象

6.2 旋转

图 6-10（a）所示是一个水平放置的矩形，如果要将该矩形以 30° 角度倾斜放置，其效果如图 6-10（b）所示。在 AutoCAD 中，不仅可以将图形按照指定的角度进行旋转，还可以参照某一对象角度进行旋转，另外，还可以在旋转的同时复制该图形，如图 6-11 所示。

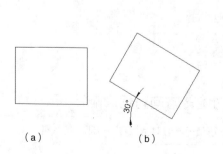

（a）　　　　　　　　（b）

图 6-10 将矩形倾斜

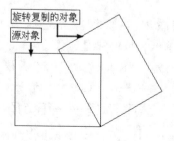

图 6-11 旋转并复制对象

本节内容概览

知识点	功能 / 用途	难易度与应用频率
旋转（P200）	● 通过复制创建单个对象 ● 编辑、完善二维图形	难 易 度：★ 应用频率：★★★★★
旋转复制（P202）	● 通过旋转对图形进行复制创建另一个对象 ● 编辑、完善二维图形	难 易 度：★ 应用频率：★★★★★
参照旋转（P203）	● 参照现有图形对对象进行旋转 ● 编辑、完善二维图形	难 易 度：★ 应用频率：★★★★★
疑难解答	● 正负角度值对旋转方向有何影响？（P201） ● 不设置旋转角度能否精确旋转对象？（P202） ● 通过旋转复制能创建多个对象吗？（P202）	

6.2.1 旋转——将矩形旋转 - 30°

📄 素材文件	素材文件 \ 旋转示例 .dwg
🖥 视频文件	专家讲堂 \ 第 6 章 \ 旋转——将矩形旋转 - 30°.swf

首先打开素材文件，这是一个水平放置的矩形图形，如图 6-10（a）所示，下面对其进行旋转 -30°，旋转结果如图 6-10（b）所示。

⚙ 实例引导 ——旋转对象

Step01 ▸ 单击【修改】工具栏上的"旋转"按钮 ○。

Step02 ▸ 单击矩形，按 Enter 键。

Step03 ▸ 捕捉矩形右下角点。

Step04 ▸ 输入"- 30"，按 Enter 键，设置旋转角度。旋转过程及结果如图 6-12 所示。

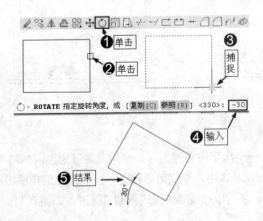

图 6-12 旋转对象

❙技术看板❙ 也可以通过以下方法激活【旋转】命令。

◆ 单击菜单栏中的【修改】/【旋转】命令。

◆ 在命令行输入"Rotate"或"RO"后按 Enter 键。

练一练 尝试将图 6-10（a）所示的矩形旋转 60°，看看有什么效果。

6.2.2 疑难解答——正负角度值对旋转方向有何影响？

🖥 视频文件	疑难解答 \ 第 6 章 \ 疑难解答——正负角度值对旋转方向有何影响 .swf

疑难： 旋转对象时，所输入的正负角度值对旋转方向有影响吗？

解答： 有影响，系统默认下，正值逆时针旋转，负值顺时针旋转。例如，在以上操作中，输入 - 30°，矩形顺时针旋转 30°；输入 30°，则矩形逆时针旋转 30°，如图 6-13 所示。

在具体操作中，可以根据具体情况选择输入正负角度值。

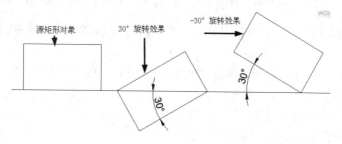

图 6-13　30°和 -30°旋转效果

6.2.3　疑难解答——不设置旋转角度能否精确旋转对象？

🖥 视频文件 | 疑难解答\第 6 章\疑难解答——不设置旋转角度能否精确旋转对象 .swf

疑难： 在不设置旋转角度的情况下能否精确旋转对象？

解答： 建议还是设置一个旋转角度精确旋转对象为好，如果实在不想设置旋转角度的话，可以设置极轴追踪角度，进行精确旋转。

Step 01 ▸ 右击状态栏上的"极轴追踪"按钮。

Step 02 ▸ 选择"设置"选项。

Step 03 ▸ 打开【草图设置】对话框。

Step 04 ▸ 进入"极轴追踪"选项卡，在"增量角"下拉列表中选择极轴角。

Step 05 ▸ 单击 确定 按钮确认，如图 6-14 所示。

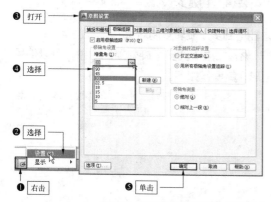

图 6-14　设置"极轴追踪"的"增量角"

如果系统提供的角度不合适，还可以设置"附加角"，例如设置一个 24°的角。

Step 01 ▸ 勾选"附加角"选项。

Step 02 ▸ 单击 新建(N) 按钮新建角度。

Step 03 ▸ 输入角度值为"24"。

Step 04 ▸ 单击 确定 按钮，如图 6-15 所示。

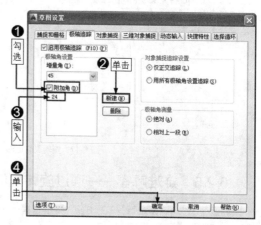

图 6-15　设置"附加角"

设置完成之后，激活"极轴追踪"按钮，然后拖曳鼠标指针，系统会按照设置的极轴追踪角度的倍数进行捕捉，如图 6-16 所示，这样就可以精确旋转对象了。

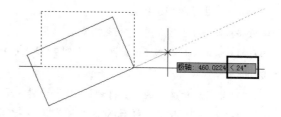

图 6-16　精确旋转对象

6.2.4 旋转复制——创建另一个角度为 -30° 的矩形

📄 素材文件	素材文件 \ 旋转示例 .dwg
🖥 视频文件	专家讲堂 \ 第 6 章 \ 旋转复制——创建另一个角度为 -30° 的矩形 .swf

如果想通过旋转得到另一个与源图形尺寸、形状相同，倾斜角度不同的图形对象时，可以使用旋转复制功能。

首先打开素材文件，这是一个水平放置的矩形，如图 6-17（a）所示；下面对其进行旋转 -30° 并进行复制，结果如图 6-17（b）所示。

⚙️ **实例引导**——旋转复制对象

Step01 ▸ 单击【修改】工具栏上的"旋转"按钮 ○。

Step02 ▸ 单击矩形，按 Enter 键。

Step03 ▸ 捕捉矩形右下角点。

Step04 ▸ 输入"C"，按 Enter 键，激活"复制"选项。

Step05 ▸ 输入旋转角度"－30"，按 Enter 键。绘制过程及结果如图 6-18 所示。

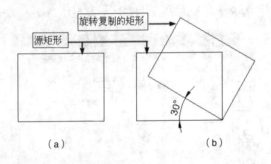

图 6-17　旋转复制矩形

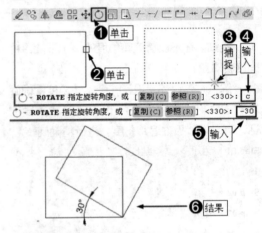

图 6-18　旋转复制矩形

6.2.5 疑难解答——通过旋转复制能创建多个对象吗？

🖥 视频文件	疑难解答 \ 第 6 章 \ 疑难解答——通过旋转复制能创建多个对象吗？.swf

疑难：能否通过旋转复制创建多个对象？如何才能得到多个旋转复制对象？

解答：旋转复制对象时一次只能旋转复制一个对象。如果需要多个旋转复制对象，可以使用【极轴阵列】命令。例如，想得到 10 个旋转复制的矩形，其操作如下。

Step01 ▸ 在【修改】工具栏上按住"矩形阵列"按钮 ▦，在弹出的下拉列表中选择"极轴阵列"按钮 ▦。

Step02 ▸ 单击选择矩形图形。

Step03 ▸ 按 Enter 键，捕捉矩形左下角点。

Step04 ▸ 输入"I"，按 Enter 键，激活"项目"选项。

Step05 ▸ 输入项目数"10"，按 Enter 键。

Step06 ▸ 按 Enter 键，这样就得到了 10 个旋转矩形，结果如图 6-19 所示。

注意：如果想让旋转后的矩形不叠加，在选择基点时捕捉矩形外的一点，这样可使旋转后的矩形不相互叠加，如图 6-20 所示。

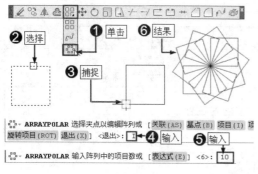

图 6-19　旋转复制 10 个矩形

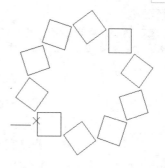

图 6-20　使旋转后的矩形不相互叠加

6.2.6　参照旋转——参照三角形旋转矩形

📄 素材文件	素材文件 \ 参照旋转示例 .dwg
🖥 视频文件	专家讲堂 \ 第 6 章 \ 参照旋转——参照三角形旋转矩形 .swf

在绘图时，有时可能会需要参照某一个未知的角度对图形进行旋转，由于这是一个未知的角度，无法通过输入旋转角度对图形进行旋转，这时可以使用【参照】功能来对图形进行旋转。

首先打开素材文件，这是一个以粗线显示的三角形和一个以虚线显示的矩形，如图 6-21（a）所示，下面参照三角形的右下角度对矩形进行旋转，使其矩形倾斜度与三角形右斜边相同，如图 6-21（b）所示。

🛠 **实例引导**——参照三角形旋转矩形

Step01▶ 单击【修改】工具栏上的"旋转"按钮 ⟳。

Step02▶ 单击矩形，按 Enter 键。

Step03▶ 捕捉矩形右下角点。

Step04▶ 输入"R"，按 Enter 键，激活"参照"选项。

Step05▶ 捕捉三角形右下角点。

Step06▶ 捕捉三角形左下角点。

Step07▶ 捕捉三角形左上角点。绘制过程及结果如图 6-22 所示。

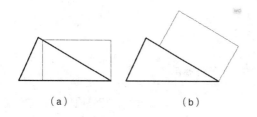

（a）　　　　　　　　（b）

图 6-21　三角形和矩形

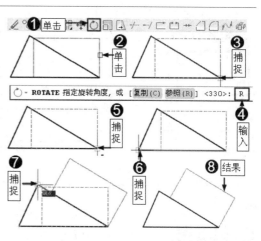

图 6-22　参照三角形旋转矩形

6.3　移动

移动是改变图形对象位置的唯一方法，例如，将矩形内部圆移动到矩形左上角位置，如图 6-23 所示。

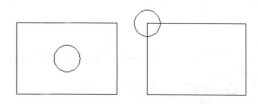

图 6-23　将矩形内部圆移动到矩形左上角

移动对象后，对象尺寸及形状均不发生变化，变化的只是对象的位置。另外，移动对象时，有定点移动和坐标移动两种方式，下面分别介绍这两种移动对象的方法。

本节内容概览

知识点	功能 / 用途	难易度与应用频率
定点移动（P204）	● 捕捉目标点移动对象 ● 编辑、完善二维图	难易度：★ 应用频率：★★★★★
实例（P204）	● 制作机械零件装配图	
坐标移动（P209）	● 输入目标点坐标移动对象 ● 编辑、完善二维图形	难易度：★ 应用频率：★★★★★
疑难解答（P209）	● 基点的选择对移动结果有何影响？	

6.3.1 定点移动——将矩形由直线左端点移动到直线右端点

📄 素材文件	素材文件 \ 移动示例 .dwg
💻 视频文件	专家讲堂 \ 第 6 章 \ 定点移动——将矩形由直线左端点移动到直线右端点 .swf

定点移动是指通过捕捉目标点，将对象移动到另一个位置。打开素材文件，如图 6-24（a）所示，矩形在直线左端点位置，下面将矩形移动到直线右端点位置，移动结果如图 6-24（b）所示。

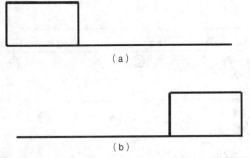

（a）

（b）

图 6-24 移动矩形

⚙️ **实例引导** ——将矩形由直线左端点移动到直线右端点

Step01 ▶ 单击【修改】工具栏上的"移动"按钮 ✛。

Step02 ▶ 单击矩形。

Step03 ▶ 按 Enter 键，捕捉矩形右下端点作为基点。

Step04 ▶ 捕捉直线右端点作为目标点。

Step05 ▶ 绘制结果如图 6-25 所示。

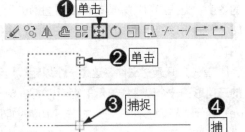

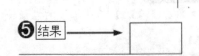

图 6-25 将矩形由直线左端点移动到直线右端点

┃技术看板┃ 还可以采用以下方式激活【移动】命令。

♦ 单击菜单【修改】/【移动】命令。

♦ 在命令行输入"Move"，按 Enter 键。

♦ 使用快捷键 M。

6.3.2 实例——制作机械零件装配图

📄 素材文件	素材文件 \ 装配图 1~4.dwg
💻 视频文件	专家讲堂 \ 第 6 章 \ 实例——制作机械零件装配图 .swf

装配图就是通过将各种机械零件进行组合，装配成一个完整的机械零件，它是机械设计中较常见的一种图形，下面来介绍如何制作机械零件装配图。

⚙ 操作步骤

1. 打开素材文件并平铺

由于装配图需要多个图形文件，因此需要将这些文件一一打开，然后将其平铺，便于进行操作。

Step 01 ▸ 新建一个空白文件。

Step 02 ▸ 打开素材文件"装配图 1.dwg""装配图 2.dwg""装配图 3.dwg"和"装配图 4.dwg"4 个文件。

Step 03 ▸ 选择菜单栏中的【窗口】/【垂直平铺】命令，将文件平铺在绘图窗口内，平铺结果如图 6-26 所示。

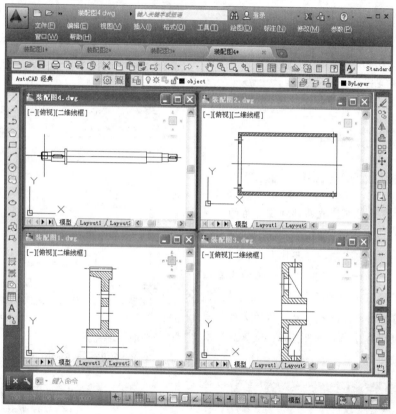

图 6-26　打开素材文件并平铺

2. 调整视图

下面对平铺后的文件进行调整，将这些图形调整到一个图形文件内，便于进行装配。

Step 01 ▸ 在无任何命令发出的情况下，使用窗口选择方式选择左上角的图形，使其夹点显示，如图 6-27 所示。

Step 02 ▸ 按住鼠标左键将其拖动到右上角的视图中，释放鼠标，在弹出的菜单中选择"粘贴为块"选项，如图 6-28 所示。

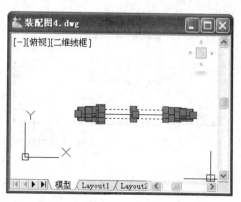

图 6-27　夹点显示图形

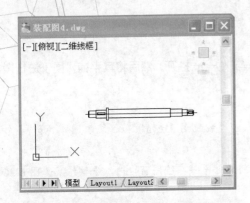

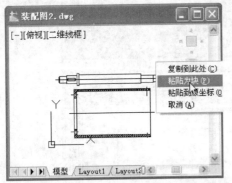

图 6-28 选择"粘贴为块"选项

Step 03 ▶ 此时该图形文件被粘贴到右上角的视图中,如图 6-29 所示。

Step 04 ▶ 使用相同的方法,将其他两个视图中的图形文件以块的形式粘贴到右上角的视图中,绘制结果如图 6-30 所示。

Step 05 ▶ 关闭其他文件,并将共享后的文件最大化显示,并对视图进行放大显示,放大结果如图 6-31 所示。

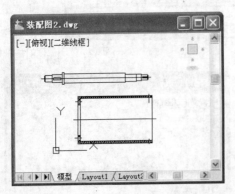

图 6-29 图形文件被粘贴到右上角的视图中

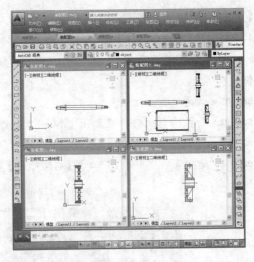

图 6-30 将其他两个视图中的图形文件粘贴到右上角的视图中

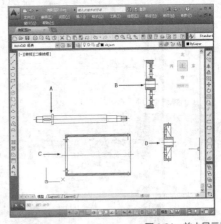

图 6-31 放大显示视图

3. 制作装配图

下面移动各零件图的位置,以创建装配图。

Step 01 ▶ 单击【修改】工具栏中的"移动"按钮 ✛。

Step 02 ▶ 以窗口方式选择左下角的 C 零件图,如图 6-32 所示。

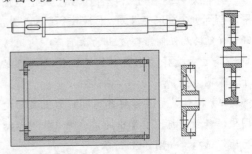

图 6-32 选择 C 零件图

Step 03 ▶ 按 Enter 键，然后捕捉 C 零件图的左上端点作为基点，如图 6-33 所示。

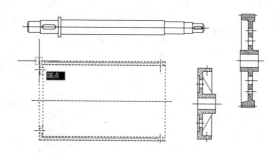

图 6-33 捕捉 C 零件图的左上端点作为基点

Step 04 ▶ 继续捕捉右上角的 B 零件图的端点作为目标点，如图 6-34 所示。移动结果如图 6-35 所示。

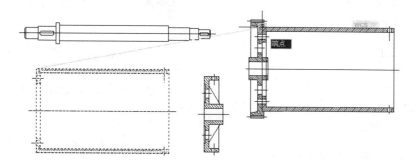

图 6-34 捕捉 B 零件图的端点作为目标点

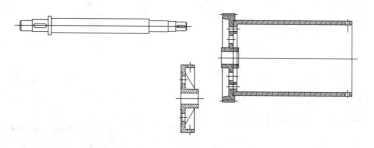

图 6-35 移动结果

Step 05 ▶ 继续以窗口方式选择左上角的 A 零件图，如图 6-36 所示。

Step 06 ▶ 按 Enter 键，然后捕捉 A 零件图的端点作为基点，如图 6-37 所示。

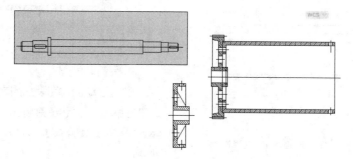

图 6-36 选择 A 零件图

图 6-37　捕捉 A 零件图的端点作为基点

Step 07 ▶ 继续捕捉右上角的 B 零件图的端点作为目标点，如图 6-38 所示，移动结果如图 6-39 所示。

Step 08 ▶ 继续以窗口方式选择右下角的 D 零件图，如图 6-40 所示。

Step 09 ▶ 按 Enter 键，然后捕捉 D 零件图的端点作为基点，如图 6-41 所示。

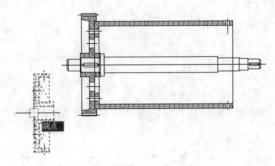

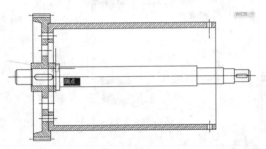

图 6-38　捕捉 B 零件图的端点作为目标点

图 6-41　选择 D 零件图的端点作为基点

Step 10 ▶ 继续捕捉装配图中的轴零件的端点作为目标点，如图 6-42 所示。装配结果如图 6-43 所示。

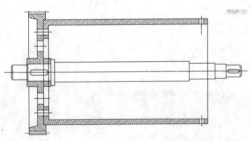

图 6-39　移动结果

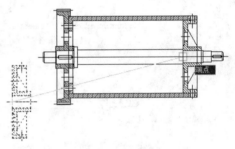

图 6-42　捕捉轴零件的端点作为目标点

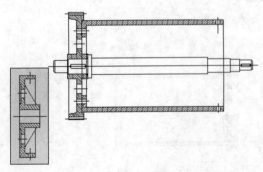

图 6-40　选择 D 零件图

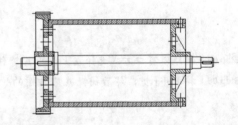

图 6-43　装配结果

4. 完善装配图

通过移动创建完装配图之后，还需要对图形进行编辑，以完善装配图。

Step 01 ▶ 单击【修改】工具栏上的"修剪"按钮 ⁄。

Step 02 ▶ 单击装配图右侧的两条斜线作为修剪边界。

Step 03 ▶ 按 Enter 键，然后单击垂直图线进行修剪。修剪过程及结果如图 6-44 所示。

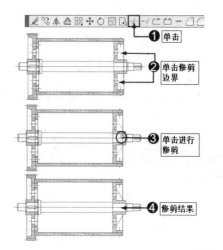

图 6-44　修剪图线

Step 04 ▶ 继续使用【修剪】命令，对装配图左边的两条垂直图形进行修剪，修剪结果如图 6-45 所示。

5. 保存装配图

最后使用【另存为】命令，将该装配图命名保存。

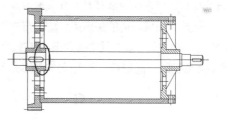

图 6-45　继续修剪图线

6.3.3　坐标移动——输入目标点坐标移动矩形

📄 素材文件	素材文件 \ 移动示例 .dwg
💻 视频文件	专家讲堂 \ 第 6 章 \ 坐标移动——输入目标点坐标移动矩形 .swf

与定点移动不同，坐标移动是通过输入目标点的坐标来移动对象，简单的说就是根据实际距离来移动对象。下面将素材文件中的矩形沿 Y 轴正方向移动 20mm，沿 X 轴移动 30mm。

⚙ 实例引导——输入目标点坐标移动矩形

Step01 ▶ 单击【修改】工具栏上的"移动"按钮 ✛。

Step02 ▶ 单击矩形。

Step03 ▶ 按 Enter 键，捕捉矩形右下端点作为基点。

Step04 ▶ 输入目标点坐标"@30,20"。

Step05 ▶ 按 Enter 键，移动结果如图 6-46 所示。

练一练 尝试将素材文件中的矩形移动到图 6-47 所示的位置。

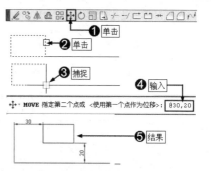

图 6-46　输入目标点坐标移动矩形

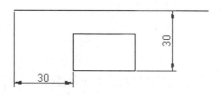

图 6-47　移动矩形

6.3.4　疑难解答——基点的选择对移动结果有何影响？

📄 素材文件	素材文件 \ 移动示例 .dwg
💻 视频文件	疑难解答 \ 第 6 章 \ 疑难解答——基点的选择对移动结果有何影响？ .swf

疑难： 移动对象时，定点移动和坐标移动中基点的选择对移动结果有影响吗？

解答： 移动对象时，如果是采用坐标移动方式移动对象，只要输入正确的坐标值，基点的选择对移动结果没有任何影响，例如，将素材文件中的矩形向右移动 100mm，具体操作如下。

Step 01 ▶ 单击【修改】工具栏上的"移动"按钮 ⊹。

Step 02 ▶ 单击矩形将其选择。

Step 03 ▶ 按 Enter 键，捕捉矩形右下端点作为基点。

Step 04 ▶ 输入"@100,0"，按 Enter 键。

Step 05 ▶ 结果矩形被移动到直线的右端点位置，如图 6-48 所示。

在 **Step 03** 中，如果选择直线的右端点作为基点，如图 6-49（a）所示，然后输入目标点坐标"@100,0"，矩形同样被移动到直线的右端点位置，如图 6-49（b）所示。

但是，如果采用的是定点移动的方式移动对象，基点的选择对移动结果有很大影响。例如，采用定点移动方式，将矩形移动到直线右端点位置，选择矩形右下端点作为基点，以直线右端点作为目标点移动时，矩形被移动到直线的右端点，如图 6-50 所示。

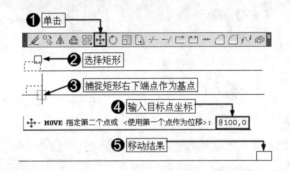

图 6-48 移动矩形

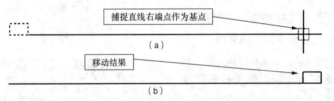

图 6-49 选择基点设置移动矩形

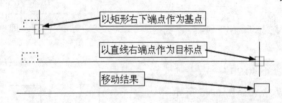

图 6-50 采用定点移动方式移动矩形

再次以直线的右端点作为基点，以直线右端点作为目标点，结果矩形没有被移动，如图 6-51 所示。

这足以说明，在采用定点移动对象时，基点的选择非常重要。

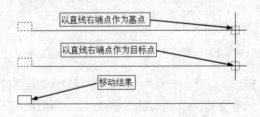

图 6-51 矩形未被移动

6.4　镜像

　　镜像效果其实就是一种对称效果，对称效果一定有一个对称轴，例如在照镜子时，镜子就是对称轴。在 AutoCAD 2014 机械设计中，通过【镜像】命令可以创建对称结构的机械零件图，本节将介绍【镜像】命令的使用方法。

本节内容概览

知识点	功能 / 用途	难易度与应用频率
镜像（P211）	● 创建与源对象对称放置的另一个对象 ● 编辑、完善二维图形	难易度：★ 应用频率：★★★★★
疑难解答	● 镜像的关键是什么？（P212） ● 如何确定镜像轴的坐标？（P212） ● 如何才能只镜像而不复制源图形？（P212）	
实例（P213）	● 完善传动轴零件图	

6.4.1　镜像——创建并排放置的椅子

📄 素材文件	素材文件 \ 镜像示例 .dwg
🖥 视频文件	专家讲堂 \ 第 6 章 \ 镜像——创建并排放置的椅子 .swf

　　打开素材文件，这是一个平面椅的平面图，如图 6-52（a）所示，下面通过镜像，将其创建为图 6-52（b）所示的效果。

⚙ 实例引导——创建并排放置的椅子

Step01▶ 单击【修剪】工具栏上的 ⚠ "镜像"按钮。

图 6-52　平面椅

Step02▶ 以窗口方式选择平面椅。

Step03▶ 按 Enter 键，捕捉平面椅右扶手的上端点作为镜像轴的第 1 点。

Step04▶ 继续捕捉平面椅右扶手的下端点作为镜像轴的第 2 点。

Step05▶ 按两次 Enter 键，绘制结果如图 6-53所示。

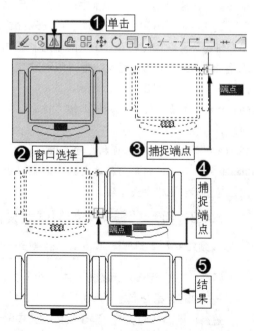

图 6-53　创建并排放置的椅子

|技术看板| 也可以通过以下方式激活【镜像】命令。

♦ 单击菜单栏中的【修改】/【镜像】命令。

♦ 在命令行输入 "mirror" 或 "MI" 后按 Enter键。

练一练 镜像对象的操作非常简单，在此对平面椅进行了水平镜像，下面尝试将平面椅垂直镜像，使其成图 6-54 所示的效果。

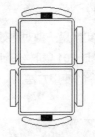

图 6-54 将平面椅垂直镜像

6.4.2 疑难解答——镜像的关键是什么？

💻 视频文件   疑难解答\第 6 章\疑难解答——镜像的关键是什么 .swf

疑难： 镜像的关键是什么？如果要使镜像后的图形对象与源图形对象之间保持一定的距离该怎么操作？

解答： 镜像的关键是镜像轴，在图 6-52 的操作中，选择了平面椅右垂直边作为镜像轴进行了镜像。其实镜像轴就是源对象与镜像后的对象之间的中线。

如果要使镜像后的图形对象与源图形对象保持一定的距离，就需要通过计算来找到这条中线。下面通过镜像，使镜像后的平面椅与源平面椅之间保持 650mm 的距离，首先来计算镜像轴距离源对象的距离。由于两个对象之间的距离是 650mm，则镜像轴距离源对象就是该距离的一半，即 325mm。

Step 01 ▸ 单击【修改】工具栏上的"镜像"按钮 ⚎。

Step 02 ▸ 窗口方式选择平面椅，按 Enter 键。

Step 03 ▸ 移动光标到平面椅，由扶手垂直边中点位置向右引出水平矢量线。

Step 04 ▸ 输入"325"，按 Enter 键，确定镜像轴的第 1 点坐标。

Step 05 ▸ 输入镜像轴的另一点坐标"@0,1"，按 Enter 键。

Step 06 ▸ 按两次 Enter 键，镜像结果如图 6-55 所示。

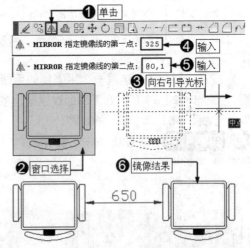

图 6-55 镜像平面椅的过程

6.4.3 疑难解答——如何确定镜像轴的坐标？

💻 视频文件   疑难解答\第 6 章\疑难解答——如何确定镜像轴的坐标 .swf

疑难： 在图 6-55 所示的操作中，两个图形对象之间的距离为 650mm，为什么输入的镜像轴第 1 点是"325"，第 2 点是"@0,1"？"@0,1"表示什么？

解答： 前面我们说过，镜像轴其实就是两个对象之间的中线，两个对象之间的距离为 650mm，那么中线就在距离平面椅中点 X 方向 325mm 的位置上，该位置上的一点就是镜像轴的第 1 点，而"@0,1"则表示在 325mm 的位置上，Y 轴向上 1mm 的点就是镜像轴的第 2 点。

6.4.4 疑难解答——如何才能只镜像而不复制源图形？

💻 视频文件   疑难解答\第 6 章\疑难解答——如何才能只镜像而不复制源图形 .swf

疑难： 如果只想对源图形进行镜像，而不对源图形进行复制，该怎么操作？

解答：系统默认下，镜像其实就是对源图形对象进行复制，从而生成另一个镜像对象。如果只需要对源图形进行镜像，而不复制源图形，那么在镜像时可以将源图形删除，这样就得到了镜像后的图形，具体操作如下。

Step 01 ▶ 单击【修改】工具栏上的"镜像"按钮 ⚠️。

Step 02 ▶ 以窗口方式选择平面椅，按 Enter 键。

Step 03 ▶ 捕捉平面椅上水平边的中点作为镜像轴的第 1 点。

Step 04 ▶ 向右引出追踪线并拾取一点作为镜像轴的第 2 点。

Step 05 ▶ 此时系统会询问是否删除源对象，输入"Y"，激活"是"选项，表示要删除源对象。

Step 06 ▶ 按 Enter 键，结果镜像后源对象被删除，如图 6-56 所示。

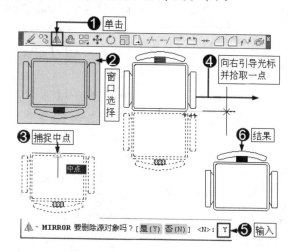

图 6-56 镜像后将源图形删除

6.4.5 实例——完善传动轴零件图

📄 素材文件	素材文件 \ 传动轴零件图 .dwg
📥 效果文件	效果文件 \ 第 6 章 \ 实例——完善传动轴零件图 .dwg
🖥 视频文件	专家讲堂 \ 第 6 章 \ 实例——完善传动轴零件图 .swf

在 AutoCAD 机械设计中，有许多的机械零件图都可以使用【镜像】命令来快速创建，例如轴套类零件，由于这类零件大多数都属于对称形图形，因此，在绘制时，只要绘制完成零件的一半图形，然后将其进行镜像，即可完成该零件的绘制。

打开素材文件，这是一个未完成的传动轴零件图的上半个图形，如图 6-57（a）所示，下面使用【镜像】命令将对图形进行镜像复制，完成该传动轴零件图，如图 6-57（b）所示。

⚙️ **操作步骤**

1. 镜像传动轴零件图

下面首先使用【镜像】命令，将传动轴上半部分图形进行镜像，完成传动轴轮廓。

Step 01 ▶ 单击【修改】工具栏上的"镜像"按钮 ⚠️。

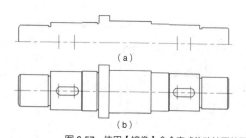

（a）

（b）

图 6-57 使用【镜像】命令完成传动轴零件图

Step 02 ▶ 以窗交方式选择传动轴上半部分图线。

Step 03 ▶ 按 Enter 键，捕捉中心线左端点作为镜像轴的第 1 点。

Step 04▶ 继续捕捉中心线右端点作为镜像轴的第 2 点。

Step 05▶ 按 Enter 键，绘制过程及结果如图 6-58 所示。

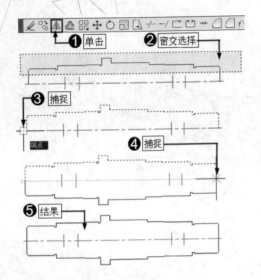

图 6-58 镜像传动轴零件图

2. 完善传动轴零件图

Step 01▶ 单击【修改】工具栏上的"合并"按钮 ⊷。

Step 02▶ 单击传动轴上方的垂直图线。

Step 03▶ 单击传动轴下方的垂直图线。

Step 04▶ 按 Enter 键，两条图线被合并为一条线，如图 6-59 所示。

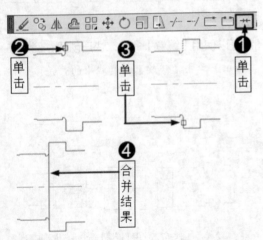

图 6-59 合并图线

3. 合并其他图形

使用相同的方法，继续对传动轴其他图形进行合并，绘制结果如图 6-60 所示。

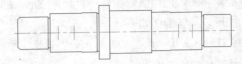

图 6-60 传动轴

|技术看板|【合并】命令可以将在同一平面上的两段直线段合并为一条直线，将一个圆弧合并为一个圆。激活该工具后，选择要合并的图线，然后按 Enter 键即可将其合并。

4. 补画其他图线

Step 01▶ 单击【绘图】工具栏中的"直线"按钮 ∕。

Step 02▶ 捕捉传动轴上端点。

Step 03▶ 捕捉传动轴下端点。

Step 04▶ 按 Enter 键，绘制过程及结果如图 6-61 所示。

5. 继续补画图线

使用相同的方法，继续补画其他图线，绘制结果如图 6-62 所示。

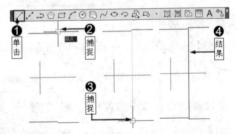

图 6-61 补画其他图线

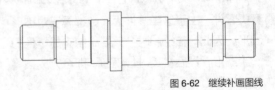

图 6-62 继续补画图线

6. 绘制传动轴的键槽

键槽是轴类零件的重要特征之一，下面继续来绘制该传动轴的键槽特征。

Step 01▶ 单击【绘图】工具栏上的"圆"按钮 ⊙。

Step 02▶ 捕捉中心线的交点，绘制 4 个半径为 4mm 的圆，如图 6-63 所示。

图 6-63 绘制 4 个半径为 4mm 的圆

Step 03 ▸ 单击【修改】工具栏上的"偏移"按钮 ◱。

Step 04 ▸ 将水平中心线对称偏移 4mm，如图 6-64 所示。

Step 05 ▸ 单击【修改】工具栏上的"修剪"按钮 ⊱。

Step 06 ▸ 以 4 个圆作为修剪边界，对偏移的水平中心线进行修剪，绘制结果如图 6-65 所示。

Step 07 ▸ 继续以修剪后的中心线作为修剪边界，对 4 个圆进行修剪，绘制结果如图 6-66 所示。

Step 08 ▸ 选择修剪后的中心线，将其放入"轮廓线"层，完成该传动轴的完善，绘制结果如图 6-67 所示。

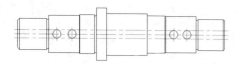

图 6-64 将水平中心线对称偏移 4mm

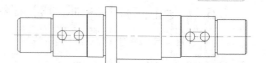

图 6-65 对偏移的水平中心线进行修剪

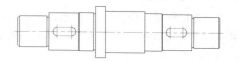

图 6-66 对 4 个圆进行修剪

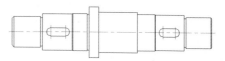

图 6-67 完善传动轴图形

7. 保存图形

至此，传动轴绘制完毕，将该图形命名保存。

6.5 阵列

在各种庆祝活动中，从人们眼前正步走过的整齐排列的方队，就是典型的阵列效果。阵列就是按照设定的数目，规则地排列并复制对象，创建某种规则图形结构。

在 AutoCAD 2014 中，有 3 种阵列类型，分别是"矩形阵列""极轴（环形）阵列"和"路径阵列"，在 AutoCAD 2014 机械设计中，"路径阵列"不常用，由于篇幅所限，在此不对其进行讲解，只要掌握了"矩形阵列"和"极轴（环形）阵列"这两种阵列方法，即可满足 AutoCAD 2014 机械设计的需要，本节主要学习"矩形阵列"和"极轴（环形）阵列"及相关操作技能。

本节内容概览

知识点	功能 / 用途	难易度与应用频率
矩形阵列（P216）	● 将图形按照矩形整齐排列 ● 编辑、完善二维图形	难易度：★ 应用频率：★★★★★
疑难解答	● 为什么输入的距离值与实际距离值不符？（P216） ● 如何创建一行或一列图形？（P217）	
实例（P217）	● 创建矩形垫片零件图	
极轴（环形）阵列（P219）	● 将图形按照圆形整齐排列 ● 编辑、完善二维图形	难易度：★ 应用频率：★★★★★
实例（P221）	● 绘制链轴机械零件平面图	
疑难解答	● 如何找到"极轴阵列"按钮？（P220） ● "极轴阵列"的关键是什么？（P220） ● 如何创建半圆形极轴阵列效果？（P220） ● 如何避免极轴阵列后图形叠加的问题？（P221）	

6.5.1 矩形阵列——创建整齐排列的矩形

视频文件　专家讲堂\第6章\矩形阵列——创建整齐排列的矩形.swf

矩形阵列是指将图形按照设定的行数和列数，成矩形的排列方式进行大规模复制，以创建均布结构的图形。

首先绘制图6-68所示的矩形，然后通过"矩形阵列"创建图6-69所示的整齐排列的矩形图形效果。

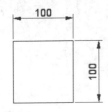

图6-68　矩形

⚙ **实例引导**——创建整齐排列的矩形

Step01 ▶ 单击【修改】工具栏上的"矩形阵列"按钮🔡。

Step02 ▶ 单击选择矩形，按Enter键。

Step03 ▶ 输入"COU"，按Enter键，激活"计数"选项。

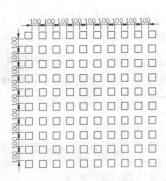

图6-69　整齐排列的矩形

Step04 ▶ 输入"10"，按Enter键，设置列数。

Step05 ▶ 输入"10"，按Enter键，设置行数。

Step06 ▶ 输入"S"，按Enter键，激活"间距"选项。

Step07 ▶ 输入"200"，按Enter键，设置列距。

Step08 ▶ 输入"200"，按Enter键，设置行距。

Step09 ▶ 按Enter键，绘制结果及过程如图6-70所示。

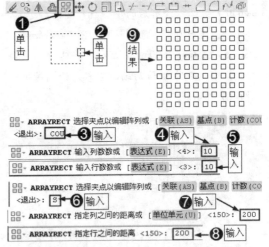

图6-70　创建整齐排列的矩形

|技术看板| 也可以通过以下方式激活【矩形阵列】命令。

♦ 单击菜单栏中的【修改】/【阵列】/【矩形阵列】命令。

♦ 在命令行输入"ARRAYRECT"后按Enter键。

♦ 使用快捷键AR。

6.5.2 疑难解答——为什么输入的距离值与实际距离值不符？

视频文件　疑难解答\第6章\疑难解答——为什么输入的距离值与实际距离值不符？.swf

疑难： 图形之间的间距值为100mm，为什么在创建的过程中输入的间距值为200mm？

解答： 这与复制图形相同，系统在计算间距值时会将图形的尺寸计算在内，图形尺寸为100mm，图形之间的间距值为100mm，因此，在创建时输入的间距值就是图形尺寸（100mm）与间距值（100mm）的和，也就是200mm。

6.5.3　疑难解答——如何创建一行或者一列图形?

🖵 视频文件　| 疑难解答\第6章\疑难解答——如何创建一行或者一列图形? .swf

疑难: 矩形阵列可以创建多行或多列整齐排列的对象,如果要创建一行或者一列图形对象时,该如何操作?

解答: 如果要创建一行,那么在输入行数时输入"1"即可;同理,如果要创建一列对象,那么在输入列数时输入"1"即可,下面来创建"列数"为 10、"行数"为 1 的阵列效果。

Step 01 ▸ 单击【修改】工具栏上的"矩形阵列"按钮🔠。

Step 02 ▸ 单击矩形,按 Enter 键。

Step 03 ▸ 输入"COU",按 Enter 键,激活"计数"选项。

Step 04 ▸ 输入"10",按 Enter 键,设置列数。

Step 05 ▸ 输入"1",按 Enter 键,设置行数。

Step 06 ▸ 输入"S",按 Enter 键,激活"间距"选项。

Step 07 ▸ 输入"200",按 Enter 键,设置列距。

Step 08 ▸ 输入"1",按 Enter 键,设置行距。

Step 09 ▸ 按 Enter 键,绘制结果如图 6-71 所示。

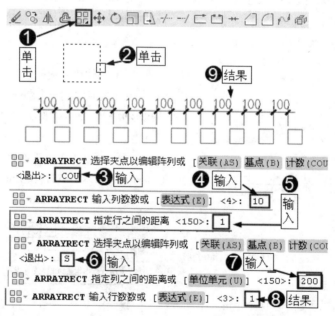

图 6-71　创建"列数"为 10,"行数"为 1 的阵列效果

练一练 尝试创建"行数"为 10、"列数"为 1、"行间距"为 150mm 的等距排列的矩形图形。

6.5.4　实例——创建矩形垫片零件图

✒ 效果文件　| 效果文件\第6章\实例——创建矩形垫片零件图 .dwg

🖵 视频文件　| 专家讲堂\第6章\实例——创建矩形垫片零件图 .swf

矩形垫片是一种呈矩形的用于密封的机械零件,下面来绘制图 6-72 所示的矩形垫片。

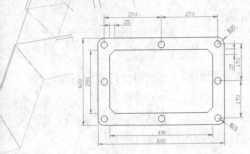

图 6-72 矩形垫片

操作步骤

1. 创建垫片外轮廓

该矩形垫片外轮廓是一个圆角矩形，下面来绘制一个圆角矩形。

Step 01 ▶ 单击【绘图】工具栏上的"矩形"按钮□。

Step 02 ▶ 输入"F"，按 Enter 键，激活"圆角"选项。

Step 03 ▶ 输入"30"，按 Enter 键，设置圆角半径。

Step 04 ▶ 在绘图区拾取一点。

Step 05 ▶ 输入"@600,400"，按 Enter 键，设置另一个角点坐标。绘制结果如图 6-73 所示。

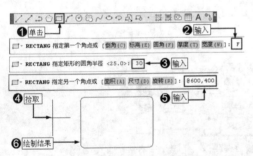

图 6-73 绘制圆角矩形

2. 创建垫片内部轮廓

该矩形垫片内轮廓是一个倒角矩形，下面来绘制一个倒角矩形。

Step 01 ▶ 单击【绘图】工具栏上的"矩形"按钮□。

Step 02 ▶ 输入"C"，按 Enter 键，激活"倒角"选项。

Step 03 ▶ 输入"25"，按 Enter 键，设置第 1 个倒角距离。

Step 04 ▶ 输入"25"，按 Enter 键，设置第 2 个倒角距离。

Step 05 ▶ 按住 Shift 键单击右键，选择"自"选项。

Step 06 ▶ 捕捉左下角圆弧的圆心，输入"@25,25"，按 Enter 键，设置第 1 个角点坐标。

Step 07 ▶ 按住 Shift 键单击右键，选择"自"选项。

Step 08 ▶ 捕捉右上角圆弧的圆心，输入"@－25,－25"，按 Enter 键，设置另一个角点坐标。绘制结果及过程如图 6-74 所示。

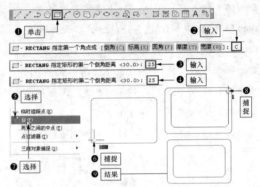

图 6-74 绘制倒角矩形

3. 创建垫片圆孔

下面来绘制一个圆作为垫片的圆孔。

Step 01 ▶ 单击【绘图】工具栏上的"圆"按钮⊙。

Step 02 ▶ 捕捉左下角圆弧的圆心。

Step 03 ▶ 输入"15"，按 Enter 键，设置圆半径。绘制结果及过程如图 6-75 所示。

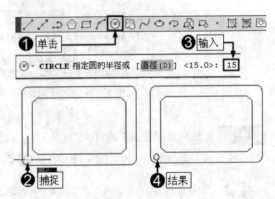

图 6-75 绘制圆

4. 创建其他垫片圆孔

下面对绘制的圆进行矩形阵列，以创建其他圆孔。

Step 01 ▶ 单击【修改】工具栏上的"矩形阵列"按钮 ▦。

Step 02 ▶ 单击左下方的圆，按 Enter 键。

Step 03 ▶ 输入"COU"，按 Enter 键，激活"计数"选项。

Step 04 ▶ 输入列数"3"，按 Enter 键。

Step 05 ▶ 输入行数"3"，按 Enter 键。

Step 06 ▶ 输入"S"，按 Enter 键，激活"间距"选项。

Step 07 ▶ 输入"270"，按 Enter 键，指定列之间的距离。

Step 08 ▶ 输入"170"，按 Enter 键，指定行之间的距离。

Step 09 ▶ 按两次 Enter 键，绘制结果及过程如图 6-76 所示。

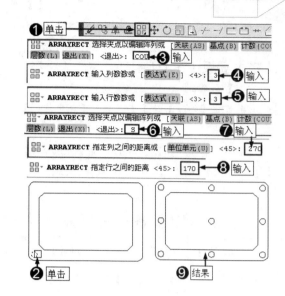

图 6-76　对圆进行阵列

5. 完成垫片创建

在无任何命令发出的情况下单击选择中间的圆，按 Delete 键将其删除，完成垫片的创建，结果如图 6-77 所示。

6. 保存图形

至此，该零件绘制完毕，将制作结果命名保存。

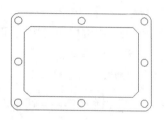

图 6-77　垫片创建完成

6.5.5　极轴（环形）阵列——向圆形餐桌快速布置餐椅

📄 素材文件	素材文件 \ 极轴阵列示例 .dwg
🖥 视频文件	专家讲堂 \ 第 6 章 \ 极轴（环形）阵列——向圆形餐桌快速布置餐椅 .swf

与矩形阵列不同，极轴阵列是沿中心点对图形进行环形复制，以快速创建聚心结构图形，例如常见的餐厅中圆形餐桌与餐椅的布置，就是一种极轴（环形）阵列效果。打开素材文件，这是一个圆形餐桌和一把餐椅，如图 6-78 所示。下面将餐椅均匀布置在餐桌周围，绘制结果如图 6-79 所示。

图 6-79　圆形餐桌和均匀布置的餐椅

⚙ **实例引导**——向圆形餐桌快速布置餐椅

Step01 ▶ 单击【修改】工具栏上的"环形阵列"按钮 ▦。

Step02 ▶ 以窗口方式选择餐椅图形。

Step03 ▶ 按 Enter 键，捕捉圆形餐桌的圆心。

Step04 ▶ 输入"I"，按 Enter 键，激活"项目"选项。

图 6-78　圆形餐桌和一把餐椅

Step05 ▶ 输入项目数 "10"，按 Enter 键。

Step06 ▶ 按 Enter 键，绘制结果如图 6-80 所示。

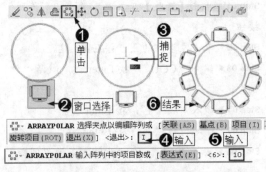

| 技术看板 | 也可以通过以下方式激活【极轴阵列】命令。

◆ 单击菜单【修改】/【阵列】/【环形阵列】命令。

◆ 在命令行输入 "ARRAYPOLA" 后按 Enter 键。

◆ 使用快捷键 AR。

图 6-80 向圆形餐桌快速布置餐椅

6.5.6 疑难解答——如何找到"极轴阵列"按钮？

| 🖥 视频文件 | 疑难解答 \ 第 6 章 \ 疑难解答——如何找到"极轴阵列"按钮 .swf |

疑难： 在【修改】工具栏如何才能找到"极轴阵列"按钮 ？

解答： 系统默认下，"极轴阵列"按钮 隐藏在 "矩形阵列"按钮下，按住 "矩形阵列"按钮，在弹出的下拉按钮中即可找到"极轴阵列"按钮 ，具体操作如下。

Step 01 ▶ 按住"矩形阵列"按钮 。

Step 02 ▶ 在弹出的下拉按钮下选择"环形阵列"按钮 ，如图 6-81 所示。

图 6-81 选择"环形阵列"按钮

6.5.7 疑难解答——极轴阵列的关键是什么？

| 🖥 视频文件 | 疑难解答 \ 第 6 章 \ 疑难解答——极轴阵列的关键是什么？ .swf |

疑难： 极轴阵列的关键是什么？

解答： 极轴阵列的关键是设置的阵列的"项目"数，可以根据需要来设置，如图 6-82 所示，"项目"数分别是 3、4、5 和 6 时的阵列效果。

6.5.8 疑难解答——如何创建半圆形极轴阵列效果？

| 🖥 视频文件 | 疑难解答 \ 第 6 章 \ 疑难解答——如何创建半圆形极轴阵列效果？ .swf |

疑难： 极轴阵列通常创建的都是圆形阵列效果，如果想创建图 6-83 所示的半圆形极轴阵列效果，该如何操作？

解答： 极轴阵列时，除了设置极轴阵列的数目数，还可以根据需要设置填充角度。所谓填充角度就是极轴阵列时的总角度，简单的说就是要在指定的角度内对图形进行极轴阵列，系统默认下，填充角度为 360°，也就是说要在 360° 范围内对图形进行极轴阵列。

从图 6-83 所示的阵列效果来看，其阵列的对象数目是 6 个，阵列效果呈半圆形，也就是说项目数是 6，而填充角度则是 180°，要想实现这样的效果，其操作如下。

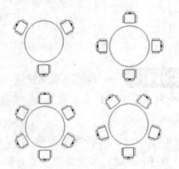

图 6-82 阵列效果

图 6-83　半圆形极轴阵列效果

Step 01 ▶ 单击【修改】工具栏上的"环形阵列"按钮 ⬚。

Step 02 ▶ 窗口方式选择餐椅图形。

Step 03 ▶ 按 Enter 键，捕捉圆形餐桌的圆心。

Step 04 ▶ 输入"I"，按 Enter 键，激活"项目"选项。

Step 05 ▶ 输入项目数"6"，按 Enter 键。

Step 06 ▶ 输入"F"，按 Enter 键，激活"填充

角度"选项。

Step 07 ▶ 输入填充角度"180"，按 Enter 键。

Step 08 ▶ 按 Enter 键，绘制过程及结果如图 6-84 所示。

尝试创建任意填充角度的阵列效果，例如 270°、90°、45° 等阵列效果。

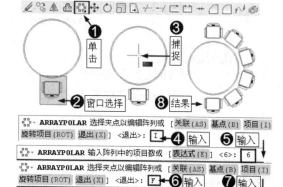

图 6-84　半圆形极轴阵列

6.5.9　疑难解答——如何避免极轴阵列后图形叠加的问题？

🖥 视频文件	疑难解答 \ 第 6 章 \ 疑难解答——如何避免极轴阵列后图形叠加的问题 .swf

疑难：为什么有时阵列后会出现图 6-85 所示的阵列对象重叠的状态？如何才能避免这种情况？

解答：出现图 6-85 所示的图形叠加的效果，是因为填充角度是固定的，如果项目数太多或者图形本身的尺寸过大，就会导致极轴阵列后对象重叠。

要避免图形阵列后不重叠，需要事先计算

好图形的阵列数目以及图形本身的宽度与极轴阵列的周长。

图 6-85

6.5.10　实例——绘制链轴机械零件平面图

📄 样板文件	样板文件 \ 机械样板 .dwt
✏ 效果文件	效果文件 \ 第 6 章 \ 实例——绘制链轴机械零件平面图 .dwg
🖥 视频文件	专家讲堂 \ 第 6 章 \ 实例——绘制链轴机械零件平面图 .swf

链轴也是轴类零件之一，本节来创建图 6-86 所示的链轴零件平面图。

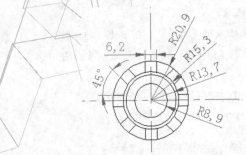

图 6-86　链轴零件

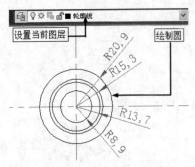

图 6-88　创建链轴轮廓

操作步骤

1. 新建文件并创建定位辅助线

下面首先调用样板文件并创建定位辅助线。

Step 01 ▸ 执行【新建】命令，以"机械样板. dwt"作为基础样板文件。

Step 02 ▸ 在"图层"控制下拉列表中将"中心线"图层设置为当前图层。

Step 03 ▸ 输入"L"，按 Enter 键，激活【直线】命令。

Step 04 ▸ 在绘图区绘制十字相交的两条线作为定位辅助线，如图 6-87 所示。

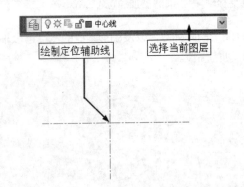

图 6-87　创建定位轴线

2. 创建链轴轮廓

链轴轮廓为圆形，下面创建圆作为链轴的轮廓。

Step 01 ▸ 将"轮廓线"层设置为当前图层。

Step 02 ▸ 单击【绘图】工具栏上的"圆"按钮 ⊘ 。

Step 03 ▸ 捕捉定位辅助线的交点作为圆心。

Step 04 ▸ 根据图示尺寸绘制圆，如图 6-88 所示。

3. 偏移中心线以创建链轴结构

下面对垂直定位线进行偏移，以创建链轴的内部结构图形。

Step 01 ▸ 单击【修改】工具栏上的"偏移"按钮 ⊆ 。

Step 02 ▸ 输入"3.1"，按 Enter 键，设置偏移距离。

Step 03 ▸ 单击垂直辅助线。

Step 04 ▸ 在辅助线的左边单击进行偏移。

Step 05 ▸ 单击垂直辅助线。

Step 06 ▸ 在辅助线的右边单击进行偏移。

Step 07 ▸ 按 Enter 键，绘制过程及结果如图 6-89 所示。

4. 修剪图线

下面对偏移的图线进行修剪，以创建链轴的内部结构图形。

Step 01 ▸ 单击【修改】工具栏上的"修剪"按钮 ⊢ 。

Step 02 ▸ 单击最外侧的两个圆作为修剪边界。

Step 03 ▸ 按 Enter 键，然后在偏移出的两条辅助线的两端单击进行修剪，修剪过程及结果如图 6-90 所示。

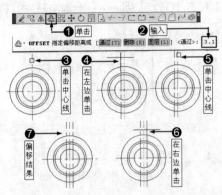

图 6-89　创建链轴结构

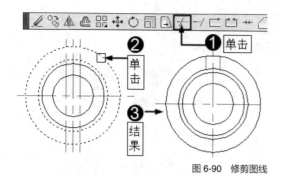

图 6-90　修剪图线

5. 调整图线的图层

由于修剪后的图线属于图形轮廓线，下面就将修剪后的两条图线放置到"轮廓线"层，这样便于后期对图形进行管理和编辑。

Step 01 ▶ 在无任何命令发出的情况下单击修剪后的两条图线使其夹点显示。

Step 02 ▶ 在"图层"控制下拉列表中选择"轮廓线"图层。

Step 03 ▶ 按 Esc 键取消夹点显示，调整结果如图 6-91 所示。

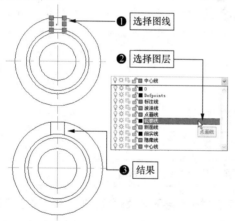

图 6-91　调整图线的图层

6. 阵列图线

下面对修剪后的图线进行阵列，以创建链轴的内部结构图形。

Step 01 ▶ 单击【修改】工具栏上的"环形阵列"按钮 。

Step 02 ▶ 单击选择两条图线。

Step 03 ▶ 按 Enter 键，捕捉圆心。

Step 04 ▶ 输入"I"，按 Enter 键，激活"项目"选项。

Step 05 ▶ 输入项目数"8"，按 Enter 键。

Step 06 ▶ 按 Enter 键，绘制结果如图 6-92 所示。

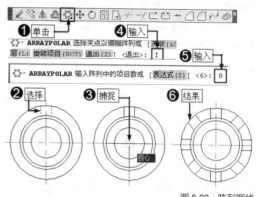

图 6-92　阵列图线

7. 保存图形

至此，链轴零件图绘制完毕，将绘制结果命名保存。

6.6　缩放

在 AutoCAD 机械设计中，通过缩放可以调整机械零件图的大小，使其符合机械设计的要求。缩放图形时有两种方式，一种是等比例缩放，一种是参照缩放，另外还可以在缩放图形的同时对对象进行复制，以得到另一个与源图形形状相同、尺寸不同的图形对象。

本节内容概览

知识点	功能 / 用途	难易度与应用频率
比例缩放（P224）	● 输入比例缩放图形 ● 编辑、完善二维图形	难易度：★ 应用频率：★★★★★
参照缩放（P224）	● 参照某图形缩放对象 ● 编辑、完善二维图	难易度：★ 应用频率：★★★★★
缩放复制（P225）	● 通过缩放复制另一个图形对象 ● 编辑完善二维图形	难易度：★ 应用频率：★★★★★

6.6.1 比例缩放——将矩形放大两倍

🖳 视频文件	专家讲堂 \ 第 6 章 \ 比例缩放——将矩形放大两倍 .swf

比例缩放是指输入缩放的比例因子来缩放图形对象。首先绘制一个 50mm×50mm 的矩形，如图 6-93（a）所示，然后使用"比例缩放"将该矩形放大两倍，放大结果如图 6-93（b）所示。

⚙ **实例引导** ——将矩形放大两倍

Step01 ▶ 单击【修改】工具栏上的"缩放"按钮🔲。

Step02 ▶ 单击绘制的矩形。

Step03 ▶ 按 Enter 键，捕捉矩形右下端点。

Step04 ▶ 输入比例因子"2"，按 Enter 键。

Step05 ▶ 按 Enter 键，绘制结果如图 6-94 所示。

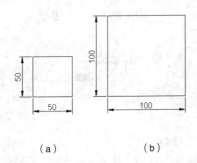

图 6-94　将矩形放大两倍

| 技术看板 | 也可以通过以下方式激活【缩放】命令：

◆ 单击菜单栏中的【修改】/【缩放】命令。

◆ 在命令行输入"SCALE"或"SC"后按 Enter 键。

练一练 比例缩放时，比例值大于1放大图形，比例值小于1则缩小图形。下面尝试将图 6-93（a）所示的矩形缩小一半，看看效果如何。

（a）　　　　　（b）

图 6-93　放大矩形

6.6.2 参照缩放——参照三角形边长缩放矩形

📄 素材文件	素材文件 \ 参照缩放示例 .dwg
🖳 视频文件	专家讲堂 \ 第 6 章 \ 参照缩放——参照三角形边长缩放矩形 .swf

与比例缩放不同，参照缩放与比例因子无关，它是通过一个参照对象对源图形进行缩放。打开素材文件，这是一个边长为 60mm 的等边三角形和边长为 50mm 的正方形图形，如图 6-95 所示，下面参照三角形的边长，对正方形进行缩放，使正方形边长与三角形边长相等。

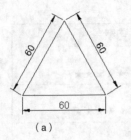

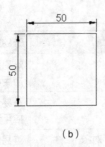

（a）　　　　　　　（b）

图 6-95　参照三角边长缩放矩形

⚙ **实例引导** ——参照缩放

1. 激活"参照"选项

Step01 ▶ 单击【修改】工具栏上的"缩放"按钮🔲。

Step02 ▶ 单击矩形，按 Enter 键。

Step03 ▶ 捕捉矩形端点。

Step04 ▶ 输入"R"，按 Enter 键，激活"参照"选项。

Step05 ▶ 捕捉矩形的端点。

Step06 ▶ 捕捉矩形的另一个端点，如图 6-96 所示。

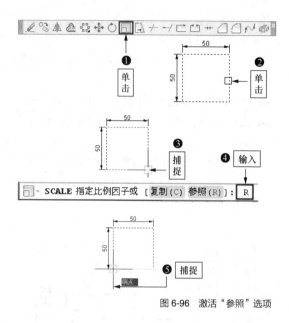

图 6-96 激活"参照"选项

2. 设置参照对象

Step 01 ▶ 输入"P"，按 Enter 键，激活"点"选项。

Step 02 ▶ 捕捉三角形右端点。

Step 03 ▶ 捕捉三角形左端点。

Step 04 ▶ 绘制结果如图 6-97 所示。

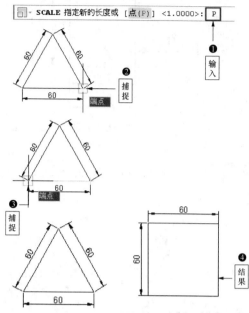

图 6-97 设置"参照对象"

练一练 参照缩放时与比例值无关，下面尝试以图 6-98（a）所示的矩形作为参照，对图 6-98（b）所示的三角形进行缩放，使三角形边长与矩形边长相等，如图 6-99 所示。

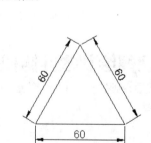

图 6-98 练习题

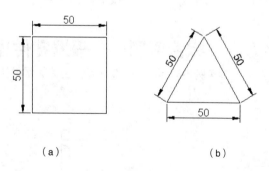

图 6-99 矩形与三角形边长相等

6.6.3 缩放复制——创建不同尺寸的另一个矩形

💻 视频文件 ┃ 专家讲堂 \ 第 6 章 \ 创建不同尺寸的另一个矩形 .swf

除了缩放对象之外，还可以在缩放对象的同时复制出一个与源对象尺寸不同，但结构完全相同的图形。首先创建一个 100mm×100mm 的矩形，然后通过缩放复制创建 150mm×150mm 的矩形，如图 6-100 所示。

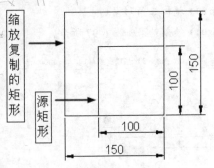

图 6-100　创建不同尺寸的另一个矩形

⚙ **实例引导**——缩放复制

Step01▸ 单击【修改】工具栏上的"缩放"按钮 🔲。

Step02▸ 单击矩形，按 Enter 键。

Step03▸ 捕捉矩形端点。

Step04▸ 输入"C"，按 Enter 键，激活"复制"选项。

Step05▸ 输入缩放比例"1.5"，按 Enter 键。

Step06▸ 按 Enter 键，绘制结果如图 6-101 所示。

练一练 尝试将 100mm×100mm 的矩形通过缩放复制创建出另一个 50mm×50mm 的矩形，如图 6-102 所示。

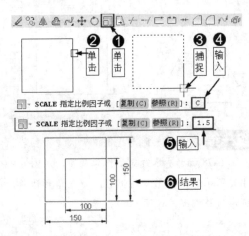

图 6-101　缩放复制

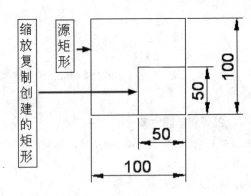

图 6-102　创建另一个 50mm×50mm 的矩形

6.7　综合实例——根据零件主视图绘制零件俯视图

本实例将根据图 6-103 所示的直齿轮零件主视图绘制图 6-104 所示的直齿轮零件俯视图。

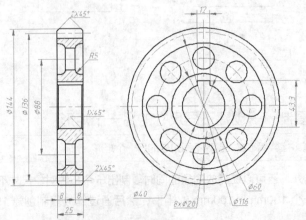

图 6-103　直齿轮零件主视图　　　　　图 6-104　直齿轮零件俯视图

6.7.1 绘图思路

绘图思路如下。

Step 01 ▸ 使用直线和圆命令创建中心线。

Step 02 ▸ 使用【圆】和【偏移】命令创建轮廓圆。

Step 03 ▸ 使用【极轴阵列】命令创建圆孔。

Step 04 ▸ 使用【偏移】和【修剪】、【延伸】命令创建键槽，完成零件俯视图的创建，如图 6-105 所示。

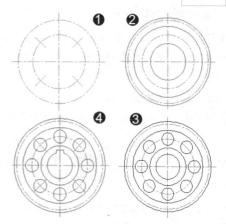

图 6-105　创建直齿轮俯视图

6.7.2 绘图步骤

📄 素材文件	素材文件 \ 直齿轮零件主视图板 .dwg
✎ 效果文件	效果文件 \ 第 6 章 \ 综合实例——绘制直齿轮零件俯视图 .dwg
🖥 视频文件	专家讲堂 \ 第 6 章 \ 综合实例——绘制直齿轮零件俯视图 .swf

⚙️ **操作步骤**

1. 打开素材文件

打开素材文件，这是一个直齿轮零件主视图，如图 6-106 所示。

2. 设置对象捕捉模式

Step 01 ▸ 输入 "SE"，按 Enter 键，打开【草图设置】对话框。

Step 02 ▸ 设置对象捕捉模式。

Step 03 ▸ 单击 确定 按钮，如图 6-107 所示。

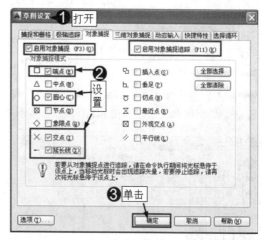

图 6-107　设置对象捕捉模式

3. 设置中心线图层

Step 01 ▸ 单击"图层"控制下拉列表按钮。

Step 02 ▸ 选择"中心线"图层，如图 6-108 所示。

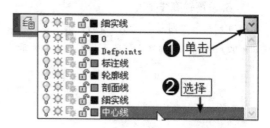

图 6-108　设置中心线图层

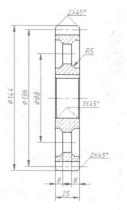

图 6-106　直齿轮零件主视图

4. 绘制水平中心线

Step 01 ▸ 单击"直线"按钮 ✎｜。

Step 02 ▸ 由主视图水平中心线右端点向右引出追踪线。

Step 03 ▸ 单击确定起点。

Step 04 ▸ 向右引导光标，在合适位置单击拾取端点。

Step 05 ▸ 按 Enter 键，结束操作，绘制结果如图 6-109 所示。

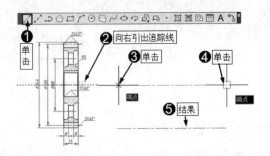

图 6-109　绘制水平中心线

5. 绘制垂直中心线

Step 01 ▸ 单击"直线"按钮 ✎｜。

Step 02 ▸ 单击确定起点。

Step 03 ▸ 向下引导光标，在合适位置单击并按 Enter，绘制过程及结果如图 6-110 所示。

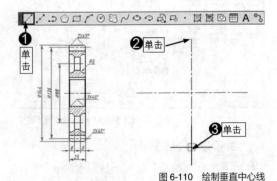

图 6-110　绘制垂直中心线

6. 设置轮廓线图层

Step 01 ▸ 单击"图层"控制下拉列表。

Step 02 ▸ 选择"轮廓线"图层，如图 6-111 所示。

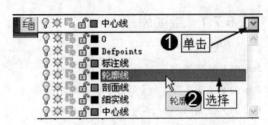

图 6-111　设置轮廓线图层

7. 绘制轮廓线圆

Step 01 ▸ 单击"圆"按钮 ⊙。

Step 02 ▸ 捕捉交点。

Step 03 ▸ 输入半径"20"，按 Enter 键。

Step 04 ▸ 按 Enter 键，绘制结果如图 6-112 所示。

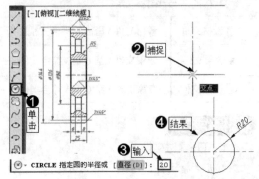

图 6-112　绘制轮廓线圆

8. 偏移圆

Step 01 ▸ 单击"偏移"按钮 ⚏。

Step 02 ▸ 输入偏移距离"10"，按 Enter 键。

Step 03 ▸ 单击圆。

Step 04 ▸ 在圆外单击。

Step 05 ▸ 按 Enter 键，绘制结果如图 6-113 所示。

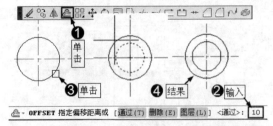

图 6-113　偏移圆

9. 创建另外两个轮廓线圆

重复【偏移】命令，继续将内部圆向外偏移 38mm 和 52mm，创建半径为 58mm 和 72mm 的轮廓圆，结果如图 6-114 所示。

10. 设置当前图层

Step 01 ▶ 单击"图层"控制下拉列表按钮。

Step 02 ▶ 选择"中心线"图层，如图 6-115 所示。

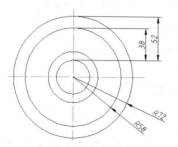

图 6-114 创建另外两个轮廓线圆

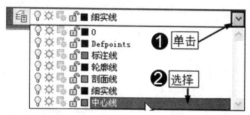

图 6-115 设置当前图层

11. 偏移中心线圆

Step 01 ▶ 单击"偏移"按钮 。

Step 02 ▶ 输入"L"，按 Enter 键，激活【图层】选项。

Step 03 ▶ 输入"C"，按 Enter 键，激活【当前】选项。

Step 04 ▶ 输入偏移距离"24"，按 Enter 键。

Step 05 ▶ 单击最内侧的圆。

Step 06 ▶ 在圆外单击。

Step 07 ▶ 按 Enter 键，绘制过程及结果如图 6-116 所示。

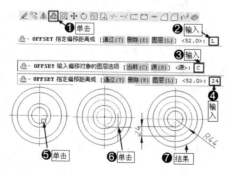

图 6-116 偏制中心线圆

12. 创建半径为 68mm 的中心线圆

继续使用相同的方法。再次将最内侧的圆

向外偏移 48mm，创建半径为 68mm 的中心线圆，如图 6-117 所示。

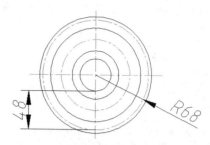

图 6-117 创建半径为 68mm 的中心线圆

13. 设置轮廓线图层

Step 01 ▶ 单击"图层"控制下拉列表按钮。

Step 02 ▶ 选择"轮廓线"图层，如图 6-118 所示。

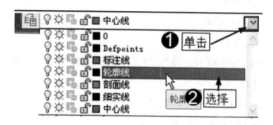

图 6-118 设置轮廓线图层

14. 绘制圆

Step 01 ▶ 单击"圆"按钮 。

Step 02 ▶ 捕捉交点。

Step 03 ▶ 输入半径"10"，按 Enter 键。

Step 04 ▶ 按 Enter 键，绘制过程及结果如图 6-119 所示。

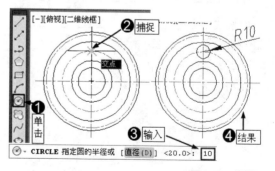

图 6-119 绘制圆

15. 阵列圆

Step 01 ▶ 单击"极轴阵列"按钮 。

Step 02 ▶ 单击小圆。

Step 03 ▶ 捕捉圆心。

Step 04 ▶ 输入"I"，按 Enter 键，激活"项目"

选项。

Step 05 ▸ 输入项目数"8"，按 Enter 键。

Step 06 ▸ 按 Enter 键，绘制结果如图 6-120 所示。

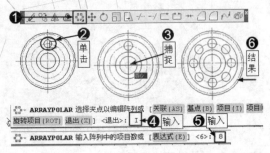

图 6-120　阵列圆

16. 偏移垂直中心线

Step 01 ▸ 单击"偏移"按钮 ⎡。

Step 02 ▸ 输入"L"，按 Enter 键，激活【图层】选项。

Step 03 ▸ 输入"C"，按 Enter 键，激活【当前】选项。

Step 04 ▸ 输入偏移距离"6"，按 Enter 键。

Step 05 ▸ 单击垂直中心线。

Step 06 ▸ 在中心线左侧单击。

Step 07 ▸ 单击垂直中心线。

Step 08 ▸ 在中心线右侧单击。

Step 09 ▸ 按 Enter 键，绘制结果如图 6-121 所示。

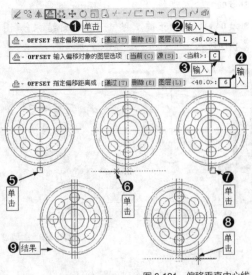

图 6-121　偏移垂直中心线

17. 偏移水平中心线。

Step 01 ▸ 单击"偏移"按钮 ⎡。

Step 02 ▸ 输入"L"，按 Enter 键，激活"图层"

选项。

Step 03 ▸ 输入"C"，按 Enter 键，激活【当前】选项。

Step 04 ▸ 输入偏移距离"23.3"，按 Enter 键。

Step 05 ▸ 单击水平中心线。

Step 06 ▸ 在中心线上侧单击。

Step 07 ▸ 按 Enter 键，绘制过程及结果如图 6-122 所示。

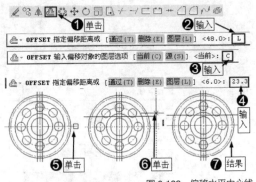

图 6-122　偏移水平中心线

18. 修剪图线

Step 01 ▸ 单击"修剪"按钮 ⊬。

Step 02 ▸ 单击选择偏移出的水平线和内侧圆。

Step 03 ▸ 按 Enter 键，然后在偏移出的左垂直线下下方单击。

Step 04 ▸ 在偏移出的右垂直线下下方单击。

Step 05 ▸ 在偏移出的左垂直线上下方单击。

Step 06 ▸ 在偏移出的右垂直线上下方单击。

Step 07 ▸ 按 Enter 键，绘制过程及结果如图 6-123 所示。

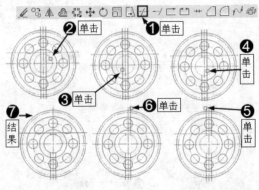

图 6-123　修剪图线

19. 再次修剪图线

Step 01 ▶ 单击"修剪"按钮 -/--。

Step 02 ▶ 单击修剪后的两条垂直线。

Step 03 ▶ 按 Enter 键，然后单击圆。

Step 04 ▶ 在偏移出的水平线左端单击。

Step 05 ▶ 在偏移出的水平线右端单击。

Step 06 ▶ 按 Enter 键，绘制结果如图 6-124 所示。

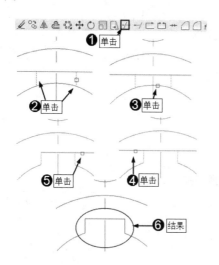

图 6-124　再次修剪图线

20. 创建中心线

Step 01 ▶ 单击"直线"按钮 /。

Step 02 ▶ 捕捉圆心。

Step 03 ▶ 捕捉圆心，按 Enter 键。

Step 04 ▶ 按 Enter 键，捕捉圆心。

Step 05 ▶ 捕捉圆心，按 Enter 键，绘制结果如图 6-125 所示。

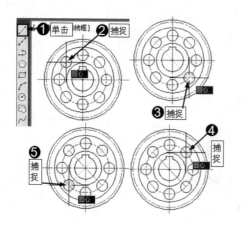

图 6-125　创建中心线

21. 延伸中心线

Step 01 ▶ 单击"延伸"按钮 --/。

Step 02 ▶ 单击圆作为延伸边界。

Step 03 ▶ 按 Enter 键，分别在创建的中心线上端和下端单击。

Step 04 ▶ 按 Enter 键，绘制结果如图 6-126 所示。

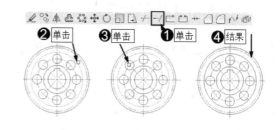

图 6-126　延伸中心线

22. 修剪中心线

Step 01 ▶ 单击"修剪"按钮 -/--。

Step 02 ▶ 单击圆作为修剪边界。

Step 03 ▶ 按 Enter 键，在圆内部单击中心线。

Step 04 ▶ 在圆内部单击另一条中心线。

Step 05 ▶ 按 Enter 键，绘制过程及结果如图 6-127 所示。

23. 保存文件

至此，该零件绘制完毕，将绘制结果命名保存。

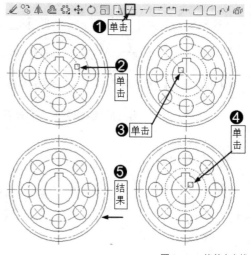

图 6-127　修剪中心线

6.8 综合自测

6.8.1 软件知识检验——选择题

（1）阵列图形时，输入"COU"激活（ ）选项。

A. 计数   B. 列数   C. 关联   D. 行数

（2）极轴阵列的快捷命令是（ ）。

A. AR   B. PO   C. PA   D. R

（3）路径阵列的快捷命令是（ ）。

A. AR   B. PO   C. PA   D. R

（4）缩放对象时，输入（ ）可以激活"复制"选项。

A. A   B. B   C. C   D. R

（5）缩放对象时，输入（ ）可以激活"参照"选项。

A. A   B. B   C. C   D. R

6.8.2 软件操作入门——绘制圆形垫片零件图

✒ 效果文件	效果文件\第6章\软件操作入门——绘制圆形垫片零件图.dwg
🖥 视频文件	专家讲堂\第6章\软件操作入门——绘制圆形垫片零件图.swf

根据图示尺寸，绘制图6-128所示的圆形垫片零件图。

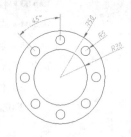

图 6-128 垫片零件图

6.8.3 应用技能提升——绘制泵盖零件主视图

✒ 效果文件	效果文件\第6章\应用技能提升——绘制泵盖零件主视图.dwg
🖥 视频文件	专家讲堂\第6章\应用技能提升——绘制泵盖零件主视图.swf

根据图示尺寸，绘制图6-129所示的泵盖零件主视图。

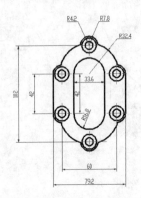

图 6-129 泵盖

第 7 章
图形资源的
管理与应用

在 AutoCAD 2014 机械设计中，除了绘制机械零件图之外，还可以应用现有的图形资源，并对这些图形资源进行有效管理，以提高绘图速度，减轻工作强度。本章就来学习图形资源的管理与应用技能。

图形资源的管理与应用

本章内容概览

知识点	功能 / 用途	难易度与应用频率
图层（P234）	● 创建图层绘制图形 ● 编辑、完善二维图形	难易度：★ 应用频率：★★★★★
图层特性（P241）	● 设置图层特性 ● 编辑、完善二维图形	难易度：★ 应用频率：★★★★★
图形特性与特性匹配 （P246）	● 设置图形特性 ● 匹配图形特性 ● 编辑完善二维图形	难易度：★ 应用频率：★★★★★
快速选择（P248）	● 快速选择图形对象 ● 编辑、完善二维图形	难易度：★★ 应用频率：★★★★★
图块（P249）	● 创建图块文件 ● 编辑、完善二维图形	难易度：★★★ 应用频率：★★★★★
图案填充（P252）	● 向图形对象中填充图案 ● 编辑、完善二维图形	难易度：★★★ 应用频率：★★★★★
夹点编辑（P257）	● 通过夹点编辑图形对象 ● 编辑完善二维图形	难易度：★★★ 应用频率：★★★★★
综合实例（P260）	● 快速绘制齿轮零件装配图	
综合自测	● 软件知识检验——选择题（P264） ● 软件操作入门——创建并完善机械零件组装图（P264） ● 应用技能提升——创建机械零件装配剖视图（P265）	

7.1　图层

　　在 AutoCAD 2014 机械设计中，一幅完整的机械设计图并非只有图形，还包括文字、尺寸、符号等其他众多元素，这些图形元素属性各不相同，为了便于对图形进行管理和编辑，需要将图形各元素按照其属性，分别放置在不同的图层中，这样不仅符合绘图要求，更是高效、精确绘图的正确方法，也是快速编辑、修改图形的关键。这一节主要介绍有关图层的相关知识。

本节内容概览

知识点	功能 / 用途	难易度与应用频率
图层（P235）	● 辅助绘图 ● 管理图形对象	难易度：★ 应用频率：★★★★★
新建（P235）	● 创建新的图层	难易度：★ 应用频率：★★★★★
重命名（P236）	● 为新建图层重命令	难易度：★ 应用频率：★★★★★
删除（P237）	● 删除多余图层	难易度：★ 应用频率：★★★★★
切换（P238）	● 设置当前图层	难易度：★ 应用频率：★★★★★
开、关图层（P238）	● 开、关图层 ● 显示隐藏图形对象	难易度：★ 应用频率：★★★★★

续表

知识点	功能 / 用途	难易度与应用频率
冻结、解冻图层（P239）	● 将图层冻结或解冻图层 ● 显示或隐藏图形对象	难易度：★ 应用频率：★★★★★
锁定、解锁图层（P240）	● 将图层锁定或解锁图层 ● 避免误操作	难易度：★ 应用频率：★★★★★

7.1.1　绘图的辅助工具——图层

🖥 视频文件　专家讲堂＼第 7 章＼绘图的辅助工具——图层 .swf

在 AutoCAD 中，图层是一个综合性的制图工具，在 AutoCAD 中绘图时，其实就是在一张透明"玻璃板"上绘制，可以将不同属性的图形元素绘制在不同的"玻璃板"上，然后将这些"玻璃板"叠加起来，就形成了一幅完整的图形。

图 7-1 所示是一幅销轴的左剖视图，其内容包括尺寸标注、轮廓线、中心线以及剖面线等内容，这些图形元素根据属性不同被放置在不同的图层中，将这些图层叠加起来就形成了一幅完整的机械设计图。

由于图形各元素被放置在不同的图层中，并以不同的颜色来表示，这样，在编辑各图形元素时就会非常方便，例如，"标注线"层的颜色为蓝色，尺寸标注也为蓝色，如图 7-1 所示。如果想使用红色标注尺寸，只要修改"标注线"层的颜色为红色，那么图形中的尺寸标注的颜色也会被修改为红色，如图 7-2 所示。

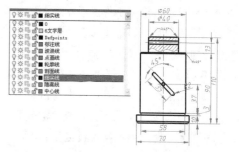

图 7-1　销轴

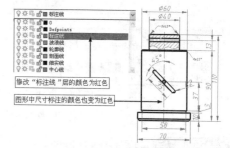

图 7-2　修改"标注线"层的颜色

7.1.2　获取更多图层——新建

🖥 视频文件　专家讲堂＼第 7 章＼获取更多图层——新建 .swf

在 AutoCAD 2014 中，图层是由【图层】工具栏和【图层特性管理器】对话框共同管理的，当新建一个 AutoCAD 图形文件之后，可以单击【图层】工具栏中的"图层特性管理器"按钮 ，打开【图层特性管理器】对话框，如图 7-3 所示。

图 7-3　[图层特性管理器] 对话框

| 技术看板 | 除此之外，也可以单击菜单栏中的【格式】/【图层】命令，或者在命令行输入"LAYER"或"LA"后按 Enter 键，均可打开【图层特性管理器】对话框。

在该对话框中，已经有一个"0"层，可以在该"0"层上绘制图形、标注尺寸以及进行与图形设计有关的所有操作，但是，这样的操作会导致最后的设计图非常混乱，不利于后期对图形进行编辑和管理，因此，在开始绘图前需要更多的图层，以便于将图形各元素根据属性放置在不同的层上。这些图层都需要在【图层特性管理器】对话框中来新建。

| 技术看板 | 除了在【图层特性管理器】对话框查看图层之外，也可以单击【图层】工具栏的下拉列表按钮展开图层列表，在图层列表中选择关闭、打开或冻结或锁定图层等，如图 7-4 所示。

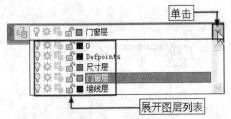

图 7-4 展开图层列表

⚙ **实例引导** ——新建 3 个图层

Step01 ▶ 单击【图层】工具栏上的"图层特性管理器"按钮 📇。

Step02 ▶ 打开【图层特性管理器】对话框。

Step03 ▶ 单击"新建图层"按钮 ✍。

Step04 ▶ 新建名为"图层1"的新图层，如图 7-5 所示。

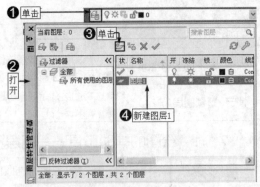

图 7-5 新建"图层 1"

Step05 ▶ 连续单击"新建图层"按钮 ✍，新建"图层2"和"图层3"，如图 7-6 所示。

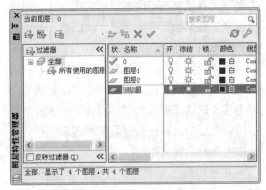

图 7-6 新建"图层 2"和"图层 3"

| 技术看板 | 也可以通过以下 3 种方式快速新建多个图层。

◆ 在刚创建了一个图层后，连续按 Enter 键，可以新建多个图层。

◆ 通过按 Alt+N 组合键，可以创建多个图层。

◆ 在【图层特性管理器】对话框中右击，选择右键菜单中的"新建图层"选项，可以新建图层。

7.1.3 管理图层——重命名

💻 视频文件 | 专家讲堂\第7章\管理图层——重命名.swf

新建的图层，系统将其依次命名为"图层1""图层2"……为了方便对图形各元素进行有效管理和控制，还需要根据图元素各属性，为新建的图层重命名，例如，将标注尺寸的图层命名为"尺寸层"、将绘制机械图轮廓的图层命名为"轮廓线"、将放置图形中心线的图层命名为"中心线"层等，这样在绘制和编辑图形时，就可以根据图名，很容易地找到相关图层。下面将新建的 3 个图层分别重命名为"尺寸层""轮廓线"和"中心线"。

实例引导——重命名图层

Step01 ▸ 在【图层特性管理器】对话框中单击"图层1"名，使其反白显示。

Step02 ▸ 输入图的新名为"尺寸层"，如图 7-7 所示。

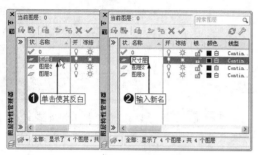

图 7-7　输入"尺寸层"新名

Step03 ▸ 使用相同的方法，继续将其他两个图层分别命名为"轮廓线"和"中心线"，绘制结果如图 7-8 所示。

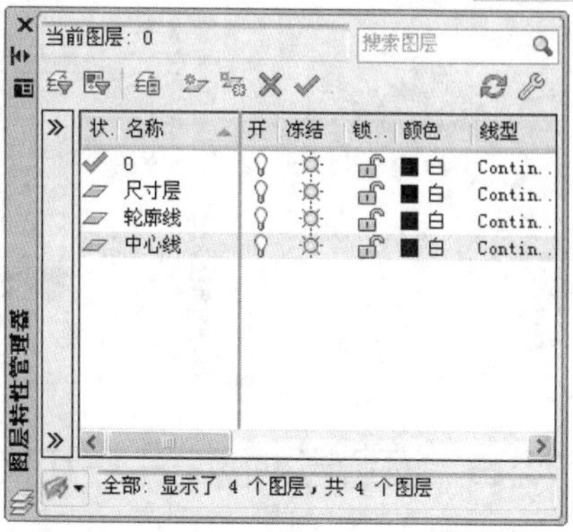

图 7-8　命名另外两个图层

| 技术看板 | 在为图层进行重命名时，图层名最长可达 255 个字符，可以是数字、字母或其他字符；图层名中不允许含有大于号（>）、小于号（<）、斜杠（/）、反斜杠（\）以及标点符号等；另外，为图层命名或更名时，必须确保当前文件中图层名的唯一性。

7.1.4　删除多余图层——删除

💻 视频文件	专家讲堂\第7章\删除多余图层——删除.swf

　　在 AutoCAD 2014 机械设计中，太多无用的图层对绘图并不利，这不仅会增加程序的运算速度，更会图形的管理带来不便，可以删除这些多余图层，以方便对图形进行管理和控制。下面介绍删除名为"中心线"的新图层的相关技能。

实例引导——删除无用图层

💻 视频文件	专家讲堂\第7章\删除无用图层.swf

Step01 ▸ 在【图层特性管理器】对话框中单击选择"中心线"图层。

Step02 ▸ 单击【图层特性管理器】对话框中的"删除图层"按钮 ✖ 。

Step03 ▸ "中心线"图层被删除，绘制结果如图 7-9 所示。

图 7-9　删除"中心线"图层

| 技术看板 | 也可以在图层上右击，选择【删除图层】选项，以删除图层，如图 7-10 所示。在删除图层时，要注意以下几点。

◆ 0 图层和 Defpoints 图层不能被删除，这两个图层是系统预设的图层，因此不能删除。

◆ 当前图层不能被删除。当前图层是指当前操作的图层，在【图层特性管理器】中会发现，0 图层前面有一个 ✔ 图标，这表示该层为当前操作图层。

◆ 包含对象的图层或依赖外部参照的图层都不能被删除。包含对象的图层是指该图层中已经绘制了图形对象。

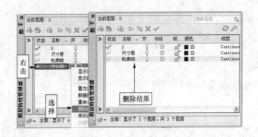

图 7-10　删除图层

7.1.5　设置当前图层——切换

🖥 视频文件　专家讲堂 \ 第 7 章 \ 设置当前图层——切换 .swf

当新建并重命名图层之后，在绘图前还需要根据绘图的图形类型，来设置合适的图层作为当前图层，例如，要绘制图形中心线，需要将"中心线"图层设置为当前图层，如果绘制的是图形轮廓线，就需要将"轮廓线"图层设置为当前图层，这就是切换图层。切换图层的目的是在当前图层上绘制不同类型的图形元素。下面将"尺寸层"图层切换为当前图层。

Step 01 ▶ 在【图层特性管理器】对话框中选择"尺寸层"。

Step 02 ▶ 单击【图层特性管理器】对话框中的 ✔ "置为当前"按钮。

Step 03 ▶ 此时"尺寸层"被切换为当前图层，在该图层前面显示✔符号，如图 7-11 所示。

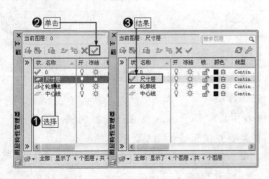

图 7-11　切换图层

| 技术看板 | 还可以通过以下 3 种方式进行切换图层。

◆ 选择图层后单击右键，选择右键菜单中的【置为当前】选项，如图 7-12 所示。

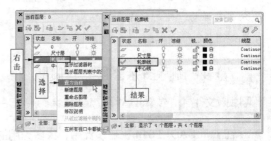

图 7-12　使用右键菜单切换图层

◆ 选择图层后按 Alt+C 组合键，也可以切换图层。

◆ 在【图层】工具栏展开其下拉列表，选择要切换为当前层的图层，将其切换为当前层，如图 7-13 所示。

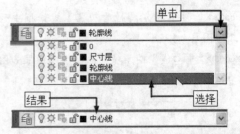

图 7-13　使用 [图层] 工具栏切换图层

7.1.6　显示、隐藏图形——开、关图层

📄 素材文件	素材文件 \ 半轴壳零件主视图 .dwg
🖥 视频文件	专家讲堂 \ 第 7 章 \ 显示、隐藏图形——开、关图层 .swf

一幅完整的 AutoCAD 机械设计图包含许多图形元素，这些图形元素被放置在不同的图层中，在编辑图形时，为了方便操作，可以暂时将不需要编辑的图形元素隐藏，完成后再将其显示。

只要关闭或打开图形元素所在图层即可隐藏或显示图形元素，这就是开关图层。

打开素材文件，这是某机械零件图，打开【图层特性管理器】对话框，在每一个图层后面都有 图标 按钮，该按钮就是用于控制图层开关的按钮，如图 7-14 所示。

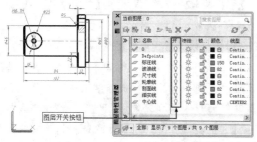

图 7-14　图层开关按钮

默认状态下该按钮显示为 图标，此时，位于该图层上的对象都是可见的，并且可以在该层上进行绘图和修改操作。如果在按钮 图标 上单击，则该按钮显示为 图标（按钮变暗），表示该图层被关闭，位于该图层上的所有图形对象都会被隐藏，再次在该按钮 图标 上单击，按钮显示为 图标，表示该图层被打开。下面来关闭"标注线"层，将尺寸标注进行隐藏。

⚙ **实例引导**——隐藏尺寸标注

Step01▶ 在【图层特性管理器】对话框单击"标注线"层后面的按钮 图标。

Step02▶ 该按钮显示为 图标（按钮变暗）。此时图形中的尺寸标注被隐藏，如图 7-15 所示。

┃技术看板┃ 再次单击按钮 图标，按钮显示为 图标 图标时，即可显示图层。需要说明的是，当图层被隐藏后，该层上的图形不能被打印或由绘图仪输出，但重新生成图形时，图层上的实

体仍将重新生成。另外，隐藏当前图层时，会弹出询问对话框，如图 7-16 所示，单击"关闭当前图层"选项，当前图层被隐藏；单击"使当前图层保持打开状态"选项，当前图层不被隐藏。另外，还可以单击【图层】工具栏的控制列表按钮将其展开，然后单击 图标 图标和 图标 图标，以关闭和显示图层，如图 7-17 所示。

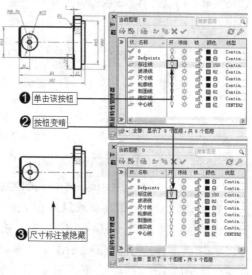

图 7-15　隐藏尺寸标注

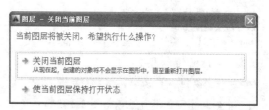

图 7-16　询问对话框

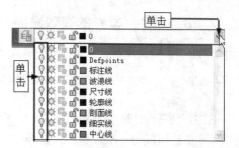

图 7-17　关闭和显示图层

7.1.7　显示、隐藏图形另一种方式——冻结、解冻图层

📄 素材文件	素材文件 \ 半轴壳零件主视图 .dwg
🖥 视频文件	专家讲堂 \ 第 7 章 \ 显示、隐藏图形的另一种方式——冻结、解冻图层 .swf

冻结图层与开关图层有些相似，冻结图层后，图层上的对象也会处于隐藏状态，只是图形被冻结后，图形不仅不能在屏幕上显示，而且不能由绘图仪输出，不能进行重生成、消隐、渲染和打印等操作。

打开素材文件，同时打开【图层特性管理器】对话框，在每一个图层后面都有 ☼ 图标按钮，该按钮就是用于冻结图层的按钮，如图 7-18 所示。

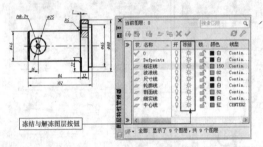

图 7-18　冻结与解冻图层按钮

默认设置下，所有图层都是解冻状态，其按钮显示为 ☼ 图标，在该按钮上单击，按钮显示为 ❄ 图标，此时图层上的图形元素被冻结，冻结后图形不可见。下面来冻结"标注层"。

实例引导——冻结图层

Step01▶ 在【图层特性管理器】对话框单击"标注线"层后面的 ☼ 按钮。

Step02▶ 该按钮显示为 ❄ （按钮变暗）。此时图形中的尺寸标注不可见，如图 7-19 所示。

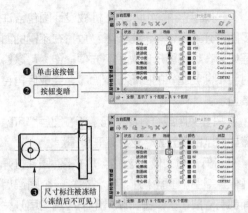

① 单击该按钮

② 按钮变暗

③ 尺寸标注被冻结（冻结后不可见）

图 7-19　冻结图层

|技术看板| 还可以单击【图层】工具栏的控制列表按钮将其展开，然后单击 ☼ 图标和 ❄ 图标，以冻结和解冻图层，如图 7-20 所示。

需要说明的是，关闭与冻结的图层都是不可见和不可以输出的。被冻结图层不参加运算处理，可以加快视窗缩放、视窗平移和许多其他操作的处理速度，增强对象选择的性能并减少复杂图形的重生成时间，因此建议用户冻结长时间不用看到的图层。

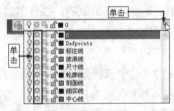

图 7-20　冻结和解冻图层

7.1.8　避免误操作的有效途径——锁定、解锁图层

📄 素材文件	素材文件\半壳轴零件主视图.dwg
🖥 视频文件	专家讲堂\第 7 章\避免误操作的有效途径——锁定、解锁图层.swf

在进行图形设计时，常会出现误操作，例如删除图形时可能会将不必删除的图形删除。要想避免这样的情况发生，可以锁定图层。图层被锁定后，将不能对其进行任何操作，这样就会避免误操作。

继续打开素材文件，同时打开【图层特性管理器】对话框，在每一个图层后面都有 🔒 按钮，该按钮就是用于锁定图层的按钮，如图 7-21 所示。

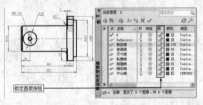

锁定图层按钮

图 7-21　锁定图层按钮

默认设置下，所有图层都是解锁状态，其按钮显示为🔓图标，此时可以对该层上的图形对象进行任何编辑操作，在该按钮🔓上单击，按钮显示为🔒图标，这表示图层被锁定，此时不能对其进行任何操作，但该层上的图形仍可以显示和输出。下面来锁定"轮廓线"层，看看锁定后能否对图形轮廓进行编辑。

⚙ **实例引导**——锁定、解锁图层

Step01▶ 在【图层特性管理器】对话框中单击"轮廓线"层后面的🔓按钮。

Step02▶ 该按钮显示为🔒，此时图形颜色变暗，但可见。

Step03▶ 单击【修改】工具栏上的"移动"按钮🛧。

Step04▶ 单击图形轮廓线，发现不能选择，如图 7-22 所示。

| **技术看板** | 当前图层不能被冻结，但可以

被关闭和锁定，图层被冻结后，图形仍然显示，但已经不能对其进行任何编辑，这样可以避免误操作的发生。

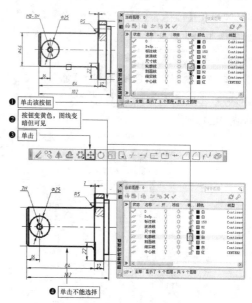

❶ 单击该按钮
❷ 按钮变黄色，图线变暗但可见
❸ 单击
❹ 单击不能选择

图 7-22　锁定"轮廓线"图层

7.2　图层特性

新建图层之后，还需要设置图层的特性。图层特性是指图层的颜色、线型、线宽等，这是绘图的关键，本节介绍图层特性的设置技能。

本节内容概览

知识点	功能 / 用途	难易度与应用频率
设置图层颜色特性（P241）	● 设置图层颜色特性 ● 规划管理图形对象	难易度：★ 应用频率：★★
设置图层线型特性（P242）	● 设置图层线型特性 ● 规划管理图形对象	难易度：★ 应用频率：★★★★★
设置图层线宽特性（P243）	● 设置图层线宽特性 ● 规划管理图形对象	难易度：★ 应用频率：★★★★★
实例（P244）	● 规划管理机械零件图	

7.2.1　设置图层颜色特性

🖥 视频文件 ｜ 专家讲堂 \ 第 7 章 \ 设置图层颜色特性 .swf

颜色对于图形设计影响并不大，设置颜色的主要目的是区分不同属性的图形元素。默认设置下，新建的所有图层的颜色均为黑色，但在实际的绘图过程中，需要对各图形元素设置不同的颜色。

首先在 7.1 节新建的"轮廓线"图层上绘制一个黑色的圆，如图 7-23 所示。下面设置"轮廓线"图层的颜色为蓝色，看看该层中的圆是什么颜色。

⚙ **实例引导**——设置图层颜色

Step01 ▶ 在"轮廓线"图层的颜色块上单击。

Step02 ▶ 打开【选择颜色】对话框。

Step03 ▶ 在【选择颜色】对话框的【索引颜色】选项卡中单击蓝色颜色块。

Step04 ▶ 单击 确定 按钮。

Step05 ▶ "轮廓线"颜色被设置为蓝色。

Step06 ▶ 此时该层中的圆颜色也变为了蓝色，如图 7-24 所示。

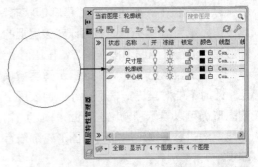

图 7-23　绘制一个圆

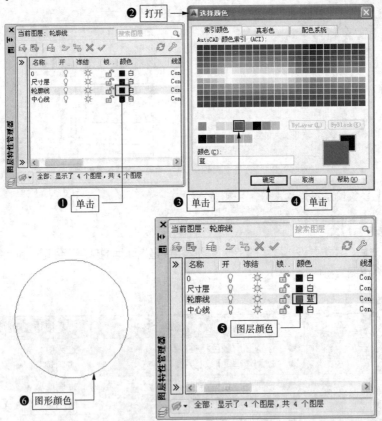

图 7-24　设置图层颜色

| 技术看板 | 除了【索引颜色】配色系统之外，还可以选择【真颜色】和【配色系统】两种配色系统设置颜色，这两种配色系统的颜色设置方法与其他应用程序颜色设置方法相同，在此不再赘述。

7.2.2　设置图层线型特性

📄 素材文件	素材文件 \ 垫片 01.dwg
🖥 视频文件	专家讲堂 \ 第 7 章 \ 设置图层线型特性 .swf

　　与颜色不同，设置线型是图形设计中的主要内容，不同的图形元素，所使用的线型有所不同。默认设置下系统为所有图层提供名为"Continuous"的线型，但在实际的绘图过程中，可以根据不同图形元素，为其设置不同的线型。

首先打开素材文件，这是一个垫片的机械零件图，垫片轮廓线和中心线使用了不同颜色的线型，如图 7-25 所示。

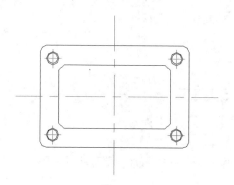

图 7-25　垫片

下面将"中心线"线型设置为"ACADISO04W100"的线型。

实例引导 ——设置线型

在设置线型时，首先要加载线型，然后才能将加载的线型指定给图层。

Step01 ▶ 在"中心线"图层的"Continuous"上单击。

Step02 ▶ 打开【选择线型】对话框。

Step03 ▶ 单击 加载(L)... 按钮。

Step04 ▶ 打开【加载或重载线型】对话框。

Step05 ▶ 选择名为"ACADISO04W100"的线型。

Step06 ▶ 单击 确定 按钮，如图 7-26 所示。

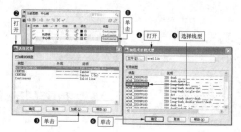

图 7-26　加载线型

线型加载成功之后，就可以将其指定给图层了。

Step01 ▶ 在【选择线型】对话框选择加载的线型。

Step02 ▶ 单击 确定 按钮。

Step03 ▶ 将该线型指定给"中心线"层。

Step04 ▶ 此时图形中心线的线型是加载的线型，如图 7-27 所示。

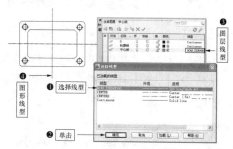

图 7-27　将加载的线形指定给图层

7.2.3　设置图层线宽特性

📄 素材文件	素材文件 \ 垫片 01.dwg
🖥 视频文件	专家讲堂 \ 第 7 章 \ 设置图层线宽特性 .swf

在默认设置下，所有层的线宽为系统默认的线宽，但在 AutoCAD 图形设计中，不仅各图形元素的线型不同，其线宽要求也不相同，例如，图形轮廓线的线宽有时会要求为0.30mm，这时就需要重新设置线宽。

打开素材文件，下面将该素材文件的轮廓线线宽设置为 0.30mm。

实例引导 ——设置图层线宽特性
首先需要设置图层的线宽。

Step01 ▶ 打开【图层特性管理器】对话框。

Step02 ▶ 在"轮廓线"图层的"线宽"位置单击。

Step03 ▶ 打开【线宽】对话框。

Step04 ▶ 选择 0.30mm 的线宽。

Step05 ▶ 单击 确定 按钮。

Step06 ▶ 结果"轮廓线"层的线宽被设置为0.30mm，如图 7-28 所示。

但设置线宽之后，图形的线宽并没有发生任何变化，如图 7-29 所示。

这是因为在默认设置下，线宽是隐藏状态，下面显示线宽。

Step01 ▶ 在状态栏单击"显示 / 隐藏线宽"按钮 ➕。

Step02 ▶ 此时图形中将显示线宽效果，如图 7-30 所示。

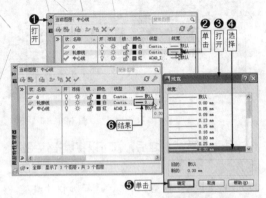

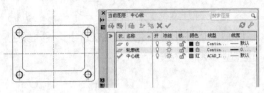

图 7-29　图形的线宽没有变化

图 7-28　设置图层线宽

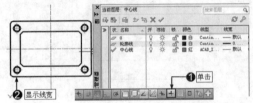

图 7-30　显示线宽

7.2.4　实例——规划管理机械零件图

📄 素材文件	素材文件 \ 零件组装图 01.dwg
✒ 效果文件	效果文件 \ 第 7 章 \ 实例——规划管理机械零件图 .dwg
🖥 视频文件	专家讲堂 \ 第 7 章 \ 实例——规划管理机械零件图 .swf

打开素材文件"零件组装图 01.dwg"文件，这是一个机械零件组装图，所有图形元素都被放置在一个层上，如图 7-31 所示。

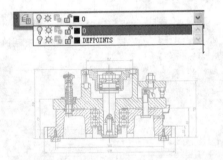

图 7-31　零件组装图

这显然不符合图形的设计要求，下面通过图层来重新规划该零件图，使其符合图形设计要求，结果如图 7-32 所示。

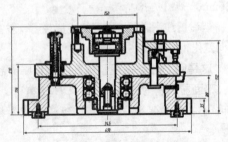

图 7-32　通过图层重新规划零件图

⚙ **操作步骤**

1. 新建图层并设置特性

要想重新规划该零件图，就必须新建图层。根据该零件图的图形元素特性，需要新建"标注线""轮廓线""剖面线"和"中心线"4个图层，并设置各图层的颜色和线型、线宽特性，这样才能很好地规划该零件图。

Step01 ▶ 单击【图层】工具栏上的"图层特性管理器"按钮 🖹。

Step02 ▶ 打开【图层特性管理器】对话框。

Step03 ▶ 快速创建4个图层，为各层重命名并设置颜色、线型和线宽特性，其中"中心线"线型为"CENTER2"，"轮廓线"线宽为0.30mm，其他默认，如图 7-33 所示。

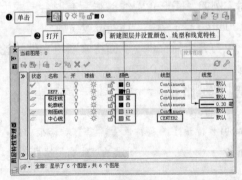

图 7-33　新建图层并设置特性

2. 规划"中心线"图层

图形中心线一般要放在"中心线"层,这样便于对图形进行管理。

Step 01▶ 在无命令执行的前提下,单击零件图中心线使其夹点显示。

Step 02▶ 在"图层"控制下拉列表中选择"中心线"图层。

Step 03▶ 按 Esc 键取消中心线的夹点显示,发现中心线被放置在了"中心线"层,并继承该层的一切特性,如图 7-34 所示。

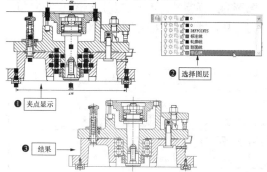

图 7-34 规划"中心线"图层

| 技术看板 | 夹点显示是指在无任何命令发出的情况下单击选中图形时,图形特征点会以蓝色显示。不同的图形对象,其特征点数量是不同的,例如直线特征点包括两个端点和一个中点、矩形特征点包括 4 个端点和 4 条边的中点,如图 7-35 所示。

3. 规划"标注线"和"剖面线"图层

标注线用于标注图形的尺寸,应该将其放置在"标注线"图层,而剖面线主要用于表示图形剖面结构,应该将其放置在"剖面线"图层,这样才是绘制图形的正确方法。下面参照规划"中心线"层的方法,尝试将零件图尺寸标注放置在"标注线"图层;将零件图所有剖面线放置在"剖面线"图层,结构如图 7-36 所示。

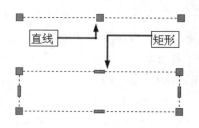

图 7-35 图形特征点

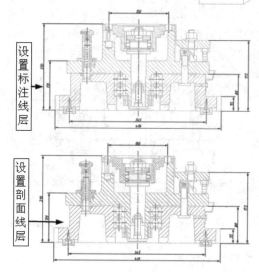

图 7-36 设置"标注线"和"剖面线"图层

4. 规划轮廓线图层

轮廓线其实就是图形的轮廓,是表现图形特征的主要内容,因此需要将其放置在特定的图层上,便于对轮廓线进行管理和编辑。

Step 01▶ 为了能更方便地选择轮廓线,暂时关闭"标注线、剖面线和中心线"3 个图层。

Step 02▶ 此时只显示轮廓线图形。

Step 03▶ 以窗口方式选择所有图形。

Step 04▶ 在"图层"控制下拉列表中选择"轮廓线"层。

Step 05▶ 按 Esc 键取消夹点显示,并打开状态栏上的"线宽"显示功能。

Step 06▶ 设置结果如图 7-37 所示。

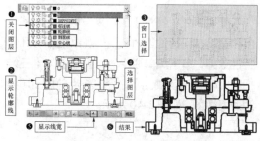

图 7-37 设置轮廓线图层

| 技术看板 | 窗口方式选择是指按住鼠标左键由左向右拖出浅蓝色选择框,将所选对象全部包围在选择框内。

5. 完成图层的规划

当所有图层都规划完毕之后，可以取消被隐藏的图层使其显示，这样就完成了对该机械零件图的规划工作，结果如图 7-38 所示。

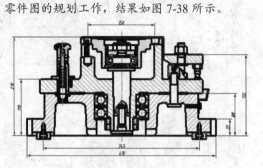

图 7-38　完成图层的规划

本节内容概览

知识点	功能/用途	难易度与应用频率
【特性】窗口（P246）	● 设置图形的特性 ● 编辑图形对象	难易度：★ 应用频率：★★★★★
特性匹配（P247）	● 将一个图形的特性复制给另一个图形对象 ● 编辑图形对象	难易度：★ 应用频率：★★★★★

7.3.1　设置图形特性的工具——【特性】窗口

💻 视频文件　专家讲堂\第7章\设置图形特性的工具——【特性】窗口.swf

首先绘制一个长度为 200mm、宽度为 100mm 的矩形，如图 7-39 所示。

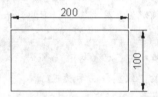

图 7-39　矩形

下面通过【特性】窗口来设置该矩形的厚度和宽度几何特性。为了便于观察矩形的几何特性效果，单击菜单栏中的【视图】/【三维视图】/【西南等轴测】命令，将当前视图切换为西南视图，如图 7-40 所示。

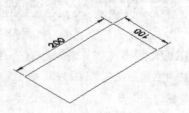

图 7-40　将矩形切换为西南视图

6. 保存文件

最后执行【另存为】命令，将图形另名存储为"规划管理零件图.dwg"文件。

7.3　图形特性与特性匹配

图层特性只能表现图形的颜色、线型、线宽等基本特性，而图形的厚度、高度、宽度等这些几何特性却无法通过图层特性来表现，但 AutoCAD 为用户提供了图形特性的设置功能，它不仅能设置图形的基本特性，同时也能设置图形的几何特性。本节主要介绍图形特性的设置以及特性匹配的相关技能。

⚙ **实例引导**——使用【特性】窗口设置图形特性

Step01 ▶ 单击【标准】工具栏上的"特性"按钮 打开【特性】窗口。

Step02 ▶ 在无命令执行的前提下选择矩形。

Step03 ▶ 在【特性】窗口下的"厚度"选项上单击，该选项以输入框形式显示，然后输入厚度值为"50"。

Step04 ▶ 按 Enter 键，矩形的厚度特性被修改为 50mm，如图 7-41 所示。

Step05 ▶ 单击展开"几何图形"选项。

Step06 ▶ 在"全局宽度"选项框内单击并输入"15"。

Step07 ▶ 按 Enter 键确认，然后按 Ecs 键取消夹点显示，结果矩形的全局宽度被修改为"15"，如图 7-42 所示。

｜技术看板｜【特性】窗口在绘图中应用非常广泛，由于受所学内容的限制，有很多功能在此还不能更详细的讲解，在后面章节将通过具体案例进行更详细的讲解。

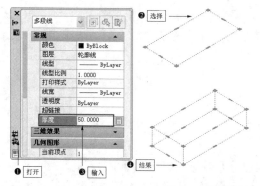

图 7-41 修改矩形厚度

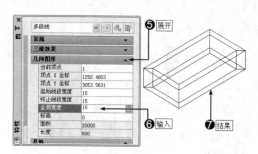

图 7-42 修改矩形的全局宽度

7.3.2 将图形特性复制给另一个图形——特性匹配

📄 素材文件	素材文件 \ 特性匹配示例 .dwg
🖥 视频文件	专家讲堂 \ 第 7 章 \ 将图形特性复制给另一个图形——特性匹配 .swf

与【特性】窗口不同，【特性匹配】命令是将一个图形的多种特性复制给另外一个图形，使这些图形对象拥有相同的特性。一般情况下，用于匹配的图形特性有"线型、线宽、线型比例、颜色、图层、标高、尺寸和文本"等。

打开素材文件，分别是一个设置了厚度和宽度的矩形和一个多边形图形，如图 7-43 所示。

下面使用【特性匹配】命令，将矩形的所有特性匹配给多边形。

⚙ **实例引导**——特性匹配

Step01 ▶ 单击【标准】工具栏上的"特性匹配"按钮 📙。

Step02 ▶ 单击选择矩形。

Step03 ▶ 单击选择右侧的多边形。

Step04 ▶ 按 Enter 键，结果矩形的宽度和厚度特性复制给多边形，如图 7-44 所示。

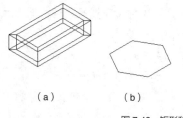

（a） （b）

图 7-43 矩形和多边形

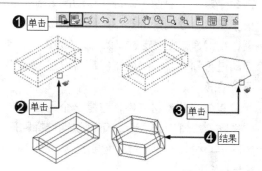

图 7-44 特性匹配

┃**技术看板**┃系统默认设置下，使用【特性匹配】命令可以将源图形对象的所有特性匹配给目标对象，但是，如果只想将源图形对象的部分特性匹配给目标对象，则可以输入"S"并按 Enter 键，打开图 7-45 所示的【特性设置】对话框，在该对话框中可以选择需要匹配的基本特性和特殊特性。

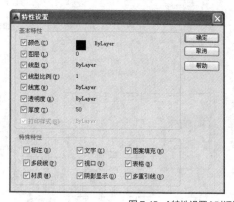

图 7-45 [特性设置] 对话框

其中，【颜色】和【图层】选项适用于除

OLE（对象链接嵌入）对象之外的所有对象；【线型】选项适用于除属性、图案填充、多行文字、OLE
对象、点和视口之外的所有对象；【线型比例】选项适用于除属性、图案填充、多行文字、OLE 对象、
点和视口之外的所有对象。

7.4 快速选择

📄 素材文件	素材文件 \ 组装零件图 .dwg
🖥 视频文件	专家讲堂 \ 第 7 章 \ 快速选择 .swf

在 AutoCAD 机械设计中，经常会对图
形对象中的多个图形元素进行编辑，例如删
除设计图中所有尺寸标注、修改机械零件图
中的轮廓线颜色等，这时如果还采用单击选
择图形的方法的话，不仅费时费力，而且容
易选错。这时可以采用【快速选择】命令。
该命令是一个快速构造选择集的高效制图工
具，可以根据图形的类型、图层、颜色、线
型、线宽等属性设定过滤条件，AutoCAD 将
自动进行筛选，最终过滤出符合设定条件的
所有图形。

首先打开素材文件，这是一个组装机械
零件图，如图 7-46 所示。下面快速选择图形
中的中心线并将其删除，绘制结果如图 7-47
所示。

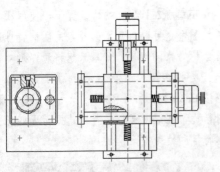

图 7-46　组装机械零件图

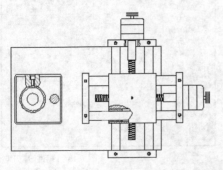

图 7-47　快速选择中心线并删除

1. 打开【快速选择】对话框

Step 01 ▸ 单击菜单栏中的【工具】/【快速选择】
命令。

Step 02 ▸ 打开【快速选择】对话框，如图 7-48
所示。

图 7-48　【快速选择】对话框

| **技术看板** | 还可以通过以下方式打开该对
话框。

♦ 在命令行输入"Qselect"后按 Enter 键。

♦ 在绘图区单击鼠标右键，选择右键菜单中的
【快速选择】选项。

♦ 单击【常用】选项卡 /【实用工具】面板上
的"快速选择"按钮。

2. 设置选择条件选择对象

在使用【快速选择】命令选择图形时，可
以根据要删除的图形的类型、图层、颜色、线
型、线宽等属性设定过滤条件，这样就可以很
方便地将其选择。

Step 01 ▸ 在"应用到"列表选择"整个图形"
选项，表示要选择的范围为整个图形对象。

Step 02 ▸ 在"对象类型"列表选择"所有图元"
选项，表示所选的对象类型为所有图元。

Step 03 ▸ 在"特性"列表选择"图层"选项，
表示将根据对象所在图层进行选择。

Step 04 ▶ 在 "值" 列表选择 "中心线" 选项，表示所选的对象放置在 "中心线"。

Step 05 ▶ 单击 确定 按钮。

Step 06 ▶ 此时所有中心线被选择。按 Delete 键，删除选择对象，结果如图 7-49 所示。

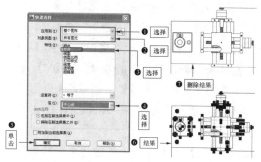

图 7-49　设置选择条件选择对象

练一练 尝试继续将图 7-46 中的所有剖面线选择并删除，使其效果如图 7-50 所示。

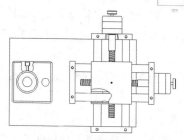

图 7-50　删除所有剖面线

7.5　图块

图块是指通过将多个图形或文字组合起来、形成单个对象的集合。可以将创建的图块应用到设计图中，这样不仅可以提高绘图速度、节省存储空间，还可以使绘制的图形更标准化和规范化，同时也方便对图形进行选择、应用和编辑等。

图块包括内部块和外部块两种，本节主要介绍创建与应用图块的相关技能。

本节内容概览

知识点	功能 / 用途	难易度与应用频率
内部块（P249）	● 创建供当前文件重复使用的图块文件 ● 编辑完善图形	难易度：★ 应用频率：★★★★★
实例（P250）	创建机械零件组装图	
外部块（P251）	● 创建供所有文件重复使用的图块文件 ● 编辑完善图形	难易度：★ 应用频率：★★★★★

7.5.1　内部块——将机械零件图定义为内部块

📄 素材文件	素材文件 \ 装配图 A.dwg
🖥 视频文件	专家讲堂 \ 第 7 章 \ 内部块——将机械零件图定义为内部块 .swf

内部块是指在当前图形文件中创建并保存于当前文件中的图块，该图块只能供当前文件重复使用。

打开素材文件，这是一组 4 个机械零件图，如图 7-51 所示。下面分别将这 4 个机械零件图创建为内部块。

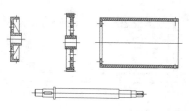

图 7-51　机械零件图

⚙ 实例引导——将机械零件图定义为内部块

Step01 ▶ 单击【绘图】工具栏上的 "创建块" 按钮 ☐。

Step02 ▶ 打开【块定义】对话框。

Step03 ▶ 在 "名称" 输入框输入块名为 "零件图 01"。

| 技术看板 | ①图块名是一个不超过 255 个字符的字符串，可包含字母、数字、"$" "-" 及 "_" 等符号。

②还可以通过以下方式打开【块定义】对话框。

♦ 单击菜单栏中的【绘图】/【块】/【创建】命令。

♦ 在命令行输入"Block"或"Bmake"后按 Enter 键。

♦ 使用快捷键 B。

Step04 ▸ 单击 📌 "拾取点"按钮返回绘图区。

Step05 ▸ 捕捉端点作为块的基点。

Step06 ▸ 再次返回【创建块】对话框，单击"选择对象"按钮 🔲。

Step07 ▸ 再次返回绘图区，以窗口方式选择零件图。

Step08 ▸ 按 Enter 键，返回到【块定义】对话框，在此对话框内出现图块的预览图标。勾选"删除"选项

Step09 ▸ 单击 确定 按钮，该零件被创建为内部块并保存在当前文件中，如图 7-52 所示。

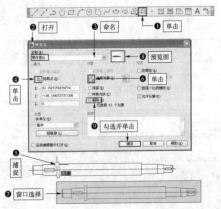

图 7-52　将机械零件图定义为内部块

┃技术看板┃ 在定义图块时，系统默认下，直接将源图形转换为图块文件。如果勾选"保留"

单选项，定义图块后，源图形将保留；否则，源图形不保留。如果勾选"删除"选项，定义图块后，将从当前文件中删除选定的图形。另外，勾选"按照统一比例缩放"复选项，那么在插入块时，仅可以对块进行等比缩放；勾选"分解"选项，插入的图块允许被分解。

【名称】下拉列表框用于为新块赋名。

【基点】选项组主要用于确定图块的插入基点。在定义基点时，可以直接在【X】、【Y】、【Z】文本框中输入基点坐标值，也可以在绘图区直接捕捉图形上的特征点。AutoCAD 默认基点为原点。

【转换为块】单选项用于将创建块的源图形转化为图块。

【删除】单选项用于将组成图块的图形对象从当前绘图区中删除。

【在块编辑器中打开】复选项用于定义完块后自动进入块编辑器窗口，以便对图块进行编辑管理。

练一练 尝试继续将其他 3 个机械零件创建为"零件图 01""零件图 03"和"零件图 04"的图块文件，其基点如图 7-53 所示。

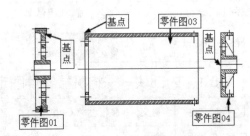

图 7-53　继续创建图块文件

7.5.2　实例——创建机械零件组装图

💻 视频文件 ┃ 专家讲堂\第 7 章\实例——创建机械零件组装图 .swf

定义图块的目的就是将其应用到当前文件中，应用内部图块资源的方法比较简单，可以将其插入到当前文件中。下面将 7.5.1 节定义的个机械零件图的图块应用到当前的文件中，创建图 7-54 所示的机械零件组装图。

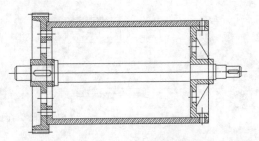

图 7-54　机械零件组装图

实例引导——创建机械零件组装图

Step01▶ 单击 📥 "插入块"按钮。打开【插入】对话框。

Step02▶ 在"名称"下拉列表中选择"零件图01"的图块名。

Step03▶ 单击 确定 按钮。

Step04▶ 在绘图区单击拾取插入点，即可将该图块文件应用到当前文件中，如图 7-55 所示。

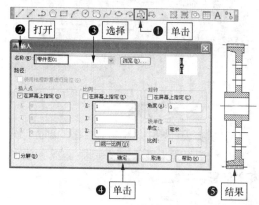

图 7-55　创建机械零件组装图

｜技术看板｜ 可以通过以下方式打开【插入】对话框。

◆ 单击菜单栏中的【插入】/【块】命令。

◆ 在命令行输入"Insert"后按 Enter 键。

◆ 使用快捷键 I。

Step05▶ 按 Enter 键再次打开【插入】对话框。

Step06▶ 在"名称"下拉列表中选择"零件图02"的图块名。

Step07▶ 勾选"在屏幕上指定"选项。

Step08▶ 单击 确定 按钮。

Step09▶ 在绘图区捕捉零件01图块的端点，将该图块文件应用到当前文件中，如图 7-56 所示。

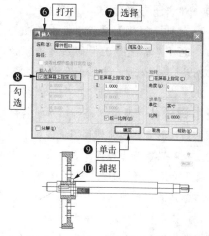

图 7-56　将图块文件应用到当前文件中

｜技术看板｜ 在插入图块时，可以在"角度"文本框设置图块的插入角度，也可以在"比例"文本框设置比例，对插入的图块调整大小，勾选"统一比例"选项，则图块等比例缩放；取消该选项的勾选，则可以在 X/Y/Z 输入框输入各自的比例进行调整。另外，取消"在屏幕上指定"选项的勾选，则可以输入 X/Y/Z 的坐标，将图块插入到指定的坐标点上。

练一练 尝试将创建的名为"零件图 03"和"零件图 04"的图块插入到当前图形中，以创建图 7-31 所示的机械零件组装图。

7.5.3　外部块——将机械零件创建为外部块

💻 **视频文件** 　专家讲堂＼第 7 章＼外部块——将机械零件创建为外部块 .swf

内部块仅供当前文件所引用，为了弥补内部块的这一缺陷，AutoCAD 2014 提供了【写块】命令，使用此命令创建的图块不但可以被当前文件所使用，还可以供其他文件重复引用，这就是外部块。

下面将机械零件组装图中的各机械零件创建为外部块。

实例引导——将机械零件创建为外部块

Step01▶ 输入"W"，按 Enter 键，打开【写块】对话框。

Step02▶ 勾选"块"单选项。

Step03▶ 单击"块"下拉列表按钮。

Step04▶ 选择"组装图01"内部块。

Step05 ▶ 单击"文件名或路径"文本列表框右侧的按钮 ⌷⌷⌷ 。

Step06 ▶ 打开【浏览图形文件】对话框。

Step07 ▶ 为图块命名。

Step08 ▶ 单击 保存(S) 按钮将其保存。

Step09 ▶ 返回【写块】对话框，单击 确定 按钮，这样"零件图 01"的内部块被转化为外部图块，以独立文件形式存盘，如图 7-57 所示。

┃**技术看板**┃在默认状态下，系统将继续使用源内部块的名称作为外部图块的新名称进行存盘，也可以重新为外部块进行命名，同时重新选择保存路径将外部图块进行保存。

除了将创建的内部块转换为外部块之外，也可以将任何图形直接创建为外部块。

勾选"整个图形"选项，可以将场景中的所有图形对象创建为外部图块文件；勾选"对象"选项，可以将场景中的某个图形对象创建为外部图块文件，其操作与创建内部图块相同。

需要说明的是，无论是内部块还是外部块，其应用方法相同，都是通过【插入】命令将其插入到当前文件中的，具体操作请参阅 7.4.2 节"应用内部图块资源"一节的讲解。

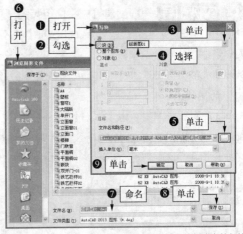

图 7-57 将机械零件创建为外部块

7.6 图案填充

在机械设计图中，机械零件图的剖面部分需要使用剖面线来表示，以表达机械零件图的相关信息，如图 7-58 所示。

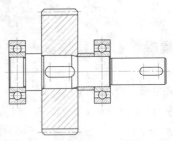

图 7-58 机械零件图

在手工绘图中，这种剖面线需要手工来绘制，这会很麻烦，但在 AutoCAD 机械设计中，只需要选择合适的图案，并设置相关参数进行填充即可，这就是图案填充。

AutoCAD 2014 提供了"预定义图案""用户定义图案"以及"渐变色"3 种图案类型进行填充，在机械设计中，使用最多的是"预定义图案"。本节主要介绍"预定义图案"的应用技能，其他两种图案在此不做介绍。

本节内容概览

知识点	功能 / 用途	难易度与应用频率
预定义图案（P253）	● 系统预设的一种图案 ● 向图形中填充预定义图案 ● 编辑完善图形	难易度：★ 应用频率：★★★★★
选择其他预定义图案（P253）	● 选择其他图案 ● 向图形中填充图案 ● 编辑完善图形	难易度：★ 应用频率：★★★★★
图案填充的设置（P254）	● 设置图案颜色、比例以及角度等 ● 向图形中填充图案 ● 编辑完善图形	难易度：★ 应用频率：★★★★★
实例（P255）	● 完善支撑臂俯视图	

7.6.1　预定义图案——向图形中填充预定义图案

🖥 视频文件　｜　专家讲堂\第 7 章\预定义图案——向图形中填充预定义图案 .swf

　　预定义图案是一种系统预设的图案，它包含多种图案类型，用户可以根据需要来选择不同的图案进行填充。首先绘制一个矩形，然后为该矩形填充一种预定义图案。

⚙ **实例引导** ——向图形中填充预定义图案

Step01 ▸ 单击【绘图】工具栏中的"图案填充"按钮 。

Step02 ▸ 在打开的【图案填充和渐变色】对话框单击"图案填充"选项卡。

Step03 ▸ 在"类型"列表选择"预定义"选项。

Step04 ▸ 单击"添加：拾取点"按钮 返回绘图区。

Step05 ▸ 在矩形内部单击，此时系统会自动确认填充区域。

Step06 ▸ 按 Enter 键，返回到【图案填充和渐变色】对话框，单击 确定 按钮。此时系统使用默认的预定义图案进行填充，效果如图 7-59 所示。

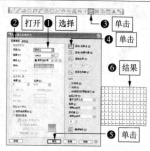

图 7-59　向图形中填充预定义图案

技术看板 可以通过以下方式激活【图案填充】命令。

♦ 单击菜单栏中的【绘图】/【图案填充】命令。

♦ 在命令行输入表达式"Bhatch"后按 Enter 键。

♦ 使用快捷键 H。

　　除了使用系统预设的图案进行填充之外，也可以选择其他图案进行填充。

7.6.2　选择其他预定义图案

🖥 视频文件　｜　专家讲堂\第 7 章\选择其他预定义图案 .swf

　　AutoCAD 提供了多种预定义图案，除了使用系统预设的预定义图案进行填充之外，也可以选择其他预定义图案。

⚙ **实例引导** ——选择其他预定义图案

Step01 ▸ 单击"显示预定义图案"按钮 。

Step02 ▸ 打开【填充图案选项板】对话框。

Step03 ▸ 系统默认下，显示"其他预定义"图案，如图 7-60 所示。

技术看板 单击"样例"按钮，同样可以打开【填充图案选项板】对话框，然后进入各选项卡，选择不同的图案，如图 7-61 所示。

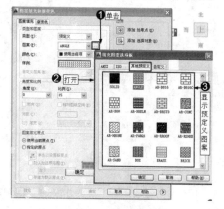

图 7-60　选择其他预定义图案

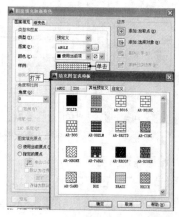

图 7-61　单击"样例"按钮打开 [填充图案选项] 对话框

另外，也可以分别单击"ANSI"选项卡和"ISO"选项卡，进入这两个面板，选择其他图案进行填充，如图 7-62 所示。

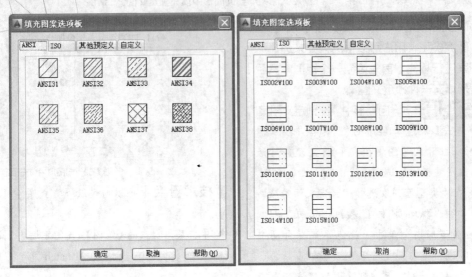

图 7-62 进入"ANSI"和"ISO"选项卡

7.6.3 图案填充的设置

💻 视频文件 | 专家讲堂 \ 第 7 章 \ 图案填充的设置 .swf

当选择一种填充图案之后，还可以对填充图案进行相关设置，例如设置图案颜色、填充角度、填充比例等。

1. 设置图案填充的颜色

系统默认下使用当前颜色进行填充，如果要使用其他颜色，单击颜色下拉按钮，选择一种填充颜色，例如选择蓝色，则填充结果如图7-63 所示。

图 7-63 设置图案填充的颜色

2. 设置填充角度

系统默认下，图案以 0°进行填充，也可以设置图案的角度。在"角度"输入框直接输入图案填充的角度进行填充，例如设置填充角度为 60°，则填充效果如图 7-64 所示。

3. 设置填充比例

可以在"比例"列表设置填充的比例，比例值越大，填充的图案越大，反之填充的图案越小，图 7-65 所示比例为"5"和"15"时的填充效果。

练一练 尝试向矩形内部继续填充图 7-66 所示的其他预定义图案。

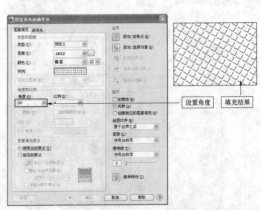

图 7-64 设置填充角度

图 7-65　设置填充比例

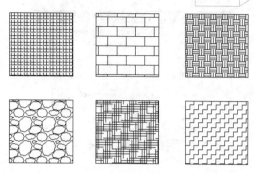

图 7-66　填充其他预定义图案

7.6.4　实例——完善支撑臂俯视图

📄 素材文件	素材文件\支撑臂俯视图 .dwg
✏ 效果文件	效果文件\第 7 章\实例——完善支撑臂俯视图 .dwg
🖥 视频文件	专家讲堂\第 7 章\实例——完善支撑臂俯视图 .swf

打开素材文件，这是一个未完成的支撑臂机械零件俯视图，如图 7-67（a）所示，下面对该机械零件俯视图进行图案填充，对其进行完善，结果如图 7-67（b）所示。

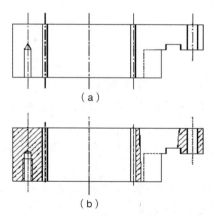

图 7-67　支撑臂俯视图

⚙ 操作步骤

1. 设置当前图层

一般情况下，机械零件图的剖面线需要填充在"剖面线"层，这样才符合图形的设计要求，因此，在填充图案前，需要设置当前图层为"剖面线"层。

Step 01 ▸ 单击"图层"控制下拉列表按钮。

Step 02 ▸ 选择"剖面线"图层，将其设置为当前图层，如图 7-68 所示。

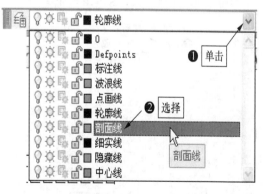

图 7-68　设置当前图层

2. 设置捕捉模式

填充前需要根据图形设计要求绘制填充区域，因此需要设置捕捉模式，以方便创建填充区域。

Step 01 ▸ 输入"SE"，按 Enter 键，打开【草图设置】对话框。

Step 02 ▸ 设置"最近点"捕捉模式。

Step 03 ▸ 单击【确定】按钮，如图 7-69 所示。

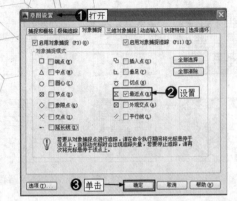

图 7-69　设置捕捉模式

3. 绘制填充区域

下面使用样条曲线绘制填充区域。

Step 01 ▶ 单击【绘图】工具栏上的"样条曲线"按钮 ～。

Step 02 ▶ 配合"最近点"捕捉功能在图形轮廓线位置单击拾取一点。

Step 03 ▶ 在图形另一条轮廓线上单击拾取第 2 点。

Step 04 ▶ 按 Enter 键，绘制样条线，使其形成一个封闭区域，绘制结果如图 7-70 所示。

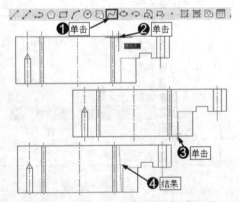

图 7-70　绘制填充区域

4. 绘制另一条填充边界线

使用相同的方法继续绘制另一条填充边界线，如图 7-71 所示。

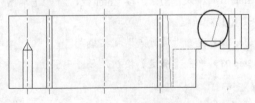

图 7-71　绘制另一条填充边界线

5. 选择填充图案

Step 01 ▶ 单击【绘图】工具栏上的"图案填充"按钮 ▨。

Step 02 ▶ 打开【图案填充和渐变色】对话框。

Step 03 ▶ 单击"显示预定义图案"按钮 ...。

Step 04 ▶ 打开【填充图案选项板】对话框。

Step 05 ▶ 单击"ANSI"选项卡。

Step 06 ▶ 选择"ANSI31"图案。

Step 07 ▶ 单击 确定 按钮，如图 7-72 所示。

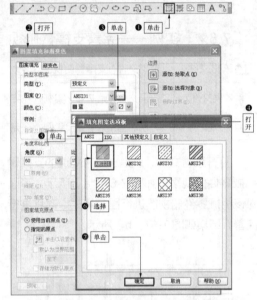

图 7-72　选择填充图案

6. 设置参数并填充

Step 01 ▶ 在"角度"和"比例"输入框设置填充角度和比例。

Step 02 ▶ 单击"添加：拾取点"按钮 ▦ 返回绘图区。

Step 03 ▶ 在要填充的区域单击，确定填充区域，填充区域以虚线显示。

Step 04 ▶ 按 Enter 键返回【图案填充和渐变色】对话框，单击 确定 按钮。

Step 05 ▶ 填充结果如图 7-73 所示。

7. 保存图形

至此，该零件绘制完毕，执行【另存为】命令，将填充后的图形进行保存。

| 技术看板 | 如果填充效果不理想，或者不符合需要，可按 Esc 键返回【图案填充和渐变色】对话框重新调整参数。

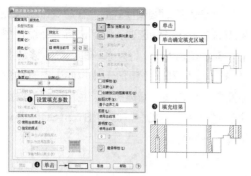

图 7-73　设置参数并填充

7.7　夹点编辑

在没有命令执行的前提下选择图形，这些图形上会显示出一些蓝色实心的小方框，这些蓝色小方框就是图形的夹点。不同的图形结构，其夹点个数及位置也会不同，如图 7-74 所示。

图 7-74　夹点

夹点编辑是将多种修改工具组合在一起，通过编辑图形上的这些夹点，来达到快速编辑图形的目的，本节主要介绍夹点编辑的相关技能。

本节内容概览

知识点	功能 / 用途	难易度与应用频率
夹点编辑（P257）	● 通过夹点编辑图形 ● 完善图形	难易度：★ 应用频率：★★★★★
夹点复制（P258）	● 通过夹点复制图形对象 ● 编辑完善图形	难易度：★ 应用频率：★★★★★
夹点移动（P258）	● 通过夹点移动图形对象 ● 编辑完善图形	难易度：★ 应用频率：★★★★★
夹点旋转（P259）	● 通过夹点旋转图形对象 ● 编辑完善图形	难易度：★ 应用频率：★★★★★
夹点旋转复制（P259）	● 通过夹点旋转复制图形对象 ● 编辑完善图形	难易度：★ 应用频率：★★★★★

7.7.1　关于夹点编辑

🖥 视频文件　专家讲堂 \ 第 7 章 \ 关于夹点编辑 .swf

夹点编辑图形时，单击任意一个夹点，此时该夹点显示红色，将其称为"夹基点"或者"热点"，如图 7-75 所示。

图 7-75　夹点编辑图形

此时单击鼠标右键，可打开夹点编辑菜单，如图 7-76 所示。夹点编辑菜单中共有两类夹点命令，第一类夹点命令为一级修改菜单，包括【移动】、【旋转】、【比例】、【镜像】、【拉伸】命令，这些是平级命令，可以通过单击菜单中的各命令编辑图形。第二类夹点命令为二级选项菜单，如【基点】、【复制】、【参照】、【放弃】等，这些选项菜单在一级修改命令的前提下才能使用。

┃技术看板┃ 如果要将多个夹点作为夹基点，并且保持各选定夹点之间的几何图形完好，需要在选择夹点时按住 Shift 键再单击各夹点使其变为夹基点；如果要从显示夹点的选择集中删除特定对象也要按住 Shift 键。

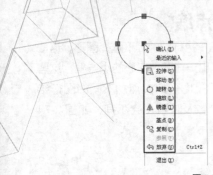

图 7-76　夹点编辑菜单

当进入夹点编辑模式后，在命令行输入各夹点命令及各命令选项，即可进行夹点编辑图形。连续单击 Enter 键，系统即可在【移动】、【旋转】、【比例】、【镜像】、【拉伸】这五种命令及各命令选项中循环执行，也可以通过键盘快捷键"MI""MO""RO""ST""SC"循环选择这些模式。

7.7.2　夹点复制——创建另一个圆形

💻 视频文件　专家讲堂\第 7 章\夹点复制——创建另一个圆形 .swf

可以通过夹点复制来复制图形。首先绘制一个圆，下面使用夹点编辑对其进行复制。

⚙️ 实例引导 ——创建另一个圆形

Step01▶ 在没有任何命令发出的情况下单击圆使其夹点显示。

Step02▶ 单击圆心位置的夹点进入夹点编辑模式。

Step03▶ 单击鼠标右键，选择右键菜单中的【复制】命令。

Step04▶ 移动光标到合适位置单击进行复制。

Step05▶ 按 Enter 键结束操作，然后按 Esc 键退出夹点模式，绘制结果如图 7-77 所示。

｜技术看板｜ 夹点复制对象时，既可以移动光标到合适位置单击进行复制，也可以通过输

入下一点坐标进行复制，其方法与使用【复制】工具复制图形相同。

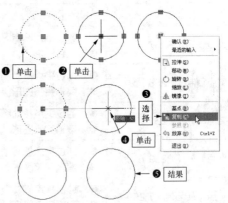

图 7-77　创建另一个圆形

7.7.3　夹点移动——移动图形的位置

💻 视频文件　专家讲堂\第 7 章\夹点移动——移动图形的位置 .swf

可以通过夹点移动命令移动图形，其操作与使用【移动】工具移动图形相同。首先绘制一条直线，在直线左端绘制一个矩形，如图 7-78（a）所示，下面使用夹点编辑将矩形移动到直线右端位置，如图 7-78（b）所示。

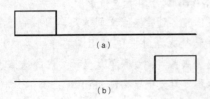

（a）

（b）

图 7-78　移动矩形

⚙️ 实例引导 ——移动图形的位置

Step01▶ 在没有任何命令发出的情况下单击矩形使其夹点显示。

Step02▶ 单击矩形右下位置的夹点并单击鼠标右键，从弹出的菜单中选择【移动】命令。

Step03▶ 捕捉直线右端点。

Step04▶ 矩形被移动到直线右端点位置。

Step05▶ 按 Esc 键退出夹点模式，绘制结果如图 7-79 所示。

｜技术看板｜ 夹点移动对象时，既可以移动光标到合适位置单击，也可以通过输入下一点坐标进行移动，其方法与使用【移动】工具移

动图形相同。

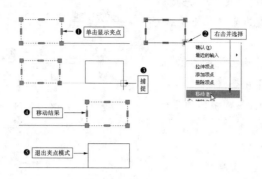

图 7-79　移动图形的位置

7.7.4　夹点旋转——通将矩形旋转 30°

📺 视频文件　专家讲堂 \ 第 7 章 \ 夹点旋转——将矩形旋转 30° .swf

可以通过夹点旋转来旋转图形，其操作与使用【旋转】工具旋转图形相同。首先绘制一个矩形，如图 7-80（a）所示，下面使用夹点编辑将矩形沿顺时针旋转 30°，如图 7-80（b）所示。

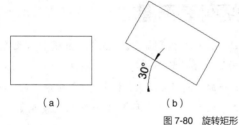

（a）　　　　　　　（b）

图 7-80　旋转矩形

⚙ **实例引导**——将矩形旋转 30°

Step01 ▶ 在没有任何命令发出的情况下单击矩形使其夹点显示。

Step02 ▶ 单击矩形右夹点并右击，选择【旋转】命令。

Step03 ▶ 输入旋转角度 "－ 30"。

Step04 ▶ 按 Enter 键，旋转图形。

Step05 ▶ 按 Esc 键退出夹点模式，绘制结果如图 7-81 所示。

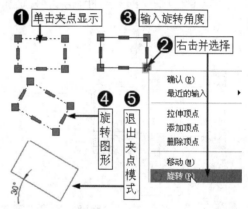

图 7-81　将矩形旋转 30°

7.7.5　夹点旋转复制——将矩形旋转 30° 并复制

📺 视频文件　专家讲堂 \ 第 7 章 \ 夹点旋转复制——将矩形旋转 30° 并复制 .swf

可以通过夹点旋转命令来旋转复制图形，其操作与使用【旋转】工具旋转复制图形相同。首先绘制一个矩形，如图 7-82（a）所示，下面使用夹点编辑将矩形沿顺时针旋转 30° 并进行复制，如图 7-82（b）所示。

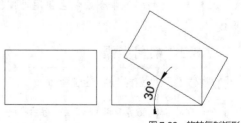

图 7-82　旋转复制矩形

⚙ **实例引导** ——将矩形旋转 30° 并复制

Step01 ▶ 在没有任何命令发出的情况下单击矩形使其夹点显示。

Step02 ▶ 单击矩形右夹点并单击鼠标右键，从弹出的菜单中选择【旋转】命令。

Step03 ▶ 输入"C"，按 Enter 键，激活"复制"选项。

Step04 ▶ 输入旋转角度"—30"。

Step05 ▶ 按两次 Enter 键，旋转复制图形。

Step06 ▶ 按 Esc 键退出夹点模式，绘制过程及结果如图 7-83 所示。

练一练 夹点编辑的大多数功能与图形编辑功能相同，除了夹点复制、夹点移动、夹点旋转以及夹点旋转复制之外，还可以对图形进行夹点缩放、夹点缩放复制、夹点镜像以及夹点镜

像复制等操作，这些操作都比较简单，下面尝试对这些命令进行操作。

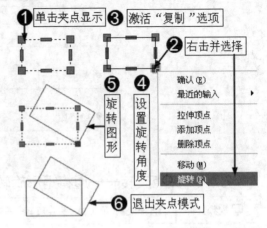

图 7-83　将矩形旋转 30° 并复制

7.8　综合实例——快速绘制齿轮零件装配图

本实例绘制图 7-84 所示的齿轮零件装配图。

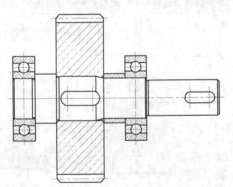

图 7-84　齿轮零件装配图

7.8.1　绘图思路

绘图思路如下。

Step 01 ▶ 以机械样板作为基础样板，新建空白文件。

Step 02 ▶ 使用【矩形】命令绘制主视图外侧轮廓线。

Step 03 ▶ 使用【偏移】、【圆】、【直线】以及【修剪】命令为轮廓线进行编辑细化。

Step 04 ▶ 使用【镜像】和【倒角】命令进行完善。

Step 05 ▶ 使用【偏移】、【修剪】、【圆角】等命令绘制键槽。

Step 06 ▶ 最后调整图线的图层，完成齿轮轴的绘制，其流程如图 7-85 所示。

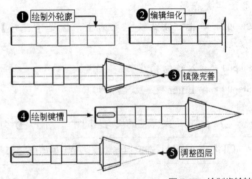

图 7-85　绘制齿轮轴

7.8.2　绘图步骤

📄 素材文件	素材文件\定位套 .dwg
🔖 效果文件	效果文件\第 7 章\综合实例——快速绘制齿轮零件装配图 .dwg
🖥 视频文件	专家讲堂\第 7 章\综合实例——快速绘制齿轮零件装配图 .swf

⚙ 操作步骤

1. 定义外部块文件

Step 01▶ 单击【文件】/【打开】命令，分别打开"素材文件"目录下的"定位套.dwg""球轴承二视图.dwg"和"大齿轮二视图.dwg"文件。

Step 02▶ 单击【窗口】/【垂直平铺】命令，将 3 个图形文件进行垂直平铺，如图 7-86 所示。

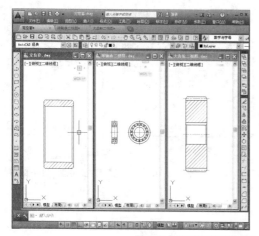

图 7-86　打开文件并垂直平铺

Step 03▶ 单击定位套视图将其激活。

Step 04▶ 使用快捷键"W"激活【写块】命令，打开【写块】对话框。

Step 05▶ 勾选"对象"选项。

Step 06▶ 单击"拾取点"按钮🖳返回绘图区。

Step 07▶ 捕捉定位套图形左侧轮廓线的中点作为图块的基点。

Step 08▶ 返回【写块】对话框，单击"选择对象"按钮🖳返回绘图区。

Step 09▶ 以窗口方式选定定位套图形。

Step 10▶ 按 Enter 键，回到【写块】对话框，单击┅┅按钮，在打开的【浏览图形文件】对话框为其命名为"定位套"并将其保存。

Step 11▶ 单击 ❑ 确定 ❑ 按钮将其创建为外部块，如图 7-87 所示。

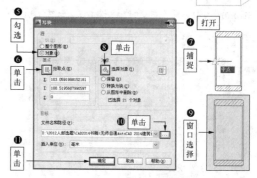

图 7-87　创建"定位套"外部块

Step 12▶ 使用相同的方法，分别激活"大齿轮二视图"和"球轴承二视图"，分别将大齿轮图形和球轴承主视图创建为"大齿轮"和"球轴承"的外部块，其基点如图 7-88 所示。

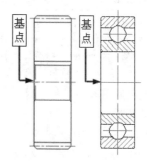

图 7-88　创建"大齿轮"和"球轴承"的外部块

2. 准备装配主零件

Step 01▶ 单击【窗口】/【全部关闭】命令，关闭所有文件。

Step 02▶ 打开"素材文件"目录下的"阶梯轴二视图.dwg"文件，如图 7-89 所示。

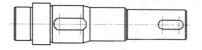

图 7-89　阶梯轴二视图

Step 03▶ 将下侧的两个视图删除，然后执行【另存为】命令，将当前文件另名存储为"齿轮零件装配图.dwg"文件。

Step 04▶ 单击【工具】菜单中的【快速选择】命令打开【快速选择】对话框。

Step 05▶ 设置过滤选项与参数。

Step 06▶ 单击 ❑ 确定 ❑ 按钮确认并关闭该对话框。

Step 07 ▶ 图形所有轮廓线被选择，如图 7-90 所示。

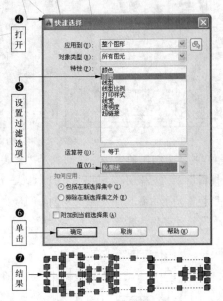

图 7-90　选择图形所有轮廓线

Step 08 ▶ 单击主工具栏上的"特性"按钮，打开【特性】窗口。

Step 09 ▶ 单击"颜色"列表按钮。

Step 10 ▶ 在弹出的下拉列表中选择"洋红"颜色。

Step 11 ▶ 按 Esc 键取消夹点显示，此时图形轮廓线颜色特性修改为"洋红"，如图 7-91 所示。

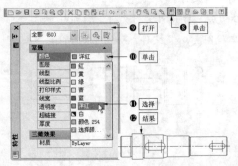

图 7-91　修改图形轮廓颜色特性

3. 快速装配零件图

Step 01 ▶ 单击【绘图】工具栏上的"插入"按钮。

Step 02 ▶ 打开【插入】对话框。

Step 03 ▶ 单击 浏览(B)... 按钮。

Step 04 ▶ 选择"图块文件"目录下名为"大齿轮"的图块文件。

Step 05 ▶ 设置相关参数。

Step 06 ▶ 单击 确定 按钮回到绘图区。

Step 07 ▶ 捕捉阶梯轴上的端点。

Step 08 ▶ 将该图块文件插入到阶梯轴中，如图 7-92 所示。

Step 09 ▶ 重复执行【插入】命令，插入随书光盘"图块文件"目录下的"定位套"图块文件，如图 7-93 所示。

Step 10 ▶ 继续插入随书光盘"图块文件"目录下的"球轴承"图块文件，如图 7-94 所示。

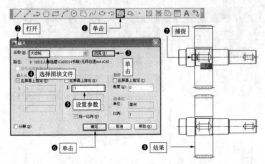

图 7-92　将"大齿轮"图块文件插入到阶梯轴中

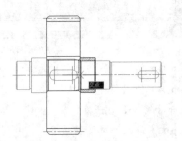

图 7-93　插入"定位套"文件

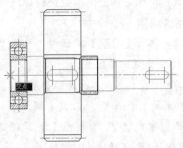

图 7-94　插入"球轴承"文件

Step 11 ▶ 继续插入随书光盘"图块文件"目录下的"球轴承"图块文件，如图 7-95 所示。

4. 分解插入的图块文件

Step 01 ▶ 选择插入的 4 个图块文件。

Step 02 ▶ 单击【修改】工具栏上的"分解"按钮将其分解，如图 7-96 所示。

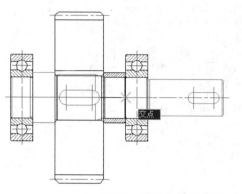

图 7-95 再次插入"球轴承"文件

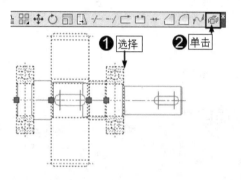

① 选择 ② 单击

图 7-96 分解插入的图块文件

5. 修剪调整图形

Step 01 ▶ 输入"TR"激活【修剪】命令。

Step 02 ▶ 以"洋红"颜色显示的轮廓线作为边界，对装配后的各零件轮廓线进行修剪，并删除多余的图线，操作结果如图 7-97 所示。

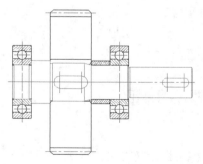

图 7-97 修剪调整图形

6. 填充图案

Step 01 ▶ 在"图层"控制下拉列表将"剖面线"层设置为当前图层。

Step 02 ▶ 单击【绘图】工具栏上的"图案填充"按钮。

Step 03 ▶ 打开【图案填充和渐变色】对话框。

Step 04 ▶ 设置填充图案及填充参数。

Step 05 ▶ 单击"添加：拾取点"按钮 返回绘图区。

Step 06 ▶ 在大齿轮剖面部分单击，此时系统会自动确认填充区域。

Step 07 ▶ 按 Enter 键，返回【图案填充和渐变色】对话框，单击 确定 按钮。

Step 08 ▶ 对大齿轮剖面部分填充剖面线，填充过程及结果如图 7-98 所示。

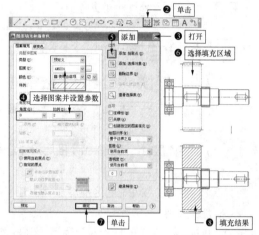

② 单击

⑤ 添加 ③ 打开

⑥ 选择填充区域

④ 选择图案并设置参数

⑦ 单击 ⑧ 填充结果

图 7-98 填充图案

7. 修改阶梯轴轮廓线特性

Step 01 ▶ 单击【工具】菜单中的【快速选择】命令，打开【快速选择】对话框。

Step 02 ▶ 设置过滤条件。

Step 03 ▶ 单击 确定 按钮。

Step 04 ▶ 此时阶梯轴洋红色轮廓线被选择，如图 7-99 所示。

8. 修改颜色特性

Step 01 ▶ 单击主工具栏上的"特性"按钮。

Step 02 ▶ 打开【特性】窗口。

Step 03 ▶ 单击"颜色"下拉列表按钮。

Step 04 ▶ 在弹出的下拉列表中选择"ByLaer"颜色。

Step 05 ▶ 按 Esc 键取消夹点显示，此时图形轮廓线颜色特性被修改为"洋红"，如图 7-100 所示。

9. 保存文件

至此，齿轮零件装配图绘制完毕，使用【另存为】命令将图形进行存盘。

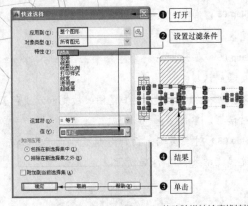

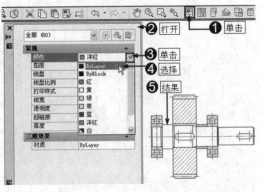

图 7-99 修改阶梯轴轮廓线特性

图 7-100 修改颜色特性

7.9 综合自测

7.9.1 软件知识检验——选择题

（1）当新建了一个图层后，按（　　）键可以连续新建图层。

A. Enter　　　　　　B. Shift　　　　　　C. Ctrl　　　　　　D. Alt

（2）新建图层时，需要单击【图层特性管理器】对话框中的（　　）按钮。

A. 　　　　　　B. 　　　　　　C. 　　　　　　D.

（3）特性与特性匹配的区别是（　　）。

A. 没有区别

B. 通过特性设置图形的各种特性，例如颜色、线型、线宽等，而特性匹配则是可以将一个图形的特性匹配给另一个图形

C. 特性匹配可以设置图形的各种特性，例如颜色、线型、线宽等，而特性可以将一个图形的特性匹配给另一个图形

D. 特性匹配只能将图形的颜色和线型匹配给其他图形，而特性则可以将图形所有特性匹配给其他图形

（4）单击主工具栏中的（　　）按钮可以打开【特性】窗口。

A. 　　　　　　B. 　　　　　　C. 　　　　　　D.

（5）单击主工具栏中的（　　）按钮可以激活【特性匹配】命令。

A. 　　　　　　B. 　　　　　　C. 　　　　　　D.

7.9.2 软件操作入门——创建并完善机械零件组装图

📄 素材文件	素材文件 \ 组装 01.dwg
✒ 效果文件	效果文件 \ 第 7 章 \ 软件操作入门——创建并完善机械零件组装图 .dwg
🖥 视频文件	专家讲堂 \ 第 7 章 \ 软件操作入门——创建并完善机械零件组装图 .swf

打开"素材文件"目录下的"组装01.dwg"和"六角圆柱头 .dwg"图形文件，如图 7-101（a）所示，创建图 7-101（b）所示的图形效果。

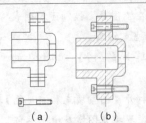

（a）　　　　（b）

图 7-101 素材文件

7.9.3　应用技能提升——创建机械零件装配剖视图

素材文件	素材文件 \ 螺栓 .dwg、油杯 .dwg 和轴承 .dwg
效果文件	效果文件 \ 第 7 章 \ 应用技能提升——创建机械零件装配剖视图 .dwg
视频文件	专家讲堂 \ 第 7 章 \ 应用技能提升——创建机械零件装配剖视图 .swf

打开素材文件目录下的"螺栓 .dwg""油杯 .dwg"和"轴承 .dwg"图形文件，如图 7-102 所示，创建图 7-103 所示的机械零件装配剖视图。

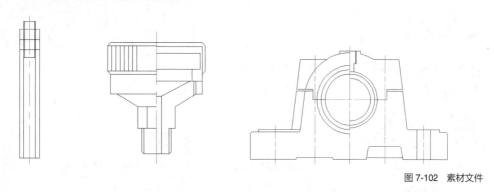

图 7-102　素材文件

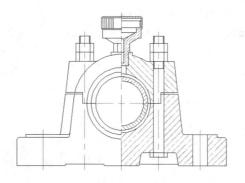

图 7-103　机械零件装配剖视图

第 8 章
机械零件图的
尺寸标注

在 AutoCAD 机械设计中，绘制完成的机械零件图，仅能体现出机械零件的结构形态，并不能表达机械零件图的图形信息。通过对机械零件图精确标注尺寸，将机械零件图进行参数化，则可以表达出零件图各部件之间的实际大小及相互位置关系，满足机械设计的要求，同时也方便零件的现场加工。本章主要介绍机械零件图尺寸标注的相关知识。

| 第 8 章 |

机械零件图的尺寸标注

本章内容概览

知识点	功能 / 用途	难易度与应用频率
尺寸标注（P267）	● 了解尺寸标注的内容 ● 标注图形尺寸	难 易 度：★ 应用频率：★★★★★
标注样式（P269）	● 设置标注样式 ● 标注图形尺寸	难 易 度：★★★ 应用频率：★★★★★
标注基本尺寸（P278）	● 标注图形基本尺寸 ● 完善二维图形	难 易 度：★★★ 应用频率：★★★★★
其他标注（P285）	● 标注图形其他尺寸 ● 完善二维图形	难 易 度：★★★ 应用频率：★★★★★
标注公差（P294）	● 标注零件图尺寸公差 ● 标注零件图形位公差	难 易 度：★★★ 应用频率：★★★★★
编辑尺寸标注（P298）	● 编辑尺寸标注 ● 修改尺寸标注	难 易 度：★★★ 应用频率：★★★★★
综合实例	● 标注直齿轮零件图尺寸（P291） ● 标注机床轴零件尺寸和公差（P303）	
综合自测	● 软件知识检验——选择题（P307） ● 软件操作入门——标注机械零件主视图尺寸（P308）	

8.1 关于尺寸标注

尺寸标注分为"尺寸"和"标注"两部分，"尺寸"就是通过测量得到图形的实际尺寸，例如，矩形的长、宽，圆的半径、线的长度等，而"标注"就是将测量得到的图形的这些尺寸精确的标注在图形上。本节主要介绍有关尺寸标注的相关知识，为后面学习标注图形尺寸奠定基础。

本节内容概览

知识点	功能 / 用途	难易度与应用频率
了解尺寸标注的内容（P267）	● 标注图形尺寸	难 易 度：★ 应用频率：★★
实例	● 尝试标注矩形尺寸（P268） ● 尝试标注圆的半径尺寸（P268）	

8.1.1 了解尺寸标注的内容

🖥 视频文件 ｜ 专家讲堂 \ 第 8 章 \ 了解尺寸标注的内容 .swf

一般情况下，尺寸标注是由"标注文字""尺寸线""尺寸界线"和"尺寸起止符号"四部分组成，如图 8-1 所示。

◆ 标注文字：用于表明对象的实际测量值，一般由阿拉伯数字与相关符号表示。

◆ 尺寸线：用于表明标注的方向和范围，一般使用直线表示。

◆ 尺寸起止符号：用于指出测量的开始位置和结束位置。

◆ 尺寸界线：从被标注的对象延伸到尺寸线的短线。

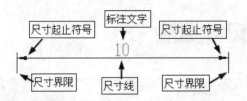

图 8-1　尺寸标注

8.1.2　实例——尝试标注矩形尺寸

💻 视频文件	专家讲堂 \ 第 8 章 \ 实例——尝试标注矩形尺寸 .swf

　　首先绘制一个 100mm × 50mm 的矩形，如图 8-2（a）所示，下面来尝试标注矩形的长宽尺寸，结果如图 8-2（b）所示。

⚙️ **实例引导**——标注矩形尺寸

　　矩形尺寸包括长度和宽度尺寸，在标注长度尺寸时，一定要设置捕捉模式，一般情况下可设置"端点"捕捉模式，只有设置了捕捉模式才能进行精确捕捉。

Step01 ▶ 单击【标注】工具栏上的"线性"按钮 ⊢。

Step02 ▶ 捕捉矩形的左下端点。

Step03 ▶ 捕捉矩形右下端点。

Step04 ▶ 向下引导光标。

Step05 ▶ 在合适的位置单击确定尺寸线的位置，标注结果如图 8-3 所示。

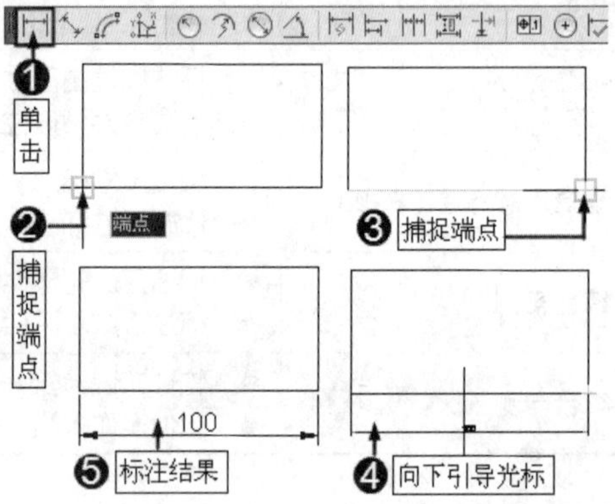

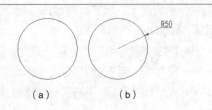

图 8-3　标注矩形尺寸

┃**技术看板**┃ 可以通过以下方式执行【线性】命令。

◆ 单击菜单【标注】/【线性】命令。

◆ 在命令行输入"DIMLINEAR"或"DIMLIN"后按 Enter 键。

练一练 尝试依照相同的方法，标注矩形宽度尺寸，标注结果如图 8-2（b）所示。

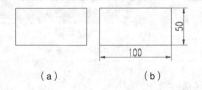

（a）　　　　　（b）

图 8-2　矩形

8.1.3　实例——尝试标注圆的半径尺寸

💻 视频文件	专家讲堂 \ 第 8 章 \ 实例——尝试标注圆的半径尺寸 .swf

　　在标注圆的半径尺寸时，可以使用【半径】命令来标注。首先绘制半径为 50mm 的圆，如图 8-4（a）所示，然后为其标注半径尺寸，标注结果如图 8-4（b）所示。

（a）　　　　　（b）

图 8-4　圆

Step 01 ▶ 单击【标注】工具栏上的"半径"按钮⊙。

Step 02 ▶ 单击圆。

Step 03 ▶ 沿任意方向引导光标。

Step 04 ▶ 在合适位置单击确定尺寸线的位置，标注过程及结果如图 8-5 所示。

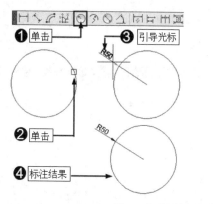

图 8-5 标注圆的半径尺寸

| 技术看板 | 也可以通过以下方式执行【半径】命令。

♦ 单击菜单栏栏中的【标注】/【半径】命令。

♦ 在命令行输入 "DIMRADIUS" 或 "DIMRAD" 后按 Enter 键。

8.2 标注样式

本节采用系统默认的标注样式，尝试标注了矩形和圆的相关尺寸，但在实际工作中，系统默认的标注样式并不适合大多数的图形，这就需要新建一个标注样式，并对该样式进行相关的设置。

那么什么是标注样式呢？标注样式就是在标注尺寸时使用的文字的字体、尺寸线的颜色、尺寸界限的大小、箭头类型、标注精度等一系列内容，这一节就来学习标注样式的设计方法。

本节内容概览

知识点	功能 / 用途	难易度与应用频率
新建标注样式（P269）	● 新建新的标注样式	难 易 度：★ 应用频率：★★★★★
"线"选项卡（P270）	● 设置标注尺寸线和尺寸界线的特性	难 易 度：★ 应用频率：★★★★★
"符号和箭头"选项卡（P272）	● 设置标注符号和箭头	难 易 度：★ 应用频率：★★★★★
"文字"选项卡（P273）	● 设置标注文字样式及特性	难 易 度：★ 应用频率：★★★★★
"调整"选项卡（P274）	● 调整标注样式比例等参数	难 易 度：★ 应用频率：★★★★★
"主单位"选项卡（P275）	● 设置标注样式的主单位	难 易 度：★ 应用频率：★★★★★
设置当前标注样式（P276）	● 将标注样式设置为当前标注样式	难 易 度：★ 应用频率：★★★★★
疑难解答	● 如何修改新建的标注样式？（P277） ● 什么是标注样式的"临时替代值"？（P277） ● "替代样式"对当前样式有何影响？如何删除"替代样式"？（P277） ● 什么是"比较"？有何用处？（P278）	

8.2.1 新建标注样式——新建名为"机械标注"的标注样式

🖥 视频文件 │ 专家讲堂\第8章\新建标注样式——新建名为"机械标注"的标注样式 .swf

在 AutoCAD 2014 中，可以在【标注样式管理器】对话框中新建新的标注样式、修改已有的标注样式等操作，下面来新建一个名为"机械标注"的标注样式。

实例引导——新建名为"机械标注"的标注样式

Step01▶ 单击【标注】工具栏中的"标注样式"按钮 。

Step02▶ 打开【标注样式管理器】对话框，单击 新建(N)... 按钮，如图8-6所示。

图8-7 输入新样式名

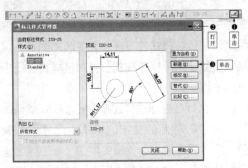

图8-6 【标注样式管理器】对话框

┃技术看板┃ 还可以使用以下方式打开【标注样式管理器】对话框。

◆ 执行菜单栏中的【标注】或【格式】/【标注样式】命令。

◆ 在命令行输入"Dimstyle"后按 Enter 键。

◆ 使用快捷键 D。

Step03▶ 打开【创建新标注样式】对话框，在"新样式名"输入框中输入"机械标注"，如图8-7所示。

Step04▶ 单击【创建新标注样式】对话框中的 继续 按钮。

Step05▶ 打开【新建标注样式：机械标注】对话框，在该对话框中可以对新样式进行一系列的设置，包括线型、符号、文字、主单位、换算单位等，如图8-8所示。

图8-8 对新样式进行设置

Step06▶ 设置完成后单击 确定 按钮返回【标注样式管理器】对话框，此时可以看到新建了一个名为"机械标注"的标注样式，如图8-9所示。

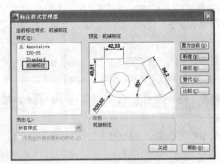

图8-9 新建"机械标注"的标注样式

8.2.2 设置标注样式——"线"选项卡

🖵视频文件 | 专家讲堂\第8章\设置标注样式——"线"选项卡.swf

要想使标注样式能满足图形的标注要求，除了新建标注样式之外，还必须对新建的样式进行设置。

返回到图8-8所示的对话框，下面在该对话框中对新建的"机械标注"样式进行设置，由于其设置选项众多，这里只对常用的一些设置进行讲解。

进入"线"选项卡，该选项卡主要用于设置"尺寸线"和"尺寸界线"的线型、颜色、超出尺寸线的距离等相关参数，如图8-10所示。

其中，尺寸线就是用于表明标注的方向和范围的线，一般情况下，尺寸线的颜色和线型、线宽等参数可以使用系统默认的"ByBlock"或者"ByLayer"，这表示将使用"随块"设置或者"随层"设置。"随块"就是使用当前块的属性，"随层"就是与当前图层的特性保持一致，如图 8-11 所示，采用默认设置标注的尺寸线颜色、线型、线宽等都与当前图层特性一致。

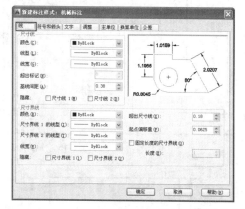

图 8-10　"线"选项卡

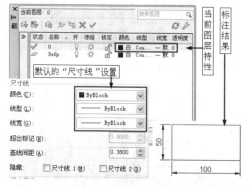

图 8-11　"随块"与"随层"展示

也可以重新对这些选项进行设置，当重新设置后，尺寸标注将使用设置的选项进行标注。下面分别设置尺寸线的颜色、线型、线宽，然后看看标注结果有什么不同。

实例引导——设置"尺寸线"特性

Step01 ▶ 在"颜色"下拉列表中设置尺寸线的颜色为红色。

Step02 ▶ 在"线型"下拉列表中选择"Contionuo-us"线型。

Step03 ▶ 在"线宽"下拉列表中设置线宽为 0.3mm。

Step04 ▶ 此时会发现标注结果与当前图层特性截然不同，如图 8-12 所示。

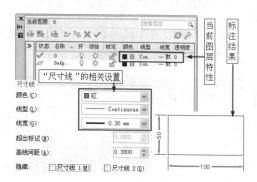

图 8-12　设置"尺寸线"特性

│技术看板│ 尺寸线颜色、线型、线宽的设置方法与前面章节所讲解的图层线型、颜色、线宽的设置方法相同，在此不再赘述。

还可以单击"超出标记"微调按钮，设置尺寸线超出尺寸界限的长度；单击"基线间距"微调按钮，设置在基线标注时两条尺寸线之间的距离，有关基线标注，将在后面章节进行详细讲解。在"隐藏"选项，勾选"尺寸线 1（M）"或者"尺寸线 2（M）"选项，可以隐藏尺寸线 1 或者尺寸线 2，如图 8-13 所示。

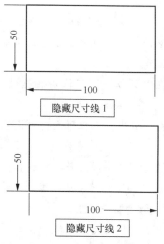

图 8-13　隐藏尺寸线

尺寸界线就是从被标注的对象延伸到尺寸线的短线。一般情况下，尺寸界线也使用系统默认的设置即可。尝试设置尺寸界限的颜色、线型和线宽，其设置方法与尺寸线的设置方法相同，然后再进行尺寸标注，看看有什么变化。

8.2.3 设置标注样式——"符号和箭头"选项卡

💻 视频文件 | 专家讲堂\第8章\设置标注样式——"符号和箭头"选项卡.swf

进入"符号和箭头"选项卡，该选项卡用于设置"箭头""箭头大小""圆心标记""弧长符号"和"半径标注"等参数，如图8-14所示。

图8-14 "符号和箭头"选项卡

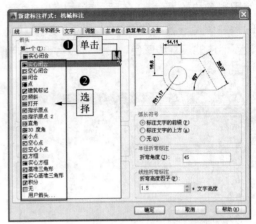

图8-15 "箭头"设置

⚙️ **实例引导**——"符号和箭头"设置

在"箭头"选项，可以设置箭头类型，一般情况下，机械设计中，尺寸标注的箭头都采用系统默认的"实心闭合"箭头，也可以重新选择箭头类型。

Step01▶ 单击"第一个"的下拉按钮。

Step02▶ 选择尺寸标注的第1个箭头类型，如图8-15所示。

Step03▶ 在"第二个"下拉列表框设置尺寸，标注的第2个箭头的形状。

Step04▶ 在"引线"下拉列表框中设置引线箭头的形状。

技术看板 | "引线"是指引线标注时所使用的箭头，"引线"标注是一端带有箭头，另一端标注文字的特殊标注。

Step05▶ 单击"箭头大小"微调按钮，设置箭头的大小，图8-16（a）所示"箭头大小"为0.18，图8-16（b）所示"箭头大小"为0.5。

Step06▶ 在"圆心标记"选项设置是否为圆添加圆心标记，勾选"标记"选项。

Step07▶ 单击后面的微调按钮设置标记大小为"2.5"，然后确认并关闭该对话框。

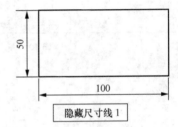

隐藏尺寸线1

（a）"剪头大小"为0.1

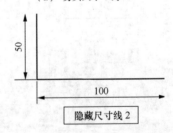

隐藏尺寸线2

（b）"剪头大小"为0.5

图8-16 设置箭头大小

Step08▶ 单击【标注】工具栏中的"圆心标记"按钮⊕。

Step09▶ 单击圆为圆添加圆心标记。绘制过程及结果如图8-17所示。

Step10▶ 在"折断标注"选项下的"折断大小"输入框中设置打断标注的大小。

Step11▶ 在"弧长符号"选项组设置是否添加"弧长"符号。

| 技术看板 | 勾选"无"单选项，表示不添加圆心标记；勾选"直线"单选项，用于为圆添加直线型标记。

♦ 勾选"标注文字的前缀"单选项，表示弧长符号添加在标注文字的前面，如图 8-18（a）所示。

♦ 勾选"标注文字的上方"单选项，表示弧长符号添加在文字的上方，如图 8-18（b）所示。

♦ 勾选"无"单选项，表示不添加弧长符号，如图 8-18（c）所示。

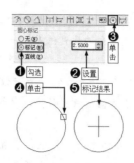

图 8-17　添加圆心标记

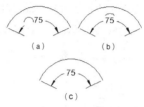

图 8-18　"弧长符号"标注

8.2.4　设置标注样式——"文字"选项卡

🖥 视频文件 | 专家讲堂 \ 第 8 章 \ 设置标注样式——"文字"选项卡 .swf

　　"文字"是尺寸标注中的重要内容，也是尺寸标注的核心。进入"文字"选项卡，设置文字的外观、位置以及对齐方式，如图 8-19 所示。

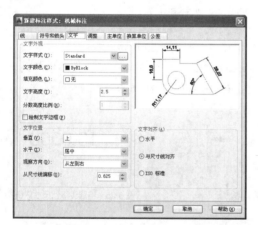

图 8-19　"文字"选项卡

⚙ **实例引导** ——"文字"设置

Step01 ▶ 在"文字样式"列表框中选择标注文字的样式。

Step02 ▶ 在"文字颜色"列表框中设置标注文字的颜色，一般选择默认设置。

Step03 ▶ 在"填充颜色"列表框中设置尺寸文本的背景色，一般选择"无"。

Step04 ▶ 单击"文字高度"微调按钮设置标注文字的高度。

Step05 ▶ 单击"分数高度比例"微调按钮设置标注分数的高度比例。只有在选择分数标注单位时，此选项才可用。

Step06 ▶ 勾选"绘制文字边框"复选框，为标注文字加上边框，如图 8-20 所示。

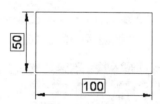

图 8-20　为标注文字加上边框

| 技术看板 | 在选择文字样式时，单击右端的 ... 按钮，打开【文字样式】对话框，如图 8-21 所示，用于新建或修改文字样式。

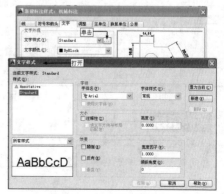

图 8-21　"文字样式"对话框

Step07▶ 在"垂直"列表框设置标注文字相对于尺寸线垂直方向的放置位置，一般情况下选择"居中"。

Step08▶ 在"水平"列表框设置标注文字相对于尺寸线水平方向的放置位置，一般情况下选择"居中"。

Step09▶ 在"观察方向"列表框设置标注文字的观察方向，一般选择"从左到右"。

Step10▶ 单击"从尺寸线偏移"微调按钮，设置标注文字与尺寸线之间的距离，如图8-22所示。

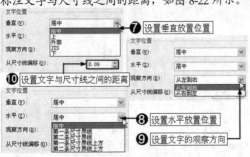

图 8-22 "文字位置"设置

Step11▶ 勾选"水平"单选项，设置标注文字以水平方向放置。

Step12▶ 勾选"与尺寸线对齐"单选项，设置标注文字与尺寸线平行的方向放置。

Step13▶ 勾选"ISO标准"单选项，当文字在尺寸界线内时，文字与尺寸线对齐，当文字在尺寸界线外时，文字水平排列，如图8-23所示。

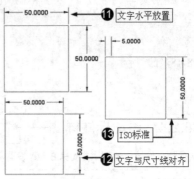

图 8-23 设置文字放置方式

8.2.5 设置标注样式——"调整"选项卡

🖵 视频文件　专家讲堂\第8章\设置标注样式——"调整"选项卡.swf

进入"调整"选项卡，用于设置标注文字与尺寸线、尺寸界线等之间的位置，如图8-24所示。

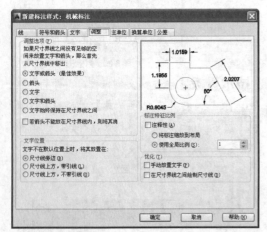

图 8-24 "调整"选项卡

⚙️ **实例引导**——"调整"设置

Step01▶ 勾选"文字或箭头（最佳效果）"选项，系统自动调整文字与箭头的位置，使二者达到最佳效果。

Step02▶ 勾选"箭头"单选项，将箭头移到尺寸界线外，如图8-25所示。

Step03▶ 勾选"文字"单选项，将文字移到尺寸界线外，如图8-26所示。

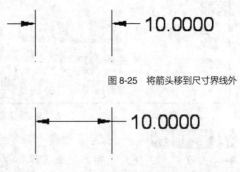

图 8-25 将箭头移到尺寸界线外

图 8-26 将文字移到尺寸界线外

Step04▶ 勾选"文字和箭头"单选项，将文字与箭头都移到尺寸界线外，如图8-25所示。

Step05▶ 勾选"文字始终保持在尺寸界线之间"选项，将文字始终放置在尺寸线之间，如图8-27所示。

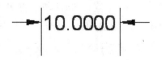

图 8-27 文字在尺寸界线之间

Step06 ▶ 勾选"若箭头不能放在尺寸界线内，则将其消"单选项，如果尺寸界线内没有足够的空间，则不显示箭头，如图 8-28 所示。

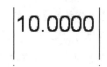

图 8-28 不显示箭头

Step07 ▶ 勾选"尺寸线旁边"单选项，将文字放置在尺寸界线旁边，如图 8-29 所示。

图 8-29 将文字放置在尺寸界线旁

Step08 ▶ 勾选"尺寸线上方，加引线"选项，将文字放置在尺寸线上方，并加引线，如图 8-30 所示。

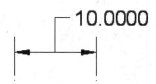

图 8-30 文字放置在尺寸线上方且加引线

Step09 ▶ 勾选"尺寸线上方，不加引线"单选

项，将文字放置在尺寸线上方，但不加引线引导，如图 8-31 所示。

图 8-31 文字放置在尺寸线上方，不加引线

Step10 ▶ 勾选"注释性"复选项，设置标注为注释性标注。

Step11 ▶ 勾选"使用全局比例"单选项，设置标注的比例因子，如图 8-32（a）所示，比例因子为 5，如图 8-32（b）所示，比例因子为 10。

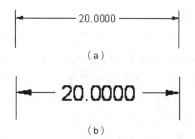

（a）

（b）

图 8-32 设置标注的比例因子

Step12 ▶ 勾选"将标注缩放到布局"单选项，系统会根据当前模型空间的视口与布局空间的大小来确定比例因子。

Step13 ▶ 勾选"手动放置文字"复选框，手动放置标注文字。

Step14 ▶ 勾选"在尺寸界线之间绘制尺寸线"复选框，在标注圆弧或圆时，尺寸线始终在尺寸界线之间。

8.2.6 设置标注样式——"主单位"选项卡

💻 视频文件 ┃ 专家讲堂\第 8 章\设置标注样式——"主单位"选项卡 .swf

进入"主单位"选项卡，主要用于设置线性标注和角度标注的单位格式以及精确度等参数变量，如图 8-33 所示。

⚙️ **实例引导**——"主单位"设置

线性标注的单位设置主要包括单位格式、精度、舍入等，这些设置与绘图单位的设置相同。

Step01 ▶ 在"单位格式"下拉列表框设置线性标注的单位格式，缺省值为小数。

Step02 ▶ 在"精度"下拉列表框设置尺寸的精度。

Step03 ▶ 在"分数格式"下拉列表框设置分数的格式。只有当"单位格式"为"分数"时，此下位列表框图才能激活。

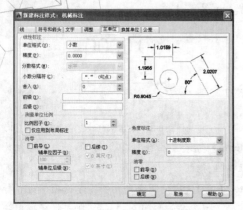

图 8-33 "主单位"选项卡

Step04▶ 在"小数分隔符"下拉列表框设置小数的分隔符号。

Step05▶ 单击"舍入"微调按钮，设置除了角度之外的标注测量值的四舍五入规则。

Step06▶ 在"前缀"文本框设置标注文字的前缀，可以为数字、文字、符号等，例如，输入控制代码"%%C"，显示直径符号。

Step07▶"后缀"文本框用于设置标注文字的后缀，可以为数字、文字、符号。

Step08▶"比例因子"微调按钮用于设置除了角度之外的标注比例因子。

Step09▶"仅应用到布局标注"复选框仅对在布局里创建的标注应用线性比例值。

Step10▶ 在"消零"选项勾选"前导"复选框，

消除小数点前面的零。当标注文字小于1时，例如为"0.5"，勾选此复选框后，"0.5"将变为".5"，消除前面的零。

Step11▶ 勾选"后续"复选框，消除小数点后面的零，当标注文字小于1时，例如为"0.5000"，勾选此复选框后，"0.5000"将变为"0.5"，消除后面的零。

Step12▶ 勾选"0英尺"复选框，消除零英尺前的零。只有当【单位格式】设为"工程"或"建筑"时，复选框才可被激活。

Step13▶ 勾选【0英寸】复选框，消除英寸后的零。

Step14▶ 在"单位格式"下拉列表设置角度标注的单位格式，一般选择默认即可。

Step15▶ 在"精度"下拉列表设置角度的小数位数，角度标注精度一般为0。

┃技术看板┃单位格式、精度等设置请参阅2.2.1节的讲解，在此不再赘述。"消零"是指消除小数点前、后的0，例如，"0.500"，消零后将成为"0.5"或者".500"。

除了以上所讲的标注样式设置之外，还可以进入"换算单位"选项卡设置标注文字的换算单位、精度等变量；进入"公差"选项卡，设置尺寸的公差的格式和换算单位等，这些设置不常用，在此不做详细讲解。

8.2.7 设置当前标注样式

🖥 视频文件 ┃ 专家讲堂\第8章\设置当前标注样式.swf

当所有设置完成后，还需要将设置的标注样式设置为当前样式，这样才能在当前文件中使用设置的标注的样式。

⚙ 实例引导——设置当前标注样式

Step01▶ 单击 确定 按钮。

Step02▶ 返回【标注样式管理器】对话框。

Step03▶ 选择新建的名为"机械标注"的标注样式。

Step04▶ 单击 置为当前(U) 按钮。

Step05▶ 将新建标注样式设置为当前标注样式。

Step06▶ 单击 关闭 按钮关闭该对话框，完成

标注样式的设置，如图8-34所示。

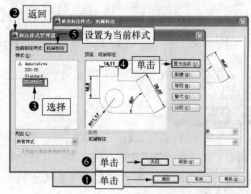

图 8-34 设置当前标注样式

练一练 尝试根据机械标注的相关要求，重新设置机械标注样式。

8.2.8　疑难解答——如何修改新建的标注样式？

💻 视频文件	疑难解答\第 8 章\疑难解答——如何修改新建的标注样式 .swf

疑难： 如果对新建的标注样式不满意，如何修改新建的标注样式？

解答： 如果对新建的标注样式不满意，可以对样式进行修改，例如要修改新建的名为"机械标注"的标注样式，操作步骤如下。

Step 01▸ 在【标注样式管理器】对话框选择新建的"机械标注"的标注样式。

Step 02▸ 单击 修改(M)... 按钮。

Step 03▸ 打开【修改标注样式：机械标注】对话框，根据需要分别进入各选项卡，可以修改线型、颜色、文字、单位等内容。

Step 04▸ 修改完毕后单击 确定 按钮返回【标注样式管理器】对话框，如图 8-35 所示。

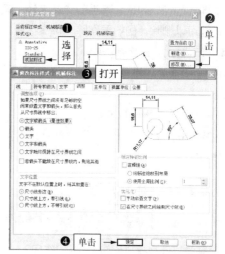

图 8-35　修改新建的标注样式

8.2.9　疑难解答——什么是标注样式的"临时替代值"？

💻 视频文件	疑难解答\第 8 章\疑难解答——什么是标注样式的"临时替代值".swf

疑难： 什么是标注样式的"临时替代值"？如果需要当前标注样式的临时替代值时该如何操作？

解答： 临时替代值是指临时修改当前标注样式的某一些值，但不会影响源标注样式的其他设置，它与修改标注样式不同。通过修改标注样式的临时替代值，可以使用一个标注样式对不同的图形文件进行标注。例如需要临时调整"机械标注"样式中的标注比例，操作步骤如下。

Step 01▸ 选择新建的"机械标注"的标注样式。

Step 02▸ 单击 替代(O)... 按钮。

Step 03▸ 打开【替代当前样式：机械标注】对话框。

Step 04▸ 单击【调整】选项卡。

Step 05▸ 修改"使用全局比例"值。

Step 06▸ 单击 确定 按钮，返回【标注样式管理器】对话框。此时会出现源标注样式的替代样式，如图 8-36 所示。

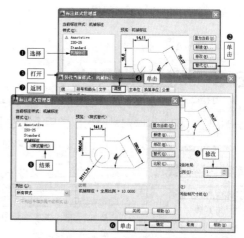

图 8-36　修改标注样式的"临时替代值"

8.2.10　疑难解答——"样式替代"对当前样式有何影响？如何删除"样式替代"？

💻 视频文件	疑难解答\第 8 章\疑难解答——"样式替代"对当前样式有何影响？如何删除"样式替代"？ .swf

疑难：创建了"样式替代"后，"样式替代"对当前样式有何影响？如何删除"样式替代"？

解答：创建了"样式替代"后，当前标注样式将被应用到以后所有尺寸标注中，直到删除"样式替代"为止。除当前样式之外，其他样式都可以删除。例如要删除"机械标注"样式的样式替代，操作方法如下。

Step 01 ▸ 在【标注样式管理器】对话框选择"样式替代"标注样式并右击。

Step 02 ▸ 选择【删除】选项。

Step 03 ▸ 弹出【标注样式 - 删除标注样式】询问框。

Step 04 ▸ 单击 是(Y) 按钮即可将该样式删除，如图 8-37 所示。

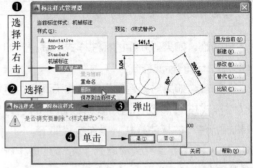

图 8-37　删除标注样式

8.2.11　疑难解答——什么是"比较"？有何作用？

💻 视频文件　疑难解答 \ 第 8 章 \ 疑难解答——什么是"比较"？有何作用？ .swf

疑难：什么是"比较"？有何作用？

解答："比较"就是将两种样式进行比较，以了解两种标注样式的特性有什么不同。单击 比较(C)... 按钮，打开【比较标注样式】对话框，比较两种标注样式的特性或浏览一种标注样式的全部特性，单击 按钮，可以将比较结果输出到 Windows 剪贴板上，然后再粘贴到其他 Windows 应用程序中，如图 8-38 所示。

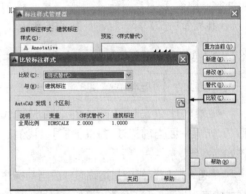

图 8-38　比较标注样式

8.3　标注基本尺寸

图形长度、宽度、角度以及圆、圆弧半径、直径等尺寸是图形中最基本的尺寸，因此将其称为基本尺寸。标注这些尺寸时可以使用【线性】、【对齐】、【弧长】、【角度】以及【半径】、【直径】命令来标注，本节主要介绍标注基本尺寸的相关技能。

本节内容概览

知识点	功能 / 用途	难易度与应用频率
线性（P279）	● 标注图线水平和垂直尺寸 ● 完善设计图	难易度：★ 应用频率：★★★★★
多行文字（P280）	● 在尺寸内容前添加特殊符号	难易度：★ 应用频率：★★★★★
文字（P280）	● 手动输入标注内容	难易度：★ 应用频率：★★★★★
角度（P281）	● 设置标注文字的旋转度 ● 使标注文字旋转一定角度	难易度：★ 应用频率：★★★★★
旋转（P281）	● 设置尺寸标注的旋转度 ● 使尺寸标注旋转一定角度	难易度：★ 应用频率：★★★★★

知识点	功能 / 用途	难易度与应用频率
对齐（P282）	● 标注倾斜图线的尺寸	难易度：★ 应用频率：★★★★★
坐标（P283）	● 标注点的坐标	难易度：★ 应用频率：★★
弧长（P284）	● 标注弧的长度	难易度：★ 应用频率：★★
角度（P285）	● 标注图线的角度	难易度：★ 应用频率：★★★★★
疑难解答	● 如何使用"线性"标注命令正确标注六边形的各边尺寸？（P282） ● 可以使用"对齐"命令标注水平和垂直尺寸吗？（P283）	

8.3.1 线性——标注多边形的长度尺寸

📄视频文件	专家讲堂 \ 第 8 章 \ 线性——标注多边形长度尺寸 .swf

线性是一种标注方式，一般是指标注图形的长度和宽度尺寸。8.1.2 节实例中使用的尺寸标注方式就是线性标注。

在进行"线性"标注前，首先需要新建一种标注样式。例如，新建名为"线性标注"的标注样式，然后设置该样式的各参数，最后将其设置为当前标注样式，如图 8-39 所示。

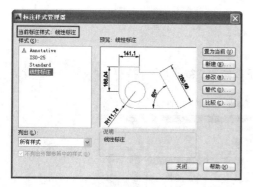

图 8-39　新建名为"线性标注"的标注样式

┃技术看板┃ 除了在【标注样式管理器】对话框中将该样式设置为当前样式之外，也可以在【标注】工具栏的标注样式控制列表中选择该标注样式，如图 8-40 所示。

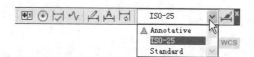

图 8-40　【标注】工具栏的标注样式控制列表

设置好标注样式之后，创建一个边长为100mm 的六边形，下面使用"线性"标注命令标注多边形的长度尺寸。

⚙ **实例引导**——标注六边形的长度尺寸

Step01▶ 单击【标注】工具栏上的"线性"按钮 ┣┫。

Step02▶ 捕捉多边形左下端点。

Step03▶ 捕捉多边形右下端点。

Step04▶ 向下引导光标。

Step05▶ 在合适位置单击确定尺寸线的位置，结果如图 8-41 所示。

┃技术看板┃ 也可以通过以下方式执行【线性】命令。

♦ 单击菜单【标注】/【线性】命令。

♦ 在命令行输入"DIMLINEAR"或"DIMLIN"后按 Enter 键。

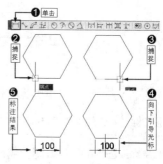

图 8-41　标注六边形的长度尺寸

练一练 尝试使用"线性"标注命令，标注六
边形宽度尺寸，结果如图 8-42 所示。

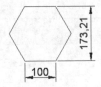

图 8-42 标注六边形宽度尺寸

8.3.2 多行文字——在尺寸内容前添加特殊符号

💻 视频文件	专家讲堂 \ 第 8 章 \ 多行文字——在尺寸内容前添加特殊符号 .swf

在进行线性标注时，有时可能需要在尺寸前添加"+、−"等特殊符号，这时可以启用"多行
文字"选项。"多行文字"选项是"线性"标注的一个选项，当指定了尺寸界线的第 1 个原点和第
2 个原点后，命令行会出现图 8-43 所示的命令选项。

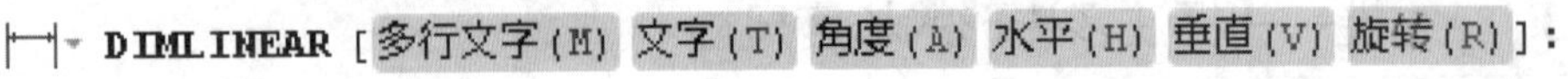

⊢┤▾ **DIMLINEAR** [多行文字(M) 文字(T) 角度(A) 水平(H) 垂直(V) 旋转(R)]:

图 8-43 "多行文字"选项

输入"M"，按 Enter 键，即可激活该选项，同时会打开【文字格式编辑器】，在该编辑器中，可
以在尺寸文字前添加相关符号。下面在尺寸标注文字前面添加正负符号，具体操作如下。

实例引导——在尺寸标注前添加"正负"符号

Step01 ▶ 继续 8.3.1 节的操作，在捕捉六边形右下端点后，在命令行输入"M"，按 Enter 键，激活"多
行文字"选项。

Step02 ▶ 打开【文字格式】编辑器。

Step03 ▶ 将光标定位在尺寸文字的前面，然后单击"符号"按钮 @。

Step04 ▶ 选择在弹出菜单中的"正 / 负"选项。

Step05 ▶ 此时在尺寸文字前面添加正 / 负符号。

Step06 ▶ 单击【文字格式编辑器】中的 确定 按钮确认。

Step07 ▶ 向下引导光标，在合适位置单击确定尺寸文字的位置，结果如图 8-44 所示。

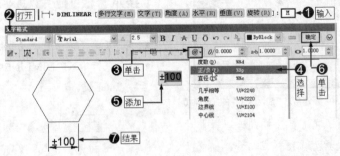

图 8-44 在尺寸标注前添加"正负"符号

8.3.3 文字——手动输入标注内容

💻 视频文件	专家讲堂 \ 第 8 章 \ 文字——手动输入标注内容 .swf

如果要标注图形的文字说明，或者手动输入尺寸内容，就要激活"文字"选项。激活该选项后
可以直接在命令行手动输入标注文字的内容，下面在六边形下水平边标出"长度尺寸"的文字内容。

⚙ **实例引导** ——手动输入标注内容

Step01 ▶ 继续在捕捉六边形右下端点后，在命令行输入"T"，按 Enter 键，激活"文字"选项。

Step02 ▶ 在命令行输入"长度尺寸"，按 Enter 键。

Step03 ▶ 向下引导光标，在合适位置单击确定标注的位置，标注过程及结果如图 8-45 所示。

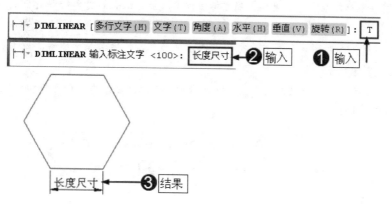

图 8-45 手动输入标注内容

8.3.4 角度——使标注文字旋转 30°

💻 视频文件 | 专家讲堂 \ 第 8 章 \ 角度——使标注文字旋转 30° .swf

在标注时，有时需要让标注的尺寸文字旋转一定的角度，这时需要激活"角度"选项，然后设置一定的旋转角度，下面将标注的文字内容旋转 30°。

⚙ **实例引导** ——使标注文字旋转 30°

Step01 ▶ 继续在捕捉六边形右下端点后，在命令行输入"A"，按 Enter 键，激活"角度"选项。

Step02 ▶ 输入"30"，按 Enter 键，设置角度。

Step03 ▶ 向下引导光标，在合适位置单击确定标注文字的位置，绘制结果如图 8-46 所示。

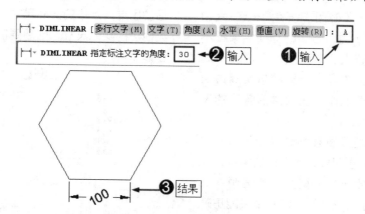

图 8-46 使标注文字旋转 30°

8.3.5 旋转——使尺寸标注旋转 150°

💻 视频文件 | 专家讲堂 \ 第 8 章 \ 旋转——使尺寸标注旋转 150° .swf

有时可能需要使尺寸标注旋转一定的角度，此时可以激活"旋转"选项，然后设置旋转角度对尺寸标注进行旋转。需要注意的是，旋转尺寸标注后，最终标注的将不再是原两点的实际尺寸，而是旋转后两点的尺寸，因此该选项不常用。下面将尺寸标注旋转 150°。

⚙ 实例引导 ——使尺寸标注旋转 150°

Step01 ▸ 继续在捕捉六边形右下端点后，输入 "R"，按 Enter 键，激活 "旋转" 选项。

Step02 ▸ 输入 "150"，按 Enter 键，设置旋转角度。

Step03 ▸ 向下引导光标，在合适位置单击确定标注位置，旋转结果如图 8-47 所示。

│技术看板│ 除了以上所介绍的 "线性" 标注中的选项功能之外，还有以下选项。

◆ 水平：该选项用于标注两点之间或选择图线的水平尺寸，当激活该选项后，无论如何移动光标，所标注的始终是对象的水平尺寸。

◆ 垂直：该选项用于标注两点之间的垂直尺寸，当激活该选项后，无论如何移动光标，所标注的始终是对象的垂直平尺寸。

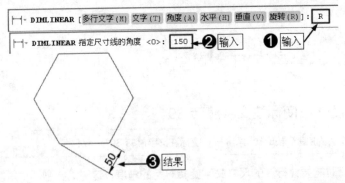

图 8-47 使尺寸标注旋转 150°

8.3.6 疑难解答——如何使用 "线性" 标注命令正确标注六边形各边的尺寸？

🖥 视频文件	疑难解答 \ 第 8 章 \ 疑难解答——如何使用 "线性" 标注命令正确标注六边形各边的尺寸？.swf

疑难： 为什么使用 "线性" 标注六边形（见图 8-48）时，各边的标注结果都不一样，而且只有上、下两条水平边标注尺寸正确，而其他边标注结果都与实际边长不符？如何才能正确标注六边形各边的尺寸？

解答： "线性" 标注命令只能用来标注图线的水平或垂直尺寸，而六边形中只有上下两条边为水平尺寸，其他边都呈倾斜状态，因此，使用 "线性" 标注命令只能正确

标注出这两条边的实际尺寸，要想正确标注其他边的实际尺寸，则需要使用 "对齐" 标注命令。

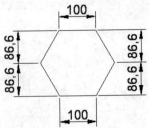

图 8-48 六边形尺寸标注

8.3.7 "对齐"——标注六边形倾斜边的长度尺寸

🖥 视频文件	专家讲堂 \ 第 8 章 \ 对齐——标注六边形倾斜边的长度尺寸 .swf

在标注图形长度尺寸时，有时图线并非水平或垂直，而是一种倾斜状态，例如六边形中，除了两条水平边之外，其他边都成倾斜状态，如果使用 "线性" 标注命令来标注这些边的长度，则得到

的并不是边的实际尺寸，要想正确标注这些倾斜边的实际尺寸，只能使用"对齐"标注命令来标注。

"对齐"标注也是标注两点之间的尺寸，但是它一般用来标注倾斜图线的尺寸，其标注结果是尺寸标注线与图线呈对齐效果，下面来标注六边形右斜边的尺寸。

实例引导——标注六边形斜边尺寸

Step01 ▶ 单击【标注】工具栏"对齐"按钮。

Step02 ▶ 捕捉右斜边下端点作为尺寸线第 1 个原点。

Step03 ▶ 捕捉六边形右斜边上端点作为尺寸线第 2 个原点。

Step04 ▶ 向右引导光标，在适当位置单击指定尺寸线位置，标注结果如图 8-49 所示。

│ 技术看板 │ 除了单击【标注】工具栏中的"对齐"按钮激活对齐标注外，还可以执行菜单栏中的【标注】/【对齐】命令，或者在命令行输入"DIMALIGNED"或"DIMALI"后按 Enter 键以激活该命令。

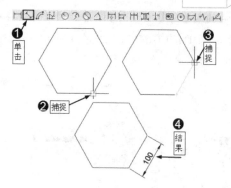

图 8-49　标注六边形右斜边尺寸

练一练 尝试标注六边形的其他倾斜尺寸，结果如图 8-50 所示。

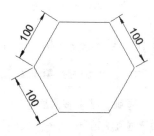

图 8-50　标注六边形的其他倾斜尺寸

8.3.8　疑难解答——可以使用"对齐"命令标注水平和垂直尺寸吗？

🖥 视频文件	疑难解答 \ 第 8 章 \ 疑难解答——可以使用"对齐"命令标注水平和垂直尺寸吗 .swf

疑难："对齐"标注命令用来标注倾斜图线的尺寸，那么可以使用"对齐"命令标注水平和垂直尺寸呢？例如标注六边形上下两条水平边的尺寸。

解答："对齐"标注命令不仅可以标注倾斜图线的尺寸，也可以标注水平或者垂直图线的尺寸，不过一般不建议使用"对齐"命令标注水平或者垂直图线的尺寸，因为出现精度错误。

8.3.9　"坐标"——标注六边形左端点的坐标

🖥 视频文件	专家讲堂 \ 第 8 章 \ 坐标——标注六边形左端点的坐标 .swf

在 AutoCAD 机械设计中，除了标注图线的尺寸之外，有时需要标注图形某一点的坐标，这时可以使用"坐标"命令来标注，该命令可以标注点的 X 坐标值和 Y 坐标值，所标注的坐标为点的绝对坐标。标注时，上下移动光标，则可以标注点的 X 坐标值；左右移动光标，则可以标注点的 Y 坐标值。另外，使用"X 基准"选项，可以强制性地标注点的 X 坐标，不受光标引导方向的限制；使用"Y 基准"选项可以标注点的 Y 坐标。下面标注六边形左端点的 X 坐标。

实例引导——标注六边形左端点的 X 坐标

Step01 ▶ 单击【标注】工具栏上的"坐标"按钮。

Step02 ▶ 捕捉左端点。

Step03 ▶ 向左上方引导光标。

Step04 ▶ 单击定位引线端点，标注结果如图 8-51 所示。

│ 技术看板 │ 除了单击【标注】工具栏中的"坐标"按钮激活坐标标注外，还可以执行菜单栏中的【标注】/【坐标】命令，或者在命令行输入 "DIMORDINATE" 或 "DIMORD" 后按 Enter 键以激活该命令。

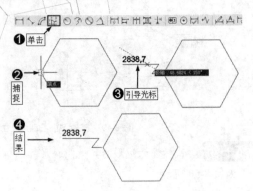

图 8-51 标注六边形左端点的 X 坐标

练一练 尝试标注六边形的其他端点的 X 坐标和 Y 坐标，标注结果如图 8-52 所示。

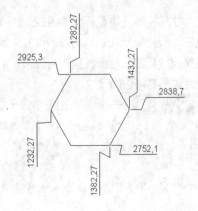

图 8-52 标注六边形其他端点的坐标

8.3.10 弧长——标注圆弧的弧长尺寸

💻 视频文件 | 专家讲堂 \ 第 8 章 \ 弧长——标注圆弧的弧长尺寸 .swf

对一个圆弧，或者多段线中的一端圆弧，要想知道该圆弧的弧长，并将其标注在图形上，可以使用"弧长"命令，该命令用于标注圆弧或多段线弧的长度尺寸，默认设置下，会在尺寸数字的一端添加弧长符号。

绘制一段圆弧，如图 8-53（a）所示，下面标注该圆弧的弧长，如图 8-53（b）所示。

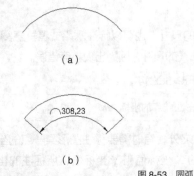

（a）

（b）

图 8-53 圆弧

⚙️ **实例引导**——标注弧长尺寸

Step01▶ 单击【标注】工具栏上的"弧长"按钮 🖾 。

Step02▶ 单击圆弧。

Step03▶ 向下引导光标。

Step04▶ 在合适位置单击确定尺寸线的位置，标注过程及结果如图 8-54 所示。

| **技术看板** | 除了单击【标注】工具栏中的 🖾 "弧长"按钮激活弧长标注外，还可以执行菜单栏中的【标注】/【弧长】命令，或者在命令行输入 "DIMARC" 后按 Enter 键以激活该命令。如果想标注圆弧的部分弧长，则可以激活【部分】选项。具体操作如下。

Step01▶ 单击【标注】工具栏上的"弧长"按钮 🖾 。

Step02▶ 单击圆弧。

Step03▶ 输入"P"，按 Enter 键，激活【部分】选项。

Step04▶ 捕捉圆弧的端点。

Step05▶ 捕捉圆弧的中点。

Step06▶ 向下引导光标。

Step07▶ 在合适位置单击指定尺寸下的位置，标注结果如图 8-55 所示。

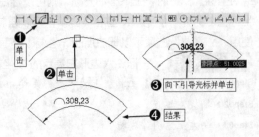

图 8-54 标注弧长尺寸

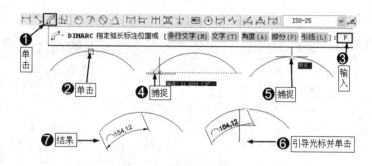

图 8-55　标注圆弧的部分弧长

8.3.11　角度——标注六边形内角角度

| 💻 视频文件 | 专家讲堂 \ 第 8 章 \ 角度——标注六边形内角 .swf |

标注角度也是图形设计中的重要内容，标注角度时，可以使用"角度"命令，该命令可以标注两条图线间的角度或者圆弧的圆心角。

【⚙ 实例引导】——标注六边形内角角度

Step01▶ 单击【标注】工具栏上的"角度"按钮△。

Step02▶ 单击六边形下水平边。

Step03▶ 单击六边形右倾斜边。

Step04▶ 向六边形内引导光标。

Step05▶ 在合适位置单击指定其位置，标注过程及结果如图 8-56 所示。

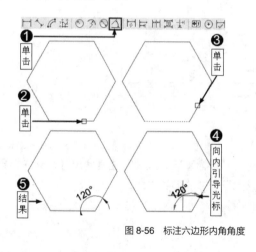

图 8-56　标注六边形内角角度

| 技术看板 | 除了单击【标注】工具栏中的△ "角度"按钮激活弧长标注外，还可以执行菜单栏中的【标注】/【角度】命令，或者在命令行输入"DIMANGULAR"或"ANGULAR"后按 Enter 键以激活该命令。

除了以上所讲的相关标注之外，使用【半径】/【直径】命令，可标注圆、圆弧的半径和直径尺寸，当采用系统的实际测量值标注半径和直径时，系统会在测量数值前自动添加"R"和"φ"符号。有关【半径】和【直径】标注的操作比较简单，在 8.1 节中已经进行过相关操作，可以尝试操作。

练一练 尝试标注六边形的外角角度，结果如图 8-57 所示。

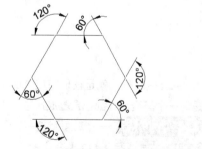

图 8-57　标注六边形的外角角度

8.4　其他标注

除了基本尺寸的标注方法之外，还有其他一些标注，这些也是机械设计中常用的标注。本节主要介绍其他几个比较常用的标注工具，包括【快速标注】、【基线】、【连续】等。

本节内容概览

知识点	功能 / 用途	难易度与应用频率
基线（P286）	● 快速标注图形基线尺寸 ● 完善设计图	难 易 度：★ 应用频率：★★★★
疑难解答	● 基线标注时如何选择尺寸界线？（P287）	
连续（P288）	● 快速标注图形连续尺寸 ● 完善设计图	难 易 度：★ 应用频率：★★★★★
疑难解答	● 如何对没有基准尺寸的图形标注"基线"尺寸和"连续"尺寸？（P288）	
快速标注（P289）	● 快速标注水平和垂直尺寸 ● 完善设计图	难 易 度：★ 应用频率：★★★★
其他快速标注方法 （P289）	● 快速标准图形各类尺寸 ● 完善设计图	难 易 度：★ 应用频率：★★★★★

8.4.1　基线——快速标注基线尺寸

📄素材文件	素材文件 \ 其他标注示例 .dwg
🖥视频文件	专家讲堂 \ 第 8 章 \ 基线——快速标注基线尺寸 .swf

　　首先打开素材文件，这是一个标注了线性尺寸的图形，如图 8-58（a）所示。继续为该图形标注图 8-58（b）所示的尺寸，如果还使用"线性"标注，不仅标注速度慢而且也很麻烦，可以试试"基线"标注。

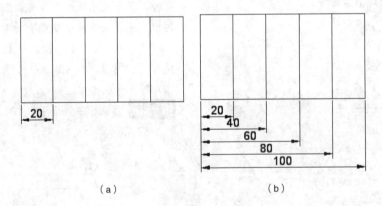

（a）　　　　　　　　　　　　（b）

图 8-58　线性尺寸标注

　　"基线"标注就是在现有尺寸的基础上，以现有尺寸作为基准，快速标注其他尺寸，标注结果是每一个基线尺寸都包含基准尺寸，下面就学习"基线"标注的相关技能。

⚙ **实例引导** ——快速标注基线尺寸

Step01 ▶ 单击【标注】工具栏上的"基线"按钮 ⊟ 。

Step02 ▶ 单击已有尺寸的左尺寸界线。

Step03 ▶ 捕捉图形的端点。

Step04 ▶ 继续捕捉下一个端点。

Step05 ▶ 继续捕捉下一个端点。

Step06 ▶ 继续捕捉下一个端点。

Step07 ▶ 按两次 Enter 键结束操作，标注过程及结果如图 8-59 所示。

| 技术看板 | 除了单击【标注】工具栏中的"基线"按钮 激活基线标注外，还可以执行菜单栏中的【标注】/【基线】命令，或者在命令行输入"DIMBASELINE"或"DIMBASE"后按 Enter 键以激活该命令。

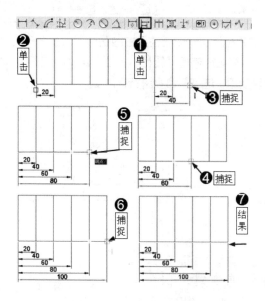

图 8-59 快速标注基线尺寸

8.4.2 疑难解答——基线标注时，如何选择尺寸界线？

🖵 视频文件 | 疑难解答 \ 第 8 章 \ 疑难解答——基线标注时，如何选择尺寸界线 .swf

疑难： 在进行基线标注时，如何选择尺寸界线？

解答： 一个尺寸有两条尺寸界线，在进行基线标注时，选择的尺寸界线不同，标注的结果不同。如果单击左边尺寸界线，则基线标注是以左边的尺寸界线作为基准，包含基准尺寸进行标注，如图 8-60 所示；如果单击右边的尺寸界线，则基线标注会以右侧的尺寸界线作为基准进行标注，如图 8-61 所示。

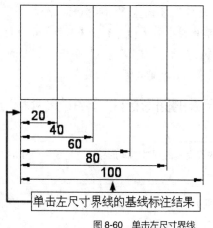

图 8-60 单击左尺寸界线

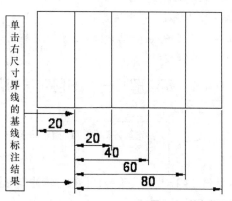

图 8-61 单击右尺寸界线

8.4.3 连续——快速标注连续尺寸

📄 素材文件	素材文件 \ 其他标注示例 .dwg
💻 视频文件	专家讲堂 \ 第 8 章 \ 连续——快速标注连续尺寸 .swf

继续打开素材文件，这是标注了一个线性尺寸的图形，如图 8-62（a）所示。继续为该图形标注图 8-62（b）所示的尺寸，如果还使用"线性"标注。这样不仅要多次执行"线性"命令，而且标注的效果也不好，此时可使用"连续"命令进行标注。

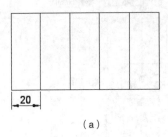

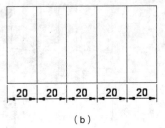

（a）

（b）

图 8-62　标注连续尺寸

与"线性"标注相同，"连续"标注其实也是标注两点之间的尺寸，只是"连续"标注需要在现有的尺寸基础上创建连续的尺寸标注。"连续"标注所创建的连续尺寸位于同一个方向矢量上。下面介绍"连续"标注的相关技能。

⚙️ **实例引导**——标注连续尺寸

Step01▶ 单击【标注】工具栏上的"连续"按钮 ⊞。

Step02▶ 单击已有尺寸的右尺寸界线。

Step03▶ 捕捉图形的端点。

Step04▶ 继续捕捉下一个端点。

Step05▶ 继续捕捉下一个端点。

Step06▶ 继续捕捉下一个端点。

Step07▶ 按 2 次 Enter 键结束操作，标注过程及结果如图 8-63 所示。

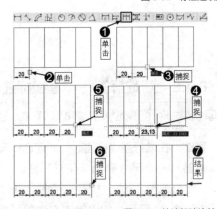

图 8-63　快速标注连续尺寸

┃技术看板┃ 除了单击【标注】工具栏中的"连续"按钮 ⊞ 激活连续标注外，还可以执行菜单栏中的【标注】/【基线】命令，或者在命令行输入"DIMCONTINUE"或"DIMCONT"后按 Enter 键以激活该命令。

8.4.4 疑难解答——如何对没有基准尺寸的图形标注"基线"尺寸和"连续"尺寸？

💻 视频文件	疑难解答 \ 第 8 章 \ 疑难解答——如何对没有基准尺寸的图形标注"基线"尺寸和"连续"尺寸？ .swf

疑难： 如果图形上没有任何尺寸标注作为基准尺寸，这时如何对图形标注"基线"尺寸和"连续"尺寸？

解答： "基线"标注和"连续"尺寸都是在已有尺寸的基础上进行标注的，如果图形中没有任何尺寸标注作为基线尺寸，可以首先使用"线性"标注命令标注一个线性尺寸作为基准尺寸，然后在该基准尺寸的基础上标注"基线"尺寸和"连续"尺寸即可。

8.4.5 快速标注——快速标注图形尺寸

📄 素材文件	素材文件 \ 快速标注示例 .dwg
💻 视频文件	专家讲堂 \ 第 8 章 \ 快速标注——快速标注图形尺寸 .swf

在图 8-64 所示中，如果标注该尺寸，使用"线性"或者"连续"标注命令都太麻烦了，可以再试试"快速标注"命令，该标注命令一次可以标注对象间的多个水平尺寸或垂直尺寸，这是一种比较常用的复合标注工具。

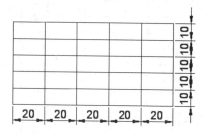

图 8-64 快速标注图形尺寸

打开素材文件，如图 8-65 所示，下面使用"快速标注"命令为其标注水平和垂直尺寸。

⚙ 实例引导——快速标注图形尺寸

1. 标注水平尺寸

Step01 ▶ 单击【标注】工具栏上的"快速标注"按钮。

Step02 ▶ 以窗交方式选择所有垂直线。

Step03 ▶ 按 Enter 键，然后向下引导光标。

Step04 ▶ 在合适位置单击，标注过程及结果如图 8-66 所示。

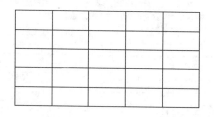

图 8-65 素材文件

8.4.6 其他快速标注方法

📄 素材文件	素材文件 \ 快速标注示例 .dwg
💻 视频文件	专家讲堂 \ 第 8 章 \ 其他快速标注方法 .swf

除了使用"快速标注"命令进行水平、垂直的尺寸标注之外，还可以对其他尺寸进行快速标注。

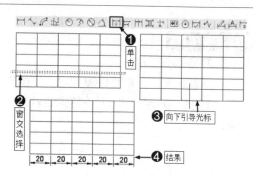

图 8-66 标注水平尺寸

2. 标注垂直尺寸

Step01 ▶ 单击【标注】工具栏上的"快速标注"按钮。

Step02 ▶ 以窗交方式选择所有水平线。

Step03 ▶ 按 Enter 键，然后向右引导光标。

Step04 ▶ 在合适位置单击，标注过程及结果如图 8-67 所示。

| 技术看板 | 除了单击【标注】工具栏中的"快速标注"按钮激活快速标注外，还可以执行菜单栏中的【标注】/【快速标注】命令，或者在命令行输入"QDIM"后按 Enter 键以激活该命令。

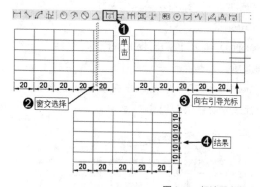

图 8-67 标注垂直尺寸

当激活"快速标注"命令并进入快速标注模式时，命令行会出现相关命令选项，如图 8-68 所示。

激活相关选项，就可以进行并列、基线、半径等多种标注。

QDIM 指定尺寸线位置或 [连续(C) 并列(S) 基线(B) 坐标(O) 半径(R) 直径(D) 基准点(P) 编辑(E) 设置(T)]
<连续>：

图 8-68 "快速标注"命令选项

⚙ 实例引导——其他快速标注方法

1. 并列标注

打开素材文件，如图 8-69 所示，下面并列标注该图形的水平尺寸，标注结果如图 8-70所示。

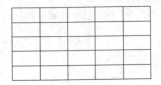

图 8-69 素材文件

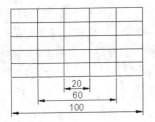

图 8-70 并列标注图形的水平尺寸

Step01 ▶ 单击【标注】工具栏上的"快速标注"按钮。

Step02 ▶ 以窗交方式选择所有垂直线，按 Enter 键。

Step03 ▶ 输入"S"，按 Enter 键，激活"并列"选项。

Step04 ▶ 向下引导光标并在合适位置单击。标注过程及结果如图 8-71 所示。

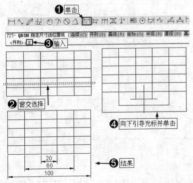

图 8-71 "并列"标注

2. 快速基线标注

打开素材文件，下面快速标注该图形的水平基线尺寸，标注结果如图 8-72 所示。

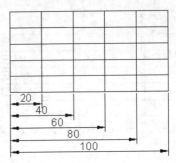

图 8-72 快速基线标注

Step01 ▶ 单击【标注】工具栏上的"快速标注"按钮。

Step02 ▶ 以窗交方式选择所有垂直线，按 Enter 键。

Step03 ▶ 输入"B"，按 Enter 键，激活"基线"选项。

Step04 ▶ 向下引导光标并在合适位置单击。标注过程及结果如图 8-73 所示。

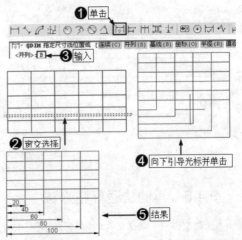

图 8-73 "基线"标注

3. 快速标注坐标

打开素材文件，下面快速标注该图形的水

平线的坐标，结果如图 8-74 所示。

Step01 ▶ 单击【标注】工具栏上的"快速标注"按钮🖼。

Step02 ▶ 以窗交方式选择所有水平线，按 Enter 键。

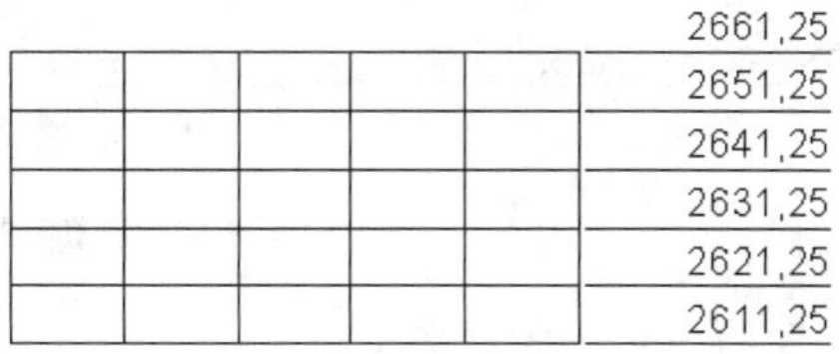

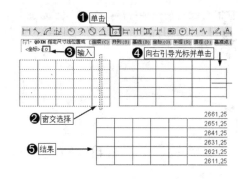

图 8-74　快速标注水平线的坐标

Step03 ▶ 输入"O"，按 Enter 键，激活"坐标"选项。

Step04 ▶ 向右引导光标并在合适位置单击。标注过程及结果如图 8-75 所示。

图 8-75　"坐标"标注

4. 快速标注半径和直径

首先绘制 4 个圆，下面快速标注 4 个圆的半径和直径。

Step01 ▶ 单击【标注】工具栏上的"快速标注"按钮🖼。

Step02 ▶ 以窗交方式选择所有圆，按 Enter 键。

Step03 ▶ 输入"R"，按 Enter 键，激活【半径】选项。

Step04 ▶ 向下引导光标并在合适位置单击。标注过程及结果如图 8-76 所示。

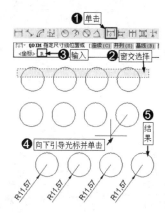

图 8-76　快速标注半径和直径

练一练 尝试标注 4 个圆的直径，标注结果如图 8-77 所示。

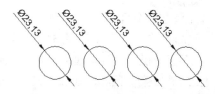

图 8-77　标注圆的直径

|技术看板| 除了以上所讲的快速标注方法之外，还可以快速设置新的标注点、添加或删除标注点等，可尝试进行操作。

8.5　综合实例——标注直齿轮零件图尺寸

📄 素材文件	效果文件 \ 第 6 章 \ 综合实例——绘制直齿轮零件俯视图 .dwg
🖋 效果文件	效果文件 \ 第 8 章 \ 综合实例——标注直齿轮零件图尺寸 .dwg
🖥 视频文件	专家讲堂 \ 第 8 章 \ 综合实例——标注直齿轮零件图尺寸 .swf

打开素材文件，这是直齿轮零件主视图和俯视图，如图 8-78 所示，下面为直齿轮零件图标注尺寸，标注结果如图 8-79 所示。

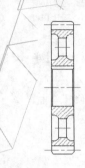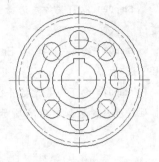

图 8-78 直齿轮零件

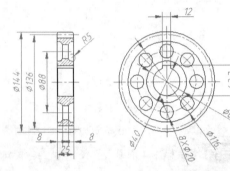

图 8-79 直齿轮零件尺寸标注

⚙ **操作步骤**

1. 设置当前图层

尺寸标注与图形属于不同属性的图形对象，为了便于图形的后期管理，要将尺寸标注在"标注线"进行，因此，首先要设置"标注线"为当前图层。

Step01 ▶ 单击"图层"控制下拉列表按钮。

Step02 ▶ 选择"标注线"图层，如图 8-80 所示。

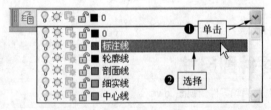

图 8-80 设置当前图层

2. 设置标注样式

在进行尺寸标注前，首先要新建新的标注样式，在该图形中，已经设置好了新的标注样式，在此只需将新建的标注样式设置为当前样式即可。

Step 01 ▶ 单击【标注】工具栏的标注样式下拉列表。

Step 02 ▶ 选择"机械标注"样式，如图 8-81 所示。

图 8-81 设置标注样式

3. 标注俯视图直径尺寸

Step 01 ▶ 单击【标注】工具栏上的"直径"按钮🛇。

Step 02 ▶ 单击内部圆。

Step 03 ▶ 向下引导光标并在合适位置单击。标注结果如图 8-82 所示。

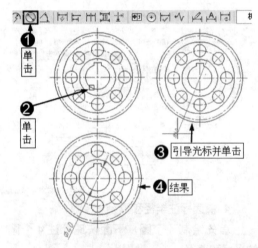

图 8-82 标注俯视图直径尺寸

4. 标注其他圆直径尺寸

使用相同的方法，继续标注其他圆的直径尺寸，标注结果如图 8-83 所示。

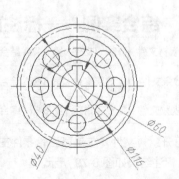

图 8-83 标注其他圆直径尺寸

5. 标注小圆直径尺寸

在俯视图中一共有 8 个直径相同的圆，在标注时只要标注一个圆的直径即可，但是需要在尺寸文字前面注明有 8 个直径相同的圆。

Step 01 ▶ 按 Enter 键，重复执行【直径】命令，然后单击小圆。

Step 02 ▶ 输入 "M"，按 Enter 键，激活【多行文字】选项。

Step 03 ▶ 在打开的【文字格式】编辑器中，将光标定位在尺寸文字的前面，然后输入 "8×" 字样。

Step 04 ▶ 单击 确定 按钮回到绘图区。

Step 05 ▶ 引导光标，并在合适位置单击。标注过程及结果如图 8-84 所示。

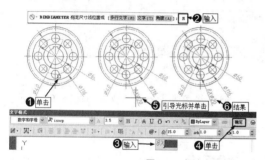

图 8-84　标注小圆直径尺寸

6. 标注线性尺寸

线性尺寸其实就是图形的长度尺寸，该尺寸可以使用【线性】命令来标注。

Step 01 ▶ 单击【标注】工具栏上的 "线性" 按钮 。

Step 02 ▶ 捕捉端点。

Step 03 ▶ 捕捉中点。

Step 04 ▶ 向右引导光标并在合适位置单击。标注过程及结果如图 8-85 所示。

7. 标注键槽尺寸

继续使用【线性】命令标出键槽的宽度尺寸，结果如图 8-86 所示。

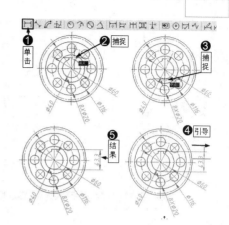

图 8-85　标注线性尺寸

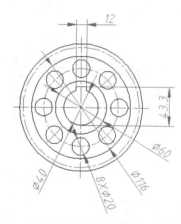

图 8-86　标注键槽尺寸

8. 标注主视图直径尺寸

Step 01 ▶ 单击【标注】工具栏上的 "线性" 按钮 。

Step 02 ▶ 捕捉端点。

Step 03 ▶ 再次捕捉端点。

Step 04 ▶ 输入 "M"，按 Enter 键，打开的【文字格式】编辑器。

Step 05 ▶ 将光标定位在尺寸文字的前面，然后输入 "%%C"。

Step 06 ▶ 单击 确定 按钮回到绘图区

Step 07 ▶ 向左引导光标并在合适位置单击。标注过程结果如图 8-87 所示。

| 技术看板 | "%%C" 是直径符号代码，输入后系统会自动将其转换为直径符号。也可以将光标定位在尺寸数字前面，然后单击【文字格式】编辑器中的 @ 按钮，在弹出的下拉列表选择【直径】选项，也可添加直径符号，如图 8-88 所示。

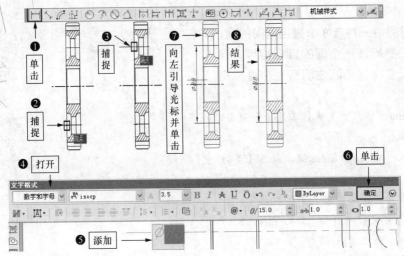

图 8-87　标注主视图直径尺寸

图 8-88　添加直径符号

9. 标注其他直径尺寸

继续使用【线性】命令，结合【文字格式】编辑器标注其他直径尺寸，结果如图 8-89 所示。

10. 标注主视图圆弧半径尺寸和线性尺寸

继续使用【半径】、【线性】命令标注主视图圆弧半径尺寸和线性尺寸，结果如图 8-90 所示。

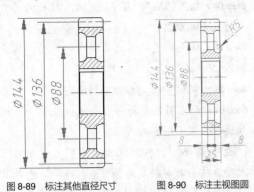

图 8-89　标注其他直径尺寸

图 8-90　标注主视图圆弧半径尺寸和线性尺寸

11. 查看标注效果

至此，直齿轮零件图的主要尺寸标注完

毕，调整视图查看标注效果，如图 8-91 所示。

12. 保存标注结果

绘制结果命名保存。

| 技术看板 | 直齿轮零件图的尺寸并没有标注完毕，还有倒角角度、尺寸公差等，这些尺寸将在后面章节进行标注。

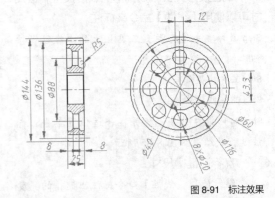

图 8-91　标注效果

8.6　标注公差

公差包括尺寸公差和形位公差，用于表面零件图在加工制造时的最小尺寸误差，是机械制图中非常重要的内容，本节介绍机械零件图中公差的标注。

本节内容概览

知识点	功能 / 用途	难易度与应用频率
公差（P295）	● 标注机械零件图的形位公差 ● 标注机械零件图的尺寸公差	难 易 度：★ 应用频率：★★★★★
实例（P296）	● 标注零件图尺寸公差和形位公差	

8.6.1 公差——形位公差的标注内容和方法

💻 视频文件 │ 专家讲堂 \ 第 8 章 \ 公差——形位公差的标注内容和方法 .swf

形位公差标注与前面学习的其他各种尺寸标注不同，形位公差标注的是机械零件在极限尺寸内的最大、最小包容量以及设置形位公差的包容条件，其标注都带有特征符号，因此，在标注前首先要根据标注的内容设置相关特征符号，然后才能标注，下面来标注图 8-92 所示的形位公差。

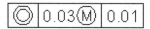

图 8-92 形位公差

⚙️ **实例引导**——标注形位公差

1. 添加特征符号

Step01▶ 单击【标注】工具栏上的"公差"按钮 ⊞ 。

Step02▶ 打开【形位公差】对话框，如图 8-93 所示。

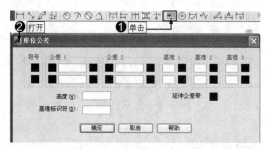

图 8-93 【形位公差】对话框

┃技术看板┃ 除了单击【标注】工具栏中的 ⊞ "公差"按钮激活【公差】命令之外，在命令行输入"TOLERANCE"或"TOL"后按 Enter 键，也可以激活该命令。

Step03▶ 单击"符号"选项组中的颜色块。

Step04▶ 打开【特征符号】对话框，如图 8-94 所示。

Step05▶ 单击相应的形位公差符号，例如单击"直径特征"符号 ◎ 。

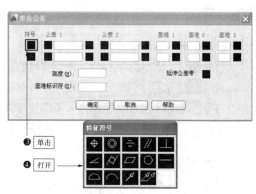

图 8-94 【特征符号】对话框

Step06▶ 添加特征符号。

Step07▶ 在输入框中输入公差值，例如输入"0.03"，如图 8-95 所示。

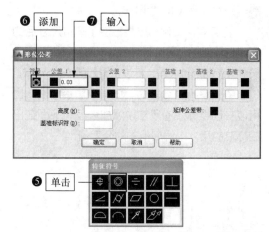

图 8-95 输入公差值

┃技术看板┃ 单击【特征符号】对话框中的特征符号，即可添加特征符号，如果要取消添加的特征符号，则单击【特征符号】对话框中的无符号按钮。另外单击"公差 1""公差 2"下方的颜色按钮，即可添加一个直径符号，然后在输入中框输入公差值。

2. 添加附加符号并标注公差

Step01▶ 单击【公差1】选项组右侧的颜色块。

Step02▶ 打开【附加符号】对话框。

Step03▶ 单击相关附加符号。

Step04▶ 添加附加符号以设置公差的包容条件。

Step05▶ 输入公差2的值为"0.01"。

Step06▶ 单击 确定 按钮。

Step07▶ 在绘图区单击标注公差,如图8-96所示。

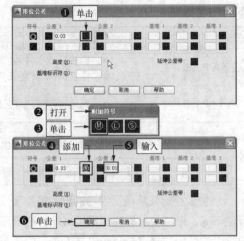

图 8-96　添加附加符号并标注公差

各附加符号的含义如下。

符号Ⓜ表示最大包容条件,规定零件在极限尺寸内的最大包容量。

符号Ⓛ表示最小包容条件,规定零件在极限尺寸内的最小包容量。

符号Ⓢ表示不考虑特征条件,不规定零件在极限尺寸内的任意几何大小。

8.6.2　实例——标注零件图尺寸公差和形位公差

📄 素材文件	效果文件\第8章\标注直齿轮零件图尺寸.dwg
🖋 效果文件	效果文件\第8章\实例——标注直齿轮零件图尺公差和形位公差.dwg
🖥 视频文件	专家讲堂\第8章\实例——标注直齿轮零件图尺寸公差和形位公差.swf

尺寸公差是在尺寸标注的基础上标注的,也就是说,在尺寸标注中再加入尺寸公差,以表明尺寸的最大和最小误差。

打开素材文件,这是标注了基本尺寸后的直齿轮零件主视图和俯视图,下面继续为其标注尺寸公差和形位公差,标注结果如图8-97所示。

在标注尺寸公差时,既可以直接标注,也可以在已经标注的尺寸中添加公差,下面在已经标注的尺寸中添加相关的公差值。

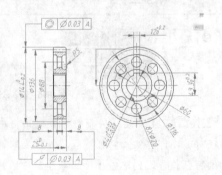

图 8-97　直齿轮零件

⚙ 操作步骤

1. 输入尺寸公差值

下面首先输入尺寸公差值,输入尺寸公差值时需要在【文字格式】编辑器中输入。

Step 01▶ 双击俯视图中"43.3"的标注尺寸。

Step 02▶ 打开【文字格式】编辑器。

Step 03▶ 将光标定位在尺寸数字的后面,然后输入尺寸公差后缀为"+0.2^0",如图8-98所示。

技术看板｜"^"符号是堆叠符号,在输入该"^"符号时,必须在英文输入状态下,按Shift+6组合键进行输入。

2. 编辑尺寸公差

下面对输入的公差值进行堆叠等其他编辑。

Step 01▶ 选择输入的公差值。

Step 02▶ 单击"堆叠"按钮 ᵇ。

Step 03▶ 单击 确定 按钮.

Step 04 ▸ 编辑结果如图 8-99 所示。

3. 为其他尺寸添加尺寸公差

参照上述操作，继续为其他尺寸添加尺寸公差，结果如图 8-100 所示。

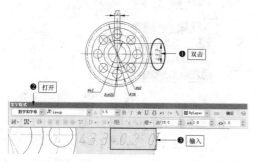

图 8-98 输入尺寸公差值

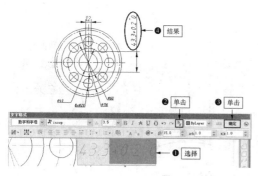

图 8-99 编辑尺寸公差

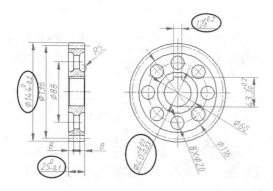

图 8-100 为其他尺寸添加尺寸公差

尺寸公差标注完毕后，下面将继续标注形位公差。在标注形位公差时，需要使用快速引线来标注。

4. 设置快速引线的"注释"参数

下面对快速引线的"注释"的参数进行设置。

Step 01 ▸ 输入"LE"，按 Enter 键，激活【快速引线】命令。

Step 02 ▸ 输入"S"，按 Enter 键，激活【设置】命令，打开【引线设置】对话框。

Step 03 ▸ 单击【注释】选项卡。

Step 04 ▸ 设置引线注释类型为"公差"。

Step 05 ▸ 在"重复使用注释"选项勾选"无"选项，如图 8-101 所示。

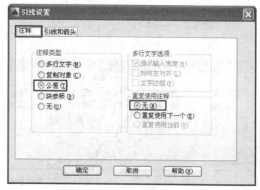

图 8-101 设置快速引线的"注释"参数

5. 设置快速引线的"引线和箭头"参数

下面对快速引线的"引线和箭头"进行设置

Step 01 ▸ 单击【引线和箭头】选项卡。

Step 02 ▸ 设置"引线"为"直线"。

Step 03 ▸ 设置"最大值"为"3"。

Step 04 ▸ 选择"箭头"为"实心闭合"箭头。

Step 05 ▸ 设置"角度约束"的"第一段"为"90°"，"第二段"为"水平"，如图 8-102 所示。

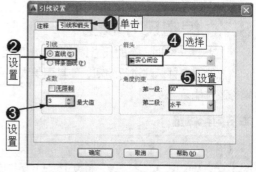

图 8-102 设置快速引线的"引线和箭头"参数

6. 添加引线

下面介绍添加引线的方法。

Step 01 ▸ 单击【引线设置】对话框中的

确定 按钮返回绘图区，捕捉主视图中直径为 "144" 的尺寸标注线的上端点。

Step 02 ▸ 向上引导光标拾取一点。

Step 03 ▸ 向右引导光标拾取一点。

Step 04 ▸ 打开【形位公差】对话框，如图 8-103 所示。

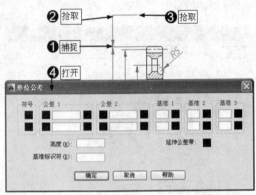

图 8-103　添加引线

7. 设置形位公差参数

下面介绍形位公差参数的设置。

Step 01 ▸ 在 "符号" 颜色块上单击。

Step 02 ▸ 打开【特征符号】对话框。

Step 03 ▸ 单击公差符号。

Step 04 ▸ 单击 "公差 1" 选项组内的颜色块，添加直径符号。

Step 05 ▸ 输入公差值为 "0.03"。

Step 06 ▸ 继续设置 "基准 1" 为 A。

Step 07 ▸ 单击 确定 按钮。标注过程及结果如图 8-104 所示。

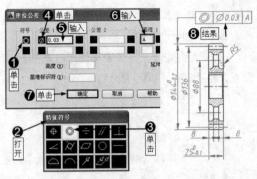

图 8-104　设置形位公差参数

8. 标注主视图下侧的形位公差

重复执行【快速引线】命令，标注主视图下侧的形位公差，标注结果如图 8-105 所示。

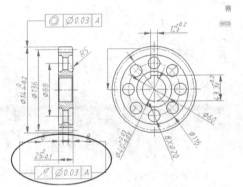

图 8-105　标注结果

9. 保存文件

形位公差标注完毕，执行【另存为】命令，将图形保存。

8.7　编辑尺寸标注

在标注尺寸时，有时尺寸线之间会出现相互交叉、重叠等情况，这样会影响尺寸标注的效果，此时需要对尺寸标注进行编辑，使其更美观、更符合图形的设计要求。本节主要介绍尺寸标注的编辑修改技能。

本节内容概览

知识点	功能 / 用途	难易度与应用频率
打断标注（P299）	● 将尺寸标注在图线位置打断 ● 完善尺寸标注	难 易 度：★ 应用频率：★★★★★
编辑标注（P299）	● 编辑标注的尺寸 ● 完善尺寸标注	难 易 度：★ 应用频率：★★★★
标注间距（P300）	● 调整尺寸标注的间距 ● 美化尺寸标注	难 易 度：★ 应用频率：★★★★★

知识点	功能 / 用途	难易度与应用频率
疑难解答（P301）	● 如何按照具体尺寸调整尺寸标注之间的距离？	
编辑标注文字（P302）	● 调整尺寸标注文字的位置 ● 完善尺寸标注	难 易 度：★ 应用频率：★★★★★

8.7.1 打断标注——打断相互交叉的尺寸线

📄 素材文件	素材文件 \ 打断标注示例 .dwg
🖥 视频文件	专家讲堂 \ 第 8 章 \ 打断标注——打断相互交叉的尺寸线 .swf

"打断标注"是指将与图线或尺寸线相互交叉的尺寸线打断，使其不再相交，这是美化尺寸标注的一种手段。

打开素材文件，这是一个内侧圆直径尺寸标注效果，如图 8-106 所示，其内侧圆的直径尺寸标注线与外侧圆相交，这在 AutoCAD 图形设计中是不允许的，这时需要将其尺寸线打断。

下面使用【打断标注】命令对该尺寸标注线进行打断。

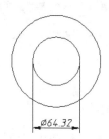

图 8-106 素材文件

⚙ **实例引导** ——打断相互交叉的尺寸线

Step01▸ 单击【标注】工具栏上的"打断标注"按钮 ⊥ 。

Step02▸ 单击标注的尺寸。

Step03▸ 单击外侧的圆。

Step04▸ 按 Enter 键，标注过程及结果如图 8-107 所示。

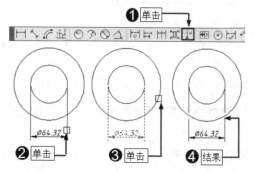

图 8-107 打断相互交叉的尺寸线

| **技术看板** | 在进行打断标注时，系统默认下采用的是【自动】打断方式，也就是说系统自动设置打断位置来进行打断。如果想重新设置打断位置，可以输入"M"激活【手动】选项，然后重新设置打断位置。如果想恢复被打断的尺寸对象，则输入"R"激活【删除】选项，以恢复被打断的尺寸线。

8.7.2 编辑标注——对标注的尺寸进行调整

📄 素材文件	素材文件 \ 打断标注示例 .dwg
🖥 视频文件	专家讲堂 \ 第 8 章 \ 编辑标注——对标注的尺寸进行调整 .swf

在标注尺寸后，有时会需要对标注的尺寸进行调整，例如重新设置标注的尺寸文字、标注文字的旋转角度以及尺寸界线的倾斜角度等，这时可以使用"编辑标注"命令。

首先打开素材文件，如图 8-108 所示，下面通过【编辑标注】命令取消该尺寸文字前面的直径符号，并设置文字内容旋转 30°，效果如图 8-109 所示。

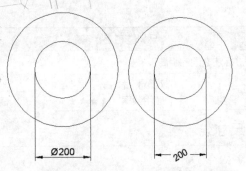

图 8-108 素材文件　　　图 8-109 取消直径符号

实例引导——编辑标注

1. 取消尺寸文字前面的直径符号

Step01 ▸ 双击标注的尺寸文字打开【文字格式】编辑器。

Step02 ▸ 在文本输入框中选择直径符号。

Step03 ▸ 按 Delete 键删除。

Step04 ▸ 单击按 确定 按钮关闭【文字格式】编辑器。

Step05 ▸ 直径符号被删除，结果如图 8-110 所示。

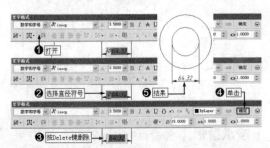

图 8-110 编辑标注

┃技术看板┃ 如果想为尺寸标注添加直径、半径以及度数等其他符号，也可以双击尺寸标注，打开【文字格式】编辑器，将光标定位在尺寸文字前面，然后单击@·按钮，在弹出的下拉列表中选择相关符号，最后单击确认即可，如图 8-111 所示。

2. 设置标注文字的旋转角度为 30°

Step 01 ▸ 单击【标注】工具栏上的"编辑标注"按钮。

Step 02 ▸ 输入 "R"，按 Enter 键，激活【旋转】选项。

Step 03 ▸ 输入 "30"，按 Enter 键，设置旋转角度。

Step 04 ▸ 单击尺寸标注。

Step 05 ▸ 按 Enter 键，旋转结果如图 8-112 所示。

图 8-111 添加其他符号

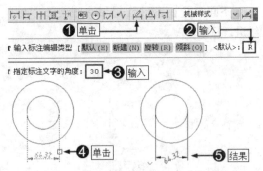

图 8-112 设置标注文字的旋转角度为 30°

┃技术看板┃ 执行【编辑标注】命令主要还有以下几种方式。

◆ 单击菜单【标注】/【倾斜】命令。

◆ 在命令行输入表达式 "DIMEDIT" 后按 Enter 键。

除了对标注的尺寸进行旋转以及尺寸文字内容的编辑之外，还可以对尺寸线进行倾斜操作，输入 "O" 激活【倾斜】命令，系统将按指定的角度调整标注尺寸界线的倾斜角度。

8.7.3 标注间距——调整尺寸标注的间距

📄 素材文件	素材文件 \ 标注间距示例 .dwg
🖥 视频文件	专家讲堂 \ 第 8 章 \ 标注间距——调整尺寸标注的间距 .swf

打开素材文件，这是多个尺寸的标注效果，如图 8-113 所示，很明显这些尺寸标注之间的间距不一致，为了使标注的尺寸效果更美观，一般要求尺寸标注之间的间距能相等。这时可以使用【等距标注】命令来调整平行的线性标注和角度标注之间的间距，或根据指定的间距值进行调整。下面就使用【等距标注】命令来调整该尺寸标注之间的距离，使其效果如图 8-114 所示。

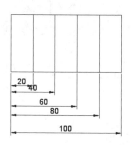

图 8-113　素材文件

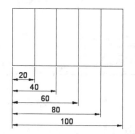

图 8-114　用【等距标注】命令调整尺寸标注的间距

实例引导——标注间距调整

Step01 ▸ 单击【标注】工具栏上的"等距标注"按钮。

Step02 ▸ 分别单击选择各标注尺寸。

Step03 ▸ 按两次 Enter 键，调整过程及结果如图 8-115 所示。

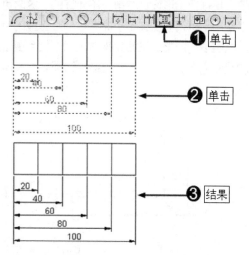

图 8-115　调整标注间距

|技术看板| 也可以执行菜单栏中的【标注】/【标注间距】命令激活该命令。

8.7.4　疑难解答——如何按照具体尺寸调整标注之间的距离？

💻 视频文件　｜　疑难解答\第 8 章\疑难解答——如何按照具体尺寸调整标注之间的距离 .swf

疑难： 在调整尺寸标注的间距时，如果想按照具体距离来调整，该如何操作？

解答： 在调整尺寸标注的间距时，系统默认下是以"自动"方式，以先选择的尺寸线作为基准进行调整的，如果想按照具体距离来调整，可以直接输入相关参数，例如要将尺寸线之间的间距设置为 10mm，其操作方法如下。

Step 01 ▸ 单击【标注】工具栏上的"等距标注"按钮。

Step 02 ▸ 分别单击各尺寸标注将其选择。

Step 03 ▸ 按 Enter 键，输入间距值"10"。

Step 04 ▸ 按 Enter 键，各尺寸线之间的距离均为 10mm，如图 8-116 所示。

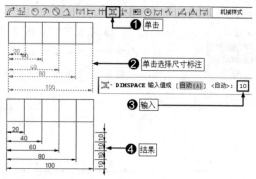

图 8-116　按照具体尺寸调整标注之间的距离

8.7.5 编辑标注文字——调整重叠的尺寸文字

素材文件	素材文件 \ 编辑标注文字示例 .dwg
视频文件	专家讲堂 \ 第 8 章 \ 编辑标注文字——调整重叠的尺寸文字 .swf

打开素材文件，如图 8-117 所示，左边“5”和“10”两个尺寸文字相互重叠，这种情况是任何图形设计中都决不允许的，这时可以使用【编辑标注文字】命令对相互重叠的标注文字进行调整。下面就来对这两个相互重叠的尺寸文字进行调整，调整结果如图 8-118 所示。

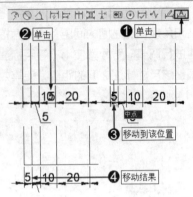

图 8-117 素材文件

图 8-118 调整重叠的尺寸文字

❷单击
❶单击
中点
❸移动到该位置
❹移动结果

图 8-119 编辑标注文字

图 8-120 调整标注文字位置

实例引导 ——编辑标注文字

Step01 ▸ 单击【标注】工具栏上的“编辑标注文字”按钮。

Step02 ▸ 单击尺寸为“5”的标注。

Step03 ▸ 将光标移动到左边尺寸标注线位置。

Step04 ▸ 单击鼠标左键，移动结果如图 8-119 所示。

练一练 尝试将另一个尺寸为“5”的标注文字调整到合适位置，调整后的效果如图 8-120 所示。

技术看板 除了调整文字的位置，还可以设置标注文字的旋转角度、设置标注文字的对齐方式等。当进入【编辑标注文字】状态，此时在命令行出现相关命令选项，如图 8-121 所示，激活相关选项即可实现相关效果。

- 激活【左对齐】选项，标注文字沿尺寸线左端对齐。
- 激活【右对齐】选项，标注文字沿尺寸线右端放置。
- 激活【居中】选项，标注文字放在尺寸线的中心。
- 激活【默认】选项，标注文字移回默认位置。
- 激活【角度】选项，设置旋转角度旋转标注文字。

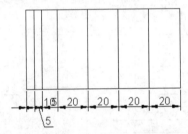

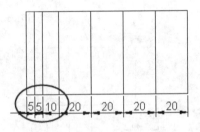

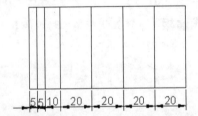

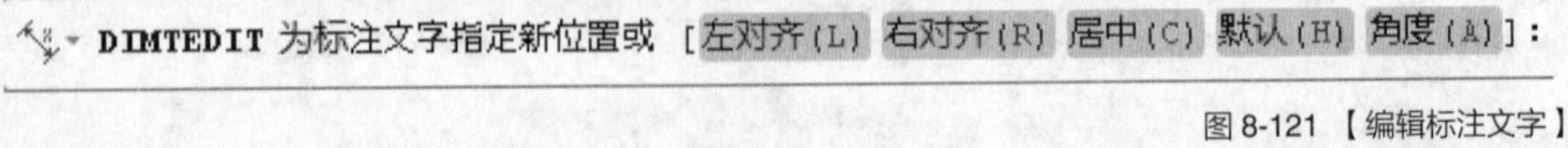

DIMTEDIT 为标注文字指定新位置或 [左对齐(L) 右对齐(R) 居中(C) 默认(H) 角度(A)]:

图 8-121 【编辑标注文字】命令行

8.8　综合实例——标注机床轴零件图尺寸和公差

学习了尺寸标注的相关知识之后，本实例通过标注图 8-122 所示的机床轴零件图尺寸，学习尺寸标注方法在实际绘图中的运用。

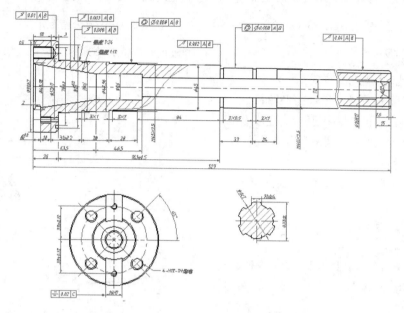

图 8-122　机床主轴零件图

8.8.1　绘图思路

绘图思路如下。

（1）打开素材文件，首先标注机床主轴零件图尺寸，如图 8-123 所示。

（2）标注机床主轴零件图公差，标注结果如图 8-124 所示。

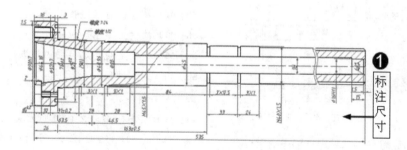

图 8-123　标注机床主轴零件图尺寸

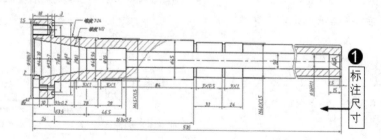

图 8-124　标注机床主轴零件图公差

8.8.2 绘图步骤

📄 素材文件	素材文件\机床主轴三视图 .dwg
✏️ 效果文件	效果文件\第 8 章\综合实例——标注机床主轴零件图尺寸和公差 .dwg
🖥️ 视频文件	专家讲堂\第 8 章\综合实例——标注机床主轴零件图尺寸和公差 .swf

⚙️ **操作步骤**

1. 设置当前层与标注样式

首先打开素材文件，在标注尺寸时记要设置标注样式。由于该文件中已经有设置好的标注样式，因此，在此只需要设置当前图层，并调用该样式即可进行标注。

Step 01 ▶ 在【图层】工具栏单击"图层"控制下拉列表按钮。

Step 02 ▶ 选择"标注线"图层，将其设置为当前层。

Step 03 ▶ 在【标注】工具栏单击下拉列表按钮。

Step 04 ▶ 选择"机械样式"标注样式，如图 8-125 所示。

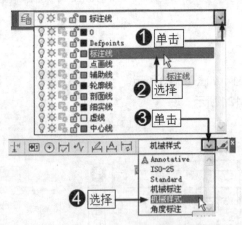

图 8-125 设置当前层与标注样式

2. 标注机床轴零件水平尺寸和垂直尺寸

下面首先来标注机床主轴的水平尺寸和垂直尺寸，可以使用【线性】标注命令来标注。

Step 01 ▶ 单击【标注】工具栏上的"线性"按钮|⊢。

Step 02 ▶ 捕捉主视图左侧角点。

Step 03 ▶ 捕捉主视图右侧角点。

Step 04 ▶ 输入"T"，按 Enter 键，激活"文字"选项。

Step 05 ▶ 输入标注尺寸"535"，按 Enter 键。

Step 06 ▶ 向下引导光标，在合适位置单击放置标注线，如图 8-126 所示。

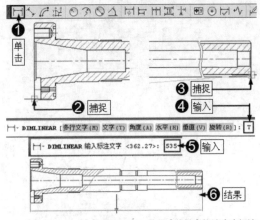

图 8-126 使用【线性】标注命令标注

| 技术看板 | 该零件图只是零件的一个断面图，并不是零件的实际图形，因此测量的尺寸也就并不是零件的实际尺寸，但在尺寸标注中要标注出零件的实际尺寸，因此，在此不能使用测量的尺寸进行标注，而是要输入零件的实际尺寸。

Step 07 ▶ 重复执行【线性】命令。

Step 08 ▶ 捕捉主视图定位槽外端点。

Step 09 ▶ 捕捉主视图定位槽内端点。

Step 10 ▶ 输入"M"，按 Enter 键，打开【文字格式】编辑器。

Step 11 ▶ 使用向右的方向键将光标定位到尺寸文字的后面，然后在文字后面输入公差"+0.2^0"，如图 8-127 所示。

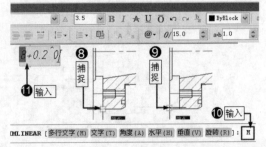

图 8-127 捕捉槽内、外端点并插入公差

Step 12 ▶ 选择输入的公差值。

Step 13 ▶ 单击【文字格式】编辑器中的"堆叠"按钮 。

Step 14 ▶ 将公差后缀转换为分数形式，如图 8-128 所示。

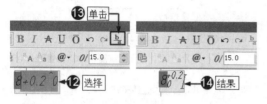

图 8-128　将公差后缀转换为分数形式

Step 15 ▶ 单击 确定 按钮，关闭【文字格式】编辑器。

Step 16 ▶ 返回绘图区指定标注线位置，标注结果如图 8-129 所示。

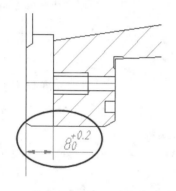

图 8-129　标注结果

Step 17 ▶ 参照上述尺寸的标注方法，配合对象捕捉功能，分别标注其他位置的水平尺寸和垂直尺寸，标注结果如图 8-130 所示。

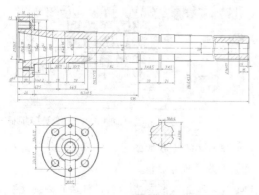

图 8-130　标注其他位置尺寸

3. 标注零件图角度尺寸和直径尺寸

下面继续标注机床轴零件的角度和直径，可以使用【角度】命令和【直径】命令来标注。

Step 01 ▶ 单击【标注】工具栏上的"角度"按钮 。

Step 02 ▶ 捕捉左视图水平中心线。

Step 03 ▶ 捕捉左视图 45° 中心线。

Step 04 ▶ 向右上角引导光标拾取一点，放置标注线。标注过程及结果如图 8-131 所示。

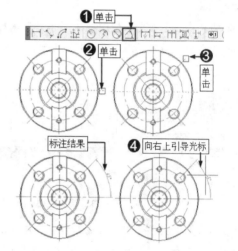

图 8-131　放置标注线

Step 05 ▶ 单击【标注】工具栏上的"直径"按钮 。

Step 06 ▶ 单击断面图上的圆。

Step 07 ▶ 输入"T"，按 Enter 键，激活"文字"选项。

Step 08 ▶ 输入"%%cdc7"，按 Enter 键

Step 09 ▶ 向左上角引导光标指定尺寸线位置。标注过程及结果如图 8-132 所示。

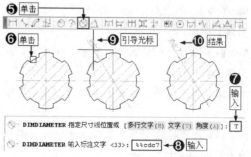

图 8-132　标注直径尺寸

4. 标注零件图引线注释

引线注释是指带引线的尺寸标注，这类标注需要使用【多重引线】命令。

Step 01 ▶ 单击菜单【标注】/【多重引线】命令。

Step 02 ▶ 在左视图右下角 M12 螺孔位置上拾取第 1 点。

Step 03 ▶ 向右下引导光标，在合适位置单击拾取第 2 点。

Step 04 ▶ 在打开的【文字格式】编辑器内输入引线内容。

Step 05 ▶ 单击【确定】按钮确认，并关闭该对话框。标注过程及结果如图 8-133 所示。

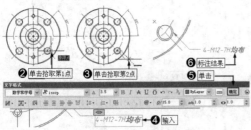

图 8-133 标注零件图引线注释

Step 06 ▶ 重复执行【多重引线】命令，标注锥度为 1:12 和 7:24 的轴颈，标注结果如图 8-134 所示。

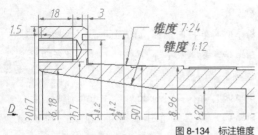

图 8-134 标注锥度

5. 标注零件图形位公差

Step 01 ▶ 输入 "LE"，按 Enter 键，激活【快速引线】命令。

Step 02 ▶ 输入 "S"，按 Enter 键，打开【引线设置】对话框。

Step 03 ▶ 在 "注释" 选项卡中勾选 "公差" 选项。

Step 04 ▶ 在 "引线和箭头" 选项卡中设置引线参数，如图 8-135 所示。

图 8-135 设置引线参数

Step 05 ▶ 单击 确定 按钮，返回绘图区。

Step 06 ▶ 在机床轴左上方的位置单击拾取第 1 个引线点，如图 8-136 所示。

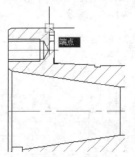

图 8-136 单击拾取第一个引线点

Step 07 ▶ 向上引导光标，在合适位置单击拾取第 2 个引线点。

Step 08 ▶ 向左引导光标，在合适位置单击拾取第 3 个引线点。

Step 09 ▶ 打开【形位公差】对话框。

Step 10 ▶ 在 "符号" 颜色块上单击，打开【特征符号】对话框。

Step 11 ▶ 单击 ✗ 符号，如图 8-137 所示。

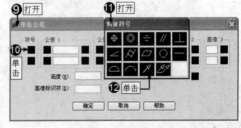

图 8-137 【形位公差】对话框

Step 12 ▶ 返回【形位公差】对话框，分别输入公差和基准代号的值。

Step 13 ▶ 单击 确定 按钮，标注的公差效果如图 8-138 所示。

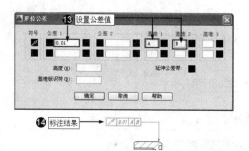

❶ 标注结果 →

图 8-138　公差标注结果

Step 14 ▶ 参照上述操作，重复执行【快速引线】命令，分别标注其他位置的形位公差，标注结果如图 8-139 所示。

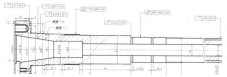

图 8-139　标注其他位置的形位公差

Step 15 ▶ 重复执行【快速引线】命令，设置引线参数，如图 8-140（a）所示。为左视图标注公差，标注后的结果如图 8-140（b）所示。

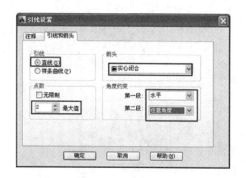

（a）

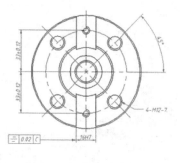

（b）

图 8-140　设置引线参数

6. 标注

至此，机床轴机械零件图尺寸和公差标注完毕，调整视图查看效果，标注结果如图 8-122 所示。

7. 保存文件

将当前文件另名存储为"标注机床轴零件图尺寸 .dwg"文件。

8.9　综合自测

8.9.1　软件知识检验——选择题

（1）在线性标注时，如果想手动输入尺寸内容，正确的做法是（　　）。

A. 在拾取尺寸线的两个点之后直接输入尺寸内容

B. 在拾取尺寸界线的两个点之后，输入 M 打开【文字格式】编辑器，然后输入尺寸内容

C. 在拾取尺寸界线的两个点之后，输入 T 激活【文字】选项，然后输入尺寸内容

D. 在标注完成后双击标注的尺寸，打开【文字格式】编辑器，然后修改尺寸内容

（2）要想使标注的尺寸文字旋转 60°，正确的做法是（　　）。

A. 在拾取尺寸界线的两个点之后，输入"A"激活【角度】选项，然后输入"60"并按 Enter 键

B. 在拾取尺寸界线的两个点之后，输入"T"激活【文字】选项，然后输入尺寸内容

C. 在拾取尺寸界线的两个点之后，直接输入"60"

D. 在拾取尺寸界线的两个点之后，输入"M"打开【文字格式】编辑器，然后修改倾斜角度"60"

（3）想在尺寸文字中添加特殊符号，正确的做法是（　　）。

A. 在拾取尺寸界线的两个点之后，输入"M"打开【文字格式】编辑器，然后在"符号"列表中选择相关符号

B. 在拾取尺寸界线的两个点之后，输入"T"激活【文字】选项，然后直接输入相关符

号的代码

　　C. 双击标注的尺寸，打开【文字格式】编辑器，然后添加相关符号

　　D. 使用【插入】命令直接插入相关符号

8.9.2　软件操作入门——标注机械零件主视图尺寸

📄 素材文件	效果文件 \ 第 3 章 \ 绘制零件主视图 .dwg
✒ 效果文件	效果文件 \ 第 8 章 \ 软件操作入门——标注机械零件主视图尺寸 .dwg
🖥 视频文件	专家讲堂 \ 第 8 章 \ 软件操作入门——标注机械零件主视图尺寸 .swf

　　打开"效果文件 / 第 3 章绘制零件主视图 .dwg"图形文件，如图 8-141 所示，设置一种标注样式，然后为其标注尺寸。

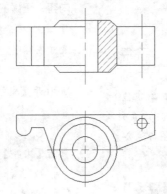

图 8-141　绘制零件主视图

第 9 章
机械图的文字注释与表格

在 AutoCAD 机械制图中，文字也是设计图中的重要元素，使用必要的文字注释，能更好地诠释和表达设计图中图形无法表达和传递的内在信息。另外，设计图中还需标注一些必要的符号，如表面粗糙度、形位公差、基准代号、组装图序号等，这些符号和序号各自代表着不同的含义，是 AutoCAD 机械制图中必不可少的内容，本章就来学习 AutoCAD 机械制图中文字与符号的标注技巧。

机械图的文字注释与表格

本章内容概览

知识点	功能 / 用途	难易度与应用频率
文字注释（P310）	● 了解文字注释的内容 ● 设置文字样式	难 易 度：★ 应用频率：★★★★★
"单行文字"注释（P314）	● 创建单行文字 ● 标注零件图序号、名称等	难 易 度：★★★ 应用频率：★★★★★
"多行文字"注释（P318）	● 创建多行文字 ● 标注零件图技术要求	难 易 度：★★★ 应用频率：★★★★★
"引线"注释（P324）	● 创建引线标注 ● 标注引线注释	难 易 度：★★★ 应用频率：★★★★★
属性（P330）	● 创建属性 ● 定义属性块	难 易 度：★★★ 应用频率：★★★★★
创建与填充表格（P336）	● 创建表格 ● 标注零件图技术信息	难 易 度：★★★ 应用频率：★★★★★
综合实例（P341）	● 标注定位盘尺寸、公差与技术要求	
综合自测	● 软件知识检验——选择题（P350） ● 软件操作入门——标注销轴零件图尺寸、表面粗糙度与技术要求（P351）	

9.1 关于机械设计中的文字注释

　　文字注释是指通过文字说明，来表达机械图中尺寸标注无法表达的图形信息，例如机械零件的技术要求、材料、工艺等，是机械设计中必不可少的内容。

本节内容概览

知识点	功能 / 用途	难易度与应用频率
文字注释与引线注释（P310）	● 使用文字注释标注 ● 使用引线注释标注	难 易 度：★★ 应用频率：★★★★★
文字样式（P311）	● 设置文字样式	难 易 度：★★ 应用频率：★★★★★
设置当前文字样式（P313）	● 将文字样式设置为当前文字样式	难 易 度：★ 应用频率：★★★★★

9.1.1 文字注释的类型——文字注释与引线注释

🖥 视频文件 ┃ 专家讲堂\第 9 章\文字注释的类型——文字注释与引线注释 .swf

　　在 AutoCAD 2014 中有两种类型的文字注释，一种是文字注释，包括"单行文字"注释与"多行文字"注释；另一种是引线注释，包括"快速引线"注释与"多重引线"注释，下面分别对其进行介绍。

　　1."单行文字"注释

　　所谓"单行文字"注释就是指使用【单行文字】命令创建注释文字，"单行文字"注释适合标注文字比较简短的内容，例如在机械设计图中标注机械零件的名称、编号等，图 9-1 中右上角就是使用单行文字标注的粗糙度。

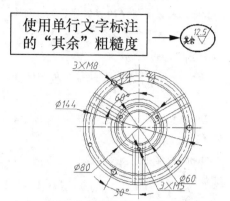

图 9-1　使用单行文字标注的粗糙度

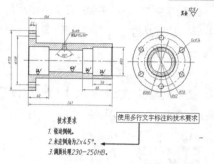

图 9-3　使用多行文字标注的技术要求

另外，使用【单行文字】命令创建的文字注释，无论该文字有多少行，单击选择每一行文字，发现系统将文字每一行都作为一个独立的对象，如图 9-2 所示。

无师自通
AutoCAD 2014
机械设计

图 9-2　使用【单行文字命令】创建的文字注释

2. "多行文字" 注释

所谓 "多行文字" 注释则是由【多行文字】命令创建的文字，"多行文字" 适合标注表达内容比较丰富的文字，例如标注机械设计图中的技术要求、制作材料、制作工艺等，图 9-3 中的技术要求就是使用 "多行文字" 标注的。

另外，使用【多行文字】命令创建的多行文字，单击该文字注释，发现无论该文字包含多少行、多少段，系统都将其看作一个独立的对象，如图 9-4 所示。

无师自通
AutoCAD 2014
机械设计

图 9-4　使用【多行文字】命令创建的多行文字

3. "引线" 注释

所谓 "引线注释" 是指带引线和箭头的文字注释，简单的说，在文字注释前面添加一条引线就是 "引线注释"。"引线注释" 一般用于标注指向性比较明确的注释，例如标注零件名称、编号、机械零件倒角角度以及圆角角度等，图 9-5 中的机械零件编号就是使用引线注释标注的。

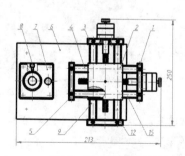

图 9-5　使用引线注释标注的机械零件编号

9.1.2　文字注释的关键——文字样式

💻 视频文件　专家讲堂 \ 第 9 章 \ 文字注释的关键——文字样式 .swf

不管是标注 "单行文字" 注释、"多行文字" 注释或者是 "引线注释"，文字样式是标注的关键。

简单的说文字样式就是标注文字所使用的文字的字体、文字大小、文字的旋转角度、外观效果等一系列内容。

在 AutoCAD 2014 机械设计中，文字样式的设置是通过【文字样式】命令来设置的。下面来设置名为"汉字"、字体为"仿宋 _GB2312"的文字样式。

⚙ **实例引导** ——设置文字样式

1. 新建文字样式

在设置文字样式时，首先需要新建一个文字样式，然后再设置该文字的样式，下面首先新建名为"汉字"的文字样式。

Step01▸ 单击【文字】工具栏上的"文字样式"按钮 Ａ 。

Step02▸ 打开【文字样式】对话框。

Step03▸ 单击 新建(N)... 按钮。

Step04▸ 打开【新建文字样式】对话框。

Step05▸ 在"样式名"输入框输入新样式名"汉字"。

Step06▸ 单击 确定 按钮返回【文字样式】对话框。新建的文字样式如图 9-6 所示。

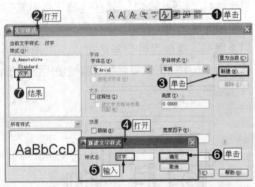

图 9-6　新建文字样式

| **技术看板** | 除了单击【样式】工具栏上的"文字样式"按钮 Ａ 打开【文字样式】对话框之外，还可以通过以下方式打开【文字样式】对话框。

♦ 单击菜单栏中的【格式】/【文字样式】命令。

♦ 命令行输入"STYLE"或"ST"，后按 Enter 键。

2. 设置文字样式

新建文字样式后即可设置该文字的样式，其内容包括字体、宽度因子以及倾斜角度等。

Step01▸ 选择新建的"汉字"的文字样式。

Step02▸ 在【字体名】下拉列表框选择"仿宋 _GB2312"的字体。

Step03▸ 单击 应用(A) 按钮应用所进行的设置。

Step04▸ 单击 置为当前(C) 按钮将新样式设置为当前样式。

Step05▸ 单击 关闭(C) 按钮关闭该对话框，如图 9-7 所示。

图 9-7　设置文字样式

| **技术看板** | 在选择字体时，如果取消【使用大字体】复选项的勾选，所有（.SHX）和 TrueType 字体都会显示在列表框内以供选择，如图 9-8 所示。若选择 TrueType 字体，那么在右侧【字体样式】列表框中可以设置当前字体样式，如图 9-9 所示。如果勾选【使用大字体】复选项，则只有（.SHX）字体显示在列表框，如图 9-10 所示。若选择了编译型（.SHX）字体，且勾选了【使用大字体】复选项后，则右端的列表框变为图 9-11 所示的状态，此时用于选择所需的大字体。

图 9-8　取消【使用大字体】的勾选

图 9-9　字体样式设置

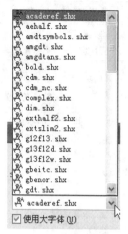

图 9-10　勾选【使用大字体】复选项

图 9-11　大字体设置

另外，在"高度"输入框可以设置文字字体的高度。一般情况下，建议在此不设置字体的高度，在输入文字时，直接输入文字的高度即可。勾选"注释性"复选项，可以为文字添加注释特性；勾选"颠倒"复选项，设置文字为倒置状态；勾选"反向"复选项，设置文字为反向状态；勾选"垂直"复选项，控制文字呈垂直排列状态。在"宽度因子"输入框可设置文字的宽度因子，国标规定工程图样中的汉字应采用长仿宋体，宽高比为0.7，当此比值大于 1 时，文字宽度放大，否则将缩小。"倾斜角度"文本框用于控制文字的倾斜角度。文字的其他效果设置如图 9-12 所示。

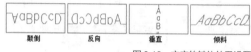

图 9-12　文字的其他效果设置

选择要删除的文字样式，单击 删除(D) 按钮即可将其删除，需要说明的是，默认的 Standard 样式、当前文字样式以及在当前文件中已使过的文字样式都不能被删除。

9.1.3　选择注释文字——设置当前文字样式

视频文件　专家讲堂\第9章\选择注释文字——设置当前文字样式.swf

当设置好文字样式后，如果要使用该文字样式进行文字注释，还必须将该文字样式设置为当前文字样式，下面将名为"汉字"的文字样式设置为当前文字样式。

实例引导——设置当前文字样式

Step01▸单击【文字】工具栏上的"文字样式"按钮 A。

Step02▸打开【文字样式】对话框。

Step03▸选择名为"汉字"的文字样式。

Step04▸单击 置为当前(C) 按钮。

Step05▸将该文字样式设置为当前样式。

Step06▸单击 关闭(C) 按钮关闭该对话框，如图9-13 所示。

|技术看板| 在创建文字注释时，需要选择一

个合适的文字样式，并将其置为当前样式，这样既可使用该文字样式进行标注，否则，系统将使用默认的文字样式进行标注。

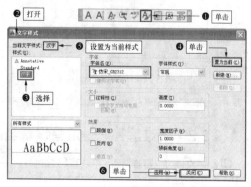

图 9-13　设置当前文字样式

9.2 "单行文字"注释

"单行文字"是使用【单行文字】命令创建的文字注释,这一节继续学习有关"单行文字"注释的相关知识。

本节内容概览

知识点	功能 / 用途	难易度与应用频率
创建"单行文字"注释 (P314)	● 使用【单行文字】命令创建单行文字 ● 标注图形文字注释	难 易 度: ★ 应用频率: ★★★★★
编辑单行文字(P317)	● 修改单行文字内容 ● 为单行文字添加特殊符号 ● 标注单行文字注释	难 易 度: ★ 应用频率: ★★★★★
疑难解答	● 没有设置当前文字样式时如何创建"单行文字"注释?(P314) ● 使用【单行文字】命令能否创建多行文字注释?(P315) ● 为什么命令行不出现设置文字高度的提示?(P315) ● 什么是"对正"?其作用是什么?(P315)	

9.2.1 创建"单行文字"注释

💻 视频文件	专家讲堂 \ 第 9 章 \ 创建"单行文字"注释 .swf

可以使用【单行文字】命令来创建"单行文字"注释,在创建"单行文字"注释前,首先需要选择一种文字样式。下面以 9.1 节新建的名为"汉字"的文字样式作为当前样式,创建高度为20mm、内容为"无师自通 AutoCAD 机械设计"的单行文字注释。

⚙️ **实例引导**——创建"无师自通 AutoCAD 机械设计"的"单行文字"注释

Step01 ▶ 单击【文字】工具栏上的"单行文字"
按钮 AI 。

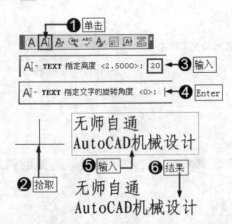

图 9-14 创建"无师自通 Auto CAD 机械设计"的单行文字注释

Step02 ▶ 在绘图区单击拾取一点。

Step03 ▶ 输入"20",按 Enter 键,设置文字高度。

Step04 ▶ 按 Enter 键,使用默认的文字旋转角度值。

Step05 ▶ 输入"无师自通 AutoCAD 机械设计"字样。

Step06 ▶ 按两次 Enter 键,创建过程及结果如图9-14 所示。

| 技术看板 | 除了单击【文字】工具栏中的"单行文字"按钮 AI 激活单行文字命令之外,还可以单击菜单【绘图】/【文字】/【单行文字】命令,或者在命令行输入"DTEXT"或"DT"后按 Enter 键激活单行文字命令。

9.2.2 疑难解答——没有设置当前文字样式时如何创建"单行文字"注释?

💻 视频文件	疑难解答 \ 第 9 章 \ 疑难解答——没有设置当前文字样式时如何创建"单行文字"注释 .swf

疑难: 如果没有在【文字样式】对话框中设置过当前文字样式,那么如何使用一种文字样式创建"单行文字"注释?

解答： 系统默认下使用当前文字样式来创建 "单行文字" 注释，如果没有设置当前文字样式，又想使用某一种文字样式创建 "单行文字" 注释，在创建 "单行文字" 注释时可以激活 "样式" 选项，然后直接输入文字样式名，即可使用该文字样式创建 "单行文字" 注释。例如，使用名为 "Standard" 的文字样式创建 "单行文字" 注释，具体操作如下。

Step 01 ▶ 单击【文字】工具栏上的 "单行文字" 按钮 AI。

Step 02 ▶ 输入 "S"，按 Enter 键，激活【样式】选项。

Step 03 ▶ 输入样式名 "Standard"，按 Enter 键。

Step 04 ▶ 在绘图区单击拾取一点。

Step 05 ▶ 输入 "20"，按 Enter 键，设置文字高度。

Step 06 ▶ 按 Enter 键，使用默认的文字旋转角度值。

Step 07 ▶ 输入 "无师自通 AutoCAD 机械" 字样。

Step 08 ▶ 按两次 Enter 键，创建过程及结果如图 9-15 所示。

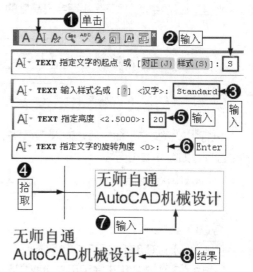

图 9-15 使用 "Standard" 文字样式创建单行文字注释

9.2.3 疑难解答——使用【单行文字】命令能否创建多行文字注释？

📺 视频文件	疑难解答 \ 第 9 章 \ 疑难解答——使用【单行文字】命令能否创建多行文字注释 .swf

疑难： 使用【单行文字】命令能否创建多行文字注释？该如何操作？

解答：【单行文字】命令并不是只能创建一行的文字注释，它也可以创建多行文字注释内容，只是所创建的每一行文字，系统都将其看作独立的文字对象。

如果想使用【单行文字】命令创建多行文字内容，在输入一行文字后按 Enter 键换行，然后再输入下一行的文字内容即可。图 9-2 所示所创建的 "无师自通 AutoCAD 机械设计" 文字其实就是两行文字内容的 "单行文字" 注释，在具体操作过程中，当输入完 "无师自通" 之后按 Enter 键换行，然后输入 "AutoCAD 机械设计" 字样，每次换行时只要按 Enter 键即可。

9.2.4 疑难解答——为什么命令行不出现设置文字高度的提示？

📺 视频文件	疑难解答 \ 第 9 章 \ 疑难解答——为什么命令行不出现设置文字高度的提示 .swf

疑难： 有时在创建单行文字时会发现命令行并没有出现设置文字高度的提示，这是为什么？

解答： 如果在【文字样式】对话框为设置的文字样式设置了文字高度值，那么在使用该文字样式创建单行文字时，系统将不再要求输入文字高度。因此，在创建单行文字时，如果命令行没有出现要求设置文字高度的命令提示，这说明当前使用的文字样式已经设置了文字高度，系统将使用文字样式中设置的高度来定义当前文字高度。

9.2.5 疑难解答——什么是 "对正"？其作用是什么？

📺 视频文件	疑难解答 \ 第 9 章 \ 疑难解答—— 什么是 "对正"？其作用是什么 .swf

疑难： 什么是"对正"？其作用是什么？

解答： "对正"是指单行文字的哪一位置与插入点对齐，它是基于图 9-16 所示的 4 条参考线而言的，这 4 条参考线分别为顶线、中线、基线、底线，其中中线是大写字符高度的水平中心线（即顶线至基线的中间），不是小写字符高度的水平中心线。

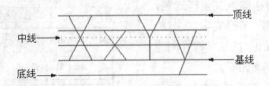

图 9-16 参考线

执行【单行文字】命令后，输入"J"并按 Enter 键，激活【对正】选项，此时将出现对正的命令选项，如图 9-17 所示。

A｜ ▾ **TEXT** 输入选项 [左(L)]居中(C) 右(R) 对齐(A) 中间(M) 布满(F) 左上(TL) 中上(TC) 右上(TR) 左中(ML) 正中(MC) 右中(MR) 左下(BL) 中下(BC) 右下(BR)]：

图 9-17 【对正】选项

各选项含义如下。

【左（L）】选项用于提示用户拾取一点作为文字串基线的左端点。

【居中（C）】选项用于提示用户拾取文字的中心点，此中心点就是文字串基线的中点，即以基线的中点对齐文字。

【右（R）】选项用于提示用户拾取文字的右端点，此端点就是文字串基线的中点，即以基线的右端点对齐文字。

【对齐（A）】选项用于提示拾取文字基线的起点和终点，系统会根据起点和终点的距离自动调整字高。

【中间（M）】选项用于提示用户拾取文字的中间点，此中间点就是文字串基线的垂直中线和文字串高度的水平中线的交点。

【布满（F）】选项用于提示用户拾取文字基线的起点和终点，系统会以拾取的两点之间的距离自动调整宽度系数，但不改变字高。

【左上（TL）】选项用于提示用户拾取文字串的左上点，此左上点就是文字串顶线的左端点，即以顶线的左端点对齐文字。

【中上（TC）】选项用于提示用户拾取文字串的中上点，此中上点就是文字串顶线的中点，即以顶线的中点对齐文字。

【右上（TR）】选项用于提示用户拾取文字串的右上点，此右上点就是文字串顶线的右端点，即以顶线的右端点对齐文字。

【左中（ML）】选项用于提示用户拾取文字串的左中点，此左中点就是文字串中线的左端点，即以中线的左端点对齐文字。

【正中（MC）】选项用于提示用户拾取文字串的中间点，此中间点就是文字串中线的中点，即以中线的中点对齐文字。

┃技术看板┃【正中】和【中间】两种对正方式拾取的都是中间点，但这两个中间点的位置并不一定完全重合，只有输入的字符为大写或汉字时，此两点才重合。

【右中（MR）】选项用于提示用户拾取文字串的右中点，此右中点就是文字串中线的右端点，即以中线的右端点对齐文字。

【左下（BL）】选项用于提示用户拾取文字串的左下点，此左下点就是文字串底线的左端点，即以底线的左端点对齐文字。

　　【中下（BC）】选项用于提示用户拾取文字串的中下点，此中下点就是文字串底线的中点，即以底线的中点对齐文字。

　　【右下（BR）】选项用于提示用户拾取文字串的右下点，此右下点就是文字串底线的右端点，即以底线的右端点对齐文字。

　　文字的各对正方式效果如图 9-18 所示。

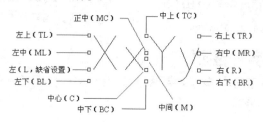

图 9-18　文字的对正方式效果

9.2.6　编辑单行文字

📄 素材文件	素材文件 \ 编辑单行文字示例 .dwg
💻 视频文件	专家讲堂 \ 第 9 章 \ 编辑单行文字 .swf

　　当创建单行文字之后，有时需要对单行文字的内容进行编辑修改等，例如修改文字内容、为文字对象添加前缀或后缀等。

　　首先打开素材文件，这是使用"单行文字"创建的某零件的说明文字，如图 9-19（a）所示。下面修改该文字注释的第 1 行和最后一行文字内容，结果如图 9-19（b）所示。

　　1. 未注倒角 2×60。
　　2. 调质 HB=241 ～ 269HB。
　　3. 分度圆 180，齿轮宽度偏差为 0.03。
　　　　　　　（a）
　　1. 未注倒角 2×45°。
　　2. 调质 HB=241 ～ 269HB。
　　3. 分度圆 180，齿轮宽度偏差为 ±0.05。
　　　　　　　（b）

图 9-19　文字注释示例

⚙ 实例引导——编辑单行文字

1. 修改第 1 行文字内容

Step01 ▶ 单击【文字】工具栏上的"编辑"按钮 🅰。

Step02 ▶ 单击第 1 行文字内容使其反白显示。

Step03 ▶ 拖曳鼠标光标选择"60"文字内容。

Step04 ▶ 重新输入"45%%D"，此时"%%D"转换为度数符号，如图 9-20 所示。

2. 修改最后一行文字内容

Step01 ▶ 继续单击下方一行文字内容将其选择。

Step02 ▶ 拖曳鼠标光标选择"0.03"文字内容。

Step03 ▶ 重新输入"%%P0.05"，此时"%%P"转换为正负符号，最后按两次 Enter 键，修改结束操作。修改过程及结果如图 9-21 所示。

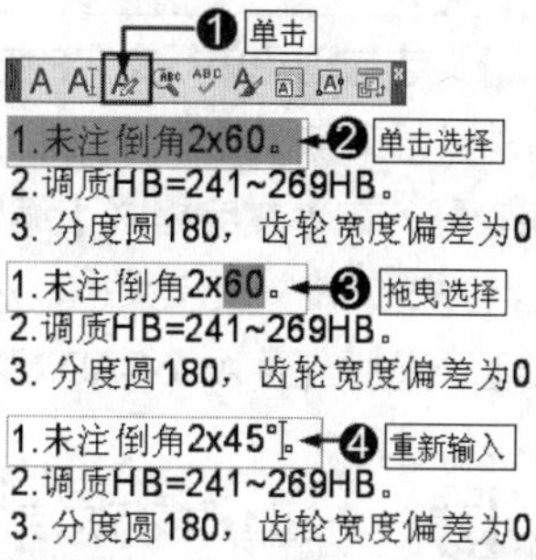

图 9-20　修改第 1 行文字内容

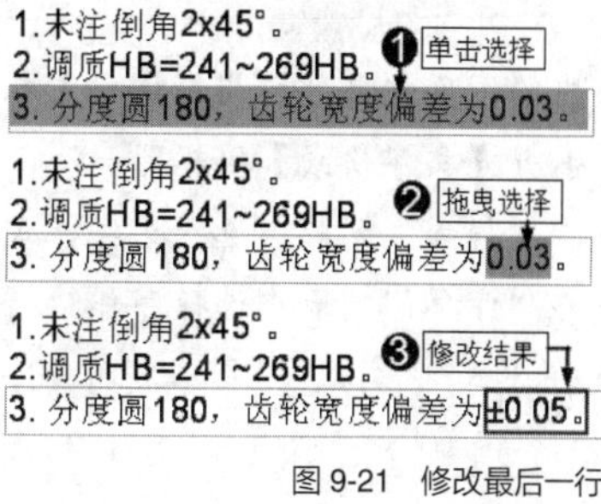

1. 未注倒角2×45°。
2. 调质HB=241~269HB。 ❶ 单击选择
3. 分度圆180，齿轮宽度偏差为0.03。

1. 未注倒角2×45°。
2. 调质HB=241~269HB。 ❷ 拖曳选择
3. 分度圆180，齿轮宽度偏差为0.03。

1. 未注倒角2×45°。
2. 调质HB=241~269HB。 ❸ 修改结果
3. 分度圆180，齿轮宽度偏差为±0.05。

图 9-21　修改最后一行文字内容

练一练 尝试继续为图 9-21 所示的文字的第 3 行 "180" 后面添加度数符号，最终结果如图 9-22 所示。

1.未注倒角2x45°。
2.调质HB=241~269HB。
3. 分度圆180°，齿轮宽度偏差为±0.05。

图 9-22　继续修改第 3 行内容

| 技术看板 | 除了单击【文字】工具栏上的 "编辑" 按钮 **A₂** 激活【编辑】命令之外，还可以单击菜单【修改】/【对象】/【文字】/【编辑】命令，或者在命令行输入 "DDEDIT" 或 "ED" 后按 Enter 键激活【编辑】命令，然后编辑单行文字。另外，双击单行文字内容，也可直接进入编辑状态。

9.3 "多行文字" 注释

与 "单行文字" 注释不同，"多行文字" 注释是由【多行文字】命令创建的文字，常用于标注机械零件图的技术要求等内容。

本节内容概览

知识点	功能 / 用途	难易度与应用频率
创建 "多行文字" 注释（P318）	● 使用【多行文字】命令创建多行文字 ● 标注图形文字注	难易度：★ 应用频率：★★★★★
【文字格式】编辑器（P319）	● 修改单行文字内容 ● 为单行文字添加特殊符号 ● 标注单行文字注释	难易度：★ 应用频率：★★★★★
编辑多行文字（P321）	● 修改多行文字内容 ● 为多行文字添加特殊符号 ● 标注多行文字注释	难易度：★ 应用频率：★★★★★
实例（P322）	● 标注直齿轮零件图技术要求与明细	

9.3.1 创建 "多行文字" 注释

□ 视频文件 | 专家讲堂 \ 第 9 章 \ 创建 "多行文字" 注释 .swf

创建多行文字与创建单行文字的方法完全不同，创建 "多行文字" 注释时，会打开【文字格式】编辑器，在【文字格式】编辑器中，可以选择文字样式、设置文字大小、对正方式等。下面创建 "无师自通 AutoCAD 机械设计" 的 "多行文字" 注释。

⚙ 实例引导——创建 "多行文字" 注释

Step01 ▶ 单击【标注】工具栏中的 "多行文字" 按钮 A。

Step02 ▶ 在绘图区拖曳鼠标指针拖出文本框。

Step03 ▶ 打开【文字格式】编辑器。

Step04 ▶ 在 "样式" 列表中选择文字样式。

Step05 ▶ 在 "字体" 列表中选择字体。

Step06 ▶ 在 "文字高度" 文本框中输入文字高度。

Step07 ▶ 在文本框中输入文字内容。

Step08 ▶ 单击 确定 按钮。创建结果如图 9-23 所示。

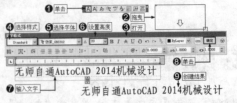

图 9-23　创建 "多行文字" 注释

| 技术看板 | 激活【多行文字】命令还有以下方式。

◆ 单击菜单【绘图】/【文字】/【多行文字】命令。

◆ 单击【绘图】工具栏上的 "多行文字" 按钮 A。

◆ 在命令行输入"Mtext"后按 Enter 键。

◆ 使用快捷键 T。

另外，如果设置了一种文字样式，并想使用该样式创建多行文字，只要在样式列表中选择该文字样式，并根据需要设置文字高度即可，而并不需要再选择字体。

9.3.2 【文字格式】编辑器详解

🖥 视频文件 ┃ 专家讲堂 \ 第 9 章 \【文字格式】编辑器详解 .swf

　　【文字格式】编辑器不仅是输入多行文字的唯一工具，而且也是编辑多行文字的唯一工具，它包括工具栏和顶部带标尺的文本输入框两部分，各组成部分的主要功能如下。

1．工具栏

　　工具栏主要用于控制多行文字对象的文字样式和选定文字的各种字符格式、对正方式、项目编号等。

　　◆ ▢Standard ▢ "样式"下拉列表框用于显示您新建的文字样式以及系统默认的文字样式，在此选择当前的文字样式，如图 9-24 所示。

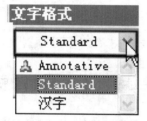

图 9-24　"样式"下拉列表框

　　◆ ▢T 宋体 ▢ "字体"下拉列表用于设置或修改文字的字体，如图 9-25 所示。

　　◆ ▢2.5 ▢ "文字高度"下拉列表用于设置新字符高度或更改选定的文字的高度。

　　◆ ▢ByLayer ▢ "颜色"下拉列表用于为文字指定颜色或修改选定文字的颜色，如图 9-26 所示。

图 9-25　"字体"下拉列表

图 9-26　"颜色"下拉列表

　　◆【粗体】按钮 **B** 用于为输入的文字对象或所选定文字对象设置粗体格式，如图 9-27 所示。

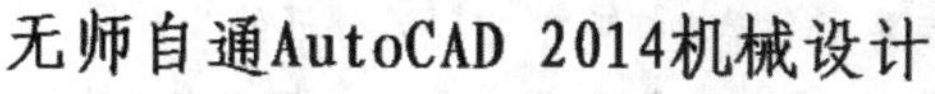

无师自通AutoCAD 2014机械设计

图 9-27　设置粗体格式

　　◆【斜体】按钮 *I* 用于为新输入文字对象或所选定文字对象设置斜体格式。如图 9-28 所示。

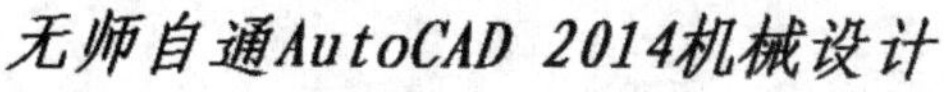

无师自通AutoCAD 2014机械设计

图 9-28　设置斜体格式

┃技术看板┃【粗体】和【斜体】两个选项仅适用于使用 TrueType 字体的字符。

　　◆【下划线】按钮 U 用于为输入的文字或所选定的文字对象设置下划线格式，如图 9-29

所示。

无师自通AutoCAD 2014机械设计

图 9-29　设置下划线格式

◆【上划线】按钮 O 用于为输入的文字或所选定的文字对象设置上划线格式，如图 9-30 所示。

无师自通AutoCAD 2014机械设计

图 9-30　设置上划线格式

◆【堆叠】按钮 ᵇ/ᵤ 用于为输入的文字或选定的文字设置堆叠格式。要使文字堆叠，文字中须包含插入符（＾）、正向斜杠（/）或磅符号（#），堆叠字符左侧的文字将堆叠在字符右侧的文字之上，例如输入"0.02^-0.02"，如图 9-31（a）所示，单击 ᵇ/ᵤ "堆叠"按钮，堆叠后的效果如图 9-31（b）所示。

$$0.02\text{^}-0.02$$

$$\begin{matrix} 0.02 \\ -0.02 \end{matrix}$$

图 9-31　设置堆叠格式

|技术看板| 默认情况下，包含插入符（＾）的文字转换为左对正的公差值；包含正斜杠（/）的文字转换为置中对正的分数值，斜杠被转换为一条同较长的字符串长度相同的水平线；包含磅符号（#）的文字转换为被斜线（高度与两个字符串高度相同）分开的分数。

◆【标尺】按钮 用于控制文字文本框顶端标尺的开关状态。

◆【栏数】按钮 用于为段落文字进行分栏排版，如图 9-32 所示。

图 9-32　【栏数】按钮

◆【多行文字对正】按钮 用于设置文字的对正方式，如图 9-33 所示。

◆【段落】按钮 用于设置段落文字的制表位、缩进量、对齐、间距等。

◆【左对齐】按钮 用于设置段落文字为左对齐方式。

图 9-33　【多行文字对应】按钮

◆【居中】按钮 用于设置段落文字为居中对齐方式。

◆【右对齐】按钮 用于设置段落文字为右对齐方式。

◆【对正】按钮 用于设置段落文字为对正方式。

◆【分布】按钮 用于设置段落文字为分布排列方式。

◆【行距】按钮 用于设置段落文字的行间距。

◆【编号】按钮 用于为段落文字进行编号。

◆单击【插入字段】按钮 ，将打开【字段】对话框，用于为段落文字插入一些特殊字段，如图 9-34 所示。

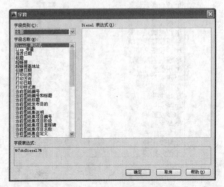

图 9-34　【字段】对话框

◆【全部大写】按钮 Aa 用于修改英文字符为大写。

◆【小写】按钮 aA 用于修改英文字符为小写。

◆【符号】按钮 @· 用于为文本添加一些特殊符号，例如输入"0.02"，将光标置于0.02文字前面，单击该按钮，在弹出的列表中选择"正 / 负"选项，即可为其添加正负符号，如图9-35 所示。

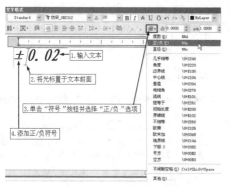

图 9-35　添加正 / 负符号

◆【倾斜角度】按钮 0/ 0.0000 用于修改文字的倾斜角度，例如设置倾斜角度为"15"，此时文字效果如图9-36 所示。

◆【追踪】微调按钮 a·b 1.0000 用于修改文字间的距离，取值范围为 0.75~4，图 9-37（a）所示为"追踪"值为"0.75"时的效果，图 9-37（b）所示为追踪值为"1.5"时的效果。

无师自通AutoCAD 2014机械设计

图 9-36　设置倾斜角度

无师自通AutoCAD 2014机械设计
(a)
无师自通AutoCAD 2014机械设计
(b)

图 9-37　修改字间的距离

◆【宽度因子】按钮 o 1.0000 用于修改文

字的宽度比例，图 9-38（a）所示为"宽度因子"为 1，图 9-38（b）为"宽度因子"为"1.5"时的文字效果。

无师自通AutoCAD 2014机械设计
(a)
无师自通AutoCAD 2014机械设计
(b)

图 9-38　修改文字的宽度比例

2．文本输入框

文本输入框位于工具栏下侧，主要用于输入和编辑文字对象，它由标尺和文本框两部分组成。将指针移到文本输入框右侧的小方块按钮上，指针变为双向箭头，此时按住鼠标左键左右拖曳鼠标指针，可以调整文本框的长度，当文本框长度不能满足文字内容时，文字内容会自动换行，以适应文本框的长度，如图9-39所示；将指针移到文本输入框下方的双向三角按钮上，指针变为双向箭头，此时按住鼠标左键上下拖曳鼠标指针，可以调整文本框的宽度，以满足文字内容，如图9-40 所示。

图 9-39　调整文本框的长度

图 9-40　调整文本框的宽度

9.3.3　编辑多行文字

📄 素材文件	素材文件 \ 多行文字编辑示例 .dwg
🖥 视频文件	专家讲堂 \ 第 9 章 \ 编辑多行文字 .swf

编辑多行文字时同样是在【文字格式】编辑器中进行编辑的，例如修改文字的样式、字体、字高、对正方式以及向文字添加特殊字符等特性。

打开素材文件，这是使用多行文字工具输入的某零件的技术要求的说明文字，如图 9-41（a）所示，下面为该文字内容添加特殊字符，对文字说明进行完善，编辑结果如图 9-41（b）所示。

1. 未注倒角2x45.
2. 调质HB=241~269HB.
3. 分度圆180，齿轮宽度偏差为0.05.

（a）

1. 未注倒角2x45°.
2. 调质HB=241~269HB.
3. 分度圆180°，齿轮宽度偏差为±0.05.

（b）

图 9-41　为文字内容添加特殊字符

实例引导——编辑多行文字

Step01▶ 双击多行文字内容打开【文字格式】编辑器，如图 9-42 所示。

图 9-42　【文字格式】编辑器

Step02▶ 将光标定位在数字"45"的后面，然后单击"符号"按钮@▾，在弹出的下拉菜单中选择【度数（D）】选项，在数字"45"的后面添加度数符号，如图 9-43 所示。

图 9-43　添加度数符号

Step03▶ 继续将光标定位在数字"180"的后面，然后单击"符号"按钮@▾，在弹出的下拉菜单中选择【度数（D）】选项、继续在"180"的后面添加度数符号。

Step04▶ 继续将光标定位在数字"0.05"的前面，然后单击符号"按钮@▾，在弹出的下拉菜单中选择【正／负（P）】选项，在"0.05"的前面添加正负符号，如图 9-44 所示。

图 9-44　添加正／负符号

Step05▶ 单击 确定 按钮，关闭【文字格式】编辑器，完成对多行文字的编辑，编辑结果如图 9-45 所示。

1. 未注倒角2x45°.
2. 调质HB=241~269HB.
3. 分度圆180°，齿轮宽度偏差为±0.05.

图 9-45　多行文字的编辑

┃技术看板┃ 还可以执行菜单栏中的【修改】／【对象】／【文字】／【编辑】命令激活【编辑文字】命令，然后选择多行文字，打开【文字格式】编辑器，对文字进行编辑。如果要修改文字内容，可拖曳鼠标指针选择要修改的文字内容，重新输入新的文字内容即可。

9.3.4　实例——标注直齿轮零件图技术要求与明细

📄素材文件	素材文件＼直齿轮零件 .dwg
✎效果文件	效果文件＼第 9 章＼标注直齿轮零件图技术要求与明细 .dwg
💻视频文件	专家讲堂＼第 9 章＼标注直齿轮零件图技术要求与明细 .swf

打开素材文件，这是一个带图框的直齿轮零件二视图，如图 9-46 所示。下面为该直齿轮零件二视图标注技术要求和明细，标注结果如图 9-47 所示。

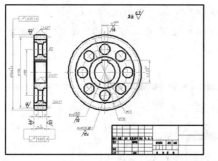

图 9-46　直齿轮零件二视图

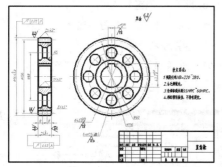

图 9-47　标注技术要求和明细

⚙ 操作步骤

1. 设置当前图层

零件图的技术要求等内容要标注在其他图层中，在此将其标注在"细实线"图层，这样便于对图形进行管理。下面首先将"细实线"图层设置为当前图层。

Step 01▶ 单击"图层"控制下拉列表按钮。

Step 02▶ 选择"细实线"图层，如图 9-48 所示。

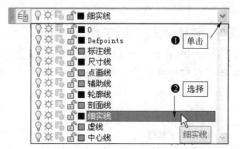

图 9-48　设置当前图层

2. 设置当前文字样式

在标注文字注释时，一定要设置一种文字样式，并将其设置为当前文字样式，这样才可以进行标注。在该例中，图形文件中已经有设置好的文字样式，在此只需要将其设置为当前

文字样式即可。

Step 01▶ 单击【文字】工具栏上的"文字样式"按钮 A。

Step 02▶ 打开【文字样式】对话框。

Step 03▶ 选择"字母与文字"的文字样式。

Step 04▶ 单击 置为当前(C) 按钮将该文字样式设置为当前样式。

Step 05▶ 单击 关闭(C) 按钮关闭该对话框，如图 9-49 所示。

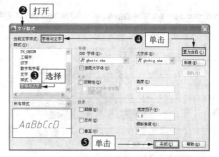

图 9-49　设置当前文字样式

|**技术看板**| 如果文件中没有合适的文字样式，则可以按照 9.1 节相关内容的讲解，设置一种合适的文字样式。

3. 标注技术要求

Step 01▶ 单击【绘图】工具栏上的"多行文字"按钮 A。

Step 02▶ 在图框内部右侧空白区域拖曳鼠标指针创建文本框。

Step 03▶ 打开【文字格式】编辑器。

Step 04▶ 设置文字高度为"8"。

Step 05▶ 输入标题内容"技术条件"。

Step 06▶ 按 Enter 键换行，然后输入第一行技术要求内容。

Step 07▶ 按 Enter 键换行，然后输入其他技术要求内容，如图 9-50 所示。

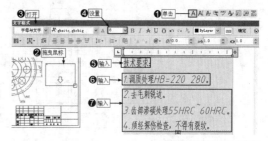

图 9-50　标注技术要求

4. 编辑标注文字

下面对输入的文字内容进行编辑，使其满足图形的设计要求。

Step 01 ▸ 将光标放在技术要求的标题前，然后按空格键添加空格。

Step 02 ▸ 选择技术要求文字。

Step 03 ▸ 修改文字大小为"7"。

Step 04 ▸ 单击 确定 按钮，关闭【文字格式】编辑器，标注结果如图 9-51 所示。

图 9-51 标注结果

5. 设置标题栏文字样式

图形中标题栏的文字注释使用的文字样式与技术要求使用的文字样式不同，因此，下面需要重新设置一种文字样式，用于标注标题栏文字内容。

Step 01 ▸ 单击【绘图】工具栏上的"多行文字"按钮 A。

Step 02 ▸ 捕捉标题栏中的点 A 和点 B。

Step 03 ▸ 打开【文字格式】编辑器。

Step 04 ▸ 选择"仿宋"文字样式。

Step 05 ▸ 设置字体高度为"7"。

Step 06 ▸ 设置对正方式为"正中"，如图 9-52 所示。

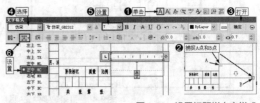

图 9-52 设置标题栏文字样式

6. 填充标题栏

Step 01 ▸ 在下侧的多行文字输入框内输入"直齿轮"文字内容。

Step 02 ▸ 单击 确定 按钮，关闭【文字格式】编辑器。标注过程及结果如图 9-53 所示。

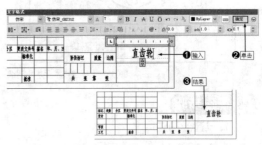

图 9-53 填充标题栏

7. 保存文件

至此，直齿轮文字注释标注完毕，最后执行【另存为】命令，将图形保存。

9.4 "引线"注释

"引线"注释包括"快速引线"和"多重引线"两种，这种标注不同于文字标注和尺寸标注，简单地说，它就是一段带有箭头的引线和多行文字相结合的一种标注。一般情况下，箭头指向要标注的对象，标注文字则位于引线的另一端。这种标注多用于标注倒角角度、零件的编组序号等，如图 9-54 所示。

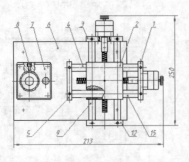

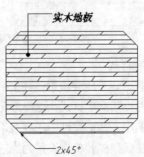

图 9-54 "引线"注释

本节内容概览

知识点	功能 / 用途	难易度与应用频率
创建"快速引线"注释 （P325）	● 创建引线注释 ● 标注零件图序号	难易度：★ 应用频率：★★★★★
注释类型与多行文字 （P325）	● 设置快速引线的注释类型 ● 设置多行文字类型	难易度：★ 应用频率：★★★★★
"引线"和"箭头" （P326）	● 设置引线 ● 设置箭头	难易度：★ 应用频率：★★★★★
实例（P327）	● 编写组装零件图部件序号	
创建多重引线注释 （P329）	● 创建多重引线注释 ● 标注多重引线注释	难易度：★ 应用频率：★★★★★

9.4.1　创建"快速引线"注释

💻 视频文件 | 专家讲堂 \ 第 9 章 \ 创建快速引线注释 .swf

　　下面学习创建一个注释内容为"快速引线"的快速引线注释，如图 9-55 所示。

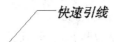

图 9-55　"快速引线"注释

⚙️ **实例引导**——创建"快速引线"注释

Step01▶ 输入"LE"，按 Enter 键，激活【快速引线】命令。

Step02▶ 在绘图区单击拾取一点指定引线的第 1点。

Step03▶ 向右上方引导光标，在合适位置单击拾取一点指定引线的第 2 点。

Step04▶ 水平向右引导光标，在合适位置单击拾取一点指定引线的第 3 点。

Step05▶ 按两次 Enter 键，打开【文字格式】编辑器。

Step06▶ 在"样式"下拉列表选择文字样式。

Step07▶ 在"文字高度"选项设置文字高度。

Step08▶ 在文本输入框输入"快速引线"文字内容。

Step09▶ 单击 确定 按钮，创建过程及结果如图 9-56 所示。

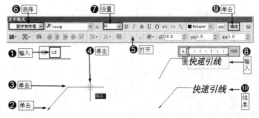

图 9-56　创建"快速引线"注释

|技术看板| 在进行快速引线注释时，引线的方向、点数、箭头以及引线的角度等都需要根据具体情况进行设置，不同的引线设置会产生不同的引线标注效果。

9.4.2　"快速引线"的设置——注释类型与多行文字

💻 视频文件 | 专家讲堂 \ 第 9 章 \ "快速引线"的设置——注释类型与多行文字 .swf

　　为了满足快速引线的不同注释要求，一般情况下需要对快速引线进行相关设置。在命令行输入"Qleader"或"LE"后按 Enter 键，激活【快速引线】命令，然后输入"S"按 Enter 键，激活【设置】选项，打开【引线设置】对话框，进入"注释"选项卡，如图 9-57 所示。

　　该选项卡包括"注释类型""多行文字选项"和"重复使用注释"三个选项组，分别用于设置注释类型以及多行文字等。

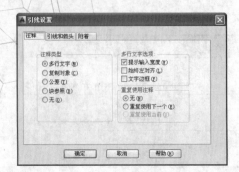

图9-57 "注释"选项卡

实例引导——设置"注释类型"与"多行文字"

Step01▶ 勾选"多行文字"选项,在创建引线注释时打开【文字格式】编辑器,用以在引线末端创建多行文字注释,如图9-56所示。

Step02▶ 如果想使用已有的注释进行其他引线注释的内容,可以勾选"复制对象"选项,单击 确定 按钮,在绘图区创建引线,然后单击已有的快速引线的标注内容即可。

Step03▶ 在进行机械零件的公差标注时请勾选"公差"选项,单击 确定 按钮,在绘图区创建引线,打开【形位公差】对话框,设置公差参数,然后单击 确定 按钮,即可标注形位公差,如图9-58所示。

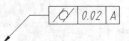

图9-58 标注形位公差

|技术看板| 有关形位公差的具体设置,请参阅8.6节的相关内容。

Step04▶ 如果要以内部块作为注释对象,则勾选"块参照"选项,然后在视图创建引线,输入内部块名,即可使用内部块进行标注。

|技术看板| 有关内部块的创建方法,请参阅7.4.1小节的相关内容。

Step05▶ 如果要创建物无注释的引线,则可以选择"无"选项,此时将创建无引线的标注。

1. "多行文字选项"选项组

该选项组用于设置是否提示输入多行文字的宽度、多行文字的对齐方式以及是否添加文字边框等。

◆【提示输入宽度】复选项用于提示用户,指定多行文字注释的宽度。

◆【始终左对齐】复选项用于自动设置多行文字使用左对齐方式。

◆【文字边框】复选项主要用于为引线注释添加边框。

2. "重复使用注释"选项组

在该选项组设置是否重复使用注释。

◆【无】选项表示不对当前所设置的引线注释进行重复使用。

◆【重复使用下一个】选项用于重复使用下一个引线注释。

◆【重复使用当前】选项用于重复使用当前的引线注释。

9.4.3 "快速引线"的设置——"引线"和"箭头"

💻视频文件 | 专家讲堂\第9章\"快速引线"的设置——"引线"和"箭头.swf

1. "引线"和"箭头"选项卡

进入"引线和箭头"选项卡,设置引线的类型、点数、箭头以及引线段的角度约束等参数,如图9-59所示。

图9-59 "引线和箭头"选项卡

实例引导——设置"引线"和"箭头"

Step01▶ 勾选"直线"选项,在引线点之间创建直线段。

Step02▶ 勾选"样条曲线"选项,在引线点之间创建样条曲线。

Step03▶ 勾选"无限制"复选框,表示系统不限制引线点的数量,可以通过按Enter键,手动结束引线点的设置过程。

Step04 ▶ 在"最大值"选项设置引线点数的最多数量,一般情况下设置为 3。

Step05 ▶ 在"箭头"选项组设置引线箭头的形式,如图 9-60 所示。

图 9-60　设置引线和箭头

Step06 ▶ 在"角度约束"选项组设置第一条引线与第二条引线的角度约束,如图 9-61 所示。

图 9-61　设置角度约束

2．"附着"选项卡

进入"附着"选项卡,设置引线和多行文字注释之间的附着位置,如图 9-62 所示。

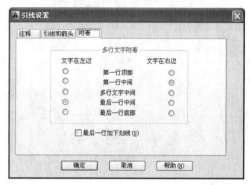

图 9-62　"附着"选项卡

需要注意的是,只有在【注释】选项卡中勾选了【多行文字】选项时,此选项卡才可用。

♦【第一行顶部】单选项用于将引线放置在多行文字第一行的顶部。

♦【第一行中间】单选项用于将引线放置在多行文字第一行的中间。

♦【多行文字中间】单选项用于将引线放置在多行文字的中部。

♦【最后一行中间】单选项用于将引线放置在多行文字最后一行的中间。

♦【最后一行底部】单选项用于将引线放置在多行文字最后一行的底部。

♦【最后一行加下划线】复选项用于为最后一行文字添加下划线。

设置完成后,单击 确定 按钮回到绘图区,进行快速引线的标注。

9.4.4　实例——编写组装零件图部件序号

📄 素材文件	素材文件 \ 组装零件图 .dwg
🖊 效果文件	效果文件 \ 第 9 章 \ 实例——编写组装零件图部件序号 .dwg
🖥 视频文件	专家讲堂 \ 第 9 章 \ 实例——编写组装零件图部件序号 .swf

打开素材文件,这是一个机械零件组装图,如图 9-63 所示。下面为该零件组装图标注部件序号,结果如图 9-64 所示。

⚙ **操作步骤**

1. 设置当前图层

在图层控制下拉列表将"标注线"图层设置为当前图层,用于标注部件的序号。

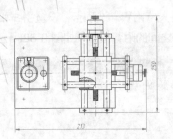

图 9-63　机械零件组装图

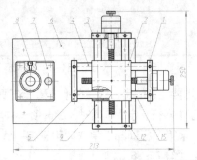

图 9-64　标注部件序号

2. 替代标注样式

下面首先需要替代标注样式，以便能进行序号的标注。

Step 01 ▶ 单击【标注】工具栏中的"标注样式"按钮 。

Step 02 ▶ 在打开的【标注样式管理器】对话框选择"机械样式"。

Step 03 ▶ 单击 替代(0)... 按钮，进入【替代当前样式 / 机械样式】对话框。

Step 04 ▶ 展开"符号和箭头"选项卡，替代尺寸箭头与大小，如图 9-65 所示。

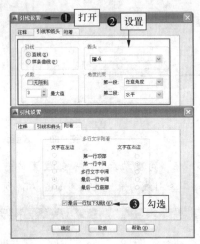

图 9-65　替代标注样式

Step 05 ▶ 展开"调整"选项卡，设置"使用全局比例"参数为 2，然后单击 确定 按钮关闭该对话框。

3. 设置快速引线样式

下面来设置快速引线的样式。

Step 01 ▶ 输入 "LE"，按 Enter 键，激活【快速引线】命令，输入 "S"，按 Enter 键，打开【引线设置】对话框。

Step 02 ▶ 进入【引线和箭头】选项卡，设置参数。

Step 03 ▶ 展开【附着】选项卡，设置文字的附着位置，如图 9-66 所示。

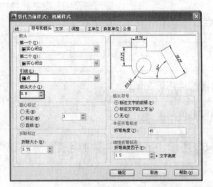

图 9-66　设置快速引线样式

4. 标注第 1 个引线注释

下面对第 1 个引线标注注释。

Step 01 ▶ 单击 确定 按钮返回绘图区。

Step 02 ▶ 捕捉中线的端点作为引线的第 1 点，然后拾取第 2 点和第 3 点创建引线。

Step 03 ▶ 按 Enter 键，输入注释文字 "1"，按 Enter 键。

Step 04 ▶ 按 Enter 键，结束命令，标注过程及结果如图 9-67 所示。

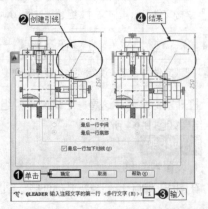

图 9-67　标注第 1 个引线注释

5. 创建定位线

下面介绍创建定位线。

Step 01 ▶ 输入 "XL" 激活【构造线】命令。

Step 02 ▶ 在零件图的上下两侧分别绘制两条水平构造线作为定位辅助线，如图 9-68 所示。

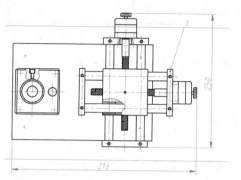

图 9-68 创建定位线

6. 标注其他侧的序号

重复执行【快速引线】命令，按照当前的参数设置，标注其他侧的序号，标注结果如图 9-69 所示。

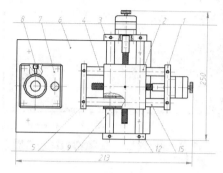

图 9-69 标注其他侧序号

7. 删除构造线

输入 "E" 激活【删除】命令，删除两条构造线，完成零件序号的标注。

8. 存储文件

执行【另存为】命令，将图形另名存储。

9.4.5 创建"多重引线"注释

💻 视频文件 | 专家讲堂\第9章\创建多重引线"注释 .swf

除了使用快速引线创建引线注释之外，还可以使用【多重引线】命令创建具有多个选项的引线对象，只是这些选项功能都是通过命令行进行设置的，没有对话框直观。

在进行【多重引线】标注时，同样需要设置多重引线样式，然后可以使用新建的多重引线进行标注，具体操作如下。

⚙️ **实例引导**——创建"多重引线"注释

1. 新建多重引线样式

Step01 ▶ 单击【多重引线】工具栏中的"多重引线样式"按钮 🔧。

Step02 ▶ 在打开的【多重引线样式管理器】对话框单击 新建(N)... 按钮。

Step03 ▶ 在打开的【创建新多重引线样式】对话框为新样式命名，如图 9-70 所示。

2. 设置多重引线

Step01 ▶ 单击【创建新多重引线样式】对话框中的 继续(0) 按钮打开【修改多重引线样式：多重引线】对话框。

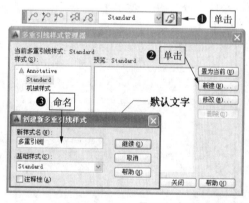

图 9-70 新建多重引线样式

Step02 ▶ 进入【引线格式】选项卡设置引线的格式，如图 9-71 所示。

Step03 ▶ 进入【引线结构】选项卡设置引线的结构，如图 9-72 所示。

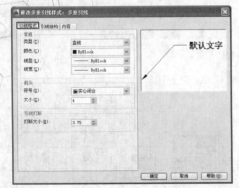

图 9-71 【引线格式】选项卡

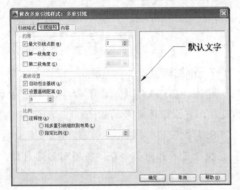

图 9-72 【引线结构】选项卡

Step04▶ 进入【内容】选项卡设置多重引线的内容，如图 9-73 所示。

图 9-73 【内容】选项卡

Step05▶ 设置完毕后单击 确定 按钮。

Step06▶ 在【多重引线样式管理器】对话框选择新建的"多重引线"样式。

Step07▶ 单击 置为当前(U) 按钮将其设置为当前样式。

Step08▶ 单击 关闭 按钮关闭该对话框，如图 9-74 所示。

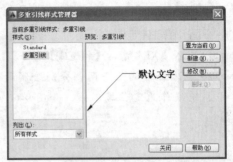

图 9-74 【多重引线样式管理器】对话框

┃技术看板┃ 单击【常用】选项卡 / 【注释】面板中的"多重引线样式"按钮；单击【格式】菜单中的【多重引线样式】命令；在命令行输入"MLEADERSTYLE"后按 Enter 键都可以打开【多种引线样式管理器】对话框，设置多重引线样式。多重引线样式的设置与快速引线设置相同，可以尝试进行操作。

3. 创建多重引线注释

当设置好多重引线样式之后，单击【多重引线】工具栏上的"多重引线"按钮，或者执行菜单栏中的【标注】/【多重引线】命令、在命令行输入"MLEADER"或"MLE"后按 Enter 键激活【多重引线】命令，然后在要标注多重引线的位置创建引线，并进行相关标注，其操作与创建快速引线的操作相似。

9.5 属性

"属性"，是指从属于图块的一种非图形信息，它是图块的一个组成部分，是图块的文本或参数说明。属性不能独立存在，也不能独立使用，只有在图块插入时，属性才会出现。它具有以下特点。

◆ 属性由标记名和属性值两部分组成，在没有定义为属性块之前，属性是以它的标记名显示，插入属性块后，属性用它的值表示。

◆ 定义属性块时，应将几何图形和定义的属性一起作为块对象进行定义；插入属性块时，AutoCAD 通过提示要求用户输入属性值。

◆ 同一个块，在不同点插入时，可有不同的属性值。如果属性值在属性定义时规定为常量，AutoCAD 则不询问它的属性值。

◆ 插入属性块后，用户可以改变属性的可

见性、对属性作修改、把属性单独提取出来写入文件，以供统计、制表使用；还可以与其他高级语言或数据库进行数据通信。

本节内容概览

知识点	功能 / 用途	难易度与应用频率
【属性定义】对话框（P331）	● 定义属性	难 易 度：★ 应用频率：★★★★★
实例	● 为零件图序号定义文字属性（P332） ● 编辑属性并创建属性块（P332） ● 创建机械零件图粗糙度符号属性块（P334）	

9.5.1 【属性定义】对话框

📹视频文件　专家讲堂\第9章\【属性定义】对话框 .swf

使用【定义属性】命令为几何图形定义文字属性，具体包括设置属性的标记名、属性提示、属性默认值、属性的显示格式及属性的文字特性等参数，下面首先了解【属性定义】对话框的相关设置。

⚙️ **实例引导**——【属性定义】对话框

Step01 ▶ 执行菜单栏中的【绘图】/【块】/【定义属性】命令打开【属性定义】对话框，如图9-75 所示。

图 9-75 【属性定义】对话框

| 技术看板 | 也可以通过以下方式打开【属性定义】对话框。

♦ 在命令行中输入"Attdef"，按 Enter 键。
♦ 使用快捷键 ATT。

Step02 ▶ 在"模式"选项组设置属性的模式，包括以下选项。

♦ "不可见"选项用于设置插入属性块后是否显示属性值。用户也可以运用系统变量"Attdisp"直接在命令行进行设置或修改属性的显示状态。

♦ "固定"复选项用于设置属性是否为固定值。

♦ "验证"选项用于设置在插入块时提示确认属性值是否正确。

♦ "预设"复选项用于将属性值定为默认值。

♦ 【锁定位置】复选项用于将属性位置进行固定。

♦ 【多行】复选项用于设置多行的属性文本。

Step03 ▶ 在"属性"选项组设置属性参数。

♦ "标记"文本框用于输入属性的标记名。

♦ "提示"文本框用于输入在属性块插入时属性的提示内容。

♦ "值"文本框用于设置属性的默认值。

Step04 ▶ 在"插入点"选项设置属性的插入基点，可以直接在"X""Y""Z"文本框中输入插入点的 X、Y、Z 坐标值，也可以通过勾选"在屏幕上指定"复选项，切换到屏幕绘图窗口，用光标拾取属性的插入基点。

Step05 ▶ 在"文字设置"选项组设置属性文本的样式、对正方式、高度以及旋转角度。

♦ "对正"选项用于设置属性文本相对属

性插入点的排列方式。单击右侧的下拉列表框使其展开，从中选择一种需要的对正方式。

♦ "文字样式"选项用于设置属性文本的文字样式，单击右侧的文字样式列表框，当前图形文件中的所有文字样式都排列在此下拉列表框内，用户可从中选择一种文字样式作为属性文本的文字样式。

♦ "文字高度"文本框用于设置输入属性文本的高度值。

♦ "旋转"文本框用于设置属性文本的旋转角度。

| 技术看板 | 一旦设置为某种文字样式，那么在插入属性块后，块中的属性文本一直沿用这种文字样式，与当前图形文件中的文字样式无关。

另外，当需要重复定义对象的属性时，可以勾选"在上一个属性定义下对齐"选项，系统将自动沿用上次设置的各属性的文字样式、对正方式以及高度等参数的设置。

9.5.2　实例——为零件图序号定义文字属性

💻 视频文件 ┃ 专家讲堂\第9章\实例——为零件图序号定义属性 .swf

⚙ **操作步骤**

Step01 ▸ 首先绘制半径为 10mm 的圆作为零件序号。

Step02 ▸ 打开【属性定义】对话框。

Step03 ▸ 在"标记"文本框内输入"X"，作为属性的标记名。

Step04 ▸ 在"提示"文本框内输入"输入零件序号："。

Step05 ▸ 在"默认"文本框内输入"1"。

| 技术看板 | 在此需要注意，所输入的标记名仅起到一个属性参照作用，并不影响属性值，用户可以随意设置标记名。

Step06 ▸ 在"对正"下拉列表框中设置属性的对正方式为"正中"。

Step07 ▸ 在"文字样式"列表中选择一种文字

样式。

Step08 ▸ 在"高度"文本框内输入"12"。

Step09 ▸ 单击 确定 按钮返回绘图区。

Step10 ▸ 捕捉圆心作为属性的插入点。

Step11 ▸ 插入属性块结果如图 9-76 所示。

图 9-76　为零件图序号定义文字属性

9.5.3　实例——编辑属性并创建属性块

💻 视频文件 ┃ 专家讲堂\第9章\实例——编辑属性并创建属性块 .swf

当定义了属性后，可以更改属性的标记、提示或默认值等，另外，还需要将定义的属性创建为属性块，这样才能将其应用到您的图形中。下面对 9.5.2 节创建的属性块进行编辑，并将其定义为属性块。

⚙ **实例引导**——编辑属性与创建属性块

1. 修改属性值

首先将上一节定义的属性值 X 修改为"1"。

Step01 ▸ 单击【修改】/【对象】/【文字】/【编辑】/命令。

Step02 ▸ 单击定义的属性文字 X。

Step03 ▸ 打开【编辑属性定义】对话框。

Step04 ▶ 将标记"X"修改为"1"。

Step05 ▶ 单击 确定 按钮。

Step06 ▶ 属性将按照修改后的标记、提示或默认值进行显示，如图 9-77 所示。

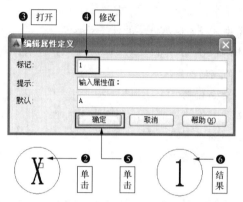

图 9-77　修改属性值

┃技术看板┃ 此命令只能修改属性的标记名、提示及默认值三个参数，不能修改属性的文本样式、对正方式以及插入基点等选项。此命令只能对未定义为属性块或已分解开的属性进行编辑。

2. 定义属性块

下面继续将该属性定义为属性块，以方便后期继续使用。

Step01 ▶ 单击【绘图】工具栏上的"创建块"按钮 🔲。

Step02 ▶ 打开【块定义】对话框，设置属性块名。

Step03 ▶ 单击 🔣 "拾取点"按钮。

Step04 ▶ 返回绘图区，捕捉圆心作为基点。

Step05 ▶ 返回【块定义】对话框，单击"选择对象"按钮 🔣。

Step06 ▶ 在此返回绘图区，以窗口方式选择定义的属性。

Step07 ▶ 按 Enter 键返回【块定义】对话框，查看定义的属性块，如图 9-78 所示。

Step08 ▶ 单击【块定义】对话框中的 确定 按钮。

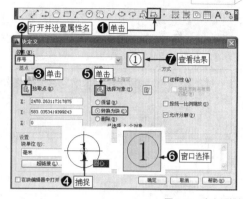

图 9-78　定义属性块

Step09 ▶ 打开【编辑属性】对话框。

Step10 ▶ 在该对话框可以重新输入序号值，例如将其属性值修改为 A。

Step11 ▶ 单击 确定 按钮，创建属性值为 A 的属性块，如图 9-79 所示。

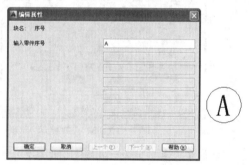

图 9-79　定义属性块

3. 编辑属性块

当创建完成属性块之后，也可以对属性块再次进行编辑。

Step01 ▶ 执行菜单栏中的【修改】/【对象】/【属性】/【单个】命令。

Step02 ▶ 单击选择刚定义的属性块。

Step03 ▶ 打开【增强属性编辑器】对话框，如图 9-80 所示。

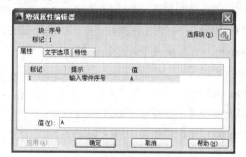

图 9-80　【增强属性编辑器】对话框

Step04▶ 在"属性"选项卡中修改属性值，例如修改其值为 2，此时发现源属性块的值被修改为 2，如图 9-81 所示。

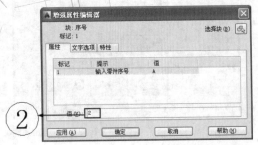

图 9-81 "属性"选项卡

Step05▶ 激活"文字选项"选项卡，将高度参数修改为"20"，修改"宽度因子"为"0.5"，修改结果如图 9-82 所示。

图 9-82 "文字选项"选项卡

Step06▶ 在"文字选项"选项卡，还可以修改属性块的其他参数，修改完成后，单击 应用(A) 按钮即可。

Step07▶ 如果还要修改视图中的其他属性块，可单击右上角的"选择块" 按钮返回绘图区，单击选择其他属性块进行修改编辑。

Step08▶ 最后单击 确定 按钮，完成对属性块的编辑和修改。

| 技术看板 | 也可以进入"特性"选项卡，修改属性块的特性，包括图层特性、线型特性、颜色特性以及线宽特性等，如图 9-83 所示。这些操作与图层的特性设置操作相同。

图 9-83 "特性"选项卡

9.5.4 实例——创建机械零件图粗糙度符号属性块

🖥 视频文件 | 专家讲堂\第 9 章\实例——创建机械零件图粗糙度符号属性块 .swf

在机械设计中，除了标注零件图的尺寸、公差、技术要求等之外，还需要标注零件的粗糙度以及基面代号，这就需要首先创建粗糙度符号以及基面代号属性块。

⚙ **操作步骤**

1. 新建文件、设置文字样式与捕捉模式

粗糙度符号使用一种特殊的文字样式，因此，首先需要创建一种文字样式。为了方便绘制粗糙度符号图形，还需要设置捕捉追踪模式。

Step 01▶ 首先使用【新建】命令快速创建一个空白文件。

Step 02▶ 新建名为"数字与字母"的文字样式，并为其设置一种字体，如图 9-84 所示。

Step 03▶ 打开状态栏上的"极轴追踪"功能，并设置追踪角，如图 9-85 所示。

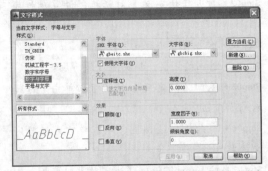

图 9-84 新建"数字与字母"的文字样式

2. 绘制粗糙度符号

Step 01▶ 单击【绘图】工具栏上的"多段线"按钮 。

Step 02▶ 在绘图区单击左键拾取一点，向左引出 180°的方向矢量，输入"4.04"，按 Enter 键。

图 9-85　设置追踪角

Step 03 ▶ 向 右 下 引 出 300° 的 方 向 矢 量，输 入 "4.04"，按 Enter 键。

Step 04 ▶ 向 右 上 引 出 60° 的 方 向 矢 量，输 入 "9.24"，按 Enter 键。

Step 05 ▶ 按 Enter 键 结 束 命 令，绘 制 结 果 如 图 9-86 所示。

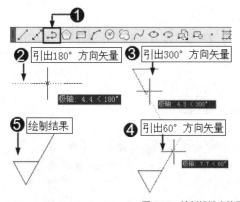

图 9-86　绘制粗糙度符号

3. 定义属性

下面为绘制的粗糙度符号定义属性。

Step 01 ▶ 输 入 "ATT" 打 开 的【属 性 定 义】对 话 框。

Step 02 ▶ 设置属性各参数。

Step 03 ▶ 单击 确定 按钮返回绘图区。

Step 04 ▶ 由 粗 糙 度 符 号 的 端 点 向 上 引 出 矢 量 线。

Step 05 ▶ 输 入 "0.5"，按 Enter 键，以 插 入 属 性。插入结果如图 9-87 所示。

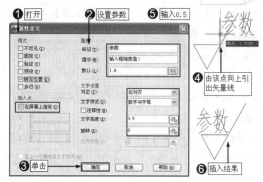

图 9-87　定义属性

4. 定义属性块

下面将创建的属性定位属性块

Step 01 ▶ 输 入 "B" 打 开【块 定 义】对 话 框。

Step 02 ▶ 设置名称为 "粗糙度"。

Step 03 ▶ 单 击 "拾 取 点" 按 钮 🖫 返 回 绘 图 区。

Step 04 ▶ 捕 捉 粗 糙 度 符 号 下 侧 的 端 点 作 为 基 点。

Step 05 ▶ 返 回【块 定 义】对 话 框，单 击 "选 择 对 象" 按 钮 🖫 再 次 返 回 绘 图 区。

Step 06 ▶ 以 窗 口 方 式 选 择 创 建 的 粗 糙 度 符 号。

Step 07 ▶ 按 Enter 键，返 回【块 定 义】对 话 框，设 置 其 他 参 数，并 单 击 确定 按 钮。

Step 08 ▶ 打开【编辑属性】对话框。

Step 09 ▶ 单 击 确定 按 钮 将 其 创 建 为 属 性 块，如 图 9-88 所示。

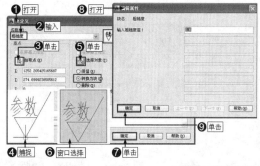

图 9-88　定义属性块

5. 创建外部块

下面将定义的粗糙度属性块创建为外部块，这样可以在以后的操作中重复使用该属性块。

Step 01 ▶ 使用快捷键"W"打开【写块】对话框.

Step 02 ▶ 勾选"块"选项.

Step 03 ▶ 在其下拉列表中选择定义的"粗糙度"属性块。

Step 04 ▶ 单击"文件名和路径"列表后面的 … 按钮。

Step 05 ▶ 在打开的【浏览图形文件】对话框将其保存在"图块文件"目录下，以便后期重复使用。

Step 06 ▶ 单击 确定 按钮完成外部块的定义，如图 9-89 所示。

图 9-89　创建外部块

练一练 除了粗糙度符号属性块之外，还需要一个基面代号属性块。尝试创建图 9-90 所示的基面代号属性块，并将其创建为外部块。

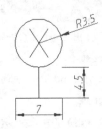

图 9-90　基面代号属性块

9.6　创建与填充表格

在 AutoCAD 机械设计中，设计图中除了标注尺寸、文字注释之外，有时还需要创建表格，通过表格表达图形中文字注释无法表达的图形信息，本节学习创建与填充表格的相关内容。

9.6.1　实例——创建 3 列 3 行的表格

🖵 视频文件	专家讲堂 \ 第 9 章 \ 实例——创建 3 列 3 行的表格 .swf

下面首先学习创建列数为 3、列宽为 20mm、数据行为 3 的表格，如图 9-91 所示。

标题		
表头	表头	表头

图 9-91　创建表格

实例引导——创建并填充表格

1. 设置表格参数

Step01 ▶ 单击【绘图】工具栏上的"表格"按钮 ▦。

Step02 ▶ 打开【插入表格】对话框。

Step03 ▶ 在"列和行设置"设置组设置表格的参数。

Step04 ▶ 单击 确定 按钮返回绘图区，如图 9-92 所示。

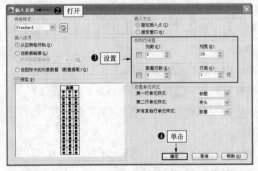

图 9-92　设置表格参数

在【插入表格】对话框有相关的选项设置，通过这些设置可以对表格进行相关的设置，具体如下。

◆ "表格样式设置"选项组用于设置、新建或修改当前表格样式，还可以对样式进行预览。

◆ "插入选项"选项组用于设置表格的填充方式，具体有"从空表格开始""自动数据链接"和"自图形中的对象数据提取"三种方式。

◆ "插入方式"选项组用于设置表格的插入方式。统共提供了"指定插入点"和"指定窗口"两种方式，默认方式为"指定插入点"方式。

▌技术看板 ▏ 如果使用"指定窗口"方式，系统将表格的行数设为自动，即按照指定的窗口区域自动生成表格的数据行，而表格的其他参数仍使用当前的设置。

◆ "列和行设置"选项组用于设置表格的列参数、行参数以及列宽和行宽参数。系统默认的列参数为 5、行参数为 1。

◆ "设置单元数据"选项组用于设置第一行、第二行或其他行的单元样式。

◆ 单击 Standard ▾ 右侧的按钮 ，打开图 9-93 所示的【表格样式】对话框，此对话框用于设置、修改表格样式，或设置当前格样式。

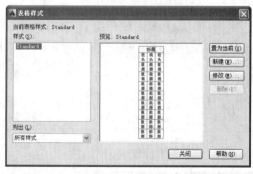

图 9-93 【表格样式】对话框

▌技术看板 ▏ 执行【表格样式】命令，也可以打开【表格样式】对话框，用于新建表格样式、修改现在表格样式和删除当前文件中无用

的表格样式。单击菜单【格式】/【表格样式】命令、单击【样式】工具栏或【表格】面板上的 按钮、在命令行输入"TABLESTYLE"后按 Enter 键、使用快捷键"TS"等都可以打开【表格样式】对话框。

2. 填充表格

Step01 ▶ 在绘图区合适位置单击拾取一点作为插入点，打开【文字格式】编辑器。

Step02 ▶ 设置文字样式、字体、文字高度等参数。

Step03 ▶ 在反白显示的表格框内输入"标题"。

Step04 ▶ 按右方向键，将光标跳至左下侧的列标题栏中，在反白显示的列标题栏中填充"表头"的文字。

Step05 ▶ 继续按右方向键，分别在其他列标题栏中输入"表头"的表格文字。

Step06 ▶ 单击 确定 按钮关闭【文字格式】编辑器。创建过程及结果如图 9-94 所示。

练一练 尝试创建列数为 10、列宽为 20mm、数据行为 5 的表格，其最终结果如图 9-95 所示。

默认设置创建的表格，不仅包含有标题行，还包含有表头行、数据行，可以根据实际情况进行取舍。

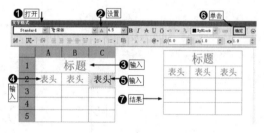

图 9-94 填充表格

标			题					
表头	表头	表头	表头	表头	表头	表头	表头	表头

图 9-95 创建表格

9.6.2 实例——完善直齿轮零件图技术要求与明细

素材文件	效果文件 \ 第 9 章 \ 实例——标注直齿轮零件图技术要求与明细 .dwg	
效果文件	效果文件 \ 第 9 章 \ 实例——完善直齿轮零件图技术要求与明细 .dwg	
视频文件	专家讲堂 \ 第 9 章 \ 实例——完善直齿轮零件图技术要求与明细 .swf	

在 AutoCAD 机械设计中，有时通过零件图的文字注释并不能完全说明零件的技术要求，这时就需要创建表格，并填充相关内容来对零件的相关技术要求加以补充说明，下面通过创建表格，对直齿轮零件的技术要求进行补充说明。

打开素材文件，这是前面章节中标注了零件尺寸和公差的直齿轮零件图，如图 9-96 所示。下面创建一个表格，对该零件的技术要求进行补充说明和完善，标注结果如图 9-97 所示。

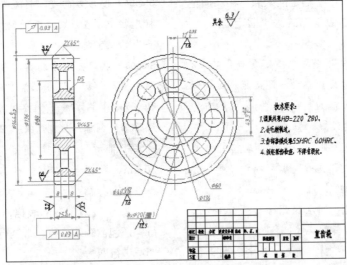

图 9-96 直齿轮零件图

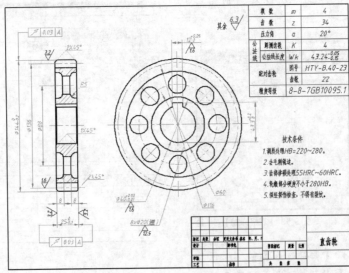

图 9-97 完善零件图技术要求与明细

![操作步骤]

尽管【表格】命令为创建表格提供了很多便利，但在实际工作中，有时通过【表格】命令创建的表格并不适合图形的设计要求，这时可以直接使用绘图工具绘制一个表格，然后使用【多行文字】命令对表格进行填充，这样更符合图形的设计要求，下面就来绘制一个表格。

1. 绘制矩形

首先绘制一个矩形，这样便于创建表格。

Step 01 ▶ 单击【绘图】工具栏上的"矩形"按钮 □。

Step 02 ▶ 捕捉图框右上端点。

Step 03 ▶ 输入"@ - 113, - 100"，按 Enter 键，创建一个矩形，如图 9-98 所示。

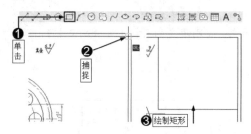

图 9-98　绘制矩形

2. 分解矩形

下面将绘制的矩形进行分解，便于编辑以创建表格。

Step 01 ▶ 单击【修改】工具栏上的"分解"按钮 □。

Step 02 ▶ 单击选择刚绘制的矩形。

Step 03 ▶ 按 Enter 键，将矩形分解，分解结果如图 9-99 所示。

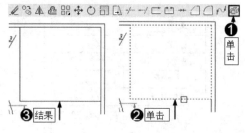

图 9-99　分解矩形

3. 完善表格

下面结合【偏移】、【修剪】以及【直线】命令对矩形进行编辑，以完善表格。

Step 01 ▶ 输入"O"激活【偏移】命令。

Step 02 ▶ 将矩形下水平边依次向上偏移 12.5mm，将矩形左垂直边向右偏移 13mm、29mm 和 18mm，如图 9-100 所示。

图 9-100　偏移表格

Step 03 ▶ 单击【修改】菜单中的【修剪】命令，对偏移出的图线进行修剪，编辑出明细表内部方格，结果如图 9-101 所示。

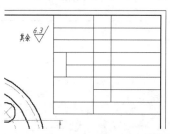

图 9-101　编辑明细表内部分格

| 技术看板 | 偏移图线的操作可参阅 3.6 节的相关内容，修剪图线的操作可参阅 3.7 节的相关内容。

Step 04 ▶ 输入"L"激活【直线】命令，配合端点捕捉功能绘制如图 9-102 所示的方格对角线。

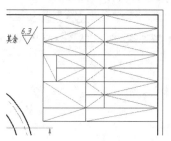

图 9-102　绘制方格对角线

4. 填充表格

下面使用【多行文字】命令填充表格内容。

Step 01 ▸ 单击【绘图】工具栏上的“多行文字”按钮A。

Step 02 ▸ 分别捕捉左上角方格的对角点。

Step 03 ▸ 打开【文字格式】编辑器。

Step 04 ▸ 设置字体样式、高度。

Step 05 ▸ 设置“对正”方式为“正中”方式，然后输入“模数”的表格文字。

Step 06 ▸ 单击 确定 按钮确认。填充结果如图 9-103。

❶单击
❷捕捉
❸打开
❹设置
❺输入
❻单击
❼结果
文字格式
模 数
确定
ByBlock

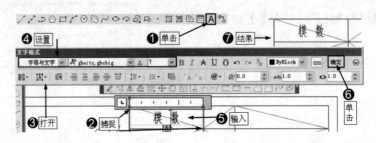

图 9-103　填充表格

5. 复制填充的表格文字

输入“CO”激活【复制】命令，配合中点捕捉功能，将刚填充的表格文字分别复制到其他方格对角线中点处，结果如图 9-104 所示。

| 技术看板 | 复制图线的操作可参阅 6.1 节的相关内容。

其余
6.3
1.6
模数

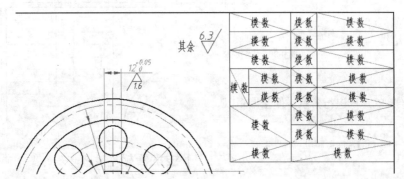

图 9-104　复制填充的表格文字

6. 修改文字格式

Step 01 ▸ 分别双击复制的各文字，打开【文字格式】编辑器。

Step 02 ▸ 选择需要修改的文字内容，然后输入正确的内容，最后单击 确定 按钮关闭【文字格式】编辑器，修改结果如图 9-105 所示。

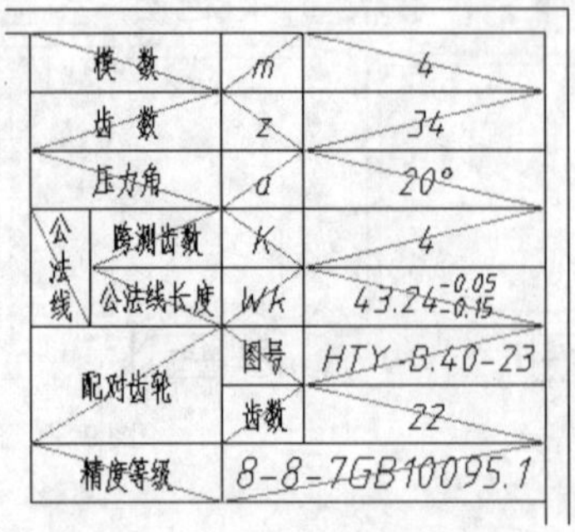

模 数
m
4
齿 数
z
34
压力角
α
20°
公法线
跨测齿数
K
4
公法线长度
Wk
43.24-0.05 -0.15
配对齿轮
图号
HTY-B.40-23
齿数
22
精度等级
8-8-7GB10095.1

图 9-105　修改文字格式

技术看板 编辑多行文字的详细操作可参阅 9.3.3 小节的相关内容。

7. 完善零件图技术要求与明细

Step 01 ▶ 在无任何命令发出的情况下单击选择绘制的方格对角线。

Step 02 ▶ 按 Delete 键将其删除，完成对零件图技术要求与明细的完善，最终结果如图 9-97 所示。

8. 保存文件

最后单击【另存为】命令，将图形另名存储。

9.7　综合实例——标注定位盘尺寸、公差与技术要求

尺寸、公差与技术要求是机械设计图中的重要内容，本节来标注定位盘零件的尺寸、公差以及技术要求，标注结果如图 9-106 所示。

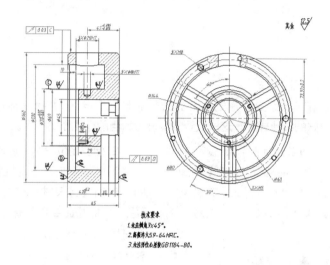

图 9-106　定位盘零件

9.7.1　标注定位盘尺寸与公差

📄 素材文件	素材文件 \ 定位盘 .dwg
✒ 效果文件	效果文件 \ 第 9 章 \ 标注定位盘尺寸与公差 .dwg
🖥 视频文件	专家讲堂 \ 第 9 章 \ 标注定位盘尺寸与公差 .swf

打开素材文件，这是定位盘零件二视图，如图 9-107 所示。下面来标注定位盘的尺寸和公差，标注结果如图 9-108 所示。

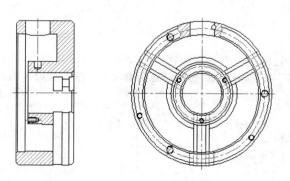

图 9-107　定位盘零件二视图

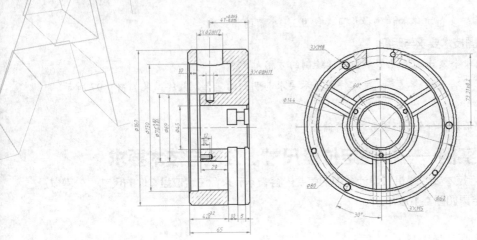

图 9-108 标注定位盘的尺寸和公差

⚙ 操作步骤

1. 设置操作图层与标注样式

在进行尺寸标注前，一定要记得设置当前图层，同时还要设置一种标注样式。在该案例中，源图形中已经有了设置好的标注样式，这样只要将其设置为当前标注样式即可。

Step 01 ▶ 将"标注线"图层设为当前层。

Step 02 ▶ 输入"D"，按 Enter 键，打开【标注样式管理器】对话框，将"机械样式"设置为当前标注样式，然后修改标注比例为"1.25"，如图 9-109 所示。

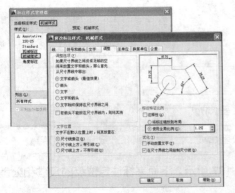

图 9-109 设置标注样式

2. 标注定位盘水平直径尺寸

下面首先来标注定位盘零件的水平尺寸，即零件的直径尺寸，这类尺寸一般可以使用【线性】标注命令进行标注，最后再添加相关的符号以及尺寸公差。

Step 01 ▶ 单击【标注】工具栏上的"线性"按钮├┤。

Step 02 ▶ 捕捉 ϕ28mm 孔左端点。

Step 03 ▶ 捕捉 ϕ28mm 孔右端点。

Step 04 ▶ 输入"M"，按 Enter 键，打开【文字格式】编辑器，输入"3x%%C28H7"。

Step 05 ▶ 单击 确定 按钮回到绘图区。

Step 06 ▶ 向上引导光标指定尺寸线位置，完成标注，如图 9-110 所示。

｜技术看板｜ "%%C"是直径的转换代码，输入"%%C"后系统会自动将其转换为"Φ"符号。

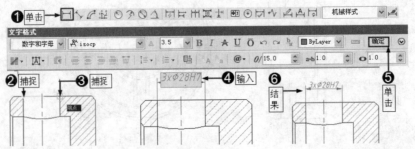

图 9-110 标注定位盘水平直径尺寸

3. 标注另一个直径尺寸

直径尺寸一般使用【直径】命令进行标注，但在该零件图中，直径尺寸需要使用【线性】命令来标注，然后再添加相关直径符号以及尺寸公差参数。

Step 01 ▶ 按 Enter 键，重复执行【线性】命令。

Step 02 ▶ 捕捉 φ28mm 孔的中心线端点与主视图右端点，如图 9-111 所示。

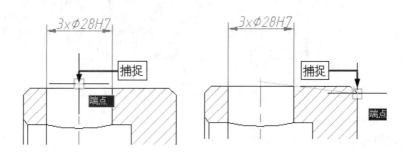

图 9-111　捕捉 φ28mm 的中心端点与主视图右端点

Step 03 ▶ 输入"M"，按 Enter 键，打开【文字格式】编辑器。

Step 04 ▶ 输入"41+0.065^ － 0.015"，如图 9-112 所示。

图 9-112　输入"41+0.065-0.015"

Step 05 ▶ 选择"+0.065^ － 0.015"，单击 "堆叠"按钮，则"+0.065 － 0.015"转换为分数形式，结果如图 9-113 所示。

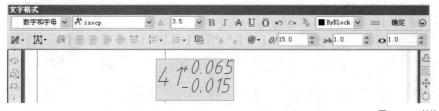

图 9-113　转换为分数形式

Step 06 ▶ 单击 确定 按钮，返回绘图区指定标注线位置，标注结果如图 9-114 所示。

4. 标注直他线性尺寸

依照相同的方法，继续标注定位盘的其他线性尺寸，标注结果如图 9-115 所示。

｜技术看板｜ 在以上操作中，使用了【线性】标注命令，但标注的其实是零件图的直径尺寸，因此，一定要注意尺寸公差以及直径符号的添加。

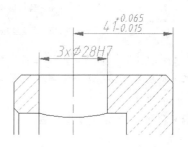

图 9-114　标注另一个直径尺寸的结果

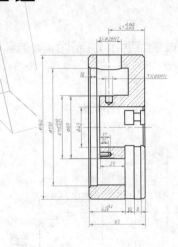

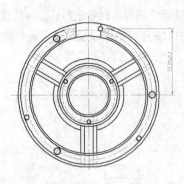

图 9-115 标注直他线性尺寸

5. 标注左视图角度尺寸和直径尺寸

下面继续来标注零件图的角度尺寸，角度尺寸标注需要使用另一种标注样式，因此在标注前需要设置另一种标注样式，在此只需将已有的标注样式设置为当前样式即可，如果源文件中没有该标注样式，那需要重新设置一种标注样式。

Step 01 ▶ 继续依照前面的操作方法，在【标注样式管理器】对话框将"角度标注"设置为当前标注样式，并修改标注比例为 1.25，如图 9-116 所示。

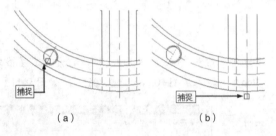

图 9-117 捕捉特殊点

Step 05 ▶ 向下引导光标，在合适位置单击确定尺寸线的位置，如图 9-118 所示。

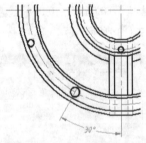

图 9-118 确定尺寸线位置

6. 标注其他位置的角度尺寸

依照相同的方法，分别标注其他位置的角度尺寸，结果如图 9-119 所示。

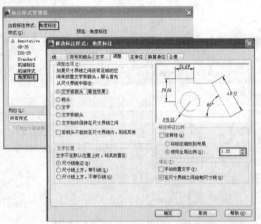

图 9-116 设置当前标注样式

Step 02 ▶ 单击菜单栏中的【标注】/【角度】命令。

Step 03 ▶ 捕捉左下方 M8 螺钉孔中心线，如图 9-118（a）所示。

Step 04 ▶ 捕捉左视图中心线交点，如图 9-117（b）所示。

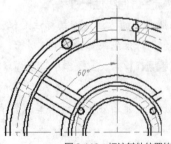

图 9-119 标注其他位置的角度尺寸

7. 标注直径尺寸

下面标注的该直径尺寸可以直接使用【直径】命令来标注，但同样需要输入尺寸公差值。

Step 01 ▸ 单击【标注】工具栏上的"直径"按钮 ⊘。

Step 02 ▸ 单击左上角的圆。

Step 03 ▸ 输入"M"，按 Enter 键，打开【文字格式】编辑器，在文本框输入"3×M8"。

Step 04 ▸ 单击 确定 按钮回到绘图区。

Step 05 ▸ 在合适位置单击，标注结果如图 9-120 所示。

8. 标注其他直径尺寸和公差

依照相同的方法，标注其他直径尺寸和公差，结果如图 9-121 所示。

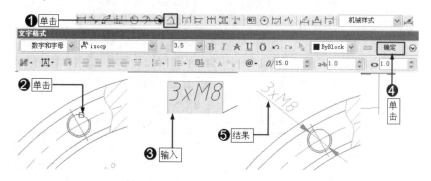

图 9-120　标注直径尺寸

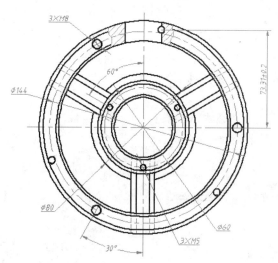

图 9-121　标注其他直径尺寸和公差

9. 保存文件

最后执行【另存为】命令，将图形另名存储。

9.7.2　标注定位盘形位公差与基面代号

📄 素材文件	效果文件 \ 第 9 章 \ 标注定位盘尺寸与公差 .dwg
🖊 效果文件	效果文件 \ 第 9 章 \ 标注定位盘形位公差与基面代号 .dwg
🖥 视频文件	专家讲堂 \ 第 9 章 \ 标注定位盘形位公差与基面代号 .swf

　　下面继续来标注定位盘零件图的形位公差和基面代号。基面代号其实是一种属性块，因此，在标注前，需要创建一个基面代号的属性块，并将其保存，然后直接使用【插入】命令将其插入到图形中即可。有关基面代号属性块的创建，可以参阅 9.5 节的相关内容，在此将直接插入已经创建好的基面代号属性块。

　　打开素材文件，这是上一节标注了尺寸与公差的定位盘零件二视图，下面继续来标注定位盘的形位公差与基面代号，标注结果如图 9-122 所示。

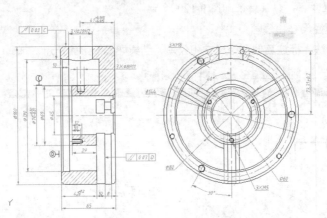

图 9-122　定位盘零件二视图

⚙ 操作步骤

1. 设置引线样式。

Step 01 ▶ 输入 "LE"，按 Enter 键，激活【快速引线】命令。

Step 02 ▶ 输入 "S"，按 Enter 键，打开【引线设置】对话框。

Step 03 ▶ 在【注释】选项卡勾选 "公差" 选项。

Step 04 ▶ 在【引线和箭头】选项卡设置引线参数，如图 9-123 所示。

图 9-123　设置引线样式

2. 标注引线注释

Step 01 ▶ 单击【引线设置】对话框中的 确定 按钮，返回绘图区。

Step 02 ▶ 在主视图上方位置拾取第一个引线点。

Step 03 ▶ 向上引导光标拾取第二个引线点。

Step 04 ▶ 向左引导光标拾取第三个引线点，如图 9-124 所示。

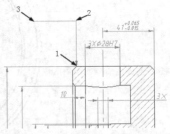

图 9-124　拾取引线点

Step 05 ▶ 此时系统打开【形位公差】对话框，在此对话框内设置公差符号、公差以及基准代号，如图 9-125 所示。

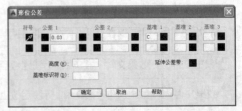

图 9-125　【形位公差】对话框

Step 06 ▶ 单击 确定 按钮结束命令，标注结果如图 9-126 所示。

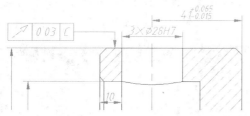

图 9-126 标注引线注释

3. 创建公差指示线

Step 01 ▶ 依照前面的操作打开【引线设置】对话框。

Step 02 ▶ 在【注释】选项卡设置"注释类型"为"无"。

Step 03 ▶ 单击 确定 按钮回到绘图区，在形位公差线位置绘制另一条公差指示线，如图 9-127 所示。

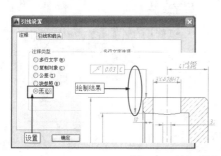

图 9-127 创建公差指示线

4. 标注工型槽轮廓处的形位公差

参照上述操作，重复使用【快速引线】命令，标注主视图工型槽轮廓处的形位公差，标注效果如图 9-128 所示。

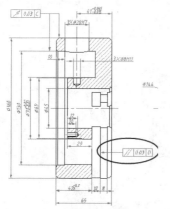

图 9-128 标注工型槽轮廓处的形位公差

5. 标注定位盘基面代号

Step 01 ▶ 依照前面的操作方法将"细实线"图层设置为当前图层。

Step 02 ▶ 输入"I"激活【插入】命令，选择随书光盘"图块文件"目录下的"基面代号 .dwg"属性块，如图 9-129 所示。

图 9-129 插入属性块

Step 03 ▶ 采用默认设置，单击 确定 按钮回到绘图区，在图 9-130 所示圆周内的位置单击。

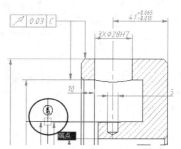

图 9-130 绘图区圆圈内单击

Step 04 ▶ 此时打开【编辑属性】对话框，修改基准代码为 C，如图 9-131 所示。

图 9-131 修改基准代码

Step 05 ▶ 单击 确定 按钮，插入结果如图 9-132 所示。

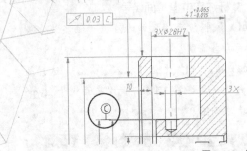

图 9-132　插入块

Step 06 ▶ 重复执行【插入块】命令，设置块参数，然后插入另一位置的基面代号，结果如图 9-133 所示。

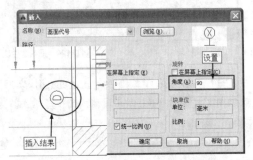

图 9-133　插入另一位置的基面代号

Step 07 ▶ 双击插入的该基面代码，在打开的【增强属性编辑器】对话框修改文字旋转角度为 0，结果如图 9-134 所示。

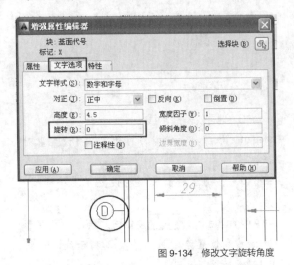

图 9-134　修改文字旋转角度

6. 保存文件

执行【另存为】命令，将图形另名保存。

9.7.3　标注定位盘粗糙度和技术要求

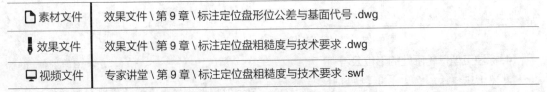

📄 素材文件	效果文件 \ 第 9 章 \ 标注定位盘形位公差与基面代号 .dwg
🖊 效果文件	效果文件 \ 第 9 章 \ 标注定位盘粗糙度与技术要求 .dwg
🖥 视频文件	专家讲堂 \ 第 9 章 \ 标注定位盘粗糙度与技术要求 .swf

打开素材文件，这是 9.7.2 小节标注了形位公差和基面代号的定位盘零件二视图，下面继续来标注定位盘的粗糙度和技术要求，标注结果如图 9-135 所示。

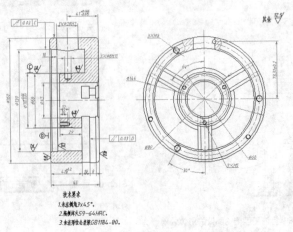

图 9-135　标注定位盘的粗糙度和技术要求

⚙ 操作步骤

1. 标注定位盘零件粗糙度

本节继续为定位盘零件图标注粗糙度符号，并输入技术要求。在标注粗糙度符号时，同样需要创建粗糙度符号的属性块，并将其保存，然后再插入到图形中，有关粗糙度符号属性块的创建，可以参阅 9.5 节的相关内容。

Step 01 ▸ 打开【插入】对话框。

Step 02 ▸ 选择随书光盘中"图块文件"目录下的"粗糙度 .dwg"图块文件，并设置参数，然后单击 ▢确定 按钮回到绘图区，如图 9-136 所示。

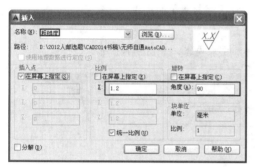

图 9-136　设置图块参数

Step 03 ▸ 在图 9-137 所示的位置单击，在打开的【编辑属性】对话框修改粗糙度值为 0.8。

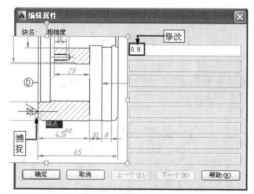

图 9-137　修改粗糙度值

Step 04 ▸ 单击 ▢确定 按钮回到绘图区，标注结果如图 9-138 所示。

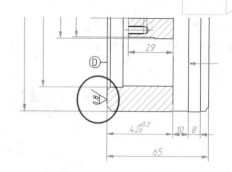

图 9-138　标注粗糙度结果

2. 镜像粗糙度

Step 01 ▸ 输入"MI"激活【镜像】命令。

Step 02 ▸ 将插入的粗糙度属性块进行水平镜像和垂直镜像，并调整其位置，标注结果如图 9-139 所示。

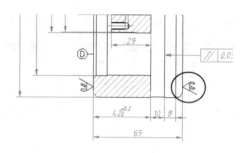

图 9-139　镜像粗糙度

┃技术看板┃ 镜像图形的详细操作请参阅第 6 章 6.4 节的相关内容。

3. 标注其他粗糙度

依照相同的方法，继续插入其他粗糙度符号，并设置其粗糙度值，标注结果如图 9-140 所示。

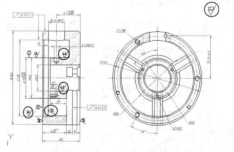

图 9-140　标注其他粗糙度

4. 标注技术要求

在标注技术要求时要注意设置一种文字样式，在该例中，源文件中已经设置好了文字样式，在此只需将其设置为当前文字样式即可。

Step 01 ▶ 输入"ST"激活【文字样式】命令，将"数字与字母"设置为当前文字样式，如图 9-141 所示。

图 9-141　将"数字与字母"设置为当前样式

Step 02 ▶ 依照前面的操作执行【多行文字】命令，并打开【文字格式】编辑器，设置文字高度为"8"，输入"技术要求"文字内容。

Step 03 ▶ 重新设置文字高度为"7"，然后在下方输入技术要求内容，如图 9-142 所示。

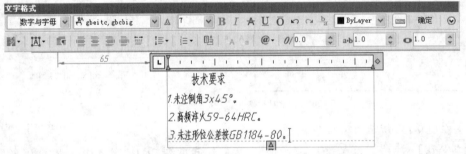

图 9-142　设置文字高度及输入文字内容

Step 04 ▶ 单击 确定 按钮确认。

Step 05 ▶ 重复执行【多行文字】命令，在左视图的右上侧标注"其余"字样，完成技术要求的标注。

　　5. 保存文件

　　至此，该零件图标注完毕，执行【另存为】命令，将图形另名存储。

9.8　综合自测

9.8.1　软件知识检验——选择题

（1）文字注释的类型有（　　）。

A. 单行文字和多行文字　　　　　　　　B. 单行文字、多行文字和快速引线

C. 多行文字、单行文字和多重引线　　　D. 快速引线和多重引线

（2）打开【文字样式】对话框的快捷键是（　　）。

A.ST　　　　　　　　B.S　　　　　　　　C.T　　　　　　　　D.A

（3）关于多行文字，说法正确的是（　　）。

A. 多行文字就是有多行的文字内容

B. 多行文字不管有多少行多少段，每一行每一段文字都是独立的

C. 多行文字不管有多少行多少段，系统都将其看作一个整体

D. 多行文字就是用于标注机械图技术要求的文字

9.8.2　软件操作入门——标注销轴零件图尺寸、粗糙度与技术要求

素材文件	素材文件 \ 销轴 .dwg
效果文件	效果文件 \ 第 9 章 \ 软件操作入门——标注销轴零件图尺寸、粗糙度与技术要求 .swf
视频文件	专家讲堂 \ 第 9 章 \ 软件操作入门——标注销轴零件图尺寸、粗糙度与技术要求 .swf

　　打开"素材文件"目录下的"销轴 .dwg"图形文件，如图 9-143 所示，设置一种标注样式，然后为其标注图 9-144 所示的尺寸以及粗糙度和技术要求。

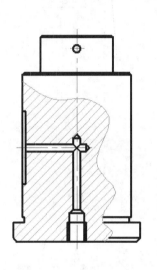

图 9-143　销轴零件图

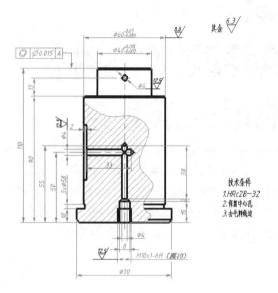

图 9-144　销轴零件图的标注

第 10 章
创建零件实体和曲面模型

在 AutoCAD 2014 机械设计过程中，除了需要绘制机械零件二维平面图之外，还要绘制机械零件三维实体模型和曲面模型，三维实体模型和曲面模型更能真实地再现机械零件的外观特征。

| 第10章 |

创建零件实体和曲面模型

本章内容概览

知识点	功能 / 用途	难易度与应用频率
三维模型的查看与视觉样式设置（P354）	● 查看三维模型 ● 设置三维模型视觉样式	难 易 度：★ 应用频率：★★★★★
创建三维实体模型（P364）	● 创建三维实体模型	难 易 度：★★★ 应用频率：★★★★★
创建三维网格模型（P367）	● 创建三维网格模型	难 易 度：★★★★ 应用频率：★★★★★
通过二维图形编辑创建三维模型（P373）	● 通过对二维图形编辑创建三维模型	难 易 度：★★★ 应用频率：★★★★★
综合实例（P375）	● 创建传动轴零件三维模型	
综合自测	● 软件知识检验——选择题（P382） ● 软件操作入门——绘制轴零件三维模型（P382）	

10.1 三维模型的查看与视觉样式设置

在 AutoCAD 2014 中，有 3 种三维模型，分别是实体模型、曲面模型和网格模型。这 3 种模型是较典型的模型结构，可以直观地反应机械零件的内、外部结构特征，使一些在二维平面图中无法表达的机械零件信息清晰而形象地表现出来。

◆ 实体模型：所谓实体模型是指实实在在的物体，实体模型不仅包含面、边信息，而且还具备实物的一切特性，这种模型不仅可以进行着色和渲染，还可以对其进行打孔、切槽、倒角等布尔运算，另外也可以检测和分析实体内部的质心、体积和惯性矩等。图 10-1 所示是电动机零件的实体模型。

◆ 曲面模型：曲面的概念比较抽象，在此可以将其理解为实体的面，此种面模型不仅能着色、渲染等，还可以对其进行修剪、延伸、圆角、偏移等编辑，但是不能进行打孔、开槽等操作。图 10-2 所示是齿轮零件的曲面模型。

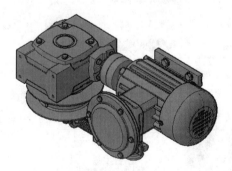

图 10-1 电动机零件

图 10-2 齿轮零件

◆ 网格模型：网格模型是指由一系列规则的格子线围绕而成的网状表面，然后由网状表面的集合来定义三维物体。网格模型仅含有面边信息，能着色和渲染，但是不能表达出真实物体的属性。图 10-3 所示是基座零件的网格模型。

本节内容概览

知识点	功能 / 用途	难易度与应用频率
查看三维模型（P354）	● 在视图中查看三维模型	难 易 度：★ 应用频率：★ ★ ★ ★ ★
创建与分割视口（P357）	● 创建新视口 ● 分割视口 ● 查看、编辑三维模型	难 易 度：★ ★ ★ 应用频率：★ ★ ★ ★ ★
设置三维模型的视觉样式 （P359）	● 设置三维模型视觉样式 ● 查看、编辑三维模型	难 易 度：★ 应用频率：★ ★ ★ ★ ★

10.1.1 查看三维模型

📄 素材文件	素材文件 \ 插秧机轴零件三维模型 .dwg
🖥 视频文件	专家讲堂 \ 第 10 章 \ 查看三维模型 .swf

针对实体模型、曲面模型和网格模型这 3 种不同类型的三维模型，可以采用多种方式来查看。例如，打开素材文件，这是一个插秧机轴的三维实体模型，如图 10-4 所示，下面查看该三维实体模型。

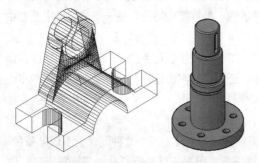

图 10-3 基座零件 　　图 10-4 插秧机轴

⚙ **实例引导**——查看三维模型

1. 手动操作查看三维模型

手动操作也称为"动态查看"，就是通过相关工具来操作，动态地查看三维模型。在 AutoCAD 2014 的【视图】菜单下，系统提供了相关的菜单命令，用于动态观察三维模型，如图 10-5 所示。

◆ 受约束的动态观察

"受约束的动态观察"是指执行该命令后可以拖曳鼠标指针，以调整模型的观察角度，这是较常用的一种观察方式。

Step01 ▶ 执行【视图】/【动态观察】/【受约束的动态观察】命令。

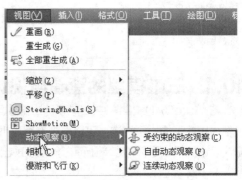

图 10-5 【动态观察】三维模型

Step02 ▶ 鼠标指针在绘图区呈 ⟲ 形状显示。拖曳鼠标指针手动调整观察点，以观察模型。

Step03 ▶ 继续拖曳鼠标指针调整观察点，以观察模型的不同侧面，如图 10-6 所示。

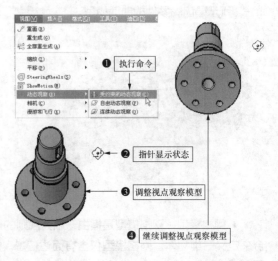

❶ 执行命令

❷ 指针显示状态

❸ 调整视点观察模型

❹ 继续调整视点观察模型

图 10-6 受约束的动态观察

♦ 自由动态观察

【自由动态观察】命令用于在三维空间中不受滚动约束的旋转视图以查看模型。

Step01 ▶ 执行【视图】/【动态观察】/【自由动态观察】命令。

Step02 ▶ 绘图区会出现圆形辅助框架。拖曳鼠标指针手动调整观察点，以观察模型。

Step03 ▶ 继续拖曳鼠标指针调整观察点，以观察模型的不同侧面，如图 10-7 所示。

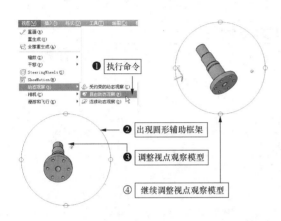

图 10-7　自由动态观察

♦ 连续动态观察

【连续动态观察】命令用于以连续运动的方式在三维空间中旋转视图，以持续观察三维物体的不同侧面，而不需要进行手动设置视点。

Step01 ▶ 执行【视图】/【动态观察】/【受约束的动态观察】命令。

Step02 ▶ 指针在绘图区呈 形状显示。沿观察方向拖曳鼠标指针，此时会连续旋转视图，以便观察模型。

Step03 ▶ 单击鼠标左键即可停止旋转，如图 10-8 所示。

| 技术看板 | 除了以上方式激活【动态观察】命令之外，也可以单击【动态观察】工具栏中的相关工具按钮，动态观察三维模型，如图 10-9 所示。

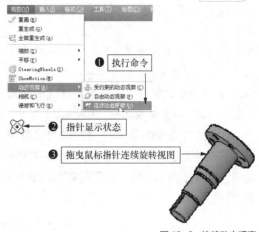

图 10-8　连续动态观察

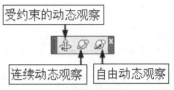

图 10-9　【动态观察】工具栏中的按钮

2. 切换视图查看和编辑三维模型

为了便于观察和编辑三维模型，AutoCAD 2014 为用户提供了一些标准视图，具体有 6 个正交视图和 4 个等轴测图，通过切换这些视图，不仅可以查看三维模型，同时也方便编辑三维模型。执行菜单栏【视图】/【三维视图】子菜单，即可显示相关菜单命令，如图 10-10 所示。

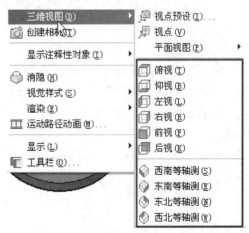

图 10-10　【三维视图】子菜单命令

下面将其切换为标准视图，以便从不同视图观察模型。

Step01 ▶ 执行【视图】/【三维视图】/【俯视】命令。

Step02 ▶ 将三维视图切换为俯视图，即可查看模型的底面模型效果，如图 10-11 所示。

Step03 ▶ 下面尝试执行其他命令，将视图切换为其他视图，以查看模型的主要特征。

上述 6 个正交视图和 4 个等轴测视图用于显示三维模型的主要特征，其中每种视图的视点、与 X 轴夹角和与 XY 平面夹角等内容如表 10-1 所示。

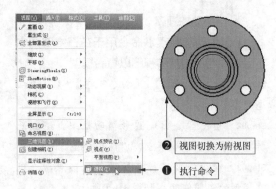

图 10-11 将三维视图切换为俯视图

表 10-1 基本视图及其参数设置

视图	菜单选项	方向矢量	与 X 轴夹角	与 XY 平面夹角
俯视	Tom	(0, 0, 1)	270°	90°
仰视	Bottom	(0, 0, -1)	270°	90°
左视	Left	(-1, 0, 0)	180°	0°
右视	Right	(1, 0, 0)	0°	0°
前视	Front	(0, -1, 0)	270°	0°
后视	Back	(0, 1, 0)	90°	0°
西南轴测视	SW Isometric	(-1, -1, 1)	225°	45°
东南轴测视	SE Isometric	(1, -1, 1)	315°	45°
东北轴测视	NE Isometric	(1, 1, 1)	45°	45°
西北轴测视	NW Isometric	(-1, 1, 1)	135°	45°

| 技术看板 | 除了通过切换视图观察三维模型之外，也可以单击【视图】工具栏上的相关工具按钮切换当前视图来观察三维模型，如图 10-12 所示。

图 10-12

3. 使用 3D 导航立方体切换视图

除了以上所讲解的这些视图的切换方式之外，AutoCAD 2014 还提供了 3D 导航立方体（即 ViewCube）切换视图，如图 10-13 所示。

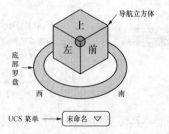

图 10-13 3D 导航立方体

此导航立方体主要由顶部的房子标记、中间的导航立方体、底部的罗盘和最下侧的 UCS 菜单 4 部分组成，当沿着立方体移动鼠标指针时，分布在导航立体棱、边、面等位置上的热点会亮显。单击一个热点，就可以切换到相关的视图。另外，该 3D 导航立方体不但可以快速帮助您调整模型的视点，还可以更改模型的视图投影、定义和恢复模型的主视图，以及恢复随模型一起保存的已命名 UCS。

◆ 视图投影。当查看模型时，在平行模式、透视模式和带平行视图面的透视模式之间进行切换。

◆　主视图是用户在模型中定义的视图，用于返回熟悉的模型视图。

◆　通过单击 3D 导航立方体下方的 UCS 按钮菜单，可以恢复已命名的 UCS。

下面通过 3D 导航立方体切换视图，以查看三维模型。

Step01 ▸ 单击 3D 导航立方体的上平面，此时显示模型的俯视图。

Step02 ▸ 单击 3D 导航立方体左边的三角按钮，切换到右视图。

Step03 ▸ 在 3D 导航立方体右上方单击，切换到东南等轴测视图，如图 10-14 所示。

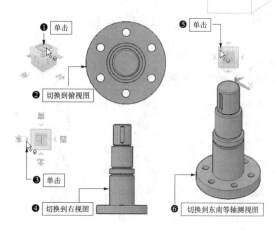

图 10-14　切换视图

Step04 ▸ 尝试通过 3D 导航立方体切换到其他视图，看看模型有什么变化。

|技术看板| 在命令行输入"CUBE"后按 Enter 键，可以控制 3D 导航立方体图的显示和关闭状态。

10.1.2　创建与分割视口

📄 素材文件	素材文件 \ 插秧机轴零件三维模型 .dwg
🖥 视频文件	专家讲堂 \ 第 10 章 \ 创建与分割视口 .swf

视口就是人们所说的绘图区，它是用于绘制和显示模型的区域，默认设置下 AutoCAD 2014 将整个绘图区作为一个视口，在实际建模过程中，有时需要从各个不同角度观察模型的不同部分，为此 AutoCAD 提供了视口的创建与分割功能，用户可以将默认的一个视口分割成多个视口，这样就可以从不同的方向观察模型。

⚙ 实例引导 ——创建与分割视口

创建与分割视口有两种方法，一种是通过菜单命令分割视口，另一种是通过对话框来创建和分割视口。

1. 通过菜单分割视口

AutoCAD 2014 提供了用于分割视口的相关菜单，执行菜单栏中的【视图】/【视口】级联菜单中的相关命令，即可以将当前视口分割为 2 个、3 个或多个视口，如图 10-15 所示。另外，还可以针对每一个视口将其设置为不同的视图，以便观察和编辑模型。

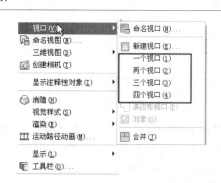

图 10-15　【视口】菜单

打开素材文件，该模型目前只有一个视口，如图 10-16 所示。下面将其设置为 4 个视口。

图 10-16　素材文件

Step01▶ 执行【视图】/【视口】/【四个视口】命令，此时将当前视口分割为 4 个视口，如图 10-17 所示。

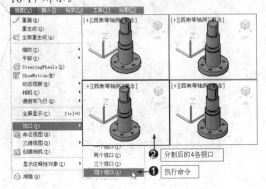

图 10-17　将当前视口分割为 4 个视口

Step02▶ 激活左上角视口，执行【视图】/【三维视图】/【俯视】命令，将该视口切换为俯视图，如图 10-18 所示。

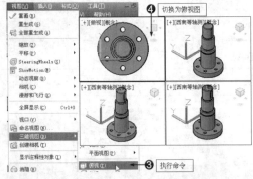

图 10-18　将左上角视口切换为俯视图

Step03▶ 激活右上角视口，执行【视图】/【三维视图】/【前视】命令，将该视口切换为前视图，如图 10-19 所示。

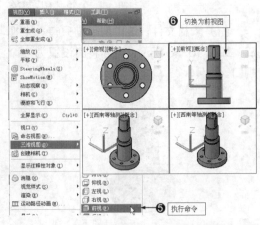

图 10-19　将右上角视口切换为前视图

Step04▶ 激活左下角视口，执行【视图】/【三维视图】/【左视】命令，将该视口切换为左视图，如图 10-20 所示。

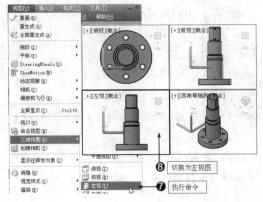

图 10-20　将左下角视口切换为左视图

练一练 尝试将视口分别分割为 2 个、3 个视口，并将各视口切换为不同的视图，如图 10-21、图 10-22 所示。

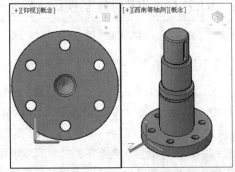

图 10-21　将视口分割为 2 个

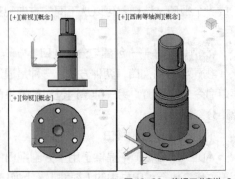

图 10-22　将视口分割为 3 个

2. 通过对话框分割视口

如果想提前预览视口分割后的效果，可以执行菜单栏中的【视图】/【视口】/【新建视口】命令，或在命令行输入"VPORTS"后按 Enter 键，打开如图 10-23 所示的【视口】对话框。在此对话框中，不仅可以分割视口，同时还可以预览视口分割效果。

【视口】对话框的操作比较简单，在左侧的"标准视图"列表中选择视口的分割形式，在右侧"预览"列表框中可以查看视口的分割效果，然后单击【确定】按钮即可对视口进行分割。

图 10-23　【视口】对话框

10.1.3　设置三维模型的视觉样式

📄 素材文件	素材文件 \ 插秧机轴零件三维模型 .dwg
🖥 视频文件	专家讲堂 \ 第 10 章 \ 设置三维模型的视觉样式 .swf

视角样式就是三维模型在视图中的显示状态。AutoCAD 2014 提供了几种控制三维模型外观显示效果的工具，运用这些工具，可以快速显示三维物体的逼真外观效果，这对编辑、修改三维模型非常重要。

首先打开素材文件，这是插秧轴的三维模型，目前该模型是以"概念"视觉样式来显示的，如图 10-24 所示。下面以不同的视觉样式来显示该模型。

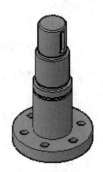

图 10-24　插秧轴的三维模型

⚙ **实例引导**——设置三维模型的视角样式

1. 设置视角样式

二维线框：该命令是用直线和曲线显示模型的边缘，此时对象的线型和线宽都是可见的。

Step01 ▶ 执行菜单栏中的【视图】/【视角样式】/【二维线框】命令，此时模型显示效果如图 10-25 所示。

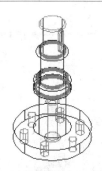

图 10-25　【二维线框】模型显示效果

线框：该命令也是用直线和曲线显示模型的边缘轮廓，与"二维线框"显示方式不同的是，表示坐标系的按钮会显示成三维着色形式，并且对象的线型及线宽都是不可见的。

Step02 ▶ 执行菜单栏中的【视图】/【视角样式】/【线框】命令，此时模型显示效果如图 10-26 所示。

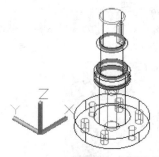

图 10-26　【线框】模型显示效果

消隐：该命令用于将三维模型中观察不到的线隐藏起来，而只显示那些位于前面无遮挡的对象。

Step03 ▶ 执行菜单栏中的【视图】/【视角样式】/【消隐】命令，此时模型显示效果如图 10-27 所示。

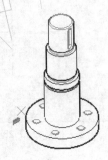

图 10-27 【消隐】模型显示效果

真实：该命令可使模型实现平面着色，它只对各多边形的面着色，不对面边界作光滑处理。

Step04 ▶ 执行菜单栏中的【视图】/【视角样式】/【真实】命令，此时模型显示效果如图 10-28 所示。

图 10-28 【真实】模型显示效果

概念：该命令也可使模型实现平面着色，它不仅可以对各多边形的面着色，还可以对面边界作光滑处理。

Step05 ▶ 执行菜单栏中的【视图】/【视角样式】/【概念】命令，此时模型显示效果如图 10-29 所示。

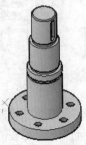

图 10-29 【概念】模型显示效果

着色：该命令用于将模型进行平滑着色。

Step06 ▶ 执行菜单栏中的【视图】/【视觉样式】/【着色】命令，此时模型显示效果如图 10-30 所示。

图 10-30 【着色】模型显示效果

带边缘着色：该命令用于将模型带有可见边的平滑着色。

Step07 ▶ 执行菜单栏中的【视图】/【视觉样式】/【带边缘着色】命令，此时模型显示效果如图 10-31 所示。

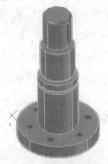

图 10-31 【带边缘着色】模型显示效果

灰度：该命令用于将模型以单色面颜色模式着色，以产生灰色效果。

Step08 ▶ 执行菜单栏中的【视图】/【视觉样式】/【灰度】命令，此时模型显示效果如图 10-32 所示。

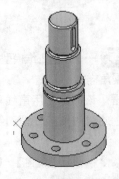

图 10-32 【灰度】模型显示效果

　　勾画：该命令用于将对象使用外伸和抖动方式产生手绘效果。

Step09 ▶ 执行菜单栏中的【视图】/【视觉样式】/【勾画】命令，此时模型显示效果如图 10-33 所示。

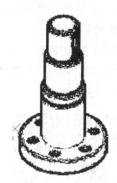

图 10-33 【勾画】模型显示效果

　　X 射线：该命令用于更改面的不透明度，以使整个场景变成部分透明。

Step10 ▶ 执行菜单栏中的【视图】/【视觉样式】/【X 射线】命令，此时模型显示效果如图 10-34 所示。

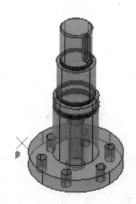

图 10-34 【X 射线】模型显示效果

2. 管理视觉样式

　　如果觉得通过执行相关命令来设置三维模型的视觉样式太麻烦，可以打开【视觉样式管理器】对话框，在该对话框可以很方便地设置三维模型的视觉样式，更改三维模型的视觉样式，同时还能详细了解三维模型的其他信息，如三维模型的颜色信息、线框数、线型等相关信息。单击菜单栏中的【视图】/【视觉样式】/【视觉样式管理器】命令打开【视觉样式管理器】对话框，如图 10-35 所示。

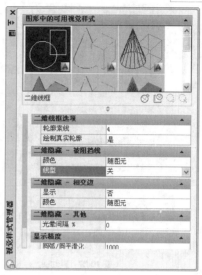

图 10-35 【视觉样式管理器】对话框

| **技术看板** | 可以通过以下方式打开【视觉样式管理器】对话框。

◆ 单击【视觉样式】工具栏或面板上的"视觉样式管理器"按钮 。

◆ 在命令行中输入"VISUALSTYLES"后按 Enter 键。

　　在【视觉样式管理器】对话框中，【图形中的可用视觉样式】选项组下，提供了针对不同视觉样式而进行操作的相关选项预览，单击各预览图，即可进入相关视觉样式的设置列表，其中，二维线框模式下，其设置选项如图 10-36 所示。在其他视觉样式下，其设置选项如图 10-37 所示。

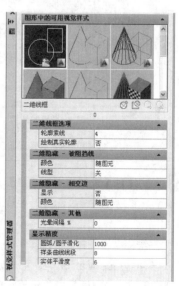

图 10-36 二维线框模式下的选项

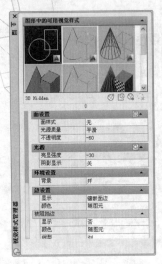

图 10-37 其他视觉样式下的选项

另外，"面设置"选项用于控制面上颜色和着色的外观；"环境设置"选项用于打开和关闭阴影和背景；"边设置"选项指定显示哪些边以及是否应用边修改器。选择一种视觉样式，如选择"二维线框"视角样式，然后将该样式拖到三维模型上，即可设置该模型的视觉样式，如图 10-38 所示。

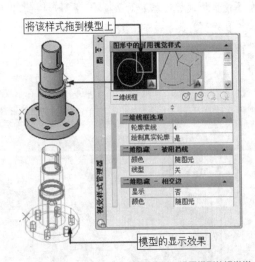

图 10-38 设置模型的视觉样式

练一练 尝试通过【视觉样式管理器】对话框来设置模型的其他视觉样式，同时尝试更改模型的视觉样式。

3. 为三维模型设置材质并渲染

如果学习过 3ds Max 软件，那一定对材质和渲染不会陌生。材质是指三维模型所使用

的真实材料，如金属、木材、陶瓷等。为三维模型指定材质是表现三维模型外观效果最直接的方法。在 AutoCAD 2014 软件中，同样可以设置三维模型的视角样式，另外也可以为三维模型指定材质并进行渲染，以更真实地表现模型的外观效果，这就像在 3ds Max 软件中为三维模型指定材质并渲染一样。

下面为该三维模型指定一种金属材质，并进行渲染，以更真实地表现该模型的质感，绘制结果如图 10-39 所示。

图 10-39 为三维模型设置材质并渲染

Step01▶ 单击【渲染】工具栏上的"材质浏览器"按钮。

Step02▶ 打开【材质浏览器】对话框。

Step03▶ 展开【主视图】列表，然后选择"金属"选项。

Step04▶ 在右边的材质预览中选择"不锈钢-缎光"材质。

Step05▶ 按住鼠标左键将该材质拖曳至三维模型上，这样就可将该材质指定给三维模型，如图 10-40 所示。

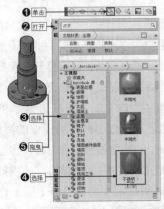

图 10-40 将材质指定给三维模型

| 技术看板 | 可以通过以下方式打开【材质浏览器】对话框。

♦ 单击【视图】菜单中的【渲染】/【材质游览器】命令。

♦ 在命令行输入表达式 "MATBROWSEROPEN" 后按 Enter 键。

　　当为模型指定材质后，如果对当前材质不满意，可以执行【视图】/【渲染】/【材质编辑器】命令，打开【材质编辑器】对话框，在该对话框中对材质进行编辑，如图 10-41 所示。

图 10-41　【材质编辑器】对话框

Step06▶ 执行菜单栏中的【视图 /【渲染】/【渲染】命令，或单击【渲染】工具栏上的 "渲染" 按钮 ⬡。

Step07▶ 激活渲染命令，打开【渲染】对话框。

Step08▶ AutoCAD 将按照默认设置，对当前视口内的模型，以独立的窗口进行渲染，如图 10-42 所示。

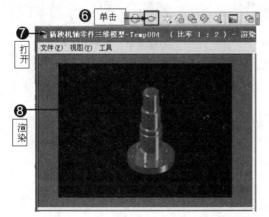

图 10-42　渲染操作和效果

| 技术看板 | 尽管 AutoCAD 具有不亚于三维软件的材质制作、模型渲染、灯光设置等功能，但在实际工作中，AutoCAD 的这些功能并不是很实用，因此，在此不对 AutoCAD 的这些功能进行更详细的讲解。如果对此感兴趣，可以在【视图】/【渲染】子菜单下，执行相关命令，打开相关对话框尝试操作。

4. 设置系统变量

　　如果想让模型得到更好的显示效果，通过设置模型的视觉样式是不够的，还需要设置系统变量，它是影响模型显示效果的主要因素之一，下面介绍几个与三维模型相关的系统变量。

♦ ISOLINES：此变量用于设置实体表面网格线的数量，其值越大，网格线就越密，图 10-43（a）所示的 ISOLINES 值为 1，图 10-43（b）所示的 ISOLINES 值为 10。

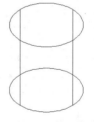

（a）ISOLINES=1　　　（b）ISOLNES=10

图 10-43　ISOLINES 变量

♦ FACETRES：此变量用于设置实体渲染或消隐后的表面网格密度，变量取值范围为 0.01~10.0，值越大网格就越密，表面也就越光滑，如图 10-44 所示。

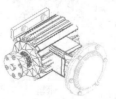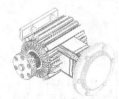

（a）FACETRES=1　　　（b）FACETRES=10

图 10-44　FACETRFS 变量

♦ DISPSILH：此变量用于控制视图消隐时，是否显示出实体表面的网格线。值为 0 时显示网格线，值为 1 时不显示网格线，如图 10-45 所示。

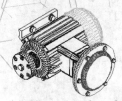
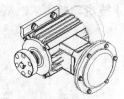

（a）DISPSILH=0　（b）DISPSILH=1

图 10-45　DISPSILH 变量

系统变量的设置非常简单，直接在命令行输入相关系统变量表达式，例如输入"ISOLINES"，然后按 Enter 键，再根据需要输入相关系统变量值即可。

10.2　创建三维实体模型

三维实体模型是实实在在的三维模型，它是 AutoCAD 2014 机械设计中创建机械零件三维模型较常用的基本模型。执行菜单栏【绘图】/【建模】子菜单命令，即可启动相应的创建命令，用于创建各种三维基本模型，如图 10-46 所示。

图 10-46　启动创建命令

┃技术看板┃ 在【建模】工具栏中，单击相关按钮也可启动创建命令来创建三维实体模型，如图 10-47 所示。

单击

图 10-47　【建模】工具栏

本节内容概览

知识点	功能 / 用途	难易度与应用频率
创建长方体实体模型（P365）	● 创建长方体模型 ● 创建三维模型	难 易 度：★ 应用频率：★★★★★
创建球体实体模型（P365）	● 创建球体模型 ● 创建三维模型	难 易 度：★ 应用频率：★★★★★
创建圆柱体实体模型（P365）	● 创建圆柱体模型 ● 创建三维模型	难 易 度：★ 应用频率：★★★★★
创建圆环实体模型（P366）	● 创建圆环模型 ● 创建三维模型	难 易 度：★ 应用频率：★★★★★
创建圆锥实体模型（P366）	● 创建圆锥模型 ● 创建三维模型	难 易 度：★ 应用频率：★★★★★

10.2.1　实例——创建长方体实体模型

🖵视频文件	专家讲堂 \ 第 10 章 \ 实例——创建长方体实体模型 .swf

　　【长方体】命令用于创建三维长方体或三维立方体模型。下面使用该命令创建长度为 200mm、宽度为 150mm、高度为 35mm 的长方体模型。

⚙️ 实例引导——创建长方体实体模型

Step01 ▶ 新建文件并将视图切换为西南视图。

Step02 ▶ 单击【建模】工具栏上的"长方体"按钮□。

Step03 ▶ 在绘图区拾取一点。

Step04 ▶ 输入"@200,150",按 Enter,设置长方体的长度和宽度。

Step05 ▶ 输入"35",按 Enter 键,设置高度。创建结果如图 10-48 所示。

| 技术看板 | 也可以通过以下方式激活【长方体】命令。

◆ 单击菜单【绘图】/【建模】/【长方体】命令。

◆ 在命令行输入"BOX"后按 Enter 键。

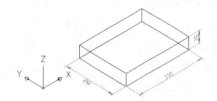

图 10-48　创建长方体实体模型

◆ 激活【长方体】命令后,在命令行会出现相关选项,用于设置长方体的绘图方式,如图 10-49 所示。其中,"立方体"选项用于创建长宽高都相等的正立方体;"长度"选项用于直接输入长方体的长度、宽度和高度等参数,即可生成相应尺寸的方体模型。

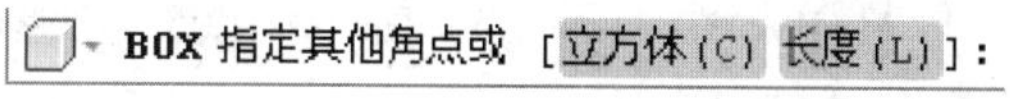

□ ▾ **BOX** 指定其他角点或 [立方体(C) 长度(L)]:

图 10-49　设置长方体的绘图方式

10.2.2　实例——创建球体实体模型

🖵视频文件	专家讲堂 \ 第 10 章 \ 实例——创建球体实体模型 .swf

　　【球体】命令主要用于创建三维实心球体模型,下面创建半径为 120mm 的球体模型。

⚙️ 实例引导——创建球体实体模型

Step01 ▶ 单击【建模】工具栏上的"球体"按钮○。

Step02 ▶ 在绘图区拾取一点作为球体的中心点。

Step03 ▶ 输入"120",按 Enter 键,指定球体半径。创建结果如图 10-50(a)所示。

Step04 ▶ 执行【视图】/【视觉样式】/【概念】命令,对球体进行概念着色,效果如图 10-50(b)所示。

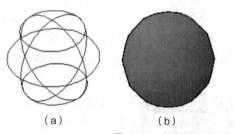

（a）　　　　　　　（b）

图 10-50　创建球体实体模型

| 技术看板 | 也可以通过以下方式激活【球体】命令。

◆ 单击菜单【绘图】/【实体】/【球体】命令。

◆ 在命令行输入"SPHERE"后按 Enter 键。

10.2.3　实例——创建圆柱体实体模型

🖵视频文件	专家讲堂 \ 第 10 章 \ 实例——创建圆柱体实体模型 .swf

　　【圆柱体】命令主要用于创建三维实心圆柱体或三维实心椭圆柱体模型。下面使用该命令创建底面半径为 120mm、高度为 250mm 的圆柱体。

⚙ **实例引导** ——创建圆柱体实体模型

Step01 ▶ 单击【建模】工具栏上的"圆柱体"按钮▣。

Step02 ▶ 在绘图区拾取一点确定圆柱体下底面圆心。

Step03 ▶ 输入"120",按 Enter 键,指定底面半径。

Step04 ▶ 输入"250",按 Enter 键,指定高度。创建结果如图 10-51(a)所示。

Step05 ▶ 使用快捷命令"HI"对模型进行消隐,效果如图 10-51(b)所示。

| **技术看板** | 也可以通过以下方式激活【球体】命令。

◆ 单击菜单【绘图】/【建模】/【圆柱体】命令。

◆ 在命令行输入"CYLINDER"后按 Enter 键。

另外,激活【圆柱体】命令,在命令行会有相关选项,用于设置圆柱体的绘图方式,如图 10-52 所示。

"三点"选项用于指定圆上的三个点定位圆柱体的底面。

"两点"选项用于指定圆直径的两个端点定位圆柱体的底面。

"切点、切点、半径"选项用于绘制与已知两对象相切的圆柱体。

"椭圆"选项用于绘制底面为椭圆的椭圆柱体。

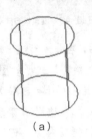

(a)　　　　　(b)

图 10-51　创建圆柱体实体模型

▣ CYLINDER 指定底面的中心点或 [三点(3P) 两点(2P) 切点、切点、半径(T) 椭圆(E)]:

图 10-52 【圆柱体】命令行选项

10.2.4　实例——创建圆环实体模型

💻视频文件 ｜ 专家讲堂\第10章\实例——创建圆环实体模型 .swf

【圆环体】命令用于创建圆环形三实心体模型,可以通过指定圆环体的圆心、围绕圆环体的圆管半径创建圆环体。下面使用该命令创建圆环体半径为200mm、圆管半径为20mm 的圆环体。

⚙ **实例引导** ——创建圆环实体模型

Step01 ▶ 单击【建模】工具栏上的"圆环"按钮◎。

Step02 ▶ 拾取一点定位环体的中心点。

Step03 ▶ 输入"200",按 Enter 键,设置圆环的半径。

Step04 ▶ 输入"20",按 Enter 键,设置圆管半径。

Step05 ▶ 创建结果如图 10-53(a)所示。使用快捷命令"HI"对圆环进行消隐,消隐效果如图 10-53(b)所示。

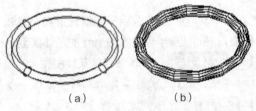

(a)　　　　　(b)

图 10-53　创建圆环实体模型

| **技术看板** | 也可以通过以下方式激活【球体】命令。

◆ 单击菜单【绘图】/【建模】/【圆环体】命令。

◆ 在命令行输入"TORUS"后按 Enter 键。

10.2.5　实例——创建圆椎体实体模型

💻视频文件 ｜ 专家讲堂\第10章\实例——创建圆椎体实体模型 .swf

【圆锥体】命令用于创建三维实心圆锥体或三维实心椭圆锥体模型。下面使用该命令创建底面半径为100mm、高度为150mm 的圆锥体。

实例引导 ——创建圆椎体实体模型

Step01 ▶ 单击【建模】工具栏上的"圆锥体"按钮 △。

Step02 ▶ 拾取一点作为底面中心点。

Step03 ▶ 输入"100",按 Enter 键,指定底面半径。

Step04 ▶ 输入锥体的高度"150",按 Enter 键。

Step05 ▶ 创建如图 10-54（a）所示。使用快捷命令"HI"对模型进行消隐着色,效果如图 10-54（b）所示。

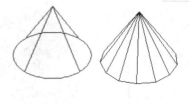

(a)　　　　　　(b)

图 10-54　创建圆锥体实体模型

| 技术看板 | 也可以通过以下方式激活【球体】命令。

♦ 单击菜单【绘图】/【建模】/【圆锥体】命令。

♦ 在命令行输入"CONE"后按 Enter 键。

除了以上几种三维模型之外,还可以创建其他三维模型,例如楔体、棱锥体以及多段体,这 3 种三维模型在机械设计中不太常用。

10.3　创建三维网格模型

与实体模型不同,网格模型是由一系列规则的格子线围绕而成的网状表面,然后由网状表面的集合来定义三维物体。创建网格模型的常用方法有【旋转网格】、【平移网格】、【直纹网格】和【边界网格】等,本节就来学习创建网格模型的方法。

本节内容概览

知识点	功能 / 用途	难易度与应用频率
旋转网格（P367）	● 将截面沿旋转轴旋转创建三维网格模型 ● 创建三维网格模型	难 易 度：★★★ 应用频率：★★★★★
平移网格（P368）	● 将截面沿轨迹线平移创建三维网格模型 ● 创建三维网格模型	难 易 度：★★★★ 应用频率：★★★★★
疑难解答	● 为什么轨迹线与截面不能"共面"？（P369） ● 创建平移网格时,对"截面图"有何要求？（P370） ● 如何将非多段线截面图编辑为多段线截面？（P370）	
直纹网格（P371）	● 在两个截面图形之间创建网格模型 ● 创建三维模型	难 易 度：★ 应用频率：★★★★★
边界网格（P372）	● 在图形的 4 条边界之间创建网格面,从而形成三维网格模型 ● 创建三维模型	难 易 度：★ 应用频率：★★★★★

10.3.1　旋转网格——通过旋转创建轮盘零件网格模型

📄 素材文件	素材文件 \ 旋转网格示例 dwg
💻 视频文件	专家讲堂 \ 第 10 章 \ 旋转网格——通过旋转创建轮盘零件网格模型 .swf

通过旋转创建网格模型时需要旋转轨迹线,也就是截面线以及旋转轴,旋转轨迹线可以是直线、圆、圆弧、样条曲线、二维或三维多段线,旋转轴则可以是直线或非封闭的多段线。

首先打开素材文件,这是一个轮盘零件平面图及其中心线,如图 10-55（a）所示。下面通过旋转创建该零件的网格模型,创建结果如图 10-55（b）所示。

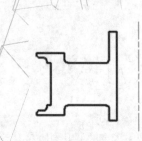 

（a）　　　　　（b）

图 10-55　轮盘零件

⚙ **实例引导**——旋转创建轮盘网格模型

Step01 ▸ 将视图切换为西南等轴测视图，然后执行【绘图】/【建模】/【网格】/【旋转网格】命令。

Step02 ▸ 选择平面图作为旋转对象。

Step03 ▸ 选择垂直中心线作为旋转轴线。

Step04 ▸ 输入"90"，按 Enter 键，设置起点角度。

Step05 ▸ 输入"360"，按 Enter 键，设置端点角度。

Step06 ▸ 完成模型的创建。

Step07 ▸ 设置"概念"视觉样式查看效果，绘制结果如图 10-56 所示。

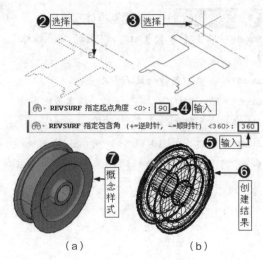

（a）　　　　　　（b）

图 10-56　旋转创建轮盘网格模型

|技术看板| 还可以通过以下方式激活【旋转网格】命令。

◆ 在命令行输入"REVSURF"后按 Enter 键。

◆ 进入"三维建模"绘图空间，单击【常用】选项卡／【图元】面板上的 ⚙ "旋转网格"按钮。

10.3.2　平移网格——通过平移创建网格模型

📄 素材文件	素材文件 \ 旋转网格示例 .dwg
💻 视频文件	专家讲堂 \ 第 10 章 \ 平移网格——通过平移创建网格模型 .swf

【平移网格】命令是将截面沿轨迹线指定的方向矢量平移延伸而形成的三维网格。截面可以是直线、圆（圆弧）、椭圆椭圆弧）、样条曲线、二维或三维多段线；轨迹线用于指明拉伸方向和长度，可以是直线或非封闭多段线，不能使用圆或圆弧，另外，轨迹线不能与截面图形共面。

首先打开素材文件，将视图切换为"西南等轴测"视图，这是某零件的截面图形，如图 10-57（a）所示，下面将其通过平移创建高度为 10mm 的三维网格模型，结果如图 10-57（b）所示。

图 10-57　通过平移创建三维网格模型

⚙ **实例引导**——创建平移网格模型

1. 创建轨迹线

"平移网格"是将截面沿轨迹线指定的方向矢量平移延伸而形成的三维网格，由于该图形中红色中心线与截面图形在一个平面上，因此，需要重新创建一个轨迹线，用于指明拉伸方向和长度。

Step01 ▸ 单击【绘图】工具栏上的"直线"按钮 ✏️。

Step02 ▸ 捕捉截面图形左上角点。

Step03 ▸ 沿 Z 轴正方向引导光标，输入"10"，按 Enter 键，设置轨迹线长度。

Step04 ▸ 按 Enter 键，绘制完成轨迹线，如图 10-58 所示。

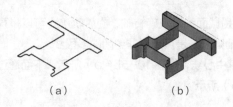

（a）　　　　　　（b）

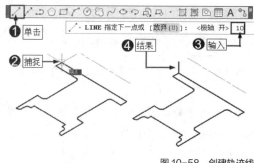

图 10-58　创建轨迹线

2. 创建平移网格

创建好轨迹线之后，可以沿该轨迹线对截面图形进行平移，以创建平移网格模型。

Step01 ▶ 单击菜单栏中的【绘图】/【建模】/【网格】/【平移网格】命令。

Step02 ▶ 选择截面图形作为平移对象。

Step03 ▶ 在轨迹线下方位置单击，完成平移网格模型的创建，创建结果如图 10-59 所示。

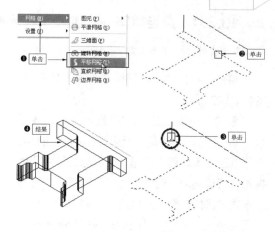

图 10-59　创建平移网格

|技术看板| 还可以通过以下方式激活【平移网格】命令。

♦ 在命令行输入"TABSURF"后按 Enter 键。

♦ 进入"三维建模"绘图空间，单击【常用】选项卡 /【图元】面板上的"平移网格"按钮。

创建平移网格时，用于拉伸的边界线和轨迹线不能位于同一平面内。在指定位伸的方向矢量时，如果在轨迹线下方单击，则向上拉伸，反之则向下拉伸。

10.3.3　疑难解答——为什么轨迹线与截面不能"共面"？

💻 视频文件　　疑难解答 \ 第 10 章 \ 疑难解答——为什么轨迹线与截面不能"共面".swf

疑难：什么是"共面"？为什么轨迹线与截面不能"共面"？如果轨迹线与截面图形共面会产生什么后果？

解答："共面"是指轨迹线与截面图形在一个平面上，例如图 10-60 所示的素材文件中，零件平面图与其中心线（红色线）就在 XY 平面上。

平移网格是指将截面沿轨迹线进行平移创建网格模型，因此，如果轨迹线与截面图形在一个平面上，将不能完成平移网格的创建。例如在该操作中，创建轨迹线时沿 Z 轴方向进行创建，这样，轨迹线与截面图就不在一个平面上，如图 10-61 所示。

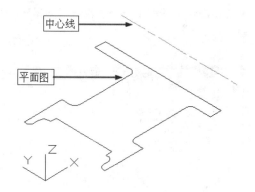

图 10-60　"共面"图

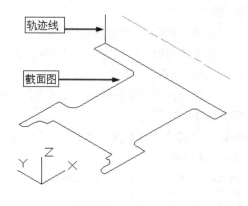

图 10-61　沿 Z 轴创建轨迹线

10.3.4 疑难解答——创建平移网格时，对"截面图"有何要求？

🖥 视频文件	专家讲堂＼第10章＼疑难解答——创建平移网格时，对"截面图"有何要求.swf

疑难： 在创建平移网格时，对"截面图"有何要求？

解答： 一般情况下，"截面图"可以是直线、圆（圆弧）、椭圆（椭圆弧）、样条曲线、二维或三维多段线，但是，在实际工作中，根据具体设计要求，对"截面图"的要求也会有所不同，例如在图10-60中，"截面图"是一个闭合多段线（也就是说构成截面图的所有图线是一个整体），才能创建出符合要求的平移网格模型，但是，如果该截面图形是由多条直线和圆弧所组成的一个闭合图形，则不能创建完成符合要求的平移网格模型。下面将该截面图分解，再来创建平移网格模型。

Step01 ▶ 输入"EX"激活【分解】命令。

Step02 ▶ 单击选择截面图，然后按Enter键确认。

Step03 ▶ 这样截面图线就被分解。

图形被分解后就形成了由多条直线和圆弧组成的一个闭合图形，它与多段线图形有本质的区别。下面对分解后的截面图形创建平移网格模型。

Step04 ▶ 单击菜单栏中的【绘图】/【建模】/【网格】/【平移网格】命令。

Step05 ▶ 选择截面图形的右上水平边，此时发现只能选择该水平边作为平移对象。

Step06 ▶ 在轨迹线下方位置单击进行平移。完成平移网格模型的创建，结果如图10-62所示。

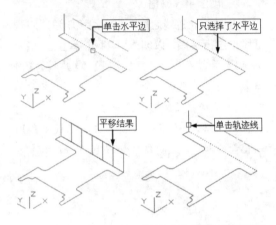

图10-62　创建平移网格模型

通过以上操作，截面被分解后，只能对一条边创建平移网格，而不是对整个截面图形创建平面网格。

10.3.5 疑难解答——如何将非多段线截面编辑为多段线截面？

🖥 视频文件	疑难解答＼第10章＼疑难解答——如何将非多段线截面编辑为多段线截面.swf

疑难： 如果截面图线是一个非多段线截面，如何将该非多段线截面编辑为多段线截面？

解答： 该操作有两种方法可以实现，一种方法是将非多段线截面创建为一个边界，另一种方法是将其编辑为多段线。

下面首先将分解后的截面图形创建为边界，具体操作如下。

Step01 ▶ 执行【绘图】/【边界】命令打开【边界创建】对话框。

Step02 ▶ 在其"对象类型"列表选择"多段线"选项。

Step03 ▶ 单击"拾取点"按钮 🔲。

Step04 ▶ 返回绘图区，在截面图内部单击拾取边界区域。

Step05 ▶ 按Enter键，这样就在其内部创建了一个边界，该边界就是一个多段线，如图10-63所示。

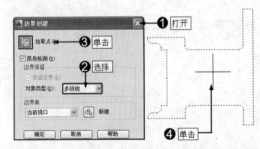

图10-63　将分解后的截面图形创建多边界

另外，可以直接对该图形进行编辑，将其编辑成一个闭合多段线，具体操作如下。

Step01 ▸ 执行【修改】/【对象】/【多段线】命令。

Step02 ▸ 单击选择右垂直边并按 Enter 键。

Step03 ▸ 输入 "J"，按 Enter 键，激活 "合并"

选项。

Step04 ▸ 选择所有截面图线。

Step05 ▸ 按两次 Enter 键，这样就将其编辑成一个多段线，如图 10-64 所示。

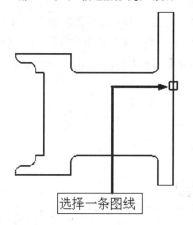

选择一条图线

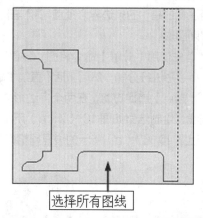

选择所有图线

图 10-64　编辑成闭合多段线

10.3.6　直纹网格——创建直纹网格模型

💻 视频文件 │ 专家讲堂 \ 第 10 章 \ 直纹网格——创建直纹网格模型 .swf

所谓【直纹网格】是指在两个闭合图形之间生成的网格模型，所指定的闭合图形可以是直线、样条曲线、多段线等。

首先在西南视图创建图 10-65（a）所示的两个六边形图形，下面来创建图 10-65（b）所示的直纹网格模型。

⚙️ **实例引导**——创建直纹网格模型

Step01 ▸ 单击菜单栏中的【绘图】/【建模】/【网格】/【直纹网格】命令。

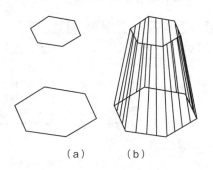

（a）　　　　（b）

图 10-65　创建直纹网格

Step02 ▸ 选择下方的多边形。

Step03 ▸ 选择上方的多边形，完成创建。

Step04 ▸ 设置 "概念" 视觉样式，结果如图

10-66 所示。

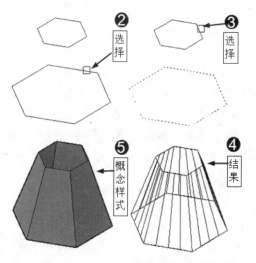

图 10-66　创建直纹网格模型

|**技术看板**| 还可以通过以下方式激活【平移网格】命令

◆ 在命令行输入 "RULESURF" 后按 Enter 键。

◆ 进入 "三维建模" 绘图空间，单击【常用】选项卡 /【图元】面板上的 "直纹网格" 按钮 🔘。

10.3.7 边界网格——创建边界网格

| 🖥 视频文件 | 专家讲堂 \ 第 10 章 \ 边界网格——创建边界网格模型 .swf |

【边界网格】是指将四条首尾相连的空间直线或曲线作为边界，创建为空间曲面模型，需要注意的是，四条边界必须首尾相连形成一个封闭图形。

首先使用【分解】命令将图 10-66 中的两个多边形进行分解，然后激活【直线】命令，配合【端点】捕捉功能，在两个多边形之间绘制连线，绘制结果如图 10-67（a）所示，然后创建图 10-67（b）所示的边界网格模型。

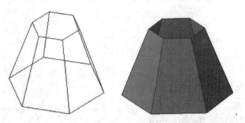

图 10-67　创建边界网格

⚙ **实例引导**——创建边界网格模型

Step01 ▸ 单击菜单栏中的【绘图】/【建模】/【网格】/【边界网格】命令。

Step02 ▸ 单击轮廓线作为曲面边界 1。

Step03 ▸ 单击轮廓线作为曲面边界 2。

Step04 ▸ 单击轮廓线作为曲面边界 3。

Step05 ▸ 单击轮廓线作为曲面边界 4，完成创建。

Step06 ▸ 设置"概念"视觉样式，结果如图 10-68 所示。

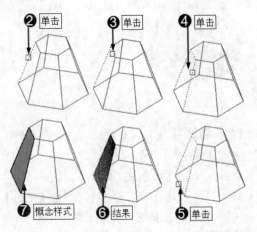

图 10-68　创建边界网格模型

│技术看板│ 还可以通过以下方式激活【边界网格】命令。

◆ 在命令行输入"EDGESURF"后按 Enter 键。

◆ 进入"三维建模"绘图空间，单击【常用】选项卡 /【图元】面板上的"边界网格"按钮 📐。

在创建边界网格模型时，边选择的顺序不同，生成的曲面形状也不一样，选择的第一条边确定曲面网格的 M 方向，第二条边确定网格的 N 方向。

练一练 尝试使用相同的方法，分别选择相邻的其他 4 条边界，创建边界网格，结果如图 10-69（a）所示，然后设置"概念"视觉样式，结果如图 10-69（b）所示。

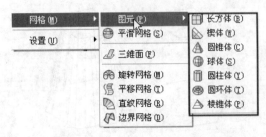

图 10-69　创建边界网格

│技术看板│ 除了以上所创建的 4 种网格模型之外，在菜单栏【绘图】/【建模】/【网格】/【图元】级联菜单下，系统还提供了创建其他网格模型的相关命令，如图 10-70 所示。

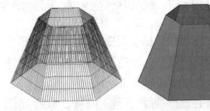

图 10-70　创建其他网格的命令

执行这些命令即可创建其他网格模型，这些网格模型的创建方法与实体模型的创建方法相同，可以尝试操作。

10.4　通过二维图形编辑创建三维模型

除了前面所掌握的创建实体模型的方法之外，您还可以通过二维图形编辑来创建三维模型，这一节就来学习编辑二维图形创建三维模型的相关技能。

本节内容概览

知识点	功能 / 用途	难易度与应用频率
拉伸二维图形创建三维模型（P373）	● 将二维图形沿某矢量拉伸以创建三维模型 ● 创建三维网格模型	难 易 度：★★★ 应用频率：★★★★★
旋转二维图形创建三维模型（P374）	● 将二维图形沿旋转轴进行旋转创建三维模型	难 易 度：★★★★ 应用频率：★★★★★

10.4.1　拉伸二维图形创建三维模型

📄 素材文件	素材文件 \ 旋转网格示例 dwg
🖥 视频文件	专家讲堂 \ 第 10 章 \ 拉伸二维图形创建三维模型 .swf

在 AutoCAD 2014 中，可以将二维图形拉伸，以创建三维模型。首先打开素材文件，这是某机械零件二维图形，如图 10-71 所示。下面通过拉伸，将其创建为高度为 10mm 的三维模型，结果如图 10-72 所示。

图 10-71　机械零件二维图形

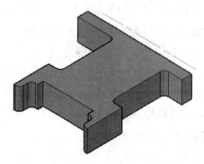

图 10-72　创建三维模型

实例引导——拉伸二维图形创建三维模型

Step01 ▶ 单击【建模】工具栏上的"拉伸"按钮 🔲。

Step02 ▶ 单击选择二维图形，按 Enter 键。

Step03 ▶ 输入"10"，按 Enter 键，指定拉伸高度。

Step04 ▶ 执行【视图】/【三维视图】/【西南等轴测】命令将视图切换为西南视图，绘制结果如图 10-73 所示。

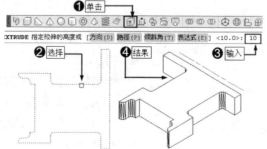

图 10-73　拉伸二维图形创建三维模型

| 技术看板 | 还可以通过以下方式激活【拉伸】命令。

◆ 单击菜单栏中的【绘图】/【建模】/【拉伸】命令。

◆ 在命令行输入"EXTRUDE"或"EXT"后按 Enter 键。

系统默认下，拉伸的三维模型是实体模型，在激活【拉伸】命令后，在命令行输入"MO"激活"模式"选项，然后输入"SO"激活"曲面"选项，这样就可以创建一个曲面模型，如图 10-74 所示。

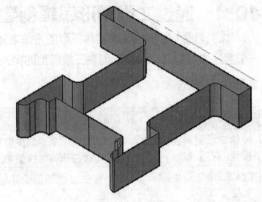

图 10-74　创建曲面模型

10.4.2　旋转二维图形创建三维模型

📄 素材文件	素材文件 \ 旋转网格示例 dw
💻 视频文件	专家讲堂 \ 第 10 章 \ 旋转二维图形创建三维模型 .swf

【旋转】命令可以对二维图形进行旋转，创建三维模型，这与前面所学的【旋转网格】命令非常相似。二者的区别在于，【旋转网格】命令创建的是网格模型，而【旋转】命令可以创建三维实体模型和曲面模型。

打开素材文件，这是一个传动轴机械零件的二维图形，如图 10-75（a）所示，下面通过【旋转】命令来创建传动轴零件的三维模型，如图 10-75（b）所示。

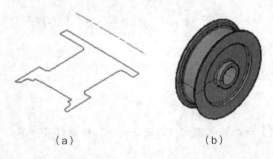

（a）　　　　　（b）

图 10-75　传动轴

⚙️ **实例引导**──旋转二维图形创建三维模型

Step01 ▶ 将视图切换为西南等轴测视图，并设置"概念"视觉样式。

Step02 ▶ 单击【建模】工具栏上的"旋转"按钮 📐 。

Step03 ▶ 单击选择传动轴平面图。

Step04 ▶ 按 Enter 键，捕捉中心线的上端点作为旋转轴的起点。

Step05 ▶ 捕捉中心线的下端点作为旋转轴的另一个端点。

Step06 ▶ 按 Enter 键，采用默认的旋转角度，绘制结果如图 10-76 所示。

| 技术看板 | 还可以通过以下方式激活【旋转】命令。

◆ 单击菜单【绘图】/【建模】/【旋转】命令。

◆ 在命令行输入"REVOLVE"后按 Enter 键。

系统默认下，【旋转】命令创建的是三维实体模型，当激活【旋转】命令后，可以在命令行会输入"MO"激活"模式"选项，然后输入"SU"激活"曲面"选项，以创建曲面模型。还可以选择以 X 轴或者 Y 轴作为旋转轴进行旋转，这些选项设置非常简单，可以自己尝试操作。

在 AutoCAD 2014 中，创建三维模型的方法有很多，以上只介绍了几种常用而且具有代表性的创建三维模型的方法，其他创建三维模型的方法在 AutoCAD 机械设计中不常使用，如果对此感兴趣，可以自己尝试操作或参阅其他书籍。

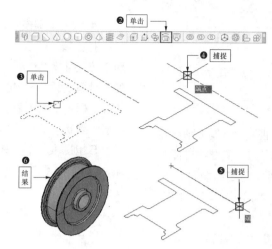

图 10-76　旋转二维图形创建三维模型

10.5　综合实例——创建传动轴零件三维模型

学习了三维基本模型的创建之后，本例将根据传动轴零件主视图来创建传动轴零件三维模型。

10.5.1　绘图思路

绘图思路如下。

（1）打开素材文件，设置当前视图为西南等轴测视图。

（2）定义用户坐标系。

（3）创建传动轴三维模型。

（4）创建传动轴键槽，绘制过程及结果如图 10-77 所示。

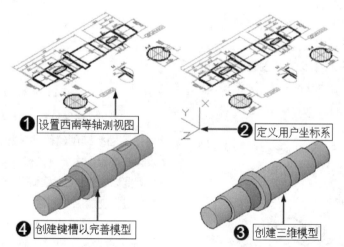

图 10-77　三维模型绘图思路

10.5.2　创建传动轴三维模型

📄 素材文件	素材文件 \ 传动轴 .dwg
✒ 效果文件	效果文件 \ 第 10 章 \ 综合实例——创建传动轴三维模型 .dwg
🖥 视频文件	专家讲堂 \ 第 10 章 \ 综合实例——创建传动轴三维模型 .swf

⚙️ **操作步骤**

1. 打开文件

打开"素材文件"目录下的"传动轴 .dwg"文件。

2. 切换视图

由于该传动轴零件主视图是在俯视图绘制的，在创建该零件三维模型时，需要将其视图切换到三维视图，这样方便创建三维模型。

Step01 ▸ 执行菜单栏中的【视图】/【三维视图】/【西南等轴测】命令。

Step02 ▸ 此时原来的俯视图被切换为西南等轴测视图，如图 10-78 所示。

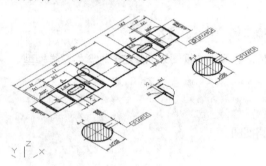

图 10-78 将俯视图切换为西南等轴测视图

3. 定义用户坐标系

系统默认下采用的是世界坐标系，在创建三维模型时，需要来定义自己的用户坐标系，在此将 Y 轴旋转 -90°，以方便创建三维模型。

Step01 ▸ 输入"UCS"，按 Enter 键，激活【UCS】命令。

Step02 ▸ 输入"Y"，按 Enter 键，激活 Y 轴。

Step03 ▸ 输入"-90"，按 Enter 键，指定绕 Y 轴的旋转角度，绘制结果如图 10-79 所示。

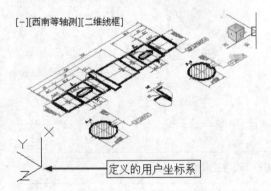

[-][西南等轴测][二维线框]

定义的用户坐标系

图 10-79 定义用户坐标系

4. 设置捕捉模式

捕捉模式不仅对绘制平面图形非常重要，对创建三维模型也同样不可缺少，因此，在创建三维模型时，一定要根据绘图需要设置合适的捕捉模式。由于要创建的三维模型主要是圆柱形，因此可以设置【圆心】捕捉模式。

5. 创建传动轴主轴三维模型

Step01 ▸ 单击【建模】工具栏上的"圆柱体"按钮 ▣。

Step02 ▸ 在绘图区单击拾取一点确定圆柱体的底面圆心。

Step03 ▸ 输入"15"，按 Enter 键，指定圆柱体底面半径。

Step04 ▸ 输入"27"，按 Enter 键，指定圆柱体高度。绘制过程及结果如图 10-80 所示。

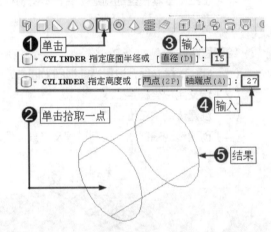

图 10-80 创建传动轴主轴三维模型

6. 创建传动轴另一圆柱体模型

下面继续创建传动轴的另一圆柱体模型，该圆柱体模型需要在主轴的基础上来创建，因此需要以主轴的上底面圆心作为另一轴的底面圆心进行创建。

Step01 ▸ 激活【圆柱体】命令。

Step02 ▸ 捕捉主轴圆柱体的上底面圆心。

Step03 ▸ 输入"14"，按 Enter 键，指定底面半径。

Step04 ▸ 输入"－2"，按 Enter 键，指定高度。绘制过程及结果如图 10-81 所示。

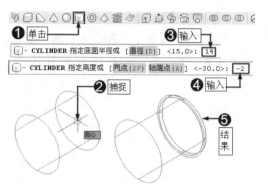

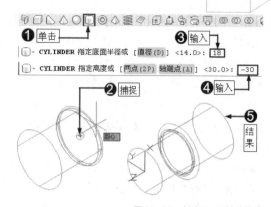

图 10-81 创建传动轴另一圆柱体模型

图 10-83 创建另一圆柱体模型

┃技术看板┃ 该圆柱体的高度是沿 Z 轴负方向进行延伸的，因此在输入高度时一定要输入"－2"，如果输入"2"，则会沿 Z 轴正方向延伸，这样就会与主轴相重叠，不符合图形设计要求，如图 10-82 所示。

┃技术看板┃ 在捕捉该圆柱体底面圆心时一定要注意，当将光标移动到该圆柱体上时，会出现两个"＋"号符号，一个是下底面圆心符号，另一个是上底面圆心符号，如图 10-84 所示。在此需要捕捉到上底面圆心上，可以移动光标，当上底面圆心"＋"符号上出现绿色圆环时单击鼠标左键，此时可以准确捕捉到上底面圆心上，如图 10-85 所示。

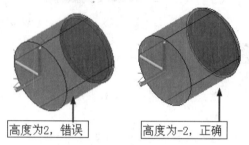

图 10-82 沿 Z 轴正 / 负方向延伸效果

7. 创建传动轴另一圆柱体模型

下面继续创建传动轴的另一圆柱体模型，在创建该圆柱体模型时，需要捕捉高度为 2mm 的圆柱体的上底面圆心作为其底面圆心进行创建。

Step01▸ 激活【圆柱体】命令。

Step02▸ 捕捉高度为 2mm 的圆柱体的上底面圆心。

Step03▸ 输入"18"，按 Enter 键，指定底面半径。

Step04▸ 输入"－30"，按 Enter 键，指定高度。绘制过程及结果如图 10-83 所示。

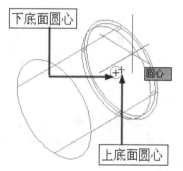

图 10-84 光标出现"＋"符号

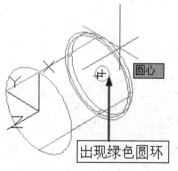

图 10-85 捕捉上底面圆心

8. 继续创建传动轴另一圆柱体模型

下面继续创建传动轴的另一圆柱体模型。在创建该圆柱体模型时，需要捕捉高度为

30mm 的圆柱体的上底面圆心作为其底面圆心进行创建。

Step01 ▸ 继续激活【圆柱体】命令。

Step02 ▸ 捕捉高度为 30mm 的圆柱体的上底面圆心。

Step03 ▸ 输入"18.5"，按 Enter 键，指定底面半径。

Step04 ▸ 输入"－17.5"，按 Enter 键，指定高度。绘制过程及结果如图 10-86 所示。

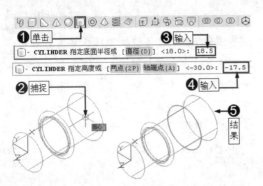

图 10-86　创建另一圆柱体模型

9. 继续创建传动轴另一圆柱体模型

下面继续创建传动轴的另一圆柱体模型，在创建该圆柱体模型时，需要捕捉高度为17.5mm 的圆柱体的上底面圆心作为其底面圆心进行创建。

Step01 ▸ 激活【圆柱体】命令。

Step02 ▸ 捕捉高度为 17.5mm 的圆柱体的上底面圆心。

Step03 ▸ 输入"17.5"，按 Enter 键，指定底面半径。

Step04 ▸ 输入"－2"，按 Enter 键，指定高度。绘制过程及结果如图 10-87 所示。

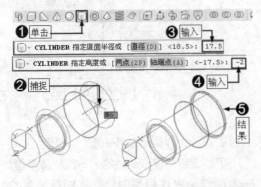

图 10-87　创建另一圆柱体模型

10. 查看模型效果

将视图设置为前视图，并设置"着色"视觉样式，查看模型效果，结果如图 10-88 所示。

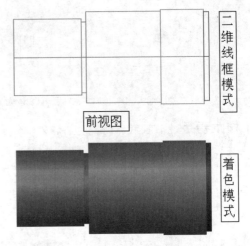

图 10-88　模型效果

练一练 该传动轴三维模型主要是以圆柱体为主，下面尝试完成该传动轴其他部分三维模型的创建，各参数设置以及创建结果如下。

（1）以高度为 2mm 的圆柱体上底面圆心作为圆心，创建下一段三维模型。

①参数设置：半径为 25mm、高度为10mm。

②创建结果如图 10-89 所示。

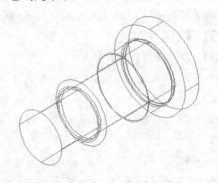

图 10-89　创建高度为 2mm 的圆柱体的下一段三维模型

（2）以高度为 10mm 的圆柱体上底面圆心作为圆心，创建下一段三维模型。

①参数设置：半径为 20mm、高度为42mm。

②创建结果如图 10-90 所示。

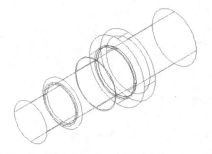

图 10-90 创建高度为 10mm 的圆柱体的下一段三维模型

（3）以高度为 42mm 的圆柱体上底面圆心作为圆心，创建下一段三维模型。

①参数设置：半径为 18mm、高度为 17.5mm。

②创建结果如图 10-91 所示。

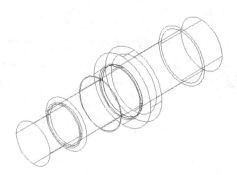

图 10-91 创建下一段三维模型

（4）以高度为 17.5mm 的圆柱体上底面圆心作为圆心，创建下一段三维模型。

①参数设置：半径为 17.5mm、高度为 30.5mm。

②创建结果如图 10-92 所示。

（5）以高度为 30.5mm 的圆柱体上底面圆心作为圆心，创建下一段三维模型。

①参数设置：半径为 14mm、高度为 2mm。

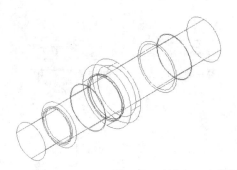

图 10-92 创建下一段三维模型

②创建结果如图 10-93 所示。

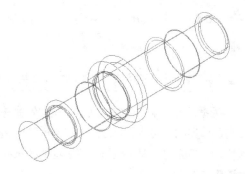

图 10-93 创建下一段三维模型

（6）以高度为 2mm 的圆柱体上底面圆心作为圆心，创建下一段三维模型。

①参数设置：半径为 15mm、高度为 26mm。

②创建结果如图 10-94 所示。

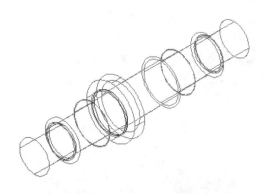

图 10-94 创建下一段三维模型

（7）这样就完成了该传动轴零件三维模型，设置【概念】着色模式查看效果，结果如图 10-95 所示。

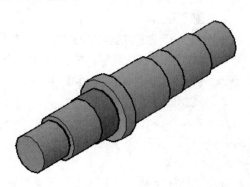

图 10-95 模型效果

（8）最后将创建结果命名保存。

10.5.3 完善传动轴三维模型

📄 素材文件	效果文件 \ 第 10 章 \ 综合实例——传动轴三维模型 .dwg
✒ 效果文件	效果文件 \ 第 10 章 \ 综合实例——完善传动轴三维模型 .dwg
💻 视频文件	专家讲堂 \ 第 10 章 \ 综合实例——完善传动轴三维模型 .swf

根据设计要求，该传动轴三维模型到此并没有创建完成，还需要为传动轴三维模型创建键槽、边角细化处理等操作，下面将继续来完善该传动轴三维模型。

⚙ **操作步骤**

1. 并集处理传动轴三维模型

前一节中创建的传动轴模式是由一个个圆柱体组成的，下面首先需要将该传动轴模型进行并集，使其成为一个整体，以有利于创建键槽。

Step01 ▶ 单击【建模】工具栏上的"并集"按钮 ⊙。

Step02 ▶ 以窗口方式选择所有传动轴模型。

Step03 ▶ 按 Enter 键，完成模型的并集，如图 10-96 所示。

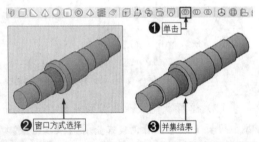

图 10-96 并集处理传动轴三维模型

2. 创建圆柱体

键槽的一端为圆柱型，下面创建圆柱体模型作为键槽的布尔运算模型，在创建前首先设置传动轴的着色模式为【二维线框】着色模式，这样便于创建模型。

Step01 ▶ 输入 "VCS"，按 Enter 键，激活 VCS 命令。

Step02 ▶ 输入 "W"，按 Enter 键，将坐标系恢复为世界坐标系。

Step03 ▶ 单击【建模】工具栏上的"圆柱体"按钮 ⊙。

Step04 ▶ 激活【自】选项，捕捉高度为 2mm 的

圆柱体的上底面圆心作为参照点。

Step05 ▶ 输入 "@8,0"，按 Enter 键，指定圆柱体的圆心坐标。

Step06 ▶ 输入 "4.5"，按 Enter键，指定底面半径。

Step07 ▶ 输入 "10"，按 Enter 键，指定高度。绘制过程及结果如图 10-97 所示。

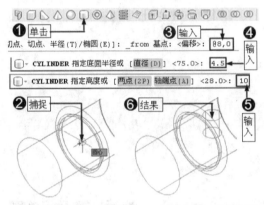

图 10-97 创建圆柱体

3. 创建长方体

尽管键槽的一端为圆柱型，但是键槽中间部分为长方体，因此还需要创建一个长方体，这样才能作为键槽的布尔运算模型。

Step01 ▶ 单击【建模】工具栏上的"长方体"按钮 ⊙。

Step02 ▶ 捕捉创建的圆柱体的下底面圆的右象限点。

Step03 ▶ 输入长方体的长、宽和高 "@15,9,10"，按 Enter 键。创建过程及结果如图 10-98 所示。

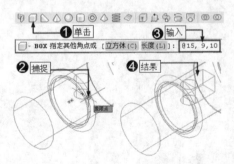

图 10-98 创建长方体

4. 创建另一个圆柱体

键槽的另一端也为圆柱形，因此还需要在另一端也创建一个圆柱体模型作为键槽的布尔运算模型。

Step01 ▸ 单击【建模】工具栏上的"圆柱体"按钮 。

Step02 ▸ 捕捉长方体下水平边的中点作为圆柱体的圆心。

Step03 ▸ 输入"4.5"，按 Enter 键，指定底面半径。

Step04 ▸ 输入"10"，按 Enter 键，指定圆柱体高度。绘制过程及结果如图 10-99 所示。

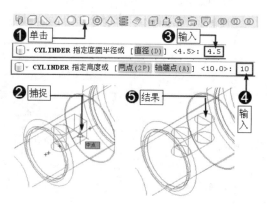

图 10-99　创建另一个圆柱体

5. 并集运算

下面将创建的两个圆柱体和一个长方体进行并集，以便创建传动轴的键槽。

Step01 ▸ 单击【建模】工具栏上的"并集"按钮 。

Step02 ▸ 单击选择左边圆柱体。

Step03 ▸ 单击选择长方体。

Step04 ▸ 单击选择右边圆柱体。

Step05 ▸ 按 Enter 键，将键槽模型并集。

6. 移动模型

Step01 ▸ 下面将并集后的模型向上移动 14mm，以便进行传动轴键槽的创建。

Step02 ▸ 单击建模工具栏上的"三维移动"按钮 。

Step03 ▸ 单击选择并集后的键槽模型。

Step04 ▸ 按 Enter 键，捕捉键槽模型的圆心。

Step05 ▸ 输入"@0,0,14"，按 Enter 键，设置移动距离。移动过程及结果如图 10-100 所示。

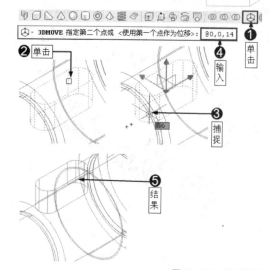

图 10-100　移动模型

7. 差集运算

下面将并集后的键槽模型与传动轴模型进行差集运算，创建出传动轴的键槽。

Step01 ▸ 单击【建模】工具栏上的"差集"按钮 。

Step02 ▸ 单击选择传动轴模型，按 Enter 键，结束选择。

Step03 ▸ 单击选择差集模型。

Step04 ▸ 按 Enter 键，结果如图 10-101 所示。

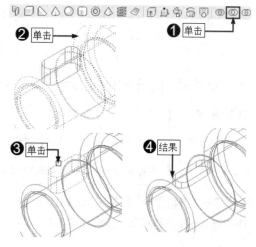

图 10-101　差集运算

8. 进行真实着色

执行菜单栏中的【视图】/【视觉样式】/【概念】命令，对差集后的传动轴进行真实着色，结果如图 10-102 所示。

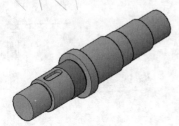

图 10-102 着色

9. 创建传动轴另一端的键槽

下面依照相同的方法，根据传动轴平面图数据，创建出传动轴另一端的键槽，完成对传动轴的完善，结果如图 10-103 所示。

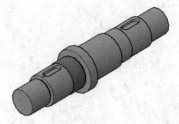

图 10-103 创建传动轴另一端键槽

10. 保存文件

执行【保存】命令，将创建结果命名保存。

10.6 综合自测

10.6.1 软件知识检验——选择题

（1）三维模型包括（　　）。

A. 实体模型、曲面模型、网格模型、二维线型

B. 实体模型、曲面模型、网格模型、具有高度的二维图形

C. 实体模型、曲面模型、网格模型

D. 实体模型、曲面模型、网格模型、具有厚度的二维图形

（2）标准视图一共有（　　）个。

A. 6　　　　　　　B. 5　　　　　　　C. 4　　　　　　　D. 3

（3）等轴测视图一共有（　　）个。

A. 2　　　　　　　B. 3　　　　　　　C. 4　　　　　　　D. 5

（4）视口最多可以分割为（　　）个。

A. 6　　　　　　　B. 5　　　　　　　C. 4　　　　　　　D. 3

10.6.2 软件操作入门——绘制轴零件三维模型

素材文件	素材文件 \ 轴 01.dwg
效果文件	效果文件 \ 第 10 章 \ 软件操作入门——绘制轴零件三维模型 .dwg
视频文件	专家讲堂 \ 第 10 章 \ 软件操作入门——绘制轴零件三维模型 .swf

打开"素材文件"目录下的"轴 01.dwg"图形文件，如图 10-104 所示。根据图示尺寸，绘制图 10-105 所示的三维模型，键槽不用绘制。

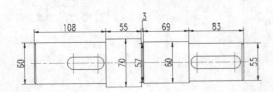

图 10-104 轴

图 10-105 轴的三维模型

第 11 章
三维模型的编辑
与 UCS 坐标系

上一章我们学习了三维模型的创建方法，本章继续学习编辑三维模型以及定义用户坐标系的方法。

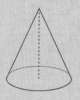

| 第 11 章 |

三维模型的编辑与 UCS 坐标系

本章内容概览

知识点	功能 / 用途	难易度与使用频率
编辑细化三维实体模型（P384）	● 对三维实体模型进行倒边、圆角边等处理 ● 编辑三维模型	难 易 度：★ 应用频率：★★★★★
编辑细化三维曲面模型（P387）	● 对三维曲面模型进行圆角、修剪等处理 ● 编辑三维模型	难 易 度：★★★ 应用频率：★★★★★
三维模型的布尔运算（P389）	● 三维模型的布尔运算 ● 编辑三维模型	难 易 度：★★★★ 应用频率：★★★★★
三维模型的操作（P391）	● 旋转、镜像、对齐三维模型 ● 操作三维模型	难 易 度：★★★ 应用频率：★★★★★
三维阵列（P393）	● 将三维模型呈矩形、环形阵列复制 ● 创建三维模型	难 易 度：★★★ 应用频率：★★★★★
用户坐标系（P395）	● 自定义用户坐标系 ● 创建三维模型	难 易 度：★★★ 应用频率：★★★★★
综合实例（P403）	● 创建支座零件三维模型	
综合自测	● 软件知识检验——选择题（P413） ● 软件操作入门——根据三视图绘制机械零件三维模型（P414）	

11.1 编辑细化三维实体模型

　　编辑细化三维模型是指对三维实体模型的边进行倒角、圆角；对曲面模型进行圆角、修剪等处理，通过这些编辑细化操作，使其达到图形设计要求，本节学习编辑细化三维模型的相关技能。

本节内容概览

知识点	功能 / 用途	难易度与使用频率
倒角边（P384）	● 对三维实体模型的边进行倒角处理 ● 编辑细化三维实体模型	难 易 度：★ 应用频率：★★★★★
圆角边（P386）	● 对三维实体模型的边进行圆角处理 ● 编辑细化三维实体模型	难 易 度：★★★ 应用频率：★★★★★
疑难解答	● 如何处理位于模型背面的边？（P385） ● 所有边的倒角必须一致吗？（P386）	

11.1.1 倒角边——倒角长方体实体模型边

💻 视频文件	专家讲堂\第 11 章\倒角边——倒角长方体实体模型边 .swf

　　由于实体模型是实实在在的物体，因此该模型具有边、面的相关信息，可以对其边进行倒角处理，使模型更符合设计规定和要求。

　　【倒角边】命令与【倒角】命令具有异曲同工之处，无论是操作方法还是处理结果也都非常相似。区别在于，【倒角】命令是对二维图形的角进行倒角处理，而【倒角边】命令则是对三维实体模型的边进行倒角处理，以创建一定程度的抹角结构。

　　首先在西南等轴测视图创建一个长方体三

维实体模型，并设置其视觉样式为"概念"，如图 11-1（a）所示，下面对该实体模型的上表面的 4 条边进行倒角边处理，结果如图 11-1（b）所示。

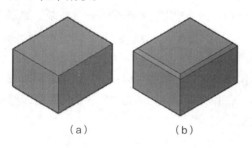

（a）　　　　　（b）

图 11-1　长方体三维实体模型

实例引导——倒角长方体实体模型边

Step01 ▶ 单击【实体编辑】工具栏上的"倒角边"按钮 🔷。

Step02 ▶ 单击选择要倒角的边。

Step03 ▶ 输入"D"，按 Enter 键，激活"距离"选项。

Step04 ▶ 输入"5"，按 Enter 键，指定距离 1。

Step05 ▶ 输入"5"，按 Enter 键，指定距离 2。

Step06 ▶ 单击选择同一个面上的其他边。

Step07 ▶ 按两次 Enter 键接受倒角，倒角过程及结果如图 11-2 所示。

练一练 尝试对该长方体的其他边进行倒角处

理，倒角距离为"5"，结果如图 11-3 所示。

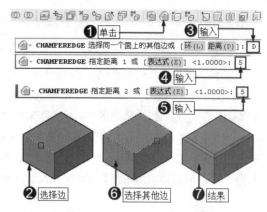

图 11-2　倒角长方体实体模型边

｜技术看板｜ 还可以通过以下方法激活【并集】命令。

♦ 单击菜单栏中的【修改】/【实体编辑】/【倒角边】命令。

♦ 在命令行输入"CHAMFEREDGE"后按 Enter 键。

图 11-3　对其他边进行倒角处理

11.1.2　疑难解答——如何处理位于模型背面的边？

🖥 视频文件　｜　疑难解答 \ 第 11 章 \ 疑难解答——如何处理位于模型背面的边 .swf

　　疑难： 在对长方体等三维实体模型的边进行倒角处理时，有些边位于模型背面，被面所遮挡看不见，这时该如何操作？

　　解答： 在除"二维线框"视觉样式之外的其他视觉样式下，模型的其他边会被模型的面所遮挡，这时可以采用两种方式；一种是设置模型的视觉样式为"二维线框"视觉样式，这样就可以看到模型背面的边了，如图 11-4（a）所示；另一种方法是，执行菜单栏中的【视图】/【动态观察】/【受约束的动态观察】命令，然后调整视图的观察角度，以便对模型背面的边进行处理，如图 11-4（b）所示。

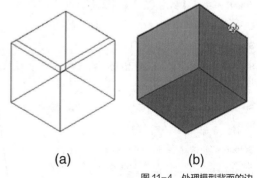

(a)　　　　　(b)

图 11-4　处理模型背面的边

11.1.3 疑难解答——所有边的倒角距离必须一致吗？

| 🖥 视频文件 | 疑难解答 \ 第 11 章 \ 疑难解答——所有边的倒角距离必须一致吗？.swf |

疑难： 在对模型边进行倒角时，所有边的倒角距离值必须一致吗？

解答： 模型所有边的倒角距离值可以一致，也可以不一致，这取决于模型的设计要求。如图 11-5（a）所示，长方体上表面 4 条边的倒角距离均为"5"；如图 11-5（b）所示，上表面一条边的倒角距离是"5"，另一条边的倒角距离是"15"。

另外，倒角边时，倒角距离 1 的值和倒角距离 2 的值也可以一致也可以不一致，这些都取决于模型的设计要求，如图 11-6 所示，长方体上表面左边的倒角距离 1 的值为"1"，倒角距离 2 的值为"3"，而右边的倒角距离 1 和倒角距离 2 的值均为 3。

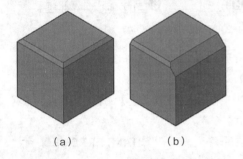

（a）　　　（b）

图 11-5　倒角距离模型

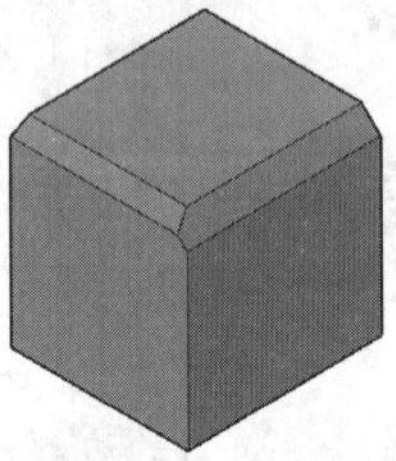

图 11-6　倒角距离不一致的模型图

11.1.4 圆角边——圆角长方体实体模型边

| 🖥 视频文件 | 疑难解答 \ 第 11 章 \ 圆角边——圆角长方体实体模型 .swf |

【圆角边】命令也与【圆角】命令非常相似，区别在于【圆角】命令主要针对二维图形的角进行圆角处理，而【圆角边】命令则是对实体模型的边进行圆角处理，以创建一定程度的圆角结构。下面对长方体实体模型的上表面 4 条边进行圆角边处理，圆角半径为 10mm。

⚙ **实例引导** ——倒角边

Step01▶ 单击【实体编辑】工具栏上的"圆角边"按钮 🔲。

Step02▶ 单击选择要圆角的边。

Step03▶ 输入"R"，按 Enter 键，激活"半径"选项。

Step04▶ 输入"10"，按 Enter 键，指定圆角半径。

Step05▶ 单击选择同一个表面上的其他 3 条边。

Step06▶ 按两次 Enter 键接受圆角，倒角过程及结果如图 11-7 所示。

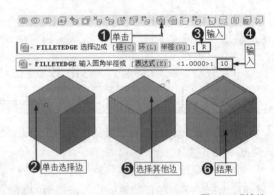

图 11-7　倒角边

┃技术看板┃ 还可以通过以下方法激活【并集】命令。

◆ 单击菜单【修改】/【实体编辑】/【圆角边】命令。

◆ 在命令行输入"FILLETEDGE"后按 Enter 键。

练一练 尝试对该长方体的其他边进行圆角处理，圆角半径为 10mm。

11.2　编辑细化三维曲面模型

与实体模型不同，曲面模型是实体模型的一个面，因此它只有边的相关信息，只能对边进行再编辑，例如圆角曲面、修剪曲面、修补曲面以及偏移曲面等。本节学习编辑细化曲面模型的相关技能。

本节内容概览

知识点	功能 / 用途	难易度与应用频率
圆角（P387）	● 对三维曲面模型的边进行圆角处理 ● 编辑细化三维曲面模型	难 易 度：★ 应用频率：★★★★★
修剪（P388）	● 对三维曲面模型进行修剪 ● 编辑细化三维曲面模型	难 易 度：★★★ 应用频率：★★★★★

11.2.1　圆角——圆角处理曲面模型边

📄 素材文件	素材文件\曲面模型示例 .dwg
🖥 视频文件	专家讲堂\第 11 章\圆角——圆角处理曲面模型边 .swf

与实体模型的圆角边基本相同，圆角处理曲面就是使用一个圆弧曲面连接两个曲面，使其形成一个圆角效果。

打开素材文件，这是两个相交的曲面模型，如图 11-8（a）所示，下面对这两个曲面进行圆角处理，圆角结果如图 11-8（b）所示。

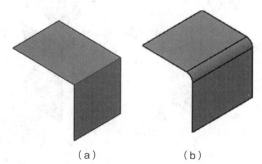

（a）　　　　　　（b）

图 11-8　相交的曲面模型

⚙ **实例引导**——圆角处理曲面模型边

Step01 ▶ 单击【曲面创建】工具栏上的"曲面圆角"按钮 🥄。

Step02 ▶ 输入"R"，按 Enter 键，激活"半径"选项。

Step03 ▶ 输入"20"，按 Enter 键，指定圆角半径。

Step04 ▶ 选择水平曲面。

Step05 ▶ 选择垂直曲面。

Step06 ▶ 按两次 Enter 键，处理过程及结果如图 11-9 所示。

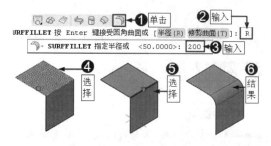

图 11-9　圆角处理曲面模型边

| 技术看板 | 也可以通过以下方式激活【圆角曲面】命令。

♦ 单击菜单栏中的【绘图】/【建模】/【曲面】/【圆角】命令。

♦ 在命令行输入"SURFFILLET"后按 Enter 键。

♦ 曲面圆角与二维图形的圆角相同，可以采用两种模式，一种是"修剪"模式，这是系统默认的模式，即，通过修剪使其形成一种圆角效果；另一种模式是"不修剪"模式，输入"T"，按 Enter 键，激活"修剪"选项，输入"N"，按 Enter 键，设置"不修剪"模式，此时即可以"不修剪"模式进行圆角，其结果是使用一段圆弧曲面连接两个曲面。

11.2.2 修剪——修剪曲面模型

📄 素材文件	素材文件 \ 曲面模型示例 01.dwg
🖥 视频文件	专家讲堂 \ 第 11 章 \ 修剪——修剪曲面模型 .swf

修剪曲面的操作与修剪二维图形的操作相似，都是沿修剪边界对对象进行修剪，二者的区别在于【修剪】命令是针对二维图形的，而修剪曲面则是针对曲面模型的。

打开素材文件，这是两个相交的曲面，如图 11-10（a）所示，下面以水平曲面作为修剪边界，对垂直曲面进行修剪，结果如图 11-10（b）所示。

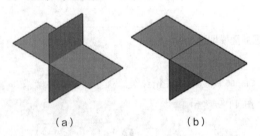

（a）　　　　　　　（b）

图 11-10　相交的曲面

⚙ **实例引导**——修剪曲面模型

Step01 ▶ 单击【曲面编辑】工具栏上的"修剪曲面"按钮 ⊞。

Step02 ▶ 单击选择垂直曲面作为要修剪的曲面。

Step03 ▶ 按 Enter 键，选择水平曲面作为边界。

Step04 ▶ 在垂直曲面上部分单击作为要修剪的曲面，按 Enter 键确认。

Step05 ▶ 按 Enter 键，修剪结果如图 11-11 所示。

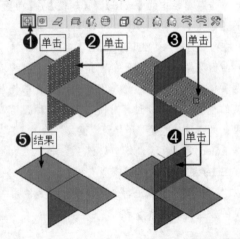

图 11-11　修剪曲面模型

技术看板 也可以通过以下方式激活【修剪曲面】命令。

◆ 单击菜单栏中的【修改】/【曲面编辑】/【修剪】命令。

◆ 在命令行输入 "SURFTRIM" 后按 Enter 键。使用"曲面取消修剪"命令 ⊞ 可以将修剪掉的曲面恢复到修剪前的状态，使用"曲面延伸"命令 ⬙ 可以将曲面延伸，这些操作比较简单，可以尝试一下。

练一练 除了对实际相交的曲面进行修剪之外，输入"E"，按 Enter 键，激活【延伸】命令，还可以对隐含交点下的曲面进行修剪，这与修剪二维图形的操作完全相同。下面创建图 11-12(a) 所示的两个曲面，尝试以垂直曲面作为修剪边界，对水平曲面进行修剪，修剪结果如图 11-12（b）所示。

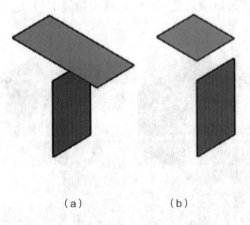

（a）　　　　　　　（b）

图 11-12　创建并修剪曲面

11.3　三维模型的布尔运算

布尔运算就是指通过对两个以上三维模型之间进行相加、相减以及相交的运算，生成新的模型对象，这是创建复杂三维模型较为有效的方法，本节学习三维模型的布尔运算的相关技能。

本节内容概览

知识点	功能 / 用途	难易度与应用频率
并集（P389）	● 对两个以上三维模型进行并集，生成新的三维模型 ● 编辑三维模型	难 易 度：★ 应用频率：★★★★★
知识点	功能 / 用途	难易度与应用频率
差集（P390）	● 对两个以上三维模型进行差集运算，生成新的三维模型 ● 编辑三维实体模型	难 易 度：★★★ 应用频率：★★★★★
交集（P390）	● 对两个以上三维模型进行交集运算，生成新的三维模型 ● 编辑三维实体模型	难 易 度：★★★ 应用频率：★★★★★

11.3.1　并集——将两个三维模型并集创建新的三维模型

🖥 视频文件　专家讲堂 \ 第 11 章 \ 并集——将两个三维模型并集创建新的三维模型 .swf

并集是指将两个以上相交的三维实体、面域或曲面通过相加，组合成一个新的实体、面域或曲面三维模型。

首先在西南等轴测视图创建两个相交的长方体实体模型，如图 11-13（a）所示，然后对这两个实体模型进行并集运算，以创建新的三维模型，效果如图 11-13（b）所示。

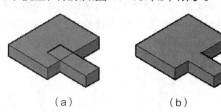

（a）　　　　（b）

图 11-13　长方体实体模型

⚙ 实例引导——将两个三维模型并集创建新的三维模型

Step01 ▶ 单击【建模】工具栏上的"并集"按钮 ⑩。

Step02 ▶ 单击选择大长方体。

Step03 ▶ 单击选择小长方体。

Step04 ▶ 按 Enter 键，创建过程及结果如图 11-14 所示。

技术看板 还可以通过以下方法激活【并集】命令。

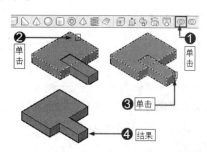

图 11-14　并集创建新的模型

◆ 单击菜单栏中的【修改】/【实体编辑】/【并集】命令。

◆ 在命令行输入"UNION"或"UNI"后按 Enter 键。

练一练 创建一个球体和一个长方体，然后对这两个三维模型进行交集运算，创建结果如图 11-15 所示。

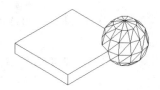

图 11-15　球体和长方体

11.3.2　差集——将两个三维模型差集创建新的三维模型

🖥️ 视频文件	专家讲堂 \ 第 11 章 \ 差集——将两个三维模型差集创建新的三维模型 .swf

与并集运算相反，差集是指从一个实体（或面域）中移去与其相交的实体（或面域），从而生成新的实体（或面域、曲面）。再次创建两个相交的长方体实体模型，如图 11-16（a）所示，下面对这两个长方体进行差集运算，以创建新的三维模型，结果如图 11-16（b）所示。

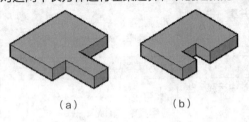

（a）　　　　　（b）

图 11-16　差集运算

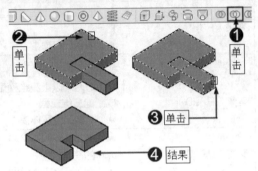

图 11-17　差集创建新的三维模型

⚙️ **实例引导** ——将两个三维模型差集创建新的三维模型

Step01 ▶ 单击【建模】工具栏上的"差集"按钮 ◎。

Step02 ▶ 选择大长方体作为运算对象。

Step03 ▶ 按 Enter 键，选择小长方体作为被运算对象。

Step04 ▶ 按 Enter 键，差集结果如图 11-17 所示。

| **技术看板** | 还可以通过以下方法激活【差集】命令。

◆ 单击菜单栏中的【修改】/【实体编辑】/【差集】命令。

◆ 在命令行输入"SUBTRACT"或"SU"后按 Enter 键。

11.3.3　交集——将两个三维模型交集创建新的三维模型

🖥️ 视频文件	专家讲堂 \ 第 11 章 \ 交集——将两个三维模型交集创建新的三维模型 .swf

交集是指将多个实体（或面域、曲面）的公有部分提取出来，形成一个新的实体（或面域、曲面），同时删除公共部分以外的部分。继续创建一个长方体和一个球体，并使其相交，然后对其进行交集运算。

⚙️ **实例引导** ——三维模型的交集运算

Step01 ▶ 单击【建模】工具栏上的"交集"按钮 ◎。

Step02 ▶ 单击选择长方体。

Step03 ▶ 单击选择球体。

Step04 ▶ 按 Enter 键，交集结果如图 11-18 所示。

| **技术看板** | 还可以通过以下方法激活【交集】命令。

◆ 单击菜单栏中的【修改】/【实体编辑】/【交集】命令。

◆ 在命令行输入"INTERSECT"或"IN"后按 Enter 键。

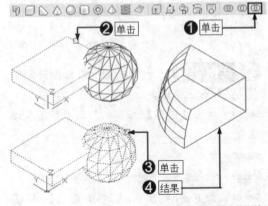

图 11-18　三维模型的交集运算

11.4　三维模型的操作

　　三维模型处于三维空间，其操作方法与二维图形的操作方法有所不同，例如在移动二维图形时，只需要考虑 X 轴向和 Y 轴向的移动参数，而在移动三维模型时，需要考虑 X 轴向、Y 轴向和 Z 轴向的移动参数，其他操作例如旋转、镜像、对齐等同样如此，三维移动的操作比较简单，本节主要学习三维旋转、三维镜像和三维对齐 3 种三维模型的基本操作技能。

本节内容概览

知识点	功能 / 用途	难易度与应用频率
三维旋转（P391）	● 将三维模型在三维空间进行旋转	难 易 度：★ 应用频率：★★★★★
三维对齐（P392）	● 将三维模型在三维空间进行对齐	难 易 度：★★★ 应用频率：★★★★★
三维镜像（P393）	● 将三维模型在三维空间进行镜像，以创建对称结构的三维模型	难 易 度：★★★ 应用频率：★★★★★

11.4.1　三维旋转——将长方体沿 X 轴旋转 90°

💻 视频文件	专家讲堂 \ 第 11 章 \ 三维旋转——将长方体沿 X 轴旋转 90°.swf

　　三维模型的旋转与二维图形的旋转差别很大，在旋转二维图形时，只需输入旋转角度，即可对图形进行旋转，而在三维旋转中，除了要输入旋转角度之外，还需要指定一个旋转轴，这样才能完成对三维模型的旋转。

　　在西南视图创建一个长方体，如图 11-19（a）所示。下面将该长方体沿 X 轴旋转 90°，旋转结果如图 11-19（b）所示。

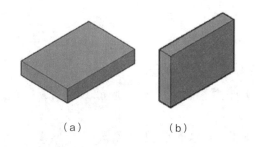

（a）　　　　　（b）

图 11-19　长方体

⚙️ **实例引导**——将长方体沿 X 轴旋转 90°

Step01▶ 单击【建模】工具栏上的"三维旋转"按钮 ⊕。

Step02▶ 单击选择长方体三维模型。

Step03▶ 按 Enter 键，结束选择，并进入三维旋转模式，长方体模型上出现红、黄、蓝 3 种颜色的圆环，这就是三维模型的 3 个轴，分别是 X 轴、Y 轴和 Z 轴。

Step04▶ 单击长方体左下端点作为基点（即旋转的中心点）。

Step05▶ 将指针移动到红色圆环（即 X 轴）上，红色圆环显示为黄色，单击确定 X 轴为旋转轴。

Step06▶ 此时拖动鼠标指针会发现，长方体以左下端点作为基点，沿 X 轴进行旋转。

Step07▶ 输入"90"，按 Enter 键，确定旋转角度，旋转过程及结果如图 11-20 所示。

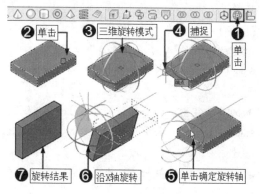

图 11-20　将长方体沿 X 轴旋转 90°

│技术看板│ 还可以通过以下方法激活【三维旋转】命令。

◆ 单击菜单【修改】/【三维操作】/【三维旋转】命令。

◆ 在命令行输入"3DROTATE"后按 Enter 键。

练一练 将该长方体继续沿 Y 轴旋转 90°，结果如图 11-21 所示。

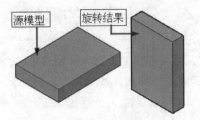

图 11-21　将长方体沿 Y 轴旋转 90°

11.4.2　三维对齐——将两个长方体模型进行对齐

🖳 视频文件 ┃ 专家讲堂\第 11 章\三维对齐——将两个长方体模型进行对齐.swf

三维对齐是指以定位源平面和目标平面的形式，将两个三维对象在三维操作空间中进行对齐。

使用【复制】命令将 11.4.1 节创建的长方体复制一个，如图 11-22（a）所示。下面将左边长方体对齐到右边长方体上，使这两个长方体模型重叠对齐，结果如图 11-22（b）所示。

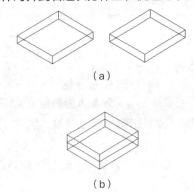

（a）

（b）

图 11-22　长方体模型

⚙️ **实例引导** ——将两个长方体进行对齐

Step01 ▶ 单击【建模】工具栏上的"三维对齐"按钮 🔲。

Step02 ▶ 选择左边的长方体，按 Enter 键，结束选择。

Step03 ▶ 捕捉左边长方体的左下端点，指定第 1个基点。

Step04 ▶ 捕捉左边长方体的中下端点，指定第 2个点。

Step05 ▶ 捕捉左边长方体的右下端点，指定第 3 个点。

Step06 ▶ 捕捉右边长方体的左上端点，指定第 1个目标点。

Step07 ▶ 捕捉右边长方体的中上端点，指定第 2个目标点。

Step08 ▶ 捕捉右边长方体的右上端点，指定第 3个目标点。

Step09 ▶ 对齐结果如图 11-23 所示。

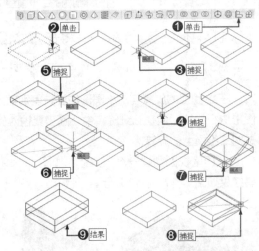

图 11-23　将两个长方体对齐

┃技术看板┃ 还可以通过以下方法激活【三维对齐】命令。

◆ 单击菜单【修改】/【三维操作】/【三维对齐】命令。

◆ 在命令行输入"3DALIGN"后按 Enter 键。

练一练 将两个长方体模型的侧面进行对齐，对齐结果如图 11-24 所示。

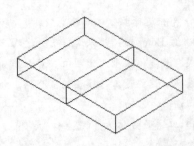

图 11-24　将两个长方体模型的侧面对齐

11.4.3　三维镜像——创建对称的楔体模型

📄 素材文件	素材文件 \ 三维镜像示例 .dwg
💻 视频文件	专家讲堂 \ 第 11 章 \ 三维镜像——创建对称的楔体模型 .swf

三维镜像是指将三维模型在三维空间内按照指定的镜像平面进行镜像，以创建结构对称的三维模型，在镜像模型时，源模型可以删除，也可以不删除。

打开素材文件，这是一个楔体三维模型，如图 11-25（a）所示，下面将该楔体模型进行三维镜像并复制，结果如图 11-25（b）所示。

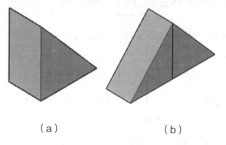

（a）　　　　　　（b）

图 11-25　楔体三维模型

⚙️ **实例引导**——创建对称的楔体模型

Step01 ▶ 输入 "MIRROR3D"，按 Enter 键，激活【三维镜像】命令。

Step02 ▶ 选择楔体模型，然后按 Enter 键结束对象的选择。

Step03 ▶ 输入 "YZ"，按 Enter 键，指定镜像平面。

Step04 ▶ 捕捉楔体下水平边的中点。

Step05 ▶ 按 Enter 键，楔体被镜像复制，如图 11-26 所示。

| 技术看板 | "MIRROR3D" 是三维镜像的命令表达式，除此之外还可以通过以下方法激活【三维镜像】命令。

◆ 单击菜单栏中的【修改】/【三维操作】/【三维镜像】命令。

◆ 进入【三维建模】操作空间，单击【常用】选项卡 /【修改】面板上的 "三维镜像" 按钮 ％。三维镜像时，既可以选择坐标平面作为

镜像平面，也可以选定某一对象所在的平面作为镜像平面，或者以上次镜像使用的镜像平面作为当前镜像平面来镜像对象，或者选取对象上的三点作为镜像平面。三维镜像与二维镜像相同，既可以保留源对象，也可以删除源对象，这些操作都非常简单，读者可自行尝试。

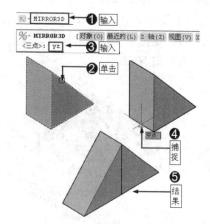

图 11-26　创建对称的楔体模型

练一练 尝试将素材文件楔体对象分别以 YZ 平面、ZX 平面和 XY 平面镜像，镜像结果如图 11-27 所示。

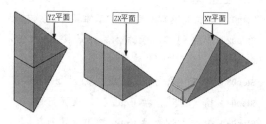

图 11-27　镜像素材文件

11.5　三维阵列

三维阵列与二维图形的阵列有本质的区别，三维阵列是指将三维模型在三维空间中进行规则排列。三维阵列包括 "三维矩形阵列" 和 "三维环形阵列" 两种，这一节学习三维矩形阵列的相关操作技能。

本节内容概览

知识点	功能 / 用途	难易度与应用频率
三维矩形阵列（P394）	● 在三维空间将模型呈矩形进行阵列复制 ● 创建更多三维模型	难 易 度：★ 应用频率：★★★★★
三维环形阵列（P394）	● 在三维空间将模型呈环形进行阵列复制 ● 创建更多三维模型	难 易 度：★★★ 应用频率：★★★★★

11.5.1　三维矩形阵列——创建矩形排列的长方体三维模型

💻 视频文件 ｜ 专家讲堂 \ 第 11 章 \ 三维矩形阵列——创建矩形排列的长方体三维模型 .swf

三维矩形阵列是指在三维空间对三维模型进行矩形复制，以创建多个结构、大小、形状相同的三维模型。

首先在西南视图创建 10mm×10mm×10mm 的长方体三维模型，如图 11-28（a）所示。下面对该长方体进行矩形阵列，以创建 5 行、5 列、2 层整齐排列的长方体模型，如图 11-28（b）所示。

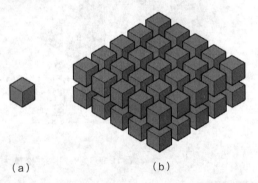

（a）　　　　　　　　（b）

图 11-28　长方体模型

⚙️ **实例引导**——创建矩形排列的长方体三维模型

Step01▶ 单击建模工具栏上的"三维阵列"按钮⊞。

Step02▶ 单击创建的长方体，然后按 Enter 键，结束选择。

Step03▶ 输入"R"，按 Enter 键，激活"矩形"选项。

Step04▶ 输入"5"，按 Enter 键，设置行数。

Step05▶ 输入"5"，按 Enter 键，设置列数。

Step06▶ 输入"2"，按 Enter 键，设置层数。

Step07▶ 输入"15"，按 Enter 键，设置行间距。

Step08▶ 输入"15"，按 Enter 键，指定列间距。

Step09▶ 输入"15"，按 Enter 键，指定层间距。

阵列过程及结果如图 11-29 所示。

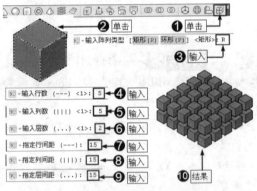

图 11-29　创建矩形排列的长方体三维模型

练一练 尝试将长方体阵列为 3 行、6 列、5 层，各间距均为 15mm，阵列结果如图 11-30 所示。

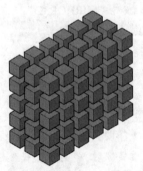

图 11-30　阵列模型

11.5.2　三维环形阵列——创建环形排列的球体三维模型

💻 视频文件 ｜ 专家讲堂 \ 第 11 章 \ 三维环形阵列——创建环形排列的球体三维模型 .swf

与三维矩形阵列不同，三维环形阵列是指在三维空间，以某中心点对三维模型进行环形复制，以创建多个结构、大小、形状相同的三维模型。

继续在西南视图创建半径为 10mm 和半径为 5mm 的两个球体三维模型，如图 11-31（a）所示。下面将半径为 5mm 的球体以半径为 10mm 的球体为中心环形阵列 20 个，结果如图 11-31（b）所示。

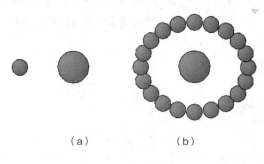

（a）　　　　（b）

图 11-31　球体三维模型

实例引导——创建环形排列的球体三维模型

Step01 ▶ 单击建模工具栏上的"三维阵列"按钮 🔳 。

Step02 ▶ 单击半径为 5mm 的球体，然后按 Enter 键，结束选择。

Step03 ▶ 输入"P"，按 Enter 键，激活"环形"选项。

Step04 ▶ 输入"20"，按 Enter 键，设置阵列数目。

Step05 ▶ 按 Enter 键，采用默认的填充角度（360°）。

Step06 ▶ 按 Enter 键，确认环形阵列。

Step07 ▶ 捕捉半径为 10mm 的球体的中心，指定阵列的中心点。

Step08 ▶ 向上引导光标拾取另一点，以指定旋

转轴上的第 2 点。

Step09 ▶ 环形阵列的过程及效果如图 11-32 所示。

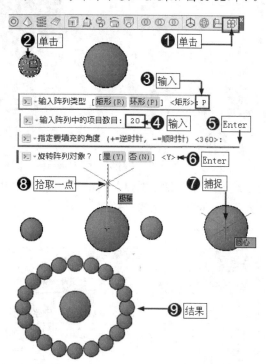

图 11-32　创建环形排列的球体三维模型

练一练 尝试将半径为 5mm 的球体以半径为 10mm 的球体为中心，环形阵列为图 11-33 所示的效果。

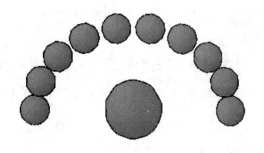

图 11-33　环形阵列

11.6　用户坐标系

在默认设置下，AtuoCAD 是以世界坐标系的 XY 平面作为绘图平面进行绘制图形的，由于世界坐标系是固定的，其应用范围有一定的局限性，并不利于绘图，如图 11-34（a）所示，这是采用世界坐标系绘制的长方体。如果要在该长方体左平面（YZ 平面）上绘制一个圆柱体，如图 11-34（b）所示，由于其绘图平面 XY 平面与要绘制的圆柱体的底面不在一个绘图平面上，此时就需要重新定义用户坐标系，使其绘图平面与圆柱体底面在一个绘图平面上，这样才能在长方体左平面上绘制一个圆柱体。

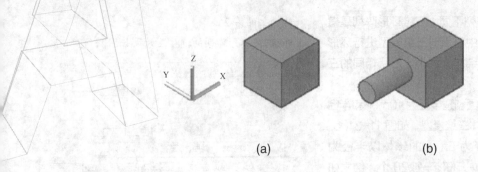

(a)   (b)

图 11-34　在长方体左平面上绘制一个圆柱体

为此，AutoCAD 提供了用户坐标系，简称 UCS 坐标系，此种坐标系是一种非常灵活又好用的坐标系，它解决了世界坐标系的不足，可以根据绘图需要随意定义符合绘图要求的坐标系，本节学习定义用户坐标系的相关知识。

本节内容概览

知识点	功能 / 用途	难易度与应用频率
"三点"定义 UCS 坐标系（P396）	● 拾取三点以确定 UCS 的 X 轴、Y 轴和 Z 轴 ● 定义用户坐标系	难 易 度：★ 应用频率：★★★★★
"面"定义 UCS 坐标系（P397）	● 拾取模型的一个面以定义用户坐标系 ● 定义用户坐标系	难 易 度：★★★ 应用频率：★★★★★
"对象"定义 UCS 坐标系（P399）	● 选择某对象以定义用户坐标系 ● 定义用户坐标系	难 易 度：★★★ 应用频率：★★★★★
保存 UCS 坐标系（P399）	● 将定义的用户坐标系进行保存 ● 管理用户坐标	难 易 度：★ 应用频率：★★★★★
管理 UCS 坐标系（P400）	● 切换用户坐标系 ● 管理用户坐标系	难 易 度：★ 应用频率：★★★★★
实例	● 完善线盘零件三维模型（P401） ● 完善圆盘零件三维模型（P402）	

11.6.1 "三点"定义 UCS 坐标系

💻 视频文件 | 专家讲堂 \ 第 11 章 \ 三点定义 UCS 坐标系 .swf

"三点"是指通过拾取三点，指定坐标系原点、X 轴和 Y 轴以定义 UCS 坐标系，这是一种较常用的定义 UCS 坐标系的方法。

首先在西南视图绘制一个 10mm × 10mm × 10mm 的长方体，如图 11-34（a）所示，下面通过"三点"来设置用户坐标系，并在该长方体左平面上绘制一个圆柱体，结果如图 11-34（b）所示。为了能准确捕捉，首先设置相关捕捉模式，并启用状态栏上的"极轴追踪"功能，如图 11-35 所示。

图 11-35　启用"极轴追踪"功能

下面来设置 UCS 坐标系。

⚙️ **实例引导** ——定义 UCS 坐标系

1. 定义用户坐标系

下面首先来定义用户坐标系，使其坐标系的 XY 平面与长方体的左平面一致。

Step01 ▸ 单击菜单栏中的【工具】/【新建 UCS】/【三点】命令。

Step02 ▸ 捕捉长方体左平面上水平边的中点作为坐标系原点。

Step03 ▸ 捕捉长方体左平面右上端点，以确定 X 轴。

Step04 ▸ 捕捉长方体左平面下水平边的中点，以确定 Y 轴。定义过程及结果如图 11-36 所示。

2. 绘制圆柱体

定义用户坐标系之后，下面在长方体左平面上绘制半径为 3mm、高度为 5mm 的圆柱体。

Step01 ▸ 单击【建模】工具栏上的"圆柱体"按钮 □。

Step02 ▸ 输入"0,5,0"，按 Enter 键，确定圆柱体的底面圆心。

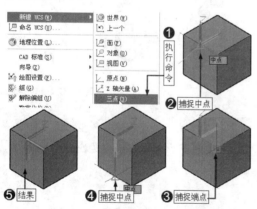

❺ 结果　❹ 捕捉中点　❸ 捕捉端点

图 11-36　定义 UCS 坐标系

Step03 ▸ 输入"3"，按 Enter 键，确定圆柱体的底面半径。

Step04 ▸ 输入"－5"，按 Enter 键，确定圆柱体的高度。绘制过程及结果如图 11-37 所示。

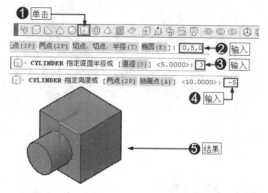

图 11-37　绘制圆柱体

练一练 尝试定义长方体右平面为绘图平面，并在该平面绘制半径为 3mm、高度为 5mm 的圆柱体，如图 11-38 所示。

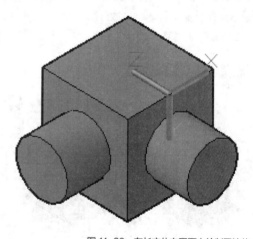

图 11-38　在长方体右平面上绘制圆柱体

11.6.2 "面"定义 UCS 坐标系

💻 视频文件　｜　专家讲堂 \ 第 11 章 \ "面"定义 UCS 坐标系 .swf

"面"定义 UCS 坐标系是指以三维模型的某一个面来定义标系，与"三点"定义坐标系不同的是，只要选择某一个面，系统会自动将 *XY* 绘图平面与该面对齐，以满足绘图需要。

首先在西南视图绘制一个棱锥体，如图 11-39（a）所示，如果要在该棱锥体左侧面上绘制一个圆柱体，如图 11-39（b）所示，则需要使坐标系的 XY 绘图平面与该侧面对齐，也就是

说必须定义用户坐标系，下面使用【面】命令
以该棱锥体的左侧面来定义用户坐标系，并在
该侧面上绘制一个半径为 3mm、高度为
5mm 的圆柱体。

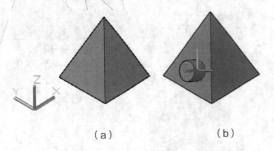

（a）　　　　　　　（b）

图 11-39　棱锥体

实例引导 ——【面】定义 UCS 坐标系

1. 将棱锥体左侧面定义为用户坐标系

Step01 ▶ 单击菜单栏中的【工具】/【新建
UCS】/【面】命令。

Step02 ▶ 单击选择棱锥体左侧面。

Step03 ▶ 按 Enter 键，定义过程及结果如图
11-40 所示。

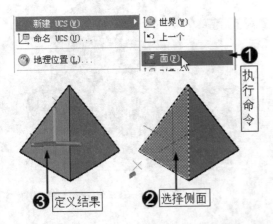

图 11-40　将棱锥体左侧面定义为用户坐标系

2. 在棱锥体左侧面上绘制圆柱体

Step01 ▶ 单击【建模】工具栏上的"圆柱体"
按钮 ▣。

Step02 ▶ 输入"0,0,0"，按 Enter 键，确定圆柱
体的底面圆心为坐标系原点。

Step03 ▶ 输入"3"，按 Enter 键，确定圆柱体的
底面半径。

Step04 ▶ 输入"－5"，按 Enter 键，确定圆柱
体的高度。绘制过程及结果如图 11-41 所示。

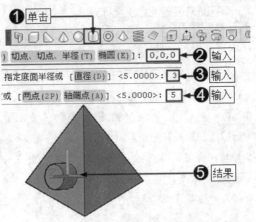

图 11-41　在棱锥左侧面上绘制圆柱体

在通过面定义坐标系时，还可以沿 X
轴或 Y 轴对坐标系进行 180°的旋转，在
执行【面】命令并选择一个面之后，输入
"X"并按 Enter 键，坐标系沿 X 轴旋转
180°，系统称为"X 轴反向"；输入"Y"
并按 Enter 键，坐标系沿 Y 轴旋转 180°，
系统称为"Y 轴反向"，旋转结果如图
11-42 所示。

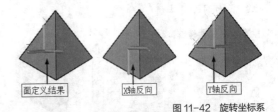

图 11-42　旋转坐标系

练一练 尝试定义棱锥体右侧坐标系，并在该
平面绘制半径为 3mm、高度为 5mm 的圆柱体，
如图 11-43 所示。

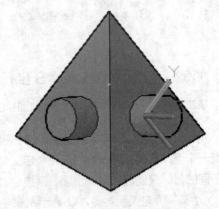

图 11-43　在棱锥体右侧面上绘制圆柱体

11.6.3 "对象"定义 UCS 坐标系

| 📺 视频文件 | 专家讲堂 \ 第 11 章 \ 对象定义 UCS 坐标系 .swf |

"对象"定义坐标系是指单击选择某一对象，将坐标系对齐到鼠标单击的面上，这与【面】命令定义坐标系效果相同。首先在西南视图绘制一个长方体，下面通过【对象】命令，分别以长方体左侧面和右侧面定义用户坐标系，如图 11-44 所示。

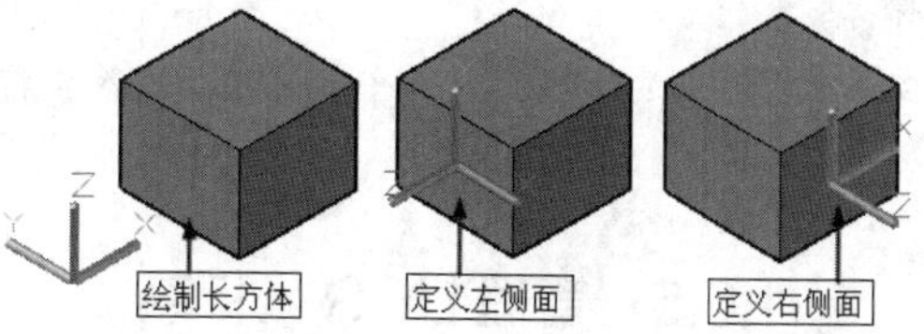

图 11-44　长方体

⚙ **实例引导** ——"对象"定义 UCS 坐标系

Step01 ▸ 单击菜单栏中的【工具】/【新建 UCS】/【对象】命令。

Step02 ▸ 单击选择长方体左侧面。

Step03 ▸ 将左侧面定义为用户坐标系。

Step04 ▸ 按 Enter 键，重复执行命令。

Step05 ▸ 选择长方体右侧面。

Step06 ▸ 将右侧面定义为用户坐标系。

Step07 ▸ 定义过程及结果如图 11-45 所示。

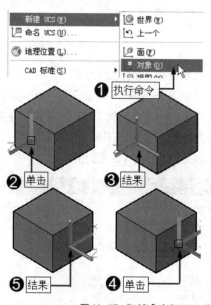

图 11-45　"对象"定义 UCS 坐标系

| **技术看板** | 除了以上所讲解的定义 UCS 坐标系的方法之外，还有以下几种定义 UCS 坐标系的方法。

◆ 世界：执行单击菜单栏中的【工具】/【新建 UCS】/【世界】命令，将坐标系恢复为世界坐标系。

◆ 视图：执行单击菜单栏中的【工具】/【新建 UCS】/【视图】命令，以当前视图作为用户坐标系，这相当于平面视图。

◆ 原点：执行单击菜单栏中的【工具】/【新建 UCS】/【原点】命令，拾取一点以确定坐标系的原点位置。

◆ Z 轴矢量：执行单击菜单栏中的【工具】/【新建 UCS】/【Z 轴矢量】命令，通过拾取 Z 轴上的一点以设置 UCS 坐标系。

◆ X/Y/Z：分别执行单击菜单栏中的【工具】/【新建 UCS】/【X/Y/Z】命令，可以分别设置 X/Y/Z 的旋转角度，以重新设置 UCS 坐标系。

11.6.4　保存 UCS 坐标系

| 📺 视频文件 | 专家讲堂 \ 第 11 章 \ 保存 UCS 坐标系 .swf |

定义 UCS 坐标系之后，如果以后还需要使用该用户坐标系，应该将定义的坐标系进行保存。

Step01▶ 输入 "UCS"，按 Enter 键，激活【UCS】命令。

Step02▶ 输入 "S"，按 Enter 键，激活【保存】命令。

Step03▶ 输入 "UCS1"，按 Enter 键，输入坐标系名。

Step04▶ 按 Enter 键，将该坐标系进行保存。

|技术看板| 在命令行输入 "UCS"，即可激活【UCS】命令，此时可以重新设置 UCS、命名 UCS 等，如果要保存 UCS，则输入 "S" 激活【保存】命令，然后为 UCS 命名，即可将其保存。

11.6.5 管理 UCS 坐标系

🖥 视频文件　专家讲堂 \ 第 11 章 \ 管理 UCS 坐标系 .swf

当定义并保存 UCS 坐标系之后，可以调用保存的 UCS 坐标系，或者将当前 UCS 坐标系切换为世界坐标系以及删除定义的 UCS 坐标系等，这些操作都是通过【命名 UCS】命令来实现的。执行菜单栏中的【工具】/【命名 UCS】命令，打开【UCS】对话框，如图 11-46 所示。

图 11-46 【UCS】对话框

该对话框包括 3 个选项卡，分别是【命名 UCS】选项卡、【正交 UCS】选项卡以及【设置】选项卡。

1.【命名 UCS】选项卡

该选项卡用于显示当前文件中的所有坐标系。

◆ "当前 UCS"：显示当前的 UCS 名称。如果当前 UCS 没有保存和命名，那么当前 UCS 读取 "未命名"。在 "当前 UCS" 下的空白栏中有 UCS 名称的列表，列出当前视图中已定义的坐标系。

◆ 置为当前(C) 按钮用于设置当前的坐标系，

旋转要设置为当前的坐标系，单击 置为当前(C) 按钮，即可将世界坐标系设置为当前坐标系。

◆ 单击 详细信息(T) 按钮，可打开图 11-47 所示的【UCS 详细信息】对话框，用来查看坐标系的详细信息。

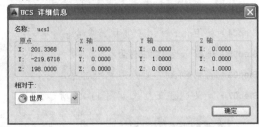

图 11-47 【UCS 详细信息】对话框

2.【正交 UCS】选项卡

此选项卡用于显示和设置 AutoCAD 预设的 6 个标准坐标系作为当前坐标系，正交坐标系是相对【相对于】列表框中指定的 UCS 进行定义的，如图 11-48 所示。

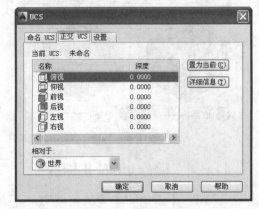

图 11-48 【正交 UCS】选项卡

首先打开素材文件 "线盘零件 .dwg" 文

选择一个标准坐标系，单击 置为当前 (C) 按钮，即可将其设置为当前坐标系。

3.【设置】选项卡

此选项卡用于设置 UCS 图标的显示及其他的一些操作设置，如图 11-49 所示。

♦【开】复选项用于显示当前视口中的 UCS 图标，取消该选项的勾选，则坐标系不显示在视图中。

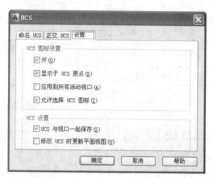

图 11-49　【设置】选项卡

♦【显示于 UCS 原点】复选项用于在当前视口中当前坐标系的原点显示 UCS 图标。

♦【应用到所有活动视口】复选项用于将 UCS 图标设置应用到当前图形中的所有活动视口。

♦【UCS 与视口一起保存】复选项用于将坐标系设置与视口一起保存。如果清除此选项，视口将反映当前视口的 UCS。

♦【修改 UCS 时更新平面视图】复选项用于修改视口中的坐标系时恢复平面视图。当对话框关闭时，平面视图和选定的 UCS 设置被恢复。

11.6.6　实例——完善线盘零件三维模型

📄 素材文件	素材文件 \ 线盘零件 .dwg
🔧 效果文件	效果文件 \ 第 11 章 \ 实例——完善线盘零件三维模型 .dwg
🖥 视频文件	专家讲堂 \ 第 11 章 \ 实例——完善线盘零件三维模型 .swf

件，如图 11-50（a）所示。下面通过三维矩形阵列创建线盘盘面上的螺孔，对该零件进行完善，结果如图 11-50（b）所示。

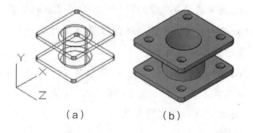

（a）　　　　　　　（b）

图 11-50　线盘零件

💠 **实例引导**——完善线盘零件三维模型

1. 定义用户坐标系

定义用户坐标系是指重新对当前坐标系进行定义，以满足图形设计要求，在下面的操作中，需要创建与线盘的盘面垂直的圆柱体，但目前视图坐标系并不能满足绘图要求，如图

11-51（a）所示，需要重新定义能满足绘图需要的坐标系，使其坐标系如图 11-51（b）所示。

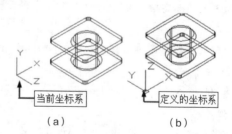

（a）　　　　　　　（b）

图 11-51　定义用户坐标系

Step01 ▶ 输入 "UCS"，按 Enter 键，激活【UCS】命令。

Step02 ▶ 输入 "X"，按 Enter 键，激活 X 轴。

Step03 ▶ 输入 "－90"，按 Enter 键，完成坐标系的定义。

┃技术看板┃ 定义用户坐标系的相关内容，将在下面章节讲解。

2. 创建圆柱体

下面开始创建用于创建螺孔的圆柱体。

Step01 ▶ 单击绘图工具栏上的"圆柱体"按钮▢。

Step02 ▶ 激活【自】选项，捕捉线盘下底面圆心。

Step03 ▶ 输入"@5,5"，按 Enter 键，确定圆柱体的底面圆心。

Step04 ▶ 输入"3"，按 Enter 键，指定底面半径。

Step05 ▶ 输入"5"，按 Enter 键，指定圆柱体高度。绘制过程及结果如图 11-52 所示。

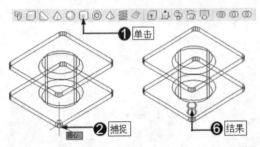

图 11-52　创建圆柱体

┃技术看板┃ 要想确定圆柱体的圆心位置，只有以盘面圆角的圆心作为参照来确定，因此需要激活【自】选项。

3. 矩形阵列圆柱体

下面对创建的圆柱体进行三维矩形阵列，将其分别阵列到线盘的两个盘面位置，以便通过布尔运算来创建螺孔。

Step01 ▶ 单击建模工具栏上的"三维阵列"按钮▦。

Step02 ▶ 单击创建的圆柱体，然后按 Enter 键，结束选择。

Step03 ▶ 输入"R"，按 Enter 键，激活"矩形"选项。

Step04 ▶ 输入"2"，按 Enter 键，设置行数。

Step05 ▶ 输入"2"，按 Enter 键，设置列数。

Step06 ▶ 输入"2"，按 Enter 键，设置层数。

Step07 ▶ 输入"30"，按 Enter 键，设置行间距。

Step08 ▶ 输入"35"，按 Enter 键，指定列间距。

Step09 ▶ 输入"22"，按 Enter 键，指定层间距。阵列过程及结果如图 11-53 所示。

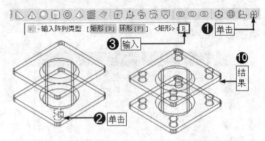

图 11-53　矩形阵列圆柱体

┃技术看板┃ 三维矩形阵列的相关设置与二维阵列的相关设置基本相同，可以参阅有关矩形阵列相关内容的介绍。

4. 并集与差集操作

下面将创建的圆柱体全部并集，然后再与线盘模型进行差集运算，以创建螺孔。

Step01 ▶ 依照前面所介绍的方法激活【并集】命令。

Step02 ▶ 将阵列的 8 个圆柱体全部选择。

Step03 ▶ 按 Enter 键，将 8 个圆柱体进行并集。

Step04 ▶ 执行【差集】命令。

Step05 ▶ 选择线盘模型作为差集对象，按 Enter 键。

Step06 ▶ 选择并集后的圆柱体作为被差集的对象。

Step07 ▶ 按 Enter 键，线盘模型与圆柱体进行差集运算，创建螺孔。

Step08 ▶ 最后设置模型的着色模式为【概念】着色模式，结果如图 11-50（b）所示。

Step09 ▶ 最后将制作结果文件保存。

11.6.7　实例——完善圆盘零件三维模型

📄 素材文件	素材文件\圆盘零件.dwg
🎬 效果文件	效果文件\第11章\实例——完善圆盘零件三维模型.dwg
💻 视频文件	专家讲堂\第11章\实例——完善圆盘零件三维模型.swf

打开素材文件"圆盘零件.dwg",这是一个圆盘的三维模型,如图 11-54(a)所示。下面将圆盘上的圆柱体进行环形阵列,然后再进行布尔运算,以创建圆盘的螺孔,结果如图 11-54(b)所示。

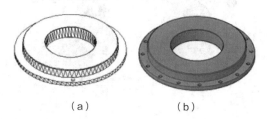

（a）　　　　　　　（b）

图 11-54　圆盘零件

⚙️ **实例引导**——三维环形阵列

Step01 ▸ 单击建模工具栏上的"三维阵列"按钮 🖽。

Step02 ▸ 单击创建的圆柱体,然后按 Enter 键,结束选择。

Step03 ▸ 输入"P",按 Enter 键,激活"环形"选项。

Step04 ▸ 输入"16",按 Enter 键,设置阵列数目。

Step05 ▸ 按 Enter 键,采用默认的填充角度（360°）。

Step06 ▸ 输入"Y",按 Enter 键,确认环形阵列。

Step07 ▸ 捕捉圆心,以指定阵列的中心点。

Step08 ▸ 捕捉圆心,以指定旋转轴上的第二点。环形阵列的过程及效果如图 11-55 所示。

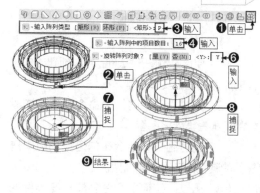

图 11-55　三维环形阵列

Step09 ▸ 使用快捷键"SU"激活【并集】命令,对阵列出的 16 个圆柱体并集。

Step10 ▸ 执行【差集】命令,以圆盘模型作为运算对象,减去阵列的 16 个圆柱体对象,创建出螺孔,创建结果如图 11-56(a)所示。

Step11 ▸ 设置【概念】着色模式,其结果如图 11-56(b)所示。

Step12 ▸ 最后将该效果文件保存。

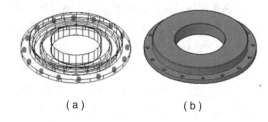

（a）　　　　　　　（b）

图 11-56　创建螺孔并着色

11.7　综合实例——创建支座零件三维模型

本实例创建图 11-57 所示的支座零件三维模型。

图 11-57　支座零件

11.7.1 绘图思路

绘图思路如下。

（1）使用二维图形拉伸的方法创建支座零件的底座面三维实体模型。

（2）通过【平移网格】命令创建支座零件的肋板三维网格模型。

（3）创建圆柱体结合布尔运算创建支座零件的圆柱体三维实体模型。

（4）通过【拉伸】命令创建支座零件的凸台面三维实体模型，如图 11-58 所示。

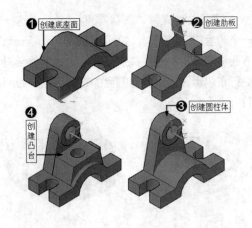

❶ 创建底座面　❷ 创建肋板　❸ 创建圆柱体　❹ 创建凸台

图 11-58　支座零件三维模型绘图思路

11.7.2 创建支座底座面模型

📄 素材文件	素材文件 \ 第 11 章 \ 创建支座底面模型 .dwg
🖥 视频文件	专家讲堂 \ 第 11 章 \ 创建支座底面模型 .swf

⚙ **操作步骤**

1. 新建文件并设置相关图层

在创建模型之前，需要新建空白文件，并根据模型的特点，设置相关图层，这样便于对模型进行后期修改与编辑。下面，首先根据前面所掌握的知识，新建公制单位的空白文件，然后新建名为"底座面""肋板面""凸台面""线框层"和"柱体面"的 5 个新图层，并将"0"层设置为当前层，如图 11-59 所示。

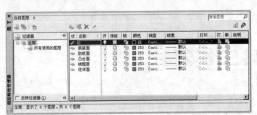

图 11-59　新建文件并设置相关图层

2. 绘制底座面中的矩形图形

Step01 ▸ 单击【绘图】工具栏上的"矩形"按钮 □ 。

Step02 ▸ 以坐标系原点（0,0）为矩形的角点，绘制 120mm×60mm 的矩形作为底座面基本图形。

3. 分解矩形

由于矩形是一个独立的多段线图形，因此需要将其分解为 4 条独立的线段，这样便于后面创建网格模型。

Step01 ▸ 单击【修改】工具栏上的"分解"按钮 🗗 。

Step02 ▸ 单击选择矩形。

Step03 ▸ 按 Enter 键，将矩形的 4 条边分解为 4 条线段。

│技术看板│ 在无任何命令发出的情况下单击分解后的矩形的一条边，如果只有该边夹点显示，表示矩形被分解。

4. 创建底座面 U 形图形

下面创建底座面的 U 形图形，该图形将使用多段线来创建。

Step01 ▸ 单击【绘图】工具栏上的"多段线"按钮 ⌐⊃ 。

Step02 ▸ 激活【自】功能，然后输入"0,0"，按 Enter 键，以坐标系原点作为参照点。

Step03 ▸ 输入下一点坐标"@0,20"，按 Enter 键。

Step04 ▸ 继续输入下一点坐标"@14,0"，按 Enter 键。

Step05 ▸ 输入"A"，按 Enter 键，转入画弧模式。

Step06 ▸ 输入"@0,20"，按 Enter 键，指定圆弧的第 2 点。

Step07 ▸ 输入"L"，按 Enter 键，转入直线模式。

Step08 ▸ 输入"@－14,0"，按 Enter 键，指定直线的另一端点。

Step09 ▸ 按 Enter 键，结束命令，绘制结果如图 11-60 所示。

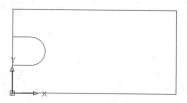

图 11-60　创建底座 U 形图形

5. 镜像 U 形图形

下面将绘制的 U 形图形镜像到底座面图形的另一边。

Step01 ▸ 单击【修改】工具栏上的"镜像"按钮 ▲。

Step02 ▸ 选择刚绘制的多段线，然后按 Enter 键，结束对象的选择。

Step03 ▸ 捕捉矩形上水平边的中点，指定镜像线的第 1 点。

Step04 ▸ 捕捉矩形下侧水平边中点，指定镜像线的第 2 点。

Step05 ▸ 按 Enter 键，镜像过程及结果如图 11-61 所示。

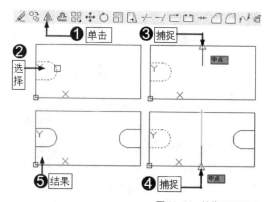

图 11-61　镜像 U 形图形

6. 修剪图形

下面以 U 形图形作为修剪边界，对矩形的两条垂直边进行修剪。

Step01 ▸ 单击【修改】工具栏上的 ╱ "修剪"按钮。

Step02 ▸ 选择两条 U 形图形作为修剪边界。

Step03 ▸ 按 Enter 键，然后单击矩形左垂直边。

Step04 ▸ 单击矩形右垂直边。

Step05 ▸ 按 Enter 键，修剪过程及结果如图 11-62 所示。

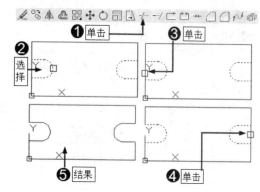

图 11-62　修剪图形

7. 创建边界

下面将修剪后的图形创建为一个闭合边界，进行编辑拉伸以创建三维模型。

Step01 ▸ 执行【绘图】/【边界】命令打开【边界创建】对话框。

Step02 ▸ 单击"拾取点"按钮 ⊞。

Step03 ▸ 返回绘图区，在修剪后的图形内单击。

Step04 ▸ 按 Enter 键，完成边界的创建，如图 11-63 所示。

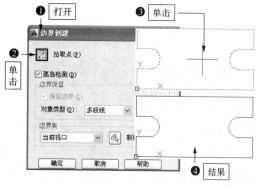

图 11-63　创建边界

8. 拉伸创建三维模型

下面对边界图形进行拉伸，以创建底座面三维模型。

Step01 ▸ 单击【视图】/【三维视图】/【西南等轴测】命令，将当前视图切换为西南视图。

Step02 ▸ 单击【建模】工具栏上的"拉伸"按钮 ⊡。

Step03 ▸ 单击选择边界图形。

Step04 ▸ 按 Enter 键，沿 Z 轴正方向引导光标。

Step05 ▶ 输入"17",按 Enter 键,指定拉伸高度。拉伸过程及结果如图 11-64 所示。

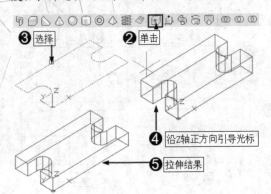

图 11-64　拉伸创建三维模型

9. 定义用户坐标系

下面将 X 轴旋转 90°,定义用户坐标系,方便创建底座面的其他模型。

Step01 ▶ 输入"UCS",按 Enter 键,激活【UCS】命令。

Step02 ▶ 输入"X",按 Enter 键,激活 X 轴。

Step03 ▶ 输入"90",按 Enter 键,将 X 轴旋转 90°,结果如图 11-65 所示。

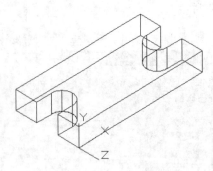

图 11-65　定义用户坐标系

10. 创建圆柱体

下面在底座面下方创建圆柱体,然后进行差集运算,以创建出底座面的拱形特征。

Step01 ▶ 单击【建模】工具栏上的"圆柱体"按钮 。

Step01 ▶ 捕捉底座面下水平边的中点。

Step02 ▶ 输入"36",按 Enter 键,指定圆柱体的半径。

Step03 ▶ 输入"-60",按 Enter 键,指定圆柱体的高度。绘制过程及结果如图 11-66 所示。

图 11-66　创建圆柱体

11. 并集运算

下面将创建的圆柱体与底座面模型进行并集。

Step01 ▶ 单击【建模】工具栏上的"并集"按钮 。

Step02 ▶ 单击选择底座面模型。

Step03 ▶ 单击选择圆柱体。

Step04 ▶ 按 Enter 键,绘制过程及结果如图 11-67 所示。

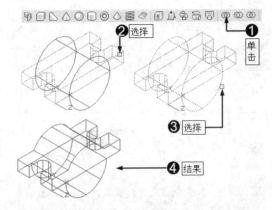

图 11-67　并集运算

12. 继续创建圆柱体

使用相同的方法,继续创建半径为 22mm、高度为 60mm 的圆柱体,创建结果如图 11-68 所示。

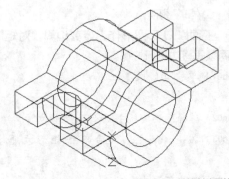

图 11-68　继续创建圆柱体

13. 差集运算

Step01 ▸ 单击【建模】工具栏上的"差集"按钮 ⑩ 。

Step02 ▸ 选择底座面，按 Enter 键，结束选择。

Step03 ▸ 选择半径为 22mm 的圆柱体。

Step04 ▸ 按 Enter 键，完成差集。

Step05 ▸ 设置"概念"模式查看效果，如图 11-69 所示。

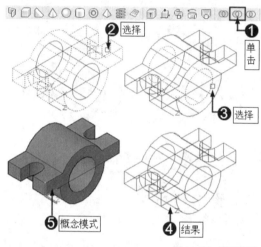

图 11-69 差集运算

14. 剖切模型

下面对创建的底座面模型进行剖切，以完成底座面模型的创建。

Step01 ▸ 使用快捷键"SL"激活【剖切】命令。

Step02 ▸ 选择底座面三维模型，按 Enter 键，结束选择。

Step03 ▸ 输入"ZX"，按 Enter 键，选择剖切平面。

Step04 ▸ 捕捉圆心。

Step05 ▸ 按 Enter 键，完成剖切，如图 11-70 所示。

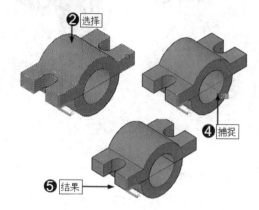

图 11-70 剖切模型

15. 删除剖切后的下半个模型

选择剖切后的下半个模型，按 Delete 键将其删除，删除结果如图 11-71 所示。

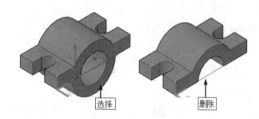

图 11-71 删除剖切后的下半个模型

16. 保存文件

至此，支座的底座面模型绘制完毕，执行【另存为】命令，将该模型保存。

11.7.3 创建支座肋板与圆柱体模型

📄 素材文件	效果文件 \ 第 11 章 \ 创建支座零件底座面模型 .dwg
📥 效果文件	效果文件 \ 第 11 章 \ 创建支座零件肋板与圆柱体模型 .dwg
🖥 视频文件	专家讲堂 \ 第 11 章 \ 创建支座零件肋板与圆柱体模型 .swf

下面创建支座的肋板与圆柱体模型，肋板模型将采用二维图形拉伸的方法创建，而圆柱体模型侧采用创建圆柱体并差集运算的方法来创建。

⚙ 操作步骤

1. 定义用户坐标系

下面需要定义用户坐标系，以满足图形的绘制要求。

Step01 ▸ 输入"UCS"，按 Enter 键，激活【UCS】命令。

Step02 ▸ 捕捉底座面的端点作为坐标系原点。

Step03 ▸ 向上引导光标拾取一点定义 X 轴。

Step04 ▸ 继续捕捉端点定义 Y 轴。定义过程及结果如图 11-72 所示。

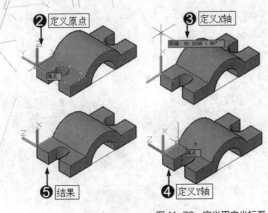

图 11-72 定义用户坐标系

2.创建圆柱体

下面创建半径为 19mm、高度为 22mm 的圆柱体。

Step01 ▶ 单击【建模】工具栏上的"圆柱体"按钮。

Step02 ▶ 激活【自】选项，输入"0,0,0"，以坐标系原点作为参照点。

Step03 ▶ 输入"@55,60,0"，按 Enter 键，确定圆柱体的圆心。

Step04 ▶ 输入"19"，按 Enter 键，指定圆柱体的半径。

Step05 ▶ 输入"－22"，按 Enter 键，指定圆柱体的高度。创建过程及结果如图 11-73 所示。

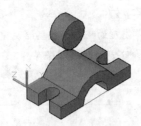

图 11-73 创建圆柱体

3.继续创建另一个圆柱体

继续创建半径为 11mm、高度为 22mm 的另一个圆柱体，如图 11-74 所示。

图 11-74 创建另一个圆柱体

4.差集运算

下面将两个圆柱体进行差集运算。

Step01 ▶ 单击【建模】工具栏上的"差集"按钮。

Step02 ▶ 选择半径为 19mm 的圆柱体，按 Enter 键，结束选择。

Step03 ▶ 选择半径为 11mm 的圆柱体。

Step04 ▶ 按 Enter 键，完成差集，如图 11-75 所示。

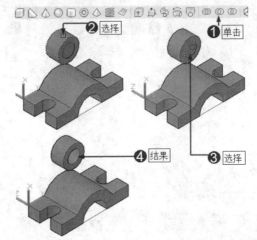

图 11-75 差集运算

5.创建肋板直线

Step01 ▶ 设置"二维线框"模式。

Step02 ▶ 单击【绘图】工具栏中的"直线"按钮。

Step03 ▶ 捕捉端点作为直线的起点。

Step04 ▶ 捕捉切点作为直线的端点。

Step05 ▶ 按 Enter 键，绘制直线，如图 11-76 所示。

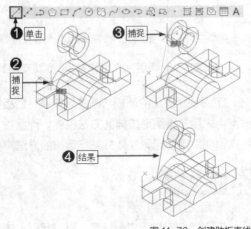

图 11-76 创建肋板直线

6. 创建肋板另一条直线

Step01 ▸ 单击【绘图】工具栏中的"直线"按钮 ╱。

Step02 ▸ 捕捉端点作为直线的起点。

Step03 ▸ 捕捉切点作为直线的另一点。

Step04 ▸ 按 Enter 键，绘制直线，如图 11-77 所示。

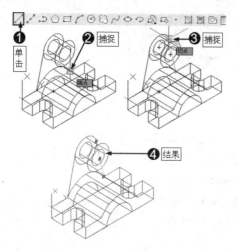

图 11-77　创建肋板另一条直线

7. 定义坐标系

Step01 ▸ 输入"UCS"，按 Enter 键，激活【UCS】命令。

Step02 ▸ 捕捉圆柱体右圆心作为坐标系原点。

Step03 ▸ 捕捉右象限点定义 X 轴。

Step04 ▸ 继续捕捉上象限点定义 Y 轴。定义过程及结果如图 11-78 所示。

8. 复制直线

Step01 ▸ 单击【修改】工具栏中的"复制"按钮 ╦。

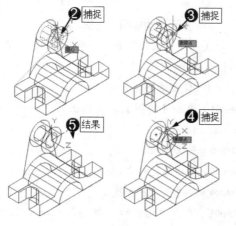

图 11-78　定义坐标系

Step02 ▸ 选择刚绘制的两条直线。

Step03 ▸ 按 Enter 键，结束选择。

Step04 ▸ 捕捉端点。

Step05 ▸ 沿 Z 轴正方向引导光标，输入"18"，设置复制距离。

Step06 ▸ 按 Enter 键，对直线进行复制，如图 11-79 所示。

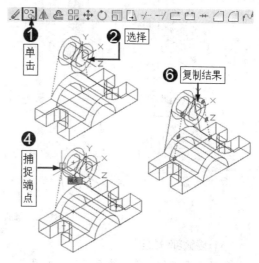

图 11-79　复制直线

9. 绘制肋板上下两端的轮廓线

　　输入"L"，激活【直线】命令，配合端点捕捉功能，绘制肋板上下两端的轮廓线，绘制结果如图 11-80 所示。

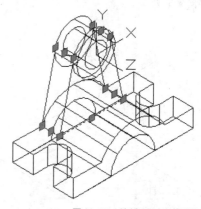

图 11-80　绘制肋板上下两端的轮廓线

10. 绘制圆弧

Step01 ▸ 单击菜单栏中的【绘图】/【圆弧】/【圆心、起点、端点】命令。

Step02 ▸ 激活【自】功能，输入"0,0,0"，按 Enter 键，以坐标系原点作为参照点。

Step03 ▸ 输入 "@0,0,－4"，按 Enter 键，确定圆弧的圆心。

Step04 ▸ 捕捉端点。

Step05 ▸ 捕捉另一端点。绘制过程及结果如图 11-81 所示。

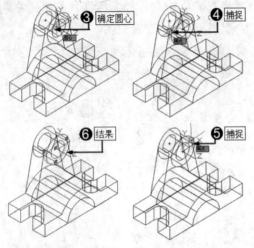

图 11-81　绘制圆弧

11. 隐藏部分模型

　　为了便于操作，将底座面模型放入 "底座面" 层并将该层隐藏；将圆柱体放入 "圆柱层" 并将该层隐藏，结果如图 11-82 所示。

12. 创建平移网格

Step01 ▸ 单击【绘图】菜单中的【建模】/【网格】/【平移网格】命令。

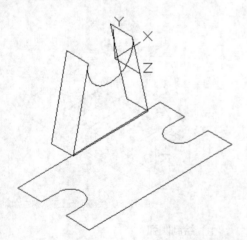

图 11-82　隐藏部分模型

Step02 ▸ 单击左边斜线。

Step03 ▸ 单击下方水平线。创建过程及结果如图 11-83 所示。

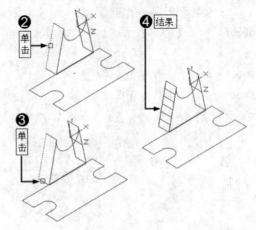

图 11-83　创建平移网格

13. 创建另一个平移网格

Step01 ▸ 按 Enter 键，重复执行【平移网格】命令。

Step02 ▸ 单击右边斜线。

Step03 ▸ 单击上方水平线。创建过程及结果如图 11-84 所示。

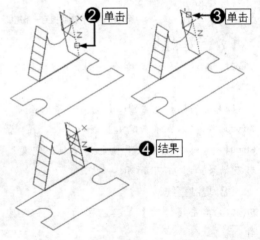

图 11-84　创建另一个平移网格

14. 关闭 "肋板面" 图层

　　关闭 "肋板面" 图层，并将刚创建的两个网格曲面放置到此图层上。

15. 创建面域

Step01 ▸ 单击【绘图】工具栏上的 "面域" 按钮 ⬚。

Step02 ▸ 单击圆弧。

Step03 ▸ 单击左边斜线。

Step04 ▸ 单击下方水平线。

Step05 ▸ 单击右边斜线，创建结果如图 11-85 所示。

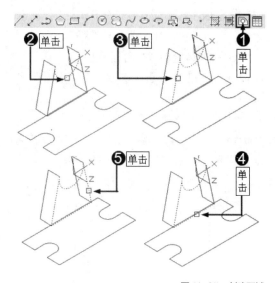

图 11-85　创建面域

16. 保存文件

至此，该零件绘制完毕，将绘制结果命名并保存。

技术看板 面域具有三维模型的一切特征，创建完面域之后，可以将"二维线框"视觉样式设置为"概念"或者"着色"视觉样式，即可查看面域效果，如图 11-86 所示。

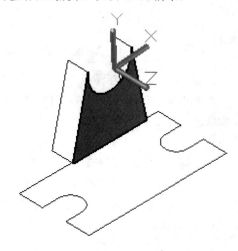

图 11-86　查看面域效果

11.7.4　创建支座凸台模型

素材文件	效果文件 \ 第 11 章 \ 创建支座零件肋板与圆柱体模型 .dwg
效果文件	效果文件 \ 第 11 章 \ 创建支座零件凸台模型 .dwg
视频文件	专家讲堂 \ 第 11 章 \ 创建支座零件凸台模型 .swf

下面将采用二维图形拉伸的方法创建凸台模型。

操作步骤

1. 绘制凸台二维图线

Step01 ▶ 单击【绘图】工具栏上的"直线"按钮 ✏。

Step02 ▶ 激活【自】选项，捕捉圆弧的圆心。

Step03 ▶ 输入 "@0,-26,0"，按 Enter 键，确定线的起点。

Step04 ▶ 引出水平追踪线，捕捉追踪线与肋板斜线的交点。

Step05 ▶ 捕捉左肋板下端点。

Step06 ▶ 捕捉右肋板下端点。

Step07 ▶ 按 Enter 键，绘制结果如图 11-87 所示。

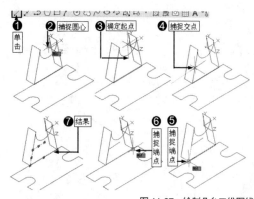

图 11-87　绘制凸台二维图线

2. 延伸图线

Step01 ▶ 单击修改工具栏上的"延伸"按钮 ⟶。

Step02 ▶ 单击右侧肋板的斜线作为延伸边界。

Step03 ▶ 按 Enter 键，在水平图线的右端单击进行延伸。延伸过程及结果如图 11-88 所示。

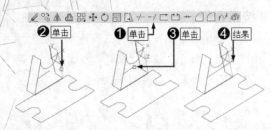

图 11-88　延伸图线

3. 绘制凸台的另一条图线

再次激活【直线】命令，配合【端点】捕捉功能，绘制凸台的另一条图线，结果如图 11-89 所示。

4. 关闭"凸台面"之外的其他图层

将绘制的凸台线放入"凸台面"图层，并将除"凸台面"之外的其他图层全部关闭，结果如图 11-90 所示。

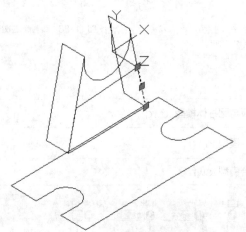

图 11-89　绘制凸台的另一条图线

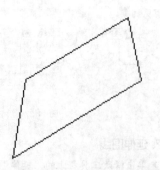

图 11-90　关闭"凸台面"之外的其他图层

5. 将凸台面创建为一个闭合边界

执行【绘图】/【边界】命令，将创建的凸台面创建为一个闭合边界。

|**技术看板**| 创建边界的相关方法可参阅前面章节相关内容的讲解，在此不再赘述。

6. 拉伸边界创建凸台面模型

Step01 ▸ 单击【建模】工具栏中的"拉伸"按钮🔲。

Step02 ▸ 选择创建的边界。

Step03 ▸ 输入"36"，按 Enter 键，设置拉伸高度。拉伸过程及结果如图 11-91 所示。

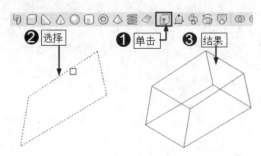

图 11-91　拉伸边界

7. 显示被隐藏的图层并设置视觉样式

显示被隐藏的"底座面""肋板面"和"柱体面"图层，并设置"概念"视觉样式，效果如图 11-92 所示。

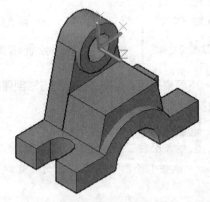

图 11-92　被隐藏的图层的显示效果

8. 定义用户坐标系

使用【UCS】命令将 X 轴旋转 90°，以定义用户坐标系。

9. 拉伸圆柱体

Step01 ▸ 单击【建模】工具栏中的"圆柱体"按钮🔲。

Step02 ▸ 配合【中点】捕捉和【交点】捕捉功能，由凸台面水平边中点引出追踪线，捕捉追踪线的交点作为圆心。

Step03▶ 输入"10",按 Enter 键,设置圆柱体的半径。

Step04▶ 输入"－24",按 Enter 键,设置圆柱体的拉伸高度。拉伸过程及结果如图 11-93 所示。

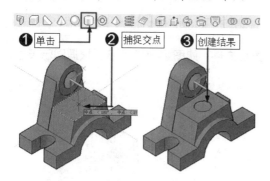

图 11-93 拉伸圆柱体

10. 差集运算完善凸台模型

Step01▶ 单击【建模】工具栏上的"差集"按钮 ◎ 。

Step02▶ 单击选择图台模型,按 Enter 键,结束选择。

Step03▶ 单击创建的圆柱体。

Step04▶ 按 Enter 键,差集过程及结果如图

11-94 所示。

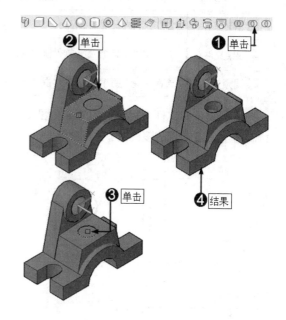

图 11-94 差集运算

11. 保存文件

至此,支座零件模型创建完毕,执行【另存为】命令,将图形进行保存。

11.8 综合自测

11.8.1 软件知识检验——选择题

(1)【曲面圆角】命令与【圆角】命令的区别是( )。

A. 没有区别,二者都是用于处理圆角的工具。

B.【曲面圆角】命令是使用一个圆弧曲面对曲面进行处理,而【圆角】命令则是使用一条圆弧对二维图形进行处理。

C.【曲面圆角】命令是处理三维模型的角,而【圆角】命令是处理二维图形的角。

D.【曲面圆角】命令也可以处理二维图形,而【圆角】命令也可以处理曲面模型。

(2)关于【三维旋转】与【旋转】命令的说法正确的是( )。

A.【三维旋转】命令用于在三维空间旋转三维模型,而【旋转】命令用于在二维空间旋转二维图形。

B.【三维旋转】命令既可以旋转三维模型,也可以旋转二维图形,而【旋转】命令只能在二维空间旋转二维图形。

C.【三维旋转】命令只能旋转三维模型,而【旋转】命令既可以旋转三维模型,也可以旋转二维图形。

D.【三维旋转】和【旋转】命令都是用于旋转三维和二维图形的工具。

(3)UCS 是指( )。

A. 用户坐标系　　　B. 世界坐标系　　　C. 自定义坐标系　　　D. 点坐标

11.8.2 软件操作入门——根据三视图绘制机械零件三维模型

📄 素材文件	素材文件 \ 三视图 .dwg
🔖 效果文件	效果文件 \ 第 11 章 \ 软件操作入门——根基三视图绘制机械零件三维模型 .dwg
🖥 视频文件	专家讲堂 \ 第 11 章 \ 软件操作入门——根据三视图绘制机械零件三维模型 .swf

打开"素材文件"目录下的"三视图 .dwg"图形文件，如图 11-95 所示。根据图示尺寸，绘制图 11-96 所示的该机械零件三维模型。

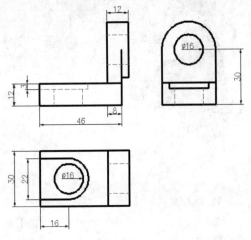

图 11-95　零件三视图

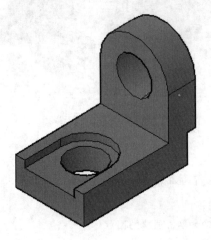

图 11-96　零件三维模型

第 12 章
轴测图与打印输出

在 AutoCAD 机械设计中，除了常见的二维平面图、二维装配图、二维剖面图、三维模型以及三维装配图之外，还有一种图形，那就是轴测图。轴测图是一种较特殊的图形，是 AutoCAD 机械设计中不可缺少的一种图形，本章就来学习机械零件轴测图的绘制方法以及机械零件图的打印输出技巧。

轴测图与打印输出

本章内容概览

知识点	功能 / 用途	难易度与应用频率
机械零件轴测图（P416）	● 认识轴测图 ● 掌握轴测图绘图环境的设置	难 易 度：★ 应用频率：★★★★★
在轴测图环境绘制二维图形（P418）	● 在轴测图环境绘制二维图形 ● 绘制轴测图	难 易 度：★★★ 应用频率：★★★★★
为轴测图标注文字和尺寸（P421）	● 为轴测图标注文字 ● 为轴测图标注尺寸	难 易 度：★★★★ 应用频率：★★★★★
综合实例	● 绘制垫块机械零件轴测图（P426） ● 绘制圆形垫块机械零件轴测图（P428） ● 绘制矩形模块机械零件轴测图（P430） ● 绘制 L 型构件机械零件轴测图（P433）	
机械零件图的打印输出（P436）	● 设置打印环境 ● 打印机械零件图	难 易 度：★★ 应用频率：★★★★★
综合自测	● 软件知识检验——选择题（P443） ● 软件操作入门——绘制底座零件轴测图（P443）	

12.1　机械零件轴测图

　　轴测图是介于二维平面图和三维立体图之间的一种特殊图形，简单的说，就是在二维绘图空间快速表达机械零件三维效果，因此，轴测图的绘图环境与二维图形和三维模型的绘图环境不同，绘制轴测图时需要重新设置绘图环境，同时还需要切换绘图平面。这一节首先了解机械零件轴测图的相关知识。

本节内容概览

知识点	功能 / 用途	难易度与应用频率
轴测图的类型与绘制方法（P416）	● 认识轴测图 ● 掌握轴测图绘图方法	难 易 度：★ 应用频率：★★★★★
设置轴测图绘图环境（P417）	● 设置轴测图绘图环境	难 易 度：★★★ 应用频率：★★★★★
切换轴测面（P417）	● 切换轴测面 ● 绘制轴测图	难 易 度：★★★ 应用频率：★★★★★

12.1.1　轴测图的类型与绘制方法

🖵 视频文件　｜　专家讲堂\第 12 章\轴测图的类型与绘制方法 .swf

　　轴测图是一种在二维空间内快速表达三维形体的最简单的方法，通过轴测图，可以快速获得物体的外形特征信息。轴测图分为"正轴测图"和"斜轴测图"两大类，每类按轴向变形系数又分为 6 种，即"正等轴测图""正二等轴测图""正三等轴测图""斜等轴测图""斜二等轴测图"和"斜三等轴测图"。国家标准规定，轴测图一般采用"正等轴测图""正二等轴测图"和"斜二等轴测图"三种类型，必要时允许使用其他类型的轴测图。

轴测图的绘制方法一般有坐标法、切割法和组合法 3 种绘制方法。

坐标法：这种方法用于绘制完整的三维形体，一般可以使用沿坐标轴方向测量，然后按照坐标轴画出个顶点位置，最后连线绘图，如图 12-1(a) 所示。

切割法：这种方法常用于绘制三维形体的剖面图，一般是先画出完整的三维形体，然后再利用切割的方法画出不完整的部分，如图 12-1（b）所示。

组合法：这种方法常用于较复杂的三维形

体的组合，一般是将其分成若干个基本形状，在相应的位置将其画出，然后再将各部分组合起来。

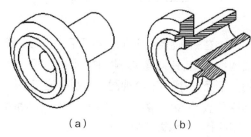

（a） （b）

图 12-1 轴测图的绘制方法

12.1.2 设置轴测图绘图环境

💻 视频文件	专家讲堂 \ 第 12 章 \ 设置轴测图绘图环境 .swf

轴测图必须在轴测图专用的绘图环境下进行绘制，而系统默认的绘制环境并不能绘制轴测图，因此，在绘制轴测图时，必须首先设置轴测图的绘图环境，下面介绍轴测图绘图环境的设置方法。

⚙️ **实例引导**——设置轴测图绘图环境

Step01 ▶ 输入 "SE"，按 Enter 键，打开【草图设置】对话框。

Step02 ▶ 进入 "捕捉与栅格" 选项卡。

Step03 ▶ 在 "捕捉类型和样式" 选项组勾选 "等轴测捕捉" 单选项。

Step04 ▶ 单击 确定 按钮，完成轴测图绘图环境的设置，如图 12-2 所示。

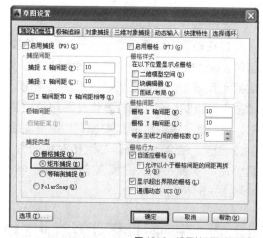

图 12-2 设置轴测图绘图环境

设置完成后，表面看来其坐标系似乎与绘图二维图形的绘图界面没有什么不同，仔细观察会发现此时十字光标发生了变化。图 12-3（a）所示是没有设置轴测图绘图环境时的十字光标显示效果，图 12-3（b）所示是设置轴测图绘制环境后的十字光标的显示效果。

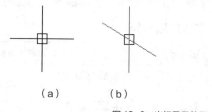

（a） （b）

图 12-3 光标显示效果

12.1.3 切换轴测面

💻 视频文件	专家讲堂 \ 第 12 章 \ 切换轴测面 .swf

当设置好轴测图绘图环境之后，在绘制轴测图时，还需要根据图形切换轴测面。轴测面就是绘图的平面。在二维绘图空间，绘图平面有俯视、前视和左视（底视、后视和右视与这 3 个视图相同），使用直线在任意一个视图来绘制一个 100mm×50mm 的矩形后，其效果如图 12-4 所示。

图 12-4 矩形

但在轴测图绘图环境，绘图平面包括"等轴测平面 左视""等轴测平面 俯视"和"等轴测平面 右视"三个视图，分别在这三个绘图平面使用直线绘制一个 100mm×50mm 的矩形时，其结果如图 12-5 所示。

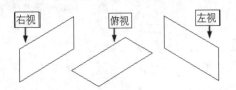

图 12-5 矩形显示效果

如在轴测图绘图环境绘制一个立方体模型时，因为立方体有 6 个面，在绘制立方体底面和顶面时，需要在"等轴测平面 俯视"绘图平面绘制；在绘制立方体左面和对称面时，需要在"等轴测平面 左视"绘图平面绘制；同样，在绘制立方体右面和对称面时，需要在"等轴测平面 右视"绘图平面绘制，如图 12-6 所示。

图 12-6 立方体模型的绘图平面

| 技术看板 | 在轴测图绘图环境，习惯将"等轴测平面 左视""等轴测平面 俯视"和"等轴测平面 右视"称为"左等轴测平面""上等轴测平面"和"右等轴测平面"。

在具体操作中，需要根据绘图需要来切换绘图平面，具体方法如下。

（1）按 F5 键，将当前轴测面切换为＜等轴测平面 俯视＞。

（2）继续按 F5 键，将当前轴测面切换为＜等轴测平面 右视＞。

（3）继续按 F5 键，将当前轴测面切换为＜等轴测平面 左视＞。

（4）连续按 F5 键，在 3 种等轴测面中进行切换。

12.2 在轴测图环境绘制二维图形

在轴测图绘图环境绘制二维图形与在三维绘图空间绘制二维图形有些相似，但还是有区别，本节学习在轴测图绘图环境绘制二维图形的相关技能。

本节内容概览

知识点	功能 / 用途	难易度与应用频率
在轴测图绘图环境绘制直线（P418）	● 在轴测图绘图环境绘制直线	难 易 度：★ 应用频率：★★★★★
在轴测图绘图环境绘制圆（P420）	● 在轴测图绘图环境绘制轴测图	难 易 度：★★★ 应用频率：★★★★★

12.2.1 在轴测图绘图环境绘制直线

💻 视频文件　专家讲堂\第 12 章\在轴测图绘图环境绘制直线 .swf

与在二维绘图空间绘制直线不同，在轴测图绘图环境绘制直线时需要配合【正交】功能，同时需要切换不同的轴测平面。下面在轴测图环境使用直线绘制图 12-7 所示的 150mm×150mm×150mm 的立方体。

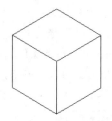

图 12-7　立方体

⚙ **实例引导**——在轴测图绘图环境绘制立方体

1. 设置绘图环境和捕捉模式

绘制等轴测图时首先需要设置绘图环境，这是必须的操作。

Step01 ▶ 创建一张空白文件，并在【草图设置】对话框设置"等轴测捕捉"模式。

Step02 ▶ 在【草图设置】对话框设置捕捉追踪等参数，如图 12-8 所示。

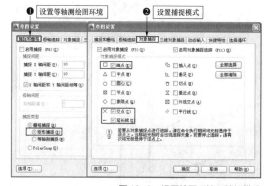

图 12-8　设置绘图环境和捕捉模式

2. 绘制立方体底面

立方体底面图形其实就是俯视图，俯视图需要在"等轴测平面 俯视"视图平面来绘制，因此，需要将当前绘图平面切换到"等轴测平面 俯视"绘图平面。

Step01 ▶ 按 F5 键将等轴测平面切换为"等轴测平面 俯视"。

Step02 ▶ 按 F8 键启用正交功能。

Step03 ▶ 输入"L"，按 Enter 键，激活直线命令。

Step04 ▶ 在绘图区单击拾取一点，然后向右下方引导光标，输入"150"，按 Enter 键，绘制底面边。

Step05 ▶ 向右上方引导光标，输入"150"，按 Enter 键，绘制另一条边。

Step06 ▶ 向左上方引导光标，输入"150"，按 Enter 键，确定另一条边。

Step07 ▶ 输入"C"，按 Enter 键，闭合图形，绘制完成立方体底面，如图 12-9 所示。

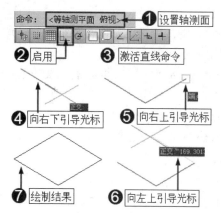

图 12-9　绘制立方体底面

3. 绘制立方体左侧面

立方体左侧面图形需要在"等轴测平面 左视"视图平面来绘制，因此，需要将当前绘图平面切换到"等轴测平面 左视"绘图平面。

Step01 ▶ 按 F5 键将等轴测平面切换为"等轴测平面 左视"。

Step02 ▶ 输入"L"，按 Enter 键，激活直线命令。

Step03 ▶ 捕捉底面左端点。

Step04 ▶ 向上引导光标，输入"150"，按 Enter 键，绘制垂直边。

Step05 ▶ 向右下方引导光标，输入"150"，按 Enter 键，绘制左侧面另一条边。

Step06 ▶ 向下方引导光标，捕捉底面右端点。

Step07 ▶ 按 Enter 键，完成立方体左侧面的绘制，如图 12-10 所示。

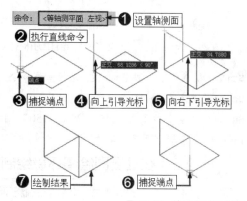

图 12-10　绘制立方体左侧面

4. 绘制立方体右侧面

立方体右侧面图形需要在"等轴测平面 右视"视图平面来绘制，因此，需要将当前绘图平面切换到"等轴测平面 右视"绘图平面。

Step01 ▸ 按 F5 功能键，将当前轴测平面切换为"等轴测平面 右视"。

Step02 ▸ 输入"L"，按 Enter 键，激活【直线】命令。

Step03 ▸ 捕捉左侧面右上端点。

Step04 ▸ 向右上方引导光标，输入"150"，按 Enter 键。

Step05 ▸ 向下引导光标，捕捉底面右端点。

Step06 ▸ 按 Enter 键，绘制结果如图 12-11 所示。

5. 绘制立方体上面

立方体上面图形与底面图形都是俯视图，俯视图需要在"等轴测平面 俯视"视图平面来绘制，因此，需要将当前绘图平面切换到"等轴测平面 俯视"绘图平面。

Step01 ▸ 按 F5 键将等轴测平面切换为"等轴测平面 俯视"。

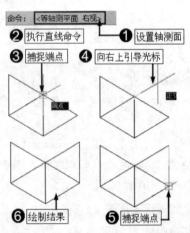

Step02 ▸ 输入"L"，按 Enter 键，激活直线命令。

Step03 ▸ 捕捉右侧面右上端点。

Step04 ▸ 向左上方引导光标，输入"150"，按 Enter 键，绘制上表面一条边。

图 12-11 绘制立方体右侧面

12.2.2 在轴测图绘图环境绘制圆

💻 视频文件 | 专家讲堂\第 12 章\在轴测图绘图环境绘制圆 .swf

Step05 ▸ 向左下方引导光标，捕捉左侧面左上端点，绘制上表面另一条边。

Step06 ▸ 按 Enter 键，结束操作，完成立方体上面图形的绘制，如图 12-12 所示。

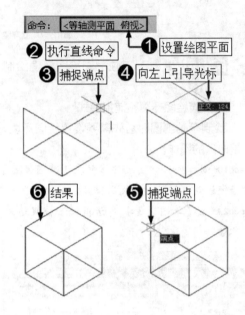

图 12-12 绘制立方体上面

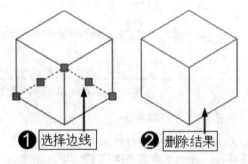

图 12-13 完善立方体

6. 完善立方体

下面选择立方体下面图形的两条边将其删除，对其进行完善。

Step01 ▸ 在无任何命令发出的情况下单击选择下表面两条边线使其夹点显示。

Step02 ▸ 按 Delete 键将其删除，结果如图 12-13 所示。

在轴测图绘图环境绘制圆与在二维绘图空间绘制圆不同。在轴测图绘图模式下绘制圆时不能使用【圆】命令，而要使用【椭圆】命令，配合"等轴测圆"功能来绘制，绘制的图形称为"等轴测圆"。下面在 12.2.1 节绘制的立方体的左平面、右平面和上平面内绘制半径为 50mm 的等轴测圆，结果如图 12-14 所示。

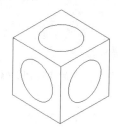

图 12-14　在立方体平面上绘制圆

⚙ **实例引导**——在等轴测绘图环境绘制圆

下面首先在立方体的上表面绘制等轴测圆，绘制时需要在"等轴测平面 俯视"绘图平面来绘制。

Step01 ▶ 按 F5 键将等轴测平面切换为"等轴测平面 俯视"。

Step02 ▶ 单击【绘图】工具栏中的"椭圆"按钮 ⬭。

Step03 ▶ 输入"I"，按 Enter 键，激活"等轴测圆"选项。

Step04 ▶ 配合端点捕捉功能，由立方体上表面对角线引出水平和垂直追踪线，捕捉追踪线的交点作为圆心。

Step05 ▶ 输入"50"，设置圆的半径。

Step06 ▶ 按 Enter 键，绘制结果如图 12-15 所示。

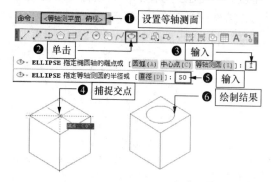

图 12-15　在等轴测绘图环境绘制圆

练一练 尝试继续在立方体左表面和右表面绘制图 12-16 所示的半径为 50mm 的等轴测圆，绘制时注意等轴测面的切换以及圆心位置的确定。

12.3　为轴测图标注文字和尺寸

与其他二维图形一样，当绘制好轴测图之后，有时还需要为轴测图标注文字注释和尺寸，本节学习为轴测图标注文字注释和尺寸的相关技能。

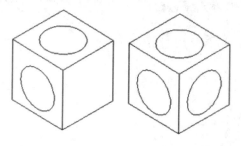

图 12-16　等轴测圆

本节内容概览

知识点	功能 / 用途	难易度与应用频率
为轴测图标注文字注释（P422）	● 为轴测图标注文字注释	难易度：★ 应用频率：★★★★★
为轴测图标注尺寸（P423）	● 为轴测图标注尺寸	难易度：★★★ 应用频率：★★★★★

12.3.1 为轴测图标注文字注释

📺 视频文件	专家讲堂＼第12章＼为轴测图标注文字注释.swf

为轴测图标注文字注释与为二维图形标注文字注释不同，除了需要设置文字样式之外，在输入文本时还要根据轴测面设置文字的旋转角度。下面在立方体的不同轴测面内输入文本，其效果如图12-17所示。

图12-17　在不同轴测面书写文本

⚙️ 实例引导——为轴测图标注文字注释

1. 设置文字样式

Step01▸ 执行【格式】/【文字样式】命令，打开【文字样式】对话框。

Step02▸ 分别新建名为"左等轴测""右等轴测"和"上等轴测"3种文字样式，并设置文字字体均为"宋体"，其中"左等轴测"文字倾斜角度为－30，"右等轴测"和"上等轴测"文字倾斜角度为30，其他设置默认，如图12-18所示。

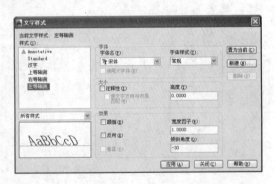

图12-18　设置文字样式

｜技术看板｜ 设置文字样式的详细操作，在前面章节已经做了详细讲解，在此不再赘述。

2. 在立方体上表面书写文字

在立方体的上表面书写文字时，需要将绘图平面切换为"等轴测平面 俯视"，同时还需

要将"上等轴测"的文字样式设置为当前文字样式。

Step01▸ 在【文字样式】对话框将"上等轴测"文字样式设置为当前样式，然后关闭该对话框。

Step02▸ 按F5键，将当前绘图平面切换为"等轴测平面 俯视"。

Step03▸ 单击菜单栏中的【绘图】/【文字】/【单行文字】命令。

Step04▸ 捕捉立方体上表面圆的圆心。

Step05▸ 输入"15"，按Enter键，设置文字高度。

Step06▸ 输入"－30"，按Enter键，设置文字旋转角度。

Step07▸ 输入"上等轴测平面"字样。

Step08▸ 按2次Enter键退出单行文字样式，书写结果如图12-19所示。

练一练 尝试继续在立方体左表面和右表面标注文字注释，标注时注意等轴测面的切换以及文字样式的选择，另外，在"左等轴测"面标注时文字旋转角度为"－30"，在"右等轴测"面标注时文字旋转角度为"30"，标注结果如图12-20所示。

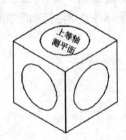

图12-19　在立方体上表面 书写文字

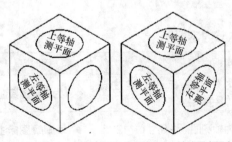

图12-20　在立方体左、右表面书写文字

12.3.2　为轴测图标注尺寸

🖥 视频文件 ｜ 专家讲堂 \ 第 12 章 \ 为轴测图标注尺寸 .swf

在轴测图中标注尺寸与一般的尺寸标注不同，首先需要设置标注样式，然后使用【对齐】命令标注尺寸，最后还需要对标注的尺寸进行编辑，使其能与轴测面平行。下面继续为立方体标注尺寸，标注结果如图 12-21 所示。

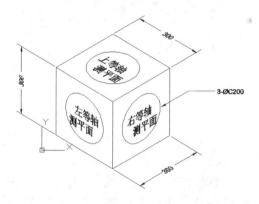

图 12-21　为立方体标注尺寸

⚙ **实例引导**——为轴测图标注尺寸

1. 设置标注样式

标注尺寸前需要设置一种标注样式，在此将现有的样式进行修改即可，也可以重新设置一种标注样式。

Step01 ▶ 执行【格式】/【标注样式】命令打开【标注样式】对话框。

Step02 ▶ 选择 "Standard" 的样式。

Step03 ▶ 单击 修改 (M)... 按钮。

Step04 ▶ 打开【修改标注样式：Standard】对话框。

Step05 ▶ 在【调整】选项卡下修改其 "使用全局比例" 为 10。

Step06 ▶ 单击按钮关闭该对话框，如图 12-22 所示。

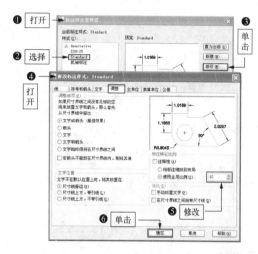

图 12-22　设置标注样式

2. 标注尺寸

下面为立方体标注尺寸，标注尺寸时要在 "尺寸层" 进行标注，另外，要使用【对齐】标注命令，配合【端点】捕捉功能进行标注，最后对标注的尺寸进行修改，使其能满足图形的标注要求。

Step01 ▶ 单击【标注】工具栏上的 "对齐" 按钮。

Step02 ▶ 捕捉立方体上表面的右端点。

Step03 ▶ 捕捉立方体上表面的上端点。

Step04 ▶ 向右引导光标，在合适的位置单击确定标注位置。标注过程及结果如图 12-23 所示。

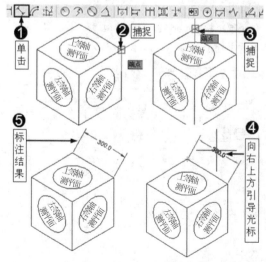

图 12-23　标注尺寸

3. 标注其他尺寸

使用相同的方法标注其他尺寸，标注结果如图 12-24 所示。

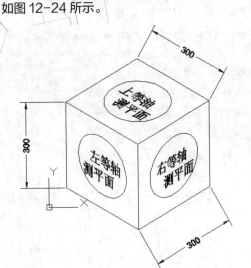

图 12-24　标注其他尺寸

4. 编辑尺寸线

标注完毕后会发现尺寸线的方向与图形不符，下面需要对标注线进行编辑，使其符合图形要求。

Step01▶ 单击【标注】工具栏上的"编辑标注"按钮。

Step02▶ 输入"O"，按 Enter 键，激活"倾斜"选项。

Step03▶ 选择右上角的尺寸。

Step04▶ 按 Enter 键，结束选择，输入倾斜角度"30"。

Step05▶ 按 Enter 键，编辑过程及结果如图 12-25 所示。

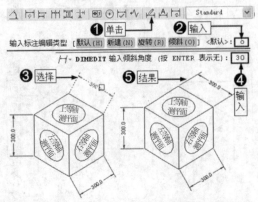

图 12-25　编辑尺寸线

5. 编辑其他尺寸线

尝试使用相同的方法，对左边尺寸标注设置倾斜度为 −30° 进行编辑，对下方尺寸标注设置倾斜度为 −30° 进行编辑，结果如图 12-26 所示。

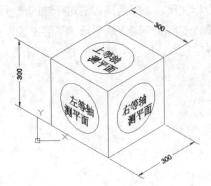

图 12-26　编辑其他尺寸线

6. 编辑尺寸文字

编辑完尺寸线之后，会发现尺寸文字仍然与图形不符，下面还需要对尺寸文字进行编辑。编辑尺寸文字时，只需要为不同轴测面的尺寸文字选择合适的文字样式即可。

Step01▶ 在没有任何命令发出的情况下选择左边和右上方的尺寸，使其夹点显示。

Step02▶ 在【样式】工具栏上的"文字样式控制"下拉列表，修改其文字样式为"上等轴测"。

Step03▶ 按 Esc 键取消夹点显示，编辑过程及结果如图 12-27 所示。

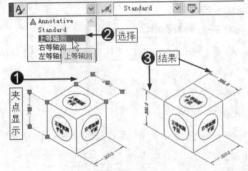

图 12-27　修改文字样式为"上等轴测"

7. 修改文字样式

使用相同的方法夹点显示下方的尺寸，然后展开【样式】工具栏上的"文字样式控制"下拉列表，修改文字样式为"左等轴测"，取消夹点显示，编辑结果如图 12-28 所示。

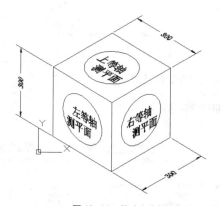

图 12-28 修改文字样式为"左等轴测"

8. 标注圆的直径尺寸

在轴测图中标注圆的直径尺寸时，可以使用引线来标注。需要注意的是，要事先设置引线样式。

Step01 ▶ 使用快捷键"LE"激活【引线】命令。

Step02 ▶ 输入"S"，按 Enter 键，打开【引线注释】对话框。

Step03 ▶ 在"注释"选项卡和"引线和箭头"选项卡设置参数，如图 12-29 所示。

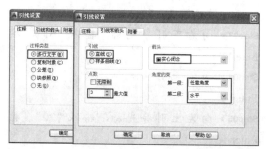

图 12-29 设置引线样式

Step04 ▶ 单击 确定 按钮关闭对话框。

Step05 ▶ 在右等轴测平面内的圆上单击拾取第 1 个引线点。

Step06 ▶ 在适当位置单击指定第 2 个引线点。

Step07 ▶ 水平引导光标，在合适位置单击拾取第 3 点，如图 12-30 所示。

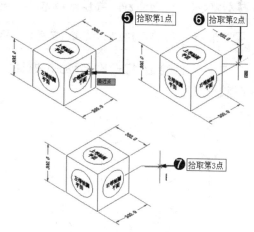

图 12-30 拾取引线点

Step08 ▶ 按两次 Enter 键，打开【文字格式】编辑器，设置文字高度和字体。

Step09 ▶ 在文本框输入"3 — %%C200"，"%%C"将转换为直径符号。

Step10 ▶ 单击 确定 按钮，标注结果如图 12-31 所示。

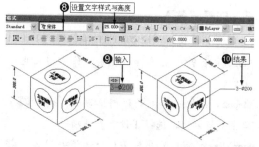

图 12-31 标注圆的直径尺寸

12.4 综合实例——绘制机械零件轴测图

学习了轴测图的基本绘制方法之后，本实例就来绘制图 12-32 所示的 4 个简单机械零件轴测图，对所学方法进行验证。

 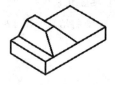 

图 12-32 零件轴测图

12.4.1 绘制垫块机械零件轴测图

📄 素材文件	素材文件 \ 机械样板 .dwt
🖊 效果文件	效果文件 \ 第 12 章 \ 实例 1——绘制垫块机械零件轴测图 .dwg
💻 视频文件	专家讲堂 \ 第 12 章 \ 实例 1——绘制垫块机械零件轴测图 .swf

本节首先绘制图 12-33 所示的垫块机械零件轴测图。

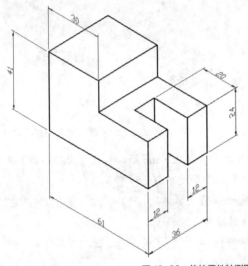

图 12-33 垫块零件轴测图

⚙️ **操作步骤**

1. 设置轴测图绘图环境和捕捉模式

Step01 ▶ 打开"机械样板 .dwt"作为当前图形文件。

Step02 ▶ 在状态栏上的"栅格显示"按钮 ▦ 上单击鼠标右键，选择【设置】选项。

Step03 ▶ 打开【草图设置】对话框并进入"捕捉和栅格"选项卡。

Step04 ▶ 设置当前的捕捉为"等轴测捕捉"。

Step05 ▶ 单击 ▭确定▭ 按钮结束此命令，如图 12-34 所示。

2. 设置绘图平面与操作图层

Step01 ▶ 按 F8 键启用正交功能。

Step02 ▶ 按 F5 键，将当前轴测平面切换为"等轴测平面 俯视"。

图 12-34 设置轴测图绘图环境和捕捉模式

Step03 ▶ 在"图层"控制下拉列表中设置"轮廓线"作为当前图层。

3. 绘制底面轮廓

Step01 ▶ 使用快捷键"L"激活【直线】命令。

Step02 ▶ 在绘图区拾取一点。

Step03 ▶ 向右下引导光标，输入"61"，按 Enter 键。

Step04 ▶ 向右上引导光标，输入"12"，按 Enter 键。

Step05 ▶ 向左上引导光标，输入"20"，按 Enter 键。

Step06 ▶ 向右上引导光标，输入"12"，按 Enter 键。

Step07 ▶ 向右下引导光标，输入"20"，按 Enter 键。

Step08 ▶ 向右上引导光标，输入"12"，按 Enter 键。

Step09 ▶ 向左上引导光标，输入"61"，按 Enter 键。

Step10 ▶ 输入"C"，按 Enter 键。闭合对象，绘制结果如图 12-35 所示。

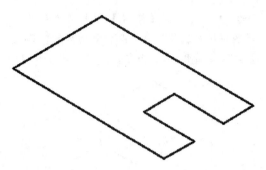

图 12-35 绘制底面轮廓

4. 绘制左侧面轮廓

Step01 ▶ 连续两次按 F5 键，将当前轴测平面切换到"等轴测平面 左视"。

Step02 ▶ 输入"L"激活【直线】命令。

Step03 ▶ 捕捉底面轮廓的左端点。

Step04 ▶ 向上引导光标，输入"41"，按 Enter 键。

Step05 ▶ 向右下引导光标，输入"30"，按 Enter 键。

Step06 ▶ 向下引导光标，输入"17"，按 Enter 键。

Step07 ▶ 向右下引导光标，输入"31"，按 Enter 键。

Step08 ▶ 向下引导光标，输入"24"，按 Enter 键。

Step09 ▶ 按 Enter 键，结束命令，绘制结果如图 12-36 所示。

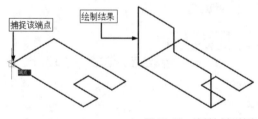

图 12-36 绘制左侧面轮廓

5. 绘制顶部轮廓

Step01 ▶ 按 F5 键，将当前轴测平面切换到"等轴测平面 俯视"。

Step02 ▶ 输入"L"激活【直线】命令。

Step03 ▶ 捕捉左侧面轮廓的上端点。

Step04 ▶ 向右上引导光标，输入"36"，按 Enter 键。

Step05 ▶ 向右下引导光标，输入"30"，按 Enter 键。

Step06 ▶ 向左下引导光标，输入"36"，按 Enter 键。

Step07 ▶ 按 Enter 键，结束命令，绘制结果如图 12-37 所示。

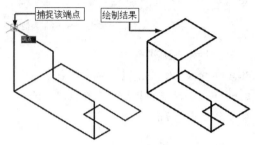

图 12-37 绘制顶部轮廓

6. 绘制右侧面轮廓

Step01 ▶ 按 F5 键，将当前轴测平面切换到"等轴测平面 右视"。

Step02 ▶ 输入"L"激活【直线】命令。

Step03 ▶ 捕捉底面轮廓右下端点。

Step04 ▶ 向下引导光标，输入"17"，按 Enter 键。

Step05 ▶ 向左引导光标，输入"36"，按 Enter 键。

Step06 ▶ 按 Enter 键，结束命令，绘制结果如图 12-38 所示。

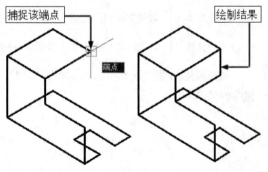

图 12-38 绘制右侧面轮廓

7. 绘制其他轮廓

Step01 ▶ 输入"CO"，激活【复制】命令。

Step02 ▶ 选择底面 6 条轮廓线。

Step03 ▶ 按 Enter 键，捕捉下端点。

Step04 ▶ 输入"@24<90"，按 Enter 键。

Step05 ▶ 按 Enter 键，绘制结果如图 12-39 所示。

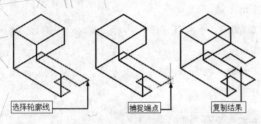

选择轮廓线　　捕捉端点　　复制结果

图 12-39　绘制其他轮廓

8. 完善轴测图

Step01▸ 输入 "L" 激活【直线】命令。

Step02▸ 配合端点捕捉绘制垂直线段，绘制结果如图 12-40 所示。

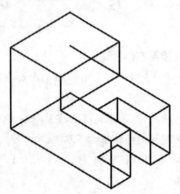

图 12-40　绘制垂直线段

12.4.2　绘制圆形垫块机械零件轴测图

📄 素材文件	素材文件 \ 机械样板 .dwt
✏️ 效果文件	效果文件 \ 第 12 章 \ 实例 2——绘制圆形垫块机械零件轴测图 .dwg
💻 视频文件	专家讲堂 \ 第 12 章 \ 实例 2——绘制圆形垫块机械零件轴测图 .swf

　　本实例绘制图 12-42 所示的圆形垫块机械零件轴测图。

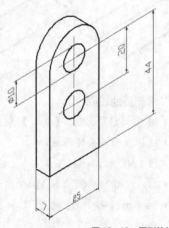

图 12-42　图形垫块轴测图

Step03▸ 综合运用【修剪】和【删除】命令，对图形进行编辑完善，去掉被遮挡的轮廓线，最终结果如图 12-41 所示。

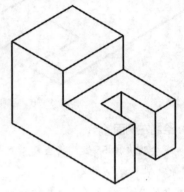

图 12-41　完善轴测图

Step04▸ 执行【另存为】命令，将该图形命名保存。

（⚙️）**操作步骤**

1. 设置轴测图绘图环境和捕捉模式

Step01▸ 打开 "机械样板 .dwt" 作为当前图形文件。

Step02▸ 在状态栏上的 "栅格显示" 按钮▦上单击鼠标右键，选择【设置】选项。

Step03▸ 打开【草图设置】对话框并进入 "捕捉和栅格" 选项卡。

Step04▸ 设置当前的捕捉为 "等轴测捕捉"。

Step05▸ 单击 ▭确定 按钮结束此命令，如图 12-43 所示。

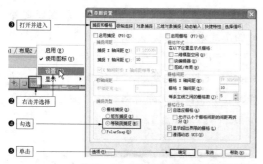

❶ 打开并进入
❷ 右击并选择
❸ 勾选
❹ 单击

图 12-43　设置轴测图绘图环境和捕捉模式

2.设置绘图平面与操作图层并绘制定位辅助线

Step01 ▶ 按 F8 键启用正交功能。

Step02 ▶ 按 F5 键，将当前轴测平面切换为"等轴测平面 俯视"。

图 12-44　绘制定位辅助线

Step03 ▶ 在"图层"控制下拉列表中设置"中心线"作为当前图层。

Step04 ▶ 输入"L"，激活【直线】命令。

Step05 ▶ 绘制图 12-44 所示的定位辅助线。

Step06 ▶ 在水平辅助线以下 20mm 复制出另一条线，完成辅助线的绘制，绘制结果如图 14-45 所示。

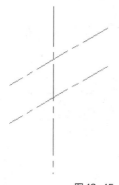

图 12-45　复制水平辅助线

3.绘制轴测圆

Step01 ▶ 将"轮廓线"层设置为当前层。

Step02 ▶ 输入"EL"，激活【椭圆】命令。

Step03 ▶ 输入"I"，按 Enter 键，激活"轴测圆"选项。

Step04 ▶ 捕捉上辅助线的交点。

Step05 ▶ 输入"D"，按 Enter 键，激活"直径"选项。

Step06 ▶ 输入"10"，按 Enter 键，结果如图 12-46 所示。

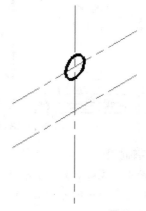

图 12-46　绘制轴测图

4.绘制另两个轴测圆

继续使用相同的方法，分别捕捉辅助线上下两个交点，绘制直径为 25mm 和 10mm 的轴测圆，绘制结果如图 12-47 所示。

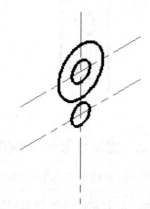

图 12-47　绘制另两个轴测图

5.绘制轮廓线

Step01 ▶ 输入"L"，激活【直线】命令。

Step02 ▶ 捕捉直径为 25mm 的圆与水平辅助线的交点。

Step03 ▶ 向下引导光标，输入"44"，按 Enter 键。

Step04 ▶ 向左上角引导光标输入"25"，按 Enter 键。

Step05 ▶ 向上引导光标，捕捉直径为 25mm 的圆与水平辅助线的另一个交点。

Step06 ▶ 按 Enter 键，绘制结果如图 12-48 所示。

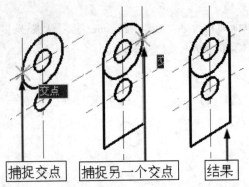

图 12-48　绘制轮廓线

6. 完善轴测图

Step01 ▶ 下面使用【修剪】命令，以两条轮廓线作为修剪边，对直径为 25mm 的圆进行修剪，修剪结果如图 12-49 所示。

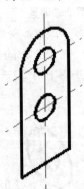

图 12-49　修剪圆

Step02 ▶ 激活复制命令，对除两个轴测圆之外的轮廓线进行复制，基点为任意点，目标点为"@7<150"，结果如图 12-50 所示。

Step03 ▶ 使用直线命令，配合"切点"捕捉功能，在轴测图右上方绘制切线，在左下方位置补画轮廓线，如图 12-51 所示。

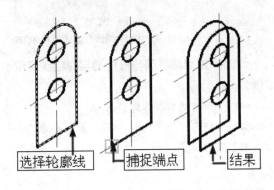

图 12-50　复制轮廓线

Step04 ▶ 使用【修剪】命令进行修剪，并删除多余图线，绘制结果如图 12-52 所示。

Step05 ▶ 最后将该结果保存。

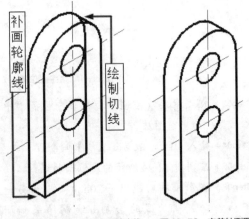

图 12-51　绘制切线及补画轮廓线　　图 12-52　完善轴测图

12.4.3　绘制矩形模块机械零件轴测图

📄 素材文件	素材文件 \ 二视图 –1.dwg	
✒ 效果文件	效果文件 \ 第 12 章 \ 绘制矩形模块机械零件轴测图 .dwg	
🖥 视频文件	专家讲堂 \ 第 12 章 \ 绘制矩形模块机械零件轴测图 .swf	

本实例根据图 12-53 所示的矩形模块二视图，绘制图 12-54 所示的矩形模块机械零件轴测图。

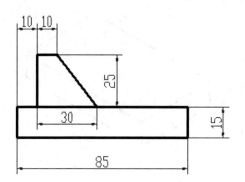

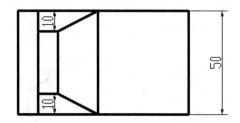

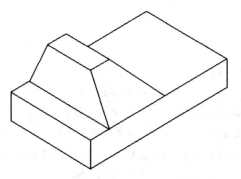

图 12-53 矩形模块二视图

图 12-55 设置轴测图绘图环境和捕捉模式

2.设置绘图平面并绘制定位辅助线

Step01 ▶ 按 F8 键启用正交功能。

Step02 ▶ 按 F5 键，将当前轴测平面切换为"等轴测平面 俯视"。

Step03 ▶ 输入"L"，激活【直线】命令。

Step04 ▶ 绘制图 12-56 所示的定位辅助线。

图 12-56 定位辅助线

Step05 ▶ 按 F5 键，将当前轴测平面切换为"等轴测平面 左视"。

Step06 ▶ 继续以两条辅助线的交点为起点，绘制垂直辅助线，如图 12-57 所示。

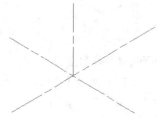

图 12-57 垂直辅助线

3.绘制底面轮廓

Step01 ▶ 按 F5 键，将当前等轴测平面转化为"等轴测平面 俯视"。

Step02 ▶ 将"轮廓线"设置为当前图层。

Step03 ▶ 输入"PL"，激活【多段线】命令。

Step04 ▶ 捕捉辅助线的交点。

Step05 ▶ 向右下移动光标，输入"25"，按 Enter 键。

图 12-54 矩形模块轴测图

⚙ 操作步骤

1.设置轴测图绘图环境和捕捉模式

Step01 ▶ 设置"点划线"图层为当前图层。

Step02 ▶ 在状态栏上的"栅格显示"按钮 ▦ 上单击鼠标右键，选择【设置】选项。

Step03 ▶ 打开【草图设置】对话框并进入"捕捉和栅格"选项卡。

Step04 ▶ 设置当前的捕捉模式为"等轴测捕捉"。

Step05 ▶ 单击 确定 按钮结束此命令，如图 12-55 所示。

Step06 ▶ 向右上移动光标，输入"85"，按 Enter 键。

Step07 ▶ 向左上移动光标，输入"50"，按 Enter 键。

Step08 ▶ 向左下移动光标，输入"85"，按 Enter 键。

Step09 ▶ 输入"C"，按 Enter 键，闭合对象，绘制结果如图 12-58 所示。

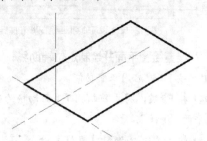

图 12-58　绘制底面轮廓

4. 复制轮廓线

输入"CO"，激活【复制】命令，以辅助线的交点为基点，以"@15<90"为目标点，对轮廓线进行复制，复制结果如图 12-59 所示。

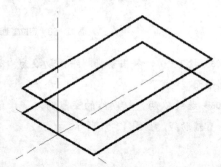

图 12-59　复制轮廓线

5. 补画图线并修剪图形

Step01 ▶ 输入"L"，激活【直线】命令。

Step02 ▶ 配合"端点"捕捉功能补画图线，如图 12-60 所示。

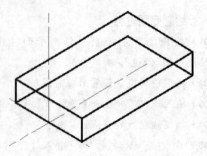

图 12-60　补画图线

Step03 ▶ 输入"TR"激活【修剪】命令。

Step04 ▶ 以垂直轮廓线为修剪边，对底面轮廓线进行修剪，修剪结果如图 12-61 所示。

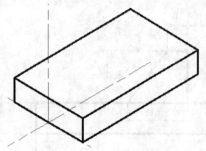

图 12-61　修剪图形

6. 分解轮廓线

Step01 ▶ 输入"X"，激活【分解】命令。

Step02 ▶ 选择图 12-62 所示的上侧的闭合多段线。

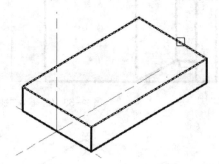

图 12-62　分解轮廓线

Step03 ▶ 按 Enter 键，将其分解。

7. 偏移和延伸轮廓线

Step01 ▶ 输入"OFF"，激活【偏移】命令。

Step02 ▶ 将轴测图上平面左侧水平轮廓线向右上偏移 10mm、20mm 和 40mm，如图 12-63 所示。

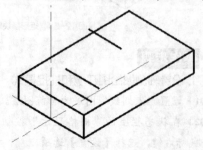

图 12-63　偏移左侧水平轮廓线

Step03 ▶ 继续将轴测图上平面左侧、上侧和右侧垂直轮廓线分别向内偏移 10mm，偏移结果如图 12-64 所示。

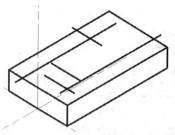

图 12-64　继续偏移轮廓线

Step04▸ 输入"EX"激活【延伸】命令。

Step05▸ 以上平面左右两条垂直边作为延伸边界，对偏移的水平图线进行延伸，绘制结果如图 12-65（a）所示。

8. 创建边界

Step01▸ 单击【绘图】/【边界】命令。

Step02▸ 在打开的【边界创建】对话框单击 按钮。

Step03▸ 返回绘图区，在偏移图线围成的区域内单击，如图 12-65（a）所示。

Step04▸ 按 Enter 键，创建一条闭合的多段线，如图 12-65（b）所示。

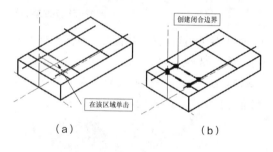

（a）　　　　　　　　　（b）

图 12-65　创建边界

9. 完善轴测图

Step01▸ 输入"M"激活【移动】命令。

Step02▸ 选择刚创建的闭合多段线编辑，以任一点为基点，以"@25<90"为目标点进行位

移，绘制结果如图 12-66 所示。

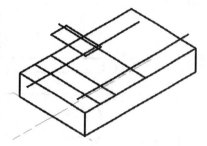

图 12-66　位移图线

Step03▸ 输入"L"，激活【直线】命令，配合"端点"捕捉功能补画其他图线，绘制结果如图 12-67 所示。

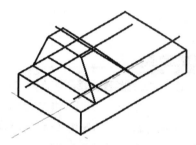

图 12-67　补画图线

Step04▸ 综合【修剪】和【删除】命令，对轴测图的轮廓线进行修剪，并删除多余图线，最终结果如图 12-68 所示。

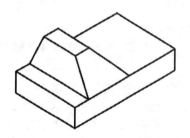

图 12-68　完善轴测图

Step05▸ 执行【另存为】命令，将该文件保。

12.4.4　绘制 L 形构件机械零件轴测图

📄 素材文件	素材文件＼三视图 -2.dwg
✒ 效果文件	效果文件＼第 12 章＼绘制 L 形构件机械零件轴测图 .dwg
🖥 视频文件	专家讲堂＼第 12 章＼绘制 L 形构件机械零件轴测图 .swf

本实例根据如图 12-69（a）所示的 L 形构件模块三视图，绘制图 12-69（b）所示的 L 形构件机械零件轴测图。

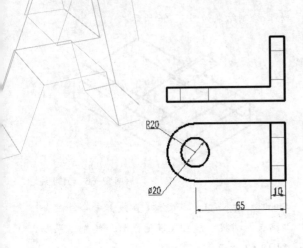

（a）

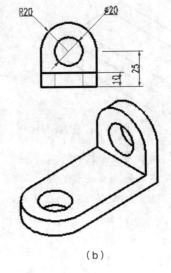

（b）

图 12-69　L 形构件

操作步骤

1. 设置轴测图绘图环境和捕捉模式

Step01▶ 设置"点画线"图层为当前图层。

Step02▶ 在状态栏上的"栅格显示"按钮 上单击鼠标右键，选择【设置】选项。

Step03▶ 打开【草图设置】对话框并进入"捕捉和栅格"选项卡。

Step04▶ 设置当前的捕捉为"等轴测捕捉"。

Step05▶ 单击 确定 按钮结束此命令，如图 12-70 所示。

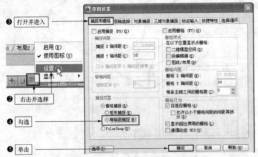

图 12-70　设置轴测图绘图环境和捕捉模式

2. 设置绘图平面并绘制定位辅助线

Step01▶ 按 F8 键启用正交功能。

Step02▶ 按 F5 键，将当前轴测平面切换为"等轴测平面 俯视"。

Step03▶ 输入"L"激活【直线】命令。

Step04▶ 绘制图 12-71 所示的定位辅助线。

图 12-71　定位辅助线

Step05▶ 按 F5 键，将当前轴测平面切换为"等轴测平面 左视"。

Step06▶ 继续以两条辅助线的交点为起点，绘制垂直辅助线，如图 12-72 所示。

图 12-72　垂直辅助线

3. 绘制底面轮廓

Step01▶ 按 F5 键，将当前等轴测平面转化为"等轴测平面 俯视"。

Step02▶ 将"轮廓线"设置为当前图层。

Step03▶ 使用快捷键 L 激活【直线】命令。

Step04▶ 捕捉辅助线的交点。

Step05▶ 输入"@20<-30"，按 Enter 键。

Step06▶ 输入"@65<30"，按 Enter 键。

Step07▶ 输入"@40<150"，按 Enter 键。

Step08▶ 输入 "@65<－150"，按 Enter 键。

Step09▶ 输入 "C"，按 Enter 键，结束命令，绘制结果如图 12-73 所示。

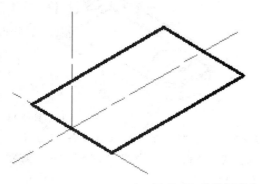

图 12-73 绘制底面轮廓

4.绘制轴测圆

Step01▶ 输入 "EL" 激活【椭圆】命令。

Step02▶ 输入 "I"，按 Enter 键，激活 "等轴测圆" 选项。

Step03▶ 捕捉辅助线的交点。

Step04▶ 输入 "D"，按 Enter 键，激活 "直径" 选项。

Step05▶ 输入 "20"，按 Enter 键，设置轴测圆半径。

Step06▶ 按 Enter 键，重复执行命令。

Step07▶ 输入 "I"，按 Enter 键，激活 "等轴测圆" 选项。

Step08▶ 捕捉辅助线交点。

Step09▶ 输入 "20"，按 Enter 键，绘制结果如图 12-74 所示。

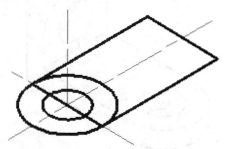

图 12-74 绘制轴测圆

5.修剪与复制轮廓线

Step01▶ 输入 "TR" 激活【修剪】命令。

Step02▶ 以两条直线作为修剪边界，对外侧的轴测圆进行修剪，并删除不需要的轮廓线，修剪结果如图 12-75 所示。

Step03▶ 输入 "CO" 激活【复制对象】命令。

Step04▶ 选择修剪后的图形，按 Enter 键。

Step05▶ 捕捉辅助线的交点。

Step06▶ 输入 "@10<90"，按 Enter 键，复制结果如图 12-76 所示。

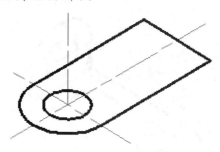

图 12-75 修剪轮廓线

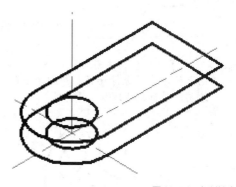

图 12-76 复制轮廓线

6.绘制左侧面轮廓线

Step01▶ 通过按 F5 键，将当前的轴测平面切换到 "等轴测平面 俯视"。

Step02▶ 输入 "L" 激活【直线】命令。

Step03▶ 捕捉右下角点。

Step04▶ 输入 "@25<90"，按 Enter 键。

Step05▶ 输入 "@40<150"，按 Enter 键。

Step06▶ 输入 "@25<－90"，按 Enter 键。

Step07▶ 按 Enter 键结束命令，绘制结果如图 12-77 所示。

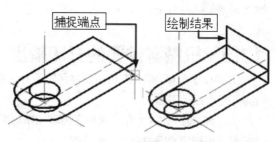

图 12-77 绘制左侧面轮廓线

7. 绘制轴测圆并修剪图形

Step01 ▸ 输入 "EL" 激活【椭圆】命令。

Step02 ▸ 以左平面水平边的中点为圆心，绘制两个半径分别为 10mm 和 20mm 的等轴测圆，如图 12-78 所示。

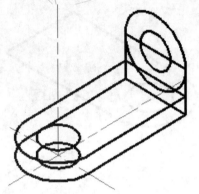

图 12-78 绘制轴测圆

Step03 ▸ 执行【修剪】和【删除】命令，将左等轴测面上的轮廓图进行修剪，并删除多余图线，绘制结果如图 12-79 所示。

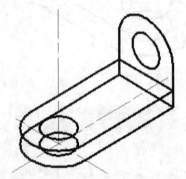

图 12-79 修剪图形

8. 复制轮廓线、绘制公切线并修剪完善轴测图

Step01 ▸ 输入 "CO" 激活【复制】命令。

Step02 ▸ 选择编辑后的左等轴测轮廓，以任一点为基点，以 "@10<-150" 为目标点，复制结果如图 12-80 所示。

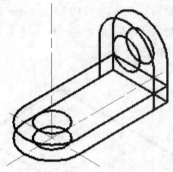

图 12-80 复制轮廓线

Step03 ▸ 输入 "L" 激活【直线】命令，配合【切点】捕捉功能绘制轴测圆的公切线，绘制结果如图 12-81 所示。

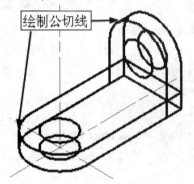

绘制公切线

图 12-81 绘制公切线

Step04 ▸ 综合使用【修剪】和【删除】命令，对轮廓图进行编辑，编辑结果如图 12-82 所示。

Step05 ▸ 最后将该文件进行保存。

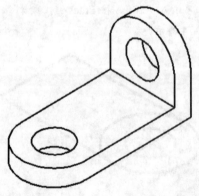

图 12-82 完善轴测图

12.5 机械零件图的打印输出

在 Auto CAD 中完成机械零件图的设计之后，还需要将设计图打印输出到图纸上，这样才算完成了整个设计工作。

AutoCAD 2014 为用户提供了模型和布局两种空间，在这两种空间都可以打印输出设计作品，本节学习机械零件图的打印输出技能。

12.5.1 设置打印环境

🖥 视频文件 | 专家讲堂\第 12 章\设置打印环境 .swf

在打印图形之前，首先需要设置打印环境，具体包括配置打印设备、定义打印图纸尺寸、添加打印样式表以及设置打印页面等。

⚙️ **实例引导**——设置打印环境

1. 添加绘图仪

绘图仪就是打印机，首先需要向计算机中添加打印机，这是设置打印环境的第一步。下面来添加名为"光栅文件格式"的绘图仪。

Step01▶ 单击菜单【文件】/【绘图仪管理器】命令，打开【Plotters】窗口，如图 12-83 所示。

图 12-83　打开【Plotters】窗口

Step02▶ 双击【添加绘图仪向导】图标，打开【添加绘图仪 - 简介】对话框，依次单击 下一步(N) > 按钮，直到打开【添加绘图仪－绘图仪型号】对话框，在该对话框中设置绘图仪型号及其生产商，如图 12-84 所示。

图 12-84　【添加绘图仪－绘图仪型号】对话框

Step03▶ 依次单击 下一步(N) > 按钮，直到打开图 12-85 所示的【添加绘图仪－绘图仪名称】对话框，用于为添加的绘图仪命名，在此采用默

认设置。

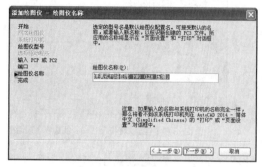

图 12-85　【添加绘图仪－绘图仪名称】对话框

Step04▶ 单击 下一步(N) > 按钮，打开【添加绘图仪－完成】对话框，单击 完成(F) 按钮，添加的绘图仪会自动出现在【Plotters】窗口内，如图 12-86 所示。

图 12-86　添加的绘图仪出现在【Plotters】窗口中

2. 定义打印图纸尺寸

图纸尺寸是保证正确打印图形的关键，尽管不同型号的绘图仪，都有适合该绘图仪规格的图纸尺寸，但有时这些图纸尺寸与打印图形很难相匹配，这时需要重新定义图纸尺寸。

Step01▶ 在【Plotters】对话框中，双击添加的绘图仪，打开【绘图仪配置编辑器】对话框。

Step02▶ 在【绘图仪配置编辑器】对话框中展开【设备和文档设置】选项卡，然后单击【自定义图纸尺寸】选项，打开【自定义图纸尺寸】选项组。

Step03▶ 单击 添加(A)... 按钮，此时系统打开【自定义图纸尺寸－开始】对话框，单击下一步(N)> 按钮，打开【自定义图纸尺寸－介质边界】对话框，然后分别设置图纸的宽度、高度以及单位，如图 12-87 所示。

图 12-87 【自定义图纸尺寸－介质边界】对话框

Step04▶ 依次单击 下一步(N)> 按钮，直至打开【自定义图纸尺寸－完成】对话框，完成图纸尺寸的自定义过程。

Step05▶ 单击 完成(F) 按钮，新定义的图纸尺寸自动出现在图纸尺寸选项组中，如图 12-88 所示。

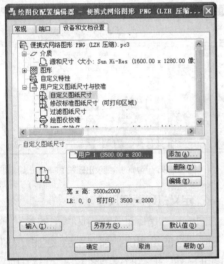

图 12-88 新定义的图纸尺寸

Step06▶ 如果需要将此图纸尺寸进行保存，可以单击 另存为(S)... 按钮；如果用户仅在当前使用一次，可以单击 确定 按钮即可。

3. 添加打印样式表

打印样式表就是一组打印样式的集合，而打印样式则用于控制图形的打印效果，修改打印图形的外观。使用【打印样式管理器】命令可以创建和管理打印样式表，下面添加名为"stb01"的颜色相关打印样式表。

Step01▶ 单击菜单【文件】/【打印样式管理器】命令，打开【Plotters】窗口。

Step02▶ 双击窗口中的【添加打印样式表向导】图标，打开【添加打印样式表】对话框。

Step03▶ 单击 下一步(N)> 按钮，在打开的【添加打印样式表－开始】对话框中勾选"创建新打印样式表"选项，然后单击 下一步(N)> 按钮。

Step04▶ 在打开的【添加打印样式表－选择打印样式表】对话框中勾选"颜色相关打印样式表"选项。

Step05▶ 单击 下一步(N)> 按钮，在打开的【添加打印样式表－文件名】对话框中为打印样式表命名，如图 12-89 所示。

图 12-89 【添加打印样式表－文件名】对话框

Step06▶ 单击 下一步(N)> 按钮，打开【添加打印样式表－完成】对话框，单击 完成 按钮，即可添加设置的打印样式表，新建的打印样式表文件图标显示在【Plot Styles】窗口中，如图 12-90 所示。

图 12-90 新建的打印样式表文件图标显示在【Plot Styles】窗口中

4. 设置打印页面

在配置好打印设备后，还需要设置打印页面参数。页面参数一般是通过【页面设置管理器】命令来设置的。

Step01▶ 执行菜单栏中的【文件】/【页面设置管理器】命令，打开【页面设置管理器】对话框，如图 12-91 所示。

图 12-91 【页面设置管理器】对话框

Step02 ▶ 单击 新建(N)... 按钮，在打开的【新建页面设置】对话框，为新页面命名，如图 12-92 所示。

图 12-92 【新建页面设置】对话框

Step03 ▶ 单击 确定(O) 按钮，打开【页面设置】对话框，如图 12-93 所示。在此对话框内可以进行打印设备的配置、图纸尺寸的匹配、打印区域的选择以及打印比例的调整等操作。

图 12-93 【页面设置】对话框

Step04 ▶ 在【打印机／绘图仪】选项组配置绘图仪设备，单击【名称】下拉列表，在展开的下拉列表框中可以选择 Windows 系统打印机或 AutoCAD 内部打印机（".Pc3" 文件）作为输出设备。

Step05 ▶ 在【图纸尺寸】下拉列表，配置图纸幅面，展开此下拉列表，在此下拉列表框内包

含了选定打印设备可用的标准图纸尺寸。

Step06 ▶ 当选择了某种幅面的图纸时，该列表右上角则出现所选图纸及实际打印范围的预览图像，将光标移到预览区中，光标位置处会显示出精确的图纸尺寸以及图纸的可打印区域的尺寸。

Step07 ▶ 在【打印区域】选项组中，设置需要输出的图形范围。展开【打印范围】下拉列表框，在此下拉列表中包含显示、窗口、范围和图形界限四种打印区域的设置方式。

Step08 ▶ 在【打印比例】选项组设置图形的打印比例，其中【布满图纸】复选项仅能适用于模型空间中的打印，当勾选该复选项后，AutoCAD 将缩放自动调整图形，与打印区域和选定的图纸等相匹配，使图形取最佳位置和比例。

Step09 ▶ 在【着色视口选项】选项组中，可以将需要打印的三维模型设置为着色、线框或以渲染图的方式进行输出。

Step10 ▶ 在【图形方向】选项组，调整图形在图纸上的打印方向。在右侧的图纸图标中，图标代表图纸的放置方向，图标中的字母 A 代表图形在图纸上的打印方向，有"纵向、横向"两种方式。

Step11 ▶ 在【打印偏移】选项组设置图形在图纸上的打印位置。默认设置下，AutoCAD 从图纸左下角打印图形。打印原点处在图纸左下角，坐标是（0,0），用户可以在此选项组中，重新设定新的打印原点，这样图形在图纸上将沿 X 轴和 Y 轴移动。

图 12-94 【打印】对话框

Step12▶ 当打印环境设置完毕后，即可进行图形的打印，执行菜单栏中的【文件】/【打印】命令，可打开图 12-94 所示的【打印】对话框，此对话框具备【页面设置】对话框中的参数设置功能，不仅可以按照已设置好的打印页面进行预览和打印图形，还可以在对话框中重新设置、修改图形的页面参数。

Step13▶ 单击 预览(P)... 按钮，可以预览图形的打印结果，单击 确定 按钮，即可对当前的页面设置进行打印。

12.5.2 快速打印机械零件图

📄 素材文件	素材文件\圆形把手轴测剖视图.dwg
✒ 效果文件	效果文件\第12章\快速打印机械零件图.dwg
🖵 视频文件	专家讲堂\第12章\快速打印机械零件图.swf

打开素材文件"圆形把手轴侧剖视图.dwg"图形文件，下面在模型空间内快速打印机械零件三视图。

⚙ **实例引导**——快速打印机械零件图

1. 配置绘图仪

Step01▶ 单击【文件】/【绘图仪管理器】命令，在打开的对话框中双击"DWF6ePlot"图标，打开【绘图仪配置编辑器 -DWF6ePlot.pc3】对话框。

Step02▶ 展开【设备和文档设置】选项卡，选择【修改标准图纸尺寸（可打印区域）】选项，在【修改标准图纸尺寸】组合框选择图 12-95 所示的图纸尺寸。

图 12-95 【设备和文档设置】选项卡

Step03▶ 单击 修改(M)... 按钮，在打开的【自定义图纸尺寸 - 可打印区域】对话框中设置参数，

如图 12-96 所示。

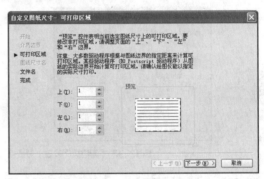

图 12-96 【自定义图纸尺寸 - 可打印区域】对话框

Step04▶ 单击 下一步(N) > 按钮，在打开的【自定义图纸尺寸 - 文件名】对话框中，列出了所修改后的标准图纸的尺寸，如图 12-97 所示。

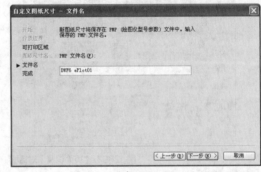

图 12-97 【自定义图纸尺寸 - 文件名】对话框

Step05▶ 依次单击 下一步(N) > 按钮，在打开的【自定义图纸尺寸 - 完成】对话框中，列出了所修改后的标准图纸的尺寸。

Step06▶ 单击 完成 按钮系统返回【绘图仪配置编辑器 -DWF6ePlot.pc3】对话框，然后单击 另存为(S)... 按钮，将当前配置进行保存。

Step07▶ 返回【绘图仪配置编辑器 -DWF 6ePlot. pc3】对话框,单击 确定 按钮,结束命令。

2.设置打印页面

Step01▶ 单击菜单【文件】/【页面设置管理器】命令,在打开的【页面设置管理器】对话框中单击 新建(N)... 按钮,为新页面命名为"精确打印"。

Step02▶ 单击 确定 按钮,打开【页面设置 - 精确打印】对话框,配置打印设备、设置图纸尺寸、打印偏移、打印比例和图形方向等参数,如图 12-98 所示。

Step03▶ 单击【打印范围】下拉列表框,在展开的下拉列表内选择【窗口】选项,返回绘图区,拖曳鼠标指针指定打印区域。

Step04▶ 此时系统自动返回【页面设置 - 模型】对话框,单击 确定 按钮返回【页面设置管理器】对话框,将创建的新页面置为当前,然后关闭该对话框。

Step05▶ 执行【文件】/【打印预览】命令,对图形进行打印预览。

Step06▶ 单击右键,选择【打印】选项,此时

系统打开【浏览打印文件】对话框,设置打印文件的保存路径及文件名进行保存。

Step07▶ 单击 保存... 按钮,系统弹出【打印作业进度】对话框,等此对话框关闭后,打印过程即可结束。

Step08▶ 最后执行【另存为】命令,将图形命名保存。

图 12-98 设置打印参数

12.5.3 精确打印机械零件图

📄 素材文件	素材文件 \ 圆形把手轴测剖视图 .dwg
✒ 效果文件	效果文件 \ 第 12 章 \ 精确打印机械零件图 .dwg
🖥 视频文件	专家讲堂 \ 第 12 章 \ 精确打印机械零件图 .swf

打开"圆形把手轴测图 dwg"图形文件,下面通过在布局空间内按照 1:100 的精确出图比例,将该零件图打印输出到 2 号标准图纸上。

实例引导——精确打印机械零件图

Step01▶ 单击绘图区下方的" 布局2 "标签,进入"布局 1"空间,然后删除系统自动产生的视口。

Step02▶ 单击菜单【文件】/【页面设置管理器】命令,在打开的【页面设置管理器】对话框中单击 新建(N)... 按钮,为新页面命名为"精确打印",然后单击 确定 按钮,打开【页面设置 - 布局 1】对话框。

Step03▶ 在该对话框配置打印设备、设置图纸

尺寸、打印偏移、打印比例和图形方向等参数,如图 12-99 所示。

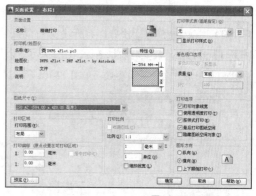

图 12-99 设置打印参数

Step04▶ 单击 确定 按钮返回【页面设置管理器】对话框,将刚创建的新页面置为当前。

Step05 ▶ 单击菜单【视图】/【视口】/【一个视口】命令，然后拖曳鼠标指针创建一个矩形视口，将零件图从模型空间添加到布局空间，如图 12-100 所示。

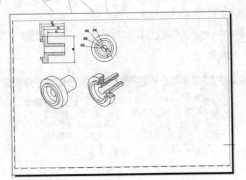

图 12-100　将零件图从模型空间添加到布局空间

12.5.4　多视口打印机械零件图

📄 素材文件	效果文件 \ 第 10 章 \ 支座零件肋板模型 .dwg
✏️ 效果文件	效果文件 \ 第 12 章 \ 多视口打印机械零件图 .dwg
🖥️ 视频文件	专家讲堂 \ 第 12 章 \ 多视口打印机械零件图 .swf

　　打开素材文件，下面继续以并列视图的方式打印支座零件三维模型。

⚙️ **实例引导**——多视口打印机械零件图

Step01 ▶ 单击 布局1 标签，进入布局空间，使用快捷键 E 激活【删除】命令，删除系统自动产生的矩形视口。

Step02 ▶ 单击菜单【文件】/【页面设置管理器】命令，在打印的【页面设置管理器】对话框中单击 新建(N)... 按钮，为新页面赋名为"多视口打印"。

Step03 ▶ 单击 确定 按钮，打开【页面设置 - 布局1】对话框，设置打印机名称、图纸尺寸、打印比例和图形方向等页面参数，如图 12-101 所示。

图 12-101　设置打印参数

Step06 ▶ 单击状态栏上的 图纸 按钮，激活刚创建的视口，打开【视口】工具栏，调整比例为1:100，然后使用【实时平移】工具调整图形的出图位置。

Step07 ▶ 单击 模型 按钮返回图纸空间，执行【打印】命令，在开的【打印 - 布局 1】对话框单击 确定 按钮，进行打印输出。

Step08 ▶ 最后执行【另存为】命令，将图形命名保存。

Step04 ▶ 单击 确定 按钮返回【页面设置管理器】对话框，将创建的新页面置为当前，然后关闭该对话框。

Step05 ▶ 返回布局空间，在【图层】控制下拉列表中将"0 图层"设置为当前图层。

Step06 ▶ 输入"I"激活【插入块】命令，插入随书光盘"图块文件"目录下的"A4.dwg"图块，参数设置如图 12-102 所示。

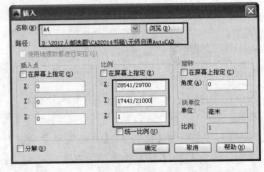

图 12-102　【插入块】参数设置

Step07 ▶ 单击 确定 按钮将其插入，绘制结果如图 12-103 所示。

图 12-103 插入块

Step08 ▶ 单击【视图】菜单中的【视图】/【视口】/【新建视口】命令，在打开的【视口】对话框中选择"四个：相等"选项。

Step09 ▶ 单击 确定 按钮，返回绘图区，根据命令行的提示，捕捉内框的两个对角点，将内框区域分割为 4 个视口，结果如图 12-104 所示。

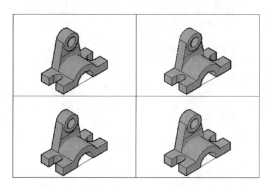

图 12-104 新建四个视口

Step10 ▶ 单击状态栏上的 图纸 按钮，进入浮动式的模型空间。

Step11 ▶ 分别激活每个视口，调整每个视口内的视图及着色方式，调整结果如图 12-105 所示。

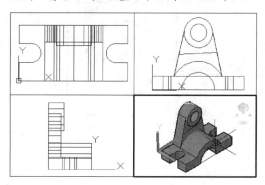

图 12-105 调整视口内的视图及着色模式

Step12 ▶ 返回图纸空间，单击菜单【文件】/【打印预览】命令，对图形进行打印预览。

Step13 ▶ 单击右键，选择【打印】选项，在打开的【浏览打印文件】对话框内设置打印文件的保存路径及文件名，单击 保存... 按钮，将其保存，即可进行图形打印。

Step14 ▶ 最后执行【另存为】命令，将图形命名保存。

12.6 综合自测

12.6.1 软件知识检验——选择题

（1）关于轴测图，说法正确的是（   ）。

A. 轴测图其实就是三维图形

B. 轴测图不是三维图形，它是在二维空间表现三维模型的一种表现形式

C. 轴测图与三维模型没有区别

D. 轴测图是在三维绘图空间绘制的二维图形

（2）绘制轴测图时需要切换绘图平面，按（   ）键可以随时切换绘图平面。

A. F3   B. F4   C. F5   D. F6

12.6.2 软件操作入门——绘制底座零件轴测图

📄 素材文件	素材文件 \ 底座二视图 .dwg
✏ 效果文件	效果文件 \ 第 12 章 \ 软件操作入门——绘制底座零件轴测图 .dwg
💻 视频文件	专家讲堂 \ 第 12 章 \ 软件操作入门——绘制底座零件轴测图 .swf

打开"素材文件"目录下的"底座二视图 .dwg"素材文件，如图 12-106（a）所示，根据图示尺寸，绘制该零件的轴测图，结果如图 12-106（b）所示。

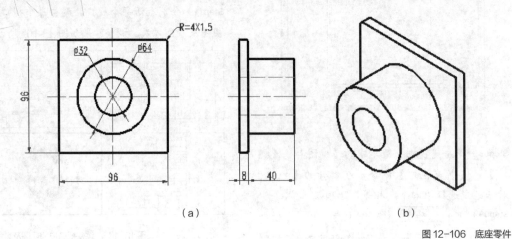

（a）

（b）

图 12-106　底座零件

第 13 章
综合实例——绘制机械零件平面图

机械零件平面图主要包括主视图、左视图和俯视图，简称三视图。三视图是机械设计中最常见的图形，也是机械零件制造、检测与安装的重要依据。本章通过 9 个绘制实例，综合运用前面所学的知识，使读者的绘图技能得到进一步的提升。

综合实例——绘制机械零件平面图

本章内容概览

知识点	功能 / 用途	难易度与应用频率
机械设计基础（P446）	● 掌握机械设计基础知识 ● 了解机械设计平面图的绘制方法和步骤	难易度：★ 应用频率：★
实例	● 根据直齿轮俯视图绘制主视图（P450） ● 绘制绘制齿轮轴零件主视图（P457） ● 绘制支撑臂零件主视图（P462） ● 绘制半轴壳零件左视图（P468） ● 绘制半轴壳零件主视图（P471） ● 绘制半轴壳零件俯视图（P475） ● 标注半轴壳零件图尺寸（P477） ● 标注半轴壳零件图公差（P479） ● 标注半轴壳零件图粗糙度与技术要求（P482）	

13.1 机械设计基础——机械零件平面图

本节主要介绍机械设计平面图的基础知识，这对于使用 AutoCAD 绘制机械零件平面图非常重要。

13.1.1 关于机械零件平面图

💻 视频文件 　专家讲堂 \ 第 13 章 \ 关于机械零件平面图 .swf

在 AutoCAD 机械设计中，平面视图用于完整、清晰地表达零件的内、外部结构和形状特征，机械地工程上一般多采用三面正投影图来准确表达机械零件的形状。三面正投影图又称为三视图，即主视图、俯视图和左视图。

1. 主视图

主视图是指从物体的前面向后面投射所得的视图，简单的说，就是从物体前面所看到的视图，主视图一般要能能反映零件的主要特征和形状。

2. 俯视图

俯视图又称为平面视图，是物体由上往下投射所得的视图。简单的说，就是从物体顶部向下所看到的视图。俯视图能反映物体顶部的形状。

3. 左视图

左视图一般指由物体左边向右做正投影得到的视图，简单的说，就是从物体左边向右所

看到的视图，左视图能反映物体左边的形状。

主视图、俯视图和左视图三者的关系是：长对正，高平齐，宽相等。图 13-1 所示是齿轮泵零件的主视图、俯视图和左视图。

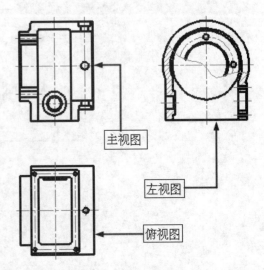

图 13-1　齿轮泵零件

4. 剖视图

三视图是 AutoCAD 机械设计中最为重要的视图，但由于三视图只能表明机械零件外形的可见部分，形体上不可见部分在投影图中用虚线表示，这对于内部构造比较复杂的形体来说，必然形成图中的虚、实线重叠交错，混淆不清，既不易识读，又不便于标注尺寸。为此，在机械工程制图中则采用剖视的方法，假想用一个剖切面将形体剖开，移去剖切面与观察者之间的那部分形体，将剩余部分与剖切面平行的投影面做投影，并将剖切面与形体接触的部分画上剖面线或材料图例，这样得到的投影图称为剖视图。

剖视图的常用类型有以下几种。

◆ 全剖视图：用剖切面完全地剖开物体所得到的剖视图称为全剖视图。此种类型的剖视图适用于结构不对称的形体，或者虽然结构对称但外形简单、内部结构比较复杂的物体。

◆ 半剖视图：当物体内外形状均为左右对称或前后对称，而外形又比较复杂时，可将其投影的一半画成表示物体外部形状的正投影，另一半画成表示内部结构的剖视图。图 13-2 所示为某机械零件的半剖视图。

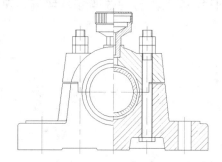

图 13-2　零件的半剖视图

◆ 局部剖视图：使用剖切面局部地剖开物体后所得到的视图称为局部剖视图，多用于结构比较复杂、视图较多的情况下。图 13-3 所示是某机械零件的局部剖视图。

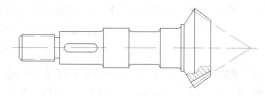

图 13-3　零件的局部剖视图

13.1.2　机械零件平面图的表达内容

💻 视频文件　专家讲堂 \ 第 13 章 \ 机械零件平面图的表达内容 .swf

机械零件平面图需表达的内容包括视图、尺寸、公差、粗糙度和技术要求等。

1. 视图

视图用于完整、清晰地表达零件的内外部结构和形状。根据零件图的功用以及机械零件结构形状的不同，其视图表达方式不同，一般情况下，对于一个简单的机械零件，使用主视图和左视图（或俯视图、或剖视图）两个视图即可表达清楚，称为零件二视图。图 13-4 所示为某机械零件主剖视图与左视图。

而对于较为复杂的机械零件，则需要主视图、左视图及俯视图等多个视图来表达。图 13-5 所示是某机械零件的主视图、左视图和俯视图。

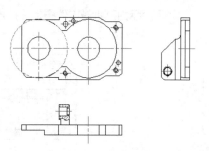

图 13-5　零件的主视图、左视图和俯视图

|技术看板| 根据机械零件的要求以及复杂程度不同，机械零件的视图是多种多样的，除了以上所介绍的二视图和三视图之外，还有剖视图、轴测视图、三维视图等。

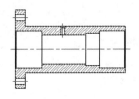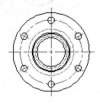

图 13-4　零件的主剖视图与左视图

2. 尺寸

尺寸是表达零件各部分尺寸和相对位置关系的重要内容，也是零件加工的重要依据，当绘制完机械零件图之后，一定要为零件图标注尺寸。图 13-6 所示为某机械零件图的尺寸标注。

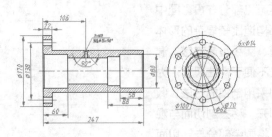

图 13-6 零件图的尺寸标注

3. 公差、粗糙度和技术要求

公差、粗糙度和技术要求与尺寸同样重要，也是机械零件图中非常重要的内容之一，用于表示或者说明零件在加工、检验过程中所需的要求。公差和粗糙度可以在零件图上使用特殊符号和数据来表示，而技术要求则需要通过文字说明的方式来表达，这些都是机械零件图中不可缺少的内容。

♦ 公差：公差是指实际参数值的变动量，它既包括机械加工中的几何参数，也包括物理、化学、电学等学科的参数，机械零件中的几何公差包括尺寸公差、形状公差和位置公差，尺寸公差是指允许尺寸的变动量，等于最大极限尺寸与最小极限尺寸代数差的绝对值。形状公差是指单一实际要素的形状所允许的变动全量，包括直线度、平面度、圆度、圆柱度、线轮廓度和面轮廓度 6 个项目，而位置公差是指关联实际要素的位置对基准所允许的变动全量，它限制零件的两个或两个以上的点、线、面之间的相互位置关系，包括平行度、垂直度、倾斜度、同轴度、对称度、位置度、圆跳动和全跳动 8 个项目。公差表示了零件的制造精度要求，反映了其加工难易程度。

♦ 粗糙度：在机械零件加工中，粗糙度是指零件表面所具有的较小间距和峰谷所组成的微观几何形状特性。表面粗糙度一般是由所采用的加工方法和其他因素所形成的，例如加工过程中刀具与零件表面间的摩擦、切屑分离时表面层金属的塑性变形以及工艺系统中的高频振动等。

♦ 技术要求：以文字的形式说明机械零件在加工过程中需要注意的内容。由于加工方法和工件材料的不同，被加工表面留下痕迹的深浅、疏密、形状和纹理都有差别。表面粗糙度与机械零件的配合性质、耐磨性、疲劳强度、接触刚度、振动和噪声等有密切关系，对机械产品的使用寿命和可靠性有重要影响。

图 13-7 所示为某机械零件图标注技术要求后的效果。

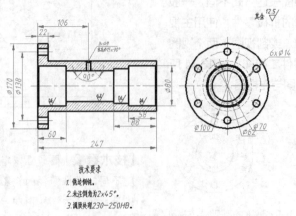

图 13-7 零件图标注技术要求后的效果

4. 图框与标题栏

一般情况下，绘制完成的零件图都要配置图框，图框包括标题栏和会签栏，用于填写零件名称、材料、比例、图号、单位名称及设计、审核、批准等有关人员的签字等。图 13-8 所示为某机械零件图配置了图框后的效果。

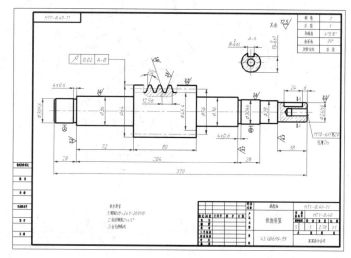

图 13-8　配置了图框的零件图

13.1.3　机械零件平面图的绘图原则与步骤

💻 视频文件　专家讲堂 \ 第 13 章 \ 机械零件平面图的绘图原则与步骤 .swf

根据机械零件的结构和复杂程度不同，在绘制零件视图时，要遵循以下原则。

（1）满足形体特征原则：根据零件的结构特点，要能使零件在加工过程中满足工件旋转和刀具移动。

（2）符合工作位置原则：主视图的位置应尽可能与零件在机器或部件中的工作位相一致。

（3）符合加工位置原则：主视图所表达的零件位置要与零件在机床上加工时所处的位置相一致，这样方便加工人员在加工零件时方便看图。

总之，在绘制零件视图之前，首先要根据具体情况进行分析，从有利于看图出发，在满足零件形体特征原则的前提下，应充分考虑零件的工作位置和加工位置，便于加工人员能顺利加工出符合要求的零件。

另外，不管绘制什么零件图，也不管需要绘制多少视图，能够完整、清晰地表达零件的结构和形状才是最重要的，因此，所有视图要能满足以下要求。

（1）完全。即零件各部分的结构、形状、相对位置等要表达完全，并且唯一确定，便于零件的加工。

（2）正确。即零件图各视图之间的投影关系以及表达方法要正确无误，避免加工出错误的零件。

（3）清楚。即所有视图中所画图形要清晰易懂，便于加工人员识图和加工。

总之，在绘制机械零件图的过程中，可以参照以下步骤进行绘制。

◆ 首先确定正视图方向。

◆ 布置视图。

◆ 先画出能反映物体真实形状的一个视图，一般为"主视图"。

◆ 运用"长对正、高平齐、宽相等"原则画出其他视图和辅助视图。

另外，根据机械设计制图要求规定，在布置三视图时，俯视图位于主视图的正下方，左视图位于主视图的正右方向。

13.2 根据直齿轮俯视图绘制主视图

在机械设计中，当获得零件的某一个视图之后，就可以根据该视图来绘制零件的其他视图，本节将根据图 13-9（a）所示的直齿轮零件俯视图来绘制图 13-9（b）所示的该零件的主视图。

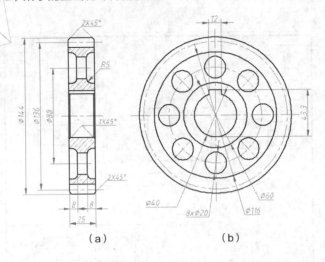

（a）　　　　　　　　　　（b）

图 13-9　直齿轮零件

13.2.1　绘图思路

绘图思路如下。

（1）打开素材文件，使用【偏移】命令创建零件图下半部分的轮廓线。

（2）对零件图下半部分轮廓线进行修剪，创建出零件下半部分的外轮廓线。

（3）根据视图之间的对正关系，创建零件图下半部分的内部轮廓线。

（4）对零件图下半部分内部轮廓线进行编辑完善。

（5）使用镜像命令创建零件图的上半部分。

（6）对图形进行填充，完成零件图的绘制，如图 13-10 所示。

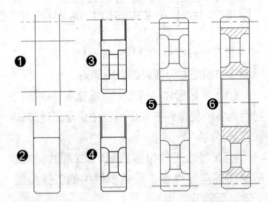

图 13-10　绘图思路与流程

13.2.2　绘图步骤

📄 素材文件	素材文件 \ 直齿轮零件俯视图 .dwg
✒ 效果文件	效果文件 \ 第 13 章 \ 直齿轮零件主视图 .dwg
🖥 视频文件	专家讲堂 \ 第 13 章 \ 直齿轮零件主视图 .swf

⚙ **操作步骤**

1. 打开素材文件

在 AutoCAD 2014 中打开素材文件，这是一个直齿轮零件俯视图，如图 13-11 所示。

2. 设置当前图层

Step 01 ▶ 单击"图层"控制下拉列表。

Step 02 ▶ 选择"轮廓线"图层，如图 13-12 所示。

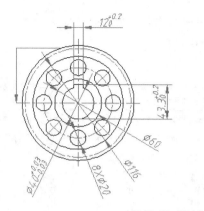

图 13-11　素材文件

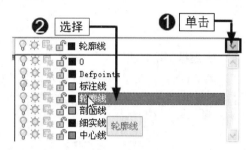

图 13-12　选择"轮廓线"图层

3. 偏移图线

Step 01 ▶ 单击"偏移"按钮⚒。

Step 02 ▶ 输入"L"，按 Enter 键，激活【图层】选项。

Step 03 ▶ 输入"C"，按 Enter 键，激活【当前】选项。

Step 04 ▶ 输入偏移距离"115"，按 Enter 键。

Step 05 ▶ 单击垂直中心线。

Step 06 ▶ 在中心线左侧单击。

Step 07 ▶ 按 Enter 键，绘制过程及结果如图 13-13 所示。

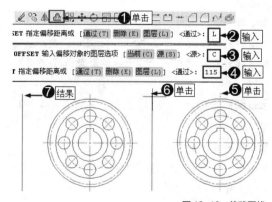

图 13-13　偏移图线

4. 继续偏移图线

Step 01 ▶ 单击"偏移"按钮⚒。

Step 02 ▶ 输入偏移距离"140"，按 Enter 键。

Step 03 ▶ 单击垂直中心线。

Step 04 ▶ 在中心线左侧单击。

Step 05 ▶ 按 Enter 键，偏移过程及结果如图 13-14 所示。

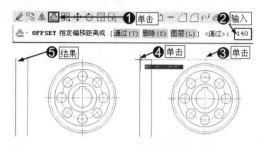

图 13-14　继续偏移图线

5. 绘制构造线

Step 01 ▶ 单击"构造线"按钮✍。

Step 02 ▶ 输入"H"，按 Enter 键，激活【水平】选项。

Step 03 ▶ 捕捉象限点。

Step 04 ▶ 继续捕捉象限点，按 Enter 键，如图 13-15 所示。

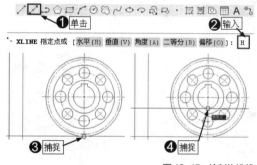

图 13-15　绘制构造线

6. 修剪图线

Step 01 ▶ 单击"修剪"按钮✂。

Step 02 ▶ 单击水平中心线和下方水平构造线。

Step 03 ▶ 按 Enter 键，窗交选择垂直线。

Step 04 ▶ 继续窗交选择垂直线。

Step 05 ▶ 按 Enter 键，修剪过程及结果如图 13-16 所示。

┃技术看板┃ "窗交选择"是指按住鼠标由右向左拖曳鼠标指针，拖出浅绿色选择框，只要选择框与所选对象相交，对象即可被选择。

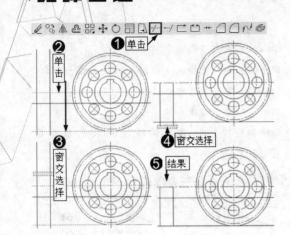

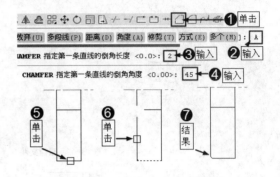

Step 06 ▶ 单击垂直线。倒角过程及结果如图 13-18 所示。

图13-18 倒角图线

7. 继续修剪图线

Step 01 ▶ 单击 "修剪" 按钮。

Step 02 ▶ 窗交选择垂直线，按 Enter 键。

Step 03 ▶ 窗交选择水平线。

Step 04 ▶ 继续窗交选择水平线。

Step 05 ▶ 按 Enter 键，修剪过程及结果如图 13-17 所示。

9. 继续倒角处理

按 Enter 键，使用相同的方法对右下角进行倒角处理，倒角结果如图 13-19 所示。

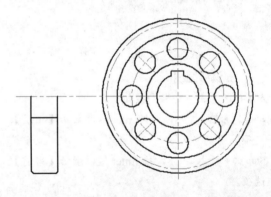

图13-19 继续倒角图线

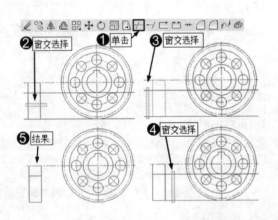

图13-17 继续修剪图线

8. 倒角图线

Step 01 ▶ 单击 "倒角" 按钮。

Step 02 ▶ 输入 "A"，按 Enter 键，激活【角度】选项。

Step 03 ▶ 输入倒角长度 "2"，按 Enter 键。

Step 04 ▶ 输入倒角角度 "45"，按 Enter 键。

Step 05 ▶ 单击水平线。

10. 继续倒角图线

Step 01 ▶ 单击 "倒角" 按钮。

Step 02 ▶ 输入 "A"，按 Enter 键，激活【角度】选项。

Step 03 ▶ 输入倒角长度 "1"，按 Enter 键。

Step 04 ▶ 输入倒角角度 "45"，按 Enter 键。

Step 05 ▶ 输入 "T"，按 Enter 键，激活【修剪】选项。

Step 06 ▶ 输入 "N"，按 Enter 键，选择【不修剪】模式。

Step 06 ▶ 单击水平线。

Step 07 ▶ 单击垂直线，倒角过程及结果如图 13-20 所示。

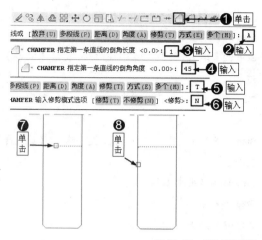

图 13-20　再次倒角图线

11. 倒角右边角

使用相同的方法对右边角进行倒角处理，倒角结果如图 13-21 所示。

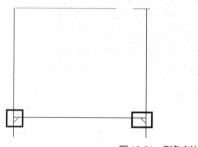

图 13-21　倒角右边角

|**技术看板**|在进行倒角处理时，鼠标的单击位置非常重要，单击位置不同，倒角结果也不同。在该操作中，单击垂直图线时一定要在水平线的下方位置单击进行向下倒角。

12. 修剪图线

Step 01 ▶ 单击"修剪"按钮 ⊹ 。

Step 02 ▶ 单击斜线，按 Enter 键。

Step 03 ▶ 在水平线左端单击。

Step 04 ▶ 按 Enter 键，修剪结果如图 13-22 所示。

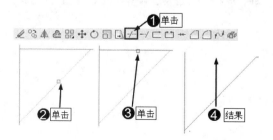

图 13-22　修剪水平线

13. 修剪右边角

按 Enter 键，使用相同的方法对右边角进行修剪，修剪结果如图 13-23 所示。

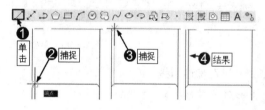

图 13-23　修剪右边角

|**技术看板**|在修剪图线时，鼠标单击的位置不同，修剪结果也不同。在该操作中，修剪左边图线时一定要在斜线左边位置单击水平线，将水平线左端修剪掉，修剪右边图线时一定要在斜线右边位置单击水平线，将水平线右端修剪掉。

14. 补画图线

Step 01 ▶ 单击"直线"按钮 ╱ 。

Step 02 ▶ 捕捉端点。

Step 03 ▶ 捕捉交点。

Step 04 ▶ 按 Enter 键，绘制结果如图 13-24 所示。

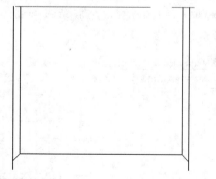

图 13-24　补画图线

15. 补画另一边图线

使用相同的方法补画另一边的图线，绘制结果如图 13-25 所示。

图 13-25　继续补画图线

|**技术看板**|在补画图线时，设置【端点】和【交点】捕捉模式，有关捕捉模式的设置方法，可参阅前面章节相关内容的介绍。

16. 绘制构造线

Step 01 ▶ 单击"构造线"按钮 ✐ 。

Step 02 ▶ 输入"H"，按 Enter 键，激活【水平】选项。

Step 03 ▶ 捕捉第一个象限点。

Step 04 ▶ 捕捉第二个象限点。

Step 05 ▶ 捕捉第三个象限点。

Step 06 ▶ 捕捉第四个象限点。

Step 07 ▶ 按 Enter 键，绘制过程及结果如图 13-26 所示。

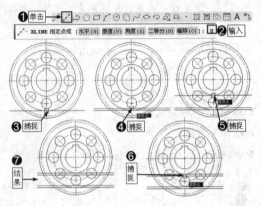

图 13-26　绘制构造线

17. 偏移图线

Step 01 ▶ 单击"偏移"按钮 ⊜ 。

Step 02 ▶ 输入"8"，按 Enter 键，设置偏移距离。

Step 03 ▶ 单击右边直线。

Step 04 ▶ 在直线左边单击。

Step 05 ▶ 单击左边直线。

Step 06 ▶ 在直线右边单击。

Step 07 ▶ 按 Enter 键，偏移结果如图 13-27 所示。

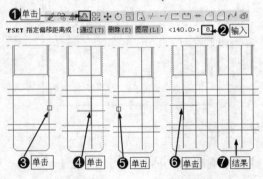

图 13-27　偏移图线

18. 继续偏移图线

Step 01 ▶ 单击 ⊜ "偏移"按钮。

Step 02 ▶ 输入"L"，按 Enter 键，激活【图层】选项。

Step 03 ▶ 输入"S"，按 Enter 键，激活【源】选项。

Step 04 ▶ 输入"T"，按 Enter 键，激活【通过】选项。

Step 05 ▶ 单击中心线。

Step 06 ▶ 捕捉交点。

Step 07 ▶ 单击中心线。

Step 08 ▶ 捕捉交点。

Step 09 ▶ 按 Enter 键，偏移过程及结果如图 13-28 所示。

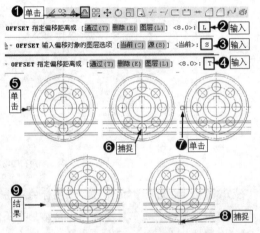

图 13-28　继续偏移图线

19. 修剪图线

Step 01 ▶ 单击"修剪"按钮 ✂ 。

Step 02 ▶ 窗交选择垂直线，按 Enter 键。

Step 03 ▶ 窗交选择水平线。

Step 04 ▶ 继续窗交选择水平线。

Step 05 ▶ 按 Enter 键，修剪结果如图 13-29 所示。

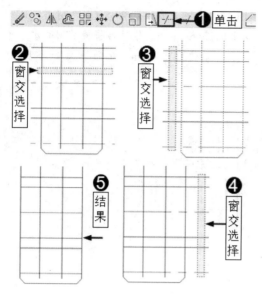

图 13-29 修剪图线

20. 继续修剪图线

Step 01 ▶ 单击 "修剪" 按钮 ✛。

Step 02 ▶ 窗交选择垂直线，按 Enter 键。

Step 03 ▶ 单击水平线。

Step 04 ▶ 继续单击水平线。

Step 05 ▶ 继续单击水平线。

Step 06 ▶ 继续单击水平线。

Step 07 ▶ 继续单击水平线。

Step 08 ▶ 继续单击水平线。

Step 09 ▶ 按 Enter 键，修剪过程及结果如图 13-30 所示。

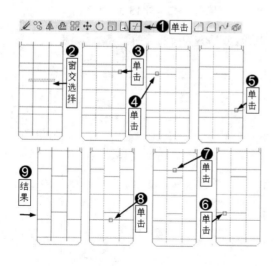

图 13-30 继续修剪图线

|技术看板| 在修剪图线时，鼠标单击的位置不同，修剪结果也不同。在该操作中，一定要注意鼠标单击的位置，可以参照插图中标注的鼠标单击的位置进行修剪。

21. 设置【圆角】参数

Step 01 ▶ 单击 "圆角" 按钮 ◻。

Step 02 ▶ 输入 "R"，按 Enter 键，激活【半径】选项。

Step 03 ▶ 输入 "5"，按 Enter 键，设置半径参数。

Step 04 ▶ 输入 "T"，按 Enter 键，激活【修剪】选项。

Step 05 ▶ 输入 "T"，按 Enter 键，设置【修剪】模式。

22. 圆角处理图线

Step 01 ▶ 单击水平线。

Step 02 ▶ 单击垂直线。

Step 03 ▶ 按 Enter 键，单击水平线。

Step 04 ▶ 单击垂直线。

Step 05 ▶ 按 Enter 键，单击水平线。

Step 06 ▶ 单击垂直线。

Step 07 ▶ 按 Enter 键，单击水平线。

Step 08 ▶ 单击垂直线，如图 13-31 所示。

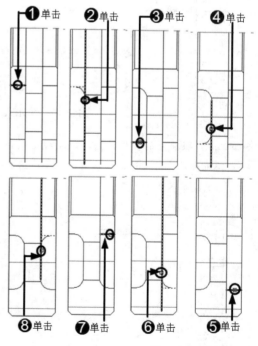

图 13-31 圆角处理图线

23. 单击"镜像"按钮 ⚂ 镜像图线

Step 01 ▸ 窗交选择对象，按 Enter 键。

Step 02 ▸ 捕捉端点。

Step 03 ▸ 捕捉端点。

Step 04 ▸ 按 Enter 键，镜像过程及结果如图 13-32 所示。

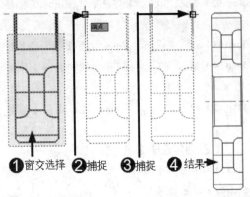

① 窗交选择　② 捕捉　③ 捕捉　④ 结果

图 13-32　镜像图线

24. 完善图形

Step 01 ▸ 下面将中心线通过俯视图中的键槽线向上偏移，如图 13-33 所示。

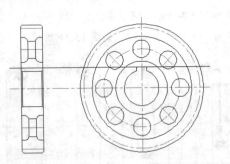

图 13-33　偏移图线

Step 02 ▸ 依照前面的操作方法，以主视图两条垂直轮廓线作为修剪边，对偏移的水平线进行修剪，结果如图 13-34 所示。

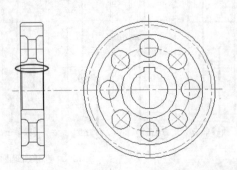

图 13-34　修剪图线

Step 03 ▸ 使用【偏移】命令，将修剪后的图线向上偏移 39.7mm，然后再将偏移出的水平轮廓线向下偏移 126mm，偏移结果如图 13-35 所示。

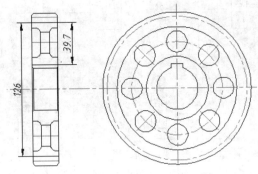

图 13-35　偏移图线

25. 设置"剖面线"图层为当前图层并填充图形

设置"剖面线"图层为当前图层。

26. 填充图形

Step 01 ▸ 输入"H"，按 Enter 键，打开【图案填充和渐变色】对话框。

Step 02 ▸ 选择"ANSI31"的图案。

Step 03 ▸ 单击"添加：拾取点"按钮 ⊞ 返回绘图区。

Step 04 ▸ 在填充区域单击选择填充区域。

Step 05 ▸ 按 Enter 键，返回【图案填充和渐变色】对话框，单击 确定 按钮。

Step 06 ▸ 填充结果如图 13-36 所示。

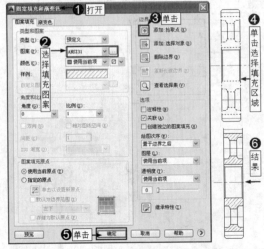

图 13-36　填充图形

27. 标注尺寸及公差

下面尝试根据所学知识，参照图 13-8，对绘制完成的主视图进行尺寸、公差等标注。

28. 保存文件

至此，该零件绘制完毕，请给绘制结果命名并保存。

|**技术看板**|尝试设置合适的标注样式对该零件图标注尺寸。

13.3　绘制齿轮轴零件主视图

在机械设计中，有了机械设计的初步设计思路和草图之后，就可以根据设计思路和草图绘制机械零件的正式视图，本节根据齿轮轴机械零件设计思路和草图来绘制齿轮轴零件主视图，绘制结果如图 13-37 所示。

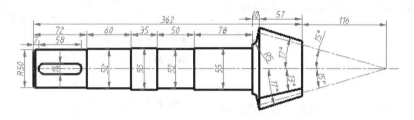

图 13-37　齿轮轴

13.3.1　绘图思路

绘图思路如下。

（1）以机械样板作为基础样板，新建空白文件。

（2）使用【矩形】命令绘制主视图外侧轮廓线。

（3）使用【偏移】、【圆】、【直线】以及【修剪】命令为轮廓线进行编辑细化。

（4）使用【镜像】和【倒角】命令进行完善。

（5）使用【偏移】、【修剪】、【圆角】等命令绘制键槽。

（6）最后调整图线的图层，完成齿轮轴的绘制，其流程如图 13-38 所示。

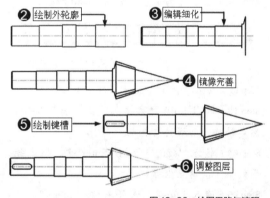

图 13-38　绘图思路与流程

13.3.2　绘图步骤

📄 样板文件	样板文件 \ 机械样板 .dwt
✒ 效果文件	效果文件 \ 第 13 章 \ 绘制齿轮轴零件图 .dwg
🖥 视频文件	专家讲堂 \ 第 13 章 \ 绘制齿轮轴零件图 .swf

⚙ 操作步骤

1. 新建文件并设置绘图环境

首先新建文件并设置绘图环境，为绘图做准备。

Step 01 ▶ 以"样本文件"目录下的"机械样板 .dwt"作为基础样板。

Step 02 ▶ 单击状态栏中的"线宽"按钮➕，打开"线宽"功能。

Step 03 ▶ 开启"对象捕捉"和"对象捕捉追踪"功能。

2. 绘制作图辅助线

作图辅助线是绘图的基准线，一般在"中心线"层使用【直线】命令来绘制。

Step 01▶ 在"图层"控制下拉列表中将"中心线"图层设置为当前层。

Step 02▶ 输入"L"激活【直线】命令，在绘图区绘制一条水平线作为绘图基准线，如图13-39所示。

图13-39　绘制作图辅助线

3. 绘制零件图轮廓线

绘制好辅助线之后，下面就可以开始绘制轮廓线了，轮廓线一般需要在"轮廓线"图层来绘制。

Step 01▶ 在"图层"控制下拉列表中将"轮廓线"图层设置为当前层，如图13-40所示。

图13-40　设置当前层

Step 02▶ 输入"REC"激活【矩形】命令。

Step 03▶ 按住Shift键右击，选择"自"选项，然后捕捉辅助线的左端点。

Step 04▶ 输入"@0,25"，按Enter键，指定矩形的第1个角点坐标。

Step 05▶ 输入"@72，－50"，按Enter键，指定矩形另一个角点坐标，绘制结果如图13-41所示。

图13-41　绘制零件图轮廓线

4. 继续绘制矩形轮廓

Step 01▶ 输入"REC"激活【矩形】命令。

Step 02▶ 按住Shift键右击，选择"自"选项。

Step 03▶ 捕捉矩形右上角点，输入"@0,1"，按Enter键。

Step 04▶ 输入"@60，－52"，按Enter键，绘制的矩形如图13-42所示。

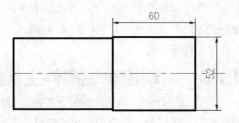

图13-42　继续绘制矩形轮廓

5. 继续绘制矩形轮廓

Step 01▶ 输入"REC"激活【矩形】命令。

Step 02▶ 按住Shift键右击，选择"自"选项。

Step 03▶ 捕捉第2个矩形右上角点，输入"@0,1.5"，按Enter键。

Step 04▶ 输入"@35，－55"，按Enter键，绘制的矩形如图13-43所示。

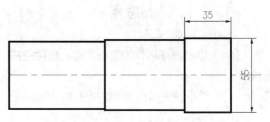

图13-43　继续绘制矩形轮廓

6. 绘制其他矩形轮廓

依照相同的方法，根据图示尺寸，使用【矩形】命令配合"自"选项，绘制其他矩形轮廓，绘制结果如图13-44所示。

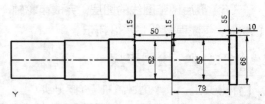

图13-44　绘制其他矩形轮廓

7. 绘制圆

Step 01▶ 单击【绘图】工具栏上的"圆"按钮。

Step 02▶ 按住Shift键右击，选择"自"选项。

Step 03▶ 捕捉右侧矩形的左上端点。

Step 04▶ 输入"@1.1,5"，按Enter键，确定圆心。

Step 05▶ 输入圆半径"5"，按Enter键。绘制的圆如图13-45所示。

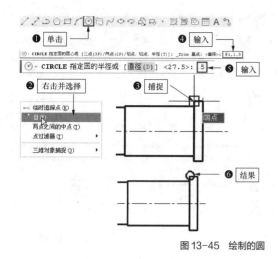

图 13-45　绘制的圆

8. 分解矩形

Step 01 ▶ 输入"EX"激活【分解】命令。

Step 02 ▶ 选择最右边的矩形，按 Enter 键将其分解。

9. 拉长图线

Step 01 ▶ 执行【修改】/【拉长】命令。

Step 02 ▶ 输入"DE"，按 Enter 键，激活"增量"选项。

Step 03 ▶ 输入"21"，按 Enter 键，设置增量长度。

Step 04 ▶ 在矩形右垂直边上端单击。

Step 05 ▶ 在矩形右垂直边下端单击。

Step 06 ▶ 按 Enter 键，拉长结果如图 13-46 所示。

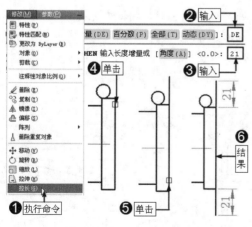

图 13-46　拉长图线

10. 绘制切线

下面来绘制直线到圆之间的切线，在绘制前要首先设置"端点"捕捉和"切点"捕捉模式，然后才能绘制。

Step 01 ▶ 输入"L"激活【直线】命令。

Step 02 ▶ 捕捉直线的端点。

Step 03 ▶ 捕捉圆的切点。

Step 04 ▶ 按 Enter 键，绘制过程及结果如图 13-47 所示。

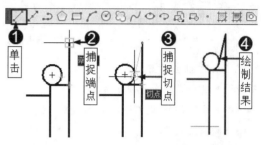

图 13-47　绘制切线

11. 修剪图线

Step 01 ▶ 单击【修改】工具栏上的"修剪"按钮 -/-。

Step 02 ▶ 单击切线和水平边作为修剪边。

Step 03 ▶ 单击圆进行修剪。

Step 04 ▶ 单击修剪后的圆弧作为修剪边。

Step 05 ▶ 单击水平边进行修剪。修剪过程及结果如图 13-48 所示。

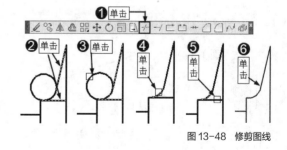

图 13-48　修剪图线

12. 镜像图线

Step 01 ▶ 在无任何命令发出的情况下单击下水平边，然后按 Delete 键将其删除。

Step 02 ▶ 单击"镜像"按钮 ⚠。

Step 03 ▶ 窗口方式选择上方的图形对象。

Step 04 ▶ 按 Enter 键，捕捉中点。

Step 05 ▶ 捕捉另一个中点。

Step 06 ▶ 按 Enter 键，镜像过程及结果如图 13-49 所示。

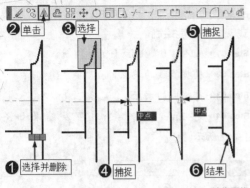

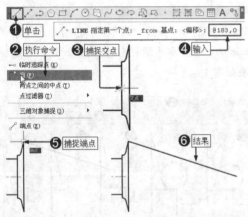

图 13-49 镜像图线

13. 绘制圆锥轮廓线

Step 01 ▶ 单击"直线"按钮 ✏。

Step 02 ▶ 按住 Shift 键右击，选择"自"功能。

Step 03 ▶ 捕捉交点。

Step 04 ▶ 输入"@183,0"，按 Enter 键，确定线的起点。

Step 05 ▶ 捕捉端点。

Step 06 ▶ 按 Enter 键，绘制过程及结果如图 13-50 所示。

图 13-50 绘制圆锥轮廓线

14. 旋转复制图线

Step 01 ▶ 单击【修改】工具栏上的"旋转"按钮 ○。

Step 02 ▶ 选择圆锥线。

Step 03 ▶ 按 Enter 键，捕捉圆锥线的右端点。

Step 04 ▶ 输入"C"，按 Enter 键，激活"复制"选项。

Step 05 ▶ 输入"2"，按 Enter 键，设置旋转角度。

Step 06 ▶ 按 Enter 键，旋转过程及结果如图 13-51 所示。

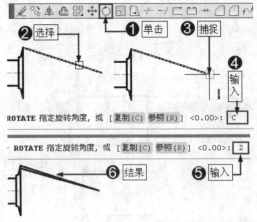

图 13-51 旋转复制图线

15. 旋转复制圆锥线

使用相同的方法继续将圆锥线旋转复制 30°，旋转结果如图 13-52 所示。

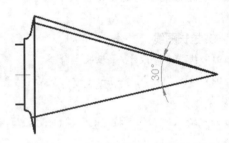

图 13-52 继续将源圆锥线旋转复制 30°

16. 镜像图线

Step 01 ▶ 单击【修改】工具栏上的"镜像"按钮 ⚏。

Step 02 ▶ 单击两条圆锥线。

Step 03 ▶ 按 Enter 键，捕捉交点。

Step 04 ▶ 捕捉交点。

Step 05 ▶ 按 Enter 键，镜像过程及结果如图 13-53 所示。

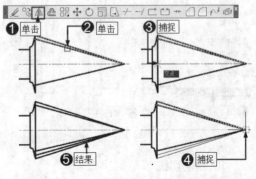

图 13-53 镜像图线

17. 偏移图线

Step 01 ▶ 单击【修改】工具栏上的"偏移"按钮 ⒶＬ。

Step 02 ▶ 输入"57"，按 Enter 键，设置偏移距离。

Step 03 ▶ 单击垂直图线。

Step 04 ▶ 在垂直图线右侧单击。偏移过程及结果如图 13-54 所示。

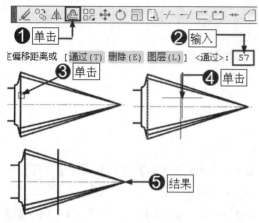

图 13-54　偏移图线

18. 修剪图线

Step 01 ▶ 单击【修改】工具栏上的"修剪"按钮 ⒶＬ。

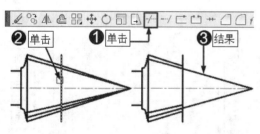

图 13-55　修剪圆锥线

Step 02 ▶ 单击偏移的垂直图线作为修剪边界。

Step 03 ▶ 按 Enter 键，然后分别单击圆锥线进行修剪，修剪结果如图 13-55 所示。

Step 04 ▶ 继续以修剪后的圆锥线作为修剪边界，对垂直图线进行修剪，结果如图 13-56 所示。

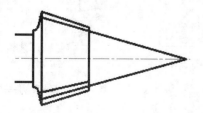

图 13-56　修剪垂直图线

19. 调整图线的图层

Step 01 ▶ 在无任何命令发出的情况下单击选择两条圆锥图线使其夹点显示。

Step 02 ▶ 在"图层"控制下拉列表中选择"中心线"图层。

Step 03 ▶ 按 Esc 键取消夹点显示，结果如图 13-57 所示。

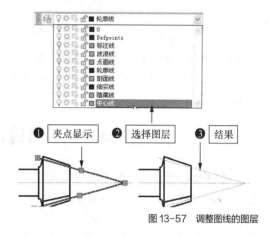

图 13-57　调整图线的图层

20. 绘制键槽并完善图形

Step 01 ▶ 将最左边的矩形分解，然后使用【倒角】命令，设置倒角"距离"为 2mm，对其左下角和左上角进行倒角处理，绘制结果如图 13-58 所示。

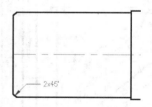

图 13-58　倒角处理

Step 02 ▶ 使用【偏移】命令将水平中心线对称偏移 7mm，将倒角后的矩形的左垂直边向右偏移 14mm 和 58mm，然后使用【修剪】命令，以偏移出的垂直边为修剪边，对偏移出的水平中心线进行修剪，绘制结果如图 13-59 所示。

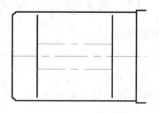

图 13-59　偏移并修剪水平中心线

Step 03 ▶ 删除偏移出的两条垂直边，使用【圆角】命令对修剪后的两条水平线进行圆角处理，最后将其放入"轮廓线"图层，绘制结果如图13-60所示。

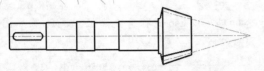

图 13-60　完善图形

Step 04 ▶ 使用【直线】命令补画其他图线，完成该齿轮轴零件图的绘制，绘制结果如图13-61所示。

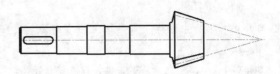

图 13-61　补画其他图线

21. 标注尺寸并存储

最后依照所学知识，为该零件图标注尺寸，完成该机械零件图的绘制。将图形命名并存储。

|**技术看板**| 尝试设置合适的标注样式对该零件图标注尺寸。

13.4　绘制支撑臂零件主视图

本节绘制图 13-62 所示的支撑臂零件主视图，继续巩固机械零件平面图的绘图方法和相关技巧。

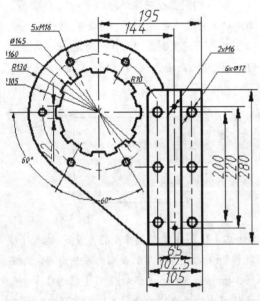

图 13-62　支撑臂零件

13.4.1　绘图思路

绘图思路如下。

Step 01 ▶ 以机械样板作为基础样板，新建空白文件。

Step 02 ▶ 使用【矩形】命令绘制主视图外侧轮廓线。

Step 03 ▶ 使用【偏移】、【圆】以及【拉长】命令创建右侧图形。

Step 04 ▶ 使用【圆】、【阵列】、【直线】和【修剪】命令创建左侧图形。

Step 05 ▶ 使用【直线】、【拉长】等命令创建中心线，完成支撑臂零件图的绘制，其流程如图13-63 所示。

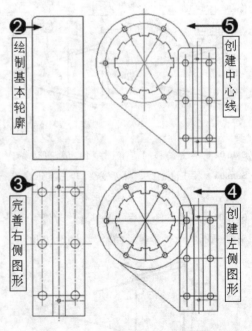

图 13-63　支撑臂零件绘图流程

13.4.2　绘图步骤

📄 样板文件	样板文件 \ 机械样板 .dwt
📊 效果文件	效果文件 \ 第 13 章 \ 绘制支撑臂零件图 .dwg
🖥 视频文件	专家讲堂 \ 第 13 章 \ 绘制支撑臂零件图 .swf

⚙️ **操作步骤**

1.新建文件并设置绘图环境

下面首先新建文件并设置绘图环境，为绘图做准备。

Step 01 ▸ 以"样本文件"目录下的"机械样板 .dwt"作为基础样板。

Step 02 ▸ 开启状态栏上的"对象捕捉"和"对象捕捉追踪"功能。

2.绘制矩形轮廓线

下面首先绘制轮廓线，轮廓线一般在"轮廓线"图层绘制。

Step 01 ▸ 在"图层"控制下拉列表将"轮廓线"图层设置为当前层。

Step 02 ▸ 单击【绘图】工具栏上的"矩形"按钮 ▢，在绘图区绘制 102.5mm×280mm 的矩形作为矩形轮廓，如图 13-64 所示。

图 13-64　绘制矩形轮廓线

3.圆角处理矩形

Step 01 ▸ 输入"F"，激活【圆角】命令。

Step 02 ▸ 输入"R"，按 Enter 键，激活"半径"选项。

Step 03 ▸ 输入"10"，按 Enter 键，设置圆角半径。

Step 04 ▸ 输入"M"，按 Enter 键，激活"多个"选项。

Step 05 ▸ 单击矩形上水平边。

Step 06 ▸ 单击矩形左垂直边。

Step 07 ▸ 按 Enter 键，圆角过程及结果如图 13-65 所示。

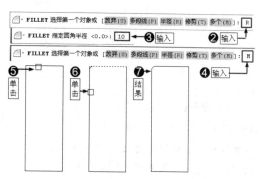

图 13-65　圆角处理矩形

4.分解并偏移图线

Step 01 ▸ 输入"EX"，激活【分解】命令。

Step 02 ▸ 选择矩形，然后按 Enter 键将其分解。

Step 03 ▸ 输入"O"，激活【偏移】命令。

Step 04 ▸ 将矩形右垂直边向左偏移 18.5mm、38.5mm、51mm、63.5mm 和 83.5mm；将矩形下水平边向上偏移 30mm、40mm、140mm、240mm 和 250mm，绘制结果如图 13-66 所示。

▎技术看板▎ 分解以及偏移的操作可以参阅本书配套光盘多媒体视频的详细讲解。

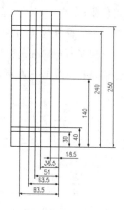

图 13-66　分解并偏移图线

5. 绘制圆

Step 01 ▸ 输入 "C"，激活【圆】命令。

Step 02 ▸ 捕捉第 3 条水平边（由下往上数）与第 2 条垂直边（由右往左数）的交点作为圆的圆心，绘制半径为 8.5mm 的圆，如图 13-67 所示。

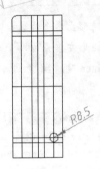

图 13-67 绘制圆

6. 复制圆

Step 01 ▸ 输入 "CO"，激活【复制】命令。

Step 02 ▸ 将绘制的圆进行复制，目标点为图线的交点，复制结果如图 13-68 所示。

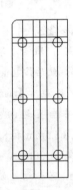

图 13-68 复制圆

7. 绘制同心圆

继续使用【圆】命令，以第 2 条水平边（由下往上数）与第 4 条垂直边（由右往左数）的交点为圆心，绘制半径为 3mm 和半径为 4mm 的同心圆，绘制结果如图 13-69 所示。

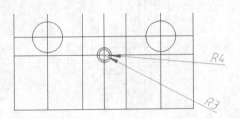

图 13-69 绘制半径为 3mm 和 4mm 的圆

8. 打断圆

Step 01 ▸ 单击【修改】工具栏上的"打断"按钮。

Step 02 ▸ 单击半径为 4mm 的圆。

Step 03 ▸ 输入 "F"，按 Enter 键，激活 "第 1 点" 选项。

Step 04 ▸ 捕捉圆与垂直图线的交点作为第 1 个打断点。

Step 05 ▸ 捕捉圆与水平图线的交点作为第 2 个打断点。打断过程及结果如图 13-70 所示。

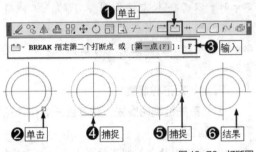

图 13-70 打断圆

9. 调整图层

Step 01 ▸ 再无任何命令发出的情况下单击选择打断后的圆弧使其夹点显示。

Step 02 ▸ 在 "图层" 控制下拉列表中选择 "细实线" 图层。

Step 03 ▸ 按 Esc 键取消夹点显示，调整过程及结果如图 13-71 所示。

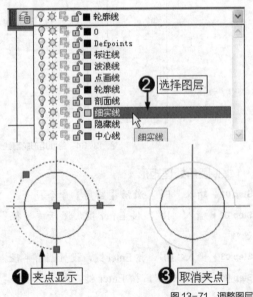

图 13-71 调整图层

10. 复制圆

输入"CO"激活【复制】命令，将这两个同心圆复制到第 2 条水平线（由上往下数）与第 4 条垂直线（由右往左数）交点位置，结果如图 13-72 所示。

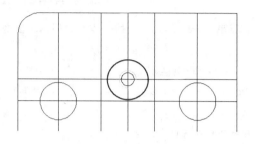

图 13-72　复制圆

11. 编辑中心线

Step 01 ▸ 执行【修改】/【拉长】命令。

Step 02 ▸ 输入"DE"，按 Enter 键，激活"增量"选项。

Step 03 ▸ 输入"20"，按 Enter 键，设置增量值。

Step 04 ▸ 在第 4 条垂直线上端单击。

Step 05 ▸ 在第 4 条垂直线下端单击。

Step 06 ▸ 在中间水平线的左端单击。

Step 07 ▸ 在中间水平线的右端单击。

Step 08 ▸ 按 Enter 键，编辑过程及结果如图 13-73 所示。

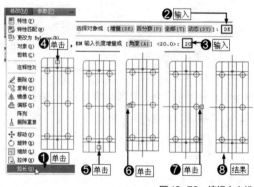

图 13-73　编辑中心线

12. 创建图形的中心线

继续使用【拉长】命令，设置"增量"值为"-20"，对两边两条垂直线进行拉长，然后设置"增量"为"-45"，对上下两条水平线的左端进行拉长，以创建出图形的中心线，绘制结果如图 13-74 所示。

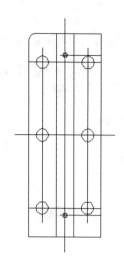

图 13-74　创建中心线

┃**技术看板**┃【拉长】命令可以将图线按照设定的"增量"值进行拉长，但是，如果设置"增量"值为负值，则会将图线缩短。

13. 夹点显示中心线

在无任何命令发出的情况下，单击拉长后的图线使其夹点显示，然后在"图层"控制下拉列表中选择"中心线"图层，结果如图 13-75 所示。

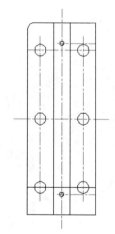

图 13-75　夹点显示中心线

14. 绘制轮廓圆

Step 01 ▸ 单击【绘图】工具栏上的"圆"按钮 ⊙ 。

Step 02 ▸ 按住 Shift 键并单击鼠标右键，在弹出的菜单中选择"自"功能。

Step 03 ▸ 捕捉圆心作为参照点。

Step 04 ▸ 输入"@-111.5,0"，按 Enter 键，输入圆心坐标。

Step 05 ▸ 输入圆的半径"72.5"，按 Enter 键。

Step 06 ▸ 绘制过程及结果如图 13-76 所示。

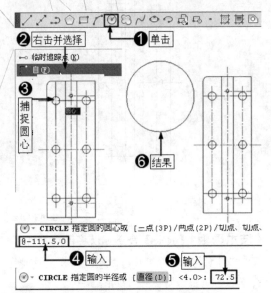

图 13-76 绘制轮廓圆

Step 07 ▸ 继续使用【圆】命令，以半径为72.5mm 的圆的圆心为圆心，绘制半径分别为80mm、105mm 和 130mm 的同心圆，绘制结果如图 13-77 所示。

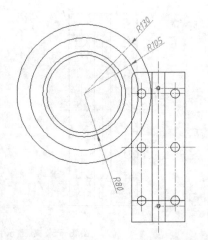

图 13-77 继续绘制轮廓圆

15. 绘制并旋转连线

Step 01 ▸ 输入"L"激活【直线】命令。

Step 02 ▸ 连接半径为 80mm 和半径为 72.5mm的圆的上象限点，绘制连线。

Step 03 ▸ 输入"RO"激活【旋转】命令，以同心圆的圆心为旋转中心，将连线旋转—9°，旋转结果如图 13-78 所示。

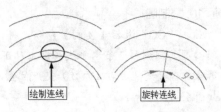

图 13-78 绘制并旋转连线

|技术看板| 旋转图线的操作可参阅本书配套光盘多媒体视频的详细讲解。

16. 阵列连线

Step 01 ▸ 单击【修改】工具栏上的"环形阵列"按钮 。

Step 02 ▸ 以窗口方式选择连线。

Step 03 ▸ 按 Enter 键，然后捕捉同心圆的圆心。

Step 04 ▸ 输入"I"，按 Enter 键，激活"项目"选项。

Step 05 ▸ 输入"20"，按 Enter 键，设置项目数。

Step 06 ▸ 按两次 Enter 键，阵列过程及结果如图13-79 所示。

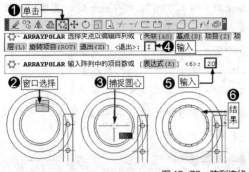

图 13-79 阵列连线

17. 修剪同心圆

Step01 ▸ 输入"TR"激活【修剪】命令。

Step02 ▸ 以阵列的连线作为修剪边，对半径为72.5mm 和 80mm 的同心圆进行修剪，修剪结果如图 13-80 所示。

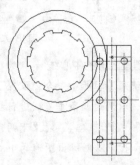

图 13-80 修剪同心圆

|技术看板| 修剪图线的操作可参阅本书配套光盘多媒体视频的详细讲解。

18. 绘制公切线

下面来绘制公切线，在绘制公切线时要设置"切点"捕捉模式。有关捕捉模式的设置，请参阅相关内容的讲解，在此不再详述。

Step 01 ▸ 单击【绘图】工具栏上的"直线"按钮 ✏️。

Step 02 ▸ 捕捉右边图形的左下角点。

Step 03 ▸ 水平向左引导光标，输入"2.5"，按 Enter 键。

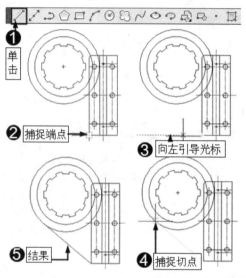

图 13-81 绘制公切线

Step 04 ▸ 捕捉半径为 130mm 的圆的切点。

Step 05 ▸ 按 Enter 键，绘制结果如图 13-81 所示。

19. 绘制中心线

Step 01 ▸ 激活【直线】命令，配合"象限点"捕捉功能，绘制半径为 105mm 的圆的水平直径和垂直直径。

Step 02 ▸ 使用【旋转】命令将垂直直径旋转复制 30° 和 − 30°，如图 13-82 所示。

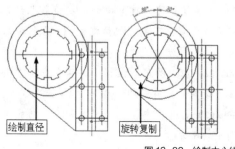

图 13-82 绘制中心线

|技术看板| 旋转复制的操作可参阅本书配套光盘专家讲堂的详细讲解。

20. 使用【打断】命令打断圆

依照前面的操作，使用【圆】命令在各直径与圆相交位置绘制半径为 6mm 和 8mm 的同心圆，然后使用【打断】命令将半径为 8 的圆打断约 1/4 的圆弧，并将其放入"细线层"，结果如图 13-83 所示。

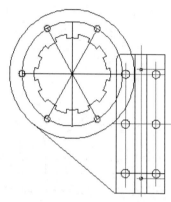

图 13-83 打断圆并放入"细线层"

21. 完成图形的绘制

激活【修剪】命令，以右侧的图线作为修剪边，对左边的圆进行修剪，然后将各中心线放入"中心线"图层，并进行适当拉长，完成该支撑臂零件图的绘制，结果如图 13-84 所示。

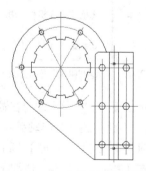

图 13-84 绘制支撑臂零件图

22. 保存图形

依照前面所学知识，为该零件图标注尺寸，最后将该图形命名保存。

|技术看板| 尺寸标注的操作非常简单，由于篇幅所限，在此不再对其进行详细讲解，用户可以参阅前面所学知识，自己尝试设置合适的标注样式对该零件图标注尺寸。

13.5 绘制半轴壳零件左视图

半轴壳零件是一种轴类零件，这类零件一般都比较复杂，因此，要想完全、准确表达该零件的内外部结构特征，一般需要绘制三视图，本节首先来绘制该零件的左视图，其绘制结果如图 13-85 所示。

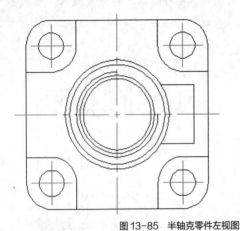

图 13-85　半轴壳零件左视图

13.5.1 绘图思路

绘图思路如下。

（1）以机械样板作为基础样板，新建空白文件。

（2）使用【矩形】命令绘制圆角矩形以创建左视图外侧轮廓线。

（3）使用【圆】命令创建内部结构。

（4）偏移矩形边以完善内部结构。

（5）在矩形四角绘制同心圆，创建内部结构。

（6）修剪图线完善图形。

（7）创建中心线成左视图的绘制，其操作流程如图 13-86 所示。

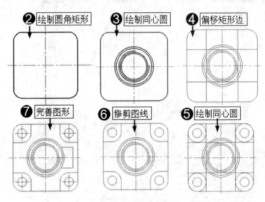

图 13-86　半轴壳零件左视图绘制流程

13.5.2 绘图步骤

📄 样板文件	样板文件 \ 机械样板 .dwt
🖊 效果文件	效果文件 \ 第 13 章 \ 绘制半轴壳零件左视图 .dwg
🖥 视频文件	专家讲堂 \ 第 13 章 \ 绘制半轴壳零件左视图 .swf

左视图一般指由物体左边向右做正投影得到的视图。下面首先绘制半轴壳零件的左视图，该左视图可以使用【矩形】、【圆】、【偏移】以及【修剪】等命令来绘制，详细操作步骤可以参阅本书配套光盘"专家讲堂"的讲解。

⚙️ **操作步骤**

1. 设置绘图环境

首先来设置绘图环境，包括调用样板文件、设置捕捉、追踪模式以及设置当前图层等，这些操作是绘图前必要的操作。样板文件是指设置了绘图样式以及其他一系列与绘图有关的参数的空白文件，使用样板文件绘图，可以省略很多重复操作步骤，加快绘图速度，确保绘制的图形更加精确。在此使用已经设置并保存的样板文件即可。

Step 01 ▶ 执行【新建】命令，以随书光盘"样板文件"目录下的"机械样板 .dwt"作为基础样板，新建空白文件。

Step 02 ▶ 在"图层"控制下拉列表中将"轮廓线"设置为当前图层。

Step 03 ▶ 打开状态栏上的捕捉与追踪功能，如图 13-86 所示。

2. 绘制左视图主体结构

该左视图的主体结构为矩形，因此，可以通过绘制矩形和圆形来创建。

Step 01 ▶ 输入"REC"激活【矩形】命令，绘制圆角半径为 11mm、80mm×80mm 的矩形，如图 13-87 所示。

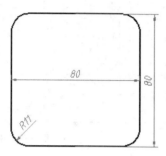

图 13-87 绘制矩形

Step 02 ▶ 在"图层"控制下拉列表中将"中心线"图层设置为当前图层。

Step 03 ▶ 输入"XL"激活【构造线】命令，配合中点捕捉功能，绘制两条构造线，如图 13-88 所示。

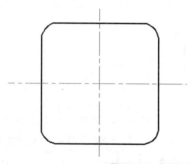

图 13-88 绘制两条构造线

Step 04 ▶ 将"轮廓线"图层设置为当前图层。

Step 05 ▶ 输入"C"激活【圆】命令，以构造线交点为圆心，绘制直径为 33mm 的轮廓圆，如图 13-89 所示。

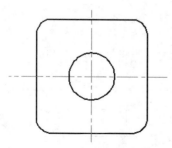

图 13-89 绘制直径为 33mm 的轮廓圆

Step 06 ▶ 重复执行【圆】命令，配合圆心捕捉功能绘制半径为 15mm、18mm、21mm 和 23mm 的同心圆，如图 13-90 所示。

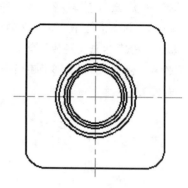

图 13-90 绘制同心圆

Step 07 ▶ 输入"BR"激活【打断】命令，配合最近点捕捉功能，对半径为 18mm 的圆进行打断，打断结果如图 13-91 所示。

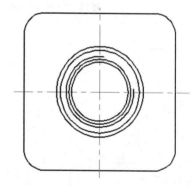

图 13-91 打断圆

Step 08 ▶ 在无命令执行的前提下单击打断后的圆弧，如图 13-92 所示，将其放到"细实线"图层上。

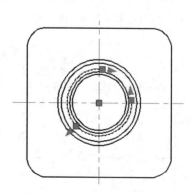

图 13-92 将打断后的圆弧放到"细实线"图层上

3. 绘制其他结构

Step 01 ▶ 输入"EX"激活分解命令,将圆角矩形分解为独立的线段。

Step 02 ▶ 输入"O"激活【偏移】命令,将分解后的矩形4条边向内偏移22mm,如图13-93所示。

Step 03 ▶ 输入"EX"激活【延伸】命令,以矩形4条边作为延伸边界,对偏移的图线进行延伸,结构如图13-94所示。

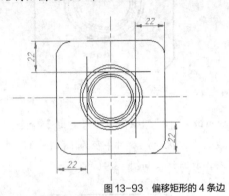

图13-93 偏移矩形的4条边

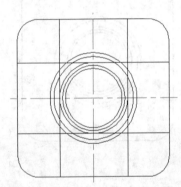

图13-94 对偏移的图线进行延伸

Step 04 ▶ 输入"C"激活【圆】命令,配合圆心捕捉功能绘制四组半径分别为5.5mm和11mm的同心圆,绘制结果如图13-95所示。

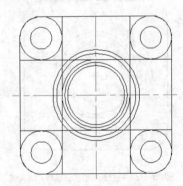

图13-95 绘制同心圆

Step 05 ▶ 输入"TR"激活【修剪】命令,以4条偏移的图线作为边界,对四组同心圆进行修剪,结果如图13-96所示。

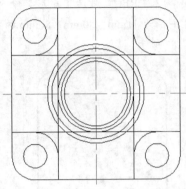

图13-96 修剪同心圆

Step 06 ▶ 重复执行【修剪】命令,以修剪后的四条圆弧作为边界,对偏移的4条图线进行修剪,绘制结果如图13-97所示。

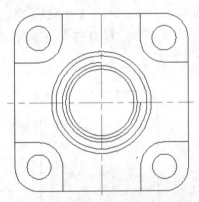

图13-97 对偏移的4条图线进行修剪

Step 07 ▶ 输入"L"激活【直线】命令,配合捕捉与追踪功能,在"中心线"图层内绘制圆的中心线,绘制结果如图13-98所示。

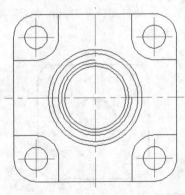

图13-98 绘制圆的中心线

Step 08 ▶ 输入"O"激活【偏移】命令，再次将矩形的 2 条水平边向内偏移 27.5mm，将右垂直边向内偏移 6mm，如图 13-99 所示。

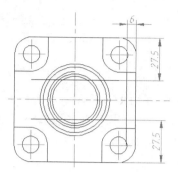

图 13-99 偏移图线

Step 09 ▶ 输入"TR"激活【修剪】命令，对偏移的图线进行修剪，修剪结果如图 13-100 所示。

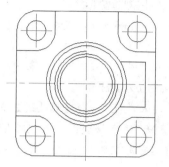

图 13-100 修剪图线

4. 保存文件

该零件左视图绘制完毕，执行【保存】命令，将图形命名保存。

13.6 绘制半轴壳零件主视图

主视图是指从物体的前面向后面投射所得的视图，主视图一般要能表达零件的主要特征。本节绘制半轴壳零件的主视图，该主视图可以使用【构造线】、【偏移】、【圆】、【圆角】以及【修剪】命令进行绘制。需要注意的是，为了表达零件的内部结构特征，要对主视图进行局部剖视，可以参阅本书配套光盘【专家讲堂】的详细操作。

13.6.1 绘图思路

绘图思路如下。

（1）根据视图间的对正关系，创建水平和垂直构造线作为主视图外轮廓线。

（2）对构造线进行修剪以创建主视图外轮廓线。

（3）综合应用【圆】、【偏移】、【修剪】创建内部结构。

（4）填充图案完善主视图，其操作流程如图 13-101 所示。

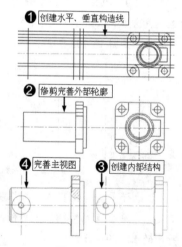

图 13-101 半轴壳零件主视图绘制流程

13.6.2 绘图步骤

📄 样板文件	样板文件 \ 第 13 章 \ 绘制半轴壳零件左视图 .dwg
❗ 效果文件	效果文件 \ 第 13 章 \ 绘制半轴壳零件主视图 .dwg
🖥 视频文件	专家讲堂 \ 第 13 章 \ 绘制半轴壳零件主视图 .swf

⚙ **操作步骤**

1. 绘制主视图外部结构

Step 01 ▶ 打开 13.6.1 节存储的"绘制机械零件左视图 .dwg"作为当前文件。

Step 02 ▶ 在"图层"控制下拉列表中将"轮廓线"图层设置为当前图层。

Step 03 ▶ 输入"XL"激活【构造线】命令，输入"V"激活"垂直"选项，在左视图左侧单击，绘制一条垂直构造线，如图 13-102 所示。

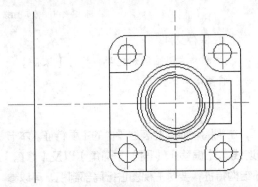

图 13-102　绘制一条垂直构造线

Step 04 ▶ 输入"O"激活【偏移】命令，将绘制的构造线向左偏移 6mm、18mm 和 102mm，以定位主视图，如图 13-103 所示。

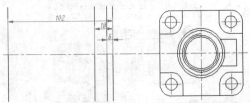

图 13-103　偏移垂直构造线

Step 05 ▶ 重复执行【构造线】命令，根据视图间的对正关系，配合【对象捕捉】功能绘制图 13-104 所示的水平构造线。

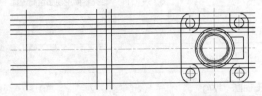

图 13-104　绘制水平构造线

Step 06 ▶ 输入"O"激活【偏移】命令，将最上方和最下方两条水平构造线向内偏移 7.5mm，如图 13-105 所示。

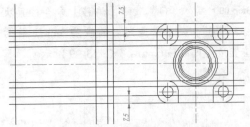

图 13-105　偏移水平构造线

Step 07 ▶ 输入"TR"激活【修剪】命令，对各构造线进行修剪，编辑出主视图轮廓，绘制结果如图 13-106 所示。

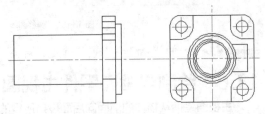

图 13-106　主视图轮廓

2. 绘制其他部结构

Step 01 ▶ 再次执行【偏移】命令，继续将垂直轮廓线向右偏移 1mm、向左偏移 68mm 和 82mm，如图 13-107 所示。

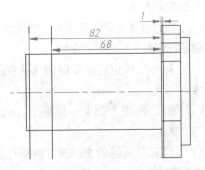

图 13-107　偏移垂直轮廓线

Step 02 ▶ 输入"TR"激活【修剪】命令，对偏移的图线进行修剪，修剪结果如图 13-108 所示。

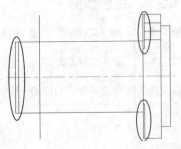

图 13-108　修剪图线

Step 03 ▶ 在命令执行的前提下夹点显示图 13-109 所示的两条图线，将其放到"中心线"图层上。

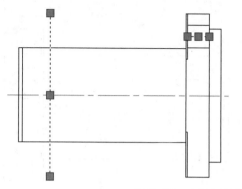

图 13-109 夹点显示图线

Step 04 ▶ 输入"C"激活【圆】命令，以中心线的交点作为圆心，绘制 3 个半径分别为 3mm、4mm 和 12.5mm 的同心圆，如图 13-110 所示。

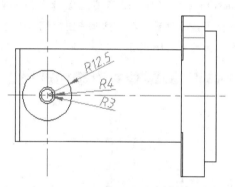

图 13-110 绘制同心圆

Step 05 ▶ 输入"BR"激活【打断】命令，对半径为 4mm 的圆进行打断，然后将其放到"细实线"图层上，绘制结果如图 13-111 所示。

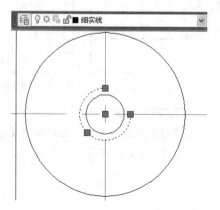

图 13-111 创建倒角结构

3. 创建倒角与圆角结构

Step 01 ▶ 输入"CHA"激活【倒角】命令。

Step 02 ▶ 输入"A"，按 Enter 键，激活"角度"选项

Step 03 ▶ 输入"2"，按 Enter 键，指定第一条直线的倒角长度。

Step 04 ▶ 输入"45"，按 Enter 键，指定第一条直线的倒角角度。

Step 05 ▶ 输入"M"，按 Enter 键，激活"多个"选项。

Step 06 ▶ 在上方水平轮廓线的左端单击。

Step 07 ▶ 在左边垂直轮廓线的上端单击。

Step 08 ▶ 在下方水平轮廓线的左端单击。

Step 09 ▶ 在左边垂直轮廓线的下端单击。

Step 10 ▶ 按 Enter 键，倒角结果如图 13-112 所示。

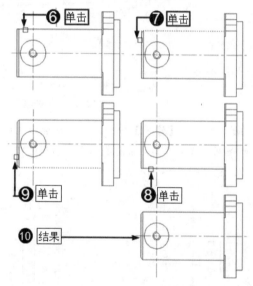

图 13-112 倒角结构效果

Step 11 ▶ 输入"F"激活【圆角】命令。

Step 12 ▶ 输入"R"，按 Enter 键，激活"半径"选项。

Step 13 ▶ 输入"5"，按 Enter 键，指定圆角半径。

Step 14 ▶ 输入"T"，按 Enter 键，激活"修剪"选项。

Step 15 ▶ 输入"N"，按 Enter 键，设置"不修剪"模式。

Step 16 ▶ 输入"M"，按 Enter 键，激活"多个"选项。

Step 17 ▶ 在上方水平轮廓线的右端单击。

Step 18 ▶ 在右边垂直轮廓线的上端单击。

Step 19 ▶ 在下方水平轮廓线的右端单击。

Step 20 ▶ 在右边垂直轮廓线的下端单击。

Step 21 ▶ 按 Enter 键，圆角结果如图 13-113 所示。

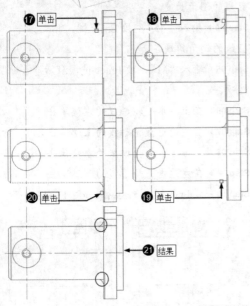

图 13-113　创建圆角结构

Step 22 ▶ 执行【修剪】命令，以圆角后产生的两条圆弧作为边界，对两条水平轮廓线进行修剪，结果如图 13-114 所示。

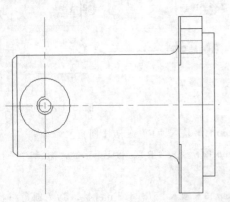

图 13-114　修剪水平轮廓线

4. 绘制剖面线

为了更好地表现零件内部结构，需要绘制该零件的局部剖视图效果。

Step 01 ▶ 在"图层"控制下拉列表中将"波浪线"设置为当前图层。

Step 02 ▶ 输入"SPL"激活【样条线】命令，

在零件右上角位置绘制剖视线，如图 13-115 所示。

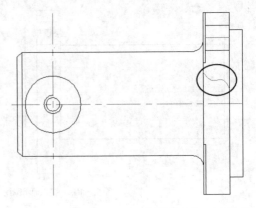

图 13-115　绘制剖视线

Step 03 ▶ 在"图层"控制下拉列表，将"剖面线"设置为当前图层。

Step 04 ▶ 输入"H"激活【图案填充】命令，选择图案并设置参数，对零件图剖视图进行填充，如图 13-116 所示。

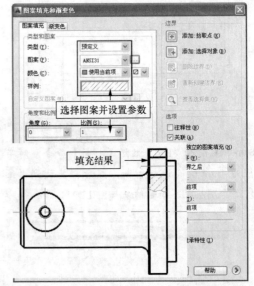

图 13-116　填充零件剖视图

5. 保存文件

零件图主视图绘制完毕，最后执行【另存为】命令，将图形命名保存。

13.7　绘制半轴壳零件俯视图

俯视图是物体由上往下投射所得的视图，简单的说就是向下俯视看到的物体的结构。俯视图一般用来表达主视图和左视图无法表达的图形信息，本节继续绘制半轴壳零件的俯视图，操作过程可以参阅本书配套光盘【专家讲堂】的详细讲解。

13.7.1　绘图思路

绘图思路如下。

（1）复制主视图，并对其进行编辑以创建俯视图外轮廓线。

（2）创建垂直构造线以编辑俯视图外部结构。

（3）偏移修剪图线以创建俯视图内部结构。

（4）填充图案完善俯视图，其操作流程如图 13-117 所示。

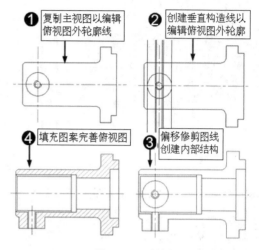

图 13-117　半轴壳零件俯视图绘制流程

13.7.2　绘图步骤

📄 素材文件	效果文件 \ 第 13 章 \ 绘制半轴壳零件主视图 .dwg
📥 效果文件	效果文件 \ 第 13 章 \ 绘制半轴壳零件俯视图 .dwg
🖥 视频文件	专家讲堂 \ 第 13 章 \ 绘制半轴壳零件俯视图 .swf

⚙️ **操作步骤**

1. 创建俯视图主体结构

由于该俯视图与主视图外部结构基本相同，因此可以在主视图的基础上进行修改，以得到俯视图的主体结构。

Step 01 ▸ 打开 13.7.1 节保存的"绘制机械零件主视图 .dwg"文件。

Step 02 ▸ 将"轮廓线"图层设置为当前图层。

Step 03 ▸ 使用快捷键"O"激活【复制】命令，将主视图向下复制，得到另一个图形，如图 13-118 所示。

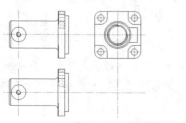

图 13-118　将主视图向下复制

Step 04 ▸ 使用【删除】和【修剪】命令，对复制的视图进行编辑，绘制结果如图 13-119 所示。

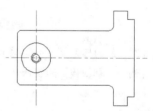

图 13-119　编辑复制的视图

Step 05 ▸ 执行【构造线】命令，根据视图间的对正关系，配合【对象捕捉】功能在俯视图绘制 6 条垂直构造线，绘制结果如图 13-120 所示。

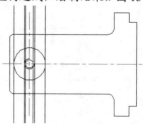

图 13-120　绘制 6 条垂直构造线

Step 06 ▶ 输入 "O" 激活【偏移】命令，将俯
视图水平图线和垂直图形进行偏移，以创建内
部图线，如图 13-121 所示。

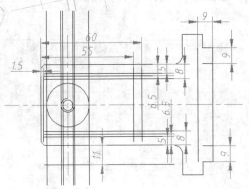

图 13-121 偏移图线

Step 07 ▶ 综合使用【修剪】和【延伸】命令，
对各构造线进行修剪和延伸，编辑出俯视图轮
廓，绘制结果如图 13-122 所示。

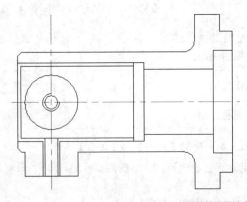

图 13-122 编辑的俯视图轮廓

Step 08 ▶ 删除左侧的圆图形，然后使用【直线】
命令补画左侧的内部图线，绘制结果如图 13-123
所示。

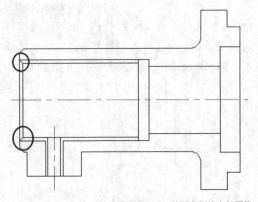

图 13-123 补画左侧的内部图线

Step 09 ▶ 在无命令执行的前提下夹点显示图 13-
124 所示的轮廓线，将其放到 "细实线" 图层
上。俯视图主体结构的绘制完成。

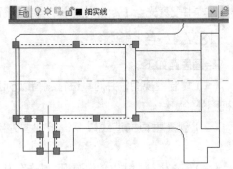

图 13-124 夹点显示轮廓线

2. 填充剖视图区域并编辑中心线

下面来填充俯视图的剖视图区域，以表达
机械零件内部结构，另外还需要对三视图中的
中心线进行编辑。

Step 01 ▶ 在 "图层" 控制下拉列表中将 "剖面
线" 图层设置为当前层。

Step 02 ▶ 输入 "H" 激活【图案填充】命令，选
择图案并设置参数，对零件图剖视图进行填
充，如图 13-125 所示。

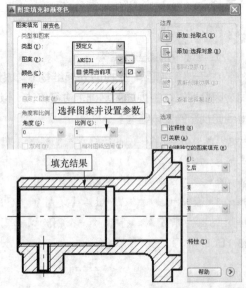

图 13-125 填充剖视图

Step 03 ▶ 执行【修剪】命令，以各视图的轮廓
线作为修剪边界，对三视图中的构造线进行修
剪，将其转化为图形中心线，绘制结果如图
13-126 所示。

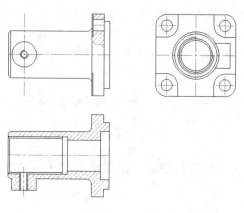
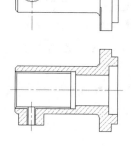

图 13-126　修剪构造线

图 13-127　拉长中心线

Step 04 ▶ 输入"LEN"激活【拉长】命令，将三视图中的中心线两端拉长 5mm，完成中心线的编辑，拉长结果如图 13-127 所示。

3. 保存文件

该零件俯视图绘制完毕，执行【另存为】命令，将图形命名保存。

13.8　标注半轴壳零件图尺寸

📄 素材文件	效果文件 \ 第 13 章 \ 绘制半轴壳零件俯视图 .dwg
🔖 效果文件	效果文件 \ 第 13 章 \ 标注半轴壳零件图尺寸 .dwg
🖥 视频文件	专家讲堂 \ 第 13 章 \ 标注半轴壳零件图尺寸 .swf

当绘制完成机械零件各图形之后，切记还需要为各图形标注尺寸，这是机械设计中不可缺少的重要内容。本节来标注半轴壳零件图尺寸，其尺寸包括长度尺寸、直径尺寸、半径尺寸、圆角度等，其标注结果如图 13-128 所示。

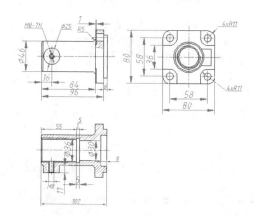

图 13-128　尺寸标注结果

⚙️ **操作步骤**

1. 设置当前标注样式与图层

Step 01 ▶ 打开 13.7 节保存的图形文件

Step 02 ▶ 在"图层"控制下拉列表，将"标注线"图层设置为当前图层。

Step 03 ▶ 按 F3 键，打开状态栏上的【对象捕捉】功能。

Step 04 ▶ 输入"D"打开【标注样式管理器】对话框，将"机械样式"设置为当前标注样式，同时修改标注比例为"1.4"，如图 13-129 所示。

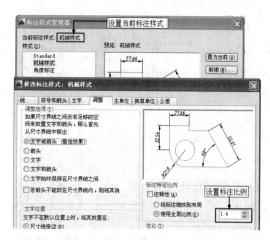

图 13-129　设置当前标注样式与图层

2. 标注直线型尺寸

Step 01 ▶ 单击【标注】工具栏中的"线性标注"按钮 □。

Step 02 ▶ 捕捉主视图左上端点。

Step 03 ▶ 捕捉主视图左下端点。

Step 04 ▶ 输入"T"，按 Enter 键，激活"文字"选项。

Step 05 ▶ 输入"%%C46"，按 Enter 键。

Step 06 ▶ 向左引导光标，在适当位置定位尺寸线，如图 13-130 所示。

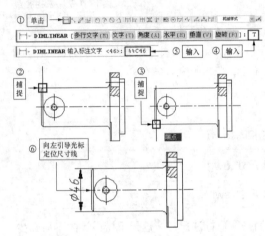

图 13-130 标注直线型尺寸

│技术看板│"%%C"是直径符号代码，输入之后将会转换为直径符号，表示标注的是直径尺寸。

Step 07 ▶ 重复执行【线性】命令，配合交点捕捉或端点捕捉功能，分别标注零件图其他位置的尺寸，标注结果如图 13-131 所示。

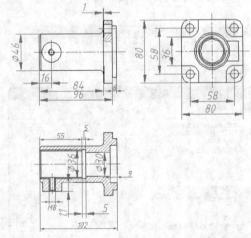

图 13-131 标注其他直线型尺寸

3. 标注半径尺寸和直径尺寸

Step 01 ▶ 输入"D"激活【标注样式】命令，将"角度标注"设置为当前标注样式，同时修改标注比例为 1.4，如图 13-132 所示。

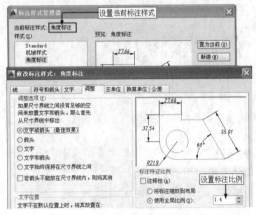

图 13-132 修改标注样式

Step 02 ▶ 单击【标注】工具栏上的"半径"按钮 ◎。

Step 03 ▶ 单击左视图右上角圆弧。

Step 04 ▶ 输入"T"，按 Enter 键，激活"半径"选项。

Step 05 ▶ 输入"4×R11"，按 Enter 键。

Step 06 ▶ 沿右上方引导光标，指定尺寸线的位置，如图 13-133 所示。

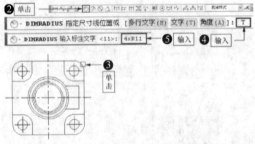

图 13-133 指定半径尺寸线的位置

Step 07 ▶ 单击【标注】工具栏上的"直径"按钮 ◎。

Step 08 ▶ 单击主视图上的圆。

Step 09 ▶ 输入"T"，按 Enter 键，激活"直径"选项

Step 10 ▶ 输入"M8-7H"，按 Enter 键。

Step 11 ▶ 沿左上方引导光标，指定尺寸线的位置，如图 13-134 所示。

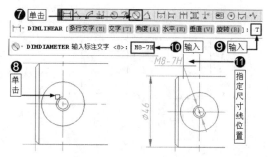

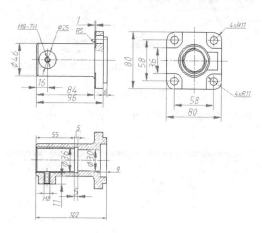

图 13-134　指定直径尺寸线位置

Step 12 ▶ 重复执行【半径】和【直径】命令，分别标注其他位置的半径尺寸和直径尺寸，标注结果如图 13-135 所示。

4. 保存文件

执行【另存为】命令，将图形命名保存。

图 13-135　半径和直径尺寸的标注

13.9　标注半轴壳零件图公差

📄 素材文件	效果文件 \ 第 13 章 \ 标注半轴壳零件图尺寸 .dwg
✒ 效果文件	效果文件 \ 第 13 章 \ 标注半轴壳零件图公差 .dwg
🖥 视频文件	专家讲堂 \ 第 13 章 \ 标注半轴壳零件图公差 .swf

当标注好尺寸之后，零件图的标注并没有结束，还需要继续标注公差。公差就是机械零件所允许的误差，包括尺寸公差和形位公差两部分，本节继续标注半轴壳机械零件图的尺寸公差与形位公差，标注结果如图 13-136 所示。

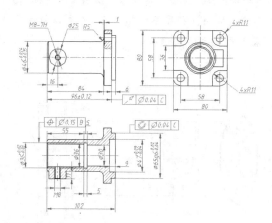

图 13-136　半轴壳零件公差的标注

⚙️ **操作步骤**

1. 标注尺寸公差

Step 01 ▶ 打开 13.8 节保存的图形文件。

Step 02 ▶ 单击【标注】工具栏中的"线性标注"按钮 ⊢。

Step 03 ▶ 捕捉俯视图右侧上端点。

Step 04 ▶ 捕捉俯视图右侧下端点，如图 13-137 所示。

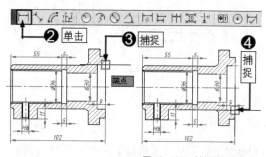

图 13-137　捕捉俯视图端点

Step 05 ▶ 输入"M"，按 Enter 键，打开【文字格式】编辑器。

Step 06 ▶ 将光标移至标注文字前，单击 @ 按钮，在弹出的下拉列表中选择"直径"，为标注文字添加直径前缀，如图 13-138 所示。

图 13-138 为标注文字添加直径前缀

Step 07 ▶ 将光标移到到尺寸数字后，输入尺寸公差，如图 13-139 所示。

图 13-139 输入尺寸公差

Step 08 ▶ 选择输入的尺寸公差，单击"堆叠"按钮，如图 13-140 所示。

图 13-140 进行尺寸堆叠

Step 09 ▶ 单击 确定 按钮，标注结果如图 13-141 所示。

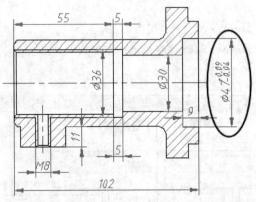

图 13-141 标注结果

Step 10 ▶ 重复执行【线性】命令，依照相同的方法标注俯视图的其他尺寸公差，标注结果如图 13-142 所示。

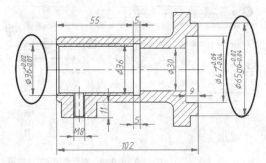

图 13-142 标注俯视图的其他尺寸公差

2. 编辑尺寸标注

Step 01 ▶ 单击【标注】工具栏中的"编辑标注"按钮。

Step 02 ▶ 输入"N"，按 Enter 键，激活"新建"选项，打开【文字格式】编辑器。

Step 03 ▶ 将光标移至标注文字前，添加直径符号，然后将光标移到文字后，输入尺寸公差。依照前面的操作，将输入的尺寸公差进行堆叠，如图 13-143 所示。

图 13-143 标注直径尺寸公差

Step 04 ▶ 单击 确定 按钮，返回绘图区，单击主视图左侧的直径尺寸，为其添加尺寸后缀，标注结果如图 13-144 所示。

Step 05 ▶ 参照上述操作步骤，使用【编辑标注】命令为零件主视图添加其他尺寸公差，标注结果如图 13-145 所示。

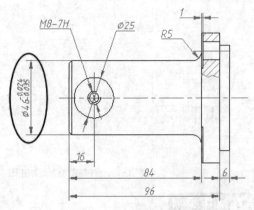

图 13-144 添加直径尺寸后缀

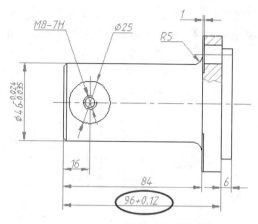

图 13-145　添加其他尺寸公差

3. 标注形位公差

Step 01 ▶ 输入 "LE" 激活【快速引线】命令，设置引线注释类型为 "公差"，并设置其他参数，如图 13-146 所示。

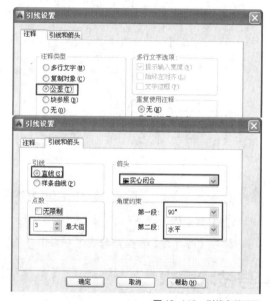

图 13-146　引线参数设置

Step 02 ▶ 单击 确定 按钮返回绘图区。

Step 03 ▶ 配合端点捕捉功捕捉俯视图右侧尺寸线端点指定第 1 个引线点。

Step 04 ▶ 向上引导光标拾取一点，指定第 2 个引线点。

Step 05 ▶ 向右引导光标拾取一点，定位第 3 个引线点，如图 13-147 所示。

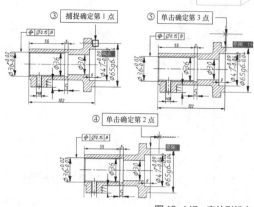

图 13-147　定位引线点

Step 06 ▶ 打开【形位公差】对话框。

Step 07 ▶ 在【符号】颜色块上单击。

Step 08 ▶ 打开【特征符号】对话框，单击特征符号。

Step 09 ▶ 返回【形位公差】对话框，在 "公差1" 下方的色块上单击添加基准代号，然后输入公差 1 的值为 0.04，如图 13-148 所示。

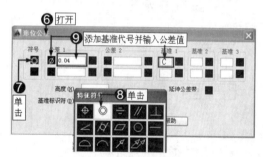

图 13-148　【形位公差】对话框

Step 10 ▶ 单击 确定 按钮，标注结果如图 13-149 所示。

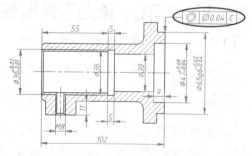

图 13-149　形位公差标注结果

Step 11 ▶ 参照上述操作步骤，重复使用【快速引线】命令标注俯视图左侧的形位公差，标注结果如图 13-150 所示。

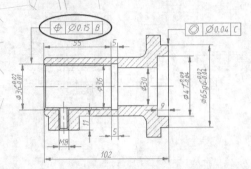

图 13-150 标注俯视图左侧的形位公差

Step 12 ▶ 重复执行【快速引线】命令，设置引线参数如图 13-151 所示。

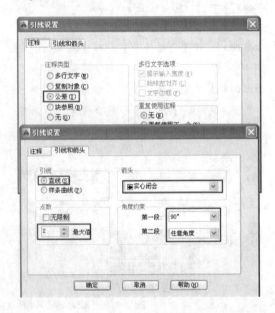

图 13-151 设置引线参数

Step 13 ▶ 单击 确定 按钮并返回绘图区，依照前面的操作标注主视图下侧的形位公差，标注结果如图 13-152 所示。

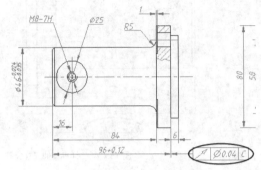

图 13-152 标注主视图下侧的形位公差

Step 14 ▶ 机械零件图的尺寸公差与形位公差标注完毕，标注结果如图 13-153 所示。

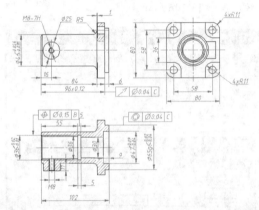

图 13-153 形位公差标注结果

4. 保存文件

执行【另存为】命令，将图形命名保存。

13.10 标注半轴壳零件图粗糙度与技术要求

📄 素材文件	效果文件 \ 第 13 章 \ 标注半轴壳零件图公差 .dwg
🎬 效果文件	效果文件 \ 第 13 章 \ 标注半轴壳零件图粗糙度与技术要求 .dwg
💻 视频文件	专家讲堂 \ 第 13 章 \ 实标注半轴壳零件图粗糙度与技术要求 .swf

当为机械零件图标注完尺寸和公差之后，有时还需要标注机械零件图的表面粗糙度、基面代号、技术要求等内容，以满足零件的加工需要，本节继续来标注半轴壳机械零件图的粗糙度、基面代号、技术要求，并为半轴壳机械零件三视图添加图框，对该机械零件图进行完善，标注结果如图 13-154 所示。

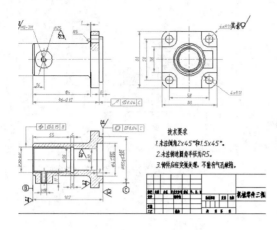

图 13-154 标注半轴壳零件图粗糙度与技术要求

⚙ **操作步骤**

1. 标注主视图粗糙度

Step 01 ▶ 打开 13.9 节保存的图形文件。

Step 02 ▶ 在"图层"控制下拉列表中将"细实线"图层设置为当前层。

Step 03 ▶ 使用快捷键 I 打开【插入】对话框，选择随书光盘"图块文件"目录下的"粗糙度.dwg"属性块，并设置参数，如图 13-155 所示。

Step 04 ▶ 单击 确定 按钮返回绘图区，在主视图左侧水平尺寸线上单击，在弹出的【编辑属性】对话框中修改粗糙度值为"6.3"。

图 13-155 选择"粗糙度"属性块

Step 05 ▶ 单击 确定 按钮，结果如图 13-156 所示。

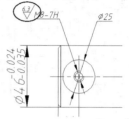

图 13-156 标注粗糙度

Step 06 ▶ 使用【镜像】命令，将粗糙度进行水平镜像和垂直镜像，然后将镜像出的粗糙度移到图 13-157 所示的位置。

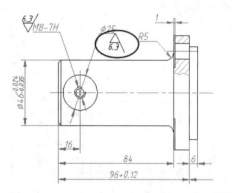

图 13-157 镜像粗糙度

Step 07 ▶ 双击镜像后的属性块，打开【增强属性编辑器】对话框，修改属性值，如图 13-158 所示。

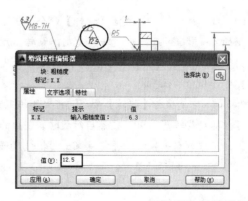

图 13-158 修改属性值

2. 标注俯视图粗糙度

Step 01 ▶ 激活【复制】命令，将主视图中的两个粗糙度分别复制到俯视图中，标注结果如图13-159 所示。

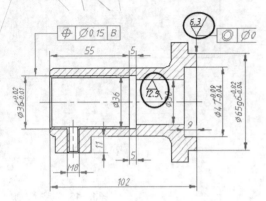

图 13-159 将主视图的两个粗糙度复制到俯视图中

Step 02 ▶ 依照前面的操作，使用【编辑属性】命令，分别修改粗糙度的属性值，修改结果如图 13-160 所示。

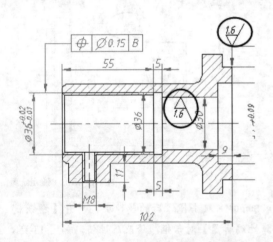

图 13-160 修改粗糙度的属性值

Step 03 ▶ 输入"RO"激活【旋转】命令，将下侧的 1.6 号粗糙度进行旋转并复制，旋转角度为 90°，然后将旋转复制出的粗糙度移至图 13-161 所示的位置。

Step 04 ▶ 重复执行【旋转】命令，将上侧的 1.6 号粗糙度旋转复制 90°，然后对旋转复制出的粗糙度进行水平镜像，并将镜像出的粗糙度移至图 13-162 所示的位置。

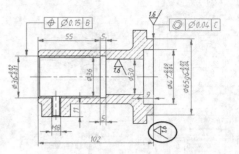

图 13-161 移动旋转复制的粗糙度

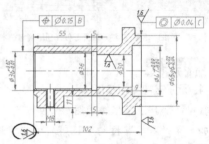

图 13-162 移动镜像出的粗糙度

Step 05 ▶ 执行【编辑属性】命令，依照前面的操作分别修改各属性值，如图 13-163 所示。

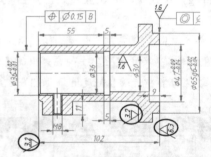

图 13-163 修改属性值

Step 06 ▶ 重复执行【插入块】命令，以 2 倍的等比缩放比例，在左视图右上侧位置插入随书光盘"图块文件"目录下的"粗糙度 02.dwg"属性块，结果如图 13-164 所示。

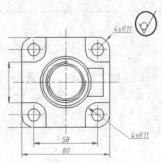

图 13-164 插入属性块

3. 标注零件图技术要求

Step 01 ▶ 输入 "T" 激活【多行文字】命令，在左视图下方拖曳鼠标指针，打开【文字格式】编辑器，设置文字样式以及字体等。

Step 02 ▶ 输入 "技术要求" 文字内容，如图 13-165 所示。

图 13-165　输入"技术要求"文字内容

Step 03 ▶ 按 Enter 键换行，设置字体高度为 "9"，继续输入技术要求的内容，如图 13-166 所示。

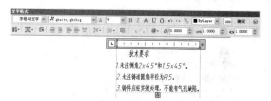

图 13-166　继续输入技术要求的内容

Step 04 ▶ 单击 **确定** 按钮确认，然后重复执行【多行文字】命令，在左视图右上侧位置标注 "其余" 字样，其中字体高度为 "10"，结果如图 13-167 所示。

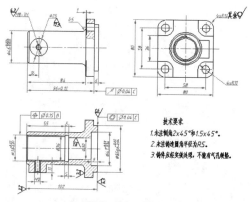

图 13-167　重复执行【多行文字】命令

4. 标注基面代号并配置图框

Step 01 ▶ 输入 "I" 激活【插入块】命令。

Step 02 ▶ 选择随书光盘 "图块文件" 目录下的 "基面代号 .dwg" 图块文件，并设置参数，将其插入到俯视图左下方位置，如图 13-168 所示。

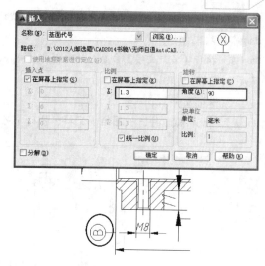

图 13-168　插入 "基面代号" 属性块

Step 03 ▶ 在插入的 "基面代号" 属性块上双击左键，打开【增强属性编辑器】对话框，修改属性的角度，如图 13-169 所示。

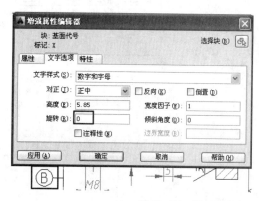

图 13-169　修改属性的角度

Step 04 ▶ 使用【旋转】命令中的 "复制" 功能将插入的基面代号图块进行旋转复制，并将其移动到俯视图右侧位置，然后修改其属性值，修改结果如图 13-170 所示。

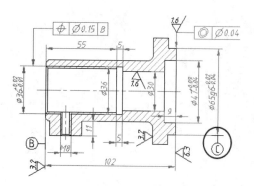

图 13-170　修改属性值

Step 05 ▶ 使用快捷键 I 激活【插入】命令，以默认参数插入随书光盘"图块文件"目录下的"A3-H. dwg"图块文件。

Step 06 ▶ 执行【多行文字】命令，为标题栏填充图名为"机械零件三视图"，其中字体样式为"仿宋"，高度为"7"，结果如图 13-171 所示。

5. 保存文件

至此，机械零件三视图绘制完毕，执行【另存为】命令，将图形命名保存。

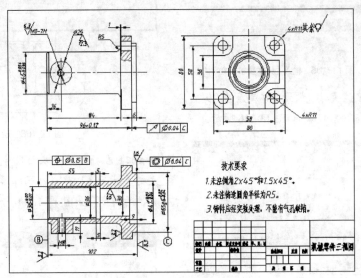

图 13-171　配置图框

第 14 章
综合实例——
创建机械零件
三维模型

在 AutoCAD 机械设计中，除了机械零件平面图之外，机械零件三维模型也是一种不可缺少的图形，三维模型可以直观地展示机械零件的内、外部结构特征，是机械零件平面图所无法实现的，本章通过 6 个绘制实例，进一步提升读者的机械零件三维模型的创建技能。

综合实例——创建机械零件三维模型

本章内容概览

知识点	功能 / 用途	难易度与应用频率
机械零件三维模型的绘图要求与方法（P488）	● 了解机械零件三维模型的绘图要求 ● 掌握机械零件三维模型的创建方法	难易度：★ 应用频率：★
综合实例	● 创建直齿轮零件三维模型（P490） ● 创建齿轮轴零件三维模型（P496） ● 创建支撑臂零件三维模型（P499） ● 创建半轴壳零件三维模型（P506） ● 创建支座零件三维模型（P514） ● 创建减速器箱盖三维模型（P520）	

14.1 机械零件三维模型的绘图要求与方法

与机械零件二维平面图不同，机械零件三维模型不仅要能表现机械零件的外部特征，有时还需要表现机械零件的内部结构特征，因此，其绘图要求与方法与绘制机械零件二维平面图有所不同。

14.1.1 机械零件三维模型的绘图要求

💻 视频文件　专家讲堂 \ 第14章 \ 机械零件三维模型的绘图要求 .swf

绘制机械零件三维模型时要满足以下三方面的要求。

1. 图形完整性

与机械零件二维平面图不同，机械零件三维模型只需一个视图即可将机械零件的所有特征都能表达清楚，当绘制完机械零件三维模型之后，通过设置不同的视图，或者调整视图的不同视角，可以观察模型的任何不同部分，因此，对于模型背面以及一些较为隐蔽的部分，也要按照图形设计要求进行完整绘制，千万不可投机取巧。图14-1所示是半轴壳零件三维模型在各个视图中的观察效果。

2. 图形准确性

一般情况下，机械零件三维模型不需要标注图形尺寸，但这并不意味着机械零件三维模型就不用考虑模型的精确度，相反，三维模型更要注意图形的精确度。一般情况下，在绘制机械零件三维模型时，都必须要参考机械零件二维平面图，根据平面图中标出的尺寸，来创建机械零件三维模型，只有这样，创建完成的机械零件三维模型才能符合图形的设计要求。根据机械零件的复杂程度不同，所需的二维平面图也有所不同，较简单的机械零件，只需要一个二维平面图即可，一般情况下需要二视图（主视图和俯视图或左视图和俯视图或主视图和左视图），但对于比较复杂的机械零件，绘制其三维模型时则需要三视图（主视图、左视图和俯视图），对内部结构复杂的机械零件，还需要二维剖视图来表现机械零件内部结构特征，供三维模型创建机械零件三维模型内部结构做参考。图14-2所示是依据半轴壳零件二维三视图创建的半轴壳零件三维模型。

图14-1　半轴壳零件

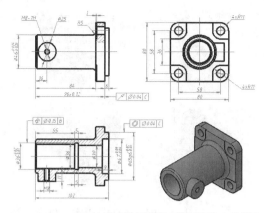

图 14-2　半轴壳零件二维三视图与三维模型

3. 内部结构的表现

尽管三维模型能表现机械零件的各外部结构特征，但正是由于三维模型的这种特殊性，其内部结构特征却不能像二维平面图那样很容易就能表达出来，因此，为了能表现机械零件的内部结构特征，还需要创建机械零件三维模型剖视图，这样就可将机械零件的内部结构特

征完整地表达出来。

三维模型剖视图的创建非常简单，不必重新创建三维模型剖视图，而只需将完整创建了机械零件内、外部结构特征的机械零件三维模型进行剖切，这样就可以表现出机械零件的内部结构特征。剖切时剖切轴线的选择也非常重要，要选择能完整表现机械零件内部结构特征的轴线进行剖切，这样就能很好地表现机械零件的内部结构特征。图 14-3 所示是对半轴壳零件三维模型剖切后表现的该零件内部结构特征效果。

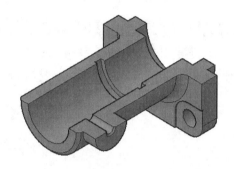

图 14-3　剖切后的半轴壳零件三维模型

14.1.2　机械零件三维模型的创建方法

💻 视频文件　专家讲堂 \ 第 14 章 \ 机械零件三维模型的创建方法 .swf

与绘制机械零件二维平面图不同，创建机械零件三维模型时，可参照以下方法。

1. 参照二维平面图

创建机械零件三维模型时必须依照机械零件二维平面图进行，因此，在创建机械零件三维模型时，首先必须要有二维平面图做参照，即使没有二维平面图，也必须要有相关参数做参考，这样才能创建出精准、符合机械设计要求的机械零件三维模型，千万不能盲目或凭空想象去创建。

2. 学会识图

"识图"就是要能看懂图，不管是纸质图还是电子图，"识图"是 AutoCAD 机械设计最基本的技能。例如在绘制二维平面图时，要通过主视图，搞清楚该机械零件左视图或俯视图的绘图方法和表现手段；通过俯视图，搞清楚该机械零件左视图或主视图的绘图方法和表现手段。而在创建机械零件三维模型时，则需要通过机械零件二维平面图，首先在脑海中形成

该机械零件三维模型的概念，然后再根据二维平面图所标注的尺寸，创建机械零件三维模型。

3. 选择绘图空间与视图

在绘制机械零件二维平面图时，通常是在二维空间进行绘图的，但是在创建机械零件三维模型时，则需要首先将二维绘图空间切换为三维绘图空间，否则，即使您绘制好三维模型，也只能观察到三维模型的一个面。图 14-4 所示为在二维绘图空间观察到的半轴壳三维模型效果。

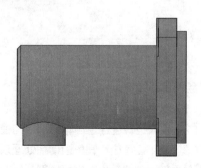

图 14-4　在二维空间观察到的半轴壳三维模型

　　除了切换到三维空间之外，还需要选择合适的视图，视图的选择一般情况下没有特殊要求，可以根据自己的习惯或喜好，选择不同的视图，当然，不同的视图，其创建方法也不同，但最终结果却是一样的。图 14-5 所示是在不同视图创建的半轴壳零件三维模型。

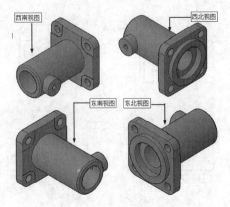

图 14-5　在不同视图创建的半轴壳零件三维模型

14.2　创建直齿轮零件三维模型

　　打开第 13 章绘制的直齿轮零件二视图，如图 14-6（a）所示，下面根据该二视图来绘制该零件的三维图，绘制结果如图 14-6（b）所示。

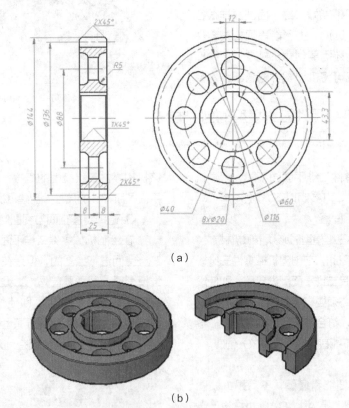

（a）

（b）

图 14-6　直齿轮零件

14.2.1　绘图思路

绘图思路如下。

（1）创建圆柱体作为直齿轮基本模型。

（2）差集运算创建直齿轮内部结构模型。

（3）使用倒角边和圆角边精细处理直齿轮三维模型。

（4）剖切创建直齿轮剖面模型，如图 14-7 所示。

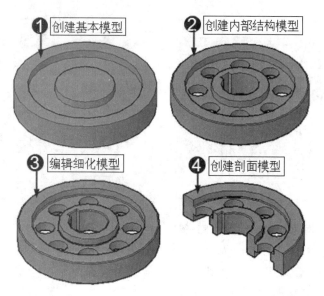

图 14-7 直齿轮零件绘制流程

14.2.2 绘图步骤

素材文件	效果文件 \ 第 13 章 \ 实例 1——直齿轮零件主视图 .dwg
效果文件	效果文件 \ 第 14 章 \ 实例 1——创建直齿轮零件三维模型 .dwg
视频文件	专家讲堂 \ 第 14 章 \ 实例 1——创建直齿轮零件三维模型 swf

⚙ 操作步骤

1. 设置当前图层与系统变量

Step 01 ▶ 将视图切换为西南等轴测视图。

Step 02 ▶ 在"图层"控制下拉列表将"0"图层设置为当前图层。

Step 03 ▶ 在命令行输入"ISOLINES"，按 Enter 键。

Step 04 ▶ 输入"30"，按 Enter 键，设置系统变量。

2. 创建圆柱体基本模型

Step 01 ▶ 单击【建模】工具栏上的"圆柱体"按钮 ⬛。

Step 02 ▶ 在绘图区拾取一点确定圆柱体下底面圆心。

Step 03 ▶ 输入"72"，按 Enter 键，指定底面半径。

Step 04 ▶ 输入"25"，指定高度。

Step 05 ▶ 按 Enter 键，绘制过程及结果如图 14-8 所示。

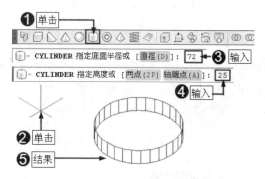

图 14-8 创建圆柱体基本模型

3. 创建另一个圆柱体模型

Step 01 ▶ 单击【建模】工具栏上的"圆柱体"按钮 ⬛。

Step 02 ▶ 捕捉已有圆柱体上表面圆心。

Step 03 ▶ 输入"58"，按 Enter 键，指定底面半径。

Step 04 ▶ 输入"－8"，指定高度。

Step 05 ▶ 按 Enter 键，绘制过程及结果如图 14-9 所示。

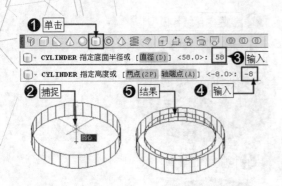

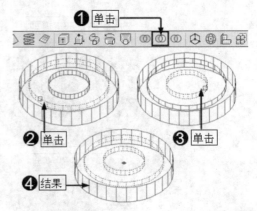

图 14-9 创建另一个圆柱体模型

图 14-11 差集圆柱体

| **技术看板** | 在捕捉圆心时，将指针移动到圆柱体上，会出现两个圆心，位于上方的是上表面圆心，位于下方的是下表面圆心，在此一定要捕捉上表面圆心，然后输入高度为 "−8"，绘制向下延伸的圆柱体。

Step 06 ▶ 继续使用同样的方法，以已有圆柱体的上表面圆心作为圆心，绘制半径为 30mm、高度为 8mm 向下延伸的圆柱体，如图 14-10 所示。

5. 复制对象

Step 01 ▶ 单击【修改】工具栏上的"复制"按钮 %。

Step 02 ▶ 单击差集后的对象。

Step 03 ▶ 按 Enter 键，捕捉下底面圆心。

Step 04 ▶ 输入 "@0,0，−17"，按 Enter 键，设置复制距离。

Step 05 ▶ 按 Enter 键，复制过程及结果如图 14-12 所示。

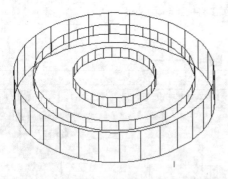

图 14-10 继续绘制圆柱体

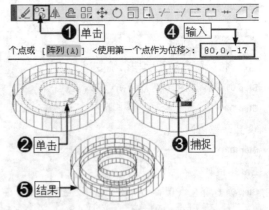

图 14-12 复制对象

4. 差集圆柱体

Step 01 ▶ 单击【建模】工具栏上的"差集"按钮 ⊚。

Step 02 ▶ 单击半径为 58mm 的圆柱体作为差集对象。

Step 03 ▶ 按 Enter 键，单击半径为 30mm 的圆柱体作为被差集对象。

Step 04 ▶ 按 Enter 键，差集过程及结果如图 14-11 所示。

| **技术看板** | 在捕捉圆心时，将指针移动到圆柱体上，会出现两个圆心，位于上方的是上表面圆心，位于下方的是下表面圆心，在此一定要捕捉下表面圆心作为复制基点进行复制。

6. 差集对象

Step 01 ▶ 单击【建模】工具栏上的"差集"按钮 ⊚。

Step 02 ▶ 单击半径为 72mm 的圆柱体作为差集对象。

Step 03 ▶ 按 Enter 键，分别单击差集和复制的圆柱体对象作为被差集对象。

Step 04 ▶ 按 Enter 键，然后设置其"概念"着色模式，差集过程及结果如图 14-13 所示。

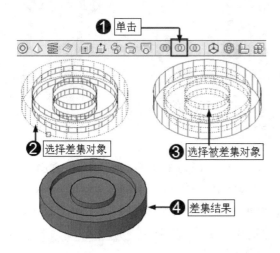

图 14-13 差集对象

7. 设置视图与捕捉模式

Step 01 ▶ 将视图切换为俯视图，并设置"二维线框"着色模式。

Step 02 ▶ 设置"象限点"捕捉模式，如图 14-14 所示。

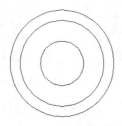

图 14-14 设置视图与捕捉模式

8. 创建圆柱体

Step 01 ▶ 单击"建模"工具栏上的"圆柱体"按钮 。

Step 02 ▶ 按住 Shift 键的同时单击鼠标右键，在弹出的菜单中选择"两点之间的中点"命令。

Step 03 ▶ 捕捉上象限点。

Step 04 ▶ 捕捉下象限点。

Step 05 ▶ 输入"10"，按 Enter 键，指定底面半径。

Step 06 ▶ 输入"－25"，指定高度。

Step 07 ▶ 按 Enter 键，绘制过程及结果如图 14-15 所示。

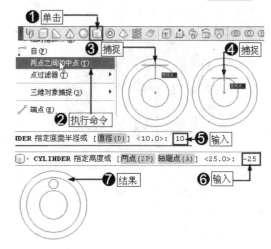

图 14-15 创建圆柱体

9. 阵列圆柱体

Step 01 ▶ 单击【修改】工具栏上的"环形阵列"按钮 。

Step 02 ▶ 单击圆柱体作为阵列对象。

Step 03 ▶ 按 Enter 键，捕捉大圆柱体的圆心作为阵列中心。

Step 04 ▶ 输入"I"，按 Enter 键，激活项目选项。

Step 05 ▶ 输入"8"，按 Enter 键，设置阵列项目数。

Step 06 ▶ 按两次 Enter 键，阵列过程及结果如图 14-16 所示。

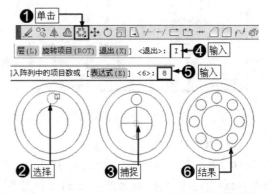

图 14-16 阵列圆柱体

┃技术看板┃ 除了通过二维阵列命令阵列圆柱体外，也可以进入西南等轴测视图，然后使用三维阵列命令对创建的圆柱体进行三维阵列。

Step 07 ▶ 依照前面的操作方法，将阵列后的圆柱体进行并集，然后以源对象作为差集对象，对并集后的圆柱体进行差集运算，最后设置

"概念"视觉样式，效果如图 14-17 所示。

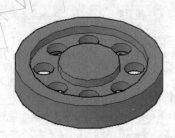

图 14-17　圆柱体处理后的效果

10. 创建内孔径边界图形

Step 01 ▸ 将视图切换为俯视图，并设置"二维线框"着色模式。

Step 02 ▸ 在"图层"控制列表将"标注线"和"尺寸线"两个图层暂时隐藏。

Step 03 ▸ 执行菜单栏中的【绘图】/【边界】命令打开【边界创建】对话框。

Step 04 ▸ 单击"拾取点"按钮返回绘图区。

Step 05 ▸ 在直齿轮俯视图内孔径内单击。

Step 06 ▸ 按 Enter 键，将内孔径创建为一个边界，如图 14-18 所示。

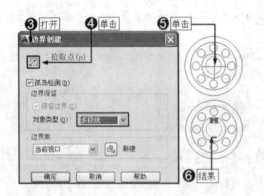

图 14-18　创建内孔边界图形

11. 拉伸边界图形

Step 01 ▸ 将视图切换为西南等轴测视图。

Step 02 ▸ 单击【建模】工具栏上的"拉伸"按钮。

Step 03 ▸ 单击选择创建的内孔径边界图形。

Step 04 ▸ 按 Enter 键，然后设置拉伸高度为"25"，按 Enter 键确认，拉伸过程及结果如图 14-19 所示。

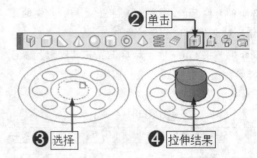

图 14-19　拉伸边界图形

12. 移动拉伸模型

Step 01 ▸ 输入"M"激活【移动】命令。

Step 02 ▸ 单击选择拉伸后的模型。

Step 03 ▸ 捕捉拉伸体上表面圆心作为基点。

Step 04 ▸ 捕捉三维模型上表面圆心作为目标点。

Step 05 ▸ 将该拉伸模型移动到三维模型中，移动过程及结果如图 14-20 所示。

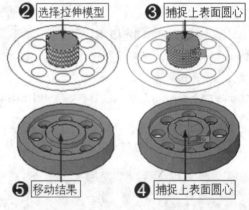

图 14-20　移动拉伸模型

|技术看板| 在将拉伸模型体移动到直齿轮三维模型上时，也可以使用三维移动命令进行移动。

13. 创建内孔径

以直齿轮三维模型作为差集运算对象，以拉伸的内孔径模型作为被差集对象进行差集运算，创建内孔径，绘制结果如图 14-21 所示。

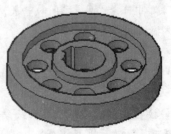

图 14-21　创建内孔径

14. 倒角直齿轮三维模型

Step 01 ▶ 单击【实体编辑】工具栏上的"倒角边"按钮 。

Step 02 ▶ 单击选择直齿轮模型上下两条边。

Step 03 ▶ 设置倒角距离为 2mm，然后按 3 次 Enter 键，倒角过程及结果如图 14-22 所示。

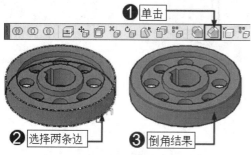

❶ 单击

❷ 选择两条边　❸ 倒角结果

图 14-22　倒角直齿轮模型的上下两条边

Step 04 ▶ 继续使用【倒角边】命令，设置倒角距离为 1mm，对直齿轮内孔径两面的边进行倒角，倒角过程及结果如图 14-23 所示。

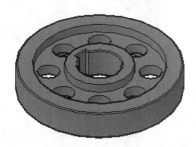

图 14-23　倒角直齿轮内孔径两面的边

15. 圆角直齿轮三维模型

Step 01 ▶ 单击【实体编辑】工具栏上的"圆角边"按钮 。

Step 02 ▶ 单击选择直齿轮模型内部两条边。

Step 03 ▶ 设置圆角距离为 5mm，然后按 3 次 Enter 键，圆角过程及结果如图 14-24 所示。

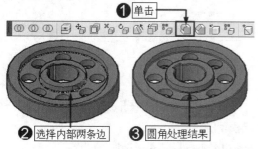

❶ 单击

❷ 选择内部两条边　❸ 圆角处理结果

图 14-24　圆角直齿轮模型的内部两条边

Step 04 ▶ 使用相同的命令和参数，对直齿轮另一面内部两条边进行圆角处理，圆角过程及结果如图 14-25 所示。

图 14-25　对直齿轮另一面内部两条边圆角处理

┃技术看板┃ 在对直齿轮三维模型另一面的内部两条边进行圆角处理时，可以执行【视图】/【动态观察】/【受约束的动态观察】命令，然后调整直齿轮模型的视角，以便能准确选择要处理的边。

16. 剖切直齿轮三维模型

Step 01 ▶ 将创建完成的直齿轮三维模型复制一个备用。

Step 02 ▶ 执行菜单栏中的【修改】/【三维操作】/【剖切】命令，然后单击选择直齿轮三维模型。

Step 03 ▶ 捕捉直齿轮三维模型的左象限点。

Step 04 ▶ 捕捉直齿轮三维模型的右象限点。

Step 05 ▶ 捕捉直齿轮三维模型的上象限点。剖切过程及结果如图 14-26 所示。

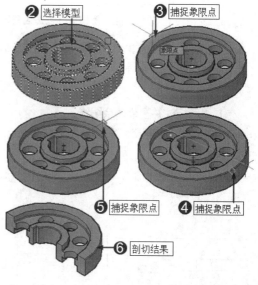

❷ 选择模型　❸ 捕捉象限点

❺ 捕捉象限点　❹ 捕捉象限点

❻ 剖切结果

图 14-26　剖切直齿轮三维模型

17. 保存文件

至此该直齿轮三维模型创建完毕，最后将文件命名保存。

14.3 创建齿轮轴零件三维模型

首先打开第 13 章绘制的齿轮轴零件主视图，如图 14-27 所示，本节根据齿轮轴机械零件平面图创建该零件的三维图。

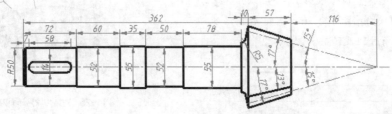

图 14-27 齿轮轴零件

14.3.1 绘图思路

绘图思路如下。

（1）修改平面图与创建三维模型轮廓。

（2）通过旋转创建三维模型。

（3）差集运算创建键槽，其流程如图 14-28 所示。

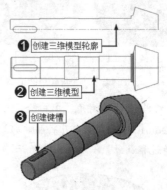

图 14-28 齿轮轴零件绘制流程

14.3.2 绘图步骤

📄 素材文件	效果文件 \ 第 13 章 \ 绘制齿轮轴零件图 .dwg
✒ 效果文件	效果文件 \ 第 14 章 \ 创建齿轮轴零件三维模型 .dwg
🖥 视频文件	专家讲堂 \ 第 14 章 \ 创建齿轮轴零件三维模型 .swf

⚙ **操作步骤**

1. 隐藏标注并删除多余图线

Step 01 在"图层"控制下拉列表中将"标注线"图层暂时隐藏。

Step 02 选择其他多余图线将其删除，绘制结果如图 14-29 所示。

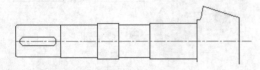

图 14-29 删除多余图线

2. 分解图形

由于该图形是使用矩形创建的，下面将平面图中的矩形全部分解，便于后面进行修剪。

Step 01 在无任何命令发出的情况下单击选择图形中的矩形。

Step 02 单击【修改】工具栏上的"分解"按钮 📲 将其分解，如图 14-30 所示。

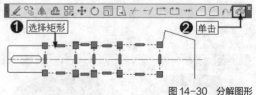

图 14-30 分解图形

3. 修剪图形

下面对分解后的图形进行修剪，以创建三维模型的轮廓线。

Step 01 单击【修改】工具栏上的"修剪"按钮 -/--。

Step 02 单击上方水平轮廓线和水平中心线作

为修剪边界。

Step 03 ▸ 按 Enter 键，窗交方式选择垂直轮廓线进行修剪。

Step 04 ▸ 继续在水平中心线下方单击左右两条垂直轮廓线进行修剪。

Step 05 ▸ 按 Enter 键，修剪过程及结果如图 14-31 所示。

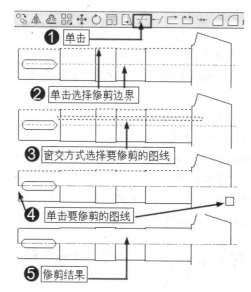

图 14-31 修剪图形

Step 06 ▸ 将水平中心线下方多余图线选择并删除，绘制结果如图 14-32 所示。

图 14-32 删除多余图线

4. 创建多段线

下面需要将修剪完成的图线创建为一条多段线，以便进行三维模型的创建。

Step 01 ▸ 单击菜单栏中的【修改】/【对象】/【多段线】命令。

Step 02 ▸ 单击左边的垂直图线。

Step 03 ▸ 按 Enter 键，输入"J"，激活【合并】命令。

Step 04 ▸ 按 Enter 键，然后选择所有要合并的图线。

Step 05 ▸ 按两次 Enter 键，将轮廓线创建为多段线，如图 14-33 所示。

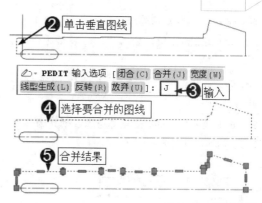

图 14-33 创建多段线

｜技术看板｜ 合并完成之后，可以通过单击选择图线的方式来确定图线是否合并成功，单击选择后，如果所有图线都被选择，说明合并成功，否则说明合并不成功。

5. 创建三维模型

下面通过旋转命令来创建三维模型。

Step 01 ▸ 单击【建模】工具栏上的"旋转"按钮 。

Step 02 ▸ 单击选择创建的多段线。

Step 03 ▸ 按 Enter 键，捕捉左端点。

Step 04 ▸ 捕捉右端点。

Step 05 ▸ 按两次 Enter 键，创建过程及结果如图 14-34 所示。

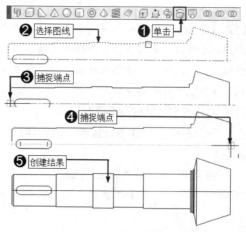

图 14-34 创建三维模型

6. 创建键槽

在创建键槽时，可以通过平面图中的键槽轮廓线来创建，但是首先需要将键槽轮廓线创建为闭合的多段线。

Step 01 ▸ 单击菜单栏中的【修改】/【对象】/【多段线】命令。

Step 02 ▶ 单击键槽轮廓线。

Step 03 ▶ 按 Enter 键，输入"J"，激活【合并】命令。

Step 04 ▶ 按 Enter 键，然后选择键槽所有轮廓线。

Step 05 ▶ 按两次 Enter 键，将轮廓线创建为多段线，如图 14-35 所示。

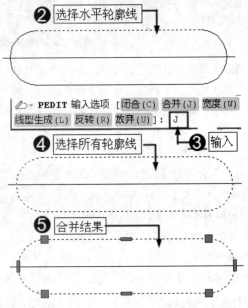

图 14-35 创建键槽

|技术看板| 合并完成之后，可以通过单击选择图线的方式来确定图线是否合并成功，单击选择后，如果所有图线都被选择，说明合并成功，否则说明合并不成功。

7. 拉伸创建键槽三维模型

下面对键槽图线进行拉伸，以创建三维模型。

将视图切换为西南等轴测视图。

Step 01 ▶ 单击【建模】工具栏上的"拉伸"按钮 。

Step 02 ▶ 单击选择创建的键槽图形。

Step 03 ▶ 按 Enter 键，然后设置拉伸高度为 10mm，按 Enter 键确认，创建过程及结果如图 14-36 所示。

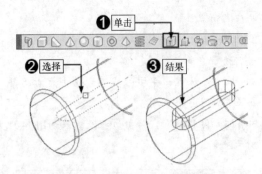

图 14-36 拉伸创建键槽三维模型

8. 移动键槽模型

下面将创建的键槽模型沿 Z 轴正方向移动 15mm。

Step 01 ▶ 输入"M"激活【移动】命令。

Step 02 ▶ 单击选择键建模型。

Step 03 ▶ 按 Enter 键，然后捕捉键槽上表面圆心作为基点。

Step 04 ▶ 输入"@0,15,0"，按 Enter 键，移动过程及结果如图 14-37 所示。

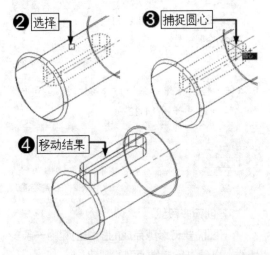

图 14-37 移动键槽模型

9. 差集运算创建键槽

下面以键槽模型与齿轮轴模型进行差集运算，创建出键槽。

Step 01 ▶ 单击【建模】工具栏上的"差集"按钮 。

Step 02 ▶ 单击选择齿轮轴模型。

Step 03 ▶ 按 Enter 键，单击选择键槽模型。

Step 04 ▶ 按 Enter 键，然后设置"概念"着色模式，创建过程及结果如图 14-38 所示。

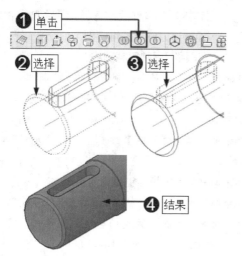

图 14-38　差集运算创建键槽

10. 保存文件

　　至此，齿轮轴三维模型创建完毕，调整视图查看效果，结果如图 14-39 所示。最后将图形命名并存储。

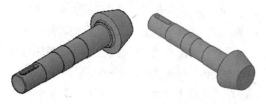

图 14-39　创建完成的三维模型

14.4　创建支撑臂零件三维模型

　　首先打开第 13 章绘制的图 14-40（a）所示的支撑臂零件主视图和图 14-40（b）所示的支撑臂零件俯视图，下面根据这两个视图来创建图 14-40（c）所示的支撑臂零件三维图。

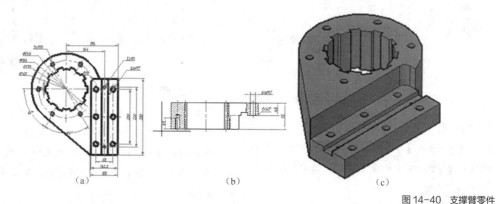

（a）　　　　　　　　　　　（b）　　　　　　　　　　　（c）

图 14-40　支撑臂零件

14.4.1　绘图思路

绘图思路如下。

（1）编辑主视图创建三维模型轮廓线。

（2）拉伸创建三维模型。

（3）差集运算创建螺孔，其流程如图 14-41 所示。

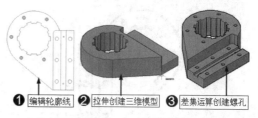

图 14-41　支撑臂零件三维模型绘制流程

14.4.2　绘图步骤

📄 素材文件	效果文件 \ 第 13 章 \ 绘制支撑臂零件图 .dwg 素材文件 \ 支撑臂零件俯视图 .dwg
🖊 效果文件	效果文件 \ 第 14 章 \ 创建支撑臂零件三维模型 .dwg
💻 视频文件	专家讲堂 \ 第 14 章 \ 创建支撑臂零件三维模型 .swf

⚙ 操作步骤

1. 打开素材文件

在创建零件三维模型时必须知道零件的各参数，在本例中，只有支撑臂零件主视图不足以知道该零件的全部尺寸，因此还需要该零件的俯视图。通过这两个视图，就可以获得零件的基本尺寸，这样才能创建其三维模型。下面首先打开各素材文件，并将其放到同一个视图中。

Step 01 ▸ 执行【窗口】/【垂直平铺】命令，将这两个视图垂直平铺。

Step 02 ▸ 激活俯视图，在无任何命令发出的情况下以窗口方式选择俯视图全部内容使其夹点显示。

Step 03 ▸ 单击鼠标右键，在弹出的菜单中选择【剪切板】/【复制】命令将其复制，如图 14-42 所示。

图 14-42 使用鼠标右键菜单复制俯视图

Step 04 ▸ 进入主视图，在视图空白位置右击，选择【剪切板】/【粘贴】命令，将复制的图形对象粘贴到主视图，如图 14-43 所示。

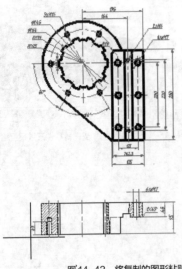

图 14-43 将复制的图形粘贴到主视图

通过这样的操作后，有了该零件的两个视图，下面就可以创建三维模型了。

2. 设置图层并复制图线

Step 01 ▸ 在"图层"控制下拉列表中将"0"图层设置为当球层，并将"标注线"和"中心线"层暂时隐藏。

Step 02 ▸ 单击【修改】工具栏上的"复制"按钮 ℅。

Step 03 ▸ 单击选择主视图中的图线。

Step 04 ▸ 按 Enter 键，捕捉下方的交点作为基点。

Step 05 ▸ 在主视图右边的合适位置单击，将其复制到右边位置，如图 14-44 所示。

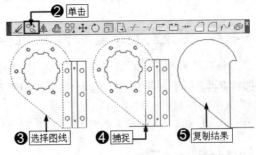

图 14-44 设置图层并复制图线

3. 修剪图线

Step 01 ▸ 输入"TR"激活【修剪】命令。

Step 02 ▸ 单击垂直图线作为修剪边界。

Step 03 ▸ 按 Enter 键，在垂直图线右侧单击水平图线进行修剪。修剪过程及结果如图 14-45 所示。

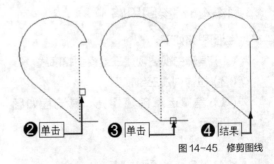

图 14-45 修剪图线

4. 创建闭合多段线

Step 01 ▸ 单击菜单栏中的【修改】/【对象】/【多段线】命令。

Step 02 ▸ 单击垂直轮廓线。

Step 03 ▸ 按 Enter 键，输入"J"，激活【合并】命令。

Step 04 ▶ 按 Enter 键，然后选择键槽所有图线。

Step 05 ▶ 按两次 Enter 键，将轮廓线创建为多段线。

┃技术看板┃ 合并完成之后，可以通过单击选择图线的方式来确定图线是否合并成功，单击选择后，如果所有图线都被选择，如图 14-46 所示，说明合并成功，否则合并不成功。

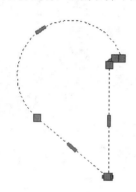

图 14-46　所有图线均被选择

5. 继续创建闭合多段线

Step 01 ▶ 单击菜单栏中的【修改】/【对象】/【多段线】命令。

Step 02 ▶ 单击主视图中的齿轮图线。

Step 03 ▶ 按 Enter 键，输入"J"，激活【合并】命令。

Step 04 ▶ 按 Enter 键，然后选择齿轮所有图线。

Step 05 ▶ 按两次 Enter 键，将轮廓线创建为多段线，如图 14-47 所示。

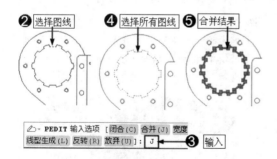

图 14-47　创建闭合多段线

6. 继续创建闭合多段线

Step 01 ▶ 单击菜单栏中的【修改】/【对象】/【多段线】命令。

Step 02 ▶ 单击主视图右侧的垂直图线。

Step 03 ▶ 按 Enter 键，输入"J"，激活【合并】命令。

Step 04 ▶ 按 Enter 键，然后选择右侧矩形所有图线。

Step 05 ▶ 按两次 Enter 键，将轮廓线创建为多段线，如图 14-48 所示。

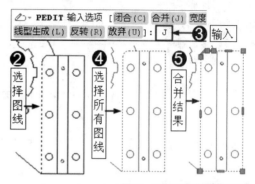

图 14-48　继续创建闭合多段线

7. 拉伸创建三维模型

Step 01 ▶ 将视图切换为西南等轴测视图。

Step 02 ▶ 单击【建模】工具栏上的"拉伸"按钮 □。

Step 03 ▶ 单击选择创建的支撑臂轮廓线图形。

Step 04 ▶ 按 Enter 键，然后设置拉伸高度为 95mm。

Step 05 ▶ 按 Enter 键确认，结果如图 14-49 所示。

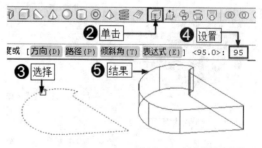

图 14-49　拉伸创建三维模型

8. 拉伸并移动模型位置

Step 01 ▶ 继续对主视图中创建的齿轮轮廓线拉伸 95mm。

Step 02 ▶ 输入"M"激活【移动】命令。

Step 03 ▶ 捕捉齿轮上表面圆心作为基点。

Step 04 ▶ 捕捉支撑臂模型上表面圆心作为目标点，将其移动到支撑臂模型位置，移动结果如图 14-50 所示。

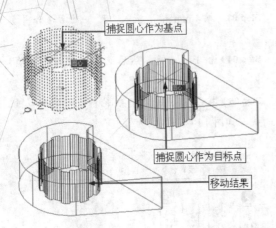

图 14-50　拉伸并移动模型位置

9. 差集运算

Step 01 ▸ 单击【建模】工具栏上的"差集"按钮⊚。

Step 02 ▸ 单击选择支撑臂模型。

Step 03 ▸ 按 Enter 键，单击选择齿轮模型。

Step 04 ▸ 按 Enter 键，然后设置"概念"着色模式，结果如图 14-51 所示。

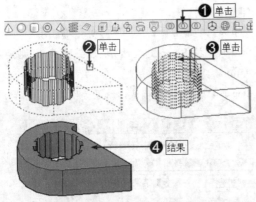

图 14-51　差集运算

10. 拉伸主视图

　　使用【拉伸】命令，将主视图右侧闭合多段线图形拉伸 45mm，拉伸结果如图 14-52 所示。

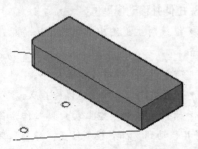

图 14-52　继续拉伸多段线图形

11. 移动模型位置

Step 01 ▸ 输入"M"激活【移动】命令。

Step 02 ▸ 单击选择拉伸模型。

Step 03 ▸ 按 Enter 键，捕捉左下端点作为基点。

Step 04 ▸ 捕捉支撑臂右下端点作为目标点。

Step 05 ▸ 将其移动到支撑臂模型位置，移动结果如图 14-53 所示。

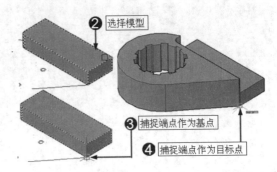

图 14-53　移动模型位置

12. 并集运算

Step 01 ▸ 单击【建模】工具栏上的"并集"按钮⊚。

Step 02 ▸ 单击选择支撑臂模型。

Step 03 ▸ 单击选择右侧的立方体模型。

Step 04 ▸ 按 Enter 键，完成并集操作。

13. 创建圆锥体

Step 01 ▸ 单击【建模】工具栏上的"圆锥体"按钮△。

Step 02 ▸ 捕捉圆柱体的上表面圆心。

Step 03 ▸ 输入"6"，按 Enter 键，设置底面半径。

Step 04 ▸ 输入"3.5"，按 Enter 键，设置高度，创建一个圆锥体，如图 14-54 所示。

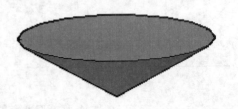

图 14-54　创建圆锥体

14. 创建圆柱体

Step 01 ▸ 按 Enter 键，重复执行【圆柱体】命令。

Step 02 ▸ 捕捉圆锥体的上表面圆心。

Step 03 ▸ 输入"6"，按 Enter 键，设置半径。

Step 04 ▶ 输入"10"，按 Enter 键，设置高度，创建一个圆柱体，如图 14-55 所示。

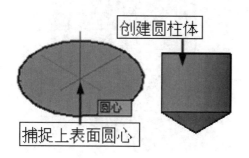

图 14-55　创建一个圆柱体

15. 创建另一个圆柱体

Step 01 ▶ 单击【建模】工具栏上的"圆柱体"按钮□。

Step 02 ▶ 捕捉圆柱体上表面圆心。

Step 03 ▶ 输入"8"，按 Enter 键，设置半径。

Step 04 ▶ 输入"40"，按 Enter 键，设置高度，绘制另一个圆柱体，如图 14-56 所示。

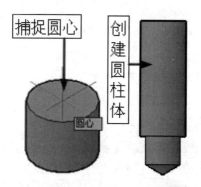

图 14-56　创建另一个圆柱体

16. 并集创建的图形

使用【并集】命令将创建的圆柱体和圆锥体并集。

17. 移动图形位置

Step 01 ▶ 输入"M"激活【移动】命令。

Step 02 ▶ 单击选择创建的圆柱体模型。

Step 03 ▶ 按 Enter 键，捕捉圆柱体的上表面圆心。

Step 04 ▶ 按住 Shift 键并单击鼠标右键，在弹出的菜单中选择"自"功能。

Step 05 ▶ 捕捉支撑臂上表面圆心作为参照点。

Step 06 ▶ 输入"@60.44,90.93"，按 Enter 键，确定目标点。移动过程及结果如图 14-57 所示。

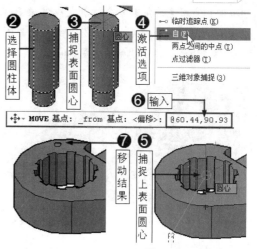

图 14-57　移动图形位置

18. 环形阵列

Step 01 ▶ 执行菜单栏中的【修改】/【三维操作】/【三维阵列】命令。

Step 02 ▶ 单击选择圆柱体对象，按 Enter 键。

Step 03 ▶ 输入"P"，按 Enter 键，激活"环形"选项。

Step 04 ▶ 输入"6"，按 Enter 键，设置阵列数目。

Step 05 ▶ 按两次 Enter 键，然后捕捉上表面圆心作为阵列轴的第 1 点。

Step 06 ▶ 捕捉下表面圆心作为阵列轴的第 2 点。阵列过程及结果如图 14-58 所示。

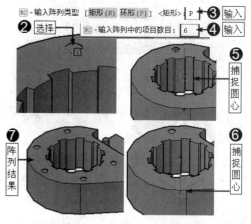

图 14-58　环形阵列

19. 创建螺孔

Step 01 ▶ 首先将右上角多余的圆柱体删除。

Step 02 ▶ 使用【并集】命令将其他圆柱体并集为一个整体。

Step 03 ▶ 使用【差集】命令，以支撑臂模型作为差集对象，以并集后的圆柱体作为被差集对象，创建出螺孔，创建结果如图 14-59 所示。

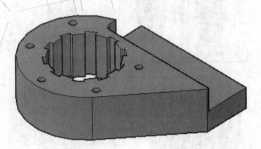

图 14-59　创建圆孔

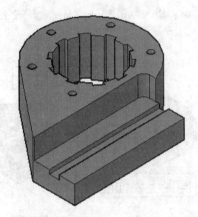

图 14-61　差集运算

20. 创建长方体

Step 01 ▶ 将视图切换为东南等轴测视图。

Step 02 ▶ 单击【建模】工具栏上的"长方体"按钮 ▢。

Step 03 ▶ 按住 Shift 键并单击鼠标右键，在弹出的右键菜单中选择"自"功能。

Step 04 ▶ 捕捉支撑臂下端点。

Step 05 ▶ 输入"@－38.5,0"，按 Enter 键，确定目标点。

Step 06 ▶ 输入"@－25,280,－10"，按 Enter 键。创建结果如图 14-60 所示。

22. 创建圆柱体

Step 01 ▶ 单击【建模】工具栏上的"圆柱体"按钮 ▣。

Step 02 ▶ 按住 Shift 键并单击鼠标右键，在弹出的菜单中选择"自"功能。

Step 03 ▶ 捕捉支撑臂下端点。

Step 04 ▶ 输入"@－18.5,40"，按 Enter 键，确定目标点。

Step 05 ▶ 输入"8.5"，按 Enter 键，设置半径。

Step 06 ▶ 输入"－45"，按 Enter 键，设置高度。

Step 07 ▶ 创建结果如图 14-62 所示。

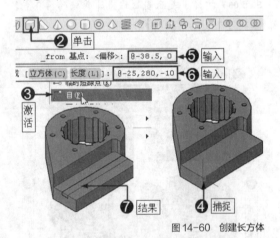

图 14-60　创建长方体

21. 继续差集运算

　　激活【差集】命令，以支撑臂作为差集对象，以创建的长方体作为被差集对象继续差集运算，运算结果如图 14-61 所示。

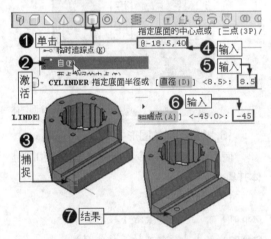

图 14-62　创建圆柱体

23. 复制圆柱体

Step 01 ▶ 输入"CO"激活【复制】命令。

Step 02 ▶ 单击选择创建的圆柱体。

Step 03 ▶ 按 Enter 键，然后捕捉圆柱体上表面圆心。

Step 04 ▶ 沿 X 轴负方向引导光标，输入"65"。

Step 05 ▶ 按两次 Enter 键，复制过程及结果如图 14-63 所示。

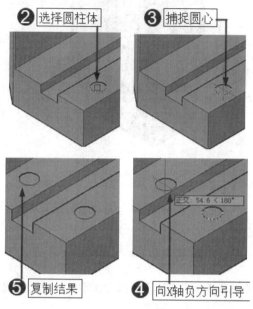

图 14-63　复制圆柱体

Step 06 ▶ 按 Enter 键重复执行【复制】命令。

Step 07 ▶ 单击选择两个圆柱体。

Step 08 ▶ 按 Enter 键，然后捕捉圆柱体上表面圆心。

Step 09 ▶ 输入"@0,100,0"，按 Enter 键。

Step 10 ▶ 继续输入"@0,200,0"，按 Enter 键。

Step 11 ▶ 按两次 Enter 键，复制过程及结果如图 14-64 所示。

图 14-64　复制圆柱体

24. 创建支撑臂上螺孔

将复制的圆柱体并集，然后以支撑臂为差集对象，圆柱体为被差集对象进行差集运算，创建出螺孔，结果如图 14-65 所示。

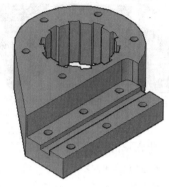

图 14-65　创建螺孔

25. 创建另一个圆柱体

Step 01 ▶ 单击【建模】工具栏上的"圆柱体"按钮。

Step 02 ▶ 按住 Shift 键并单击鼠标右键，在弹出的菜单中选择"自"功能。

Step 03 ▶ 捕捉支撑臂下端点。

Step 04 ▶ 输入"@ − 12.5,30"，按 Enter 键，确定目标点。

Step 05 ▶ 输入"3"，按 Enter 键，设置半径。.

Step 06 ▶ 输入"− 35"，按 Enter 键，设置高度。创建过程及结果如图 14-66 所示。

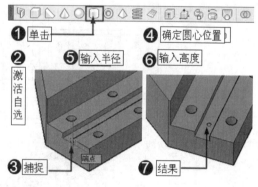

图 14-66　创建另一个圆柱体

26. 复制圆柱体

Step 01 ▶ 输入"CO"激活【复制】命令。

Step 02 ▶ 单击选择创建的圆柱体。

Step 03 ▶ 按 Enter 键，然后捕捉圆柱体上表面圆心。

Step 04 ▶ 输入 "@0,220,0",设置复制距离。

Step 05 ▶ 按两次 Enter 键,复制过程及结果如图 14-67 所示。

图 14-68 所示。

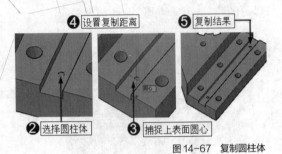

④ 设置复制距离　⑤ 复制结果

② 选择圆柱体　③ 捕捉上表面圆心

图 14-67　复制圆柱体

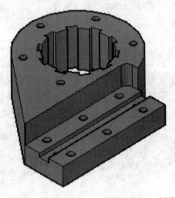

图 14-68　创建两个螺孔

27. 创建两个螺孔

下面依照前面的操作方式,使用【并集】命令将这两个圆柱体并集,然后再使用【差集】命令进行差集运算,创建出两个螺孔,结果如

28. 保存文件

至此,支撑臂零件三维模型创建完毕,将该效果命名保存。

14.5　创建半轴壳零件三维模型

打开第 13 章绘制的半轴壳零件三视图,如图 14-69 所示。本实例将根据该零件三视图创建该零件的三维模型,如图 14-70 所示。

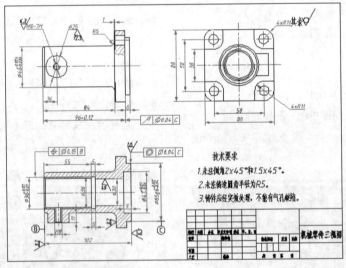

图 14-69　半轴壳零件三视图

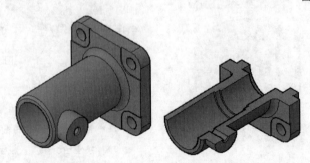

图 14-70　半轴壳零件的三维模型

14.5.1　绘图思路

绘图思路如下。

（1）拉伸创建基本模型。

（2）布尔运算创建内部结构模型。

（3）剖切创建剖视图，其流程如图 14-71 所示。

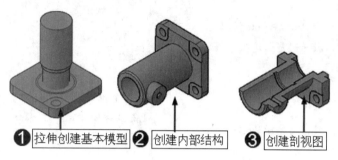

① 拉伸创建基本模型　② 创建内部结构　③ 创建剖视图

图 14-71　半轴壳零件三维模型的绘制过程

14.5.2　绘图步骤

📄 素材文件	素材文件 \ 第 13 章 \ 标注半轴壳零件图粗糙度与技术要求 .dwg
📗 效果文件	效果文件 \ 第 14 章 \ 创建半轴壳零件三维模型 .dwg
🖥 视频文件	专家讲堂 \ 第 14 章 \ 创建半轴壳零件三维模型 .swf

⚙ **操作步骤**

1. 调整图层、设置系统变量并调整左视图

下面首先设置图层，并设置系统变量，然后对左视图进行调整，为创建三维模型做准备。

Step 01 ▸ 在"图层"控制下拉列表中将"中心线"图层隐藏。

Step 02 ▸ 然后输入系统变量"ISOLINES"，并设置其值为"12"；输入变量"FACETRES"，修改其值为"10"。

Step 03 ▸ 执行【删除】和【合并】命令，删除不需要的图线，并合并圆弧，绘制结果如图 14-72 所示。

Step 04 ▸ 执行【另存为】命令，将该文件另名存储为"创建半轴壳零件三维模型 .dwg"文件。

2. 创建二维边界

下面将左视图中的图形创建为边界，这样便于拉伸以创建三维模型。

Step 01 ▸ 输入"BO"激活【边界】命令，打开【创建边界】对话框。

Step 02 ▸ 设置对像类型为"多段线"。

Step 03 ▸ 单击"拾取点"按钮 🔲 返回绘图区。

Step 04 ▸ 在左视图左下角空白区单击拾取点。

Step 05 ▸ 按 Enter 键，创建边界，如图 14-73 所示。

图 14-72　调整左视图

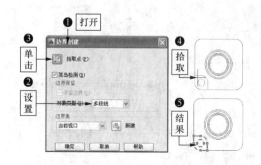

图 14-73　创建二维边界

3.编辑多段线

将矩形左视图外轮廓线编辑成一条闭合多段线。

Step 01 ▶ 执行【修改】/【对象】/【多段线】命令。

Step 02 ▶ 输入"M",按 Enter 键,激活"多条"选项。

Step 03 ▶ 单击选择外轮廓线,按 Enter 键。

Step 04 ▶ 按 Enter 键,激活"是"选项,将非多段线转化为多段线。

Step 05 ▶ 输入"J",按 Enter 键,激活"合并"选项。

Step 06 ▶ 按两次 Enter 键,将轮廓线编辑为多段线,编辑结果如图 14-74 所示。

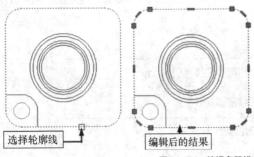

图 14-74 编辑多段线

4.制作主体模型

下面通过拉伸创建零件的主体模型。

Step 01 ▶ 单击【建模】工具栏上的"拉伸"按钮 ⬆。

Step 02 ▶ 单击选择闭合轮廓线,按 Enter 键。

Step 03 ▶ 输入"－12",按 Enter 键,设置拉伸高度。

Step 04 ▶ 将当前视图切换到西南视图,拉伸结果如图 14-75 所示。

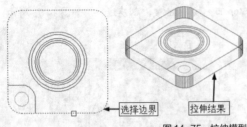

图 14-75 拉伸模型

Step 05 ▶ 激活【移动】命令,选择除内部 3 个同心圆之外的其他对象。

Step 06 ▶ 按 Enter 键,拾取任意一点作为基点。

Step 07 ▶ 沿 Z 轴正方向引导光标,输入"9",按 Enter 键,移动结果如图 14-76 所示。

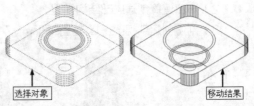

图 14-76 位移模型

Step 08 ▶ 继续执行【拉伸】命令,将下侧最内侧的圆拉伸 33mm;将中间圆拉伸 5mm;将最外侧的圆拉伸 55mm,拉伸结果如图 14-77 所示。

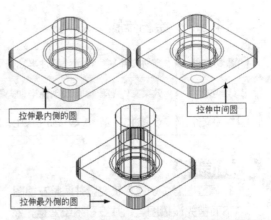

图 14-77 继续拉伸模型

Step 09 ▶ 激活【移动】命令,将拉伸高度为 55mm 的圆柱体模型沿 Z 轴正方向移动 38mm;将拉伸高度为 5mm 的圆柱体模型沿 Z 轴正方向移动 33mm,移动结果如图 14-78 所示。

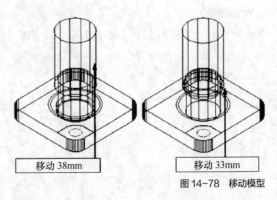

图 14-78 移动模型

Step 10 ▶ 单击【建模】工具栏上的"圆柱体"按钮 ⬜。

Step 11 ▶ 捕捉模型下表面圆心。

Step 12 ▶ 输入"23.5",按 Enter 键,指定底面半径。

Step 13 ▶ 输入"－9",按 Enter 键,指定高度,创建结果如图 14-79 所示。

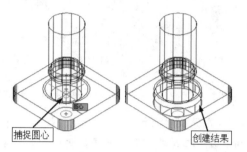

捕捉圆心 | 创建结果

图 14-79 创建圆柱体

Step 14 ▶ 继续执行【圆柱体】命令,捕捉创建的圆柱体的下表面圆心。

Step 15 ▶ 输入"32.5",按 Enter 键,指定底面半径。

Step 16 ▶ 输入"6",按 Enter 键,指定高度,创建结果如图 14-80 所示。

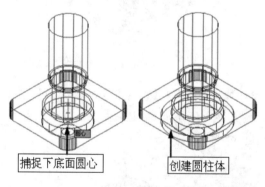

捕捉下底面圆心 | 创建圆柱体

图 14-80 创建另一个圆柱体

┃技术看板┃ 在此一定要注意,在图 13-74 的操作中是以零件图拉伸圆柱体的下底面圆心作为圆心来创建圆柱体的,而在图 13-75 所示的操作中是以创建的圆柱体的下表面圆心作为圆心来创建圆柱体的。

Step 17 ▶ 单击【建模】工具栏上的"并集"按钮 ⑩。

Step 18 ▶ 选择拉伸的 3 个圆柱体以及创建的高度为 9mm 的圆柱体。

Step 19 ▶ 按 Enter 键,对这 4 个圆柱体进行并集,如图 14-81 所示。

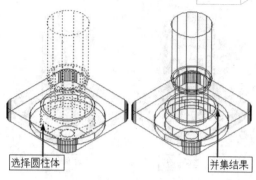

选择圆柱体 | 并集结果

图 14-81 并集圆柱体

Step 20 ▶ 输入"VS"激活【视觉样式】命令,进行"概念"着色,绘制结果如图 14-82 所示。

5. 拉伸其他结构模型

Step 01 ▶ 单击【建模】工具栏上的"拉伸"按钮 ⑪。

Step 02 ▶ 选择圆,将其沿 Z 轴正方向拉伸 84mm,如图 14-83 所示。

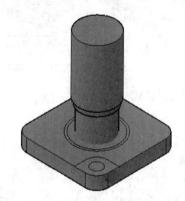

图 14-82 "概念"着色

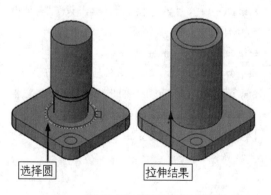

选择圆 | 拉伸结果

图 14-83 将圆沿 Z 轴正方向拉伸 84mm

Step 03 ▶ 继续执行【拉伸】命令,选择边界,将其沿 Z 轴负方向拉伸 1mm,如图 14-84 所示。

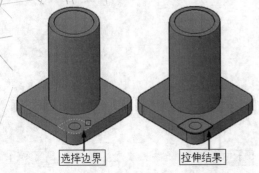

图 14-84 将边界沿 Z 轴负方向拉伸 1mm

Step 04 ▶ 继续执行【拉伸】命令，选择圆，将其沿 Z 轴负方向拉伸 12mm，如图 14-85 所示。

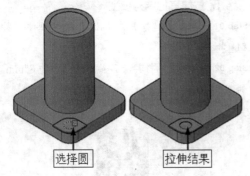

图 14-85 将圆沿 Z 轴负方向拉伸 12mm

6. 阵列模型

Step 01 ▶ 设置"二维线框"着色模式。

Step 02 ▶ 单击【建模】工具栏上的"三维阵列"按钮 。

Step 03 ▶ 选择拉伸的两个实体。

Step 04 ▶ 按 Enter 键，输入"P"，按 Enter 键，激活"环形"选项。

Step 05 ▶ 输入"4"，按 Enter 键，设置阵列中的项目数。

Step 06 ▶ 按两次 Enter 键。

Step 07 ▶ 捕捉圆心，确定阵列轴的第 1 点。

Step 08 ▶ 输入"@0,0,－1"，按 Enter 键，指定阵列轴的第二点，阵列结果如图 14-86 所示。

｜技术看板｜ 此处设置二维线框着色模式，便于在阵列时选择对象。

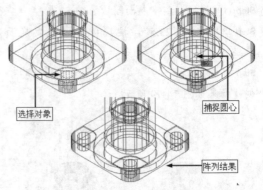

图 14-86 阵列模型

7. 定义坐标系

Step 01 ▶ 输入"VS"激活【视觉样式】命令，对模型进行"概念"着色，结果如图 14-87 所示。

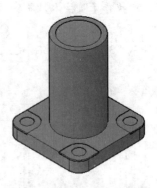

图 14-87 对模型进行"概念"着色

Step 02 ▶ 单击菜单【工具】/【新建 UCS】/【原点】命令，捕捉模型的上表面圆心，如图 14-88 所示。

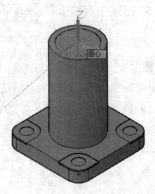

图 14-88 捕捉模型上表面圆心

Step 03 ▶ 输入"UCS"，按 Enter 键，激活【UCS】命令。

Step 04 ▶ 输入"X"，按 Enter 键，选择 X 轴。

Step 05 ▶ 输入"90"，按 Enter 键，将 X 轴旋转90°，旋转结果如图 14-89 所示。

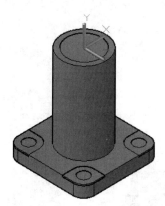

图14-89 定义坐标系

|技术看板| 在此设置"概念"着色模式，便于定义用户坐标系。

8. 创建圆柱体结构模型

Step 01 ▶ 单击【建模】工具栏上的"圆柱体"按钮🔘。

Step 02 ▶ 输入"0,-16,0"，按 Enter 键，指定底面的中心点。

Step 03 ▶ 输入"3"，按 Enter 键，指定底面半径。

Step 04 ▶ 输入"34"，按 Enter 键，指定高度，创建结果如图 14-90 所示。

图14-90 创建圆柱体

Step 05 ▶ 再次执行【圆柱体】命令。

Step 06 ▶ 输入"0,－16,0"，按 Enter 键，指定底面的中心点。

Step 07 ▶ 输入"12.5"，按 Enter 键，指定底面半径。

Step 08 ▶ 输入"34"，按 Enter 键，指定高度，创建结果如图 14-91 所示。

图14-91 创建另一个圆柱体

9. 创建壳体模型

Step 01 ▶ 设置"二维线框"着色模式。

Step 02 ▶ 单击【实体编辑】工具栏上的"并集"按钮🔘。

Step 03 ▶ 选择图 14-92 所示的 4 个实体进行并集。

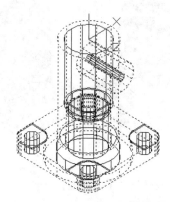

图14-92 并集实体

Step 04 ▶ 单击【实体编辑】工具栏上的"差集"按钮🔘。

Step 05 ▶ 选择并集后的实体。

Step 06 ▶ 按 Enter 键，选择其他实体。

Step 07 ▶ 按 Enter 键，进行差集运算。

Step 08 ▶ 使用快捷命令"HI"激活【消隐】命令，对模型进行消隐，完成壳体模型的创建，如图14-93 所示。

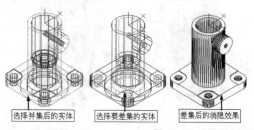

选择并集后的实体　选择要差集的实体　差集后的消隐效果

图14-93 创建壳体模型

|**技术看板**|此处设置二维线框着色模式，便于在差集时选择对象。

10.倒角模型边

Step 01 ▶ 设置"概念"着色模式，便于选择边。

Step 02 ▶ 单击【实体编辑】工具栏上的"倒角边"按钮 ◇。

Step 03 ▶ 选择圆柱体的外边。

Step 04 ▶ 输入"D"，按 Enter 键，激活"直径"选项。

Step 05 ▶ 输入"2"，按 Enter 键，指定距离 1。

Step 06 ▶ 输入"2"，按 Enter 键，指定距离 2。

Step 07 ▶ 按两次 Enter 键，倒角结果如图 14-94 所示。

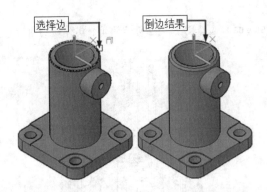

图 14-94　倒角模型边

Step 08 ▶ 继续执行【倒角边】命令。

Step 09 ▶ 选择圆柱体的外边。

Step 10 ▶ 输入"D"，按 Enter 键，激活"直径"选项。

Step 11 ▶ 输入"1"，按 Enter 键，指定距离 1。

Step 12 ▶ 输入"2"，按 Enter 键，指定距离 2。

Step 13 ▶ 按两次 Enter 键，倒角结果如图 14-95 所示。

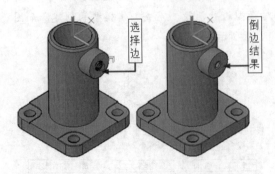

图 14-95　继续倒角模型边

11.圆角模型边

Step 01 ▶ 单击【实体编辑】工具栏上的"圆角边"按钮 ◎。

Step 02 ▶ 选择模型的边。

Step 03 ▶ 输入"R"，按 Enter 键，激活"半径"选项。

Step 04 ▶ 输入"5"，按 Enter 键，设置圆角半径。

Step 05 ▶ 按两次 Enter 键，圆角结果如图 14-96 所示。

图 14-96　圆角模型边

12.旋转模型

Step 01 ▶ 输入"UCS"，按 Enter 键，激活【UCS】命令。

Step 02 ▶ 输入"W"，按 Enter 键，将坐标系恢复为世界坐标系。

Step 03 ▶ 单击菜单【修改】/【三维操作】/【三维旋转】命令。

Step 04 ▶ 选择圆角后的立体造型，按 Enter 键。

Step 05 ▶ 在坐标球心处拾取一点，然后指定 Y 轴为旋转轴。

Step 06 ▶ 输入"90"，按 Enter 键，设置旋转角度，旋转结果如图 14-97 所示。

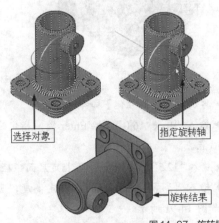

图 14-97　旋转模型

13. 创建剖视图模型

Step 01 ▶ 将旋转后的造型复制一份作为剖视图对象。

Step 02 ▶ 单击菜单【修改】/【三维操作】/【剖切】命令。

Step 03 ▶ 选择复制出的壳体模型，按 Enter 键。

Step 04 ▶ 然后输入"XY"，作为剖切面。

Step 05 ▶ 按 Enter 键，捕捉圆心。

Step 06 ▶ 继续捕捉圆心。

Step 07 ▶ 剖切结果如图 14-98 所示。

图 14-98　创建剖视图模型

14. 保存文件

半轴壳零件三维模型和剖视图绘制完毕，结果如图 14-99 所示。执行【保存】命令，将模型命名存储。

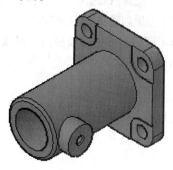

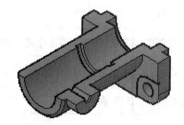

图 14-99　半轴壳零件三维模型和剖视图

14.6　创建支座零件三维模型

打开"素材文件"目录下的"支座零件二视图 .dwg"素材文件，如图 14-100（a）所示。下面根据该二视图绘制图 14-100（b）所示的该零件三维图。

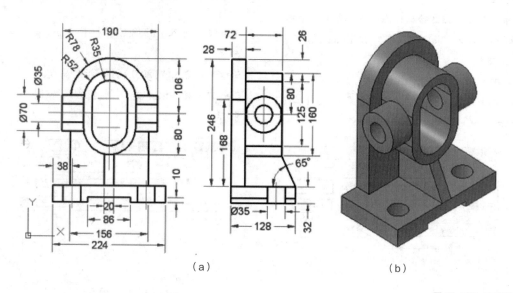

（a）　　　　　　　　　　　　　　　　　（b）

图 14-100　支座零件

14.6.1 绘图思路

绘图思路如下。

（1）创建底座模型。

（2）创建靠背模型。

（3）差集创建腔体结构模型。

（4）剖切创建连接板模型，其流程如图

14-101 所示。

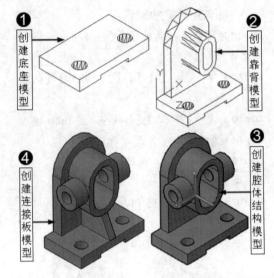

图 14-101 支座零件三维模型绘制流程

14.6.2 绘图步骤

📄 素材文件	素材文件 \ 支座零件二视图 .dwg
🔖 效果文件	效果文件 \ 第 14 章 \ 创建支座零件三维模型 .dwg
🖥 视频文件	专家讲堂 \ 第 14 章 \ 创建支座零件三维模型 .swf

⚙ 操作步骤

1. 创建底座模型

Step 01 ▶ 单击【视图】/【三维视图】/【西南等轴测】命令，将当前视图切换为西南视图。

Step 02 ▶ 单击【建模】工具栏上的"长方体"按钮 📦。

Step 03 ▶ 在绘图区拾取一点，定位第一角点

Step 04 ▶ 输入"@224,128"，按 Enter 键，定位底面造型。

Step 05 ▶ 输入"32"，指定高度。

Step 06 ▶ 按 Enter 键，创建结果如图 14-102 所示。

2. 继续创建底座模型

Step 01 ▶ 按 Enter 键，重复执行【长方体】命令。

Step 02 ▶ 按住 Shift 键并单击鼠标右键，在弹出的菜单中选择"自"选项。

Step 03 ▶ 捕捉长方体左下端点。

Step 04 ▶ 输入"@69,0"，按 Enter 键，定位第一角点。

Step 05 ▶ 输入"@88,128"，按 Enter 键，定位底面。

Step 06 ▶ 输入"@0,0,10"，指定高度。

Step 07 ▶ 按 Enter 键，创建结果如图 14-103 所示。

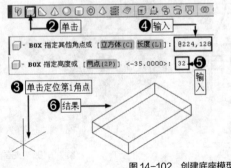

图 14-102 创建底座模型

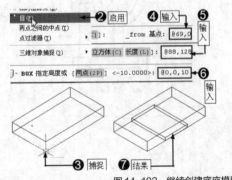

图 14-103 继续创建底座模型

3. 创建圆柱体

Step 01 ▸ 单击【建模】工具栏上的"圆柱体"按钮 □。

Step 02 ▸ 按住 Shift 键并单击鼠标右键，在弹出的菜单中选择"自"选项。

Step 03 ▸ 捕捉长方体下端点。

Step 04 ▸ 输入"@39,38"，按 Enter 键，定位圆心。

Step 05 ▸ 输入"17.5"，按 Enter 键，设置半径。

Step 06 ▸ 输入"@0,0,32"，指定高度。

Step 07 ▸ 按 Enter 键，创建过程及结果如图 14-104 所示。

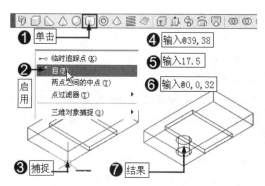

图 14-104　创建圆柱体

4. 创建另一个圆柱体

重复执行【圆柱体】命令，配合"自"功能，以底座右上角的下端点作为参照点，以"@-39,38"为目标点，在另一侧创建圆柱体，如图 14-105 所示。

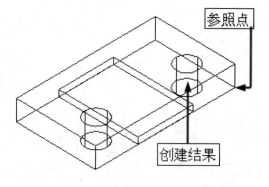

图 14-105　在另一侧创建圆柱体

5. 差集运算并消隐显示

Step 01 ▸ 单击【实体编辑】工具栏上的"差集"按钮 ◎。

Step 02 ▸ 选择大长方体作为差集对象。

Step 03 ▸ 按 Enter 键，依次单击选择小长方体和两个圆柱体作为被差集对象。

Step 04 ▸ 按 Enter 键，差集结果如图 14-106 所示。

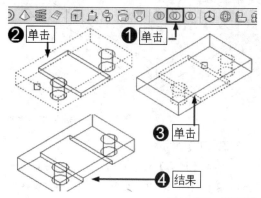

图 14-106　差集运算

6. 消隐当前视图

单击【视图】菜单中的【消隐】命令，对当前视图进行消隐显示，结果如图 14-107 所示。

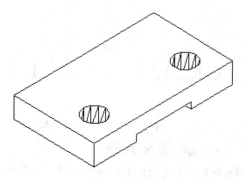

图 14-107　消隐显示视图

7. 自定义用户坐标系

下面首先需要定义用户坐标系，这样方便创建其他模型。

Step 01 ▸ 在命令行输入"UCS"，按 Enter 键。

Step 02 ▸ 输入"X"，按 Enter 键。

Step 03 ▸ 输入"90"，按 Enter 键。

Step 04 ▸ 按 Enter 键，重复执行命令

Step 05 ▸ 捕捉底座左上端点。

Step 06 ▸ 按 Enter 键，结束命令，结果如图 14-108 所示。

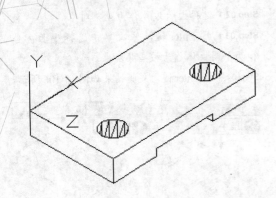

图 14-108　自定义用户坐标系

8. 切换视图

单击【视图】菜单中的【三维视图】/【平面视图】/【当前 UCS】命令，将当前视图切换为平面视图，切换结果如图 14-109 所示。

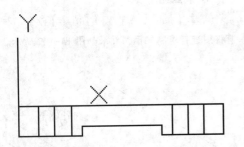

图 14-109　将当前视图切换为平面视图

9. 创建二维多段线图形

Step 01 ▶ 单击【绘图】工具栏上的"多段线"按钮 。

Step 02 ▶ 输入"32,0"，按 Enter 键，指定起点。

Step 03 ▶ 垂直向上引出 90°的极轴矢量，然后输入"168"，按 Enter 键。

Step 04 ▶ 输入"A"，按 Enter 键，转入画弧模式。

Step 05 ▶ 向右引出 0°方向矢量，然后输入"156"，按 Enter 键。

Step 06 ▶ 输入"L"，按 Enter 键，转入画线模式。

Step 07 ▶ 向下引出 270°方向矢量，然后输入"168"，按 Enter 键。

Step 08 ▶ 输入"C"，按 Enter 键，闭合图形，绘制结果如图 14-110 所示。

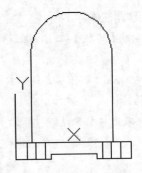

图 14-110　创建二维多段线图形

Step 09 ▶ 按 Enter 键，重复执行【多段线】命令。

Step 10 ▶ 按住 Shift 键并单击鼠标右键，在弹出的菜单中选择"自"选项。

Step 11 ▶ 捕捉刚绘制的多段线弧的圆心

Step 12 ▶ 输入"@35,0"，按 Enter 键，定位起点。

Step 13 ▶ 输入"@0，－56"，按 Enter 键，定位第二点。

Step 14 ▶ 输入"A,"按 Enter 键，转入画弧模式。

Step 15 ▶ 输入"@－70,0"，按 Enter 键，定位第三点。

Step 16 ▶ 输入"L"，按 Enter 键，转入画线模式。

Step 17 ▶ 输入"@0,56"，按 Enter 键，定位第四点。

Step 18 ▶ 输入"A"，按 Enter 键，转入画弧模式。

Step 19 ▶ 输入"CL"，按 Enter 键，闭合图形，绘制结果如图 14-111 所示。

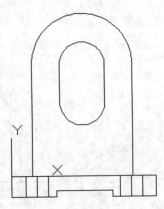

图 14-111　闭合多段线

10. 偏移闭合线段

单击菜单偏移闭合线段【修改】/【偏移】命令，将刚绘制闭合多段线向外偏移 17mm，结果如图 14-112 所示。

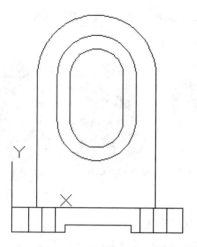

图 14-112　偏移二维多段线

11. 拉伸创建三维模型

Step 01 ▶ 单击【建模】工具栏上的"拉伸"按钮 。

Step 02 ▶ 选择最外侧的闭合轮廓线。

Step 03 ▶ 输入"28"，按 Enter 键，指定拉伸高度。

Step 04 ▶ 按 Enter 键，重复执行命令。

Step 05 ▶ 选择内部的两个闭合轮廓线。

Step 06 ▶ 按 Enter 键，输入"100"，指定拉伸高度。

Step 07 ▶ 按 Enter 键，然后将当前视图恢复为西南视图，拉伸结果如图 14-113 所示。

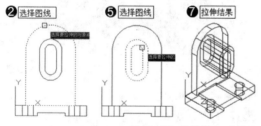

图 14-113　拉伸创建三维模型

12. 设置用户坐标系

Step 01 ▶ 设置"概念"着色模式。

Step 02 ▶ 输入"UCS"，按 Enter 键。

Step 03 ▶ 捕捉中点。

Step 04 ▶ 向右下引导光标拾取一点。

Step 05 ▶ 向上引导光标拾取一点。设置结果如图 14-114 所示。

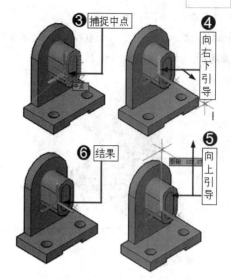

图 14-114　设置用户坐标系

13. 创建圆柱体

Step 01 ▶ 单击【建模】工具栏上的"圆柱体"按钮 。

Step 02 ▶ 按住 Shift 键并单击鼠标右键，在弹出的菜单中选择"自"选项。

Step 03 ▶ 输入"0,0"，按 Enter 键，以当前坐标系原点作为基点。

Step 04 ▶ 输入"@ － 36,0,43"，按 Enter 键。

Step 05 ▶ 输入"D"按 Enter 键，激活"直径"选项。

Step 06 ▶ 输入"35"按 Enter 键，设置直径。

Step 07 ▶ 输入"@0,0, － 190"，按 Enter 键，指定高度，绘制结果如图 14-115 所示。

图 14-115　创建圆柱体

Step 08 ▶ 按 Enter 键，重复执行命令。

Step 09 ▶ 捕捉圆柱体的圆心。

Step 10 ▶ 输入"d"，按 Enter 键，激活"直径"选项。

Step 11 ▸ 输入 "70",按 Enter 键。

Step 12 ▸ 输入 "@0,0,－190",按 Enter 键,设置高度,结果如图 14-116 所示。

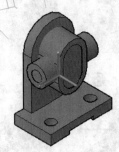

图 14-116 继续创建圆柱体

14. 差集运算

Step 01 ▸ 单击【实体编辑】工具栏上的"差集"按钮 ◎。

Step 02 ▸ 选择差集对象。

Step 03 ▸ 按 Enter 键,依次选择被差集对象。

Step 04 ▸ 按 Enter 键,差集结果如图 14-117 所示。

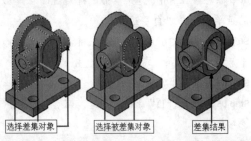

图 14-117 差集运算

15. 制作连接板模型

Step 01 ▸ 单击【绘图】菜单中的【建模】/【长方体】命令,输入 "@100,66,20",创建一个长方体,如图 14-118 所示。

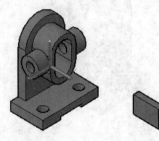

图 14-118 创建长方体

Step 02 ▸ 输入 "M" 激活【移动】命令

Step 03 ▸ 选择刚创建的长方体,按 Enter 键。

Step 04 ▸ 捕捉中点。

Step 05 ▸ 捕捉底座的中点。移动结果如图 14-119 所示。

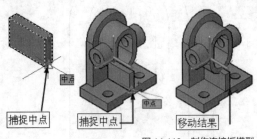

图 14-119 制作连接板模型

16. 剖切模型

Step 01 ▸ 单击【修改】菜单上的【三维操作】/【剖切】命令。

Step 02 ▸ 选择长方体,按 Enter 键。

Step 03 ▸ 输入 "3",按 Enter 键,激活"三点"选项。

Step 04 ▸ 捕捉端点。

Step 05 ▸ 捕捉端点。

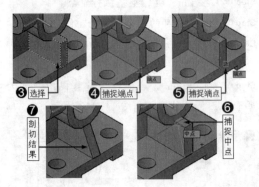

图 14-120 剖切模型

Step 06 ▸ 捕捉中点。

Step 07 ▸ 剖切结果如图 14-120 所示。

17. 查看绘制效果

至此,支座零件三维模型创建完毕,调整视图查看效果,绘制结果如图 14-121 所示。

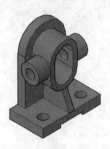

图 14-121 支座零件三维模型

14.7　创建减速器箱盖零件三维模型

本实例绘制图 14-122 所示的减速器箱盖零件三维模型，学习这类零件三维模型的绘制方法和技巧。

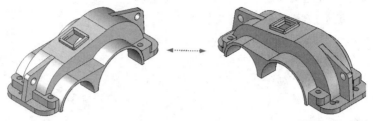

图 14-122　减速器箱盖零件三维模型

14.7.1　绘制减速器底板模型

💻 效果文件	效果文件 \ 第 14 章 \ 绘制减速器地板模型 .dwg
💻 视频文件	专家讲堂 \ 第 14 章 \ 绘制减速器地板模型 .swf

本节来绘制减速器箱体三维模型，该模型比较复杂，详细操作过程可参阅本书随书光盘"专家讲堂"文件夹下的相关视频文件。

⚙️ **操作步骤**

1. 绘制连接板底面矩形

Step 01 ▶ 快速新建空白文件。

Step 02 ▶ 输入"REC"激活【矩形】命令，绘制长度为 300mm、宽度为 110mm 的矩形，并将矩形向内偏移 30mm。

Step 03 ▶ 单击【修改】工具栏上的"圆角"按钮 ⬜，对外侧的矩形倒圆角，圆角半径为 25mm，圆角结果如图 14-123 所示。

2. 创建圆形螺孔

Step 01 ▶ 输入"C"激活【圆】命令。

图 14-123　绘制连接板底面矩形

Step 02 ▶ 激活【自】功能，以内部矩形的左上角点为参照点，以"@15，15"为圆心，绘制半径为 5mm 的螺孔，如图 14-124 所示。

图 14-124　创建圆形螺孔

3. 阵列并复制螺孔圆

Step 01 ▶ 输入"AR"激活【阵列】命令，将圆阵列 2 行 2 列，行偏移为"－ 80"、列偏移为"225"，阵列结果如图 14-125 所示。

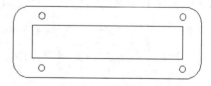

图 14-125　阵列螺孔圆

Step 02 ▶ 输入"CO"激活【复制】命令。

Step 03 ▶ 将选择绘制的螺孔圆。

Step 04 ▶ 输入"@ － 27，－ 10"，按 Enter 键。

Step 05 ▶ 继续输入"@ － 27，－ 70"，按 Enter 键。

Step 06 ▶ 按 Enter 键，绘制结果如图 14-126 所示。

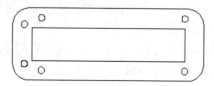

图 14-126　复制螺孔圆

4. 继续绘制螺孔圆

Step 01 ▸ 输入"C"激活【圆】命令。

Step 02 ▸ 以内侧矩形的左上角点和右下角点为圆心，分别绘制半径为 3mm 的圆。

Step 03 ▸ 输入"M"激活【移动】命令。

Step 04 ▸ 选择左上角半径为 3mm 的圆，按 Enter 键。

Step 05 ▸ 捕捉该圆圆心，输入"@ − 15，− 3"，按 Enter 键。

Step 06 ▸ 按 Enter 键，重复执行命令。

Step 07 ▸ 选择右下角半径为 3mm 的圆，按 Enter 键。

Step 08 ▸ 捕捉该圆圆心。

Step 09 ▸ 输入"@15,3"，按 Enter 键，绘制结果如图 14-127 所示。

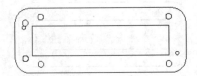

图 14-127 继续绘制螺孔圆

5. 拉伸创建三维模型

Step 01 ▸ 将视图调整为西南等轴测图。

Step 02 ▸ 单击菜单【绘图】/【建模】/【拉伸】命令。

Step 03 ▸ 选择所有图元，将其拉伸 10mm，拉伸结果如图 14-128 所示。

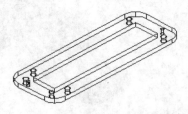

图 14-128 拉伸创建三维模型

6. 差集运算

Step 01 ▸ 单击菜单【修改】/【实体编辑】/【差集】命令。

Step 02 ▸ 选择大矩形拉伸实体。

Step 03 ▸ 按 Enter 键，选择小矩形拉伸实体。

Step 04 ▸ 按 Enter 键，绘制结果如图 14-129 所示。

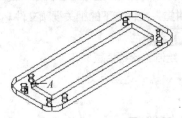

图 14-129 差集运算

14.7.2 绘制减速器顶盖模型

📖 素材文件	效果文件 \ 第 14 章 \ 绘制减速器地板模型 .dwg
📖 效果文件	效果文件 \ 第 14 章 \ 绘制减速器顶盖模型 .dwg
📖 视频文件	专家讲堂 \ 第 14 章 \ 绘制减速器顶盖模型 .swf

本节绘制减速器箱体的顶盖模型，该模型也比较复杂，详细操作过程可参阅本书随书光盘"专家讲堂"文件夹下的相关视频文件。

⚙️ **操作步骤**

1. 创建顶盖圆二维图形

Step 01 ▸ 将视图切换为主视图。

Step 02 ▸ 绘制长为 110mm 的线段，然后分别以线段的两端点绘制半径为 75mm 和 55mm 的圆，如图 14-130 所示。

Step 03 ▸ 单击【绘图】工具栏按钮，绘制圆的公切线，结果如图 14-131 所示。

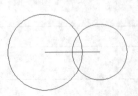

图 14-130 绘制两个圆

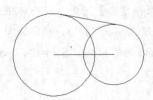

图 14-131 绘制圆的公切线

2. 绘制公切线

Step 01 ▸ 以两圆轮廓为延伸边界延伸直线。

Step 02 ▸ 以直线段和公切线为修剪边界，修剪圆轮廓，修剪结果如图 14-132 所示。

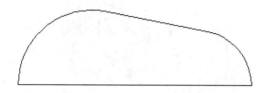

图 14-132　修剪圆轮廓

Step 03 ▸ 将上侧的两条圆弧和公切线编辑成一条多段线。

Step 04 ▸ 将编辑后的多段线向外偏移 5mm，然后使用直线连接偏移出的多段线两侧的端点，形成一个封闭的区域，如图 14-133 所示。

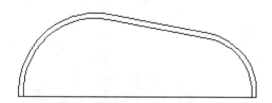

图 14-133　创建顶盖圆二维图形

3. 创建顶盖三维模型

Step 01 ▸ 使用【编辑多段线】命令，将顶盖内外轮廓编辑成两条闭合多段线。

Step 02 ▸ 单击菜单【绘图】/【建模】/【拉伸】命令。

Step 03 ▸ 将外侧多段线拉伸 60mm，将内侧多段线拉伸 50mm。

Step 04 ▸ 将视图切换为西南等轴测图。

Step 05 ▸ 然后对内侧拉伸实体进行位移，基点为任一点，目标点为 "@0,0,5"。

Step 06 ▸ 单击菜单【修改】/【实体编辑】/【差集】命令。

Step 07 ▸ 选择外拉伸实体，按 Enter 键。

Step 08 ▸ 选择内侧拉伸实体，按 Enter 键，结果如图 14-134 所示。

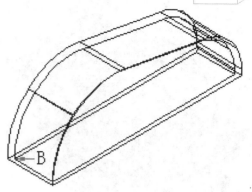

图 14-134　拉伸实体

Step 09 ▸ 输入 "M" 激活【移动】命令。

Step 10 ▸ 将连接板以点 A（见图 14-129）为基点，移动到顶盖 B 点，然后对其进行 "概念" 着色，效果如图 14-135 所示。

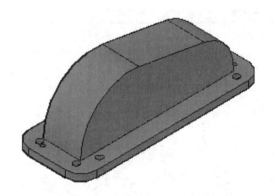

图 14-135　创建顶盖三维模型

4. 布尔运算与插入下箱体模型

Step 01 ▸ 执行菜单栏中的【修改】/【实体编辑】/【并集】命令。

Step 02 ▸ 选择下方底板模型。

Step 03 ▸ 选择上方顶盖模型。

Step 04 ▸ 按 Enter 键，将连接板和顶盖合并为一个实体。

Step 05 ▸ 输入 "I" 激活【插入】命令。

Step 06 ▸ 选择随书光盘 "图块文件" 目录下的 "下箱体 .dwg" 文件，将其插入到当前场景中。

Step 07 ▸ 输入 "M" 激活【移动】命令。

Step 08 ▸ 以螺孔中心为移动基点，将顶盖移动到下箱体连接板螺孔圆心处，绘制结果如图 14-136 所示。

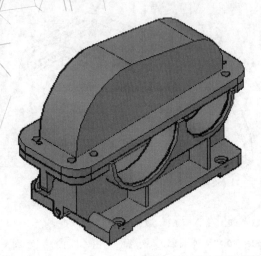

图 14-136　插入下箱体模型

5. 完善顶盖模型

Step 01 ▶ 将着色方式设为"二维线框"着色模式。

Step 02 ▶ 以底座开孔的圆心为圆心，绘制半径为55mm 和 40mm 的圆，结果如图 14-137 所示。

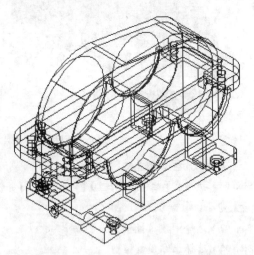

图 14-137　绘制两个圆

Step 03 ▶ 单击【绘图】/【建模】/【拉伸】命令，将绘制的两个圆拉伸 200mm，绘制结果如图14-138 所示。

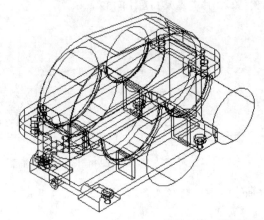

图 14-138　拉伸两个圆

Step 04 ▶ 单击菜单【修改】/【实体编辑】/【差集】命令，从顶盖实体中减去两个拉伸实体，然后删除下箱体，概念着色后的效果如图14-139 所示。

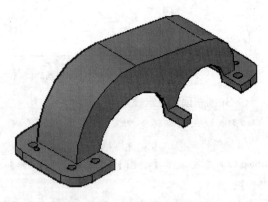

图 14-139　完善顶盖模型

14.7.3　完善减速器顶盖模型

💻 素材文件	效果文件＼第 14 章＼完善减速器顶盖模型 .dwg
💻 效果文件	效果文件＼第 14 章＼完善减速器顶盖模型 .dwg
💻 视频文件	专家讲堂＼第 14 章＼完善减速器顶盖模型 .swf

本节继续完善减速器箱体的顶盖模型，详细操作过程可参阅本书随书光盘"专家讲堂"文件夹下的相关视频文件。

⚙️ **操作步骤**

1. 创建凸缘模型

Step 01 ▸ 将视图切换为主视图。

Step 02 ▸ 综合使用【直线】、【圆】和【修剪】命令，绘制凸缘轮廓，如图 14-140 所示。

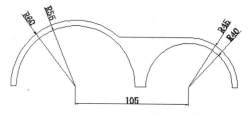

图 14-140　绘制凸缘轮廓

Step 03 ▸ 将凸缘轮廓编辑为一条闭合多段线。

Step 04 ▸ 单击菜单【绘图】/【建模】/【拉伸】命令。

Step 05 ▸ 选择编辑后的凸缘多段线，将其拉伸 35mm，切换为西南视图，创建结果如图 14-141 所示。

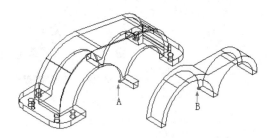

图 14-141　移动前模型图

Step 06 ▸ 输入"M"激活【移动】命令。

Step 07 ▸ 选择拉伸模型，如图 14-141 所示，然后以点 B 为基点，将其移动到顶盖 A 处，移动结果如图 14-142 所示。

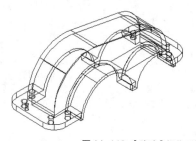

图 14-142　【移动】操作后模型图

2. 镜像、布尔运算等编辑完善顶盖模型

Step 01 ▸ 单击菜单【修改】/【三维操作】/【三维镜像】命令。

Step 02 ▸ 选择装配后的凸缘轮廓结构，将其镜像到另一边位置，结果如图 14-143 所示。

图 14-143　镜像凸缘轮廓结构

Step 03 ▸ 单击菜单【修改】/【实体编辑】/【并集】命令，合并顶盖和凸缘实体。

3. 绘制顶盖观察窗图形

Step 01 ▸ 将视图切换为俯视图。

Step 02 ▸ 绘制尺寸为 40mm×40mm、30mm×30mm 的矩形，然后对尺寸为 40mm×40mm 的矩形进行圆角，圆角半径为 3mm，圆角结果如图 14-144 所示。

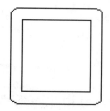

图 14-144　绘制并圆角矩形

Step 03 ▸ 输入"C"激活【圆】命令。

Step 04 ▸ 依照图示尺寸绘制图 14-145 所示的螺孔结构。

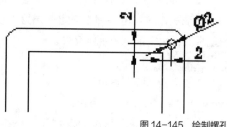

图 14-145　绘制螺孔

Step 05 ▶ 输入"AR"激活【阵列】命令，将螺孔阵列 2 行 2 列，行偏移和列偏移都为"－34"，阵列结果如图 14-146 所示。

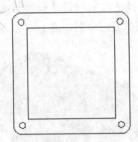

图 14-146 阵列螺孔

4. 拉伸创建观察窗模型

Step 01 ▶ 激活【拉伸】命令。

Step 02 ▶ 将外侧矩形和螺钉孔轮廓拉伸"－5"，将内侧矩形轮廓拉伸"－33"。

Step 03 ▶ 执行【差集】命令，从外矩形拉伸实体中减去螺孔轮廓，然后切换为西南等轴测图，创建结果如图 14-147 所示。

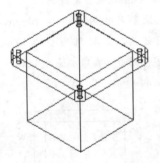

图 14-147 拉伸创建观察窗模型

5. 调整观察窗模型角度和位置

Step 01 ▶ 执行【三维旋转】命令。

Step 02 ▶ 在西南视图内将观察窗旋转－10°。

Step 03 ▶ 将视图切换为主视图，然后激活【移动】命令。

Step 04 ▶ 将观察窗移动到箱体顶盖位置，调整结果如图 14-148 所示。

6. 差集运算完善顶盖模型

Step 01 ▶ 将当前视图切换到西南等轴测视图。

Step 02 ▶ 单击菜单【修改】/【实体编辑】/【差集】命令，从顶盖和大矩形实体中减去小矩形拉伸实体，完善结果如图 14-149 所示。

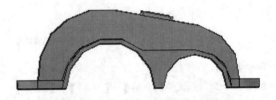

图 14-148 调整观察窗模型角度和位置

图 14-149 完善顶盖模型

14.7.4 创建减速器顶盖吊耳模型

素材文件	效果文件 \ 第 14 章 \ 完善减速器顶盖模型 .dwg
效果文件	效果文件 \ 第 14 章 \ 创建减速器顶盖吊耳模型 .dwg
视频文件	专家讲堂 \ 第 14 章 \ 创建减速器顶盖吊耳模型 .swf

　　本节继续创建减速器箱体的顶盖吊耳模型，详细操作过程可参阅本书随书光盘"专家讲堂"文件夹下的相关视频文件。

⚙ **操作步骤**

1. 绘制吊耳二维图形

Step 01 ▶ 将视图切换为主视图。

Step 02 ▶ 配合"切点"捕捉功能绘制图 14-150 所

示的吊耳轮廓。

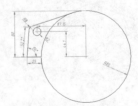
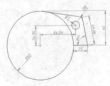

图 14-150 绘制吊耳轮廓

Step 03 ▶ 输入"TR"激活【修剪】命令。

Step 04 ▶ 对吊耳轮廓进行修剪，结果如图 14-151 所示。

图 14-151　修剪吊耳轮廓

2. 拉伸创建吊耳三维模型

Step 01 ▶ 单击菜单【修改】/【对象】/【多段线】命令，将吊耳编辑为多段线。

Step 02 ▶ 将视图切换为西南等轴测图。

Step 03 ▶ 单击【拉伸】命令，将吊耳轮廓拉伸 10mm。

Step 04 ▶ 单击【差集】命令，从拉伸实体中减去圆柱形拉伸实体。

Step 05 ▶ 输入"M"激活【移动】命令。

Step 06 ▶ 配合"中点"捕捉功能，分别将两个吊耳模型移动到减速器顶盖合适位置，效果如图 14-152 所示。

图 14-152　拉伸创建吊耳三维模型

Step 07 ▶ 执行【并集】命令，将顶盖和吊耳轮廓合并为整体。

3. 绘制连接螺孔

Step 01 ▶ 将视图切换为俯视图。

Step 02 ▶ 使用【矩形】和【圆】等命令绘制图 14-153 所示的凸台轮廓。

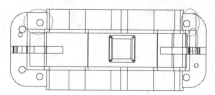

图 14-153　绘制凸台轮廓

Step 03 ▶ 激活【圆角】命令，对矩形轮廓倒圆角，圆角半径为 10mm，圆角结果如图 14-154 所示。

Step 04 ▶ 将视图切换为西南等轴测图。

Step 05 ▶ 单击【拉伸】命令，将绘制的凸缘轮廓拉伸 15mm。

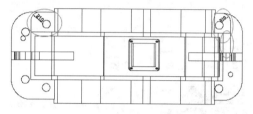

图 14-154　对矩形轮廓倒圆角

Step 06 ▶ 执行【差集】命令，从拉伸实体中减去圆孔拉伸实体，然后将视图切换为东北等轴测图，差集结果如图 14-155 所示。

图 14-155　差集运算

Step 07 ▶ 设置并变量 FACETRES 的值为"10"，并将视图切换为东南视图，然后对模型进行灰度着色，着色结果如图 14-156 所示。

图 14-156　灰度着色

Step 08 ▶ 最后执行【保存】命令，将模型命名保存为"创建减速器箱盖三维模型 .dwg"文件。

第15章
综合实例——绘制机械零件轴测图和装配图

机械零件轴测图可以在二维平面内快速表达机械零件的三维立体效果，它与机械零件三维图有着本质的区别。机械零件装配图则是通过将各机械零件进行组装，以创建更为复杂的机械零件。本章通过 5 个绘制实例，实践、巩固机械零件轴测图的绘图技巧和方法。

｜第15章｜

综合实例——绘制机械零件轴测图和装配图

本章内容概览

知识点	功能 / 用途	难易度与应用频率
机械零件轴测图与装配图（P527）	● 了解机械零件轴测图的绘图要求 ● 掌握机械零件轴测图的绘图方法 ● 了解机械零件装配图的绘制方法	难易度：★ 应用频率：★
实例	● 根据零件二视图绘制简单轴测图（P530） ● 根据零件二视图绘制复杂轴测图（P538） ● 根据零件三视图绘制简单轴测图（P546） ● 根据零件三视图绘制复杂轴测图（P556） ● 绘制机械零件三维装配图（P563）	

15.1　关于机械零件轴测图与装配图

本节首先了解有关机械零件轴测图和装配图的相关知识，这对于绘制机械零件装配图和轴测图非常重要。

15.1.1　认识机械零件轴测图与装配图

💻 视频文件　专家讲堂＼第15章＼认识机械零件轴测图与装配图 .swf

1. 机械零件轴测图

机械零件轴测图是一种在二维空间快速表达机械零件三维形体的最简单的方法，通过轴测图，可以快速获得零件的外形特征信息。轴测图的绘制方法一般有坐标法、切割法和组合法3种。

◆ 坐标法：对于完整的立体，可采用沿坐标轴方向测量，按照坐标轴画出各定点的位置，然后连线绘图。

◆ 切割法：对于不完整的立体，可先画出完整形体的轴测图，然后再利用切割的方法画出不完整的部分。

◆ 组合法：对于比较复杂的形体，可先将其分成若干个基本形体，在相应位置上逐个画出，然后再将各部分形体组合起来。

图15-1所示是某机械零件的轴测图和轴测剖视图。

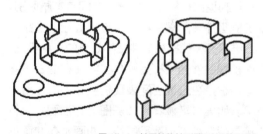

图 15-1　某零件的轴测图和轴测剖视图

2. 机械零件装配图

机械零件装配图与机械零件二维平面图和机械零件三维模型的表达内容不同，装配图主要用于机械或部件的装配、调试、安装、维修等场合，也是生产中的一种重要的技术文件。装配图一般是将事先根据设计要求绘制好的机械零件各部件，按照总设计图进行装配，使其形成一整套完整的机械零件总图。

装配图包括二维装配图和三维装配图。图15-2（a）所示为某轴套零件的各机械部件二维平面图，图15-2（b）是将各部件装配后的轴套零件的装配图。

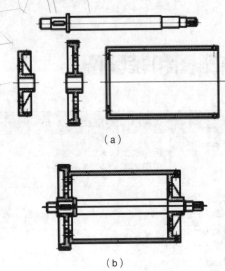

图 15-3（a）所示是某阀体零件各部件
三维模型，图 15-3（b）所示是将各部件组
装后的该阀体零件的三维装配图。

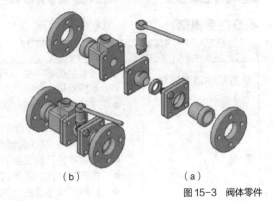

（b） （a）

图 15-3 阀体零件

（b）

图 15-2 轴套零件

15.1.2 机械零件轴测图与装配图的绘图要求

💻 视频文件 | 专家讲堂 \ 第 15 章 \ 机械零件轴测图与装配图的绘图要求 .swf

绘制机械零件轴测图时要满足以下要求。

1. 图形表达清楚

机械零件轴测图表面看起来与机械零件
三维模型比较相似，但二者之间有本质区别，
机械零件轴测图其实是二维平面图，它是在
二维平面表现机械零件三维效果的一种手法，
而机械零件三维模型则是实实在在的三维物
体，它是在三维空间表现机械零件的三维效
果。如果将机械零件轴测图比作油画，那机
械零件三维模型就是雕塑。油画是在油画纸
或油画布上通过色彩的明暗、线条的虚实来
表现物体的三维效果，由于油画布或者油画
纸都是一个平面，因此，只能表现物体三个
面的明暗效果，物体其他面以及背面被遮挡
住的部分一般都不去表达。而雕塑则是在三
维六度空间来塑造物体的立体效果，物体任
何面的效果都要表达出来。因此，在绘制轴
测图时，不管选择的是从哪个角度来表达机
械零件图的三维效果，都要求将机械零件的 3
个面表达清楚，而零件背面被遮挡的部分则
不需要表达。图 15-4 所示的机械零件轴测
图，表达了该零件的上表面、左表面和右表
面的效果，而零件下表面以及背面被遮挡的
部分就没有表达。

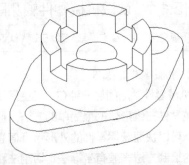

图 15-4 机械零件的轴测图

2. 图形尺寸正确、结构准确

一般情况下，机械零件轴测图与二维平面
图一样需要标注图形尺寸，机械零件轴测图的
尺寸一定要正确，结构要准确，只有这样，绘
制的轴测图也能符合机械零件的设计要求。图
15-5 所示是依据某机械零件的二视图绘制的
机械零件轴测图。

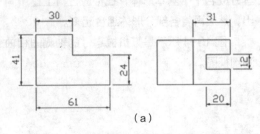

（a）

图 15-5 依据零件的二视图绘制轴测图

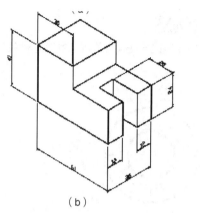

（b）

图 15-5　依据零件的二视图绘制轴测图（续）

3. 内部结构的表现

机械零件轴测图不仅能表达机械零件外部 3 个面的结构特征，也能表达其内部结构特征，

其内部结构特征的表达方法与外部结构特征的表达方法相同，但它表达的是与外部结构相同面上的内部结构，而其他内部结构不需表达。

表达机械零件内部结构特征时，需要创建轴测剖视图，机械零件轴测剖视图需要在轴测图的基础上重新绘制。图 15-6 所示的零件是通过轴测图表达零件外部结构特征，通过轴测剖视图表达该零件内部结构特征。

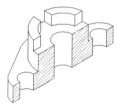

图 15-6　零件轴测剖视图

15.1.3　机械零件轴测图的绘制方法

💻 视频文件 ｜ 专家讲堂 \ 第 15 章 \ 机械零件轴测图的绘制方法 .swf

与创建机械零件三维模型不同，绘制机械零件轴测图时，可参照以下方法：

1. 参照二维平面图

一般情况下，绘制机械零件轴测图时需要参照机械零件二维平面图，如果没有二维平面图，也必须要有相关参数做参考，这样才能创建出精准、符合机械设计要求的机械零件轴测图。

2. 学会识图

识图就是要能看懂图，要能通过二视图或者三视图，搞清楚该机械零件的三维效果，要在脑海中形成该机械零件三维模型的概念，然后再根据二维平面图所标注的尺寸，绘制机械零件轴测图。

3. 选择表达平面视图

在绘制机械零件轴测图时，可以选择不同的表达平面图，这与创建机械零件三维模型基本相同。一般情况下，选择能详细、准确表达该机械零件特征的平面进行绘制，也可以选择不同的平面，绘制多个轴测图，以表达机械零件不同面的结构特征，这样才能达到绘制轴测图的目的。图 15-7 所示是通过绘制两个不同表面的轴测图来表达某机械零件结构特征的效果。

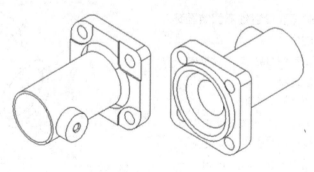

图 15-7　零件两个不同表面的轴测图

15.2 根据零件二视图绘制简单轴测图

本节将根据图 15-8（a）所示的某零件二视图来绘制图 15-8（b）所示的该零件轴测图和轴测剖视图。

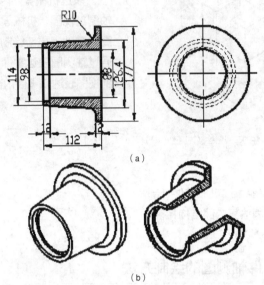

（a）

（b）

图 15-8 根据二视图绘制轴测图和轴测剖视图

15.2.1 根据零件二视图绘制简单轴测图

📄 素材文件	素材文件 \ 简单轴测图示例 .dwg
🔖 效果文件	效果文件 \ 第 15 章 \ 根据二视图绘制简单轴测图 .dwg
🖥 视频文件	专家讲堂 \ 第 15 章 \ 根据二视图绘制简单轴测图 .swf

与绘制三维图相同，在绘制轴测图时同样需要零件二视图作为参考。首先打开素材文件，这是某机械零件二视图，如图 15-9（a）所示，下面根据该零件二视图绘制该零件的轴测图，如图 15-9（b）所示。

⚙ **操作步骤**

1. 设置绘图环境

在绘制轴测图时需要设置轴测图绘图环境，这是绘制轴测图的关键。

Step 01 ▶ 右击状态栏上的"极轴追踪"按钮 ⌀。

Step 02 ▶ 选择"设置"选项。

Step 03 ▶ 打开【草图设置】对话框。

Step 04 ▶ 在"捕捉和栅格"选项卡设置捕捉类型。

Step 05 ▶ 在"对象捕捉"选项卡设置捕捉模式。

Step 06 ▶ 单击 确定 按钮确认，如图 15-10 所示。

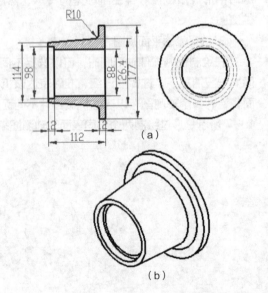

（a）

（b）

图 15-9 根据二视图绘制轴测图

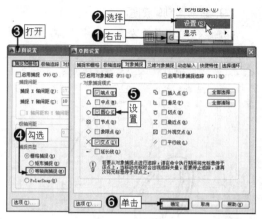

图 15-10　设置绘图环境

2. 启用正交功能、设置图层并切换轴测面

Step 01 ▶ 按 F8 键启用"正交"功能。

Step 02 ▶ 在"图层"控制下拉列表中设置"点划线"为当前图层。

Step 03 ▶ 按 F5 键，将等轴测平面切换为"等轴测平面 俯视"。

3. 绘制辅助线

Step 01 ▶ 单击【绘图】工具栏中的"直线"按钮 ✎。

Step 02 ▶ 在绘图区绘制一条水平直线，如图 15-11 所示。

图 15-11　绘制水平直线

Step 03 ▶ 按 F5 键，将轴测平面切换为"等轴测平面 左视"。

Step 04 ▶ 继续使用直线命令，绘制另一条垂直直线，如图 15-12 所示。

图 15-12　绘制垂直直线

4. 复制辅助线

Step 01 ▶ 单击【修改】工具栏上的"复制"按钮 ⌁。

Step 02 ▶ 选择垂直辅助线，然后按 Enter 键。

Step 03 ▶ 捕捉线的端点作为基点。

Step 04 ▶ 输入"@12<30"，按 Enter 键，指定第 2 点。

Step 05 ▶ 输入"@112<30"，按 Enter 键，指定另一点。

Step 06 ▶ 按 Enter 键，结束命令。复制结果如图 15-13 所示。

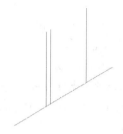

图 15-13　复制辅助线

5. 创建轮廓线

Step 01 ▶ 在"图层"控制下拉列表中将"轮廓线"图层设置为当前图层。

Step 02 ▶ 单击【绘图】工具栏中的"椭圆"按钮 ⬭。

Step 03 ▶ 输入"I"，按 Enter 键，激活"等轴测圆"选项。

Step 04 ▶ 捕捉水平辅助线和垂直辅助线的交点。

Step 05 ▶ 输入半径"57"，按 Enter 键。绘制过程及结果如图 15-14 所示。

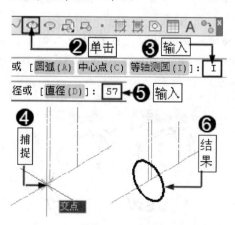

图 15-14　绘制半径为 57mm 的轴测圆

6. 绘制另一个轴测圆

继续使用相同的方法，捕捉轴测圆的圆心，绘制另一个半径为 49mm 的轴测圆，绘制结果如图 15-15 所示。

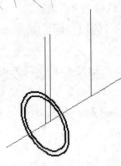

图 15-15 绘制半径为 49mm 的轴测圆

7. 绘制两个轴测圆

继续使用相同的方法，以水平辅助线与第 2 条垂直辅助线的交点作为圆心，绘制两个半径分别为 49mm 和 44mm 的轴测圆，绘制结果如图 15-16 所示。

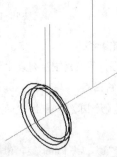

图 15-16 绘制两个半径分别为 49mm、44mm 的轴测圆

8. 修剪图形

Step 01 ▶ 输入"TR"激活【修剪】命令。

Step 02 ▶ 单击左侧半径为 49mm 的轴测圆作为修剪边界。

Step 03 ▶ 按 Enter 键，然后单击右侧半径为 49mm 和 44mm 的轴测圆进行修剪，修剪结果如图 15-17 所示。

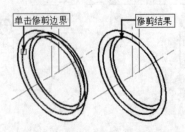

单击修剪边界　　修剪结果

图 15-17 修剪图形

9. 继续绘制轴测圆

继续使用相同的方法，以水平辅助线与第 3 条垂直辅助线的交点作为圆心，绘制半径为 88.5mm 的轴测圆，绘制结果如图 15-18 所示。

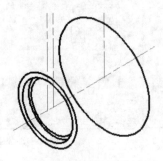

图 15-18 绘制半径为 88.5mm 的轴测圆

10. 复制轴测圆

输入"CO"激活【复制】命令，以绘制的轴测圆的圆心作为基点，以"@12<-150"作为目标点进行复制，复制结果如图 15-19 所示。

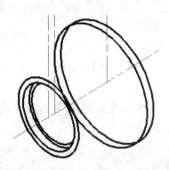

图 15-19 复制轴测圆

11. 绘制同心测圆

输入"EL"激活"椭圆"命令，以刚复制出的轴测圆圆心作为圆心，绘制直径为 146.4mm 和 126.4mm 的同心测圆，绘制结果如图 15-20 所示。

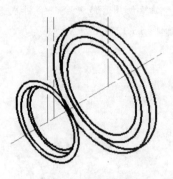

图 15-20 绘制同心圆

12. 移动轴测图

输入 "M" 激活 "移动" 命令，以直径为 126.4mm 的轴测圆的圆心作为基点，以 "@10<-150" 作为目标点对其进行移动，结果如图 15-21 所示。

图 15-21　移动轴测圆

13. 绘制公切线

输入 "L" 激活【直线】命令，配合 "切点" 捕捉功能，绘制两个轴测圆的公切线，绘制结果如图 15-22 所示。

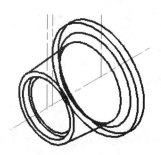

图 15-22　绘制公切线

14. 完成轴测圆绘制

输入 "TR" 激活【修剪】命令，对图形进行修剪，完成该轴测圆的绘制，最后将 "点划线" 层隐藏，结果如图 15-23 所示。

图 15-23　修剪图形

|技术看板| 以上操作比较简单，由于篇幅所限，在此没有进行详细讲解，您可以参阅本书随书光盘中专家讲堂的详细讲解。另外，在绘制公切线时，可以先将其他捕捉模式取消，只设置 "切点" 捕捉模式，这样便于捕捉切点。

15. 保存文件

使用【另存为】命令，将图形命名存储。

15.2.2　根据简单轴测图绘制轴测剖视图

📄 素材文件	效果文件\第 15 章\根据二视图绘制简单轴测图 .dwg
🖊 效果文件	效果文件\第 15 章\根据简单轴测图绘制轴测剖视图 .dwg
🖥 视频文件	专家讲堂\第 15 章\根据简单轴测图绘制轴测剖视图 .swf

轴测剖视图是指将轴测图进行剖切，以表现零件的内部结构特征，它与三维模型的剖切不同，有点像绘制二维剖视图，因此，其绘制难度较大，首先需要绘制出剖面线，然后通过修剪，最后再进行剖面的填充。

首先打开 15.2.1 节绘制的简单轴测图，如图 15-24（a）所示，下面根据该轴测图绘制该零件的轴测剖视图，如图 15-24（b）所示。

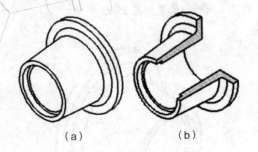

（a）　　　　　（b）

图 15-24　根据简单轴测图绘制轴测剖视图

操作步骤

1. 绘制定位辅助线

轴测图中现有的辅助线不能满足剖视图的绘制，因此下面首先来绘制更多的定位辅助线，这也便于绘制剖面线。

Step 01 ▸ 在"图层"控制下拉列表中打开关闭的"点划线"图层，并将其设置为当前图层，如图 15-25 所示。

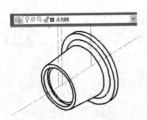

图 15-25　设置当前图层

Step 02 ▸ 按 F5 功能键，将当前轴测面切换为"等轴测平面 俯视"。

Step 03 ▸ 单击【绘图】工具栏中的"直线"按钮 。

Step 04 ▸ 配合"端点"捕捉功能，绘制图 15-26 所示的 3 条水平辅助线。

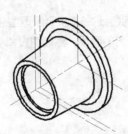

图 15-26　绘制水平辅助线

2. 复制定位辅助线

Step 01 ▸ 单击【修改】工具栏中的"复制"按钮 。

Step 02 ▸ 选择最右边的垂直辅助线和水平辅助线。

Step 03 ▸ 按 Enter 键，然后捕捉辅助线的交点。

Step 04 ▸ 输入"@12<－150"，按 Enter 键，设置复制距离。

Step 05 ▸ 按 Enter 键，复制结果如图 15-27 所示。

3. 绘制剖面线

Step 01 ▸ 在图层控制列表将"轮廓线"层设置为当前层。

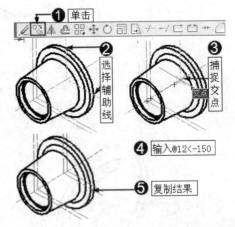

图 15-27　复制定位辅助线

Step 02 ▸ 在"颜色控制"列表，设置当前颜色为"洋红"，如图 15-28 所示。

图 15-28　设置当前颜色

Step 03 ▸ 按 F5 键，将当前轴测面切换为"等轴测平面 右视"。

Step 04 ▸ 单击【绘图】工具栏上的"多段线"按钮 。

Step 05 ▸ 捕捉右侧辅助线的交点作为起点。

Step 06 ▸ 捕捉垂直辅助线与轴测圆的交点作为下一点。

Step 07 ▸ 捕捉另一条垂直辅助线与轴测圆的交点作为下一点。

Step 08 ▸ 向下引导光标，捕捉垂直辅助线与另一个轴测圆的交点。

Step 09 ▸ 按 Enter 键，绘制过程及结果如图 15-29 所示。

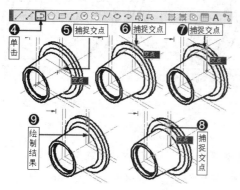

图 15-29 绘制剖面线

4. 复制辅助线

Step 01 ▸ 按 F5 键，将当前轴测面切换为"等轴测平面 俯视"。

Step 02 ▸ 单击【修改】工具栏中的"复制"按钮 。

Step 03 ▸ 选择最右边的垂直辅助线和水平辅助线。

Step 04 ▸ 按 Enter 键，然后捕捉辅助线的交点。

Step 05 ▸ 向左下方引导光标。

Step 06 ▸ 输入"10"，按 Enter 键，设置复制距离。

Step 07 ▸ 按 Enter 键，复制过程及结果如图 15-30 所示。

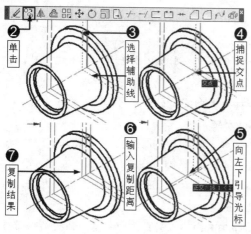

图 15-30 复制辅助线

5. 绘制另一条剖面线

Step 01 ▸ 单击【绘图】工具栏上的"多段线"

按钮 。

Step 02 ▸ 捕捉垂直辅助线于轴测圆的交点作为起点。

Step 03 ▸ 向左下引导光标，捕捉垂直辅助线与轴测圆的交点作为下一点。

Step 04 ▸ 向下引导光标，捕捉垂直辅助线与轴测圆的交点作为下一点。

Step 05 ▸ 输入"@12<30"，按 Enter 键，定位下一点。

Step 06 ▸ 输入"@5< － 90"，按 Enter 键，定位下一点。

Step 07 ▸ 向右上引出方向矢量，然后拾取一点。

Step 08 ▸ 按 Enter 键，绘制过程及结果如图 15-31 所示。

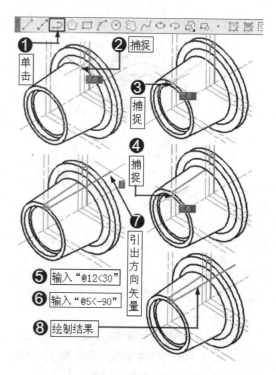

图 15-31 绘制另一条剖面线

6. 剪修剖面线

输入"TR"激活【修剪】命令，分别对绘制的两条剖面线进行修剪，绘制结果如图 15-32 所示。

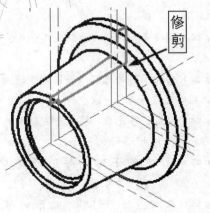

图 15-32　修剪剖面线

7. 圆角剖面线

输入 "F" 激活【圆角】命令，对修剪后的两条剖面线进行圆角，绘制结果如图 15-33 所示。

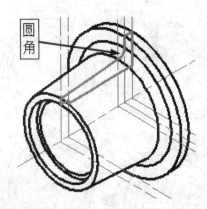

图 15-33　圆角剖面线

| 技术看板 | 修剪图线和圆角处理图线的操作可以参阅本书配套光盘专家讲堂的详细操作。

8. 合并图线

下面需要将修剪和圆角处理后的剖面线合并为闭合多段线，将轴测椭圆弧合并为一个椭圆，这样便于绘制另一条剖面线。

Step 01 ▶ 输入 "J" 激活【合并】命令，分别选择两条修剪和圆角处理后的两条剖面线，然后按 Enter 键确认，将其合并为闭合多段线。

Step 02 ▶ 单击选择左侧的轴测椭圆弧作为合并对象。

Step 03 ▶ 按 Enter 键，然后输入 "L"，激活 "闭合" 选项。

Step 04 ▶ 按 Enter 键，合并结果如图 15-34 所示。

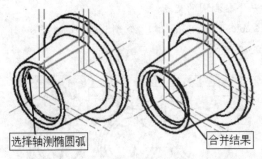

图 15-34　合并图线

9. 复制轴测圆

Step 01 ▶ 输入 "CO" 激活【复制】命令。

Step 02 ▶ 以刚闭合的轴测圆的圆心作为基点。

Step 03 ▶ 以最右侧辅助线的交点作为目标点，对其进行复制，如图 15-35 所示。

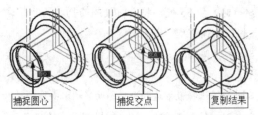

图 15-35　复制轴测圆

10. 绘制剖面线

Step 01 ▶ 按 F5 键将轴测平面切换为 "等轴测平面　俯视"。

Step 02 ▶ 单击【绘图】工具栏上的 "多段线" 按钮。

Step 03 ▶ 捕捉轴测圆与右侧水平辅助线的交点作为第 1 点。

Step 04 ▶ 向左引出方向矢量，输入 "100"，按 Enter 键。

Step 05 ▶ 向右下引出方向矢量，输入 "5"，按 Enter 键。

Step 06 ▶ 向左下引出方向矢量，输入 "12"，按 Enter 键。

Step 07 ▶ 向右下引出方向矢量，输入 "8"，按 Enter 键。

Step 08 ▶ 向右上引出方向矢量，捕捉轴测圆与水平辅助线的交点。

Step 09 ▶ 按 Enter 键，绘制结果如图 15-36 所示。

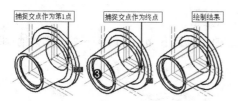

图 15-36 绘制剖面线

11. 补画剖面线

Step 01 ▸ 按 Enter 键，重复直线【多段线】命令。

Step 02 ▸ 捕捉剖面线段端点作为第 1 点。

Step 03 ▸ 向右下引导光标，捕捉轴测圆与水平辅助线的交点作为下一点。

Step 04 ▸ 向左引导光标，捕捉轴测圆与水平辅助线的交点作为下一点。

Step 05 ▸ 向左上引导光标，捕捉轴测圆与水平辅助线的交点作为下一点。

Step 06 ▸ 按 Enter 键，绘制结果如图 15-37 所示。

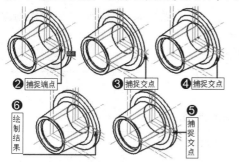

图 15-37 补画剖切线

12. 合并多段线

将"点划线"层暂时关闭，然后依照前面的操作，使用【圆角】命令对两条多段线进行圆角，并将其合并为一条闭合的多段线，如图 15-38 所示。

图 15-38 圆角并合并多段线

13. 修剪图线

使用快捷键 TR 激活【修剪】命令，以两条剖切面轮廓线和相关的轴测圆作为边界，对剖切面之间的图线进行修剪，修剪结果如图

15-39 所示。

图 15-39 修剪图线

14. 填充剖面

Step 01 ▸ 在"图层"控制下拉列表中将"剖面线"图层设置为当前图层。

Step 02 ▸ 单击【绘图】工具栏上的"图案填充"按钮 打开【图案填充和渐变色】对话框。

Step 03 ▸ 设置填充图案及参数，然后对剖面线内部进行填充，如图 15-40 所示。

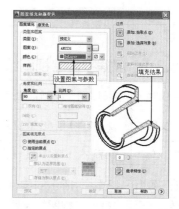

图 15-40 填充剖面

15. 设置颜色

夹点显示剖面线，在【特性】工具栏修改其颜色为"ByLayer"颜色，最后按 Esc 键取消夹点显示，如图 15-41 所示。

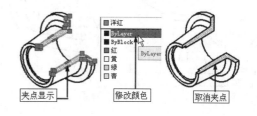

图 15-41 修改剖面线颜色

16. 保存文件

至此，该轴测剖视图绘制完毕，将图形命名存储。

15.3 根据零件二视图绘制复杂轴测图

本节继续根据图 15-42（a）所示的某零件二视图来绘制图 15-42（b）所示的该零件轴测图和轴测剖视图。

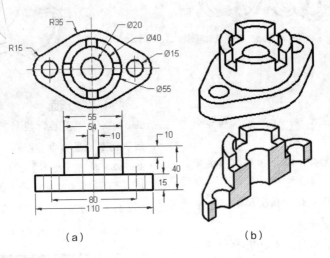

（a）　　　　　　　　　　　　　　　（b）

图 15-42　根据零件二视图绘制复杂轴测图

15.3.1 根据零件二视图绘制复杂轴测图

📄 素材文件	素材文件 \ 复杂轴测图示例 .dwg
✏️ 效果文件	效果文件 \ 第 15 章 \ 根据二视图绘制复杂轴测图 .dwg
🖥️ 视频文件	专家讲堂 \ 第 15 章 \ 根据二视图绘制复杂轴测图 .swf

打开图 15-43（a）所示的零件二视图素材文件，下面根据该二视图绘制图 15-43（b）所示的复杂轴测图，学习复杂正等轴测图的绘制方法和绘制技巧。

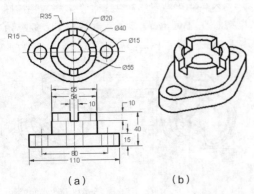

（a）　　　　　　（b）

图 15-43　根据二视图绘制复杂轴测图

⚙️ **操作步骤**

1. 设置绘图环境和当前图层

依照前面的操作方法，设置等轴测捕捉类型以及相关捕捉模式，该操作比较简单，在此不再赘述。

2. 绘制辅助线

Step 01 ▸ 按 F5 键，将当前的等轴测平面切换为"等轴测平面　俯视"。

Step 02 ▸ 在"图层"控制下拉列表中将"点划线"图层设置为当前图层。

Step 03 ▸ 按 F8 键启用正交功能。

Step 04 ▸ 输入"L"激活【直线】命令，绘制图 15-44 所示的定位辅助线。

图 15-44　绘制辅助线

3. 复制辅助线

Step 01 ▸ 输入 "CO" 激活【复制】命令。

Step 02 ▸ 单击选择辅助线，然后按 Enter 键确认。

Step 03 ▸ 捕捉辅助线的交点作为基点。

Step 04 ▸ 输入复制距离 "@40<30"，按 Enter 键。

Step 05 ▸ 输入复制距离 "@80<30"，按 Enter 键。

Step 06 ▸ 按 Enter 键，复制结果如图 15-45 所示。

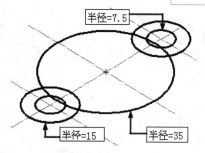

图 15-47　绘制另外 4 个轴测圆

Step 03 ▸ 分别绘制轴测圆的公切线，绘制结果如图 15-48 所示。

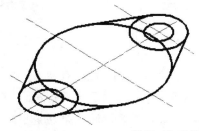

图 15-48　绘制公切线

7. 修剪图线

Step 01 ▸ 输入 "TR" 激活【修剪】命令。

Step 02 ▸ 以绘制的公切线作为剪切边，对轴测圆进行修剪，绘制结果如图 15-49 所示。

图 15-45　复制辅助线

4. 绘制轴测圆

Step 01 ▸ 将 "轮廓线" 图层设置为当前图层。

Step 02 ▸ 输入 "EL" 激活【椭圆】命令。

Step 03 ▸ 输入 "I"，按 Enter 键，激活 "轴测圆" 选项。

Step 04 ▸ 捕捉第 1 个交点作为圆心。

Step 05 ▸ 输入轴测圆半径 "15"，按 Enter 键，绘制结果如图 15-46 所示。

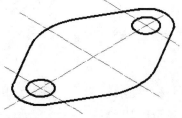

图 15-49　修剪图线

|技术看板| 在绘制轴测圆的公切线时，为了方便捕捉到圆的切点，最好暂时关闭其他的捕捉模式。修剪图线的操作可以参阅本书配套光盘专家讲堂的详细讲解。

8. 复制图形

Step 01 ▸ 单击【修改】工具栏中的 "复制" 按钮 。

Step 02 ▸ 选择编辑后的最外侧轮廓线。

Step 03 ▸ 按 Enter 键，捕捉圆心作为基点。

Step 04 ▸ 输入 "@15< － 90"，设置复制距离。

Step 05 ▸ 按 Enter 键，复制结果如图 15-50 所示。

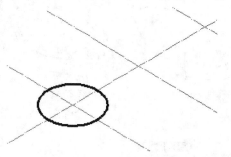

图 15-46　绘制轴测圆

5. 绘制其他轴测圆

使用相同的方法，分别以辅助线的交点为圆心，根据图示尺寸，分别绘制另外 4 个轴测圆，绘制结果如图 15-47 所示。

6. 绘制公切线

Step 01 ▸ 设置切点捕捉模式。

Step 02 ▸ 输入 "L" 激活【直线】命令。

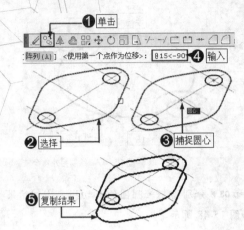

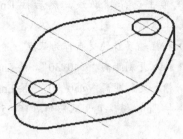

形轮廓线进行修剪编辑，并删除多余图线，结果如图 15-53 所示。

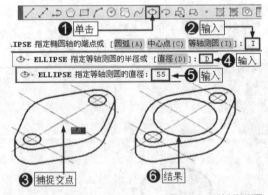

图 15-53　编辑图形轮廓线

11. 绘制轴测圆

Step 01 ▶ 单击【绘图】工具栏上的"椭圆"按钮 ⬭。

Step 02 ▶ 输入"I"，按 Enter 键，激活"轴测圆"选项。

Step 03 ▶ 捕捉辅助线交点作为圆心。

Step 04 ▶ 输入"D"，按 Enter 键，激活"直径"选项。

Step 05 ▶ 输入"55"，设置直径。

Step 06 ▶ 按 Enter 键，绘制过程及结果如图 15-54 所示。

图 15-50　复制图形

9. 绘制公切线

Step 01 ▶ 设置切点捕捉模式。

Step 02 ▶ 使用快捷键 L 激活【直线】命令。

Step 03 ▶ 在左边上侧圆弧上拾取切点。

Step 04 ▶ 在左边下侧圆弧上拾取切点。

Step 05 ▶ 按 Enter 键，绘制公切线，绘制结果如图 15-51 所示。

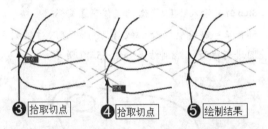

图 15-51　在左边绘制公切线

Step 06 ▶ 使用相同的方法，在图形右侧绘制公切线，结果如图 15-52 所示。

图 15-54　绘制轴测圆

12. 复制图形

Step 01 ▶ 单击【修改】工具栏中的"复制"按钮 ⬚。

Step 02 ▶ 选择绘制的轴测圆。

Step 03 ▶ 按 Enter 键，捕捉圆心作为基点。

Step 04 ▶ 输入"@15<90"，按 Enter 键。

Step 05 ▶ 输入"@25<90"，按 Enter 键。

Step 06 ▶ 按 Enter 键，复制过程及结果如图 15-55 所示。

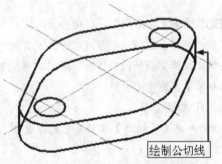

图 15-52　在右侧绘制公切线

10. 编辑图形轮廓线

综合应用【修剪】和【删除】命令，对图

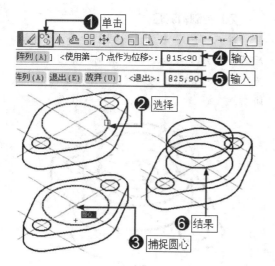

图 15-58 所示。

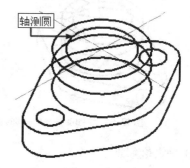

图 15-58　绘制轴测圆

图 15-55　复制图形

13. 位移辅助线

Step 01 ▶ 选择上下两条辅助线将其删除，如图 15-56 所示。

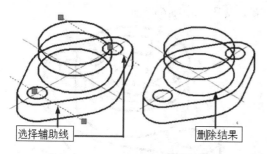

图 15-56　删除辅助线

Step 02 ▶ 输入"M"激活【移动】命令。

Step 03 ▶ 单击选择两条辅助线。

Step 04 ▶ 捕捉辅助线的交点作为基点。

Step 05 ▶ 输入"@25<90"，设置位移距离。

Step 06 ▶ 按 Enter 键，移动结果如图 15-57 所示。

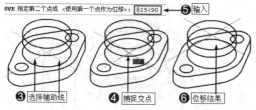

图 15-57　位移辅助线

14. 绘制轴测圆

依照前面的操作，以辅助线的交点作为圆心，绘制直径为 40mm 的轴测圆，绘制结果如

15. 对称偏移辅助线

输入"OF"激活【偏移】命令，将两条辅助线对称偏移 5mm，移动结果如图 15-59 所示。

图 15-59　偏移辅助线

16. 绘制轮廓线

输入"L"激活【直线】命令，配合"交点"捕捉功能连接辅助线与轴测圆的交点，绘制图 15-60 所示的轮廓线。

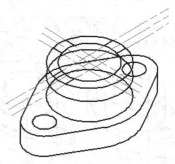

图 15-60　绘制轮廓线

17. 绘制切线并删除偏移的辅助线

重复执行【直线】命令，配合"切点"捕捉功能绘制切线，并删除偏移出的辅助线，结果如图 15-61 所示。

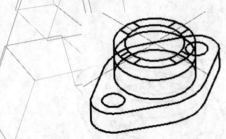

图 15-61 绘制切线并删除偏移的辅助线

18. 编辑轮廓线

综合应用【修剪】和【删除】命令，对图形轮廓线进行修剪，并删除被遮挡住的图形轮廓，结果如图 15-62 所示。

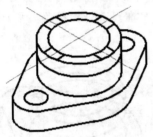

图 15-62 编辑轮廓线

|技术看板|修剪图线的操作可以参阅本书配套光盘专家讲堂的详细操作。

19. 位移辅助线

Step 01 ▶ 输入 "M" 激活【移动】命令。

Step 02 ▶ 选择辅助线，按 Enter 键。

Step 03 ▶ 捕捉辅助线的交点作为基点。

Step 04 ▶ 输入位移距离 "@10<－90"。

Step 05 ▶ 按 Enter 键，位移结果如图 15-63 所示。

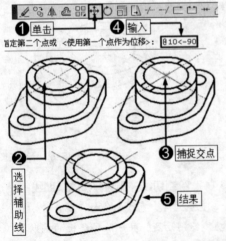

图 15-63 位移辅助线

20. 绘制轴测圆

输入 "EL" 激活【椭圆】命令，以移动后的辅助线交点为圆心，绘制两个直径分别为 20mm 和 40mm 的轴测圆，结果如图 15-64 所示。

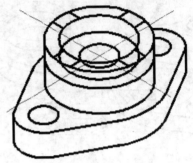

图 15-64 绘制两个轴测圆

21. 绘制垂直切口线

输入 "L" 激活【直线】命令，配合 "端点" 捕捉和 "交点" 捕捉功能，绘制 8 条垂直切口线，结果如图 15-65 所示。

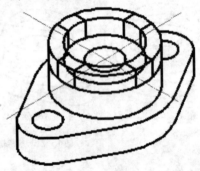

图 15-65 绘制 8 条垂直切口线

22. 修剪轮廓图

输入 "TR" 激活【修剪】命令，对切口线处的轮廓图进行修剪，绘制结果如图 15-66 所示。

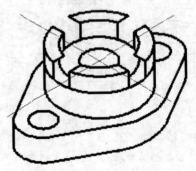

图 15-66 修剪轮廓

23. 绘制等轴测圆

输入"EL"激活【椭圆】命令，以当前辅助线的交点为圆心，绘制一个直径为 55mm 的等轴测圆，绘制结果如图 15-67 所示。

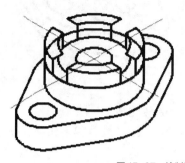

图 15-67　绘制等轴测圆

24. 绘制轮廓线

输入"L"激活【直线】命令，绘制切口处的轮廓线，绘制结果如图 15-68 所示。

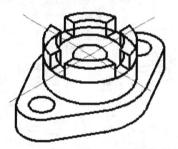

图 15-68　绘制切口处的轮廓线

25. 完成绘制

综合应用【修剪】和【删除】命令，对轮廓图进行修剪，并删除多余轮廓线，将辅助线隐藏，绘制结果如图 15-69 所示。

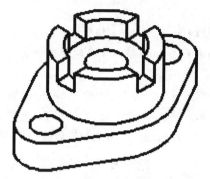

图 15-69　修剪轮廓线

26. 保存文件

至此该零件轴测图绘制完毕，执行【另存为】命令将当前图形命名存储。

15.3.2　根据复杂轴测图绘制轴测剖视图

📄 素材文件	效果文件 \ 第 15 章 \ 根据二视图绘制复杂轴测图 .dwg
🖊 效果文件	效果文件 \ 第 15 章 \ 根据复杂轴测图绘制轴测剖视图 .dwg
💻 视频文件	专家讲堂 \ 第 15 章 \ 根据复杂轴测图绘制轴测剖视图 .swf

打开 15.3.1 节保存的轴测图文件，如图 15-70（a）所示，下面继续来绘制图 15-70（b）所示的轴测剖视图。

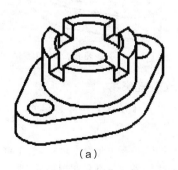

（a）

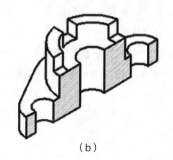

（b）

图 15-70　绘制轴测剖视图

操作步骤

1. 复制辅助线

Step 01 ▸ 显示隐藏的"点划线"图层。

Step 02 ▸ 单击【修改】工具栏中的"复制"按钮 。

Step 03 ▸ 选择 30°方向辅助线。

Step 04 ▸ 按 Enter 键，捕捉辅助线的交点作为基点。

Step 05 ▸ 输入"@15<－90"，按 Enter 键。

Step 06 ▸ 输入"@30<－90"，按 Enter 键。

Step 07 ▸ 按 Enter 键，复制结果如图 15-71 所示。

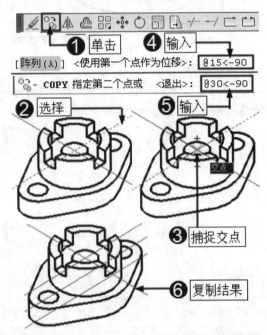

图 15-71　复制辅助线

2. 绘制剖面线

Step 01 ▸ 按 F5 键将当前轴测面切换为"等轴测平面 右视"。

Step 02 ▸ 按 F8 键打开状态栏上的"正交"功能。

Step 03 ▸ 在"颜色控制"列表中将当前的图层颜色修改为"洋红"。

Step 04 ▸ 输入"L"激活【直线】命令，配合"端点"和"交点"捕捉功能绘制剖面线，结果如图 15-72 所示。

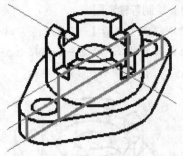

图 15-72　绘制剖面线

3. 闭合轴测圆弧

Step 01 ▸ 单击【修改】工具栏上的"合并"按钮 。

Step 02 ▸ 选择轴测圆弧，按 Enter 键。

Step 03 ▸ 输入"L"，激活"闭合"选项。

Step 04 ▸ 按 Enter 键，闭合结果如图 15-73 所示。

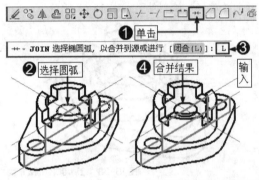

图 15-73　闭合轴测圆弧

Step 05 ▸ 使用相同的方法将右侧的轴测圆弧闭合为一个轴测圆，如图 15-74 所示。

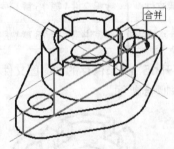

图 15-74　闭合右侧的轴测圆弧

4. 复制轮廓线

Step 01 ▸ 单击【修改】工具栏中的"复制"按钮 。

Step 02 ▸ 选择左右两个轴测圆，按 Enter 键。

Step 03 ▸ 捕捉任意一个轴测圆的圆心。

Step 04 ▶ 输入 "@15< － 90",按 Enter 键,指定复制距离。

Step 05 ▶ 按 Enter 键,复制结果如图 15-75 所示。

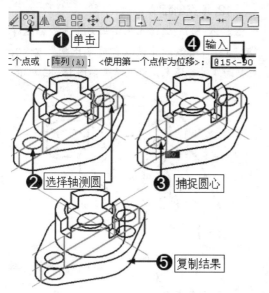

图 15-75 复制轮廓线

Step 06 ▶ 继续将中间的轴测圆进行复制,基点为该圆的圆心,目标点为 "@30< － 90",复制结果如图 15-76 所示。

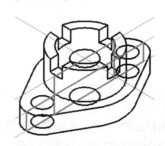

图 15-76 复制另一个轴测圆

5. 编辑图形

综合应用【修剪】和【删除】命令,对图形进行修剪,并删除不需要的轮廓线及辅助线,结果如图 15-77 所示。

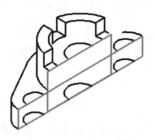

图 15-77 编辑图形

6. 延伸圆弧

输入 "EX" 激活【延伸】命令,以剖面线为延伸边界,对圆弧进行延伸,结果如图 15-78 所示。

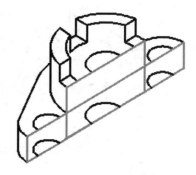

图 15-78 延伸圆弧

7. 修剪图线

输入 "TR" 激活【修剪】命令,对图线进行修剪,修剪结果如图 15-79 所示。

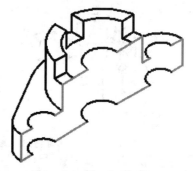

图 15-79 修剪图线

8. 补画其他剖面线

输入 "L" 激活【直线】命令,配合 "端点" 捕捉功能补画其他剖面线,绘制结果如图 15-80 所示。

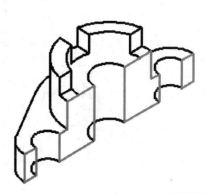

图 15-80 补画其他剖面线

9. 再次编辑图形

继续对其他相关轴测圆弧进行延伸，然后再次对图形轮廓线进行修剪，修剪结果如图15-81所示。

图 15-81 再次修剪轮廓线

10. 修改剖面线颜色

单击修剪后的洋红剖面线使其夹点显示，然后在"颜色控制"列表修改颜色为"ByLayer"颜色，然后按 Esc 键取消夹点显示，结果如图15-82所示。

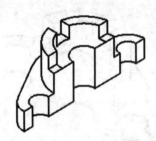

图 15-82 修改颜色

11. 新建图层

新建"剖面线"图层，并将其设置为当前图层。

12. 填充剖面线

输入"H"激活【图案填充】命令，选择"ANSI31"图案，并设置"填充比例"为10，对剖面线进行填充，填充结果如图15-83所示。

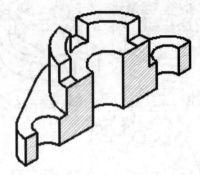

图 15-83 填充剖面线

13. 保存图形

至此，该轴测剖视图绘制完毕，执行【另存为】命令将该图形命名存储。

15.4 根据零件三视图绘制简单轴测图

在绘制轴测图时，有时需要零件的三视图才能满足绘制轴测图的要求，本实例通过图15-84（a）所示的某简单机械零件三视图，绘制图15-84（b）所示的简单轴测图和轴测剖视图。

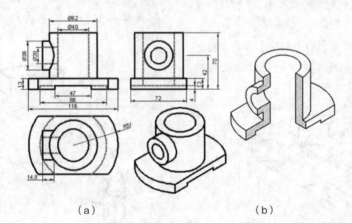

（a）   （b）

图 15-84 绘制简单轴测图和轴测剖视图

15.4.1 根据零件三视图绘制简单轴测图

📄 素材文件	素材文件 \ 零件三视图 .dwg
🖊 效果文件	效果文件 \ 第 15 章 \ 根据三视图绘制简单轴测图 .dwg
🖥 视频文件	专家讲堂 \ 第 15 章 \ 根据三视图绘制简单轴测图 .swf

打开图 15-84（a）所示的零件三视图素材文件，下面根据该三视图绘制如图 15-85 所示的简单轴测图。

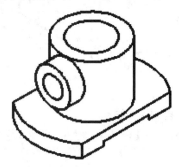

图 15-85 简单轴测图

⚙ **操作步骤**

1. 设置绘图环境和当前图层

首先依照前面的操作方法，设置等轴测捕捉类型以及相关捕捉模式，该操作比较简单，在此不再赘述。

2. 绘制辅助线

Step 01 ▸ 按 F5 功能键，将当前的等轴测平面切换为"等轴测平面 俯视"。

Step 02 ▸ 在"图层"控制下拉列表中将"中心线"图层设置为当前图层。

Step 03 ▸ 按 F8 键启用正交功能。

Step 04 ▸ 输入"L"激活【直线】命令，绘制图 15-86 所示的定位辅助线。

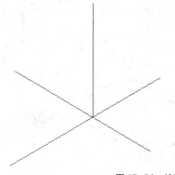

图 15-86 绘制辅助线

3. 绘制轴测圆

Step 01 ▸ 将"轮廓线"设置为当前图层。

Step 02 ▸ 单击【绘图】工具栏中的"椭圆"按钮 ⬭。

Step 03 ▸ 输入"I"，按 Enter 键，激活"轴测圆"选项。

Step 04 ▸ 捕捉定位辅助线的交点作为圆心。

Step 05 ▸ 输入"D"，按 Enter 键，激活"直径"选项。

Step 06 ▸ 输入直径"116"。

Step 07 ▸ 按 Enter 键，绘制过程及结果如图 15-87 所示。

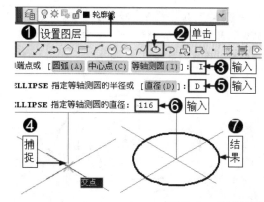

图 15-87 绘制轴测圆

Step 08 ▸ 依照相同的方法，以轴测圆的圆心作为圆心，继续绘制直径为 86mm 的轴测圆，如图 15-88 所示。

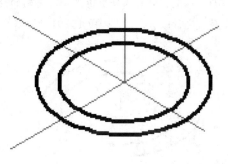

图 15-88 继续绘制轴测圆

4. 复制辅助线

Step 01 ▶ 单击【修改】工具栏上的"复制"按钮 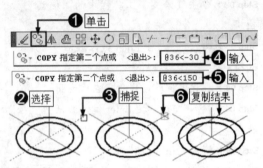。

Step 02 ▶ 选择水平定位辅助线。

Step 03 ▶ 按 Enter 键，捕捉辅助线一端的端点。

Step 04 ▶ 输入"@36< — 30"，按 Enter 键。

Step 05 ▶ 输入"@36<150"，按 Enter 键。

Step 06 ▶ 按 Enter 键，复制结果如图 15-89 所示。

图 15-89　复制辅助线

5. 修剪轴测圆

输入"TR"激活【修剪】命令，以复制的定位辅助线作为修剪边界，对两个轴测圆进行修剪，修剪结果如图 15-90 所示。

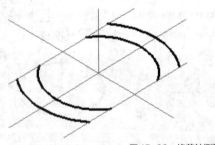

图 15-90　修剪轴测圆

6. 修剪定位线

按 Enter 键，重复执行【修剪】命令，以修剪后的轴测圆弧作为修剪边界，对复制的两条定位线进行修剪，结果如图 15-91 所示。

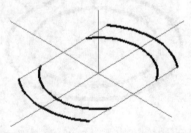

图 15-91　修剪定位线

7. 修改图层

选择内侧的两条圆弧，使其夹点显示，然后修改其图层为"隐藏线"层；选择修剪后的两条辅助线，修改其图层为"轮廓线"层，绘制结果如图 15-92 所示。

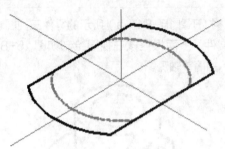

图 15-92　修改图层

8. 复制轮廓线

Step 01 ▶ 单击【修改】工具栏上的"复制"按钮 。

Step 02 ▶ 选择最外侧的轮廓线。

Step 03 ▶ 按 Enter 键，捕捉辅助线的交点。

Step 04 ▶ 输入"@13<90"，按 Enter 键，设置复制距离。

Step 05 ▶ 按 Enter 键，复制结果如图 15-93 所示。

9. 绘制轮廓线

Step 01 ▶ 单击【绘图】工具栏上的"多段线"按钮 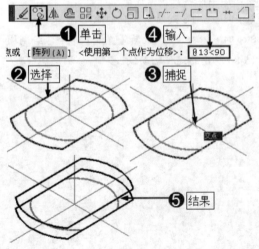。

Step 02 ▶ 捕捉轮廓线的交点作为第 1 点。

Step 03 ▶ 输入"@4<90"，按 Enter 键，定位第二点。

图 15-93　复制轮廓线

Step 04 ▶ 输入"@47<30"，按 Enter 键，定位第三点。

Step 05 ▶ 输入"@4< − 90"，按 Enter 键，定位第四点。

Step 06 ▶ 按 Enter 键，绘制结果如图 15-94 所示。

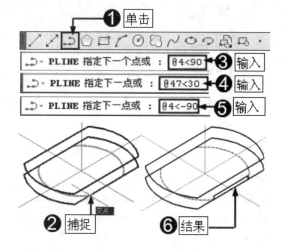

图 15-94　绘制轮廓线

Step 07 ▶ 重复执行【多段线】命令，配合"端点"功能捕捉，绘制如图 15-95 所示的垂直轮廓线。

10. 完善底座

输入"TR"激活【修剪】命令，对底座进行修剪，并删除多余图线，结果如图 15-96 所示。

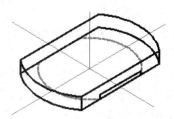

图 15-95　绘制垂直轮廓线

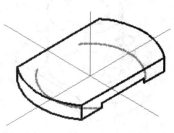

图 15-96　完善底座

11. 关闭图层

在"图层"控制下拉列表中，关闭"隐藏线"和"中心线"图层，效果如图 15-97 所示。

图 15-97　关闭图层

12. 绘制轴测圆

单击【绘图】工具栏中的"椭圆"按钮 ⊙，以上方轴测圆弧的圆心作为圆心，绘制直径分别为 62mm 和 40mm 的两个轴测圆，结果如图 15-98 所示。

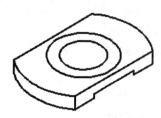

图 15-98　绘制轴测圆

13. 复制轴测圆

Step 01 ▶ 单击【修改】工具栏上的"复制"按钮 %。

Step 02 ▶ 选择刚绘制的同心轴测圆。

Step 03 ▶ 按 Enter 键，捕捉轴测圆圆心。

Step 04 ▶ 输入"@53<90"，按 Enter 键。

Step 05 ▶ 按 Enter 键，结束命令，复制结果如图 15-99 所示。

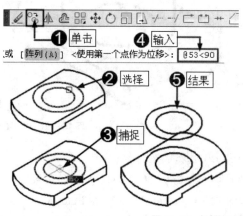

图 15-99　复制轴测圆

14. 绘制公切线

输入"L"激活【直线】命令，配合"切点"捕捉功能绘制轴测圆的公切线，绘制结果如图15-100所示。

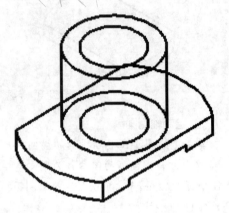

图15-100 绘制公切线

15. 修剪图线

输入"TR"激活【修剪】命令，以两条公切线作为修剪边界，对图线进行修剪，绘制结果如图15-101所示。

16. 复制辅助线

Step 01 ▸ 在"图层"控制下拉列表中，打开被关闭的"中心线"图层。

Step 02 ▸ 单击【修改】工具栏上的"复制"按钮。

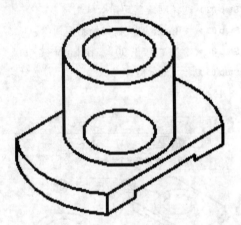

图15-101 修剪图线

Step 03 ▸ 选择水平定位辅助线。

Step 04 ▸ 按 Enter 键，捕捉辅助线的端点。

Step 05 ▸ 输入"@42<90"，按 Enter 键。

Step 06 ▸ 按 Enter 键，复制结果如图15-102所示。

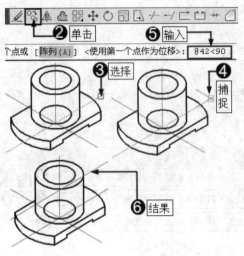

图15-102 复制辅助线

Step 07 ▸ 继续使用【复制】命令以垂直辅助线的端点作为基点，以"@40<－150"为目标点，对垂直辅助线进行复制，复制结果如图15-103所示。

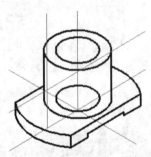

图15-103 复制垂直辅助线

17. 完善轴测图

Step 01 ▸ 按 F5 键将当前轴测面切换为"等轴测平面 左视"。

Step 02 ▸ 以刚复制出的辅助线交点作为圆心，绘制直径分别为36mm和20mm的同心轴测圆，如图15-104所示。

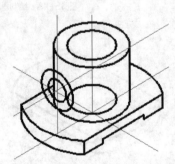

图15-104 绘制同心轴测圆

Step 03 ▶ 输入 "CO" 激活【复制】命令，以直径为 36mm 的等轴测圆的圆心作为基点，以 "@14.8<30" 为目标点，对其进行复制，复制结果如图 15-105 所示。

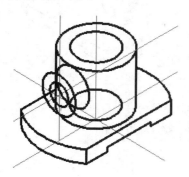

图 15-105 复制轴测圆

Step 04 ▶ 将 "中心线" 层暂时隐藏，使用【直线】命令，配合 "切点" 捕捉功能，绘制轴测圆的公切线，绘制结果如图 15-106 所示。

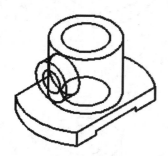

图 15-106 绘制轴测圆的公切线

Step 05 ▶ 输入 "TR" 激活【修剪】命令，对图形进行修剪编辑，并删除多余图线，结果如图 15-107 所示。

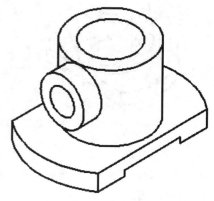

图 15-107 完善轴测图

18. 保存文件

至此，该轴测图绘制完毕，使用【另存为】命令将图形命名存储。

15.4.2 根据零件三视图绘制简单轴测剖视图

📄 素材文件	效果文件 \ 第 15 章 \ 根据三视图绘制简单轴测图 .dwg
🖊 效果文件	效果文件 \ 第 15 章 \ 根据三视图绘制简单轴测剖视图 .dwg
🖥 视频文件	专家讲堂 \ 第 15 章 \ 根据三视图绘制简单轴测剖视图 .swf

打开图 15-107 所示的轴测图，下面在此基础上，绘制图 15-108 所示的轴测剖视图，以表达出轴测图内部的结构。

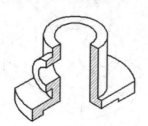

图 15-108 绘制轴测剖视图

⚙️ **操作步骤**

1. 新建图层并设置颜色

Step 01 ▶ 在 "图层" 控制下拉列表中打开被关闭的 "隐藏线" 和 "中心线" 图层。

Step 02 ▶ 新建 "剖面线" 图层，并设置其颜色为蓝色，如图 15-109 所示。

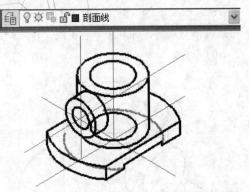

图 15-109　新建图层并设置颜色

2. 绘制剖面线

Step 01 ▶ 按 F5 键，将当前轴测面切换为"等轴测平面 右视"。

Step 02 ▶ 单击【绘图】工具栏上的"多段线"按钮 ⤵ 。

Step 03 ▶ 捕捉轴测图上顶面圆心。

Step 04 ▶ 向左下拉出方向矢量，输入"31"，按 Enter 键。

Step 05 ▶ 向下引出方向矢量，输入"10"，按 Enter 键。

Step 06 ▶ 向左下引出方向矢量，捕捉矢量线与轴测圆的交点，如图 15-110 所示。

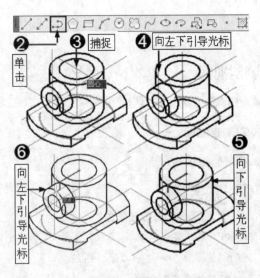

图 15-110　等轴测切面右视图剖面线绘制

Step 07 ▶ 向下引出方向矢量，捕捉矢量线与轴测圆的交点，如图 15-111 所示。

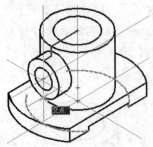

图 15-111　向下捕捉交点

Step 08 ▶ 继续向右上引出方向矢量，输入"9"，按 Enter 键，如图 15-112 所示。

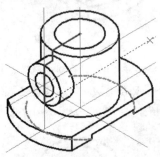

图 15-112　引出右上方向矢量

Step 09 ▶ 继续向下引出方向矢量，输入"11"，按 Enter 键，如图 15-113 所示。

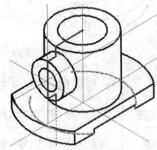

图 15-113　引出向下方向矢量

Step 10 ▶ 向左下引出方向矢量，输入"27"，按 Enter 键，如图 15-114 所示。

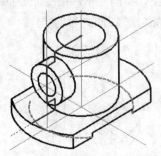

图 15-114　引出左下方向矢量

Step 11 ▶ 向下引出方向矢量，捕捉矢量线与轴测圆的交点，如图 15-115 所示。

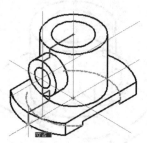

图 15-115　捕捉矢量线与轴测圆交点

Step 12 ▶ 向右上引出方向矢量，捕捉隐藏线与辅助线的交点，如图 15-116 所示。

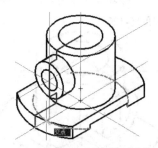

图 15-116　捕捉隐藏线与辅助线交点

Step 13 ▶ 向上引出方向矢量，输入"4"，按 Enter 键，如图 15-117 所示。

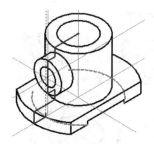

图 15-117　引出向上方向矢量

Step 14 ▶ 向右上引出方向矢量，输入"43"，按 Enter 键，如图 15-118 所示。

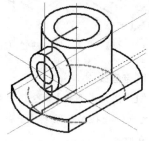

图 15-118　引出右上方向矢量

Step 15 ▶ 输入"C"，按 Enter 键，闭合图形，绘制结果如图 15-119 所示。

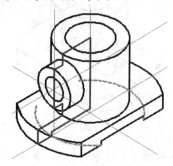

图 15-119　闭合图形

3. 绘制另一条剖面线

Step 01 ▶ 按 F5 键，将当前轴测平面切换为"等轴测平面　左视"。

Step 02 ▶ 输入"PL"，再次激活【多段线】命令。

Step 03 ▶ 捕捉顶面圆心作为起点，如图 15-120 所示。

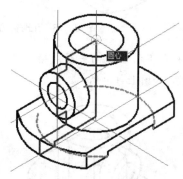

图 15-120　捕捉顶面圆心作起点

Step 04 ▶ 向右下引出方向矢量，输入"31"，按 Enter 键，如图 15-121 所示。

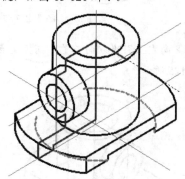

图 15-121　引出右下方向矢量

Step 05 ▶ 向下引出方向矢量，输入"57"，按 Enter 键，如图 15-122 所示。

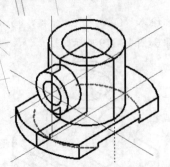

图 15-122　引出向下方向矢量

Step 06 ▸ 向右下引出方向矢量，输入"5"，按 Enter 键，如图 15-123 所示。

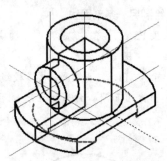

图 15-123　引出右下方向矢量

Step 07 ▸ 向下引出方向矢量，输入"9"，按 Enter 键，如图 15-124 所示。

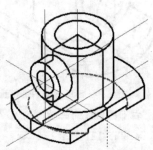

图 15-124　引出向下方向矢量

Step 08 ▸ 向左上引出方向矢量，捕捉交点，如图 15-125 所示。

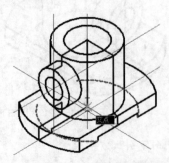

图 15-125　引出左上方向矢量并捕捉交点

Step 09 ▸ 按 Enter 键，结束命令，绘制结果如图 15-126 所示。

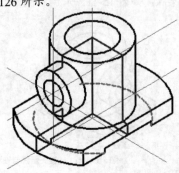

图 15-126　绘制剖面线

Step 10 ▸ 在"图层"控制下拉列表中，关闭"隐藏线"和"中心线"两个图层，此时图形的显示效果如图 15-127 所示。

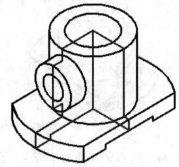

图 15-127　关闭"隐藏线"和"中心线"图层

4. 完善图形

输入"TR"激活【修剪】命令，以两条多段线作为修剪边界，对轴测图进行修剪，并删除多余图线，结果如图 15-128 所示。

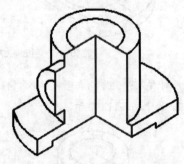

图 15-128　修剪图形

5. 绘制垂直线段

输入"L"激活【直线】命令，配合"端点"捕捉和"交点"捕捉功能绘制垂直线段，结果如图 15-129 所示。

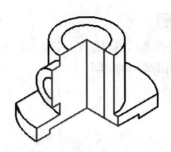

图 15-129 绘制垂直线段

6. 复制轴测圆

Step 01 ▶ 输入"CO"激活【复制】命令。

Step 02 ▶ 选择左侧轴测圆弧。

Step 03 ▶ 按 Enter 键，捕捉圆弧的圆心。

Step 04 ▶ 输入"@20<30"，按 Enter 键。

Step 05 ▶ 按 Enter 键，结束命令，复制结果如图 15-130 所示。

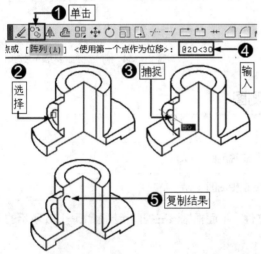

图 15-130 复制轴测圆

7. 绘制其他图形轮廓线

输入"L"激活【直线】命令，配合"端点"和"交点"捕捉功能绘制其他图形轮廓线，绘制结果如图 15-131 所示。

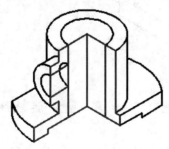

图 15-131 绘制其他轮廓线

8. 编辑轴测图线

输入"TR"激活【修剪】命令，对轴测图线进行修剪编辑，绘制结果如图 15-132 所示。

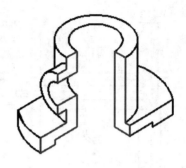

图 15-132 修剪编辑轴测图线

9. 剖面线图层控制

选择剖面线，在"图层"控制下拉列表中将其放入"轮廓线"图层。

10. 填充剖面线

单击【绘图】工具栏上的"图案填充"按钮 ，在打开的【图案填充和渐变色】对话框设置填充图案及填充参数，为剖面线进行填充，如图 15-133 所示。

图 15-133 设置填充图案及填充参数

11. 保存文件

该轴测剖视图绘制完毕，使用【另存为】命令将图形命名存储。

15.5 根据零件三视图绘制复杂轴测图

本节根据三视图绘制了简单轴测图和轴测剖视图，这一节继续通过图 15-134（a）所示的某机械零件三视图，来绘制图 15-134（b）所示的复杂轴测图和轴测剖视图。

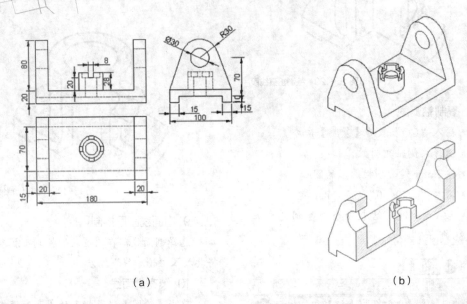

（a） （b）

图 15-134 根据三视图绘制复杂轴测图

15.5.1 根据零件三视图绘制复杂轴测图

📄 素材文件	素材文件 \ 零件三视图 01.dwg
🖋 效果文件	效果文件 \ 第 14 章 \ 根据三视图绘制复杂轴测图 .dwg
🖵 视频文件	专家讲堂 \ 第 14 章 \ 根据三视图绘制复杂轴测图 .swf

打开图 15-134（a）所示的零件三视图素材文件，下面根据该三视图绘制图 15-135 所示的复杂轴测图。

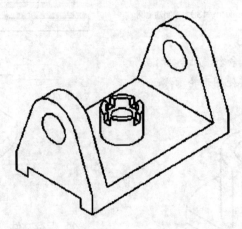

图 15-135 绘制复杂轴测图

操作步骤

1. 设置绘图环境和当前图层

Step 01 ▸ 设置等轴测捕捉类型。

Step 02 ▸ 按 F5 键，将当前的等轴测平面切换为"等轴测平面　左视"。

Step 03 ▸ 在图层控制列表将"轮廓线"设置为当前图层。

Step 04 ▸ 按 F8 键启用正交功能。

2. 绘制轮廓线

Step 01 ▸ 输入"L"激活【直线】命令。

Step 02 ▸ 在空白位置单击拾取一点。

Step 03 ▸ 向下引出方向矢量，输入"20"，按 Enter 键，定位第二点，如图 15-136 所示。

图 15-136　定位第二点

Step 04 ▸ 向右下引出方向矢量，输入"15"，按 Enter 键，定位第三点，如图 15-137 所示。

图 15-137　定位第三点

Step 05 ▸ 向上引出方向矢量，输入"10"，按 Enter 键，定位第四点，如图 15-138 所示。

图 15-138　定位第四点

Step 06 ▸ 向右下引出方向矢量，输入"70"，按 Enter 键，定位第五点，如图 15-139 所示。

图 15-139　定位第五点

Step 07 ▸ 向下引出方向矢量，输入"10"，按

Enter 键，定位第六点，如图 15-140 所示。

图 15-140　定位第六点

Step 08 ▸ 向右下引出方向矢量，输入"15"，按 Enter 键，定位第七点，如图 15-141 所示。

图 15-141　定位第七点

Step 09 ▸ 向上引出方向矢量，输入"20"，按 Enter 键，定位第八点，如图 15-142 所示。

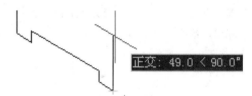

图 15-142　定位第八点

Step 10 ▸ 按 Enter 键，结束操作，绘制结果如图 15-143 所示。

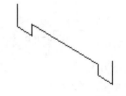

图 15-143　绘制轮廓线

3. 绘制轴测圆

Step 01 ▸ 单击【绘图】工具栏中的"椭圆"按钮 ⬭。

Step 02 ▸ 输入"I"，按 Enter 键，激活"轴测圆"选项。

Step 03 ▸ 按住 Shift 键并单击鼠标右键，在弹出的菜单中选择"自"功能。

Step 04 ▸ 捕捉下方水平线的中点。

Step 05 ▸ 输入"@60<90"，按 Enter 键，定位圆心。

Step 06 ▶ 输入半径"30"。

Step 07 ▶ 按 Enter 键，绘制过程及结果如图 15-144 所示。

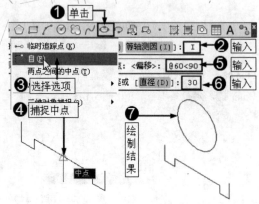

图 15-144 绘制轴测圆

4. 绘制另一个轴测圆

继续执行【椭圆】命令，以绘制的轴测圆的圆心作为圆心，绘制半径为 15mm 的另一个轴测圆，结果如图 15-145 所示。

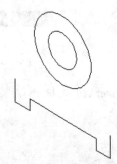

图 15-145 绘制另一个轴测圆

5. 绘制公切线

输入"L"激活【直线】命令，配合"端点"和"切点"捕捉功能，绘制图形的公切线，结果如图 15-146 所示。

图 15-146 绘制图形的公切线

6. 修剪轴测圆

输入"TR"激活【修剪】命令，以两条切线作为边界，对外侧的轴测圆进行修剪，绘制结果如图 15-147 所示。

图 15-147 修剪轴测圆

7. 复制图线

Step 01 ▶ 输入"CO"激活【复制】命令。

Step 02 ▶ 选择所有图线。

Step 03 ▶ 按 Enter 键，捕捉圆心作为基点，如图 15-148 所示。

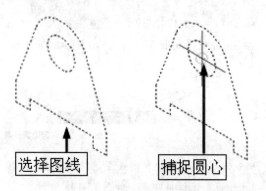

图 15-148 选择图线并捕捉圆心

Step 04 ▶ 向右上引出方向矢量，输入"20"，按 Enter 键。

Step 05 ▶ 继续输入"160"，按 Enter 键。

Step 06 ▶ 输入"180"，按 Enter 键，复制结果如图 15-149 所示。

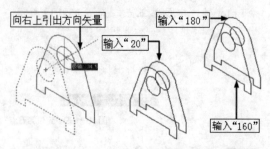

图 15-149 复制图线

8. 绘制水平图线和切线

输入"L"激活【直线】命令，配合"端点"和"切点"捕捉功能绘制水平图线和切线，绘制结果如图 15-150 所示。

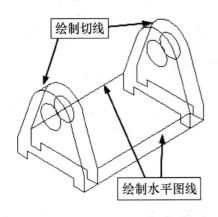

图 15-150　绘制水平图线和切线

9. 完善图形

输入"TR"激活【修剪】命令，对图形进行修剪，并删除多余图线，绘制结果如图 15-151 所示。

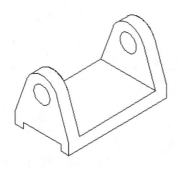

图 15-151　完善图形

10. 复制图线

Step 01 ▶ 输入"CO"激活【复制】命令。

Step 02 ▶ 选择右上方的图线。

Step 03 ▶ 按 Enter 键，捕捉端点。

Step 04 ▶ 继续捕捉中点。

Step 05 ▶ 按 Enter 键，复制过程及结果如图 15-152 所示。

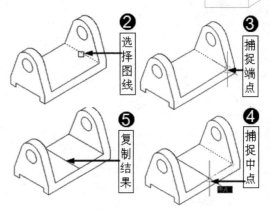

图 15-152　复制图线

Step 06 ▶ 使用相同的方法继续复制另一条图线，结果如图 15-153 所示。

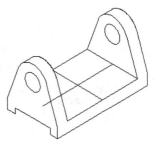

图 15-153　复制另一条图线

11. 绘制同心轴测圆

将轴测面切换为等轴测俯视图，然后输入"EL"激活【椭圆】命令，以复制的图线的交点作为圆心，绘制直径分别为 40mm、30mm 和 20mm 的同心轴测圆，如图 15-154 所示。

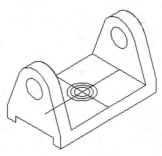

图 15-154　绘制同心轴测圆

12. 复制等轴测圆

输入"CO"激活【复制】命令，以圆心作为基点，将直径为 40mm 的等轴测圆分别复制"@20<90"和"@28<90"，绘制结果如图 15-155 所示。

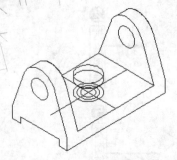

图 15-155　位移轴测圆

13. 位移

输入"M"激活【移动】命令，将直径为30mm 和 20mm 的两个轴测圆与图线进行位移，基点为圆心，目标点为"@20<90"，绘制结果如图 15-156 所示。

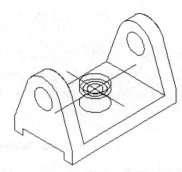

图 15-156　位移两个轴测圆和图线

14. 复制等轴测圆

继续使用【复制】命令，将直径为 30mm 的等轴测圆复制，基点为圆心，目标点为"@8<90"，绘制结果如图 15-157 所示。

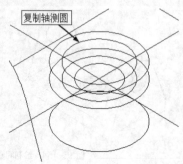

复制轴测圆

图 15-157　复制等轴测圆

15. 复制辅助线

继续使用【复制】命令，分别对两条辅助线进行对称复制 4mm，绘制结果如图 15-158 所示。

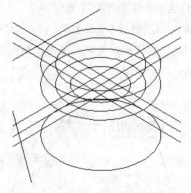

图 15-158　复制辅助线

16. 绘制垂直轮廓线和切线

输入"L"激活【直线】命令，配合"切点"和"交点"捕捉功能，绘制垂直轮廓线和切线，如图 15-159 所示。

17. 完善图形

综合使用【修剪】和【删除】命令，对轮廓线和辅助线进行修剪编辑，并删除多余图线，结果如图 15-160 所示。

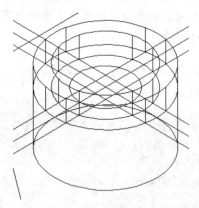

图 15-159　绘制垂直轮廓线和切线

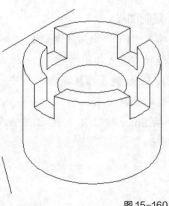

图 15-160　完善图形

18. 查看效果

至此，该零件轴测图绘制完毕，调整视图查看效果，如图 15-161 所示，使用【另存为】命令将该文件保存。

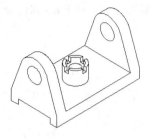

图 15-161 零件轴测图

15.5.2 根据零件三视图绘制复杂轴测剖视图

📄 素材文件	素材文件 \ 第 15 章 \ 根据三视图绘制复杂轴测图 .dwg
✒ 效果文件	效果文件 \ 第 15 章 \ 根据三视图绘制复杂轴测剖视图 .dwg
🖥 视频文件	专家讲堂 \ 第 15 章 \ 根据三视图绘制复杂轴测剖视图 .swf

打开 15.5.1 节中绘制的轴测图，如图 15-162（a）所示，在此基础上，绘制图 15-162（b）所示的轴测剖视图，以表达出轴测图内部的结构。

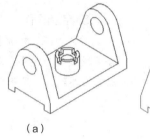
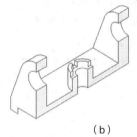

（a） （b）

图 15-162 绘制复杂轴测图

 **操作步骤**

1. 设置轴测面、图层和颜色

Step 01 ▶ 按 F5 键，将当前轴测面切换为"等轴测平面 右视"。

Step 02 ▶ 启用状态栏上的"对象捕捉"和"正交"功能。

Step 03 ▶ 展开"特性"工具栏，设置当前颜色为"洋红"，如图 15-163 所示。

图 15-163 设置轴测面、图层和颜色

2. 绘制剖面线

Step 01 ▶ 输入"PL"激活【多段线】命令。

Step 02 ▶ 捕捉轴测图左下中点。

Step 03 ▶ 向上引出方向矢量，输入"90"，按 Enter 键，如图 15-164 所示。

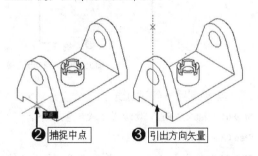

❷ 捕捉中点　　❸ 引出方向矢量

图 15-164 引出方向矢量

Step 04 ▶ 向右引出方向矢量，输入"20"，按 Enter 键。

Step 05 ▶ 向下引出方向矢量，输入"90"，按 Enter 键。

Step 06 ▶ 输入"C",按 Enter 键,绘制结果如图 15-165 所示。

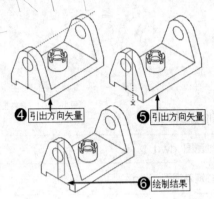

图 15-165 绘制剖面线

3. 复制剖面线

Step 01 ▶ 输入"CO"激活【复制】命令。

Step 02 ▶ 选择刚绘制的剖切面轮廓线。

Step 03 ▶ 按 Enter 键,捕捉轴测图的左下端点。

Step 04 ▶ 捕捉轴测图右端点。

Step 05 ▶ 按 Enter 键,复制过程及结果如图 15-166 所示。

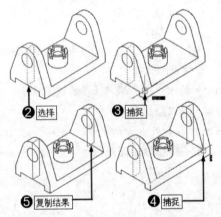

图 15-166 复制剖面线

4. 绘制另一条剖面线

Step 01 ▶ 输入"PL"激活【多段线】命令。

Step 02 ▶ 捕捉轴测图的圆心。

Step 03 ▶ 向右引出方向矢量,输入"20",按 Enter 键。

Step 04 ▶ 向下引出方向矢量,输入"20",按 Enter 键。

Step 05 ▶ 向左引出方向矢量,输入"40",按 Enter 键。

Step 06 ▶ 向上引出方向矢量,输入"20",按 Enter 键。

Step 07 ▶ 输入"C",按 Enter 键,绘制结果如图 15-167 所示。

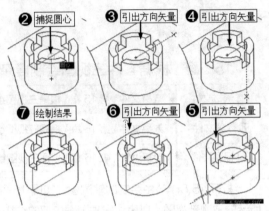

图 15-167 绘制另一条剖面线

5. 完善图形

输入"TR"激活【修剪】命令,以三条闭合多段线作为边界,对轴测图进行修剪,并删除多余图线,结果如图 15-168 所示。

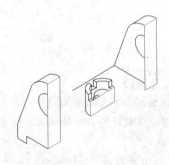

图 15-168 完善图形

6. 复制圆弧

Step 01 ▶ 输入"CO"激活【复制】命令。

Step 02 ▶ 选择两条圆弧。

Step 03 ▶ 按 Enter 键,捕捉剖面线左下端点。

Step 04 ▶ 捕捉剖面线右下端点。

Step 05 ▶ 按 Enter 键,结束命令,复制过程及结果如图 15-169 所示。

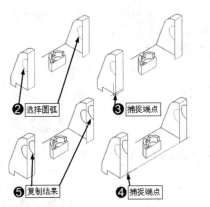

图 15-169　复制圆弧

Step 06 ▶ 使用相同的方法、以中间圆弧的圆心作为基点、以"@30<-90"为目标点进行复制，绘制结果如图 15-170 所示。

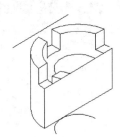

图 15-170　复制另一条圆弧

7. 绘制其他剖面线

输入"L"激活【直线】命令，配合"端点"捕捉功能绘制其他剖面线，并使用【延伸】命令对部分图线进行延伸，结果如图 15-171 所示。

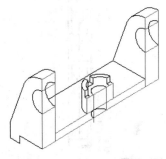

图 15-171　延伸图线

8. 完美图形

输入"TR"激活【修剪】命令，对图线进行修剪，并删除多余图线，绘制结果如图 15-172 所示。

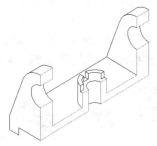

图 15-172　完善图形

9. 修改剖面线颜色

选择所有剖面线，修改其颜色为"ByLayer"颜色。

10. 填充剖面线

输入"H"激活【图案填充】命令，在打开的【图案填充和渐变色】对话框中设置填充图案及填充参数，对剖面线进行填充，绘制结果如图 15-173 所示。

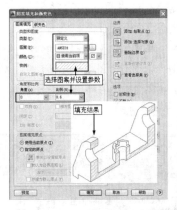

图 15-173　对剖面线进行填充

11. 保存文件

至此，该轴测剖视图绘制完毕，使用【另存为】命令将图形命名存盘。

15.6　绘制机械零件三维装配图

📄 素材文件	素材文件 \ 心轴 .dwg、壳体 .dwg、连杆 .dwg 和端盖 .dwg
✒ 效果文件	效果文件 \ 第 15 章 \ 绘制机械零件三维装配图 .dwg 和绘制机械零件三维装配剖视图 .dwg
💻 视频文件	专家讲堂 \ 第 15 章 \ 绘制机械零件三维装配图 .swf

装配图是指通过将各机械零件进行组装，以创建更为复杂的机械零件图，装配图有二维装配图和三维装配图，但不管是哪种装配图，都需要事先将各装配零件绘制好，然后再进行装配，本节通过对图 15-174（a）所示的机械零件三维模型进行装配，以创建图 15-174（b）所示的机械零件装配图和装配剖视图。

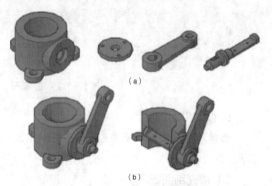

（a）

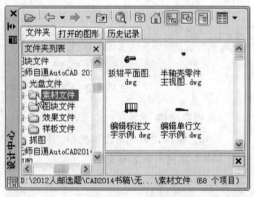

（b）

图 15-174　绘制机械零件装配图和装配剖视图

⚙ **操作步骤**

1. 新建文件并导入装配零件

下面先新建一个空白文件，然后将各装配零件图导入，这样便于进行装配。

Step 01 ▶ 新建空白文件。

Step 02 ▶ 选择【工具】/【设计中心】命令，打开【设计中心】窗口。

Step 03 ▶ 选择随书光盘中的"素材文件"目录，如图 15-175 所示。

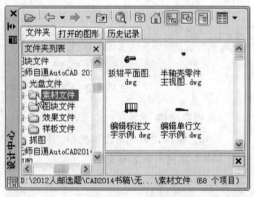

图 15-175　选择"素材文件"目录

Step 04 ▶ 在右侧窗口中选择"心轴.dwg"文件，然后单击鼠标右键，选择快捷菜单中的【插入为块】选项，如图 15-176 所示。

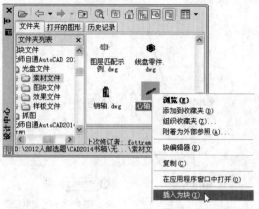

图 15-176　插入文件

Step 05 ▶ 此时系统弹出【插入】对话框，如图 15-177 所示。

图 15-177　【插入】对话框

Step 06 ▶ 单击 确定 按钮回到绘图区，在绘图区拾取一点，将该图形以块的形式插入到当前文档中，绘制结果如图 15-178 所示。

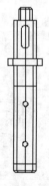

图 15-178　以块的形式插入文件

Step 07 ▶ 使用相同的方法，分别将"素材文件"目录下的"壳体.dwg""连杆.dwg"和"端盖.dwg"三个文件以块的形式插入到当前文件中，绘制结果如图 15-179 所示。

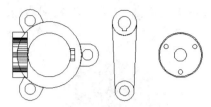

图 15-179　以块的形式插入其他文件

Step 08 ▶ 选择【视图】/【三维视图】/【西北等轴测】命令，将当前视图切换至西北视图，如图 15-180 所示。

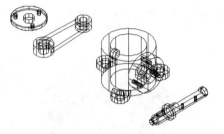

图 15-180　切换视图

2. 装配心轴和壳体模型

Step 01 ▶ 选择【修改】/【三维操作】/【对齐】命令。

Step 02 ▶ 选择心轴模型，如图 15-181 所示。

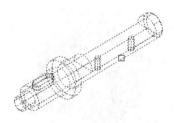

图 15-181　选择心轴模型

Step 03 ▶ 按 Enter 键，捕捉心轴圆心作为第一源点，如图 15-182 所示。

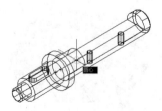

图 15-182　捕捉心轴圆心作为第一源点

Step 04 ▶ 捕捉壳体圆心作为第一目标点，如图 15-183 所示。

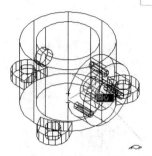

图 15-183　捕捉壳体圆心作为第一目标点

Step 05 ▶ 捕捉心轴圆心作为第二源点，如图 15-184 所示。

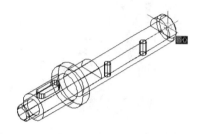

图 15-184　捕捉心轴圆心作为第二源点

Step 06 ▶ 捕捉壳体圆心作为第二目标点，如图 15-185 所示。

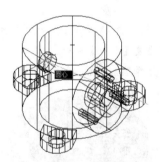

图 15-185　捕捉壳体圆心作为第二目标点

Step 07 ▶ 捕捉心轴象限点作为第三源点，如图 15-186 所示。

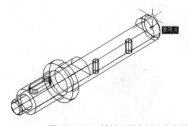

图 15-186　捕捉心轴象限点作为第三源点

Step 08 ▶ 捕捉壳体象限点作为第三目标点，如图 15-187 所示。

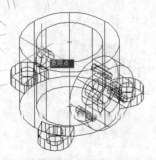

图 15-187 捕捉壳体象限点作为第三目标点

Step 09 ▸ 对齐，结果如图 15-188 所示。

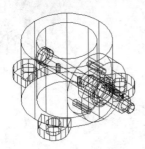

图 15-188 对齐结果

3. 装配端盖和壳体模型

为了便于观察，设置着色模式为"概念"模式。

Step 01 ▸ 将着色模式设置为"概念"着色模式。

Step 02 ▸ 重复【对齐】命令。

Step 03 ▸ 选择端盖模型，如图 15-189 所示。

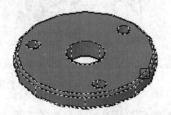

图 15-189 选择端盖模型

Step 04 ▸ 按 Enter 键，捕捉端盖圆心作为第一源点，如图 15-190 所示。

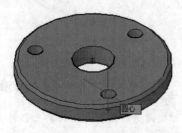

图 15-190 捕捉第一源点

Step 05 ▸ 捕捉壳体的圆心作为第一目标点，如图 15-191 所示。

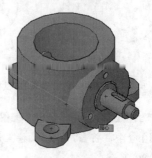

图 15-191 捕捉第一目标点

Step 06 ▸ 捕捉端盖圆心作为第二源点，如图 15-192 所示。

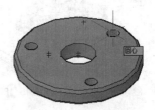

图 15-192 捕捉第二源点

Step 07 ▸ 捕捉壳体圆心作为第二目标点，如图 15-193 所示。

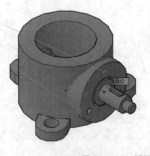

图 15-193 捕捉第二目标点

Step 08 ▸ 捕捉端盖圆心作为第三源点，如图 15-194 所示。

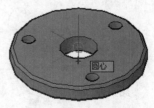

图 15-194 捕捉第三源点

Step 09 ▸ 捕捉壳体的圆心作为第三目标点，如图 15-195 所示。对齐结果如图 15-196 所示。

图 15-195 捕捉第三目标点

图 15-196 对齐结果

4. 旋转连杆模型

Step 01 ▸ 在命令行输入"ROTATE3D",激活【三维旋转】命令。

Step 02 ▸ 选择连杆模型。

Step 03 ▸ 按 Enter 键,单击 Y 轴。

Step 04 ▸ 输入"90",按 Enter 键。

Step 05 ▸ 旋转结果如图 15-197 所示。

图 15-197 旋转连杆模型

Step 06 ▸ 按 Enter 键,重复执行【三维旋转】命令。

Step 07 ▸ 选择连杆模型。

Step 08 ▸ 按 Enter 键,单击 X 轴。

Step 09 ▸ 输入"－60",按 Enter 键,旋转过程及结果如图 15-198 所示。

图 15-198 捕捉第三源点

5. 组装连杆模型

Step 01 ▸ 输入"M"激活【移动】命令。

Step 02 ▸ 选择连杆模型。

Step 03 ▸ 按 Enter 键,捕捉连杆圆心作为基点。

Step 04 ▸ 捕捉心轴圆心作为目标点。

Step 05 ▸ 组装结果如图 15-199 所示。

图 15-199 组装连杆模型

Step 06 ▸ 该机械零件组装图绘制完毕,将文件命名保存。

6. 绘制剖视图

Step 01 ▸ 输入"CO"激活【复制】命令。

Step 02 ▸ 选择装配后的整体模型将其复制一份。

Step 03 ▸ 选择【修改】/【三维操作】/【剖切】命令。

Step 04 ▸ 选择壳体和端盖模型。

Step 05 ▸ 按 Enter 键,输入"ZX",选择剖切面。

Step 06 ▸ 按 Enter 键,捕捉壳体上顶面的圆心。

Step 07 ▸ 在连杆上端捕捉一点。

Step 08 ▸ 剖切结果如图 15-200 所示。

Step 09 ▸ 三维组装剖视图绘制完毕,使用【另存为】命令将图形命名存储。

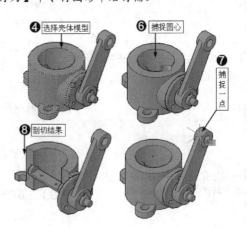

图 15-200 绘制剖视图

| 附录 |
综合自测参考答案

第1章

软件知识检验——选择题	题号	1	2	3	4
	答案	B	A	D	A

软件操作入门——切换工作空间	操作提示： （1）在任意工作空间单击标题栏上的工作空间切换按钮，在展开的按钮菜单中选择相应的工作空间。 （2）单击【工具】菜单中的【工作空间】下一级菜单选项。 （3）展开【工作空间】工具栏的【工作空间控制】下拉表列，从中选择工作 空间。 （4）单击状态栏上的 AutoCAD 经典 按钮，从弹出的按钮菜单中选择所需工作空间。

第2章

软件知识检验——选择题	题号	1	2	3	4	5	6
	答案	C	D	A	B	B	C

应用技能提升——在矩形内部绘制两个三角形	操作提示： （1）设置"端点"和"中点"捕捉模式。 （2）激活【直线】命令。 （3）以矩形两个角点作为三角形的两个角。 （4）以矩形边的中点延伸线的交点作为三角形的另一个角点绘制三角形。

第3章

软件知识检验——选择题	题号	1	2	3	4
	答案	A	C	A	A

软件操作入门——绘制法兰盘机械零件主视图	操作提示： （1）绘制构造线作为定位辅助线。 （2）偏移构造线作为图形轮廓线。 （3）修剪轮廓线进行完善。 （4）填充图案完成法兰盘主视图的绘制。
应用技能提升——绘制底座机械零件二视图	操作提示： （1）绘制构造线作为定位辅助线。 （2）绘制矩形作为主视图的基本图形。 （3）在矩形内绘制圆对主视图进行完善。 （4）根据视图间的对正关系，创建构造线作为左视图基本轮廓。 （5）修剪、偏移轮廓线进行完善。

第4章

软件知识检验——选择题	题号	1	2	3	4
	答案	A	A	B	A

软件操作入门——绘制连杆机械零件平面图	操作提示： （1）绘制构造线作为辅助线。 （2）偏移辅助线作为轮廓线。 （3）绘制圆并偏移对图形进行完善。 （4）修剪图形，完成图形的绘制。
应用技能提升——绘制螺母零件三视图	操作提示： （1）绘制构造线作为辅助线。 （2）绘制圆作为螺母基本图形。 （3）绘制外切圆对图形进行完善。 （4）根据视图间的对正关系，创建构造线作为其他视图的辅助线。 （5）对辅助线进行修剪，编辑完成其他视图轮廓线。 （6）绘制圆弧，对其他视图进行完善。

第5章

软件知识检验——选择题	题号	1	2	3	4
	答案	A	A	B	ABCD

软件操作入门——绘制垫片平面图	操作提示： （1）绘制大矩形作为垫片外轮廓线。 （2）对大矩形进行偏移创建内部小矩形。 （3）对外部大矩形进行圆角处理。 （4）对内部小矩形进行倒角处理。 （5）使用圆绘制垫片螺孔。 （6）使用线配合中点捕捉绘制中心线。
应用技能提升——绘制导向块二视图	操作提示： （1）绘制矩形作为导向块主视图基本图形。 （2）将矩形分解并偏移，对导向块主视图进行完善。 （3）使用【圆角】对矩形两条边进行圆角处理，创建导向块主视图圆弧效果。 （4）继续将矩形下水平边和两条垂直边进行偏移，创建下方图形轮廓。 （5）对偏移图形进行修剪，对导向块主视图进行完善。 （6）根据视图间的对正关系，绘制导向块左视图。 （7）对左视图进行图案填充，创建剖视图效果。

第 6 章

软件知识检验——选择题	题号	1	2	3	4	5
	答案	A	A	A	C	D

软件操作入门——绘制圆形垫片零件图	操作提示： （1）创建圆作为圆形垫片基本图形。 （2）将圆向内偏移创建内部轮廓。 （3）配合"两点之间的中点"捕捉功能确定圆心，在两个圆之间绘制小圆。 （4）使用"极轴阵列"命令将绘制的小圆进行阵列，完成圆形垫片的绘制。
应用技能提升——绘制泵盖零件主视图	操作提示： （1）绘制直线作为泵盖轮廓线。 （2）将直线偏移创建另一条轮廓线。 （3）对偏移的图线进行圆角处理创建圆弧效果。 （4）将处理后的图形再次向外偏移创建泵盖外部轮廓效果。 （5）创建圆作为泵盖螺孔。 （6）将圆向外偏移，然后将其进行复制和镜像，完成泵盖螺孔的创建。

第 7 章

软件知识检验——选择题	题号	1	2	3	4	5
	答案	A	B	B	A	B

软件操作入门——创建并完善机械零件组装图	操作提示： （1）首先将"六角圆柱头"零件创建为内部块文件。 （2）使用插入命令将创建的该内部块文件插入到"组装 01"图形下方的合适位置。 （3）继续将创建的创建的内部块文件插入到"组装 01"图形上方的合适位置。 （4）旋转图形不同的线，调整其图层所在层。 （5）设置当前图层，然后使用【图案填充】命令填充图案，表现机械零件图的剖面图效果。
应用技能提升——创建机械零件装配剖视图	操作提示： （1）首先将"螺栓"和"油杯"零件创建为内部块文件。 （2）使用插入命令将创建的该内部块文件插入到"轴承"图形的合适位置。 （3）使用修剪、夹点编辑等命令对图形进行完善。 （4）设置当前图层，然后使用【图案填充】命令填充图案，表现机械零件剖视图效果。

第 8 章

软件知识检验——选择题	题号	1	2	3
	答案	B	A	A

软件操作入门——标注机械零件主视图尺寸	操作提示： （1）使用【格式】/【标注样式】命令创建一个标注样式。 （2）使用【线性】命令标注零件长度尺寸。 （3）使用【直径】命令标注圆的直径尺寸。 （4）使用【半径】命令标注圆弧的半径尺寸。

第 9 章

软件知识检验——选择题	题号	1	2	3
	答案	B	A	C

软件操作入门——标注销轴零件图尺寸、粗糙度与技术要求	操作提示： （1）选择标注样式。 （2）标注尺寸。 （3）绘制粗糙度符号。 （4）设置粗糙度属性块。 （5）标注粗糙度。 （6）设置文字样式。 （7）标注技术要求。

第 10 章

软件知识检验——选择题	题号	1	2	3	4
	答案	C	A	C	C

软件操作入门——绘制轴零件三维模型	操作提示： 方法 1： 首先对二维平面图进行编辑，创建出基本轮廓图，然后使用【旋转】命令对轮廓线进行旋转创建三维模型。 方法 2： 根据图示尺寸，创建圆柱体三维模型，完成轴三维模型的创建。

第 11 章

软件知识检验——选择题	题号	1	2	3
	答案	B	A	A

软件操作入门——根据三视图绘制机械零件三维模型	操作提示： （1）绘制矩形和圆，然后将矩形分解并偏移，并对偏移图线进行圆角处理，创建底面二维图形。 （2）对矩形、圆和圆角处理后的图形拉伸，创建三维模型。 （3）对拉伸后的三维模型进行布尔运算，创建出零件底座三维模型。 （4）继续使用矩形、圆、分解、圆角等命令创建零件另一边的二维图形。 （5）对创建的二维图形进行拉伸，并进行布尔运算，创建三维模型。

第 12 章

软件知识检验——选择题	题号	1	2
	答案	B	C

软件操作入门——绘制底座零件轴测图	操作提示： （1）打开素材文件。 （2）设置等轴测圆绘图环境，并启用"正交"功能。 （3）按 F5 键切换到"等轴测左视图"。 （4）激活【直线】命令，根据图示尺寸绘制矩形。 （5）按 F5 键切换到"等轴测俯视图"，输入"CO"激活【复制】命令对矩形复制。 （6）激活【直线】命令，配合端点捕捉功能补画图线。 （7）再次按 F5 键切换到"等轴测左视图"。 （8）使用椭圆以及直线绘制圆柱体， （9）最后对图形进行修剪，并删除多余图线。